机械制造装备设计

主编　孙远敬　郭辰光　魏家鹏

北京理工大学出版社

BEIJING INSTITUTE OF TECHNOLOGY PRESS

图书在版编目（CIP）数据

机械制造装备设计/孙远敬，郭辰光，魏家鹏主编. —北京：北京理工大学出版社，2017.1（2023.8重印）

ISBN 978 – 7 – 5682 – 3599 – 0

Ⅰ. ①机… Ⅱ. ①孙… ②郭… ③魏… Ⅲ. ①机械制造-工艺装备-设计-高等学校-教材 Ⅳ. ①TH16

中国版本图书馆 CIP 数据核字（2017）第 015756 号

出版发行／北京理工大学出版社有限责任公司
社　　　址／北京市海淀区中关村南大街 5 号
邮　　　编／100081
电　　　话／（010）68914775（总编室）
　　　　　　（010）82562903（教材售后服务热线）
　　　　　　（010）68944723（其他图书服务热线）
网　　　址／http://www.bitpress.com.cn
经　　　销／全国各地新华书店
印　　　刷／廊坊市印艺阁数字科技有限公司
开　　　本／787 毫米×1092 毫米　1/16
印　　　张／31.75　　　　　　　　　　　　　责任编辑／刘永兵
字　　　数／742 千字　　　　　　　　　　　　文案编辑／刘　佳
版　　　次／2017 年 1 月第 1 版　2023 年 8 月第 4 次印刷　　责任校对／王素新
定　　　价／55.00 元　　　　　　　　　　　　责任印制／李志强

图书出现印装质量问题，请拨打售后服务热线，本社负责调换

编书人员名单

主　编　孙远敬　　郭辰光　　魏家鹏

副主编　李金华　　张兴元　　柴　博

前　言

　　"机械制造装备设计"是普通高等学校机械工程学科"机械设计制造及其自动化"专业重要的一门必修课。本书根据本专业的培养目标要求，紧密结合机械设计制造及其自动化专业教学指导委员会推荐的指导性教学大纲和教学计划，充分吸收国内外最新成果，并在知识点全面、系统的基础上，充分反映出专业学科的新发展，增加了新知识、新工艺，并体现了一定的创新性。根据理论联系实际、删繁就简、适度够用的原则，本教材编写小组认真编写了此教材，力求使本书具有实用性、系统性和先进性。

　　随着社会需求的变化和科学技术的发展，机械制造业的生产模式发生着巨大的变化，具体体现在从单机生产模式向制造系统生产模式的发展。为了与生产模式的变革相适应，机械制造装备的组成发生了很大变化，机械制造装备的设计方法和技术也在发生着深刻变革。通过本教材的学习使学生掌握机械制造装备设计的基本原理和方法，具备一定的机械制造装备总体设计和结构设计能力，了解学科的前沿动态，掌握金属切削机床、夹具、机器人等典型机械制造装备或部件的传统与现代设计方法的特点和差异，具备实施和规划机械加工生产线的能力，为学生后续专业课的学习及将来从事机械设计与制造工作打下基础。

　　本教材内容共分为九章，分别为绪论、机械制造装备设计的类型和方法、金属切削机床设计、典型部件设计、组合机床设计、工业机器人设计、机床夹具设计、物流系统设计及机械加工生产线总体设计。教材内容以当代先进的制造装备设计方法为主线，以机械制造装备的总体设计、运动设计和结构设计为重点。每章前面有"本章知识点"作为概括性内容提示，并且每章后面配以章节测试，方便学生课后复习使用。

　　本书由辽宁工程技术大学孙远敬、郭辰光、魏家鹏担任主编并负责全书的组织与统稿工作，由辽宁工业大学李金华和辽宁工程技术大学张兴元、柴博担任副主编。本书的第1、2、7章由孙远敬、魏家鹏编写，第4、6、8和9章由郭辰光编写，第5章由李金华编写，第3章中3.1的内容由孙远敬、柴博编写，第3章中3.2～3.5的内容由张兴元编写。辽宁工程技术大学于英华教授对本书进行主审，并对本教材的大纲编写、内容编写提出了宝贵意见。

　　本书可作为高等院校"机械设计制造及其自动化"专业方向的教学用书，也可供从事机械制造装备设计与研究工作的工程技术人员和研究生参考。

　　本书在编写过程中，参阅了相关教材、资料和文献，在此向相关作者表示衷心感谢！鉴于编者水平有限，本书难免存在不足之处，恳请广大读者批评指正。

编　者

前言

目　　录

第1章 绪 论

【本章知识点】

1. 机械制造装备及其在国民经济中的重要作用。
2. 机械制造装备应具备的主要功能。
3. 机械制造装备的分类。
4. 机械制造装备的设计方法。

1.1 机械制造装备及其在国民经济中的重要作用

制造业是一个国家或地区经济发展的重要支柱，其发展水平标志着该国家或地区的经济实力、科技水平、生活水准和国防实力。国际市场的竞争归根到底是各国制造生产能力的竞争。当前世界已进入知识经济时代，知识经济与以往经济形态的不同主要在于知识，特别是对知识的创新与利用的直接依赖。在知识经济时代，知识对经济增长的直接贡献率超过了其他生产要素（如人力、物力和财力等）贡献的总和，成为最主要的生产要素。因此，目前，提高制造生产能力的决定因素不再是劳动力和资本的密集积累，而是各项高新技术的迅速发展及其在制造领域中的广泛渗透、应用和衍生，它促进了制造技术的蓬勃发展，改变了现代企业的产品结构、生产方式、生产工艺和装备以及生产组织结构。

机械制造业是制造业的核心，是制造如农业机械、动力机械、运输机械、矿山机械等机械产品的工业部门，也是为国民经济各部门提供如冶金机械、化工设备和工作母机等装备的部门。机械制造业的生产能力和发展水平标志着一个国家或地区国民经济现代化的程度，而其生产能力主要取决于机械制造装备的先进程度。

随着科学技术和社会生产水平的不断提高，机械制造生产模式也发生了巨大的变革。20世纪20年代，制造业开始起家，到第二次世界大战期间，各国为了赢得战争，不计成本大力发展军火工业，使制造业取得飞速发展。

进入20世纪50年代的和平发展时期，为了降低成本、提高效率，大多数企业采用"少品种、大批量"的做法，强调的是"规模效益"。其代表是由H·福特开创的"大量生产制造模式"，广泛采用"刚性生产制造模式"。由于这种生产制造模式在当时非常有效，为社会提供了许多价廉物美的产品，因此被人们普遍接受，并视之为制造业的最佳模式或"传统模式（产业）"。

20世纪70年代以后，市场竞争日益激烈，企业为了击败竞争对手，主要通过提高质量和降低成本来实现，其基本原则是"消灭一切浪费"和"不断改善"，把最优质量和最低成本的产品提供给市场。日本丰田公司采用了这些原则，提出一种新的生产制造模式，在汽车工业领域击败了美国，震惊了世界。1990年，美国麻省理工学院对日本的这种生产制造模式进行总结，提出了"精益生产（Lean Production）"的制造模式。

20世纪80年代，随着世界经济和人民生活水平的提高，市场环境发生了巨大变化，主要表现在两方面：一方面是消费者需求日趋主体化、个性化和多样化；另一方面是制造商之间的竞争逐渐全球化。当时的制造业仍沿用传统的做法，企图依靠制造技术的改进和管理方法的创新来适应如此变化迅速且无法预料的买方市场，以单项的先进制造技术，如计算机辅助设计（CAD）、计算机辅助制造（CAM）、计算机辅助工艺规划（CAPP）、制造资源规划（MRP-Ⅱ）、成组技术（GT）、并行工程（CE）、柔性制造系统（FMS）和全面质量管理（TQC）等作为工具与手段，来缩短生产周期（T）、提高产品质量（Q）、降低产品成本（C）和改善服务质量（S）。单项先进制造技术和TQC的采用确实给企业带来不少效益，但在对市场响应的灵活性方面并没有取得实质性的改观，而且巨额的投资往往不能得到相应的回报，这是因为上述改进还是停留在具体的制造技术和管理方法上，而对不适应当前时代要求的传统大批量封闭式生产制造模式并没有进行改造。

20世纪90年代，随着信息科学和技术的发展，全球化经济发展模式打破了传统的地域经济发展模式，世界变得越来越小，而市场变得更加宽广，全球经济一体化的进程加快，在这种时代要求下，快速响应市场成为制造业发展的一个主要方向。为了快速响应市场，出现了许多新的生产制造模式，例如敏捷制造（Agile Manufacturing），精益—敏捷—柔性（LAF）生产系统、快速可重组制造、全球制造等。其中LAF生产系统全面吸收了精益生产、敏捷制造和柔性制造的精髓，包括了全面质量管理（TQC）、准时生产（JIT）、快速可重组制造和并行工程等现代生产和管理技术，是21世纪很有发展前景的先进制造模式。

进入21世纪，全球化的规模生产已经成为跨国公司发展的主流。在不断联合重组，扩张竞争实力的同时，各大企业纷纷加强对其主干业务的投资与研发，不断提高系统成套能力和个性化、多样化的市场适应能力。发达国家重视装备制造业的发展，它不仅在本国工业中占重要比重，而且在积累、就业方面的贡献均处在前列，更为装备制造业的新技术、新产品的开发和生产提供了重要的物质基础。信息装备技术、机器人技术、电力电子技术、新材料技术和新型生物技术等当代高新技术成果开始广泛应用于机械工业，其高新技术含量已成为在市场竞争中取胜的关键。实现产品的信息化和数字化，不仅提高了其性能，使之升级，还可使之具有"智慧"，代替部分人的脑力和体力劳动，从而满足国民经济和人民生活日益增长的个性化、多样化的需求。

迅速发展的信息化和国际化环境以及日益激烈的市场竞争彻底改变了制造业的传统观念和生产组织方式，加速了现代管理理论的发展和创新。因此，在信息化的推动下，全球正在兴起"管理革新"的浪潮。面对日趋严峻的资源和环境约束，世界各国都在制定或酝酿可持续发展的战略和规划，发展绿色制造技术。装备制造业是资源、能源消耗的大户，因此，装备制造业必将成为可持续发展政策和规划的关注焦点。装备制造业必须发展绿色制造技术，走可持续发展的道路。

未来 15 年，中国的经济将持续高速增长，我国产业结构的调整和提升势在必行，各行各业都面临着新一轮的技术改造和设备更新，这为我国装备制造业的发展提供了巨大的市场，也对装备制造业的科技发展提出了新的要求。

随着社会需求的变化和科学技术的发展，机械制造业的生产模式也发生着巨大的变革。为了与生产模式的变革相适应，机械制造装备的组成也发生了很大变化，单机生产模式的机械制造装备主要是加工装备（机床及工装），属于单机型机械制造装备；而先进的机械制造系统生产模式的机械制造装备则包括了加工装备、物流装备及测控装备，属于系统型机械制造装备。单机型机械制造装备的核心为金属切削机床。一个国家的机床工业水平在很大程度上代表着这个国家的工业生产能力和技术水平。改革开放后，我国机械制造装备业得到迅速发展，目前我国已能生产出多种精密、自动化、高效率的机床和自动生产线，有些机床的技术水平已经接近世界先进水平，例如我国已能生产 100 多种数控机床和加工中心等，并达到一定的技术水平，但与世界先进水平相比还存在很大的差距。

1.1.1　机械制造业的地位与发展状况

制造业是国民经济发展的支柱产业，也是科学技术发展的载体及将其转化为规模生产力的工具和桥梁。装备制造业是一个国家综合制造能力的集中体现，重大装备的研制能力是衡量一个国家工业化水平和综合国力的重要标准。

国民经济中任何行业的发展，必须依靠机械制造业的支持并提供装备，在国民经济生产力构成中，制造业的作用占 60% 以上。当今社会，制造科学、信息科学、材料科学、生物科学等四大支柱科学相互依存，但后三种科学必须依靠制造科学才能形成产业和创造社会物质财富。而制造科学的发展也必须依靠信息、材料、生物科学的发展，机械制造业是其他任何高新技术实现其工业价值的最佳集合点，它为各行各业提供各种设备，各行各业的技术改造都离不开设备更新，因此机械制造业的发达程度是代表一个国家综合国力强弱的重要标志，而机械制造业的发展和进步在很大程度上取决于机械制造技术的发展和进步，因为再好的发明创造，如果解决不了制造问题，就不可能变为现实，不可能转化为产品。总之，大力发展机械制造业已成为世界各发达国家加速经济发展、提高综合国力和国家地位的重要途径，也是提高我国综合国力、加速国家经济发展的必要条件。

面对越来越激烈的国际市场竞争，我国机械制造业面临着严峻的挑战。我们在技术上已经落后，加上资金不足、资源短缺以及管理体制和周围环境还存在许多问题，需要不断改进和完善，这些都给我们迅速赶超世界先进水平带来极大的困难。随着改革的不断深入，对外开放的不断扩大，为我国机械制造业的振兴和发展提供了前所未有的良好条件。目前，制造业的世界格局正在发生着巨大的变化，欧、亚、美三分天下的局面已经形成，世界经济重心开始出现向亚洲转移的征兆，制造业的产品结构、生产模式也在迅速变革之中。所有这些又给我们带来了难得的机遇。挑战与机遇并存，我们应该正视现实，面对挑战，抓住机遇，深化改革，以振兴和发展中国的机械制造业为己任，励精图治，奋发图强，使我国的机械制造业在不久的将来赶上世界先进水平。

以机床制造业为例，我国已形成各具特色的六大发展区域：东北地区是我国数控车床、加工中心、重型机床和锻压设备、量刃具的主要开发生产区，主要包括沈阳机床企业、大连机床企业、齐齐哈尔重型数控企业、哈尔滨量具刃具企业，其中哈尔滨量具刃具企业的金属切削机床产值约占全国金属切削机床产值的三分之一，对全国金属切削机床行业发展影响巨大；华东地区的数控磨床产量占全国数控磨床产量的四分之三，其中，长江三角洲地区成为磨床（数控磨床）、电加工机床、板材加工设备、工具和机床功能部件（滚珠丝杠和直线导轨副）的主要生产基地；西部地区重点发展齿轮加工机床产业，其中西南地区重点发展齿轮加工机床、小型机床、专用生产线以及工具，西北地区主要发展齿轮磨床、数控车床和加工中心、工具和功能部件；中部地区主要发展重型机床和数控系统，重型机床产值占全国产值的六分之一，其中，武汉重型机床集团有限公司生产的重型机床数量占全国重型机床数量的十分之一，生产数控系统的企业代表是武汉华中数控股份有限公司；环渤海地区包括北京、天津等城市，主要发展加工中心和液压压力机，北京主要发展加工中心、数控精密专用磨床、重型数控龙门铣床和数控系统，天津主要发展锥齿轮加工机床和各种液压压力机；珠江三角洲地区是数控系统的生产基地，生产数控车床和数控系统、功能部件等。这些生产区域的产品以及生产区域所起到的重要作用，表明我国自主创新能力的提高以及高新技术产业发生的巨大变化，并在相关领域取得了突飞猛进的发展。

1.1.2 机械制造业的发展趋势

20 世纪 60 年代以后，电子技术、信息技术和计算机技术高速发展，这些技术在制造技术和自动化方面取得了广泛应用。数控技术的发展和应用使得以机床、工业机器人为代表的机械制造装备的结构发生了一系列的变化，机械结构在装备中的比重下降，而电子技术的硬、软件的比重上升。20 世纪 70 年代末以来，柔性制造系统（FMS）和计算机集成制造系统（CISM）得到开发和应用，通过计算机集成制造系统，把一个企业所有有关加工制造的生产部门都相互联系在一起，制造过程可以从全局考虑进行优化，从而降低成本和缩短加工周期，同时，还可以提高产品的质量和柔性，提高生产效率。20 世纪 80 年代以来，数控系统和数控机床得到充分的发展，以日本为例，从 1981—1994 年，其数控机床拥有量猛增，机床的数控化率达到 20.8%。

1. 机械制造业发展的总趋势

21 世纪机械制造业发展的总趋势为高质量、高生产率，这一直是机械制造业发展的主要目标。因此，21 世纪初机械制造业发展的总趋势可以概括为"四化"：

1）柔性化——使工艺装备与工艺路线能适应生产各种产品的需要，能适应迅速更换工艺、更换产品的需要。

2）灵捷化——使生产力推向市场的准备时间缩至最短，使机械制造厂的机制可以灵活转向。在激烈的市场竞争中，供货期与产品质量往往起着比价格更为重要的作用，敏捷化已成为机械制造业面临的重大课题。

3）智能化——柔性自动化的重要组成部分，它是柔性自动化的新发展和延伸。人类不仅要摆脱繁重的体力劳动，而且还要从烦琐的计算、分析等脑力劳动中解放出来，以便有更多的精力从事高层次的创造性劳动。因此，生产制造系统的智能化是必然发展趋势，智能化将进一步提高柔性化和自动化水平，使生产系统具有更完善的判断与适应能力。

4）信息化——机械制造业将不再是由物质和能量的力量生产出的价值，而是借助于信息的力量生产出的价值。因此，信息产业和智力产业将成为社会的主导产业。机械制造业也将成为由信息主导的，并采用先进生产模式、先进制造系统、先进制造技术和先进组织管理方式的一个全新的产业。

2. 现代机械制造工艺装备的特点

进入 20 世纪 90 年代后，机械制造业面临市场需求动态多变、产品更新周期缩短、品种规格增多和批量减小等新特点，产品的质量、价格和交货期成为衡量企业竞争力的三个主要决定性因素。为适应现代机械制造业的发展趋势，机械制造工艺装备应具有以下特点。

1）高精度、高效率、结构合理、调整方便的数控专用机床。

2）高精度、高可靠性、结构简单、使用方便、通用可调的夹具。

3）适用于高速切削、超高速切削、干式切削、硬切削的涂层刀具、超硬刀具等；适用于高速磨削、强力磨削、砂带磨削的新型磨具、磨料；高性能复杂模具；激光辅助车削、铣削工艺设备等。

4）可用于生产现场、可与加工制造设备集成使用的高精度测量仪和结构简单、通用性强的高精度量具。

3. 机械制造装备的发展趋势

随着制造业生产模式的演变，对机械制造装备提出了不同的要求，使现代机械制造装备的发展呈现出如下趋势。

（1）向高效、高速、高精度方向发展

高速和高精度加工技术可使数控系统能够进行高速插补、高实时运算，在高速运行中保持较高的定位精度，极大地提高效率，提高产品的质量和档次，缩短生产周期和提高市场竞争能力。超高速加工的切削速度范围因不同的工件材料、不同的切削方式而异。目前，一般认为，超高速切削各种材料的切速范围为：铝合金已超过 1 600 m/min，铸铁为 1 500 m/min，超耐热镍合金达 300 m/min，钛合金达 150 ~ 1 000 m/min，纤维增强塑料为 2 000 ~ 9 000 m/min。各种切削工艺的切速范围为：车削 700 ~ 7 000 m/min，铣削 300 ~ 6 000 m/min，钻削 200 ~ 1 100 m/min，磨削 250 m/s 以上等。超高速加工到 2005 年基本实现工业应用，主轴最高转速达 15 000 r/min，进给速度达 40 ~ 60 m/min，砂轮磨削速度达 100 ~ 150 m/s；超精密加工基本实现亚微米级加工；加强纳米级加工技术应用研究达到国际社会九十年代初期水平。

（2）多功能复合化、柔性自动化的产品成为发展的主流

从近几届国内外举办的国际机床展览上展出的装备情况来看，新颖的高技术含量的展品逐年增加，展出的机床类型逐年增多，有最新的复合加工机床、五轴加工机床、纳米加工机床、新型并联机床等，还有超声波铣削、激光铣削等不同加工组合的复合机床，五至九轴控制机床、五轴联动车铣复合中心、功能齐全完备的车削中心等，以及由单台数控加工设备和

上、下料机构构成的柔性制造单元（FMC）、柔性制造系统（FMS）、柔性制造线（FML）等，类型不断变化，品种不断增加。

（3）实现绿色制造与可持续发展战略

实现绿色制造可从绿色制造过程设计、绿色生产与工艺、绿色切削加工技术、绿色供应链研究、机电产品噪声控制技术、绿色材料选择设计、绿色包装和使用、绿色回收和处理等方面入手，主要研究内容有废旧机械装备再制造和综合评价与再设计技术、废旧机械零部件绿色修复处理与再制造技术、废旧机械装备再制造信息化提升技术、机械装备再制造与提升的成套技术及标准规范，以及废旧机械装备产业化实施模式等。以绿色科技为导向，以高效节能减排为目标，实施绿色技术改造、绿色制造的研究及应用推广。

（4）智能制造技术和智能化装备的新发展

智能制造技术包括智能加工机床、工具和材料传送、监测和试验装备等，要求具有加工任务和加工环境的广泛适应性，能够在环境和自身的不确定变化中自主实现最佳的行为策略。以机床为例，当前智能机床是在数控机床和加工中心的基础上实现的，它与普通自动化机床的主要区别在于除了具有数控加工功能外，还具有感知、推理、决策、控制、通信、学习等智能功能。对于智能机床的定义是：机床能对自己进行监控，可自行分析众多与机床、加工状态、环境有关的信息及其他因素，然后自行采取应对措施来保证最优化的加工，也就是说，机床具有发出信息和自行思考的能力。

（5）机械制造工程师的努力方向

21世纪初的机械制造技术已与传统意义上的机械加工有了本质的区别，作为现代机械制造工程师，其拓展知识的主要努力方向应为：信息科学、材料科学、控制论、生物科学、管理科学、表面科学、微电子技术、激光技术和计算机技术等。只有熟练掌握高新技术，才能适应21世纪机械制造技术发展的需要，为我国机械制造业跨入世界先进行列奠定坚实的基础。

1.2 机械制造装备应具备的主要功能

在机械制造装备应具备的主要功能中，除了一般功能要求以外，还应强调柔性化、精密化、自动化、机电一体化、节材节能、符合工业工程和绿色工程的要求。

1.2.1 一般功能要求

机械制造装备首先应满足以下几项一般功能要求。

1. 加工精度方面的要求

加工精度是指加工后的零件相对于理想尺寸、形状和位置的符合程度，一般包括尺寸精度、表面形状、相互位置精度和表面粗糙度等。满足加工精度要求是机械制造装备最基本的要求。

影响机械制造装备加工精度的因素很多，其中与机械制造装备本身有关的因素包括几何精度、传动精度、运动精度、定位精度和低速运动平稳性等。

2. 强度、刚度和抗振性方面的要求

提高机械制造装备的强度、刚度和抗振性，不能靠一味地加大制造装备零部件的尺寸和质量，使之成为"傻、大、黑、粗"的产品，而是应该利用新技术、新工艺、新结构和新材料，对主要零部件和整体结构进行设计，在不增加或少增加质量的前提下，使装备的强度、刚度和抗振性满足规定的要求。

3. 可靠性和加工稳定性方面的要求

产品的可靠性主要取决于产品在设计和制造阶段形成的产品固有的可靠程度，是指产品的使用过程中，在规定的条件下和时间内能完成的规定功能的能力，通常用"概率"来表示。

机械制造装备在使用的过程中，受到切削热、摩擦热、环境热等的影响，会产生热变形，影响加工性能的稳定性，对于自动化程度较高的机械制造装备，加工稳定性方面的要求尤其重要。提高加工稳定性的措施有减少发热量、散热和隔热、均热、热补偿、控制环境温度等。

4. 使用寿命方面的要求

机械制造装备经过长期使用，由于零件磨损、间隙增大，其原始工作精度将逐渐丧失。对于加工精度要求很高的机械制造装备，使用寿命方面的要求尤其重要，提高使用寿命应从设计、工艺、材料、热处理和使用等方面综合考虑。从设计角度来看，提高使用寿命的主要措施包括减少磨损、均匀磨损和磨损补偿等。

5. 技术经济方面的要求

不能为了盲目追求机械制造装备的技术先进程度而无计划地加大投入，应该在技术先进性和经济性之间进行仔细分析，从而确定哪个是主要因素。因此，做好技术经济分析能增加装备的市场竞争能力。

1.2.2　其他功能要求

1. 柔性化

柔性化有两重含义，即产品结构柔性化和功能柔性化。

产品结构柔性化是指产品设计时采用模块化设计方法和机电一体化技术，只需对结构做少量的重组或改进，或只需要通过修改软件，就可以快速地推出市场需要的、具有不同功能的新产品。

功能柔性化是指只需进行少量的调整或通过修改软件，就可以方便地改变产品或系统的运行功能，以满足不同的加工需要。数控机床、柔性制造单元或系统均具有较高的功能柔性化程度。

要实现机械制造装备的柔性化，不一定非要采用柔性制造单元或系统。专用机床，包括组合机床及其组成的生产线，也可以被设计成具有一定柔性，能完成一些批量较大、工艺要求较高的工件加工，其柔性表现在机床可进行调整从而满足不同工件的加工要求。调整方法包括采用备用主轴、位置可调主轴、工夹量具成组化、工作程序软件化和部分动作实现数控化等。

2. 精密化

随着科学技术的发展和国际化市场竞争的加剧，对制造精度的要求也越来越高，从微米级发展到亚微米级，乃至纳米级。为了提高产品质量，压缩工件制造的公差带，只采用传统的措施，一味提高机械制造装备自身的精度已经无法达到这些要求，需要采用误差补偿技术。误差补偿技术可以是机械式的，如为提高丝杠或分度蜗轮的精度采用校正尺或校正凸轮等。较先进的方法是采用数字化误差补偿技术，通过误差补偿来提高其几何精度、传动精度、运动精度和定位精度等。

3. 自动化

自动化有全自动化和半自动化之分。全自动化是指能自动完成工件的上料、加工和卸料的生产全过程。半自动化则是上、下料需要人工完成。实现自动化后，可以减少加工过程中人的干预，减轻工人劳动强度，提高加工效率和劳动生产率，保证产品质量及机器的稳定性，改善劳动条件。

实现自动化控制和运行的方法可分为刚性自动化和柔性自动化。刚性自动化是指采用传统的凸轮和挡块控制，如采用凸轮机构控制多个部件运动，使之相互协调工作。当工件发生变化时，必须重新设计凸轮及调整挡块，由于调整过程复杂，因此这种方式仅适合大批量生产。柔性自动化是由计算机控制的生产自动化，主要包括可编程逻辑控制和计算机数字控制。通过计算机数字控制和可编程逻辑控制相结合，实现单件小批量生产的柔性自动化控制，如数控机床、加工中心、柔性制造单元、柔性制造系统以及计算机集成制造等。

生产自动化技术不断向智能化方向发展，在加工过程中，可根据实际加工条件自动地改变切削用量（如切削速度、进给速度等），使加工过程始终处于最佳状态。

4. 机电一体化

机电一体化是指机械技术与微电子、传感监测、信息处理、自动控制和电力电子等技术，按系统工程和整体优化的方法，有机地组成最佳技术系统。机电一体化系统和产品的通常结构是机械的，用传感器检测来自外界和机器内部运行状态的信息，由计算机进行处理，经控制系统，由机械、液压、气动、电气、电子及其混合形式的执行系统进行操作，使系统能自动适应外界环境的变化。设计机电一体化产品要充分考虑机械、液压、气动、电力电子、计算机硬件和软件的特点，充分发挥各自的特点，进行合理的功能搭配，构成一个极佳的技术系统，使得机械制造装备体积小、结构简化、原材料节约、可靠性和效率提高，从而实现机械制造装备精密化、高效化和柔性自动化。

5. 符合工业工程的要求

工业工程是对人、物料、设备、能源和信息所组成的集成系统进行设计、改善和实施的一门科学。其目标是设计一个生产系统及其控制方法，在保证工人和最终用户健康和安全的前提下，以最低的成本生产出符合质量要求的产品。

在产品开发阶段，应充分考虑结构的工艺性，提高其标准化、通用化水平，以便采用最佳的工艺方案，选择最合理的制造设备，尽可能减少材料和能源的消耗，合理地进行机械制造装备的总体布局，优化操作步骤和方法，提高工作效率，并对市场和消费者进行调研，保证产品达到合理的质量标准，减少因质量标准定得过高而造成不必要的浪费。

6. 符合绿色工程的要求

绿色工程是指注重保护环境、节约资源、保证可持续发展的工程。按绿色工程的要求设计的产品称为绿色产品。绿色产品的设计在充分考虑产品的功能、质量、开发周期和成本的同时，还优化各有关设计的要求，使得产品从设计、制造、包装、运输、使用到报废处理的整个生命周期中，对环境的影响最小，资源利用率最高。

绿色产品设计时考虑的内容包括产品材料的选择应该是无毒、无污染、易回收、可重用、易降解的；产品制造过程中应充分考虑对环境的保护，包括资源回收、废弃物的再生和处理、原材料的再循环、零部件的再利用等方面；产品的包装也应充分考虑选用资源丰富的包装材料，以及包装材料的回收利用及其对环境的影响等；原材料再循环利用的成本一般较高，应综合考虑经济、结构和工艺上的可行性；为了零部件的再利用，应通过改变材料、结构布局和零部件的连接方式来实现产品拆卸的方便性和经济性。

1.3 机械制造装备的分类

机械制造过程是一个十分复杂的生产过程，是从原材料开始，经过热、冷加工，装配成产品，对产品进行检测、包装和发运的全过程。整个过程所使用的装备类型繁多，大致可划分为加工装备、工艺装备、储运装备和辅助装备四大类。

1.3.1 加工装备

加工装备是机械制造装备的主体和核心，是指采用机械制造方法制作机器零件或毛坯的机床。机床是制造机器的机器，也称为工作母机，其种类很多，包括金属切削机床、特种加工机床、快速成形机、锻压机床、塑料注射机、焊接设备、铸造设备和木工机床等。其中的特种加工机床可以归于金属切削机床类别中。

1. 金属切削机床

金属切削机床是采用切削工具或特种加工方法，从工件上除去多余或预留的金属，以获得符合规定尺寸、几何形状、尺寸精度和表面质量要求的零件的加工设备。采用机床加工可使零件获得较高的精度和表面质量，完成 40% ~ 60% 及以上的加工工作量。由于金属切削机床的品种繁多，为了便于区别、使用和管理，需从不同角度对其进行分类。

（1）按机床工作原理和结构性能特点分类

我国把机床划分为：车床、钻床、镗床、磨床、齿轮加工机床、螺纹加工机床、铣床、刨插床、拉床、特种加工机床、切断机床和其他机床等 12 大类。其中，特种加工机床又包括电加工机床、超声波加工机床、激光加工机床、电子束和离子束加工机床、水射流加工机床。其中的电加工机床又包括电火花加工、电火花切割和电解加工机床。特种加工机床可解决用常规加工手段难以甚至无法解决的工艺难题，能够满足国防和高新科技领域的需要。

（2）按机床使用范围分类

可把机床分为通用机床、专用机床和专门化机床。

1）通用机床（又称万能机床）。可加工多种工件，完成多种工序，是使用范围较广的机床，如万能卧式车床、万能升降台铣床等。这类机床的通用程度较高，结构较复杂，主要用于单件及小批量生产。

2）专用机床。用于加工特定工件的特定工序的机床，如主轴箱的专用镗床。这类机床是根据特定的工艺要求专门设计、制造与使用的，因此生产率很高，结构简单，适用于大批量生产。组合机床是以通用部件为基础，配以少量专用部件组合而成的一种特殊形式的专用机床。

3）专门化机床（又称专业机床）。用于加工形状相似、尺寸不同工件的特定工序的机床。这类机床的特点介于通用机床与专用机床之间，既有加工尺寸的通用性，又有加工工序的专用性，如精密丝杠车床、凸轮轴车床等，生产率较高，适用于成批生产。

数控机床是计算机技术、微电子技术、先进的机床设计与制造技术相结合的产物，它能适应产品的精密、复杂和小批量的特点，是一种高效高柔性的自动化机床，代表了金属切削机床的发展方向。加工中心又称自动换刀数控机床，它是具有刀库和自动换刀装置，能够自动更换刀具，对一次装夹的工件进行多工位、多工序加工的数控机床。

（3）按机床精度分类

同一种机床按其精度和性能又可分为普通机床、精密机床和高精度机床。此外，按照机床的质量（习惯称重量）大小又可分为仪表机床、中型机床、大型机床、重型机床和超重型机床等。

2. 特种加工机床

（1）电加工机床

直接利用电能对工件进行加工的机床，统称为电加工机床。一般指电火花加工机床和电解加工机床。

1）电火花加工机床。

电火花加工是一种通过脉冲放电对导电材料进行电蚀以去除多余材料的工艺方法。加工时将工具与工件置于具有一定绝缘强度的液体介质中，并分别与脉冲电源的正、负极相连接。利用调节装置控制工具电极，保证工具与工件之间维持正常加工所需的较小的放电间隙。当两极之间的电场强度增加到足够大时，两极间最近点的液体介质被击穿，产生短时间、高能量的火花放电，放电区域的温度瞬间可达 10 000℃以上，金属被熔化或气化。灼热的金属具有很大的压力，引起剧烈爆炸，而将熔融金属抛出，金属微粒被液体介质冷却并迅速从间隙中冲走，工具与工件表面形成一个小凹坑，接下来进行第二次放电，如此周而复始高频率地循环下去。工具电极不断地向工件进给，得到无数小凹坑组成的加工表面，工具的形状就被印在工件上面。

电火花加工常用在电火花穿孔、电火花型腔加工、电火花线切割等。利用此工艺进行加工的设备称为电火花加工机床。

2）电解加工机床。

电解加工是利用金属在电解液中发生阳极溶解的电化学反应原理，将金属材料加工成形的一种方法。工件接直流电源正极，工具接负极，两极间保持较小的间隙（通常为 0.02 ~ 0.70 mm），电解液以一定的压力和速度从间隙间流过，当接通直流电源时，工件表面金属材料产生阳极溶解，溶解的产物被高速流动的电解液及时冲走，工具阳极以一定的速度向工件进给，工件表面金属材料便不断溶解，于是在工件表面形成与工具型面近似而相反的形状，直至加工尺寸及形状符合要求时为止。

电解加工常用于叶片型面、模具型腔与花键、深孔加工、异型孔及复杂零件的薄壁结构加工等。电解加工用于电解刻印、电解倒棱去毛刺时，加工效率高，费用低，用电解抛光不仅效率比机械抛光高，而且抛光表面的耐腐蚀性更好。利用此原理进行加工的设备称为电解加工机床。

（2）超声波加工机床

利用工具端面做超声波振动，使工作液中的悬浮磨粒对工件表面撞击抛光来实现加工，称为超声波加工。超声发生器将工频交流电能转变为有一定功率输出的超声频电振荡，然后通过换能器将此超声频电振荡转变为超声频机械振动，由于其振幅很小，需要通过一个上粗下细的振幅扩大棒，使振幅增大，固定在振幅扩大棒端头的工具即受迫振动，并迫使工作液中的悬浮磨粒以很高的速度，不断地撞击、抛光被加工表面，把加工区域的材料粉碎成很细的微粒后击打下来。超声波加工适用于各种硬脆材料，特别是非金属材料，如玻璃、陶瓷、石英、锗、硅、玛瑙、宝石、金刚石等，适用于加工各种复杂形状的型孔、型腔及成形表面。利用超声波进行加工的设备称为超声波加工机床。

（3）激光加工机床

激光是一种亮度高、方向性好、单色性好、相干性好的光。由于激光是能量密度非常高的单色光，因而可以通过一系列光学系统将其聚焦成平行度很高的微细光束，当激光照射到工件表面时，光能被工件迅速吸收并转化为热能，产生 10 000℃ 以上的高温，从而在极短的时间内使各中物质熔化和气化，达到去除材料的目的。激光加工常用于打孔、切割、雕刻、焊接、热处理等。利用激光能量进行加工的设备称为激光加工机床。

（4）电子束加工机床

电子束加工是指在真空条件下，由阴极发射出的电子流被带高电位的阳极吸引，在飞向阳极的过程中，经过聚焦、偏转和加速，最后以高速和细束状轰击被加工工件部位，在几分之一秒内，将其 99% 以上的能量转化为热能，使工件上被轰击的局部材料在瞬间熔化、气化和蒸发，以完成工件的加工。常用于穿孔、切割、蚀刻、焊接、蒸镀、注入和熔炼等。此外，利用低能电子束对某些物质的化学作用，进行镀膜和曝光，也属于电子束加工，电子束加工机床就是利用电子束的上述特性进行加工的装备。

（5）离子束加工机床

离子束加工是在真空条件下，将离子源产生的离子束经过加速、聚焦打到工件表面上，以实现去除加工。与离子束加工不同，电子束加工是靠动能转化为热能来进行加工的，而离子束加工则依靠微观的机械撞击动能。离子撞击工件表面时，可以将工件表面的原子一个一个地打击出去，从而实现工件加工。离子束加工用于离子溅射镀膜、离子刻蚀、离子注入等。离子束加工机床就是利用离子束的上述特点进行加工的设备。

（6）水射流加工机床

水射流加工又称水刀加工，它是利用超高压水射流及混合于其中的磨料对材料进行切割、穿孔和表面材料去除等加工的。其加工机理综合了由超高速液流冲击产生的穿透割裂作用和悬浮于液流中磨料的游离磨削作用。水射流可加工各种金属和非金属材料，切口平整，无毛刺，切削时无火花和热效应，加工洁净。利用水射流进行加工的设备称为水射流加工机床。

3. 锻压机床

锻压机床是利用金属塑性变形进行加工的一种无屑加工设备，主要包括锻造机、冲压机、挤压机和轧制机四大类。

锻造机的作用是使坯料在工具的冲击力或静压力作用下成形，并使其性能和金相组织符合一定要求。按成型的方法可分为自由锻造、胎模锻造、模型锻造和特种锻造，按锻造温度的不同可分为热锻、温锻和冷锻。

冲压机是借助模具对板料施加外力，迫使材料按模具的形状、尺寸进行剪裁成形。按加工时温度的不同，可分为冷冲压和热冲压。冲压工艺具有省工、省料和生产效率高的突出优点。

挤压机是借助凸模对放在凹模内的金属材料进行挤压成形。根据挤压时温度的不同，可分为冷挤压、温挤压和热挤压。挤压成形有利于低塑性材料成形，与模锻相比，不仅生产效率高、节省材料，而且可获得较高的精度。

轮制机是使金属材料在旋转轧辊的作用下变形，根据轧制温度可分为热轧和冷轧，根据轧制方式可分为纵轧、横轧和斜轧。

1.3.2 工艺装备

工艺装备是产品制造过程中所用各种工具的总称，包括刀具、夹具、模具、测量器具和辅具等。它们是贯彻工艺规程、保证产品质量和提高生产率的重要技术手段。

1. 刀具

刀具是能从工件上切除多余材料或切断材料的带刃工具。工件的成形是通过刀具与工件之间的相对运动实现的，因此，高效的机床必须同先进的刀具相配合才能充分发挥作用。切削加工技术的发展，与刀具材料的改进以及刀具结构和参数的合理设计有着密切联系。刀具类型很多，每一种机床，都有其代表性的一类刀具，如车刀、钻头、镗刀、砂轮、铣刀、刨刀、拉刀、螺纹加工刀具、齿轮加工刀具等。刀具种类虽然繁多，但大体上可分为标准刀具和非标准刀具两大类。标准刀具是按国家或部门制定的有关"标准"或"规范"制造的刀具，由专业化的工具厂家集中大批量生产，占所用刀具的绝大部分。非标准刀具是根据工件与具体加工的特殊要求设计制造的，也可通过将标准刀具加以改制从而实现非标准刀具的功能。过去，我国的非标准刀具主要由用户厂家自行生产，随着专业化生产的发展和服务水平的提高，非标准刀具也应由专业厂家根据用户要求生产，以便于提高质量、降低成本。

2. 夹具

夹具是机床上用来装、夹工件以及引导刀具的装置。夹具对于贯彻工艺规程、保证加工质量和提高生产率起着决定性的作用。夹具一般由定位机构、夹紧机构、导向机构和夹具体等部分构成，按照其应用机床的不同可分为车床夹具、铣床夹具、钻床夹具、刨床夹具、镗床夹具和磨床夹具等；按照其专用化程度又可分为通用夹具、专用夹具、成组夹具和组合夹具等。

通用夹具是已经规格化、标准化的夹具，主要用于单件小批量生产，如车床夹盘、铣床用分度头、台钳等；专用夹具是根据某一工件的特定工序专门设计制造的，主要用于有一定批量的生产中。

3. 测量器具

测量器具是用直接或间接的方法测出被测对象量值的工具、仪器及仪表等，简称量具和测量仪。量具可分为通用量具、专用量具和组合测量仪等。通用量具是标准化、系列化和商品化的量具，如千分尺，千分表，量块以及光学、气动和电动量仪等。专用量具是专门为特定零件的特定尺寸而设计的，如量规、样板等，某些专用量规通常会在一定范围内具有通用性。组合测量仪可同时对多个尺寸进行测量，有时还能进行计算、比较和显示，一般属于专用量具或在一定范围内通用。

数控机床的应用大大简化了生产加工中的测量工作，减少了专用量具的设计、制造与使用。测试技术与计算机技术的发展，使得许多传统量具向数字化和智能化方向发展，适应了现代生产技术的发展。

4. 模具

模具是用来限定生产对象的形状和尺寸的装置。模具按填充方法和填充材料的不同，可分为粉末冶金模具、塑料模具、压铸模具、冲压模具和锻压模具等。数控技术和特种加工技术的发展，促进了模具制造技术的发展，使得少切削、无切削技术在生产制造中得到广泛应用。

1.3.3　储运装备

物料储运装备是生产系统必不可少的装备，直接影响企业生产的布局、运行与管理等方面。物料储运装备主要包括物料运输装置，机床上、下料装置，刀具输送设备以及各级仓库及其设备。

1. 物料运输装置

物料运输主要指坯料、半成品及成品在车间内各工作站（或单元）间的输送，从而满足流水生产线或自动生产线的要求。物料运输装置主要包括传送装置和自动运输小车两大类。

传送装置的类型很多，例如由辊轴构成流动滑道，靠重力或人工实现物料输送的装置；由刚性推杆推动工件做同步运动的步进式输送带；在两工位间输送工件的输送机械手、链式输送机，用来带动工件或随行夹具做非同步输送等。用于自动生产线中的传送装置要求工作可靠、定位精度高、输送速度快，能方便地与自动生产线的工作协调等。

与传送装置相比，自动运输小车具有较大的柔性，通过计算机控制，可方便地改变输送路线及节拍，主要用于柔性制造系统中。自动运输小车可分为有轨和无轨两大类。前者载重量大、控制方便、定位精度高，但一般用于近距离的直线输送；后者一般靠埋入地下的制导电缆进行电磁制导，也可采用激光制导等方式，其输送线路控制灵活。

2. 机床上、下料装置

将坯料送至机床的加工位置的装置称为上料装置，加工完毕后将工件从机床上取走的装置称为下料装置，它们能缩短上、下料时间，减轻工人的劳动强度。机床上、下料装置类型很多，包括料仓式和料斗式上料装置，上、下料机械手等。在柔性制造系统中，对于小型工件，常采用上、下料机械手或机器人，大型复杂工件则采用可交换工作台进行自动上、下料。

3. 刀具输送设备

在柔性制造系统中，必须有完备的刀具准备与输送系统，用来完成包括刀具准备、测量、输送及重磨刀具回收等工作，刀具输送常采用传输链、机械手等装置，也可采用自动运输小车对备用刀库等设备进行输送。

4. 仓储装备

机械制造生产中离不开不同级别的仓库及其装备。仓库是用来存储原材料、外购器材、半成品、成品、工具、夹具等的场所，对仓库应分别进行厂级或车间级管理。现代化的仓储装备不仅要求布局合理，而且要求有较高的机械化程度，能降低劳动强度，并采用计算机管理，能与企业生产管理信息系统进行数据交换，能控制合理的库存量等。

自动化立体仓库是一种现代化的仓储设备，具有布置灵活、占地面积小、便于实现机械化和自动化、方便计算机控制与管理等优点，具有良好的发展前景。

1.3.4 辅助装备

辅助装备包括清洗机、排屑装置和测量、包装设备等。

清洗机是用来对工件表面的尘屑、油污等进行清洗的机械设备，能保证产品的装配质量和使用寿命，应该给予足够的重视。清洗时可采用浸洗、喷洗、气相清洗和超声波清洗等方法，在自动装配中清洗作业应能分步自动完成。

排屑装置用于自动机床、自动加工单元或自动生产线上，包括切屑清除装置和输送装置。切屑清除装置常采用离心力压缩空气、冷却液冲刷、电磁或真空清除等方法；输送装置包括带式、螺旋式和刮板式等多种类型，保证能将铁屑输送至机外或线外的集屑器中，并能与加工过程协调控制。

思考与习题：

1. 什么是制造业？什么是机械制造业？简述两者之间的关系。
2. 论述机械制造业及机械制造装备在国民经济发展中的重要作用。
3. 论述机械制造业发展的状况及发展的总趋势。
4. 机械制造装备应具备的主要功能是什么？
5. 机械制造装备新产品开发的设计内容与步骤是什么？
6. 机械制造装备分成几种类型？具体是什么？

第2章 机械制造装备设计的类型和方法

【本章知识点】

1. 机械产品设计的类型。
2. 新产品设计的方法和步骤。
3. 机械制造装备系列化设计的内涵及工作要点。
4. 机械制造装备模块化设计的内涵及其特点。
5. 可靠性设计的概念与可靠性指标。
6. 优化设计的数学模型及其求解方法。
7. 快速响应设计的关键。
8. 并行设计的内涵及其技术特征。
9. 绿色设计的主要内容及关键技术。
10. 产品的评价。

2.1 机械制造装备产品设计的类型

机械制造装备产品的设计可分为新产品设计、变型产品设计和模块化设计三大类，依据不同的设计类型可采用不同的设计方法。

2.1.1 新产品设计

新开发的或在性能、结构、材质、原理等某一方面或某几个方面具有重大变化的，以及在技术上有突破创新的产品，称为新产品。新产品开发设计是指从市场调研阶段到新产品定型投产的全过程。因此，新产品设计一般需要较长的开发设计周期，并需要投入较大的工程量。企业要在激烈的竞争环境中"生存、发展并扩大竞争优势"，必须适时地推出具有竞争力的新产品，要做到"生产一代、研制一代、构思一代"，并根据市场需求进行预测，同时采用知识创新和技术创新手段，开发设计具有高技术附加值的自主版权的新产品。

进行创新设计离不开创新性思维，创新性思维具有两种类型，即直觉思维和逻辑思维。直觉思维是在一种下意识的状态下，对事物内在的复杂关系产生的突发性的领悟过程，具有创造灵感突然降临的色彩。但是在当前市场竞争十分激烈的情况下，完全依靠直觉思维和创造灵感的创新方式不能及时地推出具有竞争力的创新产品。所以必须采用逻辑思维方法，用主动的工作方式向创新目标迈近，开发出新一代的、具有高技术附加值的产品，并改善产品的功能、技术性能和质量，并降低生产成本和能源消耗，同时采用先进的生产工艺，缩短与国内外同类先进产品之间的差距，从而提高产品的竞争力。

　　创新设计通常应从市场调研和预测阶段开始，首先明确产品的创新设计任务，然后经过产品规划、方案设计、技术设计和工艺设计等四个阶段，还应通过产品试制和产品试验来验证新产品的技术可行性，再通过小批量试制生产来验证新产品的制造工艺和工艺装备的可行性。创新设计一般需要较长的设计开发周期，并需要投入较大的研制开发工作量。

2.1.2　变型产品设计

　　在现有产品的基本工作原理和总体结构不变的基础上，仅对其部分结构、尺寸或性能参数加以改变的产品，称为变型产品。变型产品的开发设计周期较短，工作量和难度较小，设计效率和质量较高，并可以对市场做出快速响应。变型设计的基础是现有产品，它应是工作可靠、技术成熟和性能先进的产品，将其作为"基型产品"，以较少规格和品种的变型产品来最大限度地满足市场的各种需求。变型产品是在系列型谱的范围内有依据地进行设计的。

　　变型设计常常采用适应型和变参数型两种设计方法，这两种方法都是在原有产品的基础上，保持其基本工作原理和总体机构不变。适应型设计是通过改变或更换部分部件或机构，变参数型设计是通过改变部分尺寸与性能参数，形成所谓的变型产品，以扩大其使用范围，更广泛地满足用户需求。作为变型设计依据的原有产品，通常是采用创新设计方法完成的，变型设计应该在"基型产品"的基础上，遵循系列化的原理，并在系列型谱的范围内有依据地进行设计。

2.1.3　模块化设计

　　模块化设计是产品设计合理化的另外一条途径，是提高产品质量、降低产品成本、加快设计进度、进行组合设计的重要途径。模块化设计是按照合同的要求，选择适当的功能模块，直接拼装成所谓的"组合产品"的过程。组合产品设计是在对一定范围内不同性能、不同规格的产品进行功能分析的基础上，划分并设计出一系列功能模块，并通过这些模块的组合，构成不同类型或相同类型不同性能的产品，以满足市场的多方面需求。模块也应该用系列化设计原理进行设计，即每类模块虽有多种规格，但其规格参数按一定的规律变化，而其功能结构则完全相同，不同模块中的零部件应尽可能标准化和通用化。

　　据不完全统计，机械制造装备产品中有一大半属于变型产品和组合产品，创新产品只占一小部分，尽管如此，创新设计的重要意义仍然不可低估。

2.2　机械制造装备设计的方法

　　机械制造装备设计的方法包括新产品设计方法、系列化产品设计方法和模块化产品设计方法。

2.2.1　新产品设计

　　机械制造装备新产品开发设计的内容与步骤的基本程序包括决策、设计、试制和定型投产四个阶段。

1. 决策阶段

　　该阶段是对市场需求、技术和产品发展动态、企业生产能力及经济效益等方面进行可行性调查研究，并分析决策开发项目和目标的阶段。

（1）需求分析

需求分析一般包括对销售市场和原材料市场的分析，具体分析内容有以下几方面：

1）新产品开发面向的社会消费群体，以及他们对产品功能、技术性能、质量、数量、价格等方面的要求。

2）现有类似产品的功能、技术性能、价格、市场占有情况和发展趋势。

3）竞争对手在技术、经济方面的优势和劣势及其发展趋势。

4）主要原材料、配件、半成品等的供应情况，价格及变化趋势等。

（2）调查研究

调查研究包括市场调研、技术调研和社会调研三部分。

1）市场调研。

市场调研包括用户的需求情况、产品的情况、同行业的情况和供应情况等几个方面的内容。

2）技术调研。

技术调研包括分析国内外同类产品的结构特征、性能指标、质量水平与发展趋势，并对新产品的要素进行设想（包括使用条件、环境条件、性能指标、可取性、外观、安装布局及应执行的标准或法规等），对新采用的原理、结构、材料、技术及工艺进行分析，以确定需要的攻关项目和先行试验等，并提出技术调研报告。

3）社会调研。

一般包括企业目标市场所处的社会环境和有关的经济技术政策，如产业发展政策、投资动向、环境保护及安全等方面的法律、法规和标准；社会的风俗习惯；社会人员的构成状况、消费水平、消费心理和购买能力；本企业实际情况、发展动向、优势和不足及发展潜力等。

（3）可行性分析

可行性分析是指对新产品的设计和生产的可行性进行分析，并提出可行性分析报告，报告的内容包括产品的总体方案、主要技术参数、技术水平、经济寿命周期、企业生产能力、生产成本与利润预测等。

可行性分析一般包括技术分析、经济分析和社会分析三个方面。技术分析是对开发产品可能遇到的主要关键技术问题做全面的分析，并提出解决这些关键技术问题的措施；通过经济分析，应力求新产品投产后能以最少的人力、物力和财力消耗得到较满意的功能，并取得较好的经济效益；社会分析是分析开发的产品对社会和环境的影响。通过技术、经济和社会分析，以及对开发可能性的研究，应提出产品开发的可行性报告。

可行性报告一般包括以下几个内容：

1）产品开发的必要性，市场调查及预测情况，包括用户对产品的功能、用途、质量、使用维护、外观、价格等方面的要求。

2）国内外同类产品的技术水平及发展趋势。

3）从技术上预测所开发的产品能够达到的技术水平。

4）在设计、工艺和质量等方面需要解决的关键技术问题。

5）投资费用及开发时间进度，经济效益与社会效益估计。

6）在现有条件下开发的可能性及准备采取的措施。

（4）开发决策

该阶段会对可行性报告组织评审，并提出评审报告及开发项目建议书，供企业领导决策、批准和立项。

2. 设计阶段

设计阶段要进行设计构思计算和必要的试验，并完成全部产品图样和设计文件。它又分为任务书的制订、初步设计、技术设计和工作图设计四个阶段。

（1）任务书的制订

经过可行性分析，应能确定待设计产品的设计要求和设计参数，并结合企业的实际情况，编制产品的设计任务书。产品的设计任务书是指导产品设计的基础性文件，其主要任务是对产品进行选型，并确定最佳的设计方针。在设计任务书内，应说明设计该产品的必要性和现实意义，其内容应包括产品的用途描述、设计所需要的全部重要数据、总体布局和结构特征以及产品应该满足的要求、条件和限制等。这些要求、条件和限制来源于市场、系统属性、环境、法律法规与有关标准，以及企业自身的实际情况，是产品设计评价的依据。

（2）初步设计

初步设计是完成产品总体方案的设计。初步设计方案可能有多种，首先应对初步设计方案进行初选，通过观察淘汰法或者分数比较法，淘汰那些明显不好的方案。然后对通过初选的初步设计方案进一步具体化，即在空间占用量、质量、主要技术参数、性能、所用材料、制造工艺、成本和运行费用等方面进行定量化。

具体化采用的方法一般包括：绘制方案原理图、整机总体布局草图和主要零部件草图；进行运动学、动力学和强度方面的粗略计算，以便定量地反映初步设计方案的工作特性；分析确定主要设计参数，验证设计原理的可行性；对于大型、复杂的设备，可先制作模型，以便获得比较全面的技术数据；确定产品的基本参数及主要技术性能指标、总体布局及主要部件结构、产品的主要工作原理及各工作系统配置、标准化综合要求等。必要时应进行试验研究，并提出试验研究报告。对初步设计进行技术经济评价，通过后可作为技术设计的基础。

（3）技术设计

技术设计是设计、计算产品及其组成部分的结构、参数并绘制产品总图及其主要零部件图样的工作。它是在试验研究、设计计算及技术经济分析的基础上修改总体设计方案，编制技术设计说明书，并对技术任务书中确定的设计方案、性能参数、结构原理等方面的变更情况、原因与依据等予以说明。技术设计中的试验研究是对主要零部件的结构、功能及可靠性进行试验，并为零部件设计提供依据的过程。在通过技术设计评审后，其产品的技术设计说明书、总图、简图、主要零部件图等图样与文件，可作为工作图设计的依据。

1）确定结构原理方案。

确定结构原理方案的主要依据包括：决定尺寸的依据，如功率、流量和联系尺寸等；决定布局的依据，如物流方向、运动方向和操作位置等；决定材料的依据，如耐腐蚀性、耐用性、市场供应情况等；决定和限制结构设计的空间条件，如距离、规定的轴的方向、装入的限制范围等。对产品的主要功能结构进行构思，初步确定其材料和形状，并进行粗略的结构设计。对确定的结构原理方案进行技术经济评价，为进一步的修改提供依据。

2）总体设计。

总体设计阶段的任务是将结构原理方案进一步具体化。

总体设计的内容一般包括以下几项：

① 主要结构参数，包括尺寸参数、运动参数、动力参数、占用面积和空间等方面。总

体布局包括部件组成、各部件的空间位置布局和运动方向、物料流动方向、操作位置和各部件的相对运动配合关系，即工作循环图。在确定总体布局时，应充分考虑使用维护的方便性、安全性，外观造型，环境保护和对环境的要求等涉及"人—机—环境"的关系。

② 系统原理图，包括产品总体布局图、机械传动系统图、液压系统图、电力驱动和控制系统图等。

3）结构设计。

结构设计阶段的主要任务是在总体设计的基础上，对结构原理方案进行结构化，并绘制产品总装图与部件装配图；提出初步的零件表、加工和装配说明书；对结构设计进行技术经济评价。进行结构设计时必须遵守国家、有关部门与企业颁布的相关标准和规范，充分考虑诸如人机工程，外观造型，结构可靠和耐用性，加工和装配的工艺性，资源回用，环保以及材料、配件和外协件的供应，企业设备、资金和技术资源的利用，产品的系列化、零部件的通用化和标准化，结构相似性和继承性等方面的要求，通常要经过设计、审核、修改、再审核、再修改多次反复，才可批准投产。结构设计阶段经常采用有限元分析、优化设计、可靠性设计、计算机辅助设计等现代设计方法，来解决设计中出现的问题。

在技术设计阶段，由于掌握了更多的信息，从而比方案设计阶段能更具体、更定量地根据设计要求，分析必达的要求被满足和超过的程度，以及对希望达到的要求的处理结果，在此基础上做出精确的技术经济评价，并找出设计的薄弱环节，进一步改进设计。产品的技术经济评价通常从以下几个方面进行：可实现的功能，作用原理的科学性，结构的合理性，参数计算的准确性，安全性，人机工程的要求，制造、检验、装配、运输、使用和维护的性能，资源回用，成本和产品的研制周期等。

（4）工作图设计

工作图设计是绘制产品全部工作图样和编制必需的设计文件的工作，以供加工、装配、供销、生产管理及随机出厂使用。该过程要严格贯彻执行各级各类标准，要进行标准化审查和产品结构工艺性审查。工作图设计又称为详细设计或施工设计。

零件图中包含了为制造零件所需的全部信息。这些信息包括几何尺寸，全部尺寸，加工面的尺寸公差、几何公差和表面粗糙度要求，材料和热处理要求，其他特殊技术要求等方面。组成产品的零件有标准件、外购件和基本件三类。标准件和外购件不必提供零件图，基本件无论是自制或外协，均需提供零件图。零件图的图号应与装配图中的零件件号相对应。

在绘制零件图时，要更加具体地从结构强度工艺性和标准化等方面进行零件的结构设计，所以零件图设计完毕后，应完善装配图的设计。装配图中的每一个零件应按照企业规定的格式标注件号。零件件号是零件唯一的标识符，不可乱编，以免导致生产中发生混乱。件号中通常包含产品型号和部件号方面的信息，有的还包含材料、毛坯类型等其他信息，以便备料和毛坯的生产与管理。

产品设计完成之后要进行商品化设计，商品化设计的目的是进一步提高产品的市场竞争力。商品化设计的内容一般包括：进行价值分析和价值设计，在保证产品功能和性能的基础上，降低成本；利用工业美学原理设计精美的造型和悦目的色彩，以改善产品的外观功能；精化包装设计等方面。

最后应重视技术文档的编制工作，将其看成是设计工作的继续和总结。编制技术文档的目的是为产品制造、安装调试提供所需的信息，为产品的质量检验、安装运输和使用等作出相应的规定。为此，技术文档应包括产品设计计算书、产品使用说明书、产品质量检查标准和规则、产品明细表等。产品明细表包括基本件明细表、标准件明细表和外购件明细表等。

3．试制阶段

该阶段是通过样机试制和小批量试制，验证产品图样、设计文件、工艺文件、工装图样的正确性，以及产品的适用性和可靠性。

（1）样机试制

样机试制阶段首先要编制产品试制的工艺方案和工艺规程等，试制 1～2 台样机后，经试验、生产考验后对其进行鉴定，并提出改进设计方案，对设计图样和文件进行修改定型。

（2）小批量试制

小批量试制 5～10 台新产品，为批量生产做工艺准备，根据鉴定及试销后的质量反馈，进一步修改有关图样和文件，从而完善产品设计。

4．定型投产阶段

该阶段是完成正式投产前的准备工作阶段，其工作内容包括对工艺文件、工艺装备进行定型，对设备、检测仪器进行配置、调试和标定等。该阶段的要求是达到正式投产条件，并具备稳定的批量生产能力。

对于不同的设计类型，其设计步骤大致相同。上文介绍的是机械制造装备设计的典型步骤，比较适用于创新设计类型。如果创新设计遵循系列化和模块化设计的原理，并为产品的进一步变型和组合已作了必要的考虑，那么变型设计和组合设计的有些步骤可以简化甚至省略。

2.2.2　系列化产品设计

1．系列化设计的概念

系列化设计是为了缩短产品的设计、制造周期，降低成本，保证和提高产品的质量而进行的设计。在产品设计中应遵循系列化设计的方法，以提高系列产品中零部件的通用化和标准化程度。

系列化设计方法是在设计的某一类产品中，选择功能、机构和尺寸等方面较典型的产品作为基型，以它为基础，运用结构典型化、零部件通用化及标准化的原则，设计出其他各种尺寸参数的产品，构成产品的基型系列。在产品基型系列的基础上，同样运用结构典型化、零部件通用化及标准化的原则，增加、减去、更换或修改少数零部件，从而派生出不同用途的变型产品，并构成产品派生系列。在此基础上，编制反映基型系列和派生系列关系的产品系列型谱。在产品系列型谱中，各规格的产品应具有相同的功能结构和相似的结构形式；同一类型的零部件在规格不同的产品中具有完全相同的功能结构；不同规格的产品的同一种参数按一定的规律（通常按照比级数）变化。

系列化设计应遵循"产品系列化、零部件通用化、标准化"的原则（简称"三化"原则）进行设计。有时，我们将"结构的典型化"作为第四条原则，即所谓"四化"原则。系列化设计是产品设计合理化的一条途径，是提高产品质量、降低成本和开发变型产品的重要途径之一。

2．系列化设计的优、缺点

（1）系列化设计的优点

1）系列化设计能用较少品种规格的产品满足市场上较大范围的需求。减少产品意味着增加每个产品的生产批量，这有助于降低生产成本，提高产品制造质量的稳定性。

2）系列中不同规格的产品是经过严格地性能试验与长期生产考验的基型产品演变和派生而成的，因而可以大大减少设计的工作量，提高设计质量，减少产品开发的风险，并缩短产品的研制周期。

3）系列产品具有较高的结构相似性和零部件的通用性，因而可以压缩工艺装备的数量和种类，有助于缩短产品的研制周期，降低生产成本。

4）零部件的种类少，系列中的产品结构相似，便于维修，从而可以改善售后服务的质量。

5）系列化设计为开展变型设计提供了技术基础。

（2）系列化设计的缺点

为了能以较少品种规格的产品满足市场上较大范围的需求，每种品种规格的产品都具有一定的通用性，并只能满足一定范围内的使用需求，用户只能在系列型谱内有限的品种规格中选择所需的产品，因而，选到的产品，一方面其性能参数和功能特性不一定最符合用户的要求，另一方面有些功能还可能冗余。

3. 系列化设计的步骤

（1）合理选择与设计基型产品

基型产品一般选择系列产品中应用最广泛的中档产品，如在卧式车床产品中，一般选择床上最大回转直径，即主参数为 400 mm 的普通型卧式车床作为基型。

基型产品应是精心设计的新产品，要采用先进的科学的设计方法，寻找最佳的工作原理与结构方案，进行选材，确定结构的尺寸参数，并且注意零部件结构的规范化、通用化和标准化，充分考虑进行变型设计的可能性。

（2）合理制订产品的系列型谱

系列化产品的系列型谱的制订要在基型产品设计之后或在基型产品方案规划中进行统筹考虑。可采用下列方法完成系列型谱的制订：

1）确定基型系列。所谓基型系列是通过改变基型产品的性能或尺寸参数，一般是主参数，使其按一定的公比（又称级差）排列，组成一系列基型产品，即基型纵系列产品。如卧式车床产品的主参数系列为 320mm、400mm、500mm、630mm、800mm、1 000 mm 等，其公比 $\varphi = 1.25$。

2）以基型产品或各系列基型产品为基础进行全面功能分析，寻找变结构方案，扩展基型或系列基型产品的功能，形成所谓适应型或派生型变型产品，即横系列产品。卧式车床的变型产品有万能型、生产型、马鞍型、精密型、轻型和高速型等。

3）在系列型谱的制订过程中要进行广泛的市场调查与预测研究，以确定用户的需求，既要防止型号过多，增加设计与生产成本，又要防止型号过少，不能满足用户的多种需求。

（3）采用相似设计方法

因为纵系列产品，无论是基型系列还是派生系列，都是由参数不同，但工作原理相同、结构与形状相似的产品组成的，因此，可采用相似设计方法，进一步提高设计效率与质量。

（4）零部件通用化、标准化与模块化

系列化产品设计要坚持零部件通用化、标准化的原则，同时要加强零部件结构的规范化，以形成标准化的可更换模块，即形成模块化产品。

（5）主参数和主要性能指标的确定

系列化设计的第一步是确定产品的主参数和主要性能指标。主参数和主要性能指标应最大限度地反映产品的工作性能和设计要求。例如，卧式车床的主参数是床身上的最大回转直径，其主要性能指标之一是最大的工件长度；升降台铣床的主参数是工作台工作面的宽度，其主要性能指标是工作台工作面的长度；摇臂钻床的主参数是最大钻孔直径，其主要性能指标是主轴轴线至立柱母线的最大距离等。上述参数决定了相应机床的主要几何尺寸、功率和转速范围，从而决定了该机床的设计要求。

（6）参数分级

经过技术和经济分析，将产品的主参数和主要性能指标按一定规律进行分级，并制订参数标准。产品的主参数应尽可能采用优先数系。优先数系是公比为 φ，$N=5$、10、20 或 40 的等比数列，如表 2.1 所示。例如，摇臂钻床的主参数系列公比为 1.60，即 25、40、63、80、100、125；卧式车床和升降台铣床的主参数系列公比为 1.25，其分级比摇臂钻床细致一倍，为 315、400、500、630。

表 2.1　优先数系及其公比 φ

N	5	10	20	40
公比 φ	1.60	1.25	1.12	1.06
优先数系	1.00	1.00	1.00	1.00
				1.06
			1.12	1.12
				1.18
		1.25	1.25	1.25
				1.32
			1.40	1.40
				1.50
	1.60	1.60	1.60	1.60
				1.70
			1.80	1.80
				1.90
		2.00	2.00	2.00
				2.12
			2.24	2.24
				2.36
	2.50	2.50	2.50	2.50
				2.65
			2.80	2.80
				3.00
		3.15	3.15	3.15
				3.35
			3.55	3.55
				3.75
	4.00	4.00	4.00	4.00
				4.25

N	5	10	20	40
公比 φ	1.60	1.25	1.12	1.06
优先数系	4.00	4.00	4.50	4.50
				4.75
		5.00	5.00	5.00
				5.30
			5.60	5.60
				6.00
	6.30	6.30	6.30	6.30
				6.70
			7.10	7.10
				7.50
		8.00	8.00	8.00
				8.50
			9.00	9.00
				9.50

主参数系列公比如选的较小，则分级较细致，这有利于用户选到满意的产品，但系列内产品的规格品种较多导致系列化设计的许多优点得不到充分地利用；反之，如果主参数系列公比选的较大，则分级较粗糙，系列内产品的规格品种较少，这可带来系列化设计的许多优点。为了以较少的品种满足较大使用范围内的要求，系列内每种品种的产品应具有较大的通用性，因此，必须把市场、设计、制造和经销作为一个系统来进行全面的调查研究，并经过技术经济分析，才能正确地确定最佳的参数分级。简单来说，产品的需求量越大，其要求的技术性能越要准确，参数分级应越细致；反之，参数分级可粗糙些。

系列型谱通常是二维甚至多维的，其中一维是主参数，其他维是主要性能指标。在系列型谱中，结构最典型、应用最广泛的是"基型产品"，因而，在进行产品的系列设计时，通常从基型产品开始。

系列型谱内的产品是在基型产品的基础上经过系列内产品零部件的通用化和标准化，并经演变和派生，扩展出的纵系列、横系列和跨系列产品。

1）纵系列产品。纵系列产品是一组功能、工作原理和结构相同，而尺寸与性能参数不同的产品。纵系列产品一般应综合考虑使用要求及技术经济原则，合理确定产品的主参数和主要性能参数系列。

2）横系列产品。横系列产品是在基型产品的基础上，通过增加、减去、更换或修改某些零部件，实现功能扩展的派生产品。

3）跨系列产品。跨系列产品是采用相同的主要基础件和通用部件的不同类型的产品。例如，通过改造坐标镗床的主轴箱部件和部分控制系统，可开发出坐标磨床、坐标电火花成形机床等不同类型的产品，即跨系列产品。其中机床的工作台、立柱等主要基础件及一些通用部件适用于跨系列的各种产品。

2.2.3　模块化产品设计

1. 模块化设计的特点

模块化设计是产品设计合理化的另一条途径，是提高产品质量、降低成本、加快设计进度和进行组合设计的重要途径。模块化设计是按照合同的要求，选择适当的功能模块，直接拼装成所谓的"组合产品"的设计过程。进行组合产品设计，是在对一定范围内不同性能、不同规格的产品进行功能分析的基础上，划分并设计出一系列的功能模块，并通过这些功能模块的组合，构成不同类型或相同类型不同性能的产品，以满足市场的多方面需要。

模块化设计是发达国家普遍采用的一种先进设计方法，不仅广泛应用于机械、电子、建筑、轻工等领域，而且还扩展到计算机软件设计和艺术创作等领域。在不同领域中，模块及模块化设计的具体含义与方法各有差异。

机电产品的模块化设计是确定一组具有同一功能和结合要素（指连接部位的形状、尺寸、公差等），但性能和结构不同且能进行互换或组合的结构功能单元，以形成产品的模块系统，选用不同的模块进行组合，便可形成不同类型和规格的产品。

组合机床是一种典型的模块化专用机床，是以通用模块化部件如动力头、动力滑台、立柱及底座等为基础，配以少量专用模块化部件如主轴箱、夹具等组合而成的。模块化设计特别适用于具有一定批量的变型产品，如卧式车床的模块化结构，如图 2.1 所示，利用这一模块系统可组合成众多不同用途或性能的变型产品。

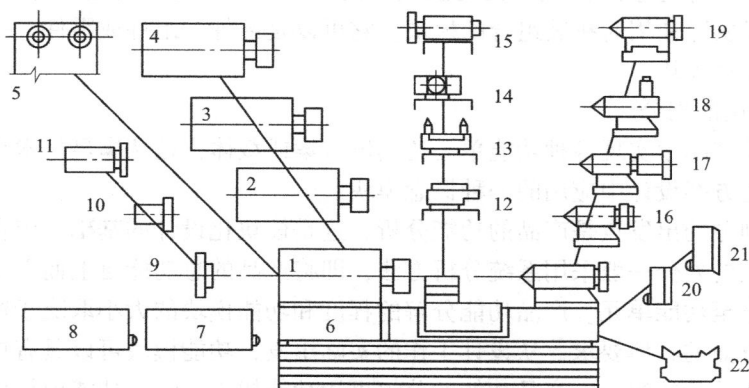

图 2.1　卧式车床模块化结构示意图

1—基本转速范围的主轴箱；2—小转速范围的主轴箱；3—大转速范围的主轴箱；4—可调转速范围的主轴箱；
5—双轴主轴箱；6—进给与车螺纹机构；7—无螺纹进给机构；8—单速进给机构；9—气动夹紧装置；
10—液压夹紧装置；11—电磁夹紧装置；12—仿形刀架；13—转位刀架；14—立轴式转塔；
15—卧轴式转塔；16—气动尾座；17—液压尾座；18—钻孔用尾座；19—双轴尾座；
20—快速行程机构；21—双刀架用快速行程机构；22—双刀架用床身

模块化设计具有以下几方面的特点：

1）提高设计效率，满足用户要求。产品模块具有规范化、系列化、通用化和标准化的特点，一次设计可满足市场上的多种需求，可显著提高设计效率，最大限度地缩短供货周期和满足用户需求。

2）提高产品质量、降低生产成本。对于系列化和通用化的结构模块，可以通过精心设计、批量加工，甚至可以组织专业化生产，因而可大幅度提高产品质量、降低生产成本。

3）促进产品更新换代。对于已经模块化的产品，可快速响应市场需求，并不断设计出新型的模块，发展变型产品。

4）方便维修。模块化产品的维修十分方便，一旦设备发生故障，可更换整个模块。

5）模块的结合部位的结构较复杂，对于加工要求高且结构复杂的产品，有时难以保证其外观的美观与匀称。

2. 模块化设计的步骤

（1）对市场需求进行深入调查与明确任务

为了能以最少的模块组合出数量最多且总功能各不相同的产品，需要对市场需求进行深入调查，并对所有待实现的总功能加以明确。

（2）建立功能模块

待实现的总功能可由多个具有分功能的模块组合而成。如何划分模块是模块化产品设计中的关键问题。模块种类越少，通用化程度越高，加工批量越大，对降低成本越有利。但每个模块需要满足更多的功能和更高的性能，其结构必然更复杂，由它组成的每个产品的功能冗余也必然增多，因而，整个模块化系统的结构柔性化程度也必然降低。设计时应对功能、性能和成本等诸多方面的因素进行全面分析，才能合理地划分模块。

在模块化设计中，首先要理解和区分两种相互联系又有区别的模块，即功能模块和结构模块。结构模块又称为生产模块，在功能模块的基础上，根据具体生产条件来确定生产模块。生产模块是实际使用时拼装组合的模块。它可以是部件、组件或零件。一个功能模块可能分解成多个生产模块。

1）功能模块的划分。

功能模块是产品中实现各种功能单元的具体方案或载体，是从满足技术功能的角度来划分和定义的，是方案设计中应用的一种概念模块。

功能模块划分的出发点是产品的功能分析，这是模块化设计的基础，应在方案设计阶段完成。功能模块的划分一般采用系统分析方法，即将产品的总功能自上而下逐层分解为分功能、子功能，直至功能单元。产品功能分解的程度和功能模块的大小取决于产品的复杂程度和方案设计等方面的具体要求。从设计工作的实际出发，功能模块可以具有单一的功能，也可以是若干功能单元的组合。产品功能的分解可用功能树来表示，功能模块可用模块树或形态矩阵来表示。

2）功能模块的类型。

根据功能模块的作用，可将其划分成以下几个类型：

① 基础功能模块。它是产品构成中基本的、反复出现的和不可缺少的功能模块类型，可以单独出现或与其他功能模块相结合形成一个具体的生产模块或结构模块。如卧式车床中的主运动模块、进给运动模块、床身支撑模块等。

② 辅助功能模块。它是用来完成产品的辅助功能的模块，如卧式车床中的快速移动模块、加工冷却模块等，这些模块一般不能单独使用，其结构尺寸等由基础功能模块决定。

③ 特殊功能模块。此模块是产品功能的某种扩展或补充，是为了满足用户的特殊要求而设计的，其生产批量较基础功能模块少，如卧式车床中的工件自动夹紧模块。

④ 适应功能模块。此模块是为了适应其他系统或边界条件等必须设置的模块，其结构尺寸只是部分地或在一定范围内确定的，根据用户的具体要求或使用环境等，其结构尺寸可做一定的调整，是一种变尺寸或变结构的模块。

⑤ 非模块化功能块。它是一种根据用户要求而设计的功能模块，由于其生产批量少，其结构及结合要素可不必追求规范化与标准化，这样做有时会利于降低设计与制造成本。

（3）建立结构模块

结构模块是根据产品的结构特点和企业的具体生产条件，以有利于生产和方便装配或组装为目的而确定的模块，它是构成产品的具体模块，又称为生产模块。它们可能是一个或几个完整的功能模块及其组合，也可能仅包含某功能模块的一部分。

从产品结构和企业的实际情况出发，在完成产品功能模块划分的基础上，合理地确定结构模块是产品模块化设计的又一关键问题。结构模块可以是产品部件、组件、零件或大型零件的一部分，还可根据分级模块思想进行灵活组合。

1）部件模块。这种模块既是生产模块，也是单功能或多功能组合而成的功能模块。它具有较高的独立性和完整性，且方便设计与生产管理，是使用最为广泛的一种生产模块。

2）组件模块。把构成部件的各个组件设计成不同的生产模块，可以使部件具有不同的功能或性能，与部件模块相比，其系统的柔性会有很大提高。

3）零件模块。将产品中的某些零件作为结构模块，可以获得最大的系统柔性，并最大限度地增加生产批量。组合夹具就是一种由零件模块构成的组合产品。

4）大型零件的分段模块。对于大型铸件和焊接件，还可以将其进一步划分为分段模块，并通过组合满足不同规格的产品需求，这样，不仅能方便加工制造，减少对大型机床的需求，同时还可减少木模、砂芯等的使用数量，从而有利降低生产成本。

5）分级模块思想。为了更好地发展模块化设计，还可采用分级模块思想，即把产品的结构模块划分成不同的级别，低一级模块可组合成高一级的模块。这种设计思想不仅可以最大限度地提高模块化系统的柔性，而且由于低级模块功能单一、结构简单，可以更方便地提高结构模块的规范化、系列化和标准化水平。

3. 模块化产品的设计要点

除了满足一般的产品设计要求外，模块化产品的设计还要特别注意以下几点：

（1）统一规划、分步实施

模块化产品设计要在产品规划和方案设计阶段制定产品的系列型谱，并以此为依据完成结构模块系统的设计工作，然后可根据企业的实际情况和市场的具体需求，有步骤地完成所有结构模块的技术设计与施工设计。对于批量小的结构模块，也可在供货合同签订后再行组织设计工作。

（2）搞好技术文件的编制工作

由于模块的设计不直接与产品相联系，因此必须注意编制好技术文件，以指导产品的构成、制造与检阅，具体包括以下几方面的内容：

1）模块目录表，包括模块编码、有关性能和功能的说明。

2）模块化产品目录，包括使用的模块类型、组合关系及产品的检测、使用说明等。

3）模块化产品的计算机管理。采用计算机对模块化产品进行管理，不仅可以完成结构模块目录和模块化产品目录及有关性能、功能的计算机管理，便于进行有关信息的检索与修改完善，除此之外，其具有以下两方面的功能：

① 对组合成的产品进行全面评价，因此可根据用户要求进行组合方案的优化；

② 在对组合产品进行全面评价的基础上，提出新模块开发及其组合建议，扩大模块化产品的功能，最大限度地满足市场需求。

2.3　机械制造装备的设计新方法

2.3.1　可靠性设计

1.　可靠性的概念

可靠性（Reliability）是产品的一个重要的性能特征。人们总是希望自己所用的产品能够有效且可靠地工作，因为，任何的故障和失效都可能为使用者带来经济损失，甚至会造成灾难性的后果。可靠性最早只是一个抽象的定性的评价指标，产品的可靠性可定义为：产品在规定的条件下和规定的时间、区间内，完成规定功能的能力。这其中的三个"规定"具有某种数值的概念，一个数值是"规定的时间内"，它是具有一定寿命的数值概念。寿命并非越长越好，而是要有一个最经济、有效的使用寿命，当然，这个规定的时间指的是产品出厂后的一段时间，这一段时间可以称为产品的"保险期"。由于经过一个较长时间的稳定使用或储存阶段后，产品的可靠性水平便会随时间的延续而降低，且时间越长，故障与失效越多；所谓"规定的条件"包括环境条件、储存条件以及受力条件等；另一个数值是"规定功能"，它说的是产品保持功能参数在一定界限值之内的能力，我们不能任意扩大界限值的范围。产品的可靠性与产品的设计、制造、使用以及维护等环节密切相关。从本质上讲，产品的可靠性水平是在设计阶段奠定的，它取决于所设计的产品结构、选用的材料、安全保护措施以及维修适应性等因素；制造阶段能保证产品可靠性指标的实现；而运行使用是对产品可靠性的检验；产品的维护是对其可靠性的保持和恢复。

产品丧失规定的功能称为出故障，对不可修复或不予修复的产品而言，它又称为失效。为保持或恢复产品能完成规定功能的能力而采取的技术管理措施称为维修。可以维修的产品在规定的条件下，并按规定的程序和手段实施维修时，保持或恢复到能完成规定功能的能力，称为产品的维修性。我们把可以维修的产品在某段时间内所具有的，或能维持规定功能的能力称为可用性。产品完成规定的功能包括性能不超过规定范围的"性能可靠性"与结构不断裂破损的"结构可靠性"。这两方面的可靠性称为狭义可靠性，把狭义可靠性、可用性和保险期综合起来考虑时的可靠性则称为广义可靠性。

当所考虑的产品是由部件或子系统所组成的系统时，我们不能期望它的组成部件或子系统都是等寿命的。因为影响各组成部件或子系统的因素是复杂的。因此，现在多用概率和统计的数学方法来对可靠性的数值指标进行描述。

2.　可靠性设计的理论基础和可靠性指标

可靠性设计的理论基础是概率统计学。在产品的运行过程中，总有可能发生各种各样的偶然事件（故障），这种偶然事件的内在规律很难找到，甚至是捉摸不定的。但是，偶然事件也不是完全没有规律的，如果我们从统计学的角度去观察，偶然事件也有其某种必然的规律。概率论就是一门研究偶然事件中的必然规律的学科，这种规律一般反映在随机变量与随机变量发生的可能性（概率）之间的关系上。用来描述这种关系的数学模型有很多，如正态分布模型、指数分布模型和威布尔模型等。其中最典型的为正态分布模型，即

$$f(t) = \frac{1}{\sigma\sqrt{2\pi}}e^{-\frac{1}{2}\left(\frac{t-\mu}{\sigma}\right)^2} \tag{2.1}$$

式中，t——随机变量；

　　μ——平均值；

　　σ——标准差（或方差）。

平均值和标准差是正态分布的两个主要参数。平均值 μ 决定了正态分布的中心倾向或集中趋势，即正态分布曲线的位置；而标准差 σ 决定了正态分布曲线的形状，用来表征分布的离散程度，如图 2.2 所示。

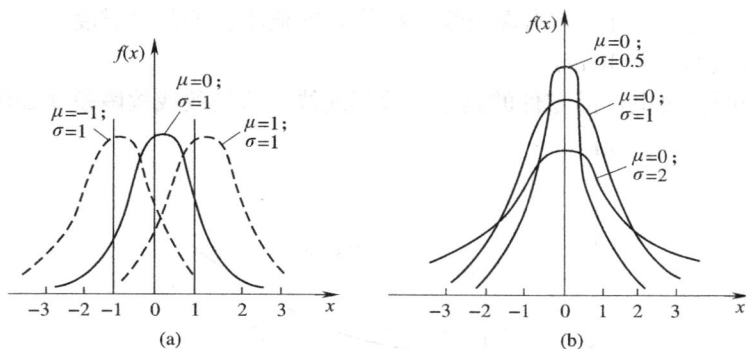

图 2.2　平均值 μ 和标准差 σ 对正态分布曲线的影响

（a）对位置的影响；（b）对形状的影响

上述数字模型称为随机变量 t 的概率密度函数，它表示变量 t 发生概率的密集程度的变化规律。随机变量在某点以前发生的概率可按下式计算

$$F(t) = \int_{-\infty}^{2} f(t)\,\mathrm{d}t \tag{2.2}$$

$F(t)$ 称为随机变量 t 的分布函数，或称为积累分布函数。对于时间型随机变量而言，它反映了故障发生的可能性的大小，它的值是在（0，1）之间的某个数。数值越小，表示故障发生的可能性就越小。

可靠性的主要研究内容有可靠性理论基础和可靠性应用技术，可靠性理论基础包括概率统计理论、失效物理、可靠性设计技术、可靠性环境技术、可靠性数据处理技术、可靠性基础实验及人在操作过程中的可靠性等；可靠性应用技术包括使用要求调查、现场数据收集和分析、失效分析、零部件机器和系统的可靠性设计与预测、软件可靠性、可靠性评价和验证、包装运输保管和使用的可靠性规范、可靠性标准等。

可靠性的数值标准常用三个指标（或称特征值）来表示，即可靠度（Reliability）、失效率或故障率（Failure Rate）、平均寿命（Mean Life）等。

（1）可靠度（Reliability）

可靠度的定义是"零件（系统）在规定的运行条件下，在规定的工作时间内，能正常

工作的概率"。由此可见，可靠度包含以下五个要素：

1）对象。它包括系统、部件等，可以非常复杂，也可以比较简单。

2）规定的运行条件。运行条件是指对象所处的环境条件和维护条件，产品的运行条件不同，它们之间的可靠度也无法比较。因此，同一产品的运行（工作）条件不同，其设计依据也不同。

3）规定的工作时间。规定的工作时间一般指对象的工作期限，可以用各种方式来表示，如汽车以公里数来表示、滚动轴承以小时数来表示等。在可靠性设计中，人们往往更追求"产品总体寿命的均衡"，即希望在达到规定的工作时间后所有零件的寿命均告结束。

4）正常工作。正常工作是指产品能达到人们对它要求的运行效能。否则，就说该产品失效了。有时，产品虽能工作，但不一定能达到要求的运行效能；而有时，产品中虽有某个零件出现故障，但其仍能正常工作，能达到所要求的运行效能。

5）概率。概率就是可能性，它表现为（0，1）区间的某个数值。根据互补定理，产品从开始起动运行至时间 t 时，不出现失效（故障）的概率，即为可靠度。

（2）失效率（Failure Rate）

大量研究表明，机电产品零件的典型失效率曲线，即失效或故障模式如图2.3所示。

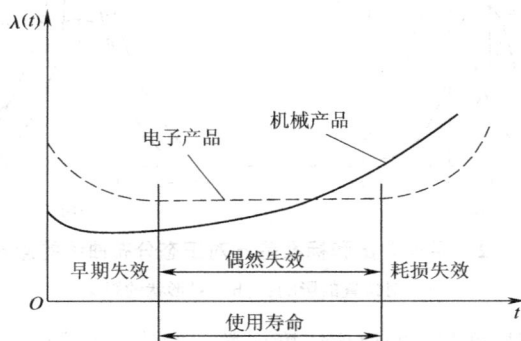

图2.3　典型的失效率曲线

该曲线可明显地划分为三个区域，即早期失效区域、正常工作区域和功能失效区域。

早期失效区域的失效率较高，其故障率从较高的值迅速下降。这段时期一般属于试车的跑合期。为了消除早期失效，在产品交付使用前，应在较为苛刻的条件下试运行一段时间，以便发现故障并将其排除。

正常工作区域出现的失效具有随机性，其故障率变化不太大，有的微微下降或上升。可以将这段时期称为使用寿命期或偶然故障期。在此区域内，故障率较低。

功能失效区域的失效率迅速上升。一般情况下，零件表现为耗损、疲劳或老化所致的失效。预测这一时间意义非常重大。

失效率曲线的三个区域反映了产品零件的三种失效率或故障模式，它们均具有一定的概率分布特性。了解它们的特性对研究产品的可靠性有很大帮助。

（3）平均寿命（Mean Life）

平均寿命有两种情况：对于可修复的产品，它是指相邻两次故障之间的工作时间的平均值 MTBF（Mean Time Between Failure），又称为平均失效间隔时间，即平均无故障工作时间；对于不可修复的产品，它是指从开始使用到发生故障前的工作时间的平均值 MTTF（Mean

Time To Failure），又称为平均失效前时间。

3. 机械的可靠性设计

机械的可靠性设计是在满足产品功能、成本等要求的前提下，使产品可靠运行的设计过程。它是将概率统计理论、失效物理和机械学等结合起来的综合性工程技术；机械可靠性设计的主要特征是将常规的设计变量，如材料强度、疲劳寿命、载荷、几何尺寸及应力等所具有的多值现象都看成是服从某种分布的随机变量，并根据机械产品的可靠性指标要求，用概率统计方法设计出零部件的主要参数和结构尺寸；可靠性作为产品质量的主要指标之一，是随产品使用时间的延续而不断发生变化的。因此，可靠性设计的任务就是确定产品质量指标的变化规律，并在此基础上确定如何以最少的费用来保证产品应有的工作寿命和可靠度，建立最优的设计方案，实现所要求的产品可靠性水平。

机械可靠性设计的内容是从已知的目标可靠度出发，设计零部件和整机系统的有关参数及结构尺寸。它包括确定产品的可靠度、失效率（故障率）和平均无故障的工作时间（平均寿命）等。在上述指标确定的前提下，进行系统的可靠性设计，并根据指标的要求，进行零件的可靠性设计，以确定零件的尺寸、材料和其他技术要求等。

（1）可靠性预测

可靠性预测是一种预报方法，即从所得到的失效数据预报一个零部件或系统实际可能达到的可靠度，即预报这些零部件或系统在规定的条件下和在规定的时间内完成规定功能的概率。可靠性预测是可靠性设计的重要内容之一。其目的包括：协调设计参数及指标，以提高产品的可靠性；对比设计方案，以选择最佳系统；预示薄弱环节，采取改进措施。所谓可靠性预测是指根据系统的可靠性模型，用已知组成系统的各个独立单元的可靠度来计算系统的可靠性指标，从而预测出系统的可靠度。根据系统的可靠性模型，由单元的可靠度，通过计算即可预测出系统的可靠度。它可以是按照单元®子系统®系统自下而上地落实可靠性指标。这是一种合成的方法。

（2）可靠性分配

可靠性分配就是将系统设计所要求达到的可靠性，合理地分配给各组成单元的一种方法，从而求出各单元应具有的可靠度。可靠性分配的目的在于合理地确定每个单元的可靠性指标，并将它作为元件设计和选用的重要依据，它比可靠性预测要复杂。可以说，它是按照系统®子系统®单元自上而下地落实可靠性指标。这是一种分解的方法。

常用的可靠性分配方法有以下两种：

1）等分配法。等分配法是将系统中的所有单元分配以相同的可靠度，是一种最简单的分配方法。

2）按相对失效率分配。该方法的基本出发点是使每个单元的允许失效率正比于预计失效率。其分配步骤为：根据统计数据或现场的使用经验得到各单元的预计失效率；由单元预计失效率计算每一单元的分配权系数；按给定的系统可靠度指标及各单元的权系数，即可计算出各单元的允许失效率。相对失效率分配法考虑了各单元原有的失效率水平，比等分配法更合理。

此外，还有按单元的复杂程度及重要程度的分配方法、拉格朗日乘数法分配方法等，不管采用哪一种可靠性分配方法，均应遵循以下的可靠性分配原则：

1）单元越成熟，所能达到的可靠度水平越高，所分配的可靠度可以相应增大；

2）单元在系统中的重要性越高，所分配的可靠度也越高；

3）具有相同重要性和相同工作周期的单元，所分配的可靠度也应相同；

4）应综合考虑各单元结构的复杂程度、可维修性、工作环境、技术成熟程度、生产成本等因素，合理分配各单元的可靠度指标。

（3）可靠性试验

可靠性试验是为了定量评价产品的可靠性指标而进行的各种试验的总称。通过试验可以获得受试产品的可靠性指标，如平均寿命、可靠度、失效概率等，也可以验证产品是否达到设计要求。通过对试验样品的失效分析，可以揭示产品的薄弱环节及其原因，以制定相应的措施，达到提高可靠性的目的。因此，可靠性试验是研究产品可靠性的基本手段，也是预测产品可靠性的基础。常用的可靠性试验有以下几种：

1）环境可靠性试验。它是在额定的应力状态下以及在试验温度、湿度、冲击、振动、含尘量、腐蚀介质等环境条件对产品可靠性的影响下，为确定产品可靠性指标而进行试验。这种试验常用于一些作业条件十分苛刻的机械产品，如采挖机械、矿山机械、粮食加工机械、运输机械等。

2）寿命试验。它是可靠性试验中最常见的一种。通常是在实验室条件下，模拟实际使用工况，以确定产品的平均寿命并测定应力—寿命曲线等特征值。寿命试验不但可以用来推断、估计机械产品在实际使用条件下的寿命指标，而且还可以考核产品及结构的可靠性、制造工艺水平，并分析失效机理。对机械产品而言，寿命试验是最主要的试验，是获得产品可靠性数据的主要来源，也是可靠性设计的一项基础工作。

3）现场可靠性试验。一般可靠性试验都是在实验室条件下进行的，为了尽量使实验条件与实际使用状态相同，我们也常常在现场条件下对产品进行可靠性验证。验证产品的寿命数据时，应尽量创造最恶劣的使用条件来考验所有零部件和组成机构的工作能力。例如，批量投产前的汽车样车，要在专门挑选的道路上，甚至在特意修筑的路况恶劣的道路上进行试验。通过试验可以查明产品的薄弱环节以及产品在实际使用条件下的工作能力。由于产品的使用寿命一般都很长，若想通过现场试验获取产品可靠性的全部信息，往往要花费很长时间，甚至是不可能实现的。因此，现场试验一般只能得到有限时间内的可靠性指标。

由于可靠性试验的时间长、费用高，所以必须重视试验的规划、组织管理和数据处理工作。不同的试验目的有不同的试验方案，如产品验证试验，主要是根据所验证的特征量，如平均寿命、失效率、不合格率来确定试验条件、抽样方法、总试验时间、样品数和合格判断数等。在可靠性试验中以破坏性试验居多，非破坏性试验较少且常常需要花费较长时间，直到使试件失效才取得一个数据，所以通过这种试验所得的数据特别珍贵。在收集数据时必须注意数据的质量，如准确性与精度，还要注意数据的可用性和完备性，同时注意数据产生的时间、地点和条件。

2.3.2　优化设计

1. 优化设计的概念

在现代工程设计中，设计方案往往不是唯一的，从多个可行方案中寻找"尽可能好"的或"最佳化"方案的过程，称为"优化"设计。传统的设计过程是构思方案——评价——再构思——再评价的过程，这也是一种寻求优化的过程。但由于受到诸多客观条件的限制，这种设计过程只能得到"较好的可行解"，而无法得到设计的最佳解。为了得到最佳解，国外从 20 世纪 70 年代，国内从 20 世纪 80 年代初开始利用计算机辅助寻优，并出现了最优化设计这一高新技术。优化设计是以数学规划为理论基础，以计算机为工具，在充分考虑多种约束的前提下，寻求满足某项预定目标的最佳设计方案的过程。

工程设计上的"最优值"或"最佳值"是指在满足多种设计目标和约束条件下所获得的最令人满意、最适宜的值。优化设计技术是优化设计全过程中各种方法、技术的总称。它主要包含两部分内容，即优化设计问题的建模技术和优化设计问题的求解技术。如何将一个实际的设计问题抽象成一个优化设计的问题，并建立起符合实际设计要求的优化设计数学模型，这就是建模技术中要解决的问题。建立实际问题的优化数学模型，不仅需要熟悉、掌握优化设计方法的基本理论以及设计问题抽象和数学模型处理的基本技能，更重要的是要具有该设计领域的丰富的设计经验。

实际设计问题经抽象处理后建立起相应的优化设计数学模型，接下来的任务是求解数学模型。求解的方法有很多，早期的方法有试算法、表格法、图解法和一元函数极值理论等。由于这些方法的求解能力太弱，故几乎不能求解实际的优化设计问题。20 世纪 80 年代以来，随着计算机技术的迅猛发展，一大批数学规划方法（优化设计方法）借助于计算机技术得以实现，并解决了许多实际的优化设计问题。

2. 优化设计的数学模型

优化设计方法是一种规格化的设计方法，它首先要求将设计问题按优化设计所规定的格式建立数学模型，并选择合适的优化方法，然后再通过计算机的计算，自动获得最优设计方案。工程设计问题的优化，可以表达为优选一组参数，使其设计指标达到最佳值，且须满足一系列对参数选择的限制条件。这样的问题在数学上可以表述为，在以等式或不等式表示的约束条件下，求多变量函数的极小值或极大值问题。下面介绍优化设计中常用的几个基本术语。

（1）设计变量

在工程设计中，为了区别不同的设计方案，通常是用一组取值不同的参数来表示不同的方案。这些参数可以是表示构件的形状、大小和位置等的几何量，也可以是表示构件的质量、速度、加速度、力和力矩等的物理量。在构成一项设计方案的全部参数中，可能有一部分参数根据实际情况预先确定了数值，它们在优化设计过程中始终保持不变，这样的参数称为给定参数。另一部分参数则是需要优选的参数，它们的数值在优化设计过程中是变化的，这类参数称为设计变量。它们相当于数学上的独立自变量。

一个优化设计问题如果有 n 个设计变量，而每个设计变量用 x_i（$i=1$，$2\cdots$，n）表示，则可以把 n 个设计变量按一定的次序排列起来组成一个列阵或行阵的转置 $X=[x_1$，x_2，$\cdots$，$x_H]^T$。我们把 X 定义为 n 维欧氏空间的一个向量，设计变量 x_1，x_2，$\cdots$，x_H 为向量 X 的 n 个分量。在优化设计中，把这个 n 维的欧氏空间称为设计空间，用 R^H 表示，它是以设计变量 x_1，x_2，$\cdots$，x_H 为坐标轴的 n 维空间。设计空间包含了该项设计所有可能的设计方案，且每个设计方案都对应着设计空间中的一个设计向量或者说一个设计点 X。

设计变量的数目越多，其设计空间的维数越高，能够组成的设计方案的数量也就越多，因而设计的自由度也就越大，从而也就增加了问题的复杂程度。一般来说，优化设计过程的计算量是随设计变量数目的增多而迅速增加的。因此，对于一个优化设计问题来说，应该恰当地确定设计变量的数目，并且原则上应尽量减少设计变量的数目，即尽可能把那些对设计指标影响不大的参数取作给定参数，只保留那些对设计指标影响显著的、比较活跃的参数作为设计变量，这样可以使优化设计的数学模型得到简化。

设计变量通常是有取值范围的，即

$$a_i \leqslant x_i \leqslant b_i \quad (i=1,2,\cdots,n)$$

式中，a_i——设计变量 x_i 的下界约束值；

b_i——设计变量 x_i 的上界约束值。

（2）目标函数

每一个设计问题都有一个或多个设计中所追求的目标，它们可以用设计变量的函数来加以描述，如 $f(x)$，在优化设计中称它们为目标函数，当给定一组设计变量值时，就可以计算出相应的目标函数值。因此，在优化设计中，就是利用目标函数值的大小来衡量设计方案的优劣的。优化设计的目的就是要求所选择的设计变量使目标函数达到最佳值。最佳值可能是极大值，也可能是极小值，由于求目标函数 $f(x)$ 的极大化等价于求目标函数 $-f(x)$ 的极小化，因此，为使算法和程序统一，通常最优化就是指极小化，即 $f(x) \rightarrow \min$。

在工程设计问题中，设计所追求的目标可能是各式各样的。当目标函数只包含一项设计指标极小化时，称它为单目标设计问题。当目标函数包含多项设计指标极小化时，就是所谓的多目标设计问题。单目标优化设计问题，由于其指标单一，故易于衡量设计方案的优劣，求解过程也比较简单明确。而多目标问题则比较复杂，多个指标往往构成矛盾，很难或者不可能同时达到极小值。

在优化设计中，正确建立目标函数是很重要的一步，它不仅直接影响到优化设计的质量，而且对整个优化计算的难易程度也会产生一定的影响。

（3）设计约束

优化设计不仅要使所选择方案的设计指标达到最佳值，同时还必须满足一些附加的条件，这些附加的设计条件都是对设计变量取值的限制，在优化设计中叫作设计约束。

它的表现形式有两种，一种是不等式约束，即

$$g_m(x) \leqslant 0 \text{ 或 } g_m(x) \geqslant 0, \quad u=1,2,\cdots,m$$

另一种是等式约束，即

$$h_v(x)=0, \quad v=1,2,\cdots,p<n$$

式中，$g_m(x)$，$h_v(x)$——设计变量的函数，统称为约束函数；

m，p——不等式约束和等式约束的个数，而且等式约束的个数 p 必须小于设计变量的个数 n。因为从理论上讲，存在一个等式约束就可以用它消去一个设计变量，这样便可降低优化设计问题的维数。

根据约束的性质不同，可以将设计约束分为区域约束和性能约束两类。所谓区域约束是直接限定设计变量取值范围的约束条件；而性能约束是由某些必须满足的设计性能要求推导出来的约束条件。在求解时，对这两类约束有时需要区别对待。在建立数学模型时，目标函数与约束函数不是绝对的。对于同一对象的优化设计问题（如齿轮传动优化设计），不同的设计要求（如要求质量最小或承载能力最大等）反映在数学模型上需要选择不同的目标函数和约束函数，并设定不同的约束边界值。

若优化数学模型中的函数均为设计变量的线性函数，则称为线性规划问题。若问题函数

中包含非线性函数，则称为非线性规划问题。多数工程优化设计问题的数学模型都属于有约束的非线性规划问题。

（4）约束优化设计问题的最优解

优化设计就是求解 n 个设计变量在满足约束条件下使目标函数达到最小值，即

$$\min f(x) = f(x^*), \quad x = \begin{bmatrix} x^1, & x^2, & \cdots, & x^m \end{bmatrix}^{\mathrm{T}} \in R$$

$$g_m(x) \leqslant 0, \quad u = 1, 2, \cdots, m$$

即
$$h_v(x) = 0, \quad v = 1, 2, \cdots, p < n$$

式中，x^*——最优点；

$f(x^*)$ ——最优值。

最优点 x^* 和最优值 $f(x^*)$ 即构成了一个约束最优解。

3. 最优化求解方法

多数最优化方法的基本思想都是由迭代算法而来的，无约束最优化方法的主要步骤如下：

1）选定初始点 x_0，计算目标函数初始值 $f(x_0)$；

2）选取一个能使目标函数值下降的方向，沿该方向取一下降点 x_1，以使目标函数值下降，即 $f(x_1) < f(x_0)$；

3）当不存在下降方向，或虽存在下降方向，但点 x_1 与点 x_0 已足够靠近时，则认为找到了一个最优解，这时可结束求解过程，否则，$x_0 \leqslant x_1$，转步骤 2）继续计算。

常用的无约束最优化方法有 Powell 法、梯度法、共轭梯度法、牛顿法、DFP 法（Davidon – Fletcher – Powell 法）等。其求解方法是一维搜索问题，求解一维搜索问题的最优化方法有黄金分割法、二次插值法等。也就是说，无约束最优化方法的求解是通过将求解一个多维最优化问题转化为求解一系列的一维搜索问题来实现的。

约束最优化方法可分为间接法和直接法两大类。间接法是先将约束优化设计问题转化为一系列的无约束优化设计问题，再调用无约束优化方法来进行求解的方法。常用的间接方法有罚函数法、乘子法等。直接法是在选取下降方向和下降点时直接判断是否在可行区域内的方法，常用的直接法有约束随机方向法、复合形法等。

上述各种方法都是针对单一的目标函数而设计的，但工程优化设计问题往往是一个多目标的优化设计问题。常见的多目标最优化方法的基本思想是将多目标问题转化为一个或一系列的单目标优化问题，通过求解一个或一系列单目标优化问题来完成多目标优化问题的求解。不同的多目标优化方法有各自不同的转化策略，常用的多目标最优化方法有目标规划法、乘除法、线性加权组合法和功效系数法等。

工程设计中的优化方法有多种类型，也有不同的分类方法。若按设计变量数量的不同，可将优化设计分为单变量（一维）优化和多变量优化；若按约束条件的不同，可将其分为无约束优化和有约束优化；若按目标函数数量的不同，又可将其分为单目标优化和多目标优化；按求解方法的特点，可将优化方法分为准则法和数学规划法两大类。所谓准则法是根据力学或其他原则，构造达到最优的准则，如满应力准则、优化准则等；然后，再根据这些准则寻求最优解。数学规划法是从解极值问题的数学原理出发，运用数学规划的方法来求解最优解。数学规划法又可以按设计问题优化求解的特点，分为线性规划、非线性规划和动态规划、整数规划、0—1 规划等几大类。

2.3.3 快速响应设计

20 世纪末，世界经济最大的变化是全球买方市场的形成和产品更新换代速度的日益加快，根据对各个时期一些代表性产品更新速度与变化情况的分析可知，一种新产品从构思、设计、试制到商业性投产，在 19 世纪大约要经历 70 年的时间，在 20 世纪两次世界大战之间则缩短为 40 年，第二次世界大战之后至 20 世纪 60 年代更缩短为 20 年，到了 20 世纪 70 年代以后又进一步缩短为 5～10 年，而到现在，许多新产品的更新周期只需 2～3 年甚至更短的时间。这种态势必将导致市场竞争焦点的快速转移。在以快交货 T（Time）、高质量 Q（Quality）、低成本 C（Cost）和重环保 E（Environment）为目标去争取市场份额的市场竞争中，缩短交货期与快速响应市场需求已经成为竞争的第一要素。

在这种时代背景下，市场竞争的焦点就转移到速度上来，即凡能"领先一步"，快速提供更高的性价比产品的企业，将具有更强的竞争力。因此，实施"快速响应工程"以适应市场环境的变化和用户需求的转移是增强企业市场竞争力的有效途径。

1. 快速响应工程

快速响应工程主要包括以下几方面的内容。

（1）建立快速捕捉市场动态需求信息的决策机制

为了提高快速响应的能力，企业首先应能迅速捕捉复杂多变的市场动态信息，并及时做出正确的预测和决策，以决定新产品的功能特征和上市时间。由于用户对现代机械产品的要求越来越高，产品的结构日益复杂，科技含量越来越高，所以使得产品的开发周期趋于延长。如何解决好产品市场寿命缩短和新产品开发周期延长的尖锐矛盾，已经成为决定企业兴衰成败的关键问题。

（2）实现产品的快速设计

产品开发周期包括设计、试制、试验和修改等一系列环节，在明确了新产品的开发项目以后，采用快速响应设计技术，实现快速设计是其非常重要的一环。在快速响应设计技术方面，人们提出了并行工程 CE，面向制造、装配、检验、质量、服务等的设计 DFX，计算机协同工作支持环境 CSCW 和功能分解组合的设计思想，这将引起对现代设计方法和 CAD 发展的新探索。

（3）追求新产品的快速试制定型

在产品开发周期的一系列环节中，除了设计以外的后几个环节可以统称为试制定型阶段。在此阶段加快产品的试制、试验和定型，以快速形成生产力，需要尽量利用 FMS、快速成型 RP（Rapid Prototyping）和虚拟制造 VM（Virtual Manufacturing）等制造自动化的各种新技术。快速成型技术能以最快的速度将 CAD 模型转换为产品原型或直接制造零件，从而使产品开发得以进行快速地测试、评价和改进，以完成设计定型，或快速形成精密铸件和模具等的批量生产能力；虚拟制造技术充分利用计算机和信息技术的最新成果，通过计算机仿真和多媒体技术全面模拟现实制造系统中的物流、信息流、能量流和资金流，可以做到在产品制出之前就能在虚拟环境中形成虚样品（Soft Prototype），以替代传统制造的实样品（Hard Prototype）进行试验和评价，从而大大缩短产品的开发周期。

（4）推行快速响应制造的生产体系

在快速响应工程中推行产品的快速响应制造，必然导致企业从组织形式到技术路线的一系列变革。首先，在企业内部，应改变传统的以注重规模和成本为基础建立起来的生产管理系统和组织形式，并按照快速响应制造的战略思想，探索一套全新的组织生产方式，例如，将生产部门从以功能为基础的工序组合改变为以产品为对象的加工单元，并且尽量采用各种先进的制造技术手段等。

其次，从面向全局的视野出发，以产品为纽带，以效益为中心，不分企业内外与地域差异，实行动态联盟，有效地组织产品的设计、制造和营销。企业在确定产品目标后，可以先进行总体设计，即功能设计、方案设计和经济分析，然后通过公共信息网络，寻找最佳的零部件供应商和制造商，进行跨地区、跨行业的合作，实现生产资源的优化组合，并由承包商按照快速响应的原则进行具体设计，即结构设计、详细设计和工艺设计，并组织产品的快速响应制造，以保证产品及时上市，经由遍布各地的营销网络迅速抢占市场。

2. 实现快速响应设计的关键

实现快速响应设计的关键是有效利用各种信息资源。人类自有文明以来，任何人工制品（即产品）和产品的制造系统均由物质、能量和信息三大要素组成。步入 21 世纪之际，以信息技术为中心的科技革命浪潮汹涌澎湃，知识经济时代已悄然来临，这时，第三大要素——信息就逐渐成为主宰社会生活和生产活动的决定性因素。其主要体现在以下几方面：

首先，在许多现代化产品（尤其是信息产品和机电一体化产品）中，凝聚着信息（知识）的软件已经成为产品的重要组成部分，产品的智能化程度越高，这部分所占的比重就越大。

其次，在产品的制造过程中，需要使用各种信息，包括产品信息和制造信息两大类。所谓产品信息指的是为了正确设计产品和确切描述产品特征所需的信息，包括产品的几何形状、尺寸、精度、材质，以及各种规范和技术知识等；所谓制造信息指的是为了进行某一制造过程，以获得能满足预定要求的产品所需要的各种信息，包括工艺信息和管理信息。

第三，包含在产品中的间接信息。这指的是包含在产品硬件部分的材料（以及标准与外购零部件）中和制造过程所需的能源中的信息。例如一块钢材，作为另一制造过程的产品，从矿石到轧制成材，也需要使用一定的产品信息和制造信息。依此类推，归根结底，人类制造的一切制品都是由自然物（如矿藏、野生动植物、阳光、空气和水等）通过注入各种信息加上一定的能源消耗而制成的。由此可见，随着科技水平和深加工层次的提高，产品的信息含量也越来越高。所谓高科技产品，也就是高信息含量的产品。产品的信息含量越高，信息对产品的交货期、质量和成本的影响也就越大。毫无疑问，高信息产品就意味着高性能、高质量和高价值的产品。

信息同以实物呈现的硬件（材料、能源）相比，具有如下特点，即耗费能量极小、存储性能好（体积、质量小）、渗透力强（传播迅速）、处理方便（加工容易）等。其最大的优点就是共享性极佳。一项新的信息（如软件、知识、经验、资料），虽然需要投入相当的人力、资金，并经历一定的时间进行开发、制作，但是一旦这项信息成果一经造出（获得），其复制（学习）却是极其便捷的，所以大量用户很快可以共享这一成果。

根据这些特点，利用现代计算机和通信技术提供的对信息的高度储存、传播和加工能力，并有效利用产品的信息资源，采取产品信息资源重用和虚拟制造过程以实现快速响应。

产品信息资源的重复使用是指企业在长期的生产活动中，积累和收藏了大量的极其宝贵的产品信息（图样、文件、数据、经验、标准、规范等），对这些信息进行充分挖掘和科学重组，使之资源化，成为有用和便于重复利用的产品信息资源，再将这些信息资源存储在庞大的数据库之中，加上在先期开发中所积累的信息资源，就足以有效地支持对市场的快速响应。重用产品信息资源，其要点是在新产品的设计、研制和制造过程中，尽量重用已有的信息资源（尤其是机电产品中的成熟零部件），对于那些确实必须新制作的产品信息（如新技术、新结构、新零部件），也尽量通过先期的开发活动加以创建。这样，自然能够实现快速响应，尤其是快速设计。

虚拟制造过程是指将有关产品制造过程的信息从实际制造过程中抽取出来，依靠计算机高速大规模的信息处理能力，实现用计算机试验（仿真）、虚拟制造和智能优化组成的一个相对独立的软过程，来代替传统的样机（模型）制作、实物试验、反复修正的硬过程，以达到在产品正式投产之前，就能通过在计算机上的试验、改进和优化，迅速完成对产品的性能预测和设计定型。显然，虚拟制造过程可以比现实制造过程做得更快捷、更灵便、更省钱。例如，计算机仿真无疑比实物试验简便得多。这是利用信息技术实现快速响应的一个范例，尤其对于产品设计定型来说，更具有实际意义。

2.3.4 虚拟设计技术

目前，基于信息实现的快速响应设计包括变形设计、模块化设计、配置设计、虚拟设计及智能设计等，本书只介绍虚拟设计。

随着计算机和信息技术的飞速发展，虚拟设计技术越来越受到企业的重视。全球化、网络化和虚拟化已成为制造业发展的重要特征，实现虚拟设计是制造业虚拟化的重要内容。

虚拟设计是指设计者在虚拟环境中进行设计。设计者可以在虚拟环境中用交互手段对在计算机内建立的模型进行修改。

就"设计"而言，所有的设计工作都是围绕着虚拟原型而展开的，只要虚拟原型能够达到设计要求，则实际产品必定能达到设计要求；而进行传统设计时，所有的设计工作都是针对物理原型（或概念模型）而展开的。就"虚拟"而言，设计者可随时、实时、可视化地对原型在沉浸或非沉浸环境中进行反复改进，并能马上看到修改后的结果；传统设计中，设计者是面向图纸的，是在图纸上用线条、线框勾画出概念设计的。

虚拟设计是以虚拟现实技术为基础的。虚拟现实（Virtual Reality，VR）技术是基于三维计算机图形技术与计算机硬件技术发展起来的高级人机交互技术，能为用户提供逼真的感觉，包括三维视觉、立体听觉、触觉，甚至嗅觉和味觉等多种知觉方式，用户可以利用自然技能，如手摸、头转、身体姿势调整等与虚拟世界进行交互作用，从而使人成为系统集成中的一部分，进入了沉浸—交互—构思，并虚拟地与计算机所建造的仿真环境发生交互的过程。比如，进入"虚拟厂房"，操纵"虚拟机床"，抓取"虚拟零件"，组装"虚拟设备"等。借助于虚拟外设（如头盔式显示器 HMD、跟踪器、数据手套、定位器等），人们就可以沉浸在仿真环境之中，有"身临其境"的感觉，从而完成在现实世界中可能或不可能完成的工作。

虚拟现实主要由以下几部分组成，即交互作用（Interaction）、视觉（Visual Perception）、听觉（Acoustic Perception）、触觉（Tactile Perception）和嗅觉（Olfactory Perception）。

虚拟现实中还有一种称作增强现实（Augment Reality）的技术，它是一种"虚实结合"的人机交互技术，是"看穿（See Through）"计算机生成显示技术。这种技术可以将计算机图像（虚体）叠加在实物（实体）之上，通过这种技术，我们能看到物理世界与虚拟世界的混合体。比如，轿车在进行整车装配时，车身是计算机产生的图像，而底盘、装配环境则是实物，用户可以操作"车身"使之逼真地安放在真实底盘上，从而进行装配分析。

虚拟设计技术将 CAD 延伸并发展为基于虚拟现实的 CAD（VR—CAD）。在沉浸式的虚拟环境中，设计者通过直接进行三维操作（键盘是一维操作，鼠标是二维操作）对产品模型进行管理，以直观自然的方式表达设计概念，并通过视觉、听觉与触觉，反馈并感知产品模型的几何属性、物理属性和行为表现。

在虚拟环境中，产品模型在交互与行为表现上均高度接近于现实产品。设计者无须通过实物样机就能对产品设计结果进行多角度、全方位的分析与验证，以确保产品的可制造性、可装配性、可使用性、可维护性与可回用性，从而为实现"零样机产品开发"提供强有力的支持。

1. 虚拟现实（设计）技术的分类

根据零件的形状设计是否在虚拟环境中进行，可将虚拟设计技术分为虚拟造型与虚拟样机两类。

（1）虚拟造型

虚拟造型以虚拟环境中的形状设计为主要研究内容，它支持设计者在虚拟环境中直接创建、修改和管理 CAD 模型，包括虚拟实体造型、虚拟曲面造型与虚拟特征造型。

（2）虚拟样机

对虚拟样机的定义有两种不同的认识：第一种认识是从计算机图形学的角度出发，认为虚拟样机（Virtual Prototyping, VP）是利用虚拟现实技术对产品模型的设计、制造、装配、使用、维护与回用等各种属性进行分析与设计，以替代或精简物理样机；另一种认识则是从制造的角度出发，广义地认为虚拟样机是通过计算机技术对产品的各种属性进行设计、分析与仿真，以取代或精简物理样机，称为数字样机（Digital Mockup, DMU）。

虚拟样机的特点是与实际产品具有相同的几何结构与几何尺寸、相同的颜色和纹理；虚拟样机与实际产品具有相同或相近的运动学与动力学属性。虚拟环境中零件间的相互作用反映了实际产品中零件间的相互作用；在外部环境的激励下，虚拟样机能做出与实际产品相同或相近的行为响应。因此，利用虚拟样机可以有效地精简物理样机制作，从而降低产品开发的成本，并大幅度地缩短产品上市的时间。

（3）虚拟造型与虚拟样机的关系

虚拟样机与虚拟造型既相对独立，又相互关联，往往难以截然分开。随着虚拟环境中产品设计技术的进一步成熟与发展，虚拟造型与虚拟样机将逐步融合，即在虚拟环境中进行形状设计的同时应允许设计者实时交互地修改与编辑产品的形状。

2. 虚拟设计的优点

1）它继承了虚拟现实技术的所有特点；
2）它继承了传统 CAD 设计的优点，便于利用原有成果；
3）它具备仿真技术的可视化特点，便于改进和修正原有设计；

4）它支持协向工作和异地设计，利于资源共享和优势互补，从而缩短了产品开发周期；

5）它便于利用和补充各种先进技术，有利于保持技术上的领先优势。

基于虚拟现实技术的虚拟设计系统采用的输入设备有数据手套、三维鼠标、语音系统以及其他跟踪设备。通常，一个虚拟设计系统应具备三个功能，即 3D 用户界面、选择参数、数据表达与双向数据传输。它是基于多媒体的、高交互的、浸入式或半浸入式的三维计算机辅助设计环境。在这样的虚拟环境中，设计者不仅能够自始至终在三维空间里观察、漫游和分析设计结果，而且能够直接在三维空间中通过三维操作、语音指令、手势等高度交互的方式进行三维实体建模和装配建模，并且最终生成精确的几何模型以支持详细设计与变动设计，包括视觉反馈、声音反馈、力反馈等，让设计者与被设计对象间建立起双向的关系。同时，它能在同一环境中进行一些相关分析，从而满足工程设计和应用的需要。

2.3.5　并行设计

自 20 世纪 80 年代中期以来，世界各发达国家将先进制造技术的理论研究与工程实践重点逐步转移到以产品开发为中心，并面向整个产品生命周期的设计方向上来，并行工程与其说是一种先进的制造模式，不如说是一种先进的设计模式，这是因为设计在并行工程中占据主导地位，因此，并行工程的核心是并行设计。

1. 并行设计的产生

随着全球化市场竞争的日益激烈，在变得越来越生气勃勃的周围环境中，产品的生命周期变得越来越短，企业所提供的产品不仅越来越复杂，而且越来越多样，而批量却越来越小。在这样的环境中，将来产品所占的市场份额、内部的周转时间和创造价值的成本明显地取决于面向时间的开发设计。在激烈的市场竞争中，不再是"大吃小"，而是"快吃慢"，这充分表达了时间这个因素具有特别重要的意义。

世界上的工业发达国家都在大量采用先进的技术手段，努力缩短产品开发的周期。并行设计正是在市场激烈竞争的背景下，为缩短产品的开发周期，同时提高产品质量、降低设计制造成本，而逐步形成和建立起来的新的设计思想和策略方法。

2. 并行设计的内涵

传统的设计是串行设计的过程，串行开发的模式通常是递阶结构，各阶段的工作按顺序进行，一个阶段的工作完成后，下一个阶段的工作才开始，各个阶段依次排列，且各阶段都有自己的输入和输出，如图 2.4 所示。

在串行设计过程中，由市场调查部门负责分析消费者或客户的需求，并将销售计划提交给计划部门，计划部门分析生产中的技术需求，然后将信息提交给产品设计小组，由产品设计小组独自设计产品，直至完成。最后将设计结果送去加工制造。由于设计部门一直独立于生产加工过程，其开发的产品很少能一次就可以投入批量生产，设计过程中的错误往往要在后期，甚至在制造阶段才能被发现，这样就形成了设计—制造—修改设计—重新制造的大循环，导致产品开发周期长、开发成本高、质量无法保证等问题。

串行设计方法通常具有以下缺点：以顺序过程为前提，即前一个阶段完成后，下一个阶段才能开始，因此设计时间长，满足不了市场变化的需求；经常进行设计修改，增加了产品的生产费用。

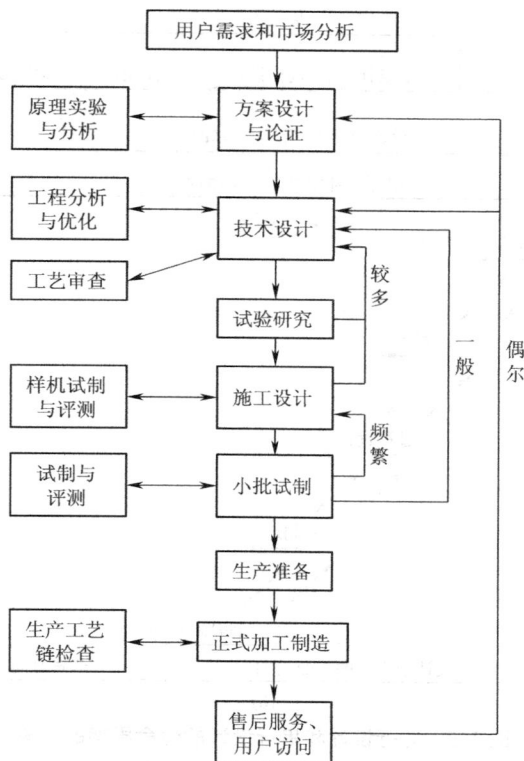

图 2.4　串行设计过程

　　并行设计是先进制造领域经常采用的设计模式，它是计算机技术、网络技术、通信技术等发展到一定阶段并应用于产品设计中，经过系统地重组、优化而产生的设计方法。与串行设计相比，并行设计中同一时刻内可容纳更多的设计活动，使设计活动尽可能并行进行，以此来减少整个设计过程所用的时间。它在产品开发的设计阶段即考虑产品整个生命周期中的制造、装配、测试和维护等环节的影响，并通过各环节的并行集成缩短产品的开发时间，提高产品的设计质量，降低产品成本。并行设计也将产品开发周期分解成许多阶段，如需求分析、方案设计等，每个阶段各有自己的时间段，然后组成全过程，某些阶段在时间段上有一部分是相互重叠的。

　　图 2.5 所示为并行设计和串行设计的生命周期的比较，在并行设计中，当前工作小组可以在前面的工作小组完成任务之前就开始他们的工作，他们所获得的、前一个工作小组传递来的信息可能是不完备的，但他们仍可利用这些不完备的信息开始自己的工作。与串行设计的一次性输出结果不同，相关的工作小组之间的信息输出与传送是持续的，设计工作每完成一部分，就将结果输出给相关过程，设计工作逐步完善，当工作小组不再有输入需求时，设计工作就完成了。所有的工作小组不仅要做好本小组的工作，更需要考虑到整个设计团队的工作，设计小组应该把完成与相关小组的需求看成自己必须完成的工作。

　　并行设计的特点是"集成"与"并行"。所谓"集成"是指在信息集成的基础上，更强调过程的集成。信息集成主要是针对企业在设计、管理和加工制造过程中需要和产生的大量数据进行统一管理，达到正确、高效的数据交换和共享的目标。过程集成需要优化和重组产品的开发过程，并组织多学科专家队伍，在协同工作环境下，齐心协力，共同完成设计任务。

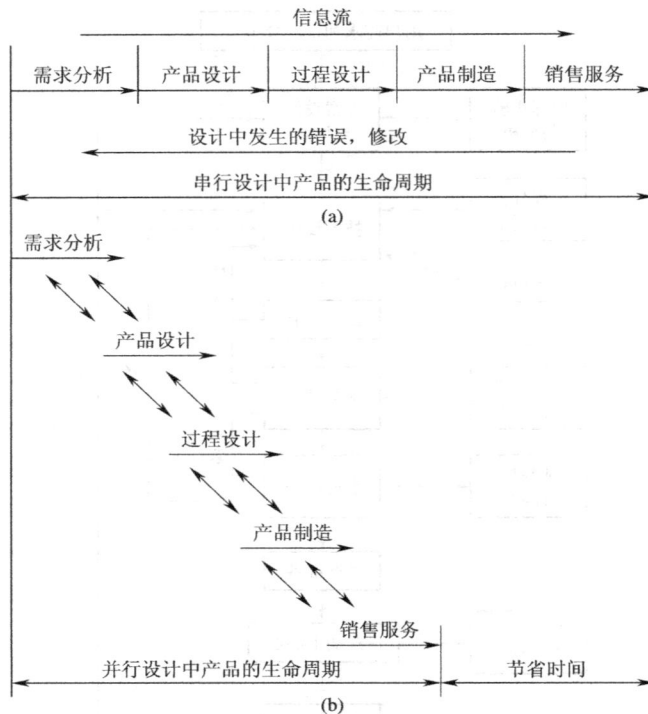

图 2.5 并行设计和串行设计的生命周期的比较

（a）串行设计；（b）并行设计

3. 并行设计的技术特征

1）产品开发过程的并行重组。产品开发是一个从市场获得需求信息，据此构思产品开发方案，最终形成产品并投放市场的过程。虽然在产品开发过程中并非所有步骤都可以平行进行，但根据对产品开发过程的信息流分析，可以通过一些工作步骤的平行交叉，大大缩短产品的开发时间。

2）支持并行设计的群组工作方式。在工业化社会大生产的环境下，设立供应、销售、设计、工艺、制造等部门是必要的，但产品开发过程的并行化要求与产品开发有关的各部门的工程技术人员不再是"你方唱罢我登场"，而是同时工作、共同工作，因而需要确立一种新的组织形式和工作方式，这就是由各有关部门工程技术人员组成的产品开发工作群组（必要时还可分成若干小组）。在产品开发过程中，有关人员同时在线，有关信息同时在线，工作步骤交叉平行，这是工作群组工作方式区别于传统串行工作方式的鲜明特点。

3）并行设计对数据共享的要求。在并行设计环境中，由于不同设计阶段需要同时进行，每个阶段生成（或需要）的数据，在没有完成设计之前，数据模型和数据共享的管理是不完整的。所以，为了支持并行设计，企业必须有一个统一的产品信息模型，产品设计过程是一个产品信息由少到多、由粗到细，不断创作、积累和完善的过程，这些信息不仅包含完备的几何形状、尺寸信息，而且还包含精度信息、加工工艺信息、装配工艺信息和成本信息等。二维几何模型显然不能满足这一要求，仅包含几何信息的三维模型也不能满足这一要求。因此，并行设计的产品信息模型应能将来自不同部门、不同内容、不同表述形式、不同抽象程度、不同关系和不同结构的产品信息包容在一个统一的信息模型之中。

4）并行设计过程中对产品模型的更改。无论是串行设计还是并行设计，对设计的更改总是不可避免的，更改应体现在产品数据模型的更改上。为了使上游设计更改所产生的新版本数据不致引起下游活动从头开始，需要建立一种具有人工智能的处理不完备、不确定信息功能的数据更改模式。正因为产品的设计过程是一个产品信息由少到多、由粗到细的过程，因此在设计初期，有关产品的信息往往是不完备，甚至是不确定的。同时，在产品设计的全过程中，要处理的信息是多种形式的，既有数字信息，又有非数字信息；既有文字信息，又有图像信息；还要涉及大量的知识型信息（概念、规则等）。因此，并行设计系统一定要具有能处理以上这些信息的人工智能。

5）基于时间的决策。设计的过程是优化决策的过程，实施并行设计的首要目标是大幅度缩短产品的开发周期，因此要通过一系列的优化决策来组织、指导并控制产品的开发过程，使之能以最短的时间开发出优质的产品。实践证明：面对多个方案，特别是其属性（评判指标）多于 4~5 个时，完全依靠人为的"拍脑袋"方式已很难作出正确的决策。因此，要应用多目标优化、多属性决策，尤其是多目标群组决策的方法。

6）分布式软硬件环境。并行设计意味着在同一时间内多机、多程序对同一设计问题并行协同求解，因此，网络化、分布式的信息系统是其必要的条件。并行设计面向对象的软件系统，分布式的知识库与数据库能够根据产品设计的要求动态编联成相互独立的模块，并在多台终端上同时运行，并利用网络的机间通信功能实现相互之间的同步协调。

7）开放式的系统界面。并行设计系统是一个高度集成化的系统。它一方面应具有优良的可扩展性与可维护性，并可以按照产品开发的需要将不同的功能模块组成能完成产品开发任务的集成系统；另一方面，并行设计系统又是整个企业计算机信息系统的组成部分，在产品开发过程中，该系统必须能与其他系统进行频繁的数据交换。因此，开放式的系统界面对并行设计系统是至关重要的。

并行设计中的几个关键技术是设计过程重组、多学科设计队伍的组织、产品生命周期数字化定义以及协同工作环境等。

2.3.6　绿色设计

自 20 世纪 70 年代以来，工业污染导致的全球性环境恶化达到了前所未有的程度，迫使人们不得不重视环境污染的现实。日益严重的生态危机要求全世界的工商企业采取共同行动来加入环境保护的行列，以拯救人类赖以生存的地球，并确保人类的生活质量和经济持续健康的发展。20 世纪 90 年代以来，各国的环保战略开始经历一场新的转折，全球性的产业结构调整呈现出新的绿色战略的趋势，这就是在向资源利用合理化、废弃物产生少量化、对环境无污染或少污染的方向发展。在这种"绿色浪潮"的冲击下，绿色产品逐渐兴起，相应的绿色产品的设计方法也就成为目前的研究热点。工业发达的国家在进行产品设计时努力追求小型化（少用料）、多功能化（一物多用，少占地）和可回收利用（减少废弃物的数量和污染）；在生产技术方面追求节能、省料、无废或少废、闭路循环等，这些都是实现绿色设计的有效手段。

1. 绿色产品的定义及内涵

绿色产品 GP（Green Product）或称为环境协调产品 ECP（Environmental Conscious Product）是相对于传统产品而言的。由于对绿色产品的描述和量化特征还不十分明确，因此，目前，它还没有公认的权威定义。不过，我们通过分析对比现有的不同定义，仍可对绿色产品有一个基本的认识。以下即为绿色产品的几种定义：

1）绿色产品是指以环境和环境资源保护为核心概念而设计和生产的可以拆卸并分解的产品。其零部件经过翻新处理后，可以重新使用。

2）绿色产品是指从生产到使用乃至回收的整个过程都符合特定的环境保护要求，对生态环境无害或危害极小，以及利用资源再生或回收循环再利用的产品。

从上述这些定义可以看出，虽然描述的侧重点各有不同，但其实质基本一致，即绿色产品应有利于保护生态环境，不产生环境污染或使污染最小化，同时有利于节约资源和能源，且这一特点应贯穿于产品生命周期的全过程。因此，综合上述分析，我们可以给出绿色产品的下述定义以供参考：绿色产品就是在其生命周期全过程中，符合特定的环境保护要求，对生态环境无害或危害极小，对资源利用率最高且能源消耗最低的产品。

基本属性与环境属性紧密结合的绿色产品应具有以下三方面的内涵：

1）最大限度地保护环境。即产品从生产到使用乃至废弃、回收处理的各个环节都对环境无害或危害极小。这就要求企业在生产过程中选用清洁的原料，使用清洁的工艺过程，生产出清洁的产品；用户在使用产品时不产生环境污染或只有微小污染；报废产品在回收处理过程中产生的废弃物很少。

2）最大限度地利用材料资源。绿色产品应尽量减少材料的使用量，减少使用材料的种类，特别是减少稀有、昂贵材料及有毒、有害材料的使用量。这就要求在进行产品设计时，在满足产品基本功能的条件下，应尽量简化产品结构，合理使用材料，并使产品中零件材料能最大限度地再利用。

3）最大限度地节约能源。绿色产品在其生命周期的各个环节所消耗的能源应最少。

2. 绿色产品设计的概念及评价标准

绿色产品设计是以环境资源保护为核心概念的设计过程，它要求在产品的整个生命周期内把产品的基本属性和环境属性紧密地结合起来，在进行设计决策时，除满足产品的物理目标外，还应满足其环境目标，以达到优化设计的要求。进行绿色设计需要考虑的主要因素有产品的基本属性、技术的先进性、环境保护、劳动保护、资源和能源的优化利用、产品的生命周期成本以及资源再生的物流循环等。

绿色产品至今尚无严格的可供遵循的行业标准，但在市场层面上的绿色产品的标准已经得到公认，即产品在使用过程中只消耗少量能源和资源且不污染环境，产品在使用后易于拆卸、回收和翻新或能够安全废置并长期无虑。

传统的产品设计主要考虑产品的基本属性（功能、质量、寿命、成本）而较少考虑到环境属性。过去，在进行产品设计时，设计人员主要根据该产品的基本属性指标进行设计，其设计指导原则是只要产品易于制造并具备要求的功能、性能即可。由此可见，在传统的产品设计过程中很少或根本没有考虑资源再生利用，以及产品对生态环境的影响等问题。按传统设计生产制造出来的产品，在其使用寿命结束后就成为一堆废弃物垃圾，其回收利用率低，对资源、能源的浪费严重，特别是其中含有的有毒、有害物质，会严重污染生态环境并影响生产发展的可持续性。

绿色设计就是实现产品绿色要求的设计。其目的是克服传统设计的不足，使所设计的产品具有绿色产品的各个特征。与传统设计不同的是，绿色设计包含产品从概念形成到生产制造、使用乃至废弃后的回收、重用及处理处置的各个阶段，即涉及产品整个生命周期，是从摇篮到再现的过程。也就是说，要从根本上防止污染、节约资源和能源，关键在于设计与制造，要预先设法防止产品及工艺对环境产生的副作用，然后再进行制造，这就是绿色设计的基本思想。

概括起来，绿色设计是这样一种方法，即在产品的整个生命周期内，优先考虑产品的环境属性（可拆卸性、可回收性、可维护性、可重复利用性等），并将其作为设计目标，在满足环境目标要求的同时，保证产品应有的基本性能、使用寿命和质量等。图 2.6 所示为传统产品设计过程与绿色设计过程的对比。

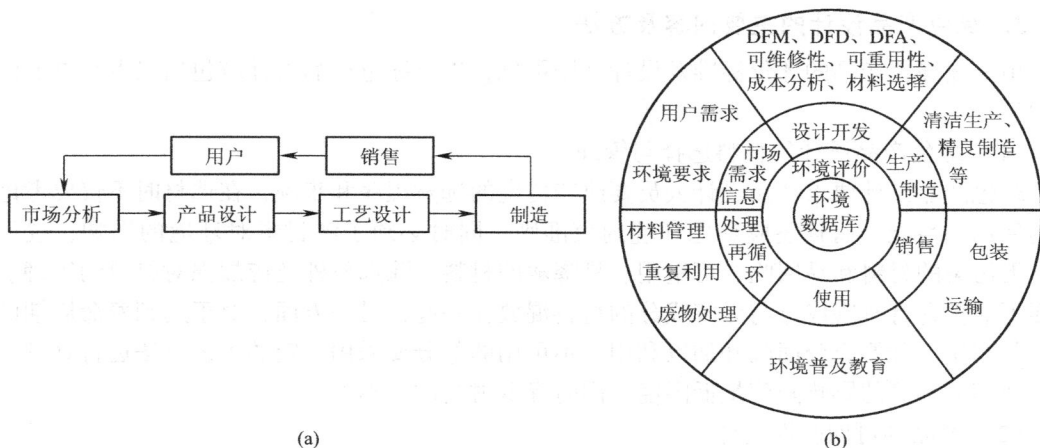

图 2.6　传统产品设计过程与绿色设计过程的对比
（a）传统产品设计过程；（b）绿色设计过程

由此可见，绿色设计与传统设计的根本区别在于，绿色设计要求设计人员在设计构思阶段，就要把降低能耗、易于拆卸、再生利用和保护生态环境与保证产品的性能、质量、寿命、成本等方面的要求列为同等重要的设计目标，并保证在生产过程中能够顺利实施。

对于机械产品，绿色设计的准则包括以下几方面：

（1）与材料有关的准则

这些准则包括：少用短缺或稀有的原材料，多用废料、余料或由回收材料制成的原材料；尽量寻找短缺或稀有原材料的代用材料；减少所用材料的种类，并尽量采用相容性好的材料，以利于废弃后的产品的分类回收；尽量少用或不用有毒、有害的原材料；优先采用可再利用或再循环的材料。

（2）与结构有关的准则

在结构设计中树立"小而精"的设计理念，通过产品的小型化尽量节约资源的使用量，如采用轻质材料、去除多余的功能及减小产品质量等。简化产品结构，提倡"简而美"的设计原则；采用模块化结构设计和易于拆卸的连接方式，并尽量减少紧固件的数量；在耐用的基础上赋予产品合理的使用寿命，同时考虑产品报废的因素，并努力减少产品在使用过程中的能量消耗；在设计过程中，注重产品的多品种及系列化，避免大材小用、优品劣用的情况发生；尽可能简化产品的包装，采用适度的包装，使包装可以多次重复利用或便于回收，且不会产生二次污染。

（3）与制造工艺有关的准则

这些准则包括：改进和优化工艺技术，提高产品合格率；采用合理的工艺，简化产品加工流程，减少加工工序，以求生产过程中的废料最少化，并避免不安全因素；减少生产过程中的污染物排放。

（4）绿色设计的管理准则

规划绿色产品的发展目标，将产品的绿色属性转化为具体的设计目标，这就是绿色设计的管理准则。为绿色设计定义量化的方法，使设计人员依据量化的标准来设计产品的性能参数、工艺路径和工艺参数，以确定合适的产品制造技术；设计人员应考虑产品对环境产生的附加影响和产品废弃后的回收、重用等问题。

3. 绿色产品设计的主要内容及方法

由上述绿色产品的评价标准及设计准则可见，进行绿色产品设计应包括以下几方面的主要内容。

（1）绿色产品设计的材料选择与管理

绿色产品设计要求产品设计人员要改变传统的选材程序和步骤，在选材时不仅要考虑产品的使用和性能，而且还应考虑环境约束准则，同时必须了解材料对环境的影响，选用无毒、无污染的材料和易回收、可重用、易降解的材料。除选材外还应加强对材料的管理。一方面不能把含有有害成分与无害成分的材料混放在一起；另一方面，对于达到寿命周期的产品，其有用部分要充分回收并加以利用，不可用的部分要采用一定的工艺方法进行处理、回收，使其对环境的影响降到最低限度，同时降低材料的成本。

（2）产品的可回收性设计

可回收性设计是在产品设计初期就充分考虑其零件材料的回收可能性、回收价值大小、回收处理方法、回收处理结构工艺性等与回收有关的一系列问题，以达到零件材料资源、能源的最大利用，并把对环境的污染降到最少的一种设计思想和方法。可回收性设计的内容主要包括以下四方面：① 可回收材料及其标志；② 可回收工艺与方法；③ 可回收性经济评估；④ 可回收性结构设计。

（3）产品的可拆卸性设计

可拆卸性是绿色产品设计的主要内容之一，它要求在产品设计的初级阶段就将可拆卸性作为结构设计的一个评价准则，使所设计的结构易于拆卸、维护方便，并在产品报废后，对其可重用部分进行充分有效地回收和重用，以达到节约资源和能源、保护环境的目的。可拆卸结构设计有两种类型：一种是基于成熟结构的"案例"法；另一种则是基于计算机技术的自动设计方法。

（4）绿色产品的成本分析

绿色产品的成本分析与传统的成本分析截然不同。由于在产品设计的初期就必须考虑产品的回收、再利用等性能，因此，在进行成本分析时，必须考虑污染物的替代、产品拆卸、重复利用的成本以及特殊产品相应的环境成本等。同样的环境项目，在各国或地区间的实际费用也会形成企业间成本的差异。因此，绿色产品的成本分析，应在每一个设计选择时进行，以便设计出的产品更绿色环保且成本更低。

（5）绿色产品设计数据库

绿色产品设计数据库是一个庞大复杂的数据库，对绿色产品的设计过程起着举足轻重的作用。该数据库应包括与产品寿命周期中的环境、经济等有关的一切数据，如材料成分、各种材料对环境的影响值、材料的自然降解周期、人工降解时间、费用以及在制造装配、销售、使用过程中所产生的附加物的数量及其对环境的影响值，还包括环境评估准则所需的各种判断标准等数据。

4. 绿色产品设计的关键技术

（1）面向环境的设计技术

面向环境的设计 DFE（Design for Environment），又称绿色设计 GD（Green Design），是以面向环境的技术为原则而进行的产品设计。面向环境的设计是一种系统化的设计方法，即在产品的整个生命周期内，以系统集成的观点来考虑产品的环境属性（可拆卸性、可回收性、可维护性、可重复利用性和人身健康及安全性等）和基本属性，并将其作为设计目标，使产品在满足环境目标要求的同时保证其应有的基本性能、使用寿命和质量等。

（2）面向能源的设计技术

面向能源的设计技术是指用对环境影响最小和资源消耗最少的能源供给方式来支持产品的整个生命周期，并以最少的代价获得能量的可靠回收和重新利用的设计技术，从而全面地指导、优化产品的设计过程。

面向能源的设计技术要求包括以下几方面：

1）在设计理念上，采用合适的能源供给形式；

2）设计中，在满足功能的前提下，尽量优化能源消耗路径和方式，使能量供给或能量消耗保持在最佳的低点；

3）充分预见各环节、各种能耗机构的能量耗散形式，并寻求最合理、最高效、最低成本的回收手段和重新利用的方法；

4）要考虑对所设计产品的加工工艺、制造过程中的能源消耗等加以控制和优化；

5）在产品的拆卸、维修或回收重用过程中，能估算出能量的消耗，并从能量控制的角度确定合理的拆卸路径、可重用部件及其与所付出的能量代价的关系。

面向能源的设计技术的主要作用包括以下几方面：

1）为节约能源提供现代化的技术评估手段；

2）为合理、有效地利用新能源提供理论依据、设计指导和实施方法；

3）为能源的有效回收及合理重用提供基本依据和可能性；

4）为在设计过程中全面优化各环节的能量消耗提供计算、修正与改进的原理和方法。

（3）面向材料的设计技术

在传统的产品设计中，由于在材料选用上较少考虑其对环境的影响，因而在产品的制造、消费过程中对环境产生了一定的危害，如氟里昂的使用导致了臭氧层的破坏；矿物燃料的使用使大气中 CO_2 的含量过高，从而产生了温室效应等。

面向材料的设计技术是以材料为对象，在产品的整个生命周期（设计、制造、使用、废弃）中的每一个阶段，以材料对环境的影响和有效利用作为控制的目标，在实现产品功能要求的同时，使其对环境污染最小和能源消耗最少的绿色设计技术。

面向材料设计技术的内容包括以下几方面：

1）产品计划阶段。用产品的技术性、经济性和环境性三维指标进行新产品设计的可行性分析，选择对环境污染小的绿色材料并加以有效利用，确定出各种可行的、与环境协调的设计方案。

2）方案设计阶段。在对各种可行性方案进行功能及经济分析的同时，还要对能满足功能需求的各种材料进行环境性能评价，以选择出综合性能最优的设计方案。

3）结构设计阶段。我们所设计的结构即要具备应有的功能、良好的工艺性，同时还要满足易于拆卸和回收的目标。

4）详细设计阶段。对产品所使用的材料按其拆卸性能、回收性能和重复利用性能进行统计建库，以便产品废弃后材料的回收与处理。

面向材料的设计技术的核心是为产品设计选择绿色的材料，从根本上减少环境污染，降低资源和能源消耗。绿色材料（Green Material），又称环境协调材料，是指从原材料获取、生产、加工、使用、再生和废弃等生命周期全程中具有较低的环境负荷值、较高的可循环再生率和良好的使用性能的材料。环境负荷主要包括资源摄取量、能源消耗量、污染排放量及其危害、废物排放量及其回收和处置的难易程度等因素。

（4）人机工程设计技术

人机工程设计技术是以人机工程学理论为基础的、面向人的产品设计技术。人机工程又称为人体工程（美国称为 Human Factors，欧洲国家称为 Ergonomics），它是依据人的心理和生理特征，利用科学技术成果和数据去设计的技术系统，并使之符合人的使用要求，通过改善环境、优化人机系统，使之达到最佳配合，从而以最小的劳动代价换取最大的经济成果的技术系统。人机工程设计的目标是在系统的约束条件下，提高工作的有效性，提高生产率及产品质量，减少操作者可能出现的失误，并降低操作者的体力和脑力消耗，使之尽可能地适合不同水平的操作者使用，尽可能地简化操作、降低劳动强度、改善工作条件，并尽量使之符合操作者的心理和生理特征，使操作者轻松愉快地完成工作，以达到人机系统的最佳效率与效能。在设计这种技术系统时，要注意合理地分配操作者和技术系统之间的工作，在协调人—机工作时，要尽可能地放宽对操作者的技术要求，确保人的安全和身心健康。人机工程学是 20 世纪 40 年代以后发展起来的新兴学科，顾名思义，人机工程学的研究对象自然是人。但是，与其他研究人的科学不同的是，它研究的是处于系统中的人，即将人放在"人—机—环境"这样一个系统中进行研究，从而建立起解决劳动工具与劳动主体之间矛盾的理论和方法，这就是人机工程学的基本内涵。系统中的人作为一个完整的概念，既不是单独指人，也不是单独指系统，它是一个关于二者的内在联系的概念。因此，人机工程学并非孤立地研究人，它也研究系统的其他组成部分，以便根据人的能力与特性来设计和改造系统。

人机工程所涉及的学科包括心理学、实验心理学、生理学、数理统计学、工程、工业工程、系统科学和环境科学等。

人机工程技术在解决系统中人的问题方面，主要有以下两条技术途径：

1）通过设计使机器和环境（可控环境）适合于人；

2）通过最佳选择和培训等方法，使人适应于机器和环境。

人机工程技术的发展反映出，在利用和改造自然的漫长历程中，人类对自己与外部世界的关系有了新的认识：自然和环境不再被当作与人对立的力量，人与自然、人与环境之间应该建立和谐的关系。人机工程的意义和作用正是在于它为我们创造这种"和谐"提供了途径，它属于"绿色"设计的技术范畴。

人机工程技术的地位主要由两方面决定：其一是人机工程技术被大量地应用于军事科技和高技术产品中人机界面的设计与研究；其二是人机工程技术对人的高效、安全、可靠和保证身心健康方面起到了不可或缺的作用。

"人—机"系统是由人设计和建立起来并逐步完善的系统。系统的过程都是由人来操作、控制、观察、监督和维护的。由于现代技术的不断发展和应用，使得人在"人—机"系统中的作用发生了一定的变化，而系统本身也随之发生了相应的变化。但是，无论怎样，人始终起着主导作用。然而从"人—机"系统的设计来说，其主要矛盾方面是机器的设计，是使机器的设计适合人的要求。为了充分发挥人和机器的作用，使整个"人—机"系统能高效、可靠、安全、经济和操作方便，就要从机器造型设计的构思开始，充分考虑人的生理和心理特点，使整个"人—机"系统适应人的要求。

在军事和高科技领域，人机工程技术的发展已成为系统分析与设计的一个相对独立的组成部分；在管理科学领域，特别是工业工程领域，人机工程的发展将成为分析和设计人机系统配置、作业组织形式和人的技能结构的关键技术；在工业设计领域，人机工程技术的发展将成为理性主义设计风格与设计职业化的重要设计理论和依据。未来，高情感和人性化设计的技术基础也应是人机工程技术。

人机工程技术发展的另一个特点是系统的科学化，即采用系统的思想和方法处理人—机关系问题。人机工程技术近期发展的重要方向是高技术化，即通过在计算机内建立动态的人—机—环境系统模型，来分析和模拟人的心理与生理因素、作业条件和任务指标，从而设计出产品或系统的最佳设计方案，从根本上解决系统中人的问题。

2.4　机械制造装备设计的评价

工程设计具有多约束性、多目标性和相对性三个特点，其工作过程是分析、综合、评价和决策过程的反复运用，因此，评价在设计工作中具有重要的意义。评价不仅是为决策提供依据，而且也为发现问题、改善设计工作提供依据，所以，应该学习与掌握评价的原理与方法，以便建立正确的设计思想。评价的方法有很多种，结合机械制造装备设计的特点其主要包括以下内容：技术经济评价、可靠性评价、人机工程学评价、结构工艺性评价、产品造型评价和标准化评价。

1. 技术经济评价

我们设计的产品在技术上应具有先进性，在经济上应具有合理性。技术的先进性和经济的合理性往往是相互矛盾的。技术经济评价就是通过深入分析这两方面的问题，建立目标系统和确定评价标准，并对各设计方案的技术先进性和经济合理性进行评分，以给出综合的技术经济评价。技术经济评价的步骤大致分为以下几个阶段：

（1）建立评价目标树和评价目标

对于技术系统来说，其实际评价目标通常不止一个，而是由它们组成了一个评价目标系统。为了保证评价目标建立的科学性，可采取将总目标逐层分解的方法，形成评价目标树，如图 2.7 所示。其中 Z 为总目标，Z1、Z2 为第一级子目标，Z11、Z12、Z13 为 Z1 的子目标，最后一级子目标为评价目标中的具体评价目标，又称评价标准。

评价目标或标准通常选择设计要求和约束条件中较重要的项目，一般不超过 6～10 项，项目过多会使评价工作过于复杂，且容易掩盖其主要影响因素。

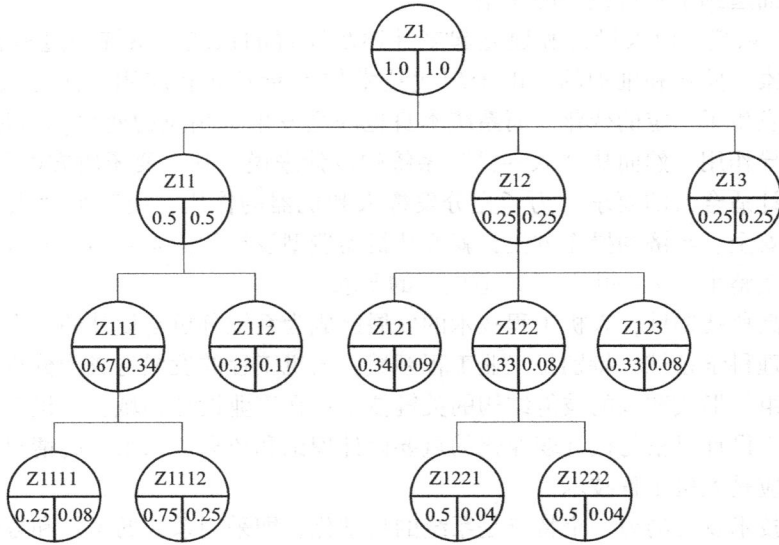

图 2.7 目标系统与重要性系数

在评价目标体系中，各评价目标的重要程度是不同的，因此应使用重要性系数（加权系数）以示区别。为了便于计算，每个评价目标的重要性系数均是小于 1 的数，但各目标重要性系数之和应等于 1。因此，各目标的重要性系数可根据目标树，用相对重要性系数相乘求出。如图 2.7 所示，每个评价目标圆圈内有两个数字，左边的数字表示隶属于同一上级目标的各子目标之间的相对重要性系数，其总和也应等于 1；右边数字表示本目标的重要性系数，其值等于它的相对重要性系数与相关各上级目标的相对重要性系数的乘积，如 Z1112 的重要性系数为

$$0.75 \times 0.67 \times 0.5 \times 1.0 = 0.25$$

隶属于同一上级目标的各同级目标之间的相对重要性系数可采用经验法得出，即由设计人员或设计组共同商定，也可采用判别表计算法求出。

（2）确定各设计方案的评价分数

算出目标系统中每个评价标准（树叶）的重要性系数后，可按评价标准确定每一个设计方案的评价分数，评价分数可按 5 分制（0～4）或 10 分制（0～9）给出。评价分数的大小代表了技术方案的优劣程度。

确定评价分数的方法如表 2.2 所示，将目标系统树中的每个评价标准（树叶）及其重要性系数填写在表的前 3 列，第 4～5 列为每个评价标准的特征说明及其计算方法。在表的其余部分列入待比较的 m 个设计方案，每个设计方案的栏内有三列，分别是特征值、评价值和加权值。"特征值"列中填入按特征计算方法算出的值。将各"评价标准"行中各设计方案算出的特征值（$T_{ij}, j = 1, 2, 3, \cdots, m$）按其大小排列，特征值最小的评价分数取"0"分，最大的取"9"或"4"分，处于中间的特征值则按 10 分制（0～9，打分较细）或 5 分制（0～4，打分较粗）打分，并分别填写在"评价值"列中。"加权值"的值等于评价值乘以评价标准的重要性系数，即

$$q_{ij} = Q_i p_{ij}$$

表 2.2　设计方案评价分数的确定

评价标准			特征		设计方案 1			⋯	设计方案 j			⋯	设计方案 m		
No	内容	重要性系数	说明	计算方法	特征值	评价值	加权值	⋯	特征值	评价值	加权值	⋯	特征值	评价值	加权值
1		Q_1			T_{11}	P_{11}	q_{11}	⋯	T_{1j}	P_{1j}	q_{1j}	⋯	T_{1m}	P_{1m}	q_{1m}
2		Q_2			T_{21}	P_{21}	q_{21}	⋯	T_{2j}	P_{2j}	q_{2j}	⋯	T_{2m}	P_{2m}	q_{2m}
3		Q_3			T_{31}	P_{31}	q_{31}	⋯	T_{3j}	P_{3j}	q_{3j}	⋯	T_{3m}	P_{3m}	q_{3m}
⋮	⋯	⋯			⋯	⋯	⋯		⋯	⋯	⋯		⋯	⋯	⋯
I		Q_1			T_{11}	P_{11}	q_{11}	⋯	T_{1j}	P_{1j}	q_{1j}	⋯	T_{1m}	P_{1m}	q_{1m}
⋮	⋯	⋯			⋯	⋯	⋯		⋯	⋯	⋯		⋯	⋯	⋯
n		Q_n			T_{n1}	P_{n1}	q_{n1}	⋯	T_{nj}	P_{nj}	q_{nj}	⋯	T_{nm}	P_{nm}	q_{nm}
总权重值					ZQ_1			⋯	ZQ_j			⋯	ZQ_m		
技术评价					T_1			⋯	T_j			⋯	T_m		
经济评价					E_1			⋯	E_j			⋯	E_m		
技术经济评价					TE_1			⋯	TE_j			⋯	TE_m		

（3）计算总权重值 ZQ_j

将每个初步设计方案的 n 个"加权值"进行累加，即可得出该方案的总权重值，第 j 个初步设计方案的总权重值 ZQ_j 可由下式算出

$$ZQ_j = \sum_{i=1}^{n} q_{ij}$$

（4）计算技术评价 T_j

设 m 个设计方案的总权重值的最大值是 $Q_{\max}$，则技术评价 T_j 的计算方法如下：

$$T_j = \frac{ZQ_j}{Q_{\max}}$$

技术评价值越高，表示方案的技术性能越好，技术评价值为最大值，也就是等于"1"的方案是技术上最理想的方案；技术评价值小于 0.6 的方案在技术上不合格，必须加以改进，或者被淘汰；技术评价值处于 1~0.6 之间的方案在技术上是可行的。

（5）计算经济评价 E_j

产品的成本主要是由产品的工作原理和结构方案确定的，经济评价是理想生产成本 C_L 与实际生产成本 C_S 之比，即

$$E_j = \frac{C_L}{C_S}$$

通常，理想成本 C_L 应低于市场同类产品最低价的 70%。经济评价 E_j 越大，代表其经济效果越好，$E_j = 1$ 的方案在经济上最理想，如果经济评价值小于 0.7，说明方案的实际生产成本大于市场同类产品的最低价，一般不予考虑。

（6）技术经济评价

设计方案的技术评价 T_j 和经济评价 E_j 通常不会同时都达到最优，所以，进行技术和经济的综合评价才能最终选出最理想的方案。技术经济评价 TE_j 有两种计算方法：

1）当 T_j 和 E_j 的值相差不太悬殊时，可用均值法计算 TE_j 值，即

$$TE_j = \frac{(T_j + E_j)}{2}$$

2）当 T_j 和 E_j 的值相差很悬殊时，建议采用双曲线法计算 TE_j 值，即

$$TE_j = \sqrt{T_j + E_j}$$

技术经济评价值 TE_j 越大，该设计方案的技术经济综合性能越好，一般 TE_j 值不应小于 0.6。

2. 可靠性评价

可靠性是指产品在规定的条件下和规定的时间内完成规定任务的能力。这里所谓的"规定条件"包括使用条件、维护条件、环境条件和操作技术等；"规定的时间"可以是某个预定的时间，也可以是与时间有关的其他指标，如作用或重复次数、距离等。"规定任务"是指产品应具有的技术指标。

（1）可靠性特征量

表示产品可靠性水平高低的各种可靠性数量指标称为可靠性特征量。可靠性指标体系如图 2.8 所示。

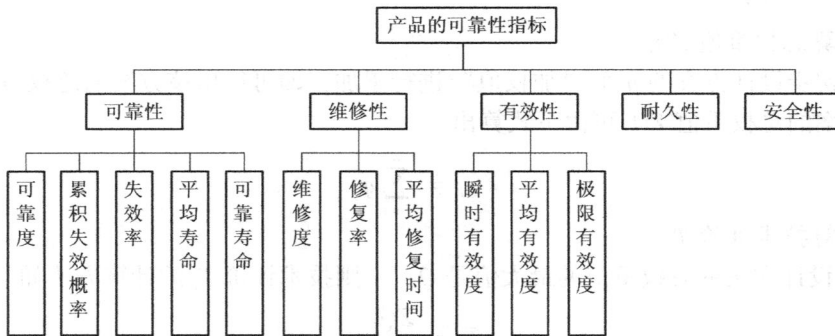

图 2.8　可靠性指标体系

1）可靠度。

可靠度是可靠性的度量化指标，是产品在规定的条件下和规定的时间内，完成规定任务的概率，一般记为 R。可靠度是时间的函数，故也记为 $R(t)$，$R(t)$ 称为可靠度函数。

对于不可修复的产品，可靠度的观测值是指直到规定时间终止，能完成规定任务的产品数与进行观测的产品总数之比；对于可修复的产品，可靠度的观测值是指产品的无故障工作时间达到或超过规定时间的次数与观测时间内无故障工作的总次数之比。可靠度的观测值记为 $\hat{R}(t)$。

2）累积失效概率。

累积失效概率是指产品在规定的条件下和规定的时间内，未完成规定任务的概率，也可称为不可靠度，记为 $F(t)$，其观测值为 $\hat{F}(t)$，即

$$F(t) = 1 - R(t) \text{ 或 } \hat{F}(t) = 1 - \hat{R}(t)$$

3）失效率。

失效率是指工作到某时刻尚未失效的产品，在该时刻后单位时间内失效的概率，也称为故障率。失效率的观测值是在某时刻后，单位时间内失效的产品数与工作到该时刻尚未失效的产品数之比。

4）平均寿命和平均无故障工作时间。

对于不可修复的产品，从开始使用到发生故障报废时的平均有效工作时间，称为平均寿命，一般记为 MTTF（Mean Time To Failures），其观测值是指当所有试验样品都观察到寿命结束时，所有试验产品寿命的算术平均数就是平均寿命。对于可修复的产品，从一次故障到下一次故障的平均有效工作时间，称为平均无故障工作时间，记为 MTBF（Mean Time Between　Failures），其观测值是指一个或多个产品在其使用寿命期内的某个观察期间的累积工作时间与故障次数之比。

5）可靠寿命。

可靠度随着工作时间的延长而下降，给定不同的可靠度，其寿命也不同，可靠寿命是指给定的可靠度所对应的时间。

6）维修度。

维修度是指可修复的产品在规定条件下使用，在规定时间内按照规定的程序和方法进行维修时，保持和恢复到能完成规定功能状态的概率。

7）修复率。

修复率是指修复时间达到某个时刻 τ 尚未修复的产品，在该时刻后的单位时间内完成修复的概率。

8）平均修复时间。

平均修复时间是产品修复时间的平均值，记为 MTTR（Mean Time To Repair）。

9）瞬时有效度。

瞬时有效度是产品在某一时刻 t 所具有或维持其规定功能的概率，它是时间的函数，记为 $A(t)$。

10）平均有效度。

平均有效度是指在某规定时间（t_1，t_2）内有效度的平均值，即

$$A(t_1,t_2) = \frac{1}{t_2 - t_1} \int_{t_1}^{t_2} A(t)\,\mathrm{d}t$$

11）极限有效度。

极限有效度是当时间区域无限大时，其瞬时有效值的极限值，也称为稳态有效度，记为 A，即

$$A = \lim_{t \to \infty} A(t)$$

（2）可靠度的预测

产品可以看作一个系统，其可靠性取决于组成系统的各个单元的可靠性水平及由系统类型和结构决定的系统本身的可靠性水平。一次可靠性的预测包括单元可靠性预测和系统可靠性预测。对于系统来说，比较简单的预测方法是可靠性逻辑框图法，即根据组成系统的各单元的可靠性特征量，推算出系统的可靠性。

根据单元在系统中所处的状态及其对系统的影响，系统可分为如图 2.9 所示的几种类型。

1）串联系统。

在串联系统中，只要有一个单元失效，整个系统的功能也随之失效，故又称为非储备系统。其可靠性的逻辑框图如图 2.10 所示，串联系统的可靠度等于组成该系统的各独立单元可靠度的连乘积。其可靠度为

$$R_s(t) = \prod_{i=1}^{n} R_i(t)$$

式中，$R_s(t)$ ——串联系统的可靠度；

$R_i(t)$ ——组成系统的第 i 个单元的可靠度；

n ——组成串联系统的独立单元数。

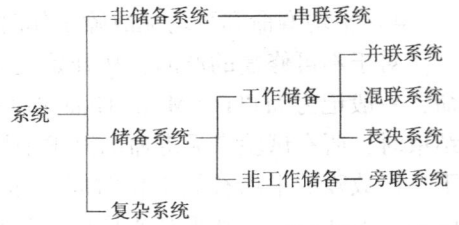

图 2.9　系统的类型

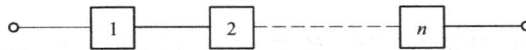

图 2.10　串联系统的可靠性逻辑框图

在串联系统中，影响系统可靠度的最大因素是系统中可靠度最差的单元，要提高系统的可靠度，应注意提高该薄弱单元的可靠度。

2）并联系统。

在并联系统中，只要有一个单元正常工作，整个系统就能正常工作，故又称为储备系统。其可靠度为

$$R_s(t) = 1 - \prod_{i=1}^{n} \left[1 - R_i(t) \right]$$

并联系统不同于串联系统，当系统内某些单元失效后，其系统内具有等效功能的单元马上接替其工作，因而，不会引起全系统的崩溃。并联系统的逻辑框图如图 2.11 所示。并联系统的可靠度大于各单元中可靠度的最大值，组成系统的单元数 n 越多，系统的可靠度也越高，但是并联的单元数也越多，即系统的结构也越复杂，尺寸、质量和成本越大。

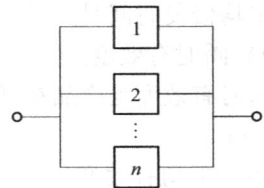

图 2.11　并联系统的逻辑框图

3）混联系统。

所谓混联系统即由串联和并联混合组成的系统，其可分为串—并和并—串两种系统，其逻辑框图分别如图 2.12（a）和图 2.12（b）所示，其系统的可靠度分别为

$$R_s(t) = \left[1 - F^m(t) \right]^n , \quad R_s(t) = 1 - \left\{ 1 - \left[1 - F(t) \right]^n \right\}^m$$

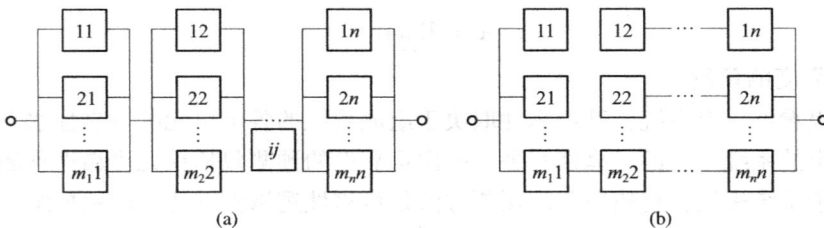

图 2.12　混联系统的可靠性逻辑框图

（a）串—并联系统；（b）并—串联系统

4）表决系统。

表决系统的特点是：在组成系统的 n 个单元中，至少有 r 个单元正常工作，系统才能正常工作，大于（$n-r$）个单元失效，系统也就失效。这样的系统称为 r/n 表决系统，这也属于一种储备系统。

5）旁联系统。

图 2.13 所示为由 n 个单元组成的旁联系统，这也属于一种储备系统。它是其中有一个单元在工作，其余（$n-1$）个单元处于非工作状态的储备。当监测装置探知工作的单元发生故障时，通过转换装置使储备单元逐个地去替换发生故障的单元，直到所有储备单元都发生故障时，则系统失效。

6）复杂系统。

复杂系统中各单元之间既非串联又非并联关系，其逻辑框图如图 2.14 所示。对于复杂系统的可靠性计算比较复杂，一般采用布尔真值表法、卡诺图法、贝叶斯分析法和最小割集近似法等。

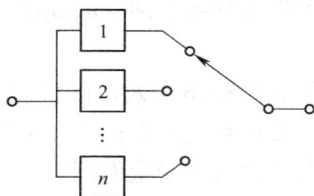

图 2.13　旁联系统的可靠性逻辑框图　　　图 2.14　复杂系统的可靠性逻辑框图

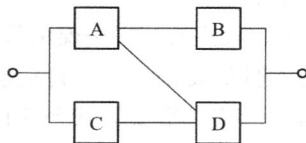

3. 人机工程学评价

产品设计应能满足其应具备的功能，也应该满足人机工程学方面的要求。人机工程学是研究人—机关系的一门科学，它把人和机作为一个系统，研究人机系统应该具有什么样的条件才能使人—机实现高度的协调性，人只需付出适宜的代价就能使系统取得最大的功效和安全性。

（1）人的因素

在产品设计中，应该充分考虑与人体有关的问题，例如人体的静态与动态的形体尺寸参数、人体的操纵力、人的视觉和听觉特性、人对信息的感知特性、人的反应及能力特性、人在劳动中的心理特征等，这样才能使设计的产品符合人的生理、心理特点，并具有一个安全、舒适、可靠和高效的工作环境。

1）人的静态尺寸。人体尺寸的静态测量属于传统的测量方法，用途很广。静态人体测量可采取不同的姿势，主要有立姿、坐姿、跪姿和卧姿等几种。这种测量是在被测量者处于静态地站立或坐着的姿势下进行的。

2）人的动态尺寸。人体的动态尺寸是指人在工作位置上的活动空间的尺度，其主要包括处于立姿时人的活动空间和坐姿时人的活动空间。每种活动空间又包括上体不动时的活动空间和上体一起动时的活动空间。

3）人体的操作力。人在操作和使用机器时需要用到一些操作动作。操作会使人体承受一定的负荷，这些负荷使人体的肌肉工作，当操作负荷达到一定的强烈程度和持续时间时，将导致人体疲劳。人体不同部位的肌肉可承受的负荷还与操作件的位置、动作方向有关，例如手向前伸时可使出的力比收回时要大，右手一般比左手有力等。通常情况下，操作应轻快、灵活，但也不能过于轻快，以致承受不起人体肢体的净重而产生误操作。

4）人的视觉和听觉。人在操作机器时会通过感官接受外界信息，并由大脑进行分析和处理，做出反应，进而实现对机器的操纵和控制。设计产品时，应研究和分析人的感觉器官的感知能力和范围，以确定合适的人机界面。

（2）机器的因素

设计机器产品时，产品自身的结构应能满足人机工程学的要求。

1）信号显示装置设计。信号显示装置将机器的信息传递给人，人根据接收到的信息来了解和掌握机器的运行情况，从而操纵和控制机器。信号显示装置应根据人的生理和心理特征来设计，使人接收信息的速度快、可靠性高、误读率低，并能减轻精神紧张和身体疲劳的程度。

2）操纵装置设计。设计操纵装置时应注意其形状、大小、位置、运动状态和操纵力大小等，并留出人的操纵位置，让操纵者有一个合适的姿势；应合理布置操作件的位置，确定操作运动的方向及合适的操作力大小。这些都应该符合生物力学和生理学的规律，以保证操纵时的舒适和方便。

3）安全保障技术。安全保障技术包括系统本身的安全性和操作人员的安全性两方面。为保证系统本身的安全性，应自动设置安全工作区限，并设计互锁安全操作，工作环境条件的监测、监控，非正常工作状态的自动停机以及对操作失误的自动安全处理等。

4）人体的舒适性和使用方便性。在操纵机器时为了达到使人体舒适的要求，不仅要合理地设计显示、操纵装置，还要充分考虑人与机器之间的相互关系和合理布局。

（3）环境因素方面

环境因素方面需要评价的内容包括以下几点：

1）作业空间，如场地、厂房、机器布局、作业线布置、道路及交通、安全门等。

2）物理环境，包括照明、空气湿度、温度、气压、粉尘、辐射和噪声等。

3）化学环境，包括有毒物质、化学性有害气体及水质污染等。

（4）人机系统方面

人机系统方面需要评价的内容包括以下几点：

1）产品系统中人的功能与其他各部分功能之间的联系和制约条件，以及人机之间功能的合理分配方法。

2）系统中被控对象的状态信息的处理过程，人机控制链的优化。

3）人机系统的可靠性和安全性。

4）环境因素对劳动质量及生活质量的影响，提高作业舒适度和安全保障系统的设计。

4．结构工艺性评价

结构工艺性评价的目的是降低生产成本、缩短生产时间和提高产品质量。结构工艺性应从加工、装配、维修和运输等方面来进行评价。

（1）加工工艺性

应从产品结构的合理组合和零件加工工艺性两方面对产品的加工工艺性进行评价。

1）产品结构的合理性。产品是由部件和零件组成的，我们可以把工艺性不太好的或尺寸较大的零件分解成多个工艺性较好的较小零件，以方便装配和运输。零件的形状简单，易于毛坯的生产和加工制造，便于维修，且多个零件可以平行投产，以缩短生产周期。但是这样做也有缺点，例如连接部分会增多，且连接表面需要一定的精度，从而增加了加工费用和装配费用等。

2）零件的加工工艺性。零件的加工工艺性包括铸件类零件、模锻类零件、冷挤压件类零件、车削加工类零件、有钻孔加工类零件、铣削加工类零件、磨削加工类零件的加工工艺性等。

（2）装配工艺性

产品装配的成本和质量取决于装配操作的种类与次数，装配操作的种类和次数又与产品的结构、零件机器结合部位的结构和生产类型有关。

1）便于装配的产品结构。

将产品合理地分解成部件、组件、零件等，可实现平行装配，以缩短装配周期，提高装配质量；在满足功能的前提下，应尽量减少零件、接合部位和接合表面的数量；装配时，尽可能采用统一的工具、统一的装配方法和方向；尽量使装配操作简化，减少装配的工序和工步的数目。

2）便于装配的零件结合部位结构。

采用粘结、卡接或一些特殊的连接方法代替螺纹连接，可减少连接元件的数量和装配的工作量。减少结合部位的数量、统一和简化结合部位的结构是提高装配工艺性的重要措施。

3）便于装配的零件结构。

零件结构应便于自动储存、识别、整理、夹取和移动，以提高装配的工艺性。

（3）维修工艺性

维修工艺性的内容包括以下几点：

1）平均修复时间短；

2）维修所需元器件或零部件的互换性好并且便于购买；

3）有宽敞的维修工作空间；

4）维修工具、附件及辅助维修设备的数量和种类少；

5）维修技术的复杂性低；

6）维修人员的数量少；

7）维修成本低；

8）采用自动记录和状态监测维修等。

5. 产品造型评价

机械产品的造型不同于一般的艺术品。其造型必须与功能相适应，即功能决定造型，造型表现功能。机械产品的造型必须建立在系列化、通用化和标准化的基础上，同一系列的产品应该具有风格一致的造型。机械产品造型的总原则是经济、实用、美观大方，即造型成本低，使用操作方便舒适，且外观造型给人的心理、生理及视觉带来的感受良好。良好的外观造型包括产品造型设计和产品的色彩两个方面。

（1）产品造型设计

良好的产品造型必须符合美学原则，美学原则不是一成不变的，它随着社会的发展，科学技术的进步，人类社会文化、艺术和文明的提高而不断发展、创新和增加新的内容。美学原则包括尺度与比例、对称与均衡、安定与轻巧、对比与调和、过度与呼应、节奏与韵律、重点与一般等几个方面。

（2）产品的色彩

在产品的造型设计中，色彩设计比形状设计更能增加产品的魅力。由于产品的色彩受到功能、材质、工艺等条件的制约，其色彩一般来说比较单纯、概括、简洁、明快和富于装饰性。

产品的色彩设计包括色调的选择和配色。产品的色彩要突出一个主色调，工业产品的色调选择要适应人的心理、生理要求。不同的色调会给人在心理和生理上带来不同的反应。产品的配色是利用色彩的对比与调和理论，按照一定的布局关系，相互依存、相互呼应地构成具有和谐气氛的色彩。表现产品色彩的变化要依靠色彩的对比，而使色彩达到统一主要依靠色彩的调和。

6. 标准化评价

标准化是在经济、技术、科学及管理等社会实践中，对重复性事物和概念通过制订、发布和实施标准，达到统一，以获得最佳秩序和社会效益的过程。

实现标准化的目的包括以下几方面：

1）合理简化产品的品种；

2）促进相互理解、相互交流并提高信息传递的效率；

3）在生产、流通、消费等方面，能够全面地节约人力和物力；

4）在商品交换与提高服务质量方面，保护消费者的利益和社会公共利益；

5）在安全、卫生、环境保护方面，保障人类的生命、安全与健康；

6）在国际贸易中，消除国际贸易的"技术壁垒"。

按性质的不同，标准可分为技术标准、工作标准和管理标准。按标准化对象的特征不同，标准可分为基础标准、产品标准、方法标准、安全卫生标准和环境保护标准。按级别对标准进行分类，依次可分为国际标准、区域标准、国家标准、专业标准、地方标准和企业标准六个级别。

思考与习题：

1. 机械制造装备设计有哪些类型？

2. 产品的技术创新分为哪几类？创新设计中常用的思维形式有哪些？

3. 系列化产品设计的工作要点主要包括什么？

4. 模块化设计的横系列、纵系列、跨系列分别指什么？

5. 机械制造装备设计的方法有哪些？

6. 机械制造装备新产品设计的方法和步骤是什么？

7. 模块化设计的方法和步骤是什么？

8. 系列化产品设计的方法和步骤是什么？

9. 可靠性设计是指什么？可靠性衡量指标有哪些？

10. 工程设计中的优化设计方法有哪几种类型？

11. 快速响应设计实施的关键是什么？虚拟设计技术与快速响应设计之间的关系是什么？

12. 并行设计具有哪些特点？

13. 机械制造装备绿色设计的准则包括哪些？绿色产品设计的关键是什么？

14. 产品设计的评价包括哪几方面的内容？哪些评价方法比较重要？为什么？

第3章 金属切削机床设计

【本章知识点】

1. 金属切削机床概述。
2. 金属切削机床设计的基本理论。
3. 金属切削机床总体设计。
4. 主传动系设计。
5. 进给传动系设计。

3.1 金属切削机床概述

机床是将毛坯加工成机器零件的机器，是制造机器的机器，所以又称为工作母机。在现代机械制造工业中，机械加工工艺（包括切削、磨削和其他特种加工）是将毛坯通过机床加工成具有一定尺寸、形状和位置精度要求的零件的方法，所以机床是机器零件的主要加工设备，它所承担的工作量，在一般情况下占机器制造工作的 40% ~ 60%，其先进程度直接影响机械制造业的产品质量和劳动生产率。因此，机床工业是机械工业的基础，机床的品种、质量和加工效率决定着其他机械产品的生产水平和经济效益。机床工业的现代化水平和规模以及所拥有的机床数量和质量是一个国家工业发达程度的重要标志。

制造业的发展对机床的技术要求越来越高，先进的自动化制造系统的发展，要求机床从适应单机工作模式向适应自动化制造系统工作模式方向发展，数控与机电结合技术、CAD技术和虚拟样机仿真技术的发展，为机床设计提供了新的支撑条件。因此，机床的设计方法和设计技术正在发生着深刻的变化。

3.1.1 金属切削机床分类

金属切削机床的品种和规格繁多，为了便于区别、使用和管理，需对机床进行分类和型号编制。

1. 机床的分类

机床主要是按加工方法和所用刀具进行分类。根据国家制定的机床型号编制方法按加工性质和所用刀具进行分类，可将机床分为 12 大类：车床、钻床、镗床、磨床、齿轮加工机床、螺纹加工机床、铣床、刨插床、拉床、特种加工机床、锯床及其他机床。在每一类机床中，又可按工艺范围、布局形式和结构性能分为若干组，每一组又分为若干个系（系列）。

除了上述基本的分类方法外，还有其他的分类方法：

（1）按工艺范围划分

1）通用机床：可加工多种零件的不同工序，加工范围较广，通用性强，但结构比较复杂，如卧式车床、万能磨床以及摇臂钻床等均属于通用机床。

2）专门化机床：专门用于加工某一类或某几类零件的某一道（或几道）特定工序，工艺范围窄，如铲齿车床、丝杠铣床、丝杠车床、凸轮轴车床等均属于专门化机床。

3）专用机床：一般用于加工某一零件的某一道特定工序，工艺范围最窄，适用于大批量生产，如加工机床主轴箱体孔的专用镗床，加工机床导轨的专用导轨磨床，汽车零件所用的各种钻、镗组合机床等均属于此类机床。

（2）按加工精度的不同划分

按加工精度的不同可分为普通精度机床、精密机床和高精度机床。

（3）按自动化程度的不同划分

按自动化程度的不同可分为手动、机动、半自动和全自动机床。自动机床具有完整的自动工作循环，包括自动装卸工件，能够连续地自动加工出工件。半自动机床也有完整的自动工作循环，但装卸工件还需人工完成，因此不能进行连续地加工。

（4）按机床质量和尺寸划分

按机床质量和尺寸可分为仪表机床、中型机床（一般机床）、大型机床（质量大于10 t）、重型机床（质量在30 t以上）和超重型机床（质量在100 t以上）。

（5）按机床主要工作部件的多少划分

按机床主要工作部件的多少可分为单轴、多轴或单刀或多刀机床等。

通常，机床根据加工性质进行分类，再根据其某些特点做进一步描述，如多刀半自动车床、多轴自动车床等。

2. 机床型号的编制方法

机床的型号是机床产品的代号，用以表示机床的类型、通用性和结构性、主要技术参数等。我国现行的机床型号是按 GB/T 15375—2008《金属切削机床型号编制方法》进行编制的。此标准规定，机床的型号由汉语拼音字母和数字按一定规律组合而成，它适用于新设计的各类通用及专用金属切削机床、自动线，但不包括组合机床和特种加工机床。

（1）通用机床的型号编制

1）型号的表示方法。通用机床的型号由基本部分和辅助部分组成，中间用"/"隔开，其表示方法为：

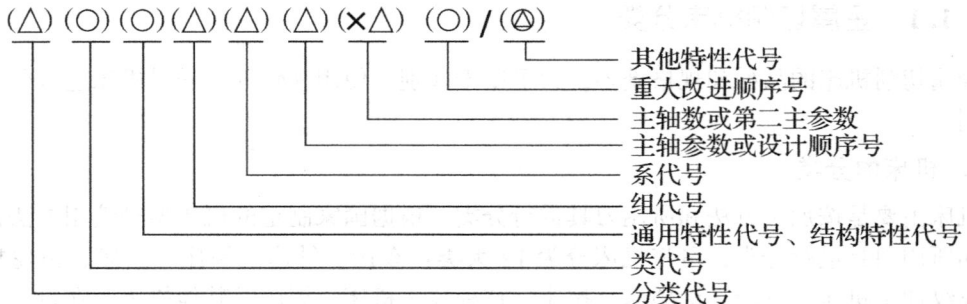

注：①有"（ ）"的代号或数字，当无内容时，不表示，若有内容，则不带括号；
②有"○"符号的，为大写的汉语拼音字母；
③有"△"符号的，为阿拉伯数字；
④有"⊘"符号的，为大写的汉语拼音字母或阿拉伯数字或两者兼而有之。

2）机床的类别和分类代号。

机床按其工作原理共分为 12 类，用大写的汉语拼音字母表示。例如，"车床"的汉语拼音是"Che Chuang"，所以用"C"来表示车床。需要时，类以下还可以有若干分类，分类代号用阿拉伯数字表示并放在类代号之前，但第一分类不予表示。例如，磨床类分为 M、2M、3M 三个分类。机床的类别和分类代号见表 3.1。

表 3.1　机床的类别和分类代号

类别	车床	钻床	镗床	磨床			齿轮加工机床	螺纹加工机床	铣床	刨（插）床	拉床	锯床	其他机床
代号	C	Z	T	M	2M	3M	Y	S	X	B	L	G	Q
读音	车	钻	镗	磨	二磨	三磨	牙	丝	铣	刨	拉	割	其

3）通用特性代号、结构特性代号。用大写的汉语拼音表示，放在类代号之后。

① 通用特性代号。通用特性代号有统一的固定含义，它在各类机床的型号中表示的意义相同。当某类型机床，除有普通型外，还有下列某种通用特性时，则在类代号之后加通用特性代号予以区分；如果某类型机床仅有某种通用性能，而无普通型的情况，则通用特性不予表示。机床的通用特性代号见表 3.2。

表 3.2　机床的通用特性代号

通用特性	高精度	精密	自动	半自动	数控	加工中心（自动换刀）	仿形	轻型	加重型	简式或经济型	柔性加工单元	数显	高速
代号	G	M	Z	B	K	H	F	Q	C	J	R	X	S
读音	高	密	自	半	控	换	仿	轻	重	简	柔	显	速

当在一个型号中需要同时使用 2~3 个通用特性代号时，一般按重要程度排列顺序。

② 结构特性代号。对主参数值相同而结构、性能不同的机床，在型号中加结构特性代号予以区分。根据各类机床的具体情况，对某些结构特性代号，可以赋予一定的含义。但结构特性代号与通用特性代号不同，它在型号中没有统一的含义，只在同类机床中起区分机床结构、性能的作用。当型号中有通用特性代号时，结构特性代号需排在通用特性代号之后。结构特性代号用汉语拼音字母（通用特性代号已用的字母和"I""O"两个字母不能用）表示，当单个字母不够用时，可将两个字母组合使用。

4）机床组、系的划分原则及其代号。

① 机床组、系的划分原则：将每类机床划分为 10 个组，每个组划分为 10 个系。在同一类机床中，主要布局或使用范围基本相同的机床，即为同一组。在同一组机床中，其主参数、主要结构及布局形式相同的机床，即为同一系。

② 机床的组、系代号：机床的组，用一位阿拉伯数字表示，位于类代号、通用特性代号和结构特性代号之后。机床的系，用一位阿拉伯数字表示，位于组代号之后。表 3.3 所示为通用机床类、组划分表。

表3.3　通用机床类、组划分表

类别\组别	0	1	2	3	4	5	6	7	8	9
车床C	仪表车床	单轴自动、半自动车床	多轴自动、半自动车床	回轮、转塔车床	曲轴及凸轮轴车床	立式车床	落地及卧式车床	仿形及多刀车床	轮、轴、辊、锭及铲齿车床	其他车床
钻床Z	—	坐标镗钻床	深孔钻床	摇臂钻床	台式钻床	立式钻床	卧式钻床	铣钻床	中心孔钻床	其他钻床
镗床T	—	—	深孔镗床	—	坐标镗床	立式镗床	卧式铣镗床	精镗床	汽车、拖拉机修理用镗床	其他镗床
磨床 M	仪表磨床	外圆磨床	内圆磨床	砂轮机	坐标磨床	导轨磨床	刀具刃磨床	平面及端面磨床	曲轴、凸轮轴、花键轴及轧辊磨床	工具磨床
磨床 2M	—	超精机	内圆研磨机	外圆及其他研磨机	抛光机	砂带抛光及磨削机床	刀具刃磨及研磨机床	可转位刀片磨削机床	研磨机	其他磨床
磨床 3M	—	球轴承套圈沟磨床	滚子轴承套圈滚道磨床	轴承套圈超精机	—	叶片磨削机床	滚子加工机床	钢球加工机床	气门、活塞及活塞环磨削机床	汽车、拖拉机修理磨床

续表

类别＼组别	0	1	2	3	4	5	6	7	8	9
齿轮加工机床 Y	仪表齿轮加工机床	—	锥齿轮加工机床	滚齿及铣齿机床	剃齿及研齿机床	插齿机	花键轴铣床	齿轮磨齿机	其他齿轮加工机床	齿轮倒角及检查机床
螺纹加工机床 S	—	—	—	套丝机	攻丝机	—	螺纹铣床	螺纹磨床	螺纹车床	—
铣床 X	仪表铣床	悬臂及滑枕铣床	龙门铣床	平面铣床	仿形铣床	立式升降台铣床	卧式升降台铣床	床身铣床	工具铣床	其他铣床
刨插床 B	—	悬臂刨床	龙门刨床	—	—	插床	牛头刨床		边缘及模具刨床	其他刨床
拉床 L	—	—	侧拉床	卧式外拉床	连续拉床	立式内拉床	卧式内拉床	立式外拉床	键槽及螺纹拉床	其他拉床
锯床 G	—	—	砂轮片锯床	—	卧式带锯床	立式带锯床	圆锯床	弓锯床	锉锯床	—
其他机床 Q	其他仪表机床	管子加工机床	木螺钉加工机床	—	刻线机	切断机	—	—	—	—

5）主参数代号和设计顺序号。

主参数是机床最主要的一个技术参数，它直接反映机床的加工能力，并影响机床其他参数和基本结构的大小。对于通用机床和专门化机床，主参数通常用机床的最大加工尺寸（最大工件尺寸或最大加工面尺寸）或与此有关的机床部件尺寸来表示。机床型号中主参数用折算值表示，位于系代号之后；当折算值大于 1 时，则取整数，前面不加"0"；当折算值小于 1 时，则取小数点后第一位数，并在前面加"0"。各类主要机床的主参数和折算系数见表3.4。

表3.4 各类主要机床的主参数和折算系数

机床	主参数名称	主参数折算系数	第二主参数
卧式车床	床身上最大回转直径	1/10	最大工件长度
立式车床	最大车削直径	1/100	最大工件高度
摇臂钻床	最大钻孔直径	1/1	最大跨距
卧式镗铣床	镗轴直径	1/10	—
坐标镗床	工作台面宽度	1/10	工作台面长度
外圆磨床	最大磨削直径	1/10	最大磨削长度
内圆磨床	最大磨削孔径	1/10	最大磨削深度
矩台平面磨床	工作台面宽度	1/10	工作台面长度
齿轮加工机床	最大工件直径	1/10	最大模数
龙门铣床	工作台面宽度	1/100	工作台面长度
升降台铣床	工作台面宽度	1/10	工作台面长度
龙门刨床	最大刨削宽度	1/100	最大刨削长度
插床及牛头刨床	最大插削及刨削长度	1/10	—
拉床	额定拉力	1/1	最大行程

6）通用机床的设计顺序号。

某些通用机床，当无法用一个主参数表示时，则在型号中用设计顺序号表示。设计顺序号由 1 开始，当设计顺序号少于两位数时，则在设计顺序号前加"0"。

7）主轴数和第二主参数的表示方法。

① 主轴数的表示方法：对于多轴车床、多轴钻床、排式钻床等机床，其主轴数以实际值列入型号，置于主参数之后，用"×"分开，读作"乘"。若为单轴则可省略，不予表示。

② 第二主参数的表示方法：为了更完整地表示出机床的工作能力和加工范围，有些机床还规定了第二主参数。例如，卧式车床的第二主参数是最大工件长度。第二主参数一般不予表示（多轴机床的主轴数除外），如有特殊情况需要在型号中表示，应按一定手续审批。在型号中的第二主参数也用折算值表示。

8）机床的重大改进顺序号。

当机床的结构、性能有更高的要求，并需按新产品进行重新设计、试制和鉴定时，才按改进的先后顺序选用 A、B、C 等大写汉语拼音字母（字母"I"、"O"除外），加在型号基本部分的尾部，以区别原机床型号。凡属于局部的小改进，如增减某些附件、测量装置及改变装夹工件的方法等，对原机床结构、性能没有重大改变的，不属于重大改进，其型号不变。

9）其他特性代号和企业代号及其表示方法。

其他特性代号和企业代号是机床型号的辅助部分。其他特性代号主要用于反映各类机床的特性，其表示方法为：

① 置于辅助部分之首；

② 可用汉语拼音字母表示。

根据上述通用机床型号的编制方法，举例如下：

例 1　某机床研究所生产的精密卧式加工中心，其型号为 THM6350。

例 2　某机床厂生产的经过第一次重大改进，其最大钻孔直径为 25 mm 的四轴立式排钻床，其型号为 Z5625×4A。

例 3　最大回转直径为 400 mm 的半自动曲轴磨床，其型号为 MB8240。根据加工的需要，在此型号机床的基础上变换为第一种形式的半自动曲轴磨床，其型号为 MB8240/1，变换为第二种形式的型号则为：MB8240/2，依此类推。

例 4　某机床厂设计试制的第五种仪表磨床为立式双轮轴颈抛光机，这种磨床无法用一个主参数表示，故其型号为 M0405，后来，又设计了第六种轴颈抛光机，其型号为 M0406。

（2）专用机床的型号编制

1）专用机床型号表示方法。专用机床的型号一般由设计单位代号和设计顺序号组成，其表示方法为

$$(\oslash) - \triangle$$

注：△——设计顺序号（阿拉伯数字）；

　　⊘——设计单位代号。

2）设计单位代号。包括机床生产厂家和机床研究单位代号（位于型号之首），见《金属切削机床型号编制方法》（GB/T 15375—2008）。

3）专用机床的设计顺序号。按该单位的设计顺序号（从"001"起始）排列，位于设计单位代号之后，并用"—"隔开，读作"至"。

例如，北京第一机床厂设计制造的第 100 种专用机床为专用铣床，其型号为 B1—100。

（3）机床自动线的型号编制

1）机床自动线代号及设计顺序号。

由通用机床或专用机床组成的机床自动线，其代号为："ZX"读作"自线"，它位于设计单位代号之后，并用"—"分开，读作"至"。

机床自动线设计顺序号的排列与专用机床的设计顺序号相同，位于机床自动线代号之后。

2）机床自动线的型号表示方法。

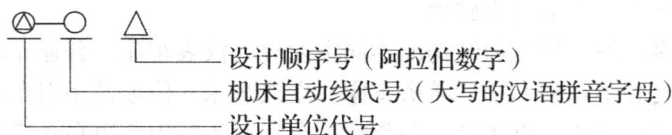

设计顺序号（阿拉伯数字）
机床自动线代号（大写的汉语拼音字母）
设计单位代号

例如，北京机床研究所通用机床或专用机床为某厂设计的第一条机床自动线，其型号为 JCS—ZX001。

（4）新标准 GB/T 15375—2008 与 JB 1838—1985（此标准已作废）比较，两个标准基本相同，主要差异有：

1）新标准取消了企业代号。

2）新标准增加了具有两类特性机床的说明。例如，铣镗床是以镗为主、铣为辅，主要特性放在后面，次要特性放在前面。

3）新标准增加了联动轴数和复合机床的说明。

4）车、钻、磨、齿轮加工、螺纹加工、铣、锯、其他类共 8 类机床的个别组所属的系作了增减或修改更名。

3.1.2　机床的基本组成

机床的种类各式各样，功能和布局也各不相同，但通常由下列几个基本部分组成：

1）动力与驱动装置：为机床提供动力和运动的驱动部分，如各种交流电动机、直流电动机、伺服电动机和液压传动系统的液压泵、液压马达等。

2）传动装置：是实现各种运动的部分，包括主传动、进给传动及辅助运动的传动系统，如变速箱、进给箱等部件。常见的有齿轮传动、齿轮齿条传动、螺母丝杠传动、蜗轮蜗杆传动以及各种带传动。

3）支承与工作部件：安装和支承机床其他固定及运动部件的部分，主要包括：

① 承受重力和切削力，维持机床正常工作的基础部件，如床身、底座、立柱等部件。

② 最终实现切削加工主运动和进给运动有关的执行部件，例如，主轴及主轴箱、工作台机器溜板或滑座、刀架机器溜板等安装工件或道具的部件。

③ 与工件和道具安装及其调整有关的部件或装置，如自动上下料、自动换刀、砂轮修整器等装置。

④ 与上述部件或装置有关的分度、转位、定位机构和操纵机构。

4）控制系统。用于控制各工作部件正常运行的部分，主要是采用电气控制系统，有些机床局部采用液压或气动控制系统，数控机床则是采用数控系统。

5）冷却润滑系统。用于对加工工件、刀具及机床的某些发热部位进行冷却，以及对机床的运动副进行润滑，以减少摩擦、磨损和发热的装置。

6）其他装置。如排屑装置、自动测量装置等。

3.1.3　金属车削机床

车床主要用于加工各种回转表面，如内外圆柱表面、内外圆锥表面、成形回转面和回转体的端面等。车床使用的刀具为各种车刀，也可用钻头、扩孔钻、铰刀进行孔加工，用丝锥、板牙加工内外螺纹表面。由于大多数机器零件都具有回转表面，所以车床的应用范围较广，在金属切削机床中所占的比重较大。

车床的种类很多，按其用途和结构的不同主要分为仪表车床、普通车床、单轴自动和半自动车床、多轴自动和半自动车床、转塔车床、立式车床、仿形及多刀车床等。在大批量生产中，还使用各种专用车床。近年来，各类数控车床及车削中心也在越来越多地投入使用。

1. 卧式车床

卧式车床的应用比较广泛，其中 CA6140 型普通卧式车床是比较典型的普通卧式车床，下面以它为例进行介绍。

（1）CA6140 型卧式车床的工艺范围

CA6140 型卧式车床主要用来加工轴类零件和直径不大的盘类零件。图 3.1 所示为 CA6140 型卧式车床所能完成的典型加工。

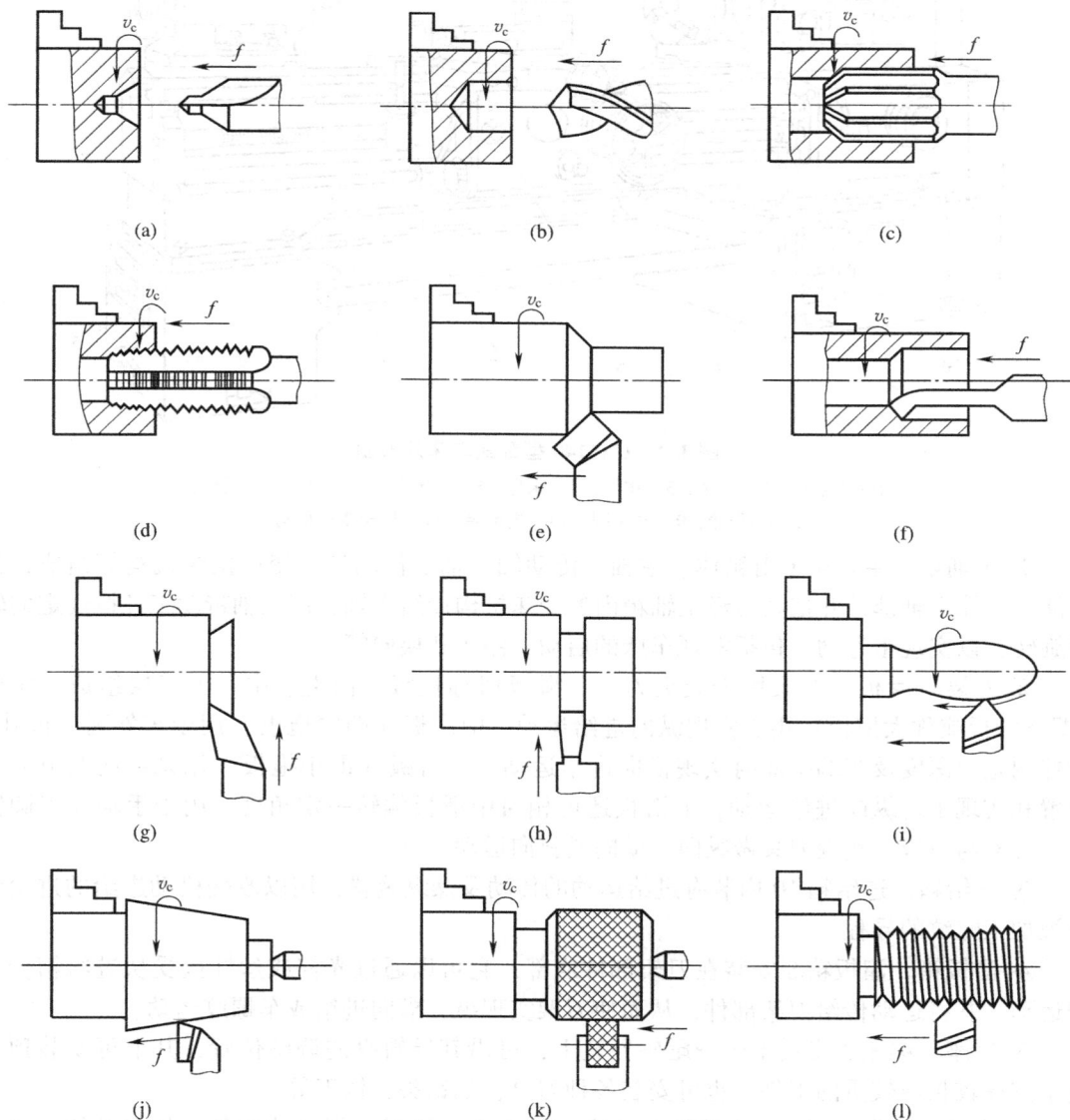

图 3.1　卧式车床的典型加工

（a）钻中心孔；（b）钻孔；（c）铰孔；（d）攻螺纹；（e）车外圆；（f）镗孔；
（g）车端面；（h）车槽；（i）车成形面；（j）车圆锥；（k）滚花；（l）车螺纹

（2）CA6140 型卧式车床的组成和主要技术性能

1）CA6140 型卧式车床的组成。

CA6140 型卧式车床的主要组成包括主轴箱、进给箱、溜板箱、左床腿、右床腿、床身、尾座刀架和滑板以及动力装置，其外形如图 3.2 所示。

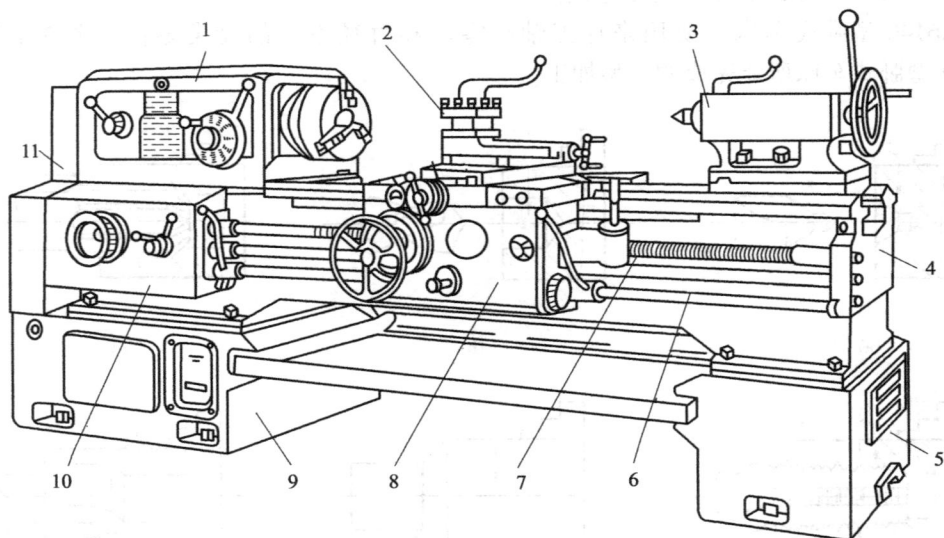

图 3.2　CA6140 型卧式车床外形图

1—主轴箱；2—刀架；3—尾座；4—床身；5—右床腿；6—光杠；7—丝杠；
8—溜板箱；9—左床腿；10—进给箱；11—挂轮变速机构

① 主轴箱。主轴箱 1 由箱体、主轴、传动轴、轴上传动件、变速操纵机构等组成，其功能是支撑主轴部件并把动力经主轴箱内的变速机构传给主轴，使主轴带动工件按规定的转速旋转，以实现主运动，包括实现车床的启动、停止和换向等。

② 刀架与滑板。刀架用于装夹刀具。滑板俗称拖板，由上、中、下三层组成。床鞍（即下滑板或称大拖板）用于实现纵向进给运动；中滑板（即中拖板）用于车外圆（或孔）时控制吃刀深度及车端平面时实现横向进给运动；上滑板（即小拖板）用来纵向调节刀具位置和实现手动纵向进给运动，上滑板还可相对中滑板偏转一定角度，用于手动加工圆锥面。刀架与滑板可实现刀具做纵向、横向或斜向运动。

③ 进给箱。进给箱 10 内装有进给运动的传动及操纵装置，用以改变机动进给的进给量或被加工螺纹的导程。

④ 溜板箱。溜板箱 8 安装在刀架部件底部，它可以通过光杠或丝杠接受从进给箱传来的运动，并将运动传给刀架部件，从而使刀架实现纵、横向进给或车螺纹运动。

⑤ 尾座。尾座 3 安装于床身尾座导轨上，可沿其导轨纵向调整位置，其上可安装顶尖用来支撑较长或较重的工件，也可安装各种刀具，如钻头、铰刀等。

⑥ 床身。床身 4 固定在左床腿 9 和右床腿 5 上，用以支撑其他部件，如主轴箱、进给箱、溜板箱、滑板和尾座等，并使它们保持准确的相对位置。

2）CA6140 型卧式车床的技术参数。

床身上最大工件回转直径：　　　　　　　　400 mm

刀架上最大工件回转直径：　　　　　　　　210 mm

最大棒杆直径： 47 mm

最大工件长度： 750 mm、1 000 mm、1 500 mm、2 000 mm

最大加工长度： 650 mm、900 mm、1 400 mm、1 900 mm

主轴转速范围：正转 10 ~ 1 400 r/min，24 级

反转 4. 5 ~ 1 580 r/min，12 级

进给量范围：纵向 0. 028 ~ 6. 330 mm/r，共 64 级

横向 0. 014 ~ 3. 160 mm/r，共 64 级

螺纹加工范围：米制螺纹 $P = 1 ~ 192$ mm，44 种

英制螺纹 $a = 2 ~ 24$ 牙/in[①]，20 种

模数制螺纹 $m = 0. 25 ~ 48$ 牙/in，39 种

径节制螺纹 $D_p = 1 ~ 96$ 牙/in，37 种

主电动机： 7. 5 kW，1 450 r/min

机床外形尺寸（长×宽×高）对于最大工件长度 1 500 mm 的机床为：

3 168 mm × 1 000 mm × 1 267 mm

（3）CA6140 型卧式车床的传动系统

CA6140 型车床的传动系统如图 3. 3 所示。整个传动系统由主运动传动链、车螺纹传动链、纵向进给传动链、横向进给传动链及快速移动传动链组成。这里只介绍主运动传动链。

主运动传动链的两端件是主电动机与主轴，它的功能是把动力源（电动机）的运动及动力传给主轴，并满足卧式车床主轴变速和换向的要求。

1）两端件即电动机 —— 主轴。

2）计算位移。所谓计算位移，是指传动链首末件之间相对运动量的对应关系。CA6140型卧式车床的主运动传动链是一条外联系传动链，电动机与主轴各自转动时运动量的关系为各自的转速，即

1 450 r/min（主电动机）—— n r/min（主轴）

3）传动路线表达式。主运动由主电动机（7. 5 kW，1 450 r/min）经 V 带副 ϕ130 mm/ϕ230 mm 传入主轴箱的轴 Ⅰ。在轴 Ⅰ 上安装有双向多片式摩擦离合器 M_1，以控制主轴的启动、停转及旋转方向。M_1 左边摩擦片接合时，主轴正转；M_1 右边摩擦片接合时，主轴反转；左、右都不接合时，主轴停止转动。当 M_1 左边摩擦片接合时，轴 Ⅰ 的运动经齿轮副 51/43 或 56/38 传动轴 Ⅱ，使轴 Ⅱ 获得两种转速。当 M_1 右边摩擦片接合时，轴 Ⅰ 经 z50，轴 Ⅶ 的空套齿轮 z34 带动轴 Ⅱ 上的 z30，使轴 Ⅱ 转向与经 M1 左部接合传动时反向。当两边摩擦片都脱开时，则轴 Ⅰ 空转，此时主轴静止不动。轴 Ⅱ 的运动通过轴 Ⅱ – Ⅲ 之间的三对齿轮（39/41、30/50、22/58）中的任一对传至轴 Ⅲ。轴 Ⅲ 的运动可由两种传动路线传至主轴，当主轴轴 Ⅵ 的滑移齿轮 z50 处于左边位置时，轴 Ⅲ 的运动直接经齿轮副 63/50 传至主轴，使主轴得到高转速；当主轴轴 Ⅵ 的滑移齿轮 z50 右移，离合器 M_2 接合时，轴 Ⅲ 的运动经轴 Ⅲ – Ⅳ 间及轴 Ⅳ – Ⅴ 间两组双联滑移齿轮变速装置传至主轴（轴 Ⅵ），使主轴获得中、低转速。其传动路线表达式为：

---

① 1 in = 25. 4 mm。

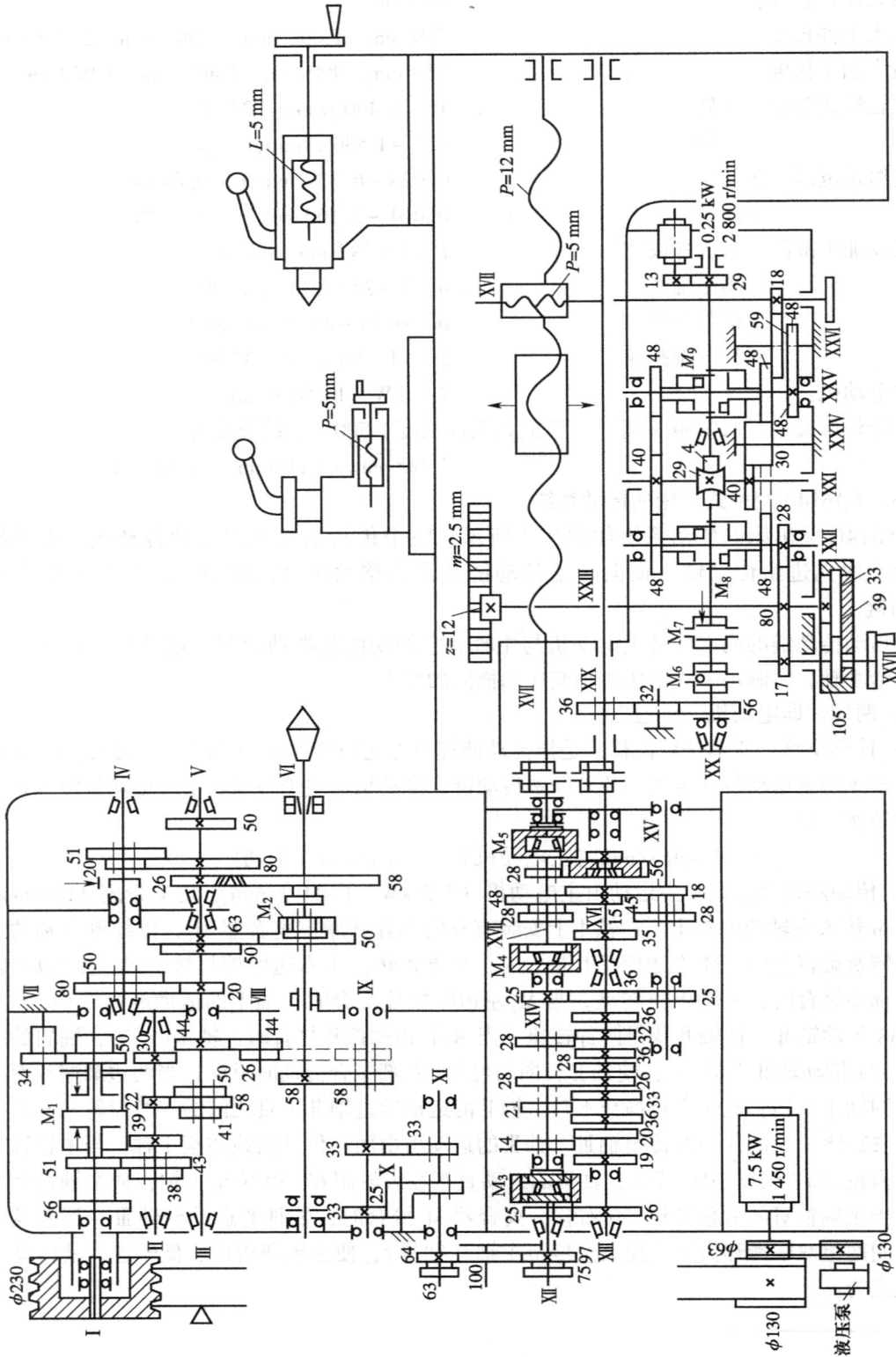

图 3.3 CA6140 型卧式车床的传动系统

$$
\text{电动机} - \frac{\phi130}{\phi230} - \text{I} - \begin{cases} \text{M}_1\text{左（正转）} - \begin{Bmatrix} \dfrac{56}{38} \\ \dfrac{51}{43} \end{Bmatrix} \\ \text{M}_1\text{右（反转）} \dfrac{50}{34}\text{Ⅶ}\dfrac{34}{50} \end{cases} \text{Ⅱ} - \begin{Bmatrix} \dfrac{39}{41} \\ \dfrac{30}{50} \\ \dfrac{22}{58} \end{Bmatrix} \text{Ⅲ} -
$$

$$
\begin{Bmatrix} \dfrac{20}{80} \\ \dfrac{50}{50} \end{Bmatrix} \text{Ⅳ} - \begin{cases} \begin{Bmatrix} \dfrac{20}{80} \\ \dfrac{51}{50} \end{Bmatrix} \text{Ⅴ} \dfrac{26}{58} - \text{M}_2 \\ ----\dfrac{63}{50}---- \end{cases} - \text{轴Ⅵ（主轴）}
$$

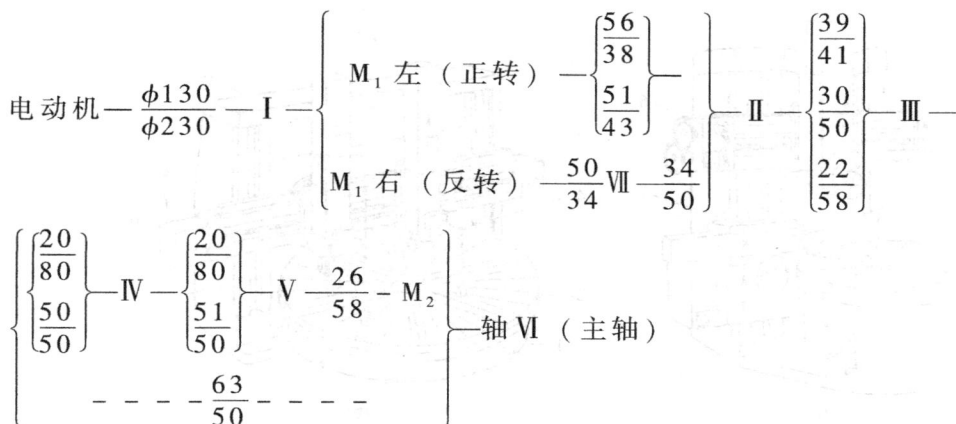

4）主轴转速级数。由传动系统图和传动路线表达式可以看出，主轴正转时，适用于各滑动齿轮轴向位置的各种不同组合，主轴共可得 $2 \times 3 \times (1 + 2 \times 2) = 30$ 级转速，但由于轴Ⅲ - Ⅴ间的四种传动比为：

$$
u_1 = \frac{50}{50} \times \frac{51}{50} \approx 1 \quad u_2 = \frac{20}{80} \times \frac{51}{50} \approx \frac{1}{4}
$$

$$
u_3 = \frac{50}{50} \times \frac{20}{80} \approx \frac{1}{4} \quad u_4 = \frac{20}{80} \times \frac{20}{80} = \frac{1}{16}
$$

其中，$u_2 \approx u_3$，轴Ⅲ - Ⅴ间只有三种不同传动比，故主轴实际获得正转转速 $2 \times 3 \times (1 + 3) = 24$ 级不同的转速。同理可以算出主轴的反转转速级数为：$3 \times (1 + 3) = 12$（级）。

5）运动平衡式。主运动的运动平衡式如下：

$$
n_{\pm} = 1\,450 \times \frac{130}{230} \times (1 - \varepsilon)\, u_{\text{Ⅰ-Ⅱ}} \times u_{\text{Ⅱ-Ⅲ}} \times u_{\text{Ⅲ-Ⅵ}}
$$

式中，$n_{\pm}$——主轴转数（r/min）；

ε——V带传动的滑动系数，近似取 $\varepsilon = 0.02$；

$u_{\text{Ⅰ-Ⅱ}}$，$u_{\text{Ⅱ-Ⅲ}}$，$u_{\text{Ⅲ-Ⅵ}}$——分别为轴Ⅰ - Ⅱ、Ⅱ - Ⅲ、Ⅲ - Ⅵ间的传动比。

主轴各级转速的数值，可根据主运动传动所经过的传动件的运动参数（如带轮直径、齿轮齿数等）列出运动平衡式来求出。对于图3.3中所示的齿轮啮合位置，主轴的转速为：

$$
n_{\pm} = 1\,450 \times \frac{130}{230} \times (1 - 0.02) \times \frac{51}{43} \times \frac{22}{58} \times \frac{63}{50} \approx 450 \text{（r/min）}
$$

同理，可计算出主轴正、反转时的其他转速。

2. 立式车床

立式车床适合用于加工直径大而长度短的重型盘类零件。立式车床结构布局上的主要特点是主轴垂直布置，并有一个直径很大的圆形工作台，其台面处于水平位置，供安装工件之用，因此，对于笨重工件的装夹和找正比较方便。由于工件及工作台的重量由床身和导轨或推力轴承承受，大大减轻了主轴及其轴承的载荷，因此较易保证加工精度。

立式车床分为单柱立式和双柱立式两种。前者加工直径一般小于 1 600 mm，后者加工直径一般大于 2 000 mm。图3.4（a）所示为单柱立式车床，图3.4（b）所示为双柱立式车床，它们与卧式车床的不同之处是主轴竖立，工件安装在由主轴带动旋转的工作台2上，横梁5上装有垂直刀架4，可做上下左右移动。

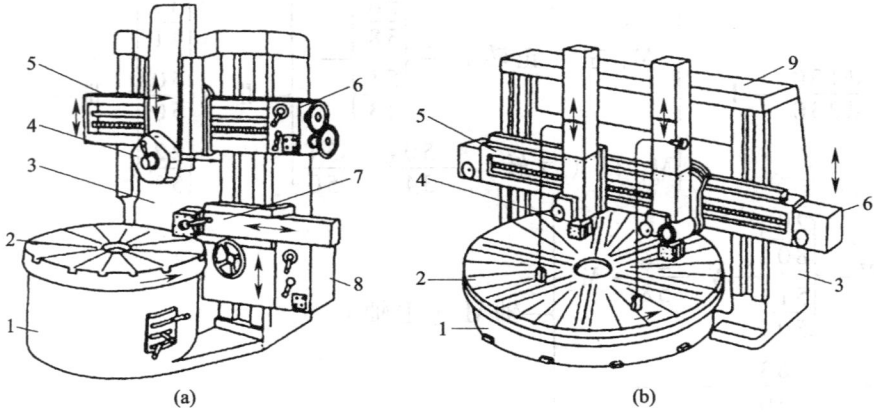

图3.4 立式车床

（a）单柱立式车床；（b）双柱立式车床

1—底座；2—工作台；3—立柱；4—垂直刀架；5—横梁；6—垂直刀架进给箱；

7—侧刀架；8—侧刀架进给箱；9—顶梁

3. 转塔车床

转塔车床除了有前刀架外，还有1个转塔刀架。转塔刀架有六个装刀位置，可以沿床身导轨做纵向进给，每一个刀位加工完毕后，转塔刀架快速返回，并转动60°，更换到下一个刀位进行加工。转塔车床（如图3.5所示）有一个可旋转换位的六角刀架3，以替代卧式车床的尾座，在六角刀架上可同时安装钻头、铰刀、板牙等各种切削刀具，这些刀具通常是按工件的加工顺序安装的，因此，在一个零件的加工过程中，只要使六角刀架依次转位，便可迅速更换刀具。此外，六角刀架上的刀具与方刀架上的刀具可同时进行加工。

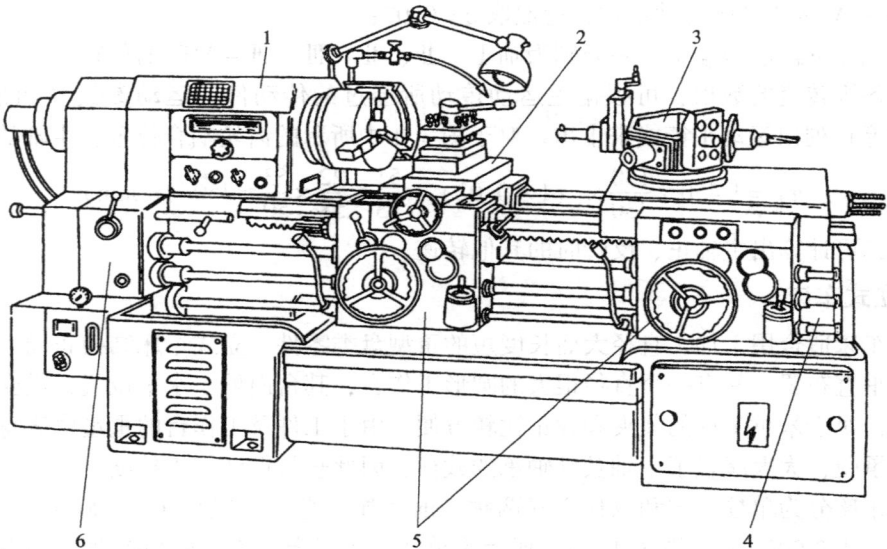

图3.5 转塔车床

1—主轴箱；2—前刀架；3—六角刀架；4—床身；5—溜板箱；6—进给箱

4. 专用车床

专用车床的种类繁多，包括螺纹车床、曲轴车床、凸轮车床和仿形车床等。

5. 自动车床

自动机床是指那些在调整好后无须工人参与便能自动完成表面成形运动和辅助运动，并能自动地重复其工作循环的机床。若机床能自动完成预定的工作循环，但装卸工作仍由人工进行，这种机床称为半自动机床。相应的符合上述定义的车床就称为自动或半自动车床。

机床实现自动化可以显著减少辅助时间，并为多刀多工位同时加工创造有利条件，因而可有效地提高劳动生产率，还可以大大地减轻工人的劳动强度，改善劳动条件。

自动车床种类繁多，按其自动化程度，可分为自动、半自动车床；按其主轴数目，可分为单轴、多轴车床；按其工艺特征，可分为纵切、横切车床等。下面以 CM1107 型精密单轴纵切自动车床为例进行介绍。

图 3.6 所示为 CM1107 型单轴纵切自动车床的外形，它由底座 1、床身 2、天平刀架 3、主轴箱 4、送料装置 5、上刀架 6、钻铰附件 7 和分配轴 8 等部件组成。这种机床用于加工精度较高且必须一次加工成形的轴类零件，可以车削圆柱面、圆锥面、成形面、切槽、切断、钻孔和加工内外螺纹等。

加工外圆柱面时，移动天平刀架 3 或上刀架 6，使刀尖到达所需的半径位置后停止，然后由主轴箱 4 带着棒料做纵向进给。切端面、切槽或切断时，主轴箱和棒料不动，由刀架做径向进给。如果需要车削锥面或成形表面，应使刀架和主轴箱两者都做协调的移动。钻孔或加工内、外螺纹时，可使用钻铰附件 7，它是一个可摆动的支架，支架上有 3 根刀具主轴及其传动机构。工作时，刀具主轴的轴线可摆动到与主轴轴线对准的位置。机床加工时在上一

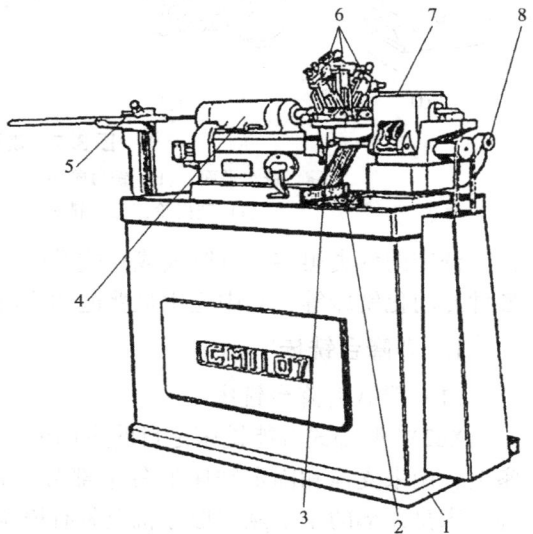

图 3.6 CM1107 型单轴纵切自动车床外形
1—底座；2—床身；3—天平刀架；4—主轴箱；
5—送料装置；6—上刀架；7—钻铰附件；8—分配轴

个工件被切断刀切断后，切断刀并不退离，而是留在原处作为下一个工件的挡料装置，用来控制加工工件的长度。车床采用了凸轮和挡块控制的自动控制系统，这种系统工作稳定可靠，但当加工工件改变时，要花费较多时间去设计和制造凸轮，而且停机调整的时间较长，因此，它只适用于大批量生产。

3.1.4 金属铣削机床

铣床是利用铣刀在工件上加工各种表面的机床。铣床的工艺范围广泛，可以加工各种平面（水平面、垂直平面、斜面）、台阶、沟槽（直角沟槽、V 形槽、燕尾槽、T 形槽等）及各种特形面等。此外，利用分度装置还可加工需周向等分的花键、齿轮、螺旋槽等，在铣床上还可以进行钻孔、铰孔和铣孔等工作。

铣削加工时，铣刀旋转做主运动，工件或铣刀的直线移动为进给运动。铣削加工的典型表面如图 3.7 所示。

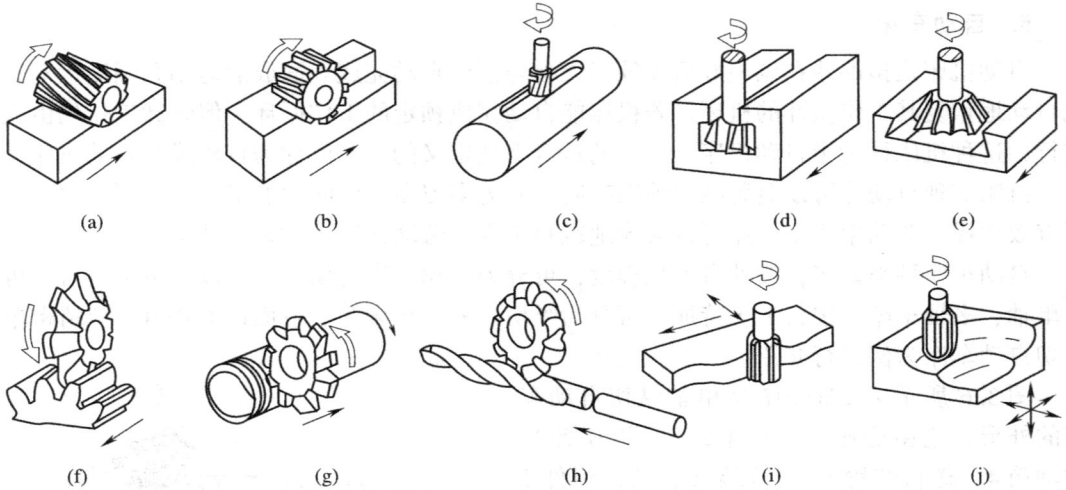

图 3.7　铣削加工的典型表面

(a) 铣水平面；(b) 铣台阶面；(c) 铣键槽；(d) 铣 T 形槽；(e) 铣燕尾槽；
(f) 铣齿轮；(g) 铣螺纹；(h) 铣螺旋槽；(i)、(j) 铣成形面

铣床的种类很多，有卧式或立式升降台铣床、龙门铣床、万能工具铣床、仿形铣床以及各种专门化铣床等，其中应用最普遍的为卧式或立式升降台铣床。

1. 升降台铣床

（1）卧式升降台铣床

X62W 型卧式万能铣床是目前应用最广泛的一种铣床，如图 3.8 所示。床身 2 安装在底座上，用来支撑和固定铣床的各个部分。在床身 2 内部装有主轴变速机构 1 及主轴部件 3 等。床身顶部的水平燕尾形导轨上装有横梁 4，可沿水平方向调整其前后位置，横梁上装有刀杆支撑 5，用于支撑刀杆的悬伸端，以提高刀杆的刚性。升降台 9 安装在床身前侧的垂直导轨上，可上下垂直移动。升降台内装有进给变速机构 10，用于工作台的进给运动和快速移动。在升降台的横向导轨上装有回转盘 7，它可绕垂直轴在 ±45° 范围内调整一定角度。工作台 6 安装在回转盘 7 上的床鞍导轨内，可做纵向移动。横滑板 8 可带动工作台沿升降台横向导轨做横向移动。这样固定在工作台上的工件，可以在三个方向实现任一方向的调整或进给运动。

（2）立式升降台铣床

这类铣床与卧式升降台铣床的主要区别在于它的主轴是垂直安置的，可用各种面铣刀或立铣刀加工平面、斜面、沟槽、台阶、齿轮、凸轮以及封闭轮表面等。图 3.9 所示为立式升降台铣床的外形图，其工作台 3、床鞍 4 及升降台 5 与卧式升降台铣床相同。立铣头 1 可根据加工要求在垂直平面内调整角度，主轴 2 可沿轴线方向进行调整。

（3）万能升降台铣床

X6132 型卧式万能升降台铣床简称卧铣，是一种主轴水平布置的升降台铣床，其外形如图 3.10 所示。

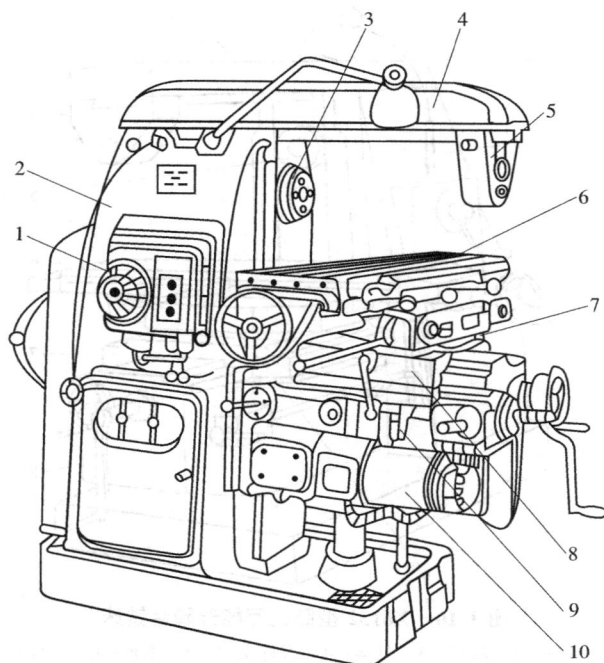

图 3.8　X62W 型铣床

1—主轴变速机构；2—床身；3—主轴部件；4—横梁；5—刀杆支撑；6—工作台；
7—回转盘；8—横滑板；9—升降台；10—进给变速机构

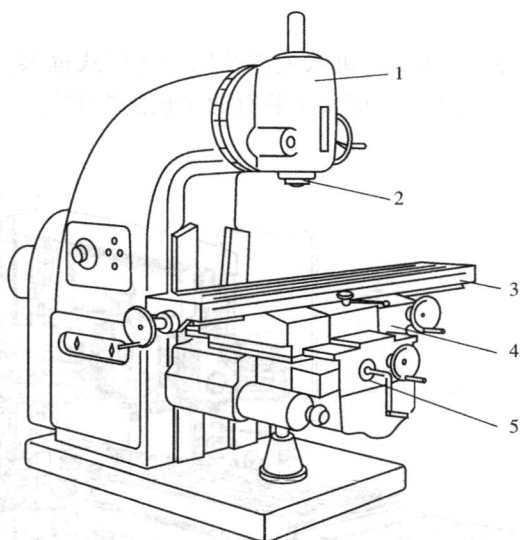

图 3.9　立式升降台铣床

1—立铣头；2—主轴；3—工作台；4—床鞍；5—升降台

　　机床工作时，主轴 5 通过刀杆带动铣刀做旋转主运动。工件安装在工作台 6 上，随工作台分别做纵向、横向（主轴轴向）和垂直三个方向的进给运动或快速移动。升降台 8 的水平导轨上装有床鞍 7，可沿主轴轴线方向做横向移动。床鞍 7 上装有回转盘 9，回转盘上面的

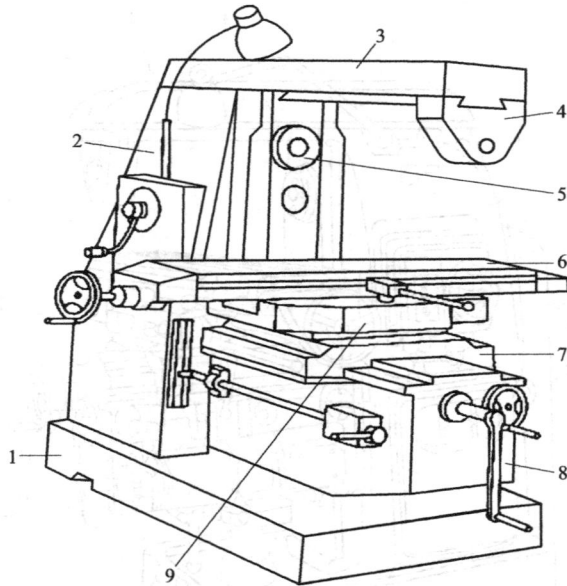

图 3.10 X6132 型卧式万能升降台铣床

1—底座；2—床身；3—悬梁；4—刀杆支架；5—主轴；6—工作台；

7—床鞍；8—升降台；9—回转盘

燕尾形导轨上安装有工作台 6，因此，工作台除了可沿导轨做垂直于主轴轴线方向的纵向移动外，还可通过回转盘，绕垂直轴线在 ±45° 范围内调整角度，从而加工斜槽、螺旋槽等。

2. 龙门铣床

龙门铣床的外形如图 3.11 所示。机床主体结构为龙门式框架，横梁 5 可以在立柱 4 上升降，以适应加工不同高度的工件。横梁上装有两个铣削主轴箱（即立铣头 3 和 6）和两个立柱。

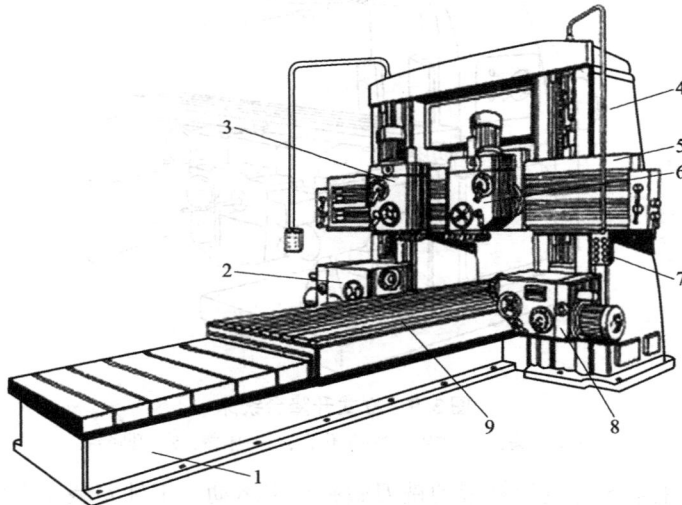

图 3.11 龙门铣床

1—床身；2，8—卧铣头；3，6—立铣头；4—立柱；5—横梁；7—操纵箱；9—工作台

工作台上分别装有两个卧铣头 2 和 8，每个铣头是一个独立的运动部件，内装主运动变速机构、主轴及操纵机构。工件装在工作台 9 上，工作台可在床身上做水平的纵向运动，立铣头可在横梁上做水平的横向运动，卧铣头可在立柱上升降，这些运动可以是进给运动，也可以是调整铣头与工件间相对位置的快速调位运动，而主运动是铣刀的旋转运动。

龙门铣床刚度高，主要用来加工大型工件上的平面和沟槽，可多刀同时加工多个表面或多个工件，生产率较高，是一种大型高效通用铣床，适用于大批量生产。

3. 工具铣床

工具铣床除了能完成卧式铣床和立式铣床的加工外，常配备有回转工作台、可倾斜工作台、平口钳、分度头、立铣头和插削头等多种附件，因而扩大了机床的万能性，能完成镗、铣、钻、插等切削加工，适用于工具、机修车间用来加工各种刀具、夹具、冲模、压模等中、小型模具及其他复杂零件。

3.1.5　金属钻削机床

钻床是孔加工机床，主要用来加工外形复杂、没有对称回转轴线的工件上的孔。钻床加工时，工件不动，刀具做旋转主运动，同时沿轴向移动，做进给运动。

钻床所能完成的工作有钻孔、扩孔、铰孔、攻螺纹、锪端面等。钻床按结构型式可分为立式钻床、台式钻床、摇臂钻床等。

钻孔是孔的粗加工方法，也是在实心材料上进行孔加工的唯一切削加工方法。钻孔一般可在钻床、车床、镗床和铣床上进行。钻孔可达 IT10～IT13 级精度，表面粗糙度可达 $Ra5.0$～$6.3\ \mu m$。钻孔之所以是粗加工方法，主要是由于钻孔有以下几方面的质量问题：

1）孔轴心线偏移；
2）孔轴心线歪曲；
3）孔径扩大；
4）表面粗糙度值高或呈多角形。

造成上述问题的原因固然和机床精度、钻削方式、切削用量等因素有关，但主要还是由麻花钻头本身的缺点决定的。麻花钻头存在的主要问题有：

1）麻花钻头刚度较低，切削受力后很容易变形；
2）在切削过程中，定心作用差；
3）钻头与工件摩擦较严重，易引起发热和磨损；
4）不利于排屑，冷却不充分。

（1）立式钻床

在立式钻床上可进行如图 3.12 所示的加工工作。加工时，工件固定不动，刀具旋转实现主运动，同时沿轴向移动做进给运动。加工前须调整工件的位置，使被加工孔中心线对准刀具的旋转中心线。

立式钻床如图 3.13 所示。加工时，工件直接或通过夹具安装在工作台 4 上。主轴 3 的旋转运动是由电动机经变速箱 1 传动的。在加工过程中，主轴既做旋转运动，又做轴向进给运动，由进给箱传来的运动通过小齿轮和主轴套筒上的齿条，使主轴随着轴套筒做直线进给运动。进给箱和工作台可沿立柱上的导轨调整其上下位置，以适应加工不同高度的工件。

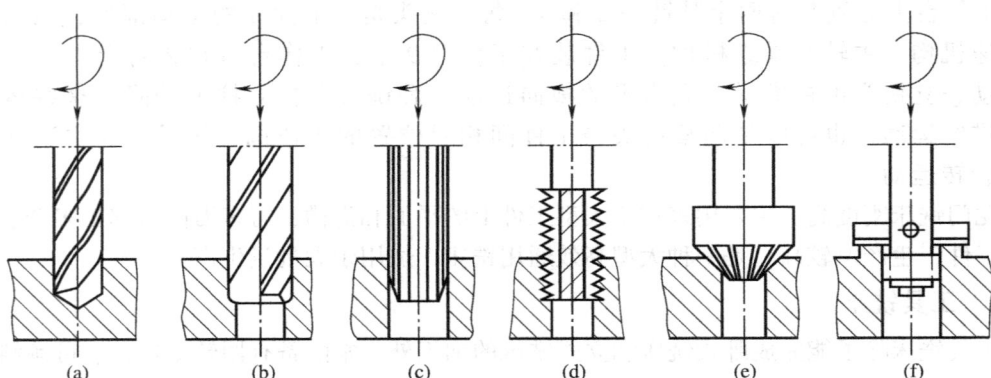

图 3.12　钻床的加工方法

（a）钻孔；（b）扩孔；（c）铰孔；（d）攻螺纹；（e）钻埋头孔；（f）刮平面

在立式钻床上，加工完一个孔后再钻另一个孔时，需要移动工件，使刀具与另一个孔对准。这种方式对于大而重的工件来说操作很不方便。因此，立式钻床仅适用于加工中、小型工件。此外，立式钻床的自动化程度往往不高，所以在大批量生产中通常被组合钻床所代替。

（2）摇臂钻床

一些大而重的工件在立式钻床上加工很不方便，这种情况就需要工件固定不动，只移动主轴，使主轴中心对准被加工孔的中心，因此就产生了摇臂钻床，如图 3.14 所示。摇臂钻床的主轴箱 5 可沿摇臂 4 的导轨横向调整位置，摇臂 4 可沿外立柱 3 的圆柱面上下调整位置，此外，摇臂 4 及外立柱又可绕内立柱 2 转动至不同的位置。由于摇臂结构的上述特点，可以很方便地调整主轴 6 的位置，且工作时工件不动。为了使主轴在加工时保持准确的位置，摇臂钻床上具有立柱、摇臂及主轴箱的夹紧机构，当主轴的位置调整妥当后，就可快速地将它们夹紧。由于摇臂钻床在加工时需经常改变切削用量，因此，摇臂

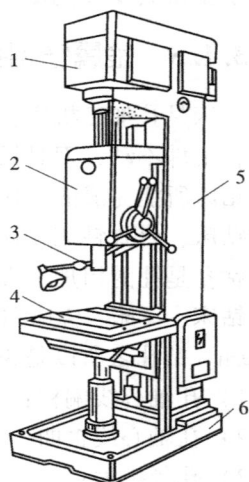

图 3.13　立式钻床

1—变速箱；2—进给箱；3—主轴；
4—工作台；5—立柱；6—底座

钻床通常具有操作方便且节省时间的操纵机构，可快速地改变主轴转速和进给量。摇臂钻床广泛应用于单件和中、小批量的生产中，用来加工大、中型零件。

3.1.6　金属磨削机床

磨床用于磨削各种表面，如内外圆柱面和圆锥面、平面、螺旋面、齿轮的轮齿表面以及各种成形面等，还可以刃磨刀具，应用范围非常广泛。磨床通常以磨具（砂轮、砂带、石油或研磨料等）旋转为主运动，以工件的旋转与移动或磨具的移动为进给运动。

由于磨削加工容易得到高的加工精度和好的表面质量，所以磨床主要应用于零件的精加工。近年来，由于科学技术的发展，对现代机械零件的精度和表面粗糙度的要求越来越高，各种高硬度材料的应用日益增多，以及由于精密铸造和精密锻造工艺的发展，有可能将毛坯直接磨成成品。因此，磨床在金属切削机床中所占的比重不断上升。

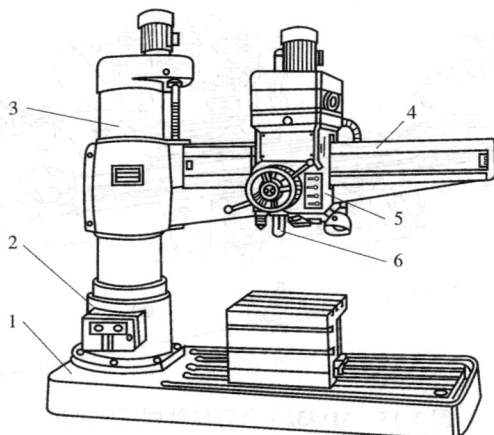

图 3.14　摇臂钻床

1—底座；2—内立柱；3—外立柱；4—摇臂；5—主轴箱；6—主轴

磨床的种类很多，其主要类型有：外圆磨床、内圆磨床、平面磨床、工具磨床和各种专门化磨床，如曲轴磨床、凸轮轴磨床、花键轴磨床、齿轮磨床、螺纹磨床等。

1. 外圆磨床

外圆磨床主要用于磨削内、外圆柱和圆锥表面，也能磨削阶梯轴的轴肩和端面，可获得 IT6～IT7 级精度、表面粗糙度 Ra 值为 $0.08～1.25\ \mu m$。外圆磨床主要有万能外圆磨床、普通外圆磨床、无心外圆磨床、宽砂轮外圆磨床和端面外圆磨床等，其主要参数是最大磨削直径。

（1）万能外圆磨床

万能外圆磨床是应用最为普遍的一种外圆磨床，其工艺范围较宽，除了能磨削外圆柱面和圆锥面外，还可磨削内孔和台阶面等。

图 3.15 所示为 M1432A 型万能外圆磨床的外形，它由 6 个主要部件组成。床身 1 是磨床的基础支撑件，在它的上面装有砂轮架、工作台、头架、尾座及横向滑鞍等部件，使它们在工作时保持准确的相对位置，床身内部用作液压油的油池。头架 2 用于安装及夹持工件，并带动工件旋转；在水平面内可逆时针方向转 90°。工作台 3 由上下两层组成。上工作台可绕下工作台在水平面内回转一个角度（±10°），用以磨削锥度不大的长圆锥面。上工作台的上面装有头架和尾座，它们随着工作台一起，沿床身导轨做纵向往复运动。内圆磨具 4 用于支承磨内孔的砂轮主轴。内圆磨具主轴由单独的电动机驱动。砂轮架 5 用于支承并传动高速旋转的砂轮主轴。砂轮架装在滑鞍上，当需磨削短圆锥面时，砂轮架可以在水平面内调整至一定角度（±30°）。尾座 6 和头架的前顶尖一起支撑工件。

M1432A 型机床属于普通精度级万能外圆磨床，主要用于磨削 IT6～IT7 级精度的圆柱形或圆锥形的外圆和内孔，表面粗糙度 Ra 值为 $0.08～1.25\ \mu m$。这种机床的通用性较好，但生产率较低，适用于单件和小批生产车间、工具车间和机修车间。

（2）普通外圆磨床

普通外圆磨床的结构与万能外圆磨床的结构基本相同，其主要区别如下：

1）头架和砂轮架不能绕轴心在水平面内调整角度位置；

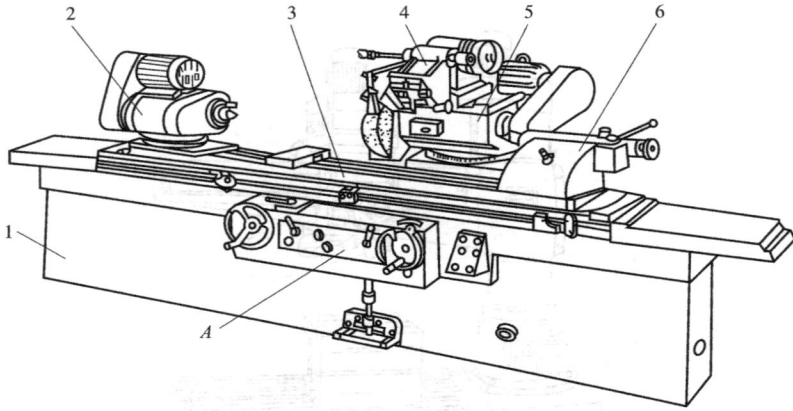

图 3.15 M1432A 型万能外圆磨床外形
1—床身；2—头架；3—工作台；4—内圆磨具；5—砂轮架；6—尾座

2）头架主轴直接固定在箱体上不能转动，工件只能用顶尖支撑进行磨削；

3）不配备内圆磨具。

2. 其他类型磨床

（1）平面磨床

平面磨床主要用于磨削各种平面，其磨削方法如图 3.16 所示。n_t 为砂轮的旋转主运动；f_1 为工作台旋转直线进给运动；由于砂轮宽度的限制，需要沿砂轮轴线方向做横向进给运动（f_2）；为了逐步地切除各部余量并获得所要求的工件尺寸，砂轮还需周期性地沿垂直于工件被磨削表面的方向做进给运动（f_3）。

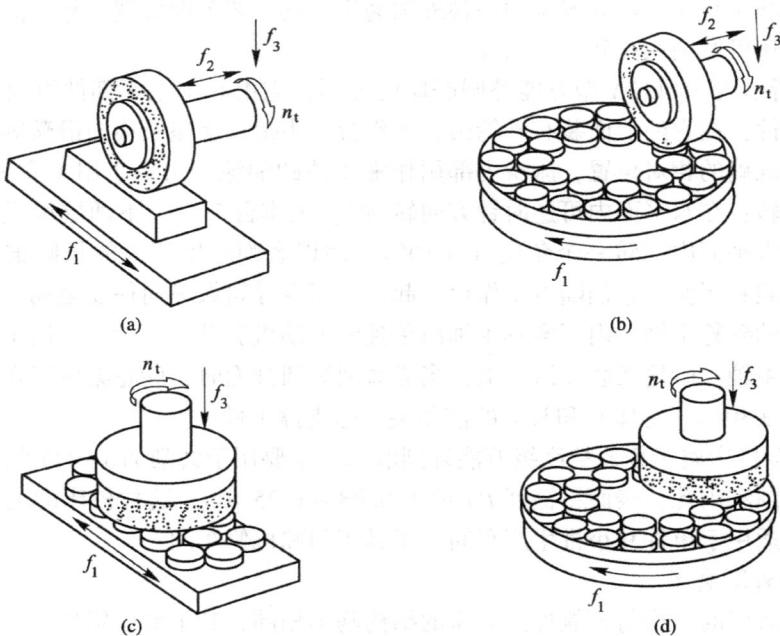

图 3.16 平面磨床磨削方法
（a）卧轴矩台式；（b）卧轴圆台式；（c）立轴矩台式；（d）立轴圆台式

　　根据砂轮的工作面不同，平面磨床可以分为用砂轮周边（即圆周）进行磨削和用砂轮端面进行磨削两类。用砂轮周边磨削的平面磨床，砂轮主轴为水平布置（卧式）；而用砂轮端面磨削的平面磨床，砂轮主轴为竖直布置。根据工作台的形状不同，平面磨床又分为矩形工作台和圆形工作台两类。

　　按上述方法分类，常把普通平面磨床分为四类：

　　1）卧轴矩台式平面磨床（如图 3.16（a）所示）；

　　2）卧轴圆台式平面磨床（如图 3.16（b）所示）；

　　3）立轴矩台式平面磨床（如图 3.16（c）所示）；

　　4）立轴圆台式平面磨床（如图 3.16（d）所示）。

　　端面磨削的砂轮一般比较大，磨削面积较大，能同时磨出工件的全宽，所以生产率较高。但是端面磨削时，由于砂轮和工件表面的接触面积大，发热量大，因而冷却和排屑条件差，所以加工精度较低且表面粗糙度值较大。采用周边磨削时，由于砂轮和工件接触面积小，发热量少，冷却和排屑条件较好，可获得较高的加工精度和较小的表面粗糙度值。

　　圆台式平面磨床由于采用端面磨削，且为连续磨削，没有工作台的换向时间损失，故生产率较高。但是圆台式只适用于磨削小零件和大直径的环形零件端面，不能磨削长零件。而矩台式平面磨床可方便地磨削各种零件，工艺范围较宽。卧轴矩台平面磨床除了用砂轮的周边磨削水平面外，还可用砂轮端面磨削沟槽、台阶等。

　　目前我国生产的卧轴矩台平面磨床能达到的加工质量为：

　　普通精度级：试件精磨后，加工面对基准面的平行度为 0.015 mm/1 000 mm，表面粗糙度 Ra 为 0.32 ~ 0.63 μm；

　　高精度级：试件精磨后，加工面对基准面的平行度为 0.005 mm/1 000 mm，表面粗糙度 Ra 为 0.01 ~ 0.04 μm。

　　（2）无心外圆磨床

　　无心磨床通常指无心外圆磨床，无心外圆磨削是外圆磨削的一种特殊形式。磨削时，工件不用顶尖来定心和支撑，而是直接将工件放在砂轮与导轮之间并用托板进行定位再进行磨削，如图 3.17（a）所示。

　　1）工作原理。

　　从图 3.17（a）中可以看出，砂轮和导轮的旋转方向相同，磨削砂轮的圆周速度很大，通过切向磨削力带动工件旋转，但导轮是用摩擦系数较大的树脂或橡胶作黏结剂制成的刚玉砂轮；它依靠摩擦力限制工件旋转，使工件的圆周线速度基本上等于导轮的线速度，从而在磨削轮和工件间形成很大的速度差，产生磨削作用。改变导轮的转速，从而调节工件的圆周进给速度。

　　为了提高工件圆度，工件的中心必须高于磨削轮和导轮的中心连线，如图 3.17（a）所示，但高出的距离不能太大，否则导轮对工件的向上垂直分力有可能引起工件跳动，影响加工表面的质量。一般 $h =$（0.15 ~ 0.25）d，d 为工件直径。这样便能使工件在假想的 V 形槽中转动，工件和导轮、工件与磨削砂轮间的接触点不可能对称，于是工件上的某些凸起表面（即棱圆部分）在多次转动中能逐渐磨圆。

　　2）磨削方式。

　　无心外圆磨床有两种磨削方式，即贯穿磨削法和切入磨削法。

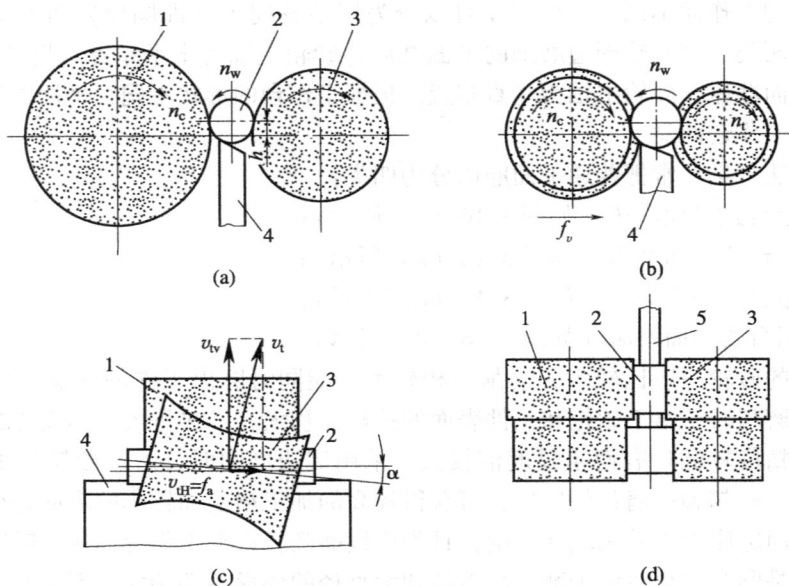

图 3.17 无心外圆磨削的加工示意图
1—磨削砂轮；2—工件；3—导轮；4—托板；5—挡板；

贯穿磨削时，将工件从机床前面放到托板上，推入磨削区域后，工件旋转，同时又轴向向前移动，从机床另一端出去，磨削完毕。而另一个工件可相继进入磨削区，这样就可以一件接一件地连续加工。工件的轴向进给是由于导轮的中心线在竖直平面内向前倾斜 α 角所引起的，如图 3.17（c）所示。为了保证导轮与工件间的接触线成直线形状，需将导轮的形状修正成回转双曲面形。

切入磨削时，先将工件放在托板和导轮之间，然后使磨削砂轮横向切入进给，来磨削工件表面。这时导轮的轴心线仅倾斜很少的角度，对工件有微小的轴向推力，使它靠住挡块（如图 3.17（b）所示），从而得到可靠的轴向定位。

3）特点与应用。

在无心磨床上加工工件时，工件无须打中心孔，且装夹工件省时省力，可连续磨削，所以生产效率较高。

由于工件定位基准是被磨削的外圆表面，而不是中心孔，所以就消除了工件中心孔误差、外圆磨床工作台运动方向与前后顶尖连线的不平行以及顶尖的径向跳动等几项误差的影响。所以磨削出来的工件尺寸精度和几何精度均比较高，表面粗糙度也比较好。如果配备适当的自动装卸料机构，则易于实现自动化生产。

无心磨床在成批、大量生产中应用较普遍，并且随着无心磨床结构的进一步改进，以及加工精度和自动化程度的逐步提高，其应用范围有日益扩大的趋势。

但是，由于无心磨床调整费时，所以加工批量较小时，不宜采用。不宜采用无心磨床加工的工件是表面周向不连续（例如有长键槽）或与其他表面的同轴度要求较高的轴类零件。

（3）内圆磨床

内圆磨床主要用于磨削各种圆柱孔（包括通孔、盲孔、阶梯孔和断续表面的孔等）和圆锥孔。内圆磨床的主要类型有普通内圆磨床、无心内圆磨床、行星式内圆磨床和坐标磨床等。

1）普通内圆磨床。

普通内圆磨床是生产中应用最广泛的一种内圆磨床，其磨削方法如图 3.18 所示。磨削时，根据工件形状和尺寸的不同，可采用纵磨法或切入法磨削内孔，如图 3.18（b）所示。某些普通内圆磨床上装备有专门的端磨装置，采用这种端磨装置，可在工件一次装夹中完成内孔和端面的磨削，如图 3.18（c）和图 3.18（d）所示。这样既容易保证孔和端面的垂直度，又可提高生产效率。

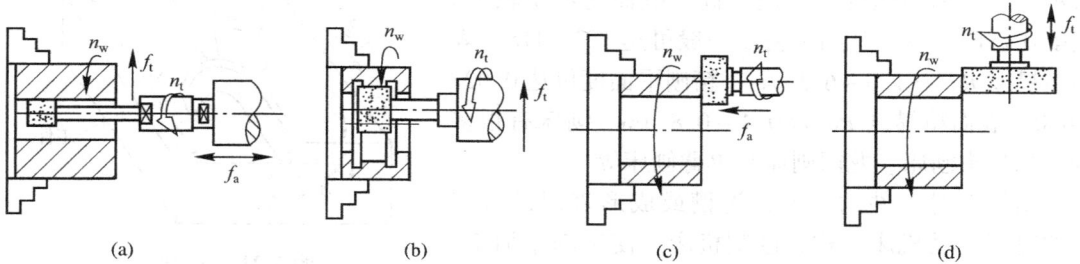

图 3.18 普通内圆磨床的磨削方法

2）无心内圆磨床。

无心内圆磨床的工作原理如图 3.19 所示。磨削时，工件 4 支承在滚轮 1 和导轮 3 上，压紧轮 2 使工件紧靠导轮，由导轮带动工件旋转，实现圆周进给运动（n_w）。砂轮除了完成主运动 n_t 外，还做纵向进给运动（f_n）和周期横向进给运动（f_r）。加工结束时，压紧轮沿箭头 A 的方向摆开，以便装卸工件。磨削锥孔时，可将滚轮 1、导轮 3 和工件 4 一起偏转一定角度。这种磨床主要适用于大批量生产中，加工那些外圆表面已经精加工且又不宜用卡盘装夹的薄壁状工件以及内、外圆同轴度要求较高的工件，如轴承环之类的零件。

3）行星式内圆磨床。

行星式内圆磨床的工作原理如图 3.20 所示。磨削时，工件固定不转，砂轮除了绕自身轴线高速旋转实现主运动 n_t 外，同时还要绕被磨削孔的轴线以缓慢的速度做公转，实现圆周进给运动（n_w），此外，砂轮还做周期性的横向进给运动（f_r）及纵向进给运动（f_a）（纵向进给也可由工件的移动来实现）。由于砂轮所需的运动种类较多，致使砂轮架的结构复杂，刚度较差。

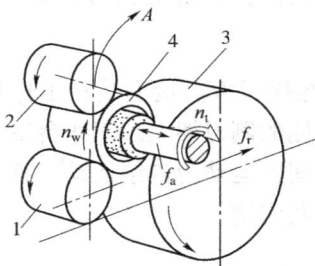

图 3.19 无心内圆磨床的工作原理
1—滚轮；2—压紧轮；3—导轮；4—工件

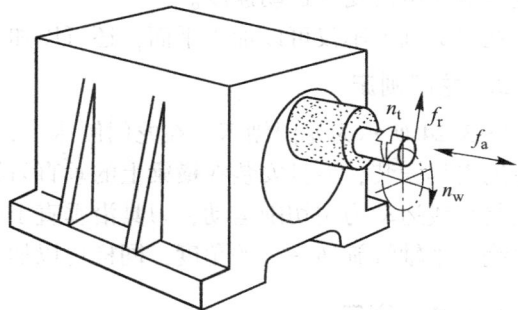

图 3.20 行星式内圆磨床的工作原理

目前这类机床只用来磨削大型工件或因工件形状不对称不适于旋转的工件，例如，磨削高速大型柴油机大连杆上的孔。

3.1.7 金属刨削机床

刨削运动是由刀具或工件做往复直线运动，由工件和刀具做垂直于主运动的间歇进给运动，如图3.21所示。由于刨削速度不可能太高，故而生产率较低。刨削比铣削平稳，其加工精度一般可达 IT7~IT8，表面粗糙度 Ra 为 1.6~6.3 μm；精刨平面度可达 0.02/1 000，表面粗糙度 Ra 为 0.4~0.8 μm。刨床有很多种，如牛头刨床、龙门刨床和单臂刨床等。

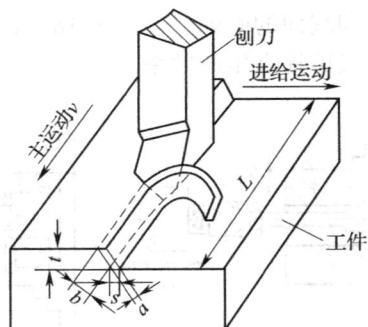

图3.21　刨削运动

用刨刀对工件的平面、沟槽或成形表面进行刨削的直线运动机床，称为刨削机床。使用刨床加工，刀具较简单，但生产率较低（加工长而窄的平面除外），因而主要用于单件、小批量生产及机修车间。根据其结构和性能，刨床主要分为牛头刨床、龙门刨床、单臂刨床及专门化刨床等。牛头刨床因滑枕和刀架形似牛头而得名，刨刀装在滑枕的刀架上做纵向往复运动，多用于切削各种平面和沟槽，牛头刨主要用于加工中小型零件。龙门刨床因有一个由顶梁和立柱组成的龙门式框架结构而得名，工作台带着工件通过龙门框架做直线往复运动，多用于加工大平面（尤其是长而窄的平面），也用来加工沟槽或同时加工数个中小零件的平面。大型龙门刨床往往附有铣头和磨头等部件，这样就可以使工件在一次安装后完成刨、铣及磨平面等工作。单臂刨床具有单立柱和悬臂，工作台沿床身导轨做纵向往复运动，多用于加工宽度较大而又不需要在整个宽度上加工的工件。

1. 牛头刨床

如图3.22所示，滑枕3可沿床身4的导轨做往复运动，刀架2随滑枕做往复运动，可手动垂直进给，并可绕水平轴摆动调整刀位。横梁可沿床身4的竖直导轨上下移动。滑枕行程调节柄6可调节往复运动的行程。工作台1沿横梁8的导轨横向进给，并随横梁8升降。变速手柄5可改变主运动速度。

在牛头刨上不仅可以加工平面，还可以加工各种斜面和沟槽，如图3.23所示。

2. 龙门刨床

图3.24所示为龙门刨床。在龙门刨床上，工件一般用螺栓压板直接安装在工作台上或用专用夹具安装，刀具安装在横梁上的垂直刀架或工作台两侧的侧刀架上。工作台带动工件的往复直线运动为主切削运动，刀具沿垂直于主运动方向的间歇运动为进给运动。各刀架也可以绕水平轴线旋转一定的角度，同样可以加工平面、斜面及沟槽。

3.1.8 镗床

镗床类机床的主要工作是用镗刀进行镗孔，此外，还可进行一定的铣平面、车凸缘、车螺纹等工作。镗床按其结构形式可分为卧式镗床、立式镗床、落地镗床、金刚镗床和坐标

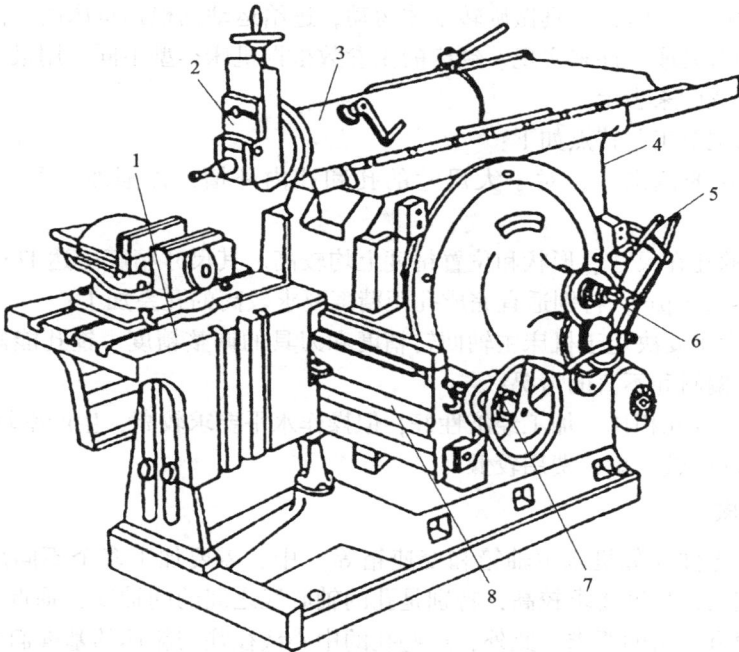

图 3.22　牛头刨床外形

1—工作台；2—刀架；3—滑枕；4—床身；5—变速手柄；6—滑枕行程调节柄；7—进给机构；8—横梁

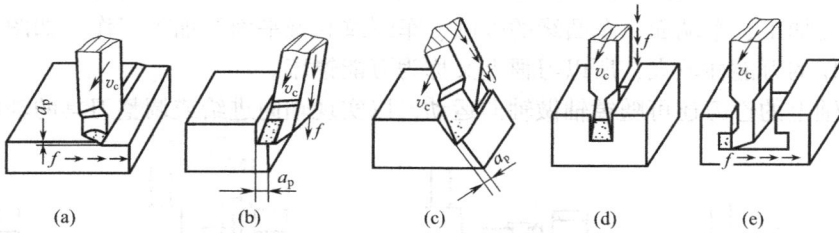

(a)　　　　(b)　　　　(c)　　　　(d)　　　　(e)

图 3.23　在牛头刨上加工平面、斜面和沟槽

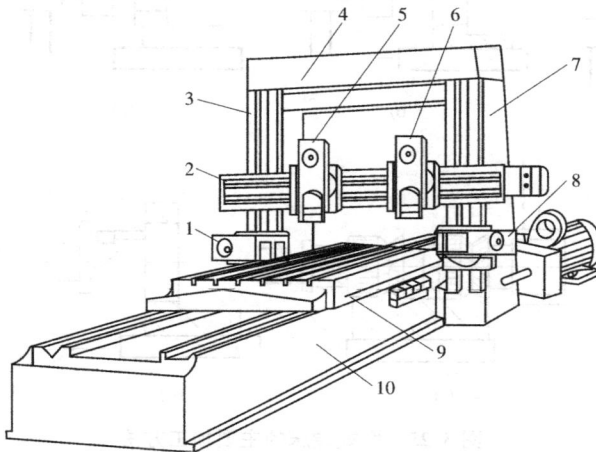

图 3.24　龙门刨床

1—左侧刀架；2—横梁；3—左立柱；4—顶梁；5—左垂直刀架；6—右垂直刀架；
7—右立柱；8—右侧刀架；9—工作台；10—床身

镗床等类型。镗床加工时，刀具做旋转主体运动，进给运动则根据机床的不同类型和所加工工序的不同，由刀具或工件来实现。镗床的主参数根据机床类型不同，用最大镗孔直径、镗轴直径或工作台宽度来表示。

镗削加工的主要工艺特点如下：

1）可加工孔的范围广，对于大尺寸的孔和孔内环槽，镗削加工几乎是唯一的加工方法；

2）所加工的孔在尺寸、形状和位置精度上均较高。其尺寸精度可达 IT5～IT6 级，粗糙度 Ra 可达 0.8～3.2 μm，特别适宜完成孔距精度要求较高的孔系加工；

3）镗孔精度主要决定于机床主轴回转精度和刀具的调整精度。镗孔能修整前道工序所造成的孔的轴线偏斜和不直的情况；

4）与扩孔、铰孔相比，加工经济性好，但操作水平要求较高，生产率较低；

5）刀具的准备较简单，费用较低。

1．卧式镗床

在一些箱体零件（如机床主轴箱和变速箱等）中，需要加工多个不同尺寸的孔，通常这些孔的尺寸较大、精度要求较高，特别是孔的轴心线之间的同轴度、垂直度、平行度及孔间距精度等方面有严格的要求。此外，这些孔的中心线往往与箱体的基准面平行。这种零件在一般立式钻床或摇臂钻床上加工，必须应用一定的工艺装备，否则加工起来就比较困难。这时，可根据工件的精度要求，在选定的镗床上加工，其中卧式镗床用得较多。在卧式镗床上可以进行孔加工、车端面、车凸缘的外圆、车螺纹和铣平面等加工工作，如图 3.25 所示，这种机床工作的万能性较大，所以习惯上又称为万能镗床。

装在镗轴上的镗刀还可随镗轴做轴向运动，以实现轴向进给或调整刀具的轴向位置。

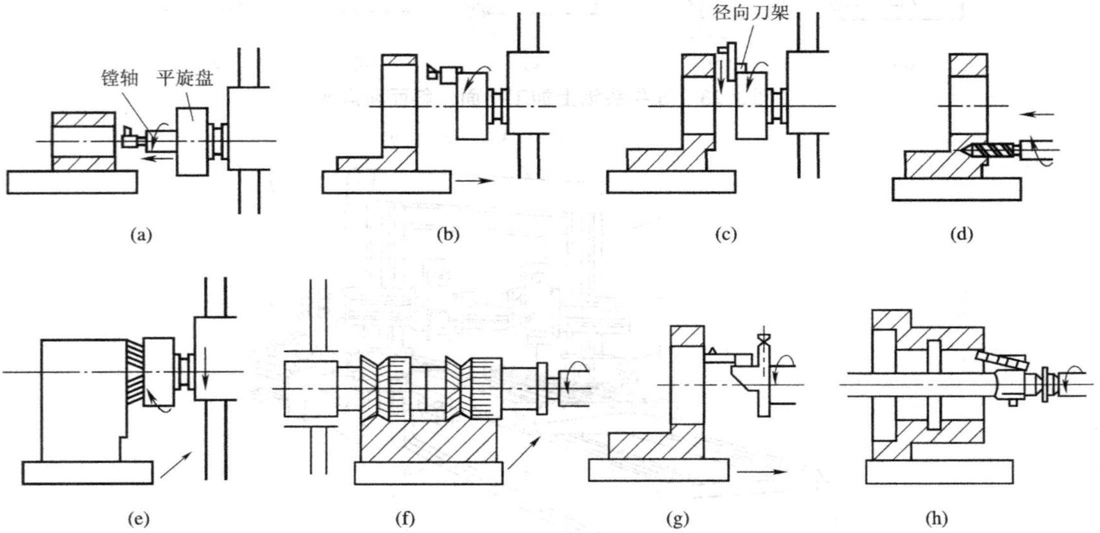

图 3.25　卧式镗床的主要加工方法

卧式镗床（如图 3.26 所示）由床身 8、主轴箱 1、前立柱 2、带后支承 9、后立柱 10、下滑座 7、上滑座 6 和工件台 5 等部件组成。加工时，刀具装在主轴箱 1 的镗轴 3 或平旋盘 4 上，由主轴箱 1 可获得各种转速和进给量。主轴箱 1 可沿前立柱 2 的导轨上下移动。工件安装在工作台 5 上，可与工作台一起随下滑座 7 或上滑座 6 做纵向或横向移动。此外，工作台 5 还可绕上滑座的圆导轨在水平平面内调整至一定的角度位置，以便加工互相成一定角度的孔或平面。

当镗轴及刀杆伸出较长时，可用带后支承 9 来支承它的左端，以增加镗轴和刀杆的刚度。当刀具装在平旋盘 4 的径向刀架上时，径向刀架可带着刀具做径向进给，以车削端面。

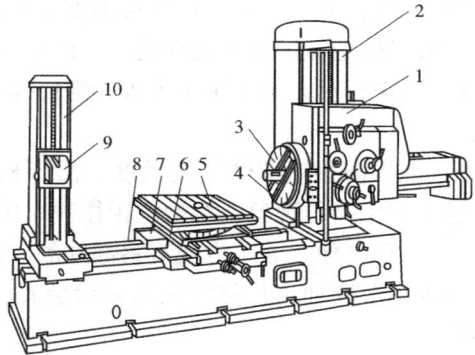

图 3.26　卧式镗床

1—主轴箱；2—前立柱；3—镗轴；4—平旋盘；5—工作台；
6—上滑座；7—下滑座；8—床身；9—带后支承；10—后立柱

2. 落地镗床

在重型机械制造厂中，某些工件笨重而庞大，加工时移动很困难，这时就希望工件在加工过程中固定不动，运动由机床部件来实现。因为机床部件的重量比工件轻，由较轻的部分来实现运动，往往可使机床结构更简单。因此，在卧式镗床的基础上，又产生了落地镗床。落地镗床如图 3.27 所示。落地镗床没有工作台，工件直接固定在地面的平板上。镗轴 3 的位置，是由立柱 1 沿床身 5 的导轨做横向移动及主轴箱 2 沿立柱导轨做上下方向移动来进行调整的。落地镗床比卧式镗床大，它的镗轴直径往往在 125 mm 以上。落地镗床是用于加工大型零件的重型机床，因此它具有下列特点：

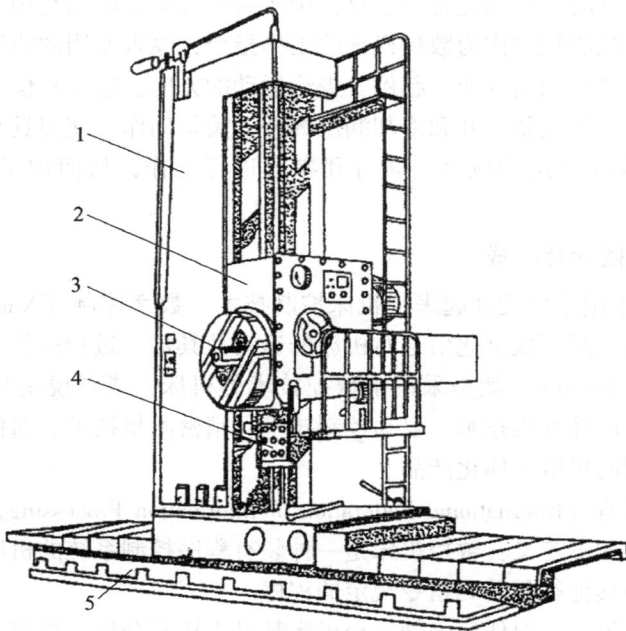

图 3.27　落地镗床

1—立柱；2—主轴箱；3—镗轴；4—操纵板；5—床身

1）万能性大。大型工件装夹困难费时，因此希望尽可能在一次安装中将全部表面加工出来，所以落地镗床的万能性较大，机床可以进行镗、铣、钻等各种工作。

2）集中操纵。由于机床庞大，为使操纵方便起见，通常用悬挂式操纵板 4 或操纵台集中操纵。

3）能提高移动部件的灵敏度。由于机床的移动部件重量大，为了提高其移动的灵敏度，避免产生爬行现象，新型机床往往应用静压导轨或滚动导轨。

4）操作方便。为了方便观察部件的位移情况，新式的落地镗床大多备有移动部件（立柱、主轴箱及镗轴）位移的数码显示装置，以节省观察及测量位移的时间和减轻工人的劳动强度。

3.1.9 数控机床

数字控制机床（Computer Numerical Control Machine Tools）简称数控机床，它是一种装有程序控制系统的自动化机床。该控制系统能够逻辑地处理具有控制编码或其他符号指令规定的程序，并将其译码，从而使机床动作并加工零件。

数控机床是一种以数字量作为指令信息，结合了自动控制、伺服驱动、精密测量和新型机械结构等多方面的技术成果的产品，是今后机床控制的发展方向。数控机床采用微处理器及大规模或超大规模集成电路组成的现代数控系统后具有很强的程序存储能力和控制功能，是新一代生产技术——柔性制造系统（FMS）、计算机集成制造系统（CMS）等的技术基础。

1. 数控机床的工作原理

数控机床加工工件时，应预先将加工过程中所需要的全部信息利用数字或代码化的数字量表示出来，编制出控制程序作为数控机床的工作指令，输入专用的或通用的数控装置，再由数控装置控制机床主运动的变速、起停，进给运动的方向、速度和位移量，以及其他加工刀具的选择交换、工件的夹紧松开和冷却润滑的开、关等动作，使刀具与工件及其他辅助装置严格地按照加工程序规定的顺序、轨迹和参数进行工作，从而加工出符合技术要求的零件。

2. 数控机床的概念及组成

数控技术是 20 世纪中期发展起来的机床控制技术。数字控制（Numerical Control，NC）是一种自动控制技术，是用数字化信号对机床的运动及其加工过程进行控制的一种方法。

数控机床（NC Machine）就是采用了数控技术的机床，或者说是装备了数控系统的机床。它是一种综合应用计算机技术、自动控制技术、精密测量技术、通信技术和精密机械技术等先进技术的典型的机电一体化产品。

国家信息处理联盟（International Federation of Information Processing，IFIP）第五技术委员会对数控机床作了如下定义：数控机床是一种装有程序控制系统的机床，该系统能逻辑地处理具有特定代码和其他符号编码指令规定的程序。

数控机床的种类很多，但任何一种数控机床都是由控制介质、数控系统、伺服系统、辅助控制系统和机床本体等若干基本部分组成，如图 3.28 所示。

（1）控制介质

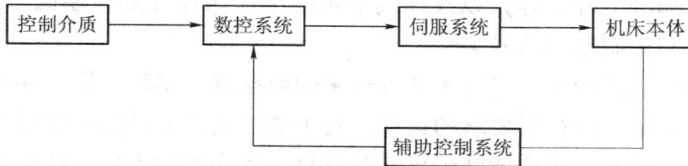

图 3.28　数控机床的基本组成

数控系统工作时，不需要操作工人直接操纵机床，但机床又必须执行人的意图，这就需要在人与机床之间建立某种联系，这种联系的中间媒介物即称为控制介质。在控制介质上存储着加工零件所需要的全部操作信息和刀具相对工件的位移信息。因此，控制介质就是将零件加工信息传送到数控装置去的信息载体。控制介质有多种形式，它随着数控装置类型的不同而不同，常用的有穿孔纸带、穿孔卡、磁带、磁盘和 USB 接口介质等。控制介质上记载的加工信息要经过输入装置传送给数控装置，常用的输入装置有光电纸带输入机、磁带录音机、磁盘驱动器和 USB 接口等。

除了上述几种控制介质外，还有一部分数控机床采用数码拨盘、数码插销或利用键盘直接输入程序和数据。另外，随着 CAD/CAM 技术的发展，有些数控设备利用 CAD/CAM 软件在其他计算机上编程，然后通过计算机与数控系统通信（如局域网），将程序和数据直接传送给数控装置。

（2）数控系统

数控装置是一种控制系统，是数控机床的中心环节。它能自动阅读输入载体上事先给定的数字，并将其译码，从而使机床进给并加工零件。数控系统通常由输入装置、控制器、运算器和输出装置四部分组成，如图 3.29 所示。

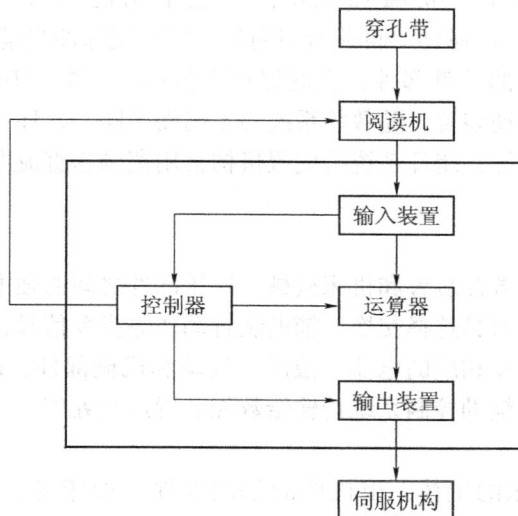

图 3.29　数控系统结构

输入装置接受由穿孔带、阅读机输出的代码，经识别与译码之后分别输入到各个相应的寄存器，这些指令与数据将作为控制和运算的原始数据。控制器接受输入装置的指令，根据指令控制运算器与输入装置，以实现对机床的各种操作（如控制工作台沿某一坐标轴的运动、主轴变速和冷却液的开关等）以及控制整机的工作循环（如控制阅读机的启动或停止、控制运算器的运算和控制输出信号等）。

运算器接受控制器的指令，将输入装置送来的数据进行某种运算，并不断向输出装置送出运算结果，使伺服系统执行所要求的运动。对于加工复杂零件的轮廓控制系统，运算器的重要功能是进行插补运算。所谓插补运算就是将每个程序段输入的工件轮廓上的某起始点和终点的坐标数据送入运算器，经过运算之后在起点和终点之间进行"数据密化"，并按控制器的指令向输出装置送出计算结果。

输出装置根据控制器的指令将运算器送来的计算结果输送到伺服系统，经过功率放大，驱动相应的坐标轴，使机床完成刀具相对工件的运动。

目前，厂家均采用微型计算机作为数控装置。微型计算机的中央处理单元（CPU）又称微处理器，是一种大规模集成电路。它将运算器、控制器集成在一块集成电路芯片中。在微型计算机中，输入与输出电路采用大规模集成电路，即所谓的 I/O 接口。微型计算机拥有较大容量的寄存器，并采用高密度的存储介质，如半导体存储器和磁盘存储器等。存储器可分为只读存储器（ROM）和随机存取存储器（RAM）两种类型，前者用于存放系统的控制程序，后者存放系统运行时的工作参数或用户的零件加工程序。微型计算机数控装置的工作原理与上述硬件数控装置的工作原理相同，只是前者采用通用的硬件，不同的功能通过改变软件来实现，因此更为灵活与经济。

（3）伺服系统

伺服系统由伺服驱动电动机和伺服驱动装置组成，它是数控系统的执行部分。伺服系统接受数控系统的指令信息，并按照指令信息的要求带动机床本体的移动部件运动或执行部分动作，以加工出符合要求的工件。指令信息是脉冲信息的体现，每个脉冲使机床移动部件产生的位移量叫作脉冲当量。机械加工中，一般常用的脉冲当量为 0.01 mm/脉冲、0.005 mm/脉冲及 0.001 mm/脉冲，目前所使用的数控系统脉冲当量一般为 0.001 mm/脉冲。

伺服系统是数控机床的关键部件，它的好坏直接影响着数控加工的速度、位置、精度等。伺服机构中常用的驱动装置，随数控系统的不同而不同。开环系统的伺服机构常用步进式电动机和电液脉冲马达等；闭环系统的伺服机构常用宽调速直流电动机和电液伺服驱动装置等。

（4）辅助控制系统

辅助控制系统是介于数控装置和机床机械、液压部件之间的强电控制装置。它接受数控装置输出的主运动变速、刀具选择交换、辅助装置动作等指令信号，经过必要的编译、逻辑判断、功率放大后直接驱动相应的电器、液压、气动和机械部件，以完成各种规定的动作。此外，有些开关信号经过辅助控制系统传输给数控装置进行处理。

（5）机床本体

机床本体是数控机床的主体，由机床的基础大件（如床身、底座）和各种运动部件（如工作台、床鞍、主轴等）所组成。它是完成各种切削加工的机械部分，是在普通机床的基础上改进而成的。其具有以下几方面的特点：

1）数控机床采用了高性能的主轴与伺服传动系统、机械传动装置。

2）数控机床机械结构具有较高的刚度、阻尼精度和耐磨性。

3）更多采用高效传动部件，如滚珠丝杠副、直线滚动导轨。

　　与传统的手动机床相比，数控机床在外部造型、整体布局、传动系统与刀具系统的部件结构及操作机构等方面都发生了很多变化，这些变化的目的是满足数控机床的要求和充分发挥数控机床的特点，因此，必须建立数控机床设计的新概念。

3. 数控机床的种类与应用

　　当前数控机床的品种很多，其结构、功能各不相同，通常可以按下述方法进行分类。

　　（1）按机床运动轨迹进行分类

　　按机床运动轨迹不同，数控机床可分为点位控制数控机床、直线控制数控机床和轮廓控制数控机床。

　　1）点位控制数控机床。

　　点位控制（Positioning Control）又称为点到点控制（Point to Point Control）。刀具从某一位置向另一位置移动时，不管中间的移动轨迹如何，只要刀具最后能正确到达目标位置，就称为点位控制。

　　点位控制机床的特点是只控制移动部件由一个位置到另一个位置的精确定位，而对它们运动过程中的轨迹没有严格要求，在移动和定位过程中不进行任何加工。因此，为了尽可能地减少移动部件的运动时间和定位时间，两相关点之间的移动先以快速移动到接近新点位的位置，然后进行连续降速或分级降速，使之慢速趋近定位点，以保证其定位精度。点位控制加工示意图如图 3.30 所示。

　　这类机床主要有数控坐标镗床、数控钻床、数控点焊机和数控折弯机等，其相应的数控装置称为点位控制数控装置。

　　2）直线控制数控机床。

　　直线控制（Straight Cut Control）又称平行切削控制（Parallet Cut Control）。这类控制除了控制点到点的准确位置之外，还要保证两点之间移动的轨迹是一条直线，而且对移动的速度也有控制，因为这一类机床在两点之间移动时要进行切削加工。

　　直线控制数控机床的特点是刀具相对于工件的运动不仅要控制两相关点的准确位置（距离），还要控制两相关点之间移动的速度和轨迹，其轨迹一般由与各轴线平行的直线段组成。

　　它和点位控制数控机床的区别在于当机床的移动部件移动时，可以沿一个坐标轴的方向进行切削加工，而且其辅助功能比点位控制的数控机床多。直线控制加工示意图如图 3.31 所示。

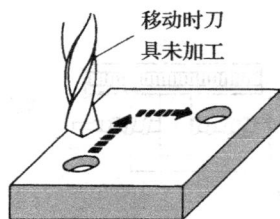

図 3.30　点位控制加工示意图　　　　　図 3.31　直线控制加工示意图

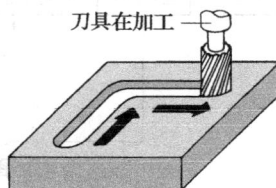

　　这类机床主要包括数控坐标车床、数控磨床和数控镗铣床等，其相应的数控装置称为直线控制数控装置。

　　3）轮廓控制数控机床。

轮廓控制又称连续控制，大多数数控机床具有轮廓控制功能。轮廓控制数控机床的特点是能同时控制两个以上的轴联动，具有插补功能。它不仅要控制加工过程中的每一点的位置和刀具移动速度，还要加工出任意形状的曲线或曲面。轮廓控制加工示意图如图 3.32 所示。

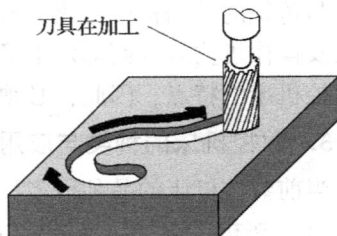

刀具在加工

图 3.32　轮廓控制加工示意图

属于轮廓控制机床的有数控坐标车床、数控铣床、加工中心等。其相应的数控装置称为轮廓控制装置。轮廓控制装置比点位、直线控制装置结构复杂得多，功能也齐全得多。

（2）按伺服系统类型进行分类

按伺服系统类型不同，数控机床可分为开环控制数控机床、闭环控制数控机床和半闭环控制数控机床。

1）开环控制数控机床。

开环控制（Open Loop Control）数控机床通常不带位置检测元件，伺服驱动元件一般为步进电动机。数控装置每发出一个进给脉冲后，脉冲便经过放大，并驱动步进电动机转动一个固定角度，再通过机械传动驱动工作台运动，开环伺服系统如图 3.33 所示。这种系统没有被控对象的反馈值，系统的精度完全取决于步进电动机的步距精度和机械传动的精度，其控制线路简单，调节方便，精度较低（一般可达 ±0.02mm），通常应用于小型或经济型数控机床。

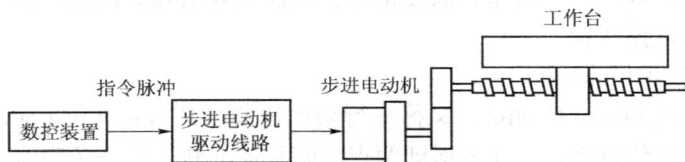

图 3.33　开环伺服系统

2）闭环控制数控机床。

闭环控制（Closed Loop Control）数控机床通常带位置检测元件，随时可以检测出工作台的实际位移并反馈给数控装置，并与设定的指令值进行比较后，利用其差值控制伺服电动机，直至差值为零。这类机床一般采用直流伺服电动机或交流伺服电动机驱动。位置检测元件常包含直线光栅、磁栅、同步感应器等。闭环伺服系统如图 3.34 所示。

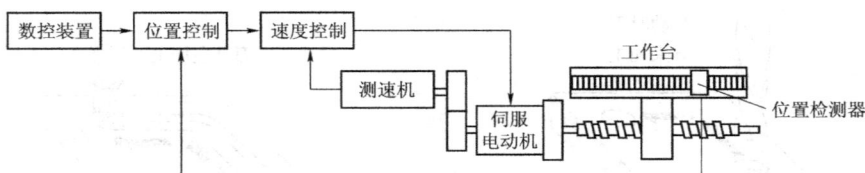

图 3.34　闭环伺服系统

由闭环伺服系统的工作原理可以看出，系统精度主要取决于位置检测装置的精度，从理论上来讲，它完全可以消除由于传动部件制造中存在的误差给工件加工带来的影响，所以这种系统可以得到很高的加工精度。闭环伺服系统的设计和调整都有很大的难度，直线位移检测元件的价格也比较昂贵，主要用于一些精度要求较高的镗铣床、超精车床和加工中心等。

3）半闭环控制数控机床。

半闭环控制（Semi‒Closed Loop Control）数控机床通常将位置检测元件安装在伺服电动机的轴上或滚珠丝杠的端部，不直接反馈机床的位移量，而是检测伺服系统的转角，并将此信号反馈给数控装置进行指令比较，用差值控制伺服电动机。半闭环伺服系统如图 3.35 所示。

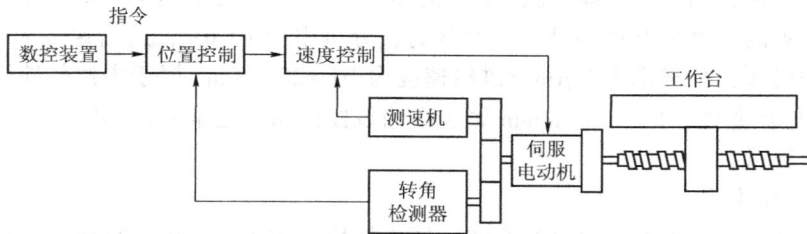

图 3.35　半闭环伺服系统

由于半闭环伺服系统的反馈信号取自电动机轴的回转，因此系统中的机械传动装置处于反馈回路之外，其刚度、间歇等非线性因素对系统稳定性没有影响且调试方便。同样，机床的定位精度主要取决于机械传动装置的精度，但是现在的数控装置均有螺距误差补偿和间歇补偿功能，因此，不需要将传动装置各种零件的精度提得很高，而是通过补偿就能将精度提高到绝大多数用户都能接受的程度。再加上直线位移检测装置比角位移检测装置昂贵得多，因此，除了对定位精度要求特别高或行程特别长，不能采用滚珠丝杠的大型机床外，绝大多数数控机床均采用半闭环伺服系统。

（3）按工艺用途进行分类

按工艺用途不同，数控机床可分为金属切削类数控机床、金属成形类数控机床、数控特种加工机床和其他类型的数控机床。

1）金属切削类数控机床。

金属切削类数控机床包括数控车床、数控钻床、数控铣床、数控磨床、数控镗床以及加工中心。切削类机床发展最早，目前种类繁多，功能差异也较大，其中的加工中心能实现自动换刀，这类机床都有一个刀库，可容纳 10～100 把刀具。其特点是工件一次装夹可完成多道工序。为了进一步提高生产效率，有的加工中心使用双工作台，一面加工，一面装卸，工作台可以自动交换。

2）金属成形类数控机床。

金属成形类数控机床包括数控折弯机、数控组合冲床和数控回转头压力机等。这类机床起步晚，但目前发展迅速。

3）数控特种加工机床。

数控特种加工机床有线切割机床、数控电火花加工机床、火焰切割机和数控激光机切割机床等。

4）其他类型的数控机床。

其他类型的数控机床包括数控三坐标测量机床等。

（4）按数控系统功能水平进行分类

按数控系统的主要技术参数、功能指标和关键部件的功能水平不同，数控机床可分为低、中、高 3 个档次。国内据此将数控机床分为全功能数控机床、普及型数控机床和经济型数控机床三种。这些分类方法划分的界线是相对的，不同时期的划分标准有所不同，划分标准大体依据以下几个方面。

1）控制系统 CPU 的档次。

2）分辨率和进给速度。

分辨率为位移检测装置所能检测到的最小位移单位，分辨率越小，则检测精度越高。它取决于检测装置的类型和制造精度。一般认为，分辨率为 10 μm，进给速度为 8 ~ 10 m/min 属于低档数控机床；分辨率为 1 μm，进给速度为 10 ~ 20 m/min 属于中档数控机床；分辨率为 0.1 μm，进给速度为 15 ~ 20 m/min 属于高档数控机床。通常分辨率应比机床所要求的加工精度高一个数量级。

3）伺服系统类型。

一般采用开环、步进电动机进给系统的属于低档数控机床；中、高档数控机床则采用半闭环或闭环的直流伺服或交流伺服系统。

4）坐标联动轴数。

5）通信功能。

6）显示功能。

低档数控系统一般只有简单的数码管显示或单色 CRT 字符显示功能；中档数控系统则有较齐全的 CRT 显示，不仅有字符，而且有二维图形、人机对话、状态和自诊断等功能；高档数控系统还可以有三维图形显示、图形编辑等功能。

（5）按所用数控装置的构成方式进行分类

按所用数控装置的构成方式不同，数控系统可分为硬线数控系统和软线数控系统。

1）硬线数控系统。

硬线数控系统使用硬线数控装置，它的输入处理、插补运算和控制功能，都由专用的固定组合逻辑电路来实现，不同功能的机床，其组合逻辑电路也不相同。改变或增减控制、运算功能时，需要改变数控装置的硬件电路。因此，该系统的通用性和灵活性差、制造周期长、成本高。20 世纪 70 年代初期以前的数控机床基本均属于这种类型。

2）软线数控系统。

软线数控系统也称计算机数控系统，它使用软线数控装置。这种数控装置的硬件电路由小型或微型计算机再加上通用或专用的大规模集成电路制成，数控机床的主要功能几乎全部由系统软件来实现，所以不同功能的数控机床其系统软件也就不同，而修改或增减系统功能时，也不需要改动硬件电路，只需要改变系统软件。因此，该系统具有较高的灵活性，同时由于硬件电路基本是通用的，这就有利于大量生产、提高质量和可靠性、缩短制造周期和降低成本。20 世纪 70 年代中期以后，随着微电子技术的发展和微型计算机的出现，以及集成电路的集成度不断提高，计算机数控系统才得到不断发展和提高。目前，几乎所有的数控机床都采用软线数控系统。

4. 数控机床的特点

（1）数控机床的性能特点

数控机床与普通机床相比，在性能上大致有以下几个特点：

1）具有较强的适应性和通用性。随生产对象变化而变化的适应能力较强。加工对象改变时，只需重新编制相应程序输入计算机，无须重新设计工装，就可以自动加工出新的工件；同类工件系列中不同尺寸、不同精度的工件，只需局部修改或增删零件程序中的相应部分即可。

2）能获得更高的加工精度和稳定的加工质量。数控机床本身精度高，还可利用软件进行精度校正和补偿，加工零件按数控程序自动进行，可以避免人为误差。数控机床是以数字形式给出的脉冲进行加工的，目前，机床移动部件的位移量已普遍达到 0.001 mm；进给传动链的反向间隙和螺杆的导程误差等均可由数控装置进行补偿；加工轨迹是曲线时，数控机床可使进给量保持恒定，因此，加工精度和表面质量可以不受零件复杂程度的影响；其重复精度高，加工质量稳定。数控机床的加工精度已提高到了更高的定位精度。

3）具有较高的生产效率，能获得良好的经济效益。数控机床无须人工操作，就可以实现自动换刀、自动变换切削用量、快速进退等，大大缩短了辅助时间；主轴和进给采用无级变速，机床功率和刚度都较高，允许强力切削，可以采用较大的切削用量，有效地缩短了切削时间；自动测量与控制工件的加工尺寸和精度的检测系统可以减少停机检验的时间。

4）能实现复杂的运动。可实现几乎任何轨迹的运动和加工任何形状的空间曲面，适用于各种复杂异型零件和复杂型面加工。

5）能改善劳动条件，提高劳动生产率。工人无须直接操纵机床，免除了繁重的手工操作，减轻了劳动强度；一人能管理几台机床，大大地提高了劳动生产率。

6）便于实现现代化的生产管理。数控机床的切削条件、切削时间等都是由预先编制的程序决定的，能准确计算工时和费用，有效地简化检验、工夹具和模具的管理工作，这就便于准确地编制生产计划，为计算机控制和管理生产创造条件；数控机床适宜与计算机联机，目前已成为 CAD/CAM、FMS、CIMS 技术的基础。

（2）数控机床的使用特点

1）数控机床对操作维修人员的要求。数控机床采用计算机控制，驱动系统具有较高的技术复杂性，机械部分的精度要求也比较高。因此，要求数控机床的操作、维修及管理人员有较高的文化水平和综合技术素质。

数控机床的加工是根据程序进行的，零件形状简单时可采用手工编制程序，当零件形状比较复杂时，编程工作量大，手工编程较困难且往往易出错，必须用计算机进行编程。因此，数控机床的操作人员除了应具有一定的工艺知识和普通机床的操作经验之外，还应对数控机床的结构特点、工作原理非常了解，具有熟练操作计算机的能力，必须在程序编制方面进行专门的培训，考核合格后才能上机操作。

正确的维护和有效的维修也是使用数控机床的一个重要问题。数控机床的维修人员应有较高的理论知识和维修技术，要了解数控机床的机械结构，懂得数控机床的电气原理及电子电路，还应有比较宽泛的机、电、气、液专业知识，这样才能综合分析、判断故障的根源，正确地进行维修，保证数控机床的良好运行。因此，数控机床维修人员和操作人员一样，必须进行专门的培训。

2）数控机床对夹具和刀具的要求。数控机床对夹具的要求比较简单，单件生产时一般采用通用夹具；而批量生产时，为了节省加工工时，应使用专用夹具。数控机床的夹具应定位准确、可靠，可自动夹紧或松开工件。夹具还应具有良好的排屑、冷却性能。

由于数控机床的加工过程是自动进行的，因此，要求刀具切削性能稳定可靠、卷屑和断屑可靠、具有高的精度，能精确而迅速地调整，能快速或自动更换，应能实现"三化"；同时为了方便刀具的存储、安装和自动换刀，应具有一套刀具柄部标准系统。

数控机床的刀具应该具有以下特点：

① 具有较高的精度、耐用度，几何尺寸稳定、变化小；

② 刀具能实现机外预调和快速换刀，加工高精度孔时要经过试切削来确定其尺寸；

③ 刀具的柄部应满足柄部标准的规定；

④ 很好地控制切屑的折断和排出；

⑤ 具有很好的导热性能。

在数控加工中，产品质量和劳动生产率在相当大的程度上受到刀具的制约。由于数控加工的特殊要求，在刀具的选择上，特别是切削刃的几何参数方面必须进行专门的设计，才能满足数控加工的要求，并充分发挥数控机床的效益。

3.1.10　组合机床

组合机床是以系列化、标准化的通用部件为基础，配以少量的专用部件组成的高效自动化专用机床，它既有一般专用机床结构简单、生产效率高、易保证精度的特点，又能适应工件的变化，易于重新调整和重新组合。组合机床一般采用多轴、多刀、多工序、多面或多工位同时加工的方式，生产效率比通用机床高几倍甚至几十倍。由于通用部件已经标准化和系列化，可根据需要灵活配置，能缩短设计和制造周期。因此，组合机床兼有低成本和高效率的优点，在大批量生产中得到广泛应用，并可用以组成自动生产线。

组合机床一般用于加工箱体或特殊形状的零件。加工时，工件一般不旋转，由刀具的旋转运动和刀具与工件的相对进给运动，来实现钻孔、扩孔、锪孔、铰孔、镗孔、铣削平面、切削内外螺纹以及加工外圆和端面等。有的组合机床采用车削头夹持工件使之旋转，由刀具做进给运动，也可实现某些回转体类零件（如飞轮、汽车后桥半轴等）的外圆和端面加工。图3.36所示为一立卧复合式三面钻孔组合机床。

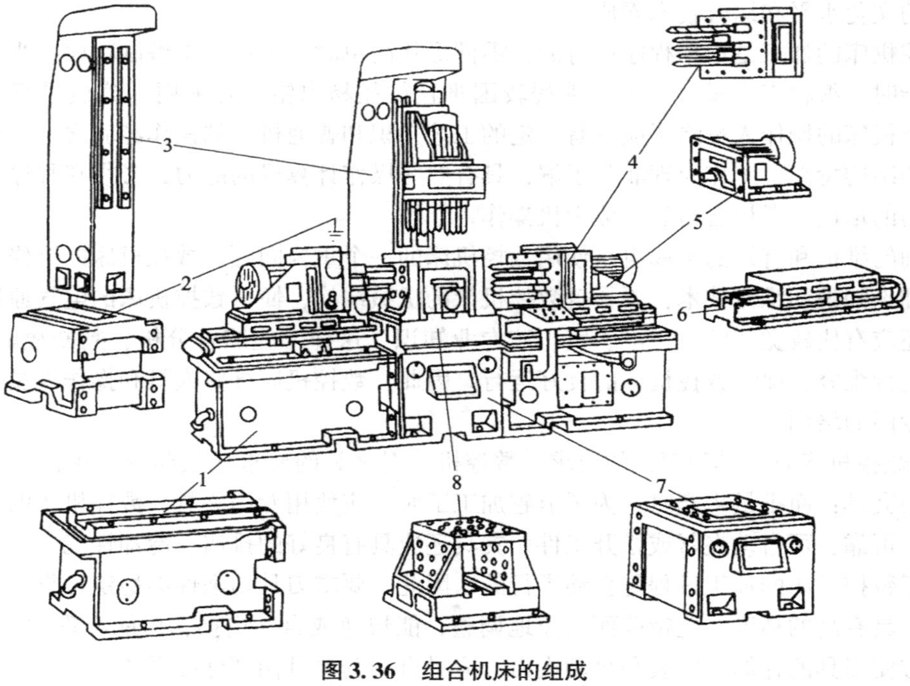

图 3.36　组合机床的组成

1—侧底座；2—立柱底座；3—立柱；4—主轴箱；5—动力箱；6—滑台；7—中间底座；8—夹具

组合机床与一般专用机床相比，具有以下特点：

1）设计组合机床只需选用通用零部件和设计少量专用零部件，从而缩短了设计与制造周期，经济效果好。

2）组合机床选用的通用零部件一般由专门厂家批量生产，是经过长期生产考验的，其结构稳定、工作可靠、易于保证质量，而且制造成本低、使用维修方便。

3）当加工对象改变时，组合机床的通用零部件可以重复使用，有利于产品更新和提高设备利用率。

4）组合机床易于联成组合机床自动生产线，以适应大规模生产的需要。

组合机床的基础部件是通用部件，通用部件是具有特定功能，按标准化、系列化和通用化原则设计制造的，按其功能可分为动力部件、支撑部件、输送部件、控制部件和辅助部件五类。

① 动力部件为组合机床传递动力并实现主运动和进给运动。实现主运动的动力部件有动力箱和完成各种专门工艺的切削头；实现进给运动的动力部件为动力滑台。

② 支撑部件是用来安装动力滑台、带有进给机构的切削头或夹具等的部件，包括侧底座、中间底座、支架、可调支架、立柱和立柱底座等。

③ 输送部件是用来安装工件并将其输送到加工的工位的部件，主要有分度回转工作台、环形分度回转工作台、分度鼓轮和往复移动工作台等。

④ 控制部件是用来控制组合机床的自动工作循环的部件，有液压站、电气柜和操纵台等。

⑤ 辅助部件主要包括冷却装置、润滑装置、排屑装置等以及各种实现自动夹紧的机械扳手。

3.1.11　并联机床

并联机床又称虚拟轴机床，并联机床是近十几年来出现的新的机床结构。并联机床是以空间并联机构为基础，充分利用计算机数字控制，以软件代替部分硬件，以电气装置代替部分机械传动的机床结构，它的出现使传统的笛卡尔直角坐标运动学原理发生了根本变化。传统机床布局的基本特点是以床身、立柱、横梁等作为支撑部件，主轴部件和工作台的滑板沿支撑部件上的直线导轨移动，按 X、Y、Z 轴运动叠加的串联运动学原理，形成刀具与工件的表面轨迹。而并联机床的基本特点是以机床框架为固定平台的若干杆件组成空间并联机构，主轴部件安装在并联机构的运动平台上，改变杆件的长度或移动杆件的支点，按照并联运动学原理，形成刀具与工件的表面轨迹（如图 3.37 所示）。并联机床质量轻、机构简单、刚度高、动态性能好且模块化程度高。并联机床也是并联机器人机构与机床结合的产物，是空间机构学、机械制造、数控技术、计算机软硬件技术和 CAD/CAM 技术高

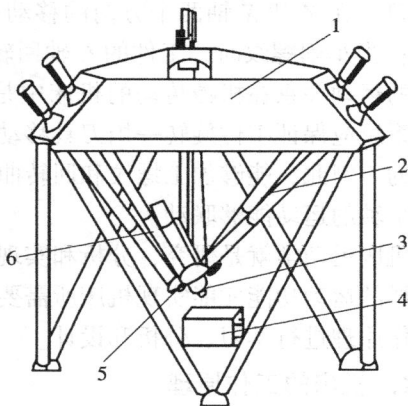

图 3.37　并联机床

1—机床框架（固定平台）；2—伸缩杆；3—刀头点；
4—工作台；5—运动平台；6—主轴部件

度结合的高科技产品。

与传统机床相比，并联机床具有如下优点：

1）刚度质量比大。传动构件在理论上为仅受拉压载荷的二力杆，故传动机构的单位质量具有很高的承载能力。

2）精度高。并联机床刀具的运动由各独立支链的进给驱动共同提供，不存在串联的误差积累，理论上，并联机床比串联机床更容易达到较高的精度。

3）响应速度快。运动部件惯性的大幅度降低，有效地改善了伺服控制器的动态品质，允许运动平台获得很高的进给速度和加速度，因而，特别适用于各种高速数控作业。

4）功能性强。并联机床的主轴平台可以具有 3～6 个自由度，能灵活地实现空间姿态，提供较强的加工、装配、测量等能力。

5）结构简单灵活、成本低。并联机床构型多样、结构简单、部件少且重组性强，便于模块化设计，具有硬件简单、软件复杂的特点，因此，制造成本较低。

3.2　金属切削机床设计的基本理论

机床不同于一般的机械，它是用来制造其他机械的工作母机，因此，在运动学原理、刚度及精度方面有其特殊的要求。下面简单介绍一些机床设计的基本理论。

3.2.1　机床的运动学原理

不同机床的加工功能（能够采用的加工方法、工件的类型和加工表面形状等）不同，因而实现其加工功能所需要的运动也不同。机床的末端执行器有两个，一个是安装工件的执行器（如铣床的工作台、车床主轴的卡盘），一个是安装刀具的执行器（如铣床的主轴、车床的刀架）。所谓工件的加工，就是通过刀具相对工件的运动来完成的。例如，车床的加工功能是加工圆柱面、圆锥面、端面、螺旋回转面及自由回转面等各种回转表面，它的加工功能需要工件绕其自身轴线（C 轴）回转及刀具沿工件轴线方向（Z 轴）和垂直于工件轴线（X 轴）方向移动等三个运动来实现。当车削圆锥面或某些自由回转曲面时，刀具在 Z 和 X 轴两个方向的移动或 Z、X 和 C 轴三个方向的移动必须保持严格的运动关系；当车削螺纹时，工件的 C 轴回转与刀具的 Z 轴移动必须保持严格的运动关系。这种严格的运动关系在机械传动的机床中是靠内联系传动系统来实现的（如在车螺纹时，进给传动系统应保证工件旋转一周刀具移动一个螺距），而在数控机床中是通过坐标轴的联动来实现的。因此，能够加工螺纹和回转曲面的数控车床，需要有 Z、X 和 C 轴三个运动，且要求三个轴的运动能够联动。

机床运动学就是研究、分析和实现机床期望的加工功能所需要的运动功能配置，即配置什么样的运动功能才能实现机床所需的加工功能。掌握了机床运动学知识就可对任何机床的工作原理进行学习、分析和设计。

1.　机床的工作原理

金属切削机床的基本功能是提供切削加工所必需的运动和动力。机床的基本工作原理是：通过刀具与工件之间的相对运动，由刀具切除工件上多余的金属材料，形成工件加工表面的几何形状、尺寸，并达到其精度要求。若机床功能的实现是由人工控制的，则称为普通机床；若是自动控制的，则称为自动化机床。工件加工表面的几何形状的形成取决于机床的运动功能，包括机床运动轴的数目、运动性质及各运动轴之间的关系（独立还是联动）；而几何尺寸则主要取决于机床的运动行程。

可以看出，工件的加工表面是通过机床上刀具与工件的相对运动而形成的，因此，要分析机床的运动功能，首先需要了解工件表面的形成方法。

2. 工件表面的形成方法及机床运动

工件表面的形成方法主要是指工件的待加工表面几何形状的形成方法。机床成形运动主要是指形成工件的待加工表面几何形状所需的运动。几何表面的形成原理不同，所需要的机床成形运动也不同。

（1）几何表面的形成原理

任何一种经过切削加工得到的机械零件，其形状都是由若干便于刀具切削加工获得的表面组成的，这些表面包括平面、圆柱面、圆锥面以及各种成形表面。从几何观点来看，这些表面（除了少数特殊情况外，如涡轮叶片的成形面）都可以看做是一条曲线（或直线）沿着另一条曲线（或直线）运动的轨迹。这两条曲线（或直线）称为该表面的发生线，前者称为母线，后者称为导线。

图 3.38 中给出了几种表面的形成原理，图中 1、2 表示发生线。图 3.38（a）和图 3.38（c）所示的平面是分别由直线母线或曲线母线 1 沿着直线导线 2 移动而形成的；图 3.38（b）所示的圆柱面是由直线母线 1 沿轴线与它相平行的圆导线 2 运动而形成的；图 3.38（d）所示的圆锥面是由直线母线 1 沿轴线与它相交的圆导线 2 运动而形成的；图 3.38（e）所示的自由曲面是由曲线母线 1 沿曲线导线 2 运动而形成的。有些表面的母线和导线可以互换，如图 3.38（a）、图 3.38（b）和图 3.38（e）所示；有些不能互换，如图 3.38（c）和图 3.38（d）所示。

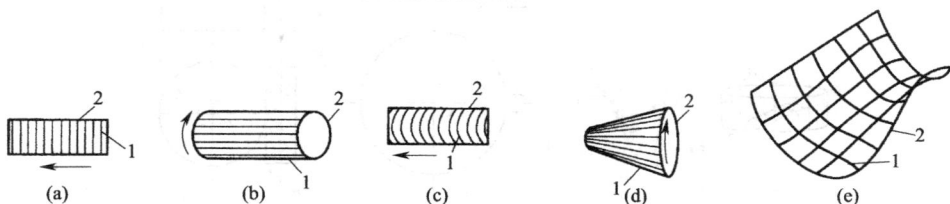

图 3.38　表面形成原理

（a），（c）平面；（b）圆柱面；（d）圆锥面；（e）自由曲面

1—母线；2—导线

（2）发生线的形成及机床运动

从发生线的形成原理上看，刀具切削刃可以分为点切削刃、线切削刃和面切削刃。所谓面切削刃，是指"假想面"上任一点或线都可以作为切削刃使用，如圆柱铣刀切削刃的实际形状为直线或螺旋线，当刀具高速回转时，切削刃形成圆柱回转面，面上的任一点均可与工件接触进行切削，因此其切削刃的理论形状是圆柱面（即假想面），故称为面切削刃。圆柱面切削刃可视为由与其轴线平行的直线绕轴线回转形成的。采用的刀具切削刃的类型不同，则形成发生线所需的运动也不同。

工件加工表面的发生线是通过刀具切削刃与工件接触并产生相对运动而形成的。由于使用的刀具切削刃形状和采用的加工方法不同，相应地形成发生线的方法也有如下四种：

1）轨迹法（描述法）。如图 3.39（a）所示，点切削刃车刀车削外圆柱面，发生线 1（直母线）是由刀具的点切削刃做直线运动形成的轨迹，称为轨迹法。因此，为了形成发生线 1，刀具和工件之间需要一个相对的直线运动 f；又如图 3.39（b）所示，纵向磨削外圆柱面，发生线 1 的形成方法也是轨迹法，刀具（砂轮）和工件之间需要一个相对的直线运动 f。

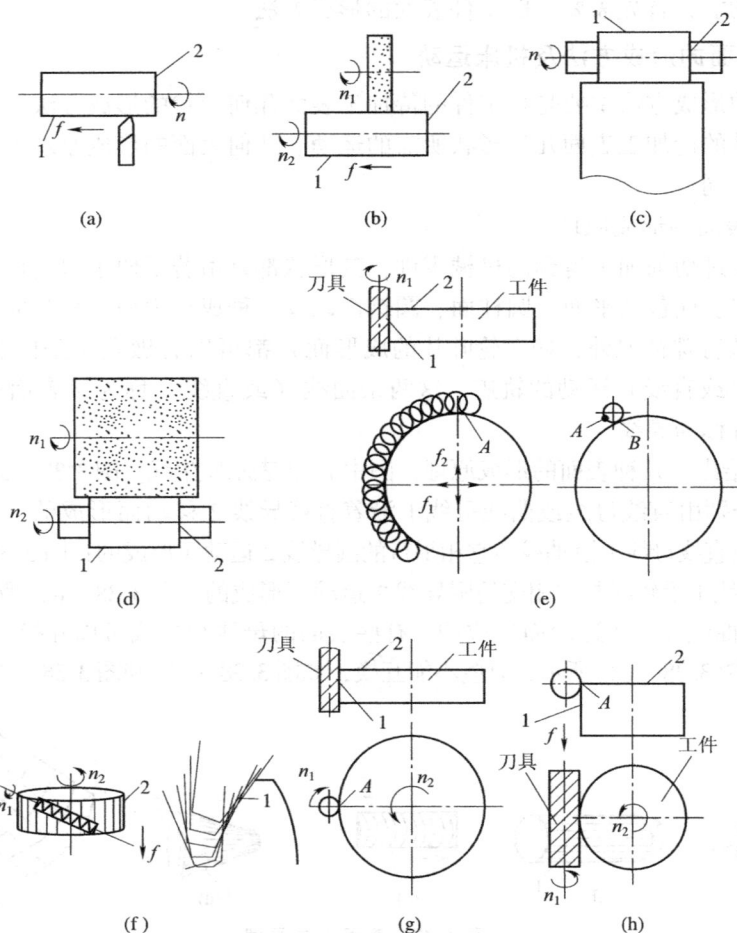

图 3.39 加工方法与形状创成运动的关系

（a）点切削刃车刀车外圆柱面；（b）圆柱砂轮纵向磨削外圆柱面；（c）宽刃车刀车短外圆柱面；
（d）宽砂轮横向磨削短外圆柱面；（e）相切法圆柱铣刀加工短圆柱面；（f）滚齿加工；
（g）轨迹法圆柱铣刀加工短圆柱面；（h）轨迹法圆柱铣刀加工长圆柱面
1—母线；2—导线

2）成形法（仿形法）。如图 3.39（c）所示，宽刃车刀车削短外圆柱面，刀具的切削刃是线切削刃，与工件发生线 1（直母线）吻合，因此，发生线 1 由切削刃实现，称为成形法，发生线 1 的形成不需要刀具与工件的相对运动；又如图 3.39（d）所示，横向磨削短外圆柱面，发生线 1 的形成也是成形法，不需要刀具与工件的相对运动。

3）相切法（旋切法）。如图 3.39（e）所示，圆柱铣刀铣削短圆柱外圆柱面，工件发生线 1 为圆柱铣刀面切削刃上与其轴线平行的直线，发生线 1 某时刻在刀具面切削刃上的 A 位置（左边俯视图），另一时刻发生线 1 在 B 位置（右边俯视图）。面切削刃是由轨迹法生成的，需要一个运动 n_1（刀具回转运动），面切削刃和工件的接触线与工件发生线 1 吻合，故发生线 1 是由运动 n_1 形成的。而发生线 2 是面切削刃运动轨迹的切线组成的包络面，故发生线 2 是由相切法生成的，需要两个直线运动 f_1 和 f_2 才能形成发生线 2。

4）展成法（滚切法）。如图 3.39（f）所示，发生线 1（渐开线母线）是由切削刃 2（线切削刃）在刀具与工件做展成运动时所形成的一系列轨迹线的包络线，发生线 1 的形成称为展成法。故为了形成发生线 1，刀具与工件之间需要一个复合的相对运动 n_1 与 n_2，简称展成运动。

（3）加工表面的形成方法

加工表面的形成方法是母线形成方法和导线形成方法的组合。因此，加工表面形成所需的刀具与工件之间的相对运动也是形成母线和导线所需相对运动的组合。

如图 3.39（a）所示，点切削刃车刀车削外圆柱面，形成发生线 1（直母线）需要直线运动 f，形成发生线 2（圆导线）需要回转运动 n，因此工件圆柱加工表面的形成共需两个形状创成运动 f 和 n。

3. 机床运动分类

（1）按运动的功能分类

为了完成工件表面的加工，机床上需要设置各种运动，各个运动的功能是不同的。为了获得所需的工件表面形状，机床的运动可以分为表面成形运动和非成形运动两类。机床上用来完成工件一个待加工表面几何形状的生成和金属的切除任务的运动称为表面成形运动，简称成形运动。成形运动是完成一个表面的加工所必需的最基本的运动。除了上述成形运动之外，机床上还需设置一些其他运动，称为非成形运动，如切入运动（刀具切入工件的运动）、分度运动（当工件加工表面由多个表面组成时，由一个表面过渡到另一个表面所需的运动）、辅助运动（如刀具的接近、退刀、返回等）、调整运动（调整刀具与工件的相对位置或方向）和控制运动（如一些操纵运动）等。

（2）按运动的性质分类

机床运动按运动的性质可以分为直线运动和回转运动。

（3）按运动之间的关系分类

机床运动按运动之间的关系可以分为独立运动和复合运动。与其他运动之间无严格运动关系的称为独立运动；运动之间有严格运动关系的称为复合运动。如车螺纹时，工件主轴的回转运动和刀具的纵向直线运动为复合运动。对机械传动的机床来说，复合运动是通过内联系传动系统来实现的；对数控机床来说，复合运动是通过运动轴的联动来实现的。

4. 机床的成形运动

机床的成形运动又可以有两种分类方法：一是从成形运动的速度、消耗动力来看，可以把成形运动分为主运动（速度高、消耗动力大）和进给运动（速度低、消耗动力小）；二是从成形运动所完成的功能来看，成形运动的功能是完成表面几何形状的生成和金属的切除，可以把成形运动分为主运动（完成金属的切除）和形状创成运动（完成表面几何形状的生成，即母线和导线的生成）。从运动方案设计和分析的原理来看，下面重点介绍第二种分类方法，同时将两种分类方法加以对照。

（1）主运动

它的功能是切除加工表面上多余的金属材料，因此，运动速度快，消耗机床的大部分动力，故称为主运动，也可称为切削运动。它是形成加工表面必不可少的成形运动。如图 3.39 所示，车削加工时工件主轴的回转运动 n；磨削加工时砂轮主轴的回转运动 n_1；铣削加工时铣刀主轴的回转运动 n_1；滚齿加工时滚刀主轴的回转运动 n_1 等都为主运动。磨削加工时砂轮主轴（砂轮头架）的回转运动 n_1 速度快，消耗功率大，是主运动；而工件主轴（工件头架）的回转运动 n_2 速度慢，消耗功率小，不属于主运动。同理，滚齿加工时滚刀主轴回转运动 n_1 为主运动，而工件的回转运动 n_2 不属于主运动。

（2）形状创成运动

它的功能是用来形成工件加工表面的发生线（包括母线和导线）。例如：

1）图 3.39（a）用点切削刃车刀车削外圆柱面，形成直母线 1（轨迹法）需要一个直线运动 f，形成圆导线 2（轨迹法）需要一个回转运动 n。故共需两个形状创成运动 f 和 n。

2）图 3.39（b）纵向磨削外圆柱面，形成直母线 1（轨迹法）需要一个直线运动 f，形成圆导线 2（轨迹法）需要一个回转运动 n_2。故共需两个形状创成运动 f 和 n_2。

3）图 3.39（c）宽刃车刀车削短外圆柱面，形成直母线 1（成形法）不需要运动，形成圆导线 2（轨迹法）需要一个回转运动 n。故只需一个形状创成运动 n。

4）图 3.39（d）横向磨削短外圆柱面，形成直母线 1（成形法）不需要运动，形成圆导线 2（轨迹法）需要一个回转运动 n_2。故只需一个形状创成运动 n_2。

5）图 3.39（e）为用圆柱铣刀以相切法铣削短外圆柱面，形成直母线 1（轨迹法）需要一个回转运动 n_1（刀具回转运动），用相切法形成圆导线 2 需要两个直线运动 f_1 和 f_2。故共需三个形状创成运动 n_1、f_1 和 f_2。

6）图 3.39（f）滚直齿，形成渐开线母线 1（展成法）需要一个展成运动，该展成运动由刀具的回转运动 n_1 与工件的回转运动 n_2 实现，形成直导线 2 需要一个直线运动 f。故共需三个形状创成运动 n_1、n_2 和 f。

7）图 3.39（g）为用圆柱铣刀以轨迹法铣削短外圆柱面，形成直母线 1（轨迹法）需要一个回转运动 n_1（刀具回转运动），用轨迹法形成圆导线 2 需要一个回转运动 n_2。故共需两个形状创成运动 n_1 和 n_2。

8）图 3.39（h）为用圆柱铣刀以轨迹法加工长外圆柱面，形成直母线 1（轨迹法）需要一个回转运动 n_1（刀具回转运动）和一个直线运动 f，用轨迹法形成圆导线 2 需要一个回转运动 n_2。故共需三个形状创成运动 f、n_1 和 n_2。

从上述分析可以看出以下两点：其一是有些加工中主运动除了承担切除金属材料的任务外，还参与形状创成，如图 3.39（a）和图 3.39（c）所示的 n，图 3.39（e）～图 3.39（h）中的 n_1 等既是主运动，又是形状创成运动，因此，它们承担形成发生线和切除金属材料的双重任务；而有些加工中，主运动只承担切削任务，不承担发生线的创成任务，如图 3.39（b）和图 3.39（d）所示的砂轮回转运动 n_1。其二是相同的加工表面采用不同的加工工艺方法加工，所需要的形状创成运动不同，如图 3.39（e）和图 3.39（g）所示，同样是用圆柱铣刀加工短圆柱面，前者采用相切法，需要 n_1、f_1 和 f_2 三个形状创成运动；而后者采用轨迹法，仅需要 n_1 和 n_2 两个形状创成运动。

当形状创成运动中不包含主运动时，"形状创成运动"与"进给运动"两个词等价，这时进给运动就是用来生成工件表面几何形状的。因此，无论是用主运动和进给运动还是用主运动和形状创成运动来描述成形运动，这两种描述都是一样的。当形状创成运动中包含主运动时，"形状创成运动"与"成形运动"两个词等价，这时就不能仅靠进给运动来生成工件表面几何形状（如滚齿加工）。在机床运动学中为了研究、设计和分析工件表面几何形状生成所需的运动，用主运动和形状创成运动来描述成形运动更方便。在机床使用中，则用主运动和进给运动来描述成形运动更方便一些。可以看出，无论用哪种方法描述成形运动，进给运动都是成形运动的主体。

5. 机床运动功能的描述方法

（1）坐标系

机床坐标系的取法，参照数控机床坐标系，一般采用直角坐标系。沿 X、Y、Z 坐标轴方向的直线运动仍用 X、Y、Z 表示，绕 X、Y、Z 轴的回转运动分别用 A、B、C 表示。平行于 X、Y、Z 轴的辅助轴用 U、V、W 及 P、Q、R 表示，绕 X、Y 轴的辅助回转轴用 D、E 等表示（详见 GB/T 19660—2005 的规定）。与机床基准坐标系坐标方向不平行的斜置运动轴坐标系用加"–"表示，如沿斜置坐标系的 Z 轴运动用 $\bar{Z}$ 表示。

（2）机床运动功能式

运动功能式表示机床的运动个数、形式（直线或回转运动）、功能（主运动、进给运动、非成形运动）及排列顺序，是描述机床运动功能最简洁的表达形式：左边写工件，用 W 表示；右边写刀具，用 T 表示；中间写运动，按运动顺序排列；工件、运动和刀具之间用"/"分开。下标 p 表示主运动，下标 f 表示进给运动，下标 a 表示非成形运动。例如，车床的运动功能式为 W/C_p，Z_f，X_f/T，三轴铣床的运动式为 W/X_f，Y_f，Z_f，C_p/T（参见图 3.41（a）和图 3.41（b））。为了简洁，运动功能式中下标 f 和 a 也可省略，图 3.41（b）所示的三轴铣床的运动功能式又可简写为 W/X，Y，Z，C_p/T。

（3）机床运动功能图

机床运动功能图是将机床的运动功能式用简洁的符号和图形表达出来，是机床传动系统设计的依据。运动功能图形符号可用图 3.40 所示的符号表示。图 3.40（a）所示为回转运动，图 3.40（b）所示为直线运动。

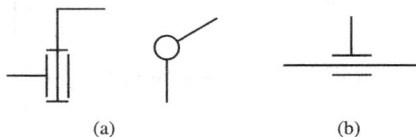

图 3.40　运动功能图形符号
（a）回转运动；（b）直线运动

图 3.41 给出了一些常用机床运动功能图的例子。在运动功能图上，同时注明了与其相对应的运动功能式。各运动功能图介绍如下。

图 3.41（a）所示的回转运动 C_p 为主运动，直线运动 Z_f 和 X_f 为进给运动，完成车削功能。对于一般的车床，C_p 仅为主运动；对于有螺纹加工功能或有加工非圆回转面（如椭圆面）功能的数控车床，则一方面 C_p 为主运动，另一方面 C_p 可与 Z_f 组成复合运动进行螺纹加工，或 C_p 可与 X_f 组成复合运动进行非圆回转面加工，称这类数控车床具有 C 轴功能。

图 3.41（b）所示的回转运动 C_p 为主运动，直线运动 X_f、Y_f 和 Z_f 为进给运动，完成铣削功能。

图 3.41（c）所示的往复直线运动 X_p 为主运动，直线运动 Y_f 为进给运动，直线运动 Z_a 为切入运动，完成刨削功能。

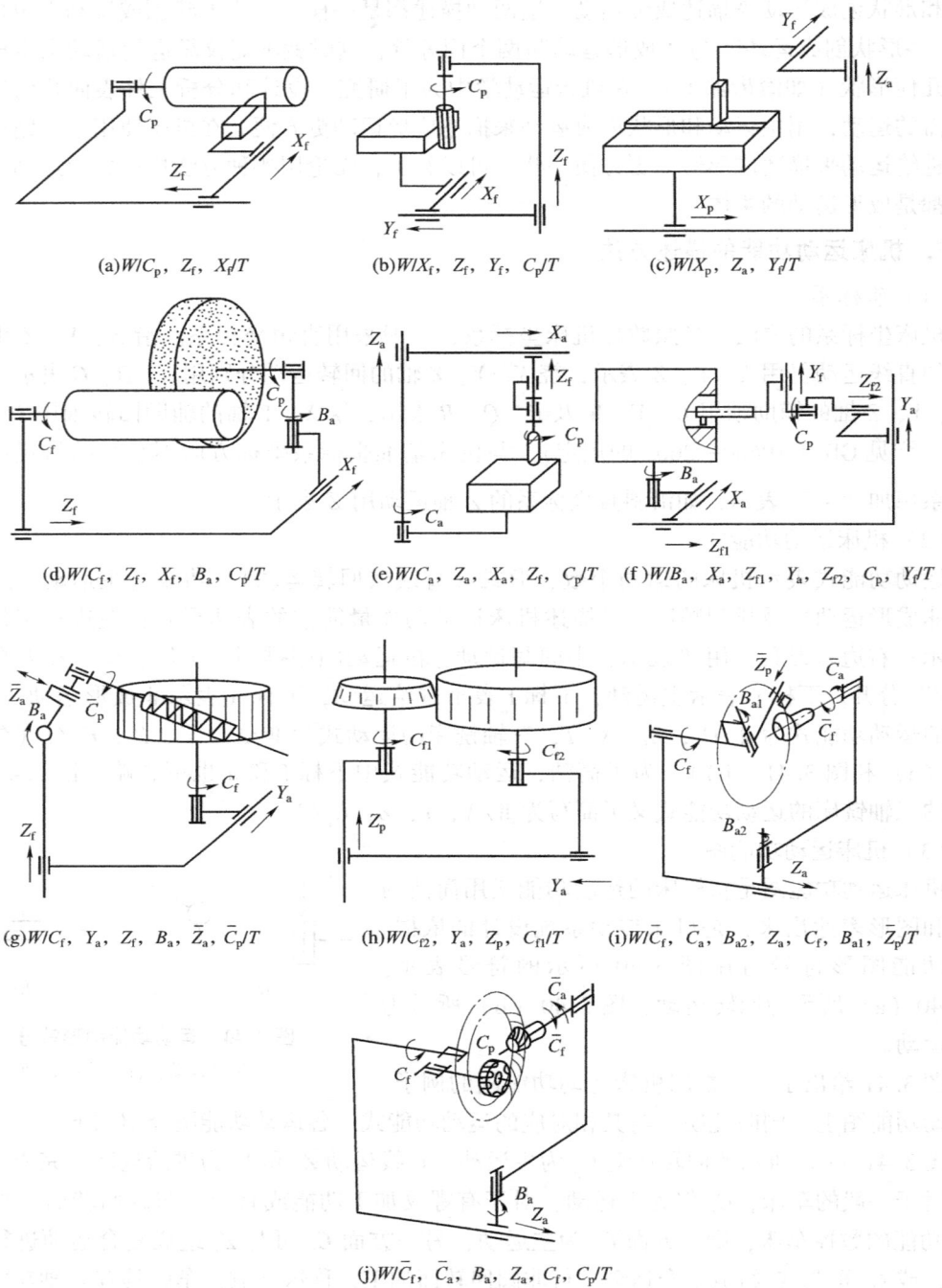

图 3.41　机床运动原理图

（a）车床；（b）铣床；（c）刨床；（d）外圆磨床；（e）摇臂钻床；（f）镗床；（g）滚齿机；
（h）插齿机；（i）直齿锥齿轮刨齿机；（j）弧齿锥齿轮铣齿机

图 3.41 （d）所示的回转运动 C_p 为主运动，回转运动 C_f、直线运动 Z_f 和 X_f 为进给运动，回转运动 B_a 为砂轮的调整运动。当 X_f 和 Z_f 组成复合运动时，用碟形砂轮可磨削长圆

锥面或任意形状的回转表面；当 C_f 和 Z_f 组成复合运动时，可进行螺旋面磨削。在进行长轴纵向进给磨削时，X_f 应改为 X_a，为切入运动，但在进行横向进给磨削端面时，X_f 为横向进给运动，Z_f 应改为 Z_a，为切入运动。若一个运动既可成为进给运动又可成为非成形运动，则用进给运动符号表示。

图 3.41（e）所示的回转运动 C_p 为主运动，直线运动 Z_f 为进给运动，回转运动 C_a、直线运动 Z_a 及 X_a 为调整运动，用来调整刀具与工件的相对位置。

图 3.41（f）所示的回转运动 C_p 为主运动；直线运动 Z_{f1} 为镗孔加工时工件做的进给运动；Z_{f2} 为镗孔加工时镗杆做的进给运动（在数控镗床或加工中心上，镗孔做进给通常由工件完成，只有 Z_{f1} 一个镗孔做进给运动）；Y_f 为刀具的径向进给运动，用于加工端面或孔槽，回转运动 B_a 为分度运动；直线运动 X_a 及 Y_a 为调整运动，分别用来调整工件与刀具的相对方向及位置，用来加工不同方向和位置的孔。在镗铣床上，通常 X_a 和 Y_a 可改为进给运动 X_f、Y_f，用来铣削平面。

图 3.41（g）所示的回转运动 $\overline{C}_p$ 为主运动，回转运动 C_f 和直线运动 Z_f 为进给运动。$\overline{C}_p$ 与 C_f 组成复合运动创成渐开线母线；直线运动 Z_f 创成直导线，用于加工直齿轮，若 Z_f 与 C_f 组成复合运动，则创成螺旋导线，用于加工斜齿轮；回转运动 B_a 为调整运动，用来调整刀具的安装角，使刀具与工件的齿向一致；直线运动 Y_a 为径向切入运动，当用径向进给法加工蜗轮时，Y_a 为径向进给运动；$\overline{Z}_a$ 为滚刀的轴向窜刀运动，为调整运动，用来调整滚刀的轴向位置，当用切向进给法加工蜗轮时，$\overline{Z}_a$ 为切向进给运动。

图 3.41（h）所示为完成插齿功能，其刀具和工件相当于一对相互啮合的直齿圆柱齿轮，往复直线运动 Z_p 为主运动，回转运动 C_{f1}、C_{f2} 为进给运动，并组成复合运动，创成渐开线母线；直线运动 Y_a 为切入运动。

图 3.41（i）所示为完成直齿锥齿轮刨齿功能，刨刀的往复直线运动 $\overline{Z}_p$ 为主运动；回转运动 C_f（假想齿轮摇架回转）和 $\overline{C}_f$（工件回转）组成复合运动，产生展成运动；回转运动 $\overline{C}_a$ 为分度运动；直线运动 Z_a 为趋近与退离运动；回转运动 B_a 为调整运动，根据刀倾角进行调整，使刀具运动方向与工件齿根平行。

图 3.41（j）所示为完成弧齿锥齿轮铣齿功能，C_p 是铣刀盘的回转运动，为主运动，铣刀盘的切削刃为直线形，铣刀盘做回转运动时切削刃轨迹形成假想齿轮（平面齿轮或平顶齿轮）上的一个齿的齿廓面；C_f 为假想齿轮的往复摆动运动（即摇架的摆动），$\overline{C}_f$ 为工件的回转运动，C_f 和 $\overline{C}_f$ 复合组成展成运动；$\overline{C}_a$ 为工件的分度运动；Z_a 为趋近与退离运动；B_a 为调整运动，按工件的齿根角进行调整。铣刀盘一面做回转运动 C_p，一面随摇架做摆动运动 C_f，摆动一次为一个行程，一个行程内完成一个齿的加工，行程终了，工件退离、分度，进行下一个齿的加工。

（4）运动功能分配设计

机床运动功能式（或功能图）描述了刀具与工件之间的相对运动，但基础支撑件设在何处（即"接地"）尚未确定，即相对"地"来说，哪些运动是由刀具一侧完成，哪些运动由工件一侧完成还不清楚，所以，首先要解决的是运动功能的分配问题。

运动功能分配设计是确定运动功能式中"接地"的位置，用符号"·"表示。符号

"·"左侧的运动由工件完成，右侧的运动由刀具完成。机床的运动功能式中添加上接地符号"·"后，称为运动分配式。一个运动功能方案，经过运动功能分配设计，可以得到多个运动分配式。如前例的铣床的运动功能式 W/X_f，Z_f，Y_f，C_p/T，其运动分配式有：

1）$W/\cdot X_f$，Z_f，Y_f，C_p/T；

2）$W/X_f \cdot Z_f$，Y_f，C_p/T；

3）$W/\cdot X_f$，$Z_f \cdot Y_f$，C_p/T；

4）$W/\cdot X_f$，Z_f，$Y_f \cdot C_p/T$。

上述每个运动分配式对应一个机床的总体布局形式，上述第四种方案对应的机床总体布局形式是卧式升降台式铣床，第二种方案对应的则是卧式立柱移动式铣床。

众多的运动功能式经过评价筛选后，保留下的方案都可进行运动分配设计。接着对众多的运动分配式进行评价，选择其中合理的方案，通常依据"避重就轻"的原则进行评价。例如，工件尺寸和质量较大时，工件侧的运动数应尽量少，宜采用落地镗铣床的布局形式（第一方案）；反之，工件尺寸和质量相对刀具及刀架部件较小时，刀具侧的运动应尽量少，宜采用升降台式铣床的布局形式（第四方案）。

（5）机床传动原理图

机床的运动原理图只能表示运动的个数、形式、功能及排列顺序，不能表示运动之间的传动关系。若将动力源与执行件、各执行件之间的运动及传动关系同时表示出来，就是传动原理图。图3.42所示为传动原理图所用的主要图形符号，图3.43所示为车床和滚齿机传动原理图的例子。

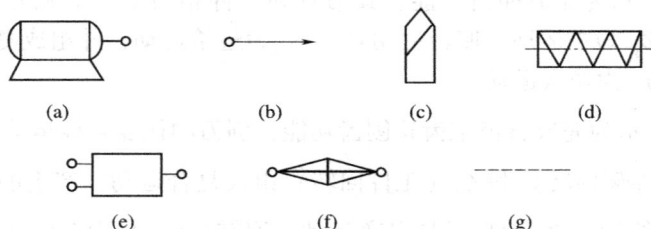

图3.42　传动原理图的主要符号

（a）电动机；（b）主轴；（c）车刀；（d）滚刀；（e）合成机构；

（f）传动比可变换的换置机构；（g）传动比不变的传动联系

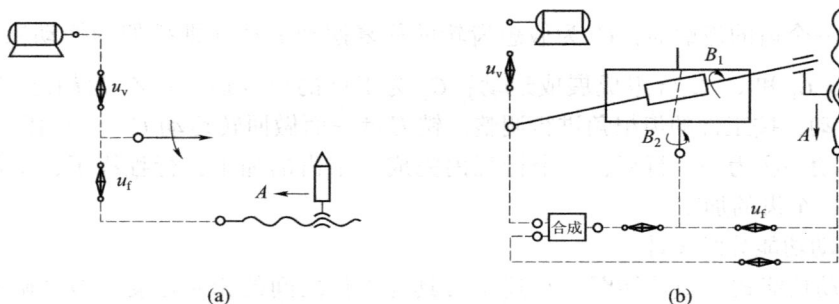

图3.43　机床传动原理图

（a）车床；（b）滚齿机

图 3.43 中的 A 表示直线运动，B 表示回转运动。对于机械传动的机床，u_v 表示主运动变速传动机构的传动比，u_f 表示进给运动变速传动机构的传动比，u_i 表示内联系传动系统的传动比。如图 3.43（b）所示，内联系 u_{i1} 实现刀具回转 B_1 与工件回转 B_2 组成展成运动；加工斜齿轮时，内联系 u_{i2} 使刀架垂直移动一个斜齿轮导程，工件附加转动一周。

数控机床通常不设变速机构 u_v 和 u_f，分别由主电动机（可采用变频电动机或交流伺服主电动机）和进给电动机（可采用步进电动机或交流伺服电动机）进行变速。有严格运动关系的内联系传动系统则通过各运动轴之间的联动来实现。因此，数控机床的机械传动关系比较简单，可以不采用传动原理图来描述。

3.2.2　精度

各类机床按精度可分为普通精度级、精密级和超精密级。在设计阶段主要从机床的精度分配、元件及材料选择等方面来提高机床精度。

1. 几何精度

几何精度是指机床在空载条件下，在不运动（机床主轴不转或工作台不移动及转动等情况下）或运动速度较低时机床主要独立部件的形状（直线度、平面度）、相互位置（平行度、垂直度、重合度、等距度、角度）、旋转（径向圆跳动、周期性轴向窜动、端面圆跳动）和相对运动位移的精确程度。

以直线运动为例说明运动部件的位移偏差，ISO 230 给出运动部件的直线运动的六项偏差，如图 3.44 所示，Z 轴运动部件直线运动的六项偏差为：

1）运动方向上的位置偏差，EZZ 表示 Z 坐标运动部件在运动方向的位置偏差（在运动精度中用定位精度和重复定位精度描述）。

2）运动部件的两个线性偏差，EXZ 表示 Z 坐标运动部件在 X 方向的位置偏差，EYZ 表示 Z 坐标运动部件在 Y 方向的位置偏差。

3）运动部件的三个角度偏差，ECZ 表示 Z 坐标运动部件在 C 方向（绕 Z 轴）的角度偏差，EBZ 表示 Z 坐标运动部件在 B 方向（绕 Y 轴）的角度偏差，EAZ 表示 Z 坐标运动部件在 A 方向（绕 X 轴）的角度偏差。

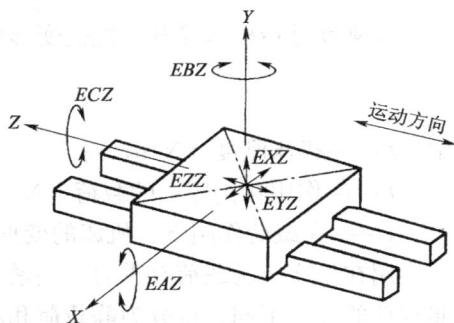

图 3.44　直线运动的六项偏差

几何精度直接影响被加工工件的精度，是评价机床质量的基本指标，主要取决于结构设计、制造和装配质量。

2. 运动精度

运动精度是指机床空载并以工作速度运动时，执行部件的几何位置精度（又可称为几何运动精度），如高速回转主轴的回转精度，工作台运动的位置及方向（单向、双向）精度（定位精度和重复定位精度）。

对于高速精密机床，运动精度是评价机床质量的一个重要指标。

3. 传动精度

传动精度是指机床传动系统各末端执行件之间运动的协调性和均匀性。影响机械传动精度的主要因素是传动系统的设计、传动元件的制造和装配精度。对数控机床及零传动而言，影响其传动精度的主要因素是电动机、驱动器及控制。

4. 定位精度和重复定位精度

定位精度是指机床的定位部件运动到达规定位置的精度。对数控机床而言，是指实际运动到达的位置与指令位置一致的程度。定位精度直接影响被加工工件的尺寸精度和形位精度。机床构件和进给控制系统的精度、刚度以及其动态特性等都将影响机床定位精度。

重复定位精度是指机床运动部件在相同条件下，用相同的方法重复定位时位置的一致程度。除了影响定位精度的因素之外，它还受传动机构反向间隙的影响。

5. 工作精度

加工规定的试件时，用试件的加工精度来表示机床的工作精度。工作精度是各种因素综合影响的结果，包括机床自身的精度、刚度、热变形和刀具、夹具及工件的刚度及热变形等。

6. 精度保持性

在规定的工作期间内，保持机床所要求的精度，称为精度保持性。影响精度保持性的主要因素是磨损。磨损的影响因素十分复杂，如结构设计、工艺、材料、热处理、润滑、防护、使用条件等。

3.2.3 刚度

机床刚度是指机床受载时抵抗变形的能力，通常用下式表示，即

$$K = \frac{F}{y}$$

式中，K——机床刚度（N/μm）；

F——作用在机床上的载荷（N）；

y——在载荷作用下，机床的变形量（μm）。

作用在机床上的载荷有重力、夹紧力、切削力、传动力、摩擦力和冲击振动干扰力等。按照载荷的性质不同，可分为静载荷和动载荷。不随时间变化或变化极为缓慢的载荷称为静载荷，如重力、切削力的静力部分等。凡随时间变化的载荷如冲击振动力及切削力的交变部分等称为动载荷。因此，机床刚度相应地也分为静刚度和动刚度，后者是抗振性的一部分，习惯说的刚度一般指静刚度。

机床由众多的构件（零部件）和柔性接合部组成，接合部的物理参数对机床的整机性能影响非常大，整机刚度的50%取决于接合部刚度，整机阻尼的50%～80%来自接合部阻尼。在载荷作用下，各构件及接合部都要产生变形，这些变形直接或间接地引起刀具和工件之间的相对位移。这个位移的大小代表了机床的整机刚度。因此，机床整机刚度不能用某个零部件的刚度评价，而是指整台机床在静载荷作用下，各构件及接合面抵抗变形的综合能力。

显然，刀具和工件间的相对位移影响加工精度，同时静刚度对机床抗振性、生产率等均有影响。因此，在机床设计中对如何提高其刚度的问题是十分重视的。国内外对结构刚度和接触刚度做了大量的研究工作。在设计中既要考虑提高各部件刚度，同时也要考虑接合部刚度及各部件间的刚度匹配。各个部件和接合部对机床整机刚度的贡献大小是不同的，设计中

应进行刚度的合理分配或优化。

3.2.4　振动

机床抗振能力是指机床在交变载荷作用下抵抗振动的能力。它包括两个方面：抵抗受迫振动的能力和抵抗自激振动的能力，前者习惯上称为抗振性，后者常称为切削稳定性。

1. 受迫振动

受迫振动的振源可能来自机床内部，如高速回转零件的不平衡等，也可能来自机床之外。机床受迫振动的频率与振源激振力的频率相同，振幅和激振力大小与机床的刚度和阻尼比有关。当激振频率与机床的固有频率接近时，机床将呈现"共振"现象，使振幅激增，此时，加工表面的表面粗糙度值也将大大增加。机床是由许多零部件及接合部组成的复杂振动系统，它属于多自由度系统，具有多个固有频率。在其中某一个固有频率下自由振动时，各点振幅的比值称为主振型。对应于最低固有频率的主振型称为一阶主振型，依次有二阶、三阶等各阶主振型。机床的振动是各阶主振型的合成。一般只需要考虑对机床性能影响最大的几个低阶振型，如整机摇摆、一阶弯曲、扭转等振型，即可较准确地表示机床实际的振动。

2. 自激振动

机床的自激振动是发生在刀具和工件之间的一种相对振动，它在切削过程中出现，是由切削过程和机床结构动态特性之间的相互作用产生的，其频率与机床系统的固有频率接近。自激振动一旦出现，它的振幅由小到大增加很快。在一般情况下，切削用量增加，切削力越大，自激振动就越剧烈，但切削过程停止，振动立即消失，故自激振动也称为切削稳定性。

机床振动会降低加工精度、工件表面质量和刀具寿命，影响生产率并加速机床的损坏，而且会产生噪声，使操作者疲劳，故提高机床抗振性是机床设计中一个重要课题。影响机床振动的主要因素有：

1）机床的刚度。如构件材料的选择、截面形状、尺寸、肋板分布、接触表面的预紧力、表面粗糙度、加工方法及几何尺寸等。

2）机床的阻尼特性。提高阻尼是减少振动的有效方法。机床结构的阻尼包括构件材料的内阻尼和部件接合部的阻尼，接合部阻尼往往占总阻尼的 70%~90%，因此，应从设计和工艺上提高接合部的刚度和阻尼。

3）机床系统固有频率。若激振频率远离固有频率，将不会出现共振现象。因此，在设计阶段通过分析计算预测所设计机床的各阶固有频率是很必要的。

3.2.5　热变形

机床在工作时受到内部热源（如电动机、液压系统、机械摩擦副和切削热等）和外部热源（如环境温度、周围热源辐射等）的影响，使机床的温度高于环境温度，称为温升。由于机床各部位的温升不同，且不同材料的热膨胀系数不同，机床各部分材料产生的热膨胀量也就不同，导致机床床身、主轴和刀架等构件产生变形，称为机床热变形。它不仅会破坏机床的原始几何精度，加快运动件的磨损，甚至会影响机床的正常运转。据统计，由于机床热变形而产生的加工误差最多可占全部误差的 70% 左右，特别是精密机床、大型机床、自动化机床、数控机床等，因而，热变形的影响不能忽视。

机床工作时一方面产生热量，另一方面又向周围发散热量，如果机床热源在单位时间内产生的热量一定，由于开始时机床的温度与周围环境温度的差别较小，故发散出的热量也少，机床温度升高较快。随着机床温度的升高，与环境温度的差数加大，发散出的热量随之增加，使机床温度的升高逐渐减慢。当达到某一温度时，单位时间内的发热量等于发散出的热量，即达到了热平衡。这个过程所需的时间称为热平衡时间。在热平衡状态下，机床各部位的温度是不同的，热源处最高，远离热源处或散热较好的部位温度较低，这就形成了温度场。通常，温度场是用等温曲线来表示的。通过温度场可分析机床热源并了解其对热变形的影响。

在设计机床时应采取措施减少机床的热变形对加工精度的影响，可采用的措施如下：减少热源的发热量；将热源置于易散热的位置；增加散热面积和采用强制冷却，使产生的热量尽量发散出去；采用热管等将温升较高部位的热量转移至温升较低部位，以减少机床各部位之间的温差，减少机床的热变形。也可以采用温度自动控制、温度自动补偿及隔热等措施，改变机床的温度场，减少机床热变形，或使机床的热变形对加工精度的影响较小。

3.2.6 噪声

物体振动是声音产生的来源。机床工作时，各种振动频率不同，振幅也不同，它们将产生不同频率和不同强度的声音。这些声音无规律地组合在一起就是噪声。随着现代机床切削速度的提高、功率的增大、自动化功能的增多，噪声污染问题也越来越严重。降低机床噪声、保护环境是设计机床时必须注意的问题。

声音的度量指标有客观和主观两种方法。

1. 噪声的客观度量

噪声的物理度量可用声压和声压级、声功率和声功率级、声强和声强级等来表示。以下以声压和声压级的表示方法为例进行说明。当声波在介质中传播时，介质中的压力与静压的差值为声压，通常用 P 表示，其单位是 Pa（N/m^2）。正常人耳能听到的最小声压称为听阈，把听阈作为基准声压，用相对量的对数值来表示，称为声压级 L_P（dB）。

$$L_P = 20\lg \frac{P}{P_0}$$

式中，P——被测声压（Pa）；

P_0——基准声压（Pa），其值等于 2×10^{-5}Pa。

2. 噪声的主观度量

人耳对声音的感觉不仅和声压有关，而且和频率有关。声压级相同而频率不同的声音听起来不一样，根据这一特征，人们引入将声压级和频率结合起来表示声音强弱的主观度量，用响度、响度级和声级等来表示。

机床噪声源主要来自四个方面：

1）机械噪声。如齿轮、滚动轴承及其他传动元件的振动、摩擦等。一般速度增加一倍，噪声增加6dB；载荷增加一倍，噪声增加3dB。故机床速度提高、功率加大都可能增加噪声污染。

2）液压噪声。如泵、阀、管道等的液压冲击以及气穴、湍流产生的噪声。

3）电磁噪声。如电动机定子内的磁致伸缩等产生的噪声。

4）空气动力噪声。如电动机风扇、转子高速旋转对空气的搅动等产生的噪声。

3.2.7　低速运动平稳性

机床上有些运动部件，需要做低速或微小位移，当运动部件低速运动时，主动件匀速运动，从动件往往出现明显的速度不均匀的跳跃式运动，即时走时停或者时快时慢的现象。这种在低速运动时产生的运动不平稳性称为爬行。

机床运动部件产生爬行，会影响机床的定位精度、工件的加工精度和表面粗糙度，尤其在精密、自动化及大型机床上，爬行的危害更大。因此，它是评价机床质量的一个重要指标。

爬行是个很复杂的现象，它与因摩擦产生的自激振动现象有关。产生这一现象的主要原因是摩擦面上的摩擦系数随速度的增大而减小和传动系统的刚度不足。以下以直线进给运动的爬行为例来进行说明。

将机床直线进给运动传动系统简化为如图 3.45 所示的力学模型。图中 1 为主动件，3 为从动件。1、3 之间的传动系统 2（包括齿轮、丝杠、螺母等）可简化为等效弹簧 K 和等效黏性阻尼器 C（可合称为复弹簧），从动件 3 在支撑导轨 4 上沿直线移动，摩擦力 F 随着从动件 3 的速度变化而变化。当主动件 1 以匀速 v 低速移动时，压缩弹簧 2 使从动件 3 受力，但由于从动件与导轨间的静摩擦力 $F_{静}$ 大于从动件 3 所受的驱动力，因而，从动件 3 静止不动，传动系统 2 处于储能状态。随着主动件 1 继续移动，传动系统 2 储能增加，从动件 3 所受的驱动力越来越大，当驱动力大于静摩擦力时，从动件 3 开始移动，这时静摩擦转化为动摩擦，摩擦系数迅速下降。由于摩擦阻力的减小，从动件 3 的移动速度增大。随着从动件 3 移动速度的增大，动摩擦力更加降低，使从动件 3 的移动速度进一步加大。当从动件 3 的速度超过主动件 1 的速度 v 时，传动系统 2 的弹簧压缩量减小，产生的驱动力随之减小。当驱动力减小到等于动摩擦力时，系统处于平衡状态。但是由于惯性，从动件 3 仍以高于主动件 1 的速度 v 移动，弹簧压缩量进一步减小，直到驱动力小于动摩擦力时，从动件 3 的加速度变为负值，移动速度减慢，动摩擦力增大，驱动力减小使其速度进一步下降。当驱动力和从动件 3 的惯性不足以克服摩擦力时，从动件 3 便停止运动。主动件 1 的移动重新开始压缩弹簧，上述过程重复发生，即产生时走时停的爬行。

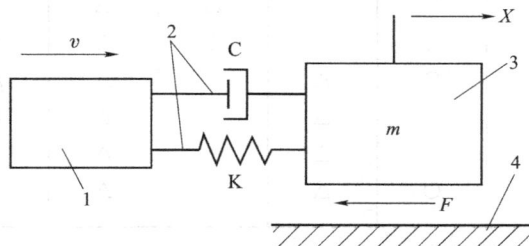

图 3.45　进给传动的力学模型

1—主动件；2—传动系统；3—从动件；4—支撑导轨

当摩擦面处在边界和混合摩擦状态下，摩擦系数的变化是非线性的。因此，在弹簧重新被压缩的过程中，在从动件 3 的速度尚未降至零时，弹簧力有可能大于动摩擦力，使从动件 3 的速度又再次增大，将出现时慢时快的爬行。

为防止爬行，在设计低速运动部件时，应减少静、动摩擦系数之差，提高传动机构的刚度和降低移动件的质量等。

3.3 金属切削机床总体设计

机床总体设计是机床设计中的关键环节，它对机床所能达到的技术性能和经济性能起着决定性的作用。

3.3.1 机床系列型谱的制订

为满足国民经济不同部门对机床的要求，机床分成若干种类型，如通常所说的车、铣、刨、钻、磨、镗等11大类通用机床，每一类型机床又分为大小不同的几种规格。国家根据机床的生产和使用情况，在调查研究的基础上，规定了每一种通用机床的主参数系列，它是一个等比级数的数列。例如，中型卧式车床的主参数是可安装工件的最大回转直径，主参数系列中有250 mm、320 mm、400 mm、500 mm、630 mm、800 mm和1 000 mm七种规格，是公比为1.25的等比数列。其他各类机床的主参数见GB/T 15375—2008《金属切削机床型号编制方法》。

由于各机床用户生产的产品和规模不同，对机床性能和结构的要求也就不同，因此，同类机床甚至同一规格的机床，还需要有各种变型，以满足用户各种各样的需求。为了以最少的品种规格，满足尽可能多用户的不同需求，通常是按照该类机床的主参数标准，先确定一种用途最广、需要量较大的机床系列作为"基型系列"，在此系列的基础上，根据用户的需求派生出若干种变型机床，形成"变型系列"。"基型"和"变型"构成了机床的"系列型谱"。表3.5所示为中型卧式车床简略系列型谱表。

表3.5 中型卧式车床的简略系列型谱表

形式 最大工件直径/mm	万能式	马鞍式	提高精度	无丝杠式	卡盘式	球面加工	端面车床
250	○		△	△			
320	○		△	△			
400	○	△	△	△	△	△	
500	○	△		△	△	△	
630	○	△		△	△	△	
800	○	△		△	△	△	△
1 000	○	△		△	△	△	△
注：○——基型；△——变型							

由表3.5可见，每类通用机床都有它的主参数系列，而每一规格又有基型和变型，合称为这类机床的系列型谱。机床的主参数系列是系列型谱的纵向（按尺寸大小）发展，而同规格的各种变型机床则是系列型谱的横向发展，因此，"系列型谱"也就是综合地表明机床产品规格参数的系列性与结构相似性的表。

机床系列型谱的制订对机床工业的发展有很大好处，因为基型机床和变型机床之间大部分零部件是相同的（通用零件或通用部件），可以通用。同一系列中，尺寸不同的机床，主要结构形式是相似的，一些零部件的结构也相似，因此部分零部件可以通用。采用系列型谱可以大大减少设计工作量，提高零部件的生产批量，缩短制造周期，降低成本，提高机床产品质量。

3.3.2　机床运动功能设置

机床运动功能设置的方法和步骤如下：

1. 工艺分析

首先对所设计的机床的工艺范围进行分析。对于通用机床，加工对象有多种类型的工件，可选择其中几种典型工件进行分析，然后选择适当的加工方法。

工件加工工序的集中与分散主要根据作业对象的批量来决定。大批量生产时，工序应分散，一台机床只完成一道或几道工序，使机床的加工功能设置较少，可以提高生产率、缩短制造周期及降低成本等。单件小批量生产时，工序应集中，一台机床可完成多道工序，甚至工件的全部工序集中在一台机床上进行，使工件的加工过程集约化，减少工件的安装定位次数，使得工件的安装定位误差减小；同时减少分工序加工所用的工装夹具数量，进而使得准备工装的时间及成本减小；减少因工序转换所需的等待、上下料及装夹等辅助时间，提高生产率；使物流系统缩短，大大减少加工系统的物流装备数目及占地面积。

可完成多道不同工种、工序的机床称为复合加工机床，如车铣复合加工机床、车磨复合加工机床等。

机床加工功能的增加，将使其结构复杂程度增加，制造难度、制造周期及制造成本也相应增加。对于生产率，就机床本身而言，加工功能的增加，可能会使生产率下降，但就机械制造系统（或工件的制造全过程）而言，机床加工功能的增加，将会减少作业对象的装卸次数，减少安装、搬运等辅助时间，使总的生产率提高。

因此，应根据可达到的生产率和加工精度、机床制造成本、操作维护方便程度等因素综合分析并进行机床的工艺范围选择。

2. 机床运动功能设置

根据工艺范围分析和所确定的加工方法，进行机床的运动功能设置。运动功能设置有分析式设计方法和解析式设计方法两类。

分析式设计方法是参考现有同类型机床的运动功能，经过研究分析，提出所设计机床的运动功能设置方案，然后通过仿真分析评定其方案的可行性和优劣。解析式设计方法是采用创成式原理，采用解析法求出满足加工工艺范围和加工方法所要求的机床运动功能设置的所有可能方案，然后通过仿真分析评定其方案的可行性和优劣。

3. 写出机床的运动功能式，画出机床的运动原理图

根据对所提出的运动功能方案的评定结果，选择和确定机床的运动功能配置，写出机床的运动功能式，画出机床的运动原理图。

3.3.3　机床的总体结构方案设计

根据已确定的运动功能分配进行机床的结构布局设计。

1. 结构布局设计

机床的结构布局形式有立式、卧式及斜置式等；其中基础支承件的形式又包括底座式、立柱式、龙门式等；基础支承件的结构又分为一体式和分离式等。因此，同一种运动分配式又可以有多种不同的结构布局形式，这样，运动分配设计阶段评价后保留下来的运动分配式方案的全部结构布局方案就会有很多。因此，需要再次进行评价，去除不合理的方案。该阶段评价的主要依据是定性分析机床的刚度、占地面积、与物流系统的可接近性等因素。该阶段设计结果得到的是机床总体结构布局形态图，即如图3.46所示的五轴镗铣机床的结构布局形态图。

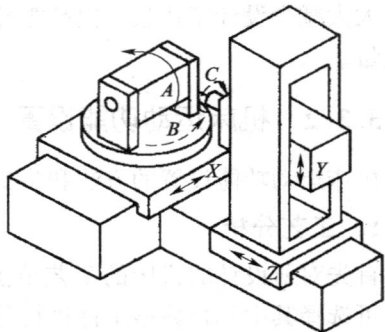

图 3.46　五轴镗铣机床的结构布局形态图

2. 机床总体结构的概略形状与尺寸设计

该阶段主要是进行功能（运动或支承）部件的概略形状和尺寸设计，设计的主要依据是：机床总体结构布局设计阶段评价后所保留的机床总体结构布局形态图，驱动与传动设计结果，机床动力参数及加工空间尺寸参数，以及机床整机的刚度及精度分配。设计中在兼顾成本的同时应尽可能选择商品化的功能部件，以提高性能、缩短制造周期。其设计过程大致包含如下几个步骤：

1）首先确定末端执行件的概略形状与尺寸。

2）设计末端执行件与其相邻的下一个功能部件接合部的形式、概略尺寸。若使用运动导轨接合部，则执行件一侧相当于滑台，相邻部件一侧相当于滑座，应考虑导轨接合部的刚度及导向精度，选择并确定导轨的类型及尺寸。

3）根据导轨接合部的设计结果和该运动的行程尺寸，同时考虑部件的刚度要求，确定下一个功能部件（即滑台侧）的概略形状与尺寸。

4）重复上述过程，直到基础支承件（底座、立柱、床身等）设计完毕。

5）若要进行机床结构模块设计，则可将功能部件细分成子部件，根据制造厂家的产品规划，进行模块提取与设置。

6）初步进行造型与色彩设计。

7）机床总体结构方案的综合评价。

上述设计完成后，得到的设计结果是机床总体结构方案图，如图3.47所示。

3.3.4　总体方案评价

对所得到的各个总体结构方案进行综合评价比较，评价时需考虑的主要因素如下：

1）机床性能要求。为提高机床的加工精度，在总体布局中要缩短传动链；为了提高刚度、减少振动，采用整体框架结构；为了减少电动机、变速箱的振动和发热对主轴的影响，可采用分离式传动；单独布置液压站，将液压传动的油箱等与床身分开，减少液压油温对机床的影响。

2）制造周期和制造成本。根据设计方案的结构复杂程度、制造装配难度、模块化及标准化程度，预估机床的制造周期和制造成本。

3）与物料的可亲性。机床结构形式开放性好，与物料交接方便。

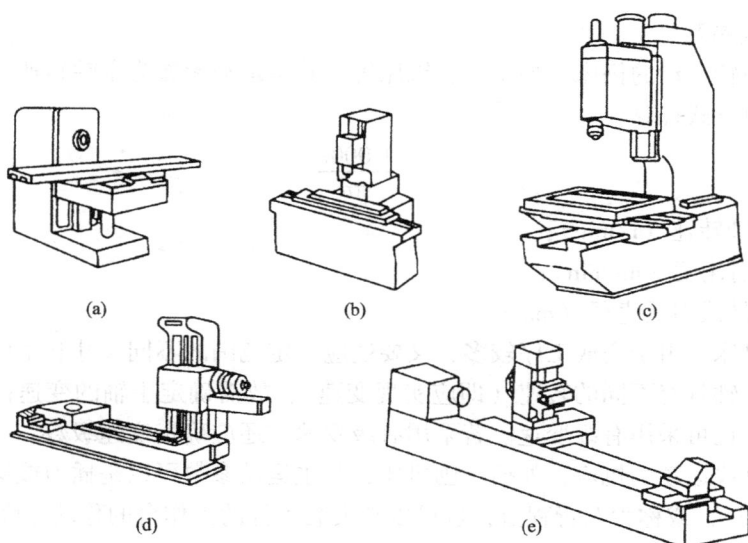

图 3. 47　机床总体结构方案图

(a) 升降台式铣床；(b) 立式铣床；(c) 立式钻床；(d) 卧式铣床；(e) 车削中心

4）机床的宜人性。机床结构布局必须符合人机工程原理，处理好人机关系，方便操作人员对机床的操作、观察与调整。

根据综合评价，选择一两种较好的方案，进行方案的设计修改、完善或优化，并确定最终方案。

3. 3. 5　机床主要参数的设计

机床的主要技术参数包括机床的主参数和基本参数，基本参数可包括尺寸参数、运动参数及动力参数。

1. 主参数

机床主参数（或称主要规格）是代表机床规格大小和反映机床最大工作能力的一种参数。通用机床和专门化机床的主参数已有标准规定，并已形成系列，其主参数通常是机床加工最大工件的尺寸，如卧式车床的主参数是床身上最大的回转直径、铣床的主参数是工作台的宽度、钻床的主参数是最大钻孔直径等。但也有例外，如拉床的主参数是指额定拉力。有些机床还有第二主参数，一般是指主轴数、最大跨距或最大加工长度等。专用机床的主参数一般用工件或被加工表面的尺寸参数来代表。

2. 尺寸参数

机床的尺寸参数是指机床的主要结构尺寸，特别包括与工件有关的尺寸和标准化工具或夹具的安装面尺寸。前者如卧式车床刀架上的最大回转直径，后者如卧式车床主轴前端锥孔直径及其他有关尺寸等。通用机床的主要尺寸已在相关标准中作了规定，其他一般参数可根据使用要求，参考同类同规格机床加以确定。

3. 运动参数

运动参数是机床执行件如主轴、刀架、工作台的运动速度，可分为主运动参数和进给运动参数两大类。

（1）主运动参数

主运动为回转运动的机床，如车床、铣床等，其主运动参数为主轴转速。主轴转速通常是固定的，可由下式计算：

$$n = \frac{1\ 000v}{\pi d}$$

式中，n——主轴转速（r/min）；

v——切削速度（m/min）；

d——工件或刀具直径（mm）。

对于通用机床，由于完成工序较多，又要适应一定范围的不同尺寸和不同材质零件的加工需要，要求主轴具有不同的转速（即应实现变速），故需确定主轴的变速范围。主运动可采用无级变速，也可采用有级变速。若采用有级变速，还应确定变速级数。

主运动为直线运动的机床，如插、刨机床，其主运动参数可以是插刀或刨刀每分钟的往复次数（次/min），或称为双行程数；也可以是夹装工件的工作台的移动速度。

1）最低转速（n_{min}）和最高转速（n_{max}）的确定。

对所设计的机床上可能进行的工序进行分析，从中选择要求最高、转速最低的典型工序。按照典型工序的切削速度和刀具（或工件）直径，由式（3.1）可计算出 n_{max}、n_{min} 及变速范围 R_n。

$$n_{max} = \frac{1\ 000v_{max}}{\pi d_{min}}, \quad n_{min} = \frac{1\ 000v_{min}}{\pi d_{max}}, \quad R_n = \frac{n_{max}}{n_{min}} \tag{3.1}$$

式（3.1）中，v_{max} 和 v_{min} 可根据切削用量手册、现有机床使用情况调查或者切削试验确定，通用机床的 d_{max} 和 d_{min} 并不是指机床上可能加工的最大和最小直径，而是指在实际使用情况下，采用 v_{max}（或 v_{min}）时常用的经济加工直径，对于通用机床，一般取

$$d_{max} = K_1 D, \quad d_{min} = K_2 d_{max}$$

式中，D——机床能加工的最大直径（mm）；

K_1——系数；

K_2——计算直径范围系数。

根据对现有同类型机床使用情况的调查，K_1、K_2 的值为：卧式车床 $K_1 = 0.5$，摇臂钻床 $K_1 = 1.0$，通常 $K_2 = 0.20 \sim 0.25$。

确定机床主轴的最高转速时主要考虑机床主传动的类型及采用的刀具类型、材质和切削角度等。

主运动的传动系统包括变速部分和传动部分，按照传动方式的不同，主运动传动系统可分为机械传动、机电结合传动和零传动三种形式。

机械传动形式主传动的变速部分和传动部分均采用机械方式（或结合双速或三速电动机变速，但仍以机械变速为主），主电动机速度一定，传统的通用机床主运动的传动系统采用这种形式。随着主电动机变速和控制技术的发展，这种传动系统在新产品设计中已较少使用，但目前，通用机床在企业中的应用仍不少。由于噪声和磨损等原因，普通机械传动的机床一般主轴最高转速在 2 000 r/min 左右。

机电结合传动形式主传动的变速部分采用主电动机变速（或结合少量机械变速，但仍以主电动机变速为主），传动部分采用机械方式。主电动机采用交流伺服主电动机或交流变频主电

动机。通过定比传动的带传动将主电动机运动传给主轴。这种传动系统在数控机床中应用广泛，且已有机械主轴功能部件作为商品出售，主轴最高转速可达到 5 000 ~ 9 000 r/min。

零传动形式主传动的变速部分采用主电动机变速，没有传动部分，故称为主传动的零传动。主运动零传动采用的是电主轴。电主轴是将主电动机与主轴集成为一体，且已有电主轴功能部件作为商品出售。这种传动系统在高速、精密数控机床中用得比较多，主轴最高转速可达到 10 000 ~ 150 000 r/min。

刀具的最大切削速度与其类型、材质和切削角度有直接的关系，如镶片车刀经过镀层后，精加工钢材时最大切削速度可从 60 ~ 200 m/min 提高到 200 ~ 520 m/min。随着主电动机技术、轴承技术及刀具技术的发展，数控机床的主轴转速也越来越高。

现以 ϕ400 mm 卧式车床为例，加工丝杠的最大直径 $d = 50$ mm，确定主轴的最高转速。

根据统计分析，车床主轴最高转速出现在硬质合金刀具精车小直径钢材外圆时，最低转速出现在高速钢刀具精车合金钢材料的梯形螺纹时。参考切削用量资料，可取 $v_{\max} = 200$ m/min，$v_{\min} = 1.5$ m/min，对于通用机床 $K_1 = 0.5$、$K_2 = 0.25$，则

$$d_{\max} = K_1 D = 0.5 \times 400 = 200 \quad (\text{mm})$$

$$d_{\min} = K_2 d_{\max} = 0.25 \times 200 = 50 \quad (\text{mm})$$

$$n_{\max} = \frac{1\,000 v_{\min}}{\pi d_{\min}} = \frac{1\,000 \times 1.5}{\pi \times 50} = 1\,274 \quad (\text{r/min})$$

通常在 ϕ400 mm 卧式车床上加工丝杠的最大直径在 ϕ40 ~ ϕ50 mm，则

$$n_{\min} = \frac{1\,000 v_{\min}}{\pi d_{\max}} = \frac{1\,000 \times 1.5}{\pi \times 50} = 9.55 \quad (\text{r/min})$$

实际使用中，可能使用到 $n_{\max}$ 或 $n_{\min}$ 的典型工艺不一定只有一种可能，可以多选几种工艺作为确定最低及最高转速的参考，同时考虑今后技术发展的储备，适当提高最高转速和降低最低转速。

CA6140 型主轴的最低转速为 10 r/min，最高转速为 1 400 r/min，与计算结果相符。考虑今后技术发展的储备，新设计最大切削直径 400 mm 的车床主轴最低转速为 10 r/min，最高转速为 1 600 r/min。

对于数控车床，主电动机采用交流伺服主电动机，主轴最高转速可取 5 000 r/min 左右。

2）主轴转速的合理排列。

对有级变速应进行转速分级，即确定变速范围内的各级转速；对无级变速，有时也需用分级变速机构来扩大其无级变速范围。多数机床主轴转速是按等比级数排列，其公比用符号 φ 表示，转速级数用 Z 表示。则转速数列为

$$n_1 = n_{\min}, \ n_2 = n_{\min} \varphi, \ n_3 = n_{\min} \varphi^2, \ \cdots, \ n_Z = n_{\min} \varphi^{Z-1}$$

由公比 φ 和级数 Z 之间的关系及等比级数规律可知，变速范围 R_n 为

$$R_n = \frac{n_{\max}}{n_{\min}} = \varphi^{Z-1}$$

则

$$\varphi = \sqrt[(Z-1)]{R_n}$$

两边取对数，可写成

$$\lg R_n = (Z-1) \lg \varphi$$

故

$$Z = \frac{\lg R_n}{\lg \varphi} + 1 \qquad (3.2)$$

式（3.2）给出了 R_n、φ、Z 三者的关系，已知其中的任意两个，可求出第三个。由公式求出的 φ 和 Z，其值都应圆整为标准数和整数。

主轴转速数列采用等比级数排列的主要原因是：设计简单，使用方便，最大相对转速损失率相等。

① 简化设计。如果机床的主轴转速数列是等比的，公比为 φ 且转速级数 Z 为非质数，则这个数列可分解成几个等比数列的乘积，使传动设计简化。

以转速级数 $Z = 24$ 为例，则该数列分解成为

$$\begin{Bmatrix} n_1 \\ n_2 \\ \vdots \\ n_{24} \end{Bmatrix} = n_1 \begin{Bmatrix} 1 \\ \varphi \\ \vdots \\ \varphi^{23} \end{Bmatrix} = n_1 \begin{Bmatrix} 1 \\ \varphi \\ \varphi^2 \end{Bmatrix} \begin{Bmatrix} 1 \\ \varphi^3 \\ \vdots \\ \varphi^{21} \end{Bmatrix} = n_1 \begin{Bmatrix} 1 \\ \varphi \\ \varphi^2 \end{Bmatrix} \begin{Bmatrix} 1 \\ \varphi^3 \end{Bmatrix} \begin{Bmatrix} 1 \\ \varphi^6 \end{Bmatrix} \begin{Bmatrix} 1 \\ \varphi^{12} \end{Bmatrix}$$

四个等比数列变速组串联，使机床主轴获得 24 种等比数列转速。因子数列从左到右称为 a、b、c、d 数列；各因子数列的项数分别用 P_a、P_b、P_c、P_d 表示；各因子数列的公比称为级比，以防止与主轴转速数列的公比相混淆；各因子数列的级比是公比的整数次幂，幂指数称为级比指数，分别用 X_a、X_b、X_c、X_d 表示。

从数列分解式中可知：各因子数列项数之积等于 Z，即

$$Z = P_a \times P_b \times P_c \times P_d$$

将因子数列的级比指数写在该因子数列项数的右下角，形成机床设计最基本的公式——结构式

$$Z = (P_a)_{X_a} \times (P_b)_{X_b} \times (P_c)_{X_c} \times (P_d)_{X_d}$$

上例中主轴转速数列的结构式为

$$24 = 3_1 \times 2_3 \times 2_6 \times 2_{12}$$

② 使用方便，最大相对转速损失率相等。

等比转速数列的转速通式为

$$n_j = n_1 \varphi^{j-1}$$

则机床的切削速度与工件（或刀具）直径的关系为

$$d = \frac{1\,000v}{\pi n_j} = \frac{1\,000v}{\pi n_1 \varphi^{j-1}}$$

将上式两边取对数得

$$\lg d = \lg v + (3 - 0.497 - \lg n_1) - (j-1)\lg\varphi = \lg v - (j-1)\lg\varphi + k$$

从式中可知：d 的对数值是 v 对数值的一次函数，斜率为 1，函数图像是与切削速度对数坐标轴成 45°的斜线，取 $j = 1 \sim Z$，可得到 Z 条平行间距相等的斜线，如图 3.48 所示。在图中，从选择的速度点向上作平行于纵轴的直线，从已知工件（或刀具）直径点向右作平行于横轴的直线，两直线的垂直相交点就是要选择的转速点，这样使用方便。车床、铣床、镗床等都配有速度选择图。

如某一工序要求的合理转速为 n，但在 Z 级转速中没有这个转速，处于 n_j 和 n_{j+1} 之间，即 $n_j < n < n_{j+1}$。若采用比 n 转速高的 n_{j+1}，由于过高的切削速度会使刀具寿命下降。为了不

降低刀具寿命，一般选用比 n 转速低的 n_j，这将造成（$n - n_j$）的转速损失，相对转速损失率为

$$A = \frac{n - n_j}{n}$$

在极端情况下，当 n 趋近于 n_{j+1} 时，如仍选用 n_j 为使用转速，产生的最大相对转速损失率为

$$A_{max} = \frac{n_{j+1} - n_j}{n_{j+1}} = 1 - \frac{n_j}{n_{j+1}}$$

在其他条件（直径、进给、背吃刀量）不变的情况下，转速的损失就反映了生产率的损失。对于各级转速选用机会基本相等的普通机床，为使总生产率损失最小，应使选择各级转速产生的 A_{max} 相同，即

$$A_{max} = 1 - \frac{n_j}{n_{j+1}} = const \quad 或 \quad \frac{n_j}{n_{j+1}} = const = \frac{1}{\varphi}$$

可见任意两级转速之间的关系应为

$$n_{j+1} = n_j \varphi$$

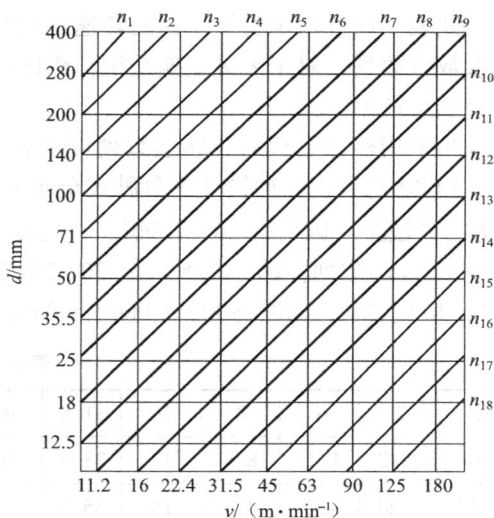

图 3.48 转速选择图

此外，应用等比级数排列的主轴转速，可借助于串联若干个滑移齿轮来实现，使变速传动系统简单并且设计和计算方便。

在有些机床的转速范围内，中间转速选用的机会多，最高和最低转速选用的机会较少，可采用两端公比大、中间公比小的混合公比转速数列。

3）标准公比值 φ 和标准转速数列。

标准公比的确定依据如下：

① 机床为满足不同工艺需求，需具有一系列等比数列转速。因为转速由 n_{min} 至 n_{max} 必须递增，所以公比应大于 1；而为了限制转速损失的最大值 A_{max} 不大于 50%，则相应的公比 φ 不得大于 2，故 $1 < \varphi < 2$。

② 为了使用和记忆方便，要求转速 n_j 经 E_1 级变速后，转速数列中转速值呈 10 倍关系，即 $n_{j+E_1} = 10n_j$，故 φ 应在 $\varphi = \sqrt[E_1]{10}$（E_1 是正整数）中取数。

③ 如采用多速电动机驱动，通常电动机转速为（3 000/1 500）r/min 或（3 000/1 500/750）r/min，故 φ 也应在 $\varphi = \sqrt[E_2]{10}$（E_2 为正整数）中取数。

根据上述原则，可得标准公比，如表 3.6 所示。其中 1.06、1.12、1.26 同时是 10 和 2 的正整数次方，其余的只是 10 或 2 的正整数次方。

表 3.6 标准公比

φ	1.06	1.12	1.26	1.41	1.58	1.78	2
$\sqrt[E_1]{10}$	$\sqrt[40]{10}$	$\sqrt[20]{10}$	$\sqrt[10]{10}$	$\sqrt[20/3]{10}$	$\sqrt[5]{10}$	$\sqrt[4]{10}$	$\sqrt[20/6]{10}$
$\sqrt[E_2]{10}$	$\sqrt[12]{10}$	$\sqrt[6]{2}$	$\sqrt[3]{2}$	$\sqrt{2}$	$\sqrt[3/2]{2}$	$\sqrt[6/5]{2}$	2
A_{max}	5.7%	11%	21%	29%	37%	44%	50%
与 1.06 关系	1.06^1	1.06^2	1.06^4	1.06^6	1.06^8	1.06^{10}	1.06^{12}

此表不仅可用于有级变速的转速、双行程数和进给量数列，而且也可用于机床尺寸和功率参数等数列。对于无级变速系统，机床使用时也可参考上述标准数列，以获得合理的刀具寿命和生产率。

当采用标准公比后，转速数列可从表3.7中直接查出。表中给出了以1.06为公比的从1～15 000的数列，如设计一台卧式车床 $n_{min}=10$ r/min，$n_{max}=1\ 600$ r/min，$\varphi=1.26$，查表3.7的方法是：因为 $1.26\approx1.06^4$，首先找到10，然后每跳过3个数取一个数，即可得到公比为1.26的数列：10，12.5，16，20，25，31.5，40，50，63，80，100，125，160，200，250，315，400，500，630，800，1 000，1 250，1 600。

表3.7　标准数列

1	2	4	8	16	31.5	63	125	250	500	1 000	2 000	4 000	8 000
1.06	2.12	4.25	8.5	17	33.5	67	132	265	530	1 060	2 120	4 250	8 500
1.12	2.24	4.5	9.0	18	35.5	71	140	280	560	1 120	2 240	4 500	9 000
1.18	2.36	4.75	9.5	19	37.5	75	150	300	600	1 180	2 360	4 750	9 500
1.25	2.5	5.0	10	20	40	80	160	315	630	1 250	2 500	5 000	10 000
1.32	1.65	5.3	10.6	21.2	42.5	85	170	335	670	1 320	2 650	5 300	10 600
1.4	2.8	5.6	11.2	22.4	45	90	180	355	710	1 400	2 800	5 600	11 200
1.5	3.0	6.0	11.8	23.6	47.5	95	190	375	750	1 500	3 000	6 000	11 800
1.6	3.15	6.3	12.5	25	50	100	200	400	800	1 600	3 150	6 300	12 500
1.7	3.35	6.7	13.2	26.5	53	106	212	425	850	1 700	3 350	6 700	13 200
1.8	3.55	7.1	14	28	56	112	224	450	900	1 800	3 550	7 100	14 100
1.9	3.75	7.5	15	30	60	118	236	475	950	1 900	3 750	7 500	15 000

4）公比 φ 的选用。

由表3.6可知，公比 φ 值越小，则最大相对转速损失率 A_{max} 越小，但当变速范围一定时，变速级数将增多，变速箱的结构也更复杂。对于通用机床，辅助时间和准备结束时间较长，机动时间在加工周期中所占的比重不是很大，转速损失不会引起加工周期过多地延长，为了使机床变速箱结构不过于复杂，一般取 $\varphi=1.26$ 或1.41等较大的公比。对于大批量生产用的专用机床、专门化机床及自动机，情况却相反，通常取 $\varphi=1.12$ 或1.26等较小的公比。由于此类机床不经常变速，可采用交换齿轮变速，机床的结构不会因采用小公比而复杂化。对于非自动化小型机床，加工周期内的切削时间远小于辅助时间，即使转速损失大些影响也不大，常采用 $\varphi=1.58$ 或1.78甚至2等更大的公比，以简化机床的结构。

5）进给量的确定。

数控机床中进给量广泛使用无级变速，普通机床则既可使用机械无级变速方式，又可使用机械有级变速方式。采用有级变速方式时，进给量一般为等比级数，其确定方法与主轴转速的确定方法相同。首先，根据工艺要求，确定最大、最小进给量 f_{max}、f_{min}，然后，选择标准公比 φ_f 或进给量级数 Z_f，再由式（3.2）求出其他参数。但是，各种螺纹加工机床如螺纹车床、螺纹铣床等，因为被加工螺纹的导程是分段等差级数，故其进给量也只能按等差级数排列。利用棘轮机构实现进给的机床，如刨床、插床等，每次进给是拨动棘轮上整数个齿，其进给量也是按等差级数排列的。

　　6）变速形式与驱动方式选择。

　　机床的主运动和进给运动的变速方式有无级和有级两种形式。变速形式的选择主要考虑机床自动化程度和成本两个因素。数控机床一般采用伺服电动机无级变速形式，其他机床多采用机械有级变速形式或无级与有级变速的组合形式。

　　机床运动的驱动方式常用的有电动机驱动和液压驱动，驱动方式的选择主要根据机床的变速形式和运动特性要求来确定。

　　前面已经介绍了主运动传动系统的机械传动、机电结合传动和零传动三种形式，进给运动系统也可分为机械传动、机电结合传动和零传动三种形式。三种形式的变速方式、传动方式及结构有很大的差别。

　　① 机械传动形式。变速部分和传动部分均采用机械方式，或用单独电动机驱动，或与主运动合用一个电动机进行驱动。传统的普通机床进给运动的传动系统采用这种形式，随着电动机变速和控制技术的发展，这种传动系统在新产品设计中已很少使用。

　　② 机电结合传动形式。变速部分采用进给电动机变速（或结合少量机械变速，但仍以电动机变速为主），传动部分采用机械方式。进给电动机采用交流伺服电动机或直流伺服电动机或步进电动机。通过定比传动的同步齿形带传动或齿轮传动将进给运动传给执行件。这种传动系统在数控机床中用得比较多，并已有直线运动功能部件（直线运动组件）、回转运动功能部件（单轴回转工作台或主轴头、双轴回摆工作台或主轴头）商品出售。

　　③ 零传动形式。变速部分采用直线电动机、直接驱动电动机（简称直驱电动机或盘式电动机、力矩电动机）变速，没有传动部分，故称为进给零传动。直线电动机是将进给电动机与滑台集成为一体，用于直线进给运动系统；直驱电动机是将进给电动机与转台集成为一体，用于回转进给运动系统。这种传动系统在高速、精密数控机床中用得比较多。

4. 动力参数

　　动力参数包括机床驱动的各种电动机的功率或转矩、液压缸的牵引力、伺服电动机或步进电动机的额定转矩等。因为机床各传动件的结构参数（轴或丝杠直径、齿轮或蜗轮的模数、传动带的类型及根数等）都是根据动力参数设计计算的。如果动力参数取得过大，电动机经常处于低负荷情况，功率因数小，造成电力浪费，同时使传动件及相关零件尺寸设计得过大，浪费材料，且机床笨重；如果取得过小，则机床达不到设计提出的使用性能要求。通常动力参数可通过调查类比法（或经验公式）、试验法或计算方法来确定。下面介绍确定动力参数的计算方法。

　　（1）主运动功率的确定

　　机床主运动功率包括切削功率、空转功率损失和附加机械摩擦损失三部分。电动机的功率 $P_主$ 可由下式计算：

$$P_主 = P_空 + P_切 + P_辅 \tag{3.3}$$

式中，$P_空$——空载功率（kW）；

　　　　$P_切$——消耗于切削的功率，又称有效功率（kW）；

　　　　$P_辅$——随载荷增加的机械摩擦损耗功率（kW）。

　　$P_切$ 的计算公式如下：

$$P_{切} = \frac{F_z v}{60\ 000} \tag{3.4}$$

式中，P_z——切削力（N），一般选择机床加工工艺范围内的重负荷时的切削力；

v——切削速度（m/min），即与所选择的切削力对应的切削速度，可根据刀具材料、工件材料和所选用的切削用量等条件，由切削用量手册查得。

对于专用机床，工况单一，而通用机床工况复杂，切削用量等变化范围大，计算时可根据机床工艺范围内的切削工况，或参考机床验收时负荷试验规定的切削用量来确定计算工况。

机床主运动空转时，由于传动件摩擦、搅油、空气阻力等原因，电动机要消耗一部分功率，其值随传动件转速增大而增加，与传动件预紧程度及装配质量有关。中型机床主传动系统空载功率损失可由下列试验公式估算：

$$P_{空} = \frac{k d_{平均}}{955\ 000} \left(\sum n_i + C n_{主} \right) \tag{3.5}$$

$$C = C_1 \frac{d_{主}}{d_{平均}}$$

式中，$n_{主}$——主轴转速（r/min）；

$\sum n_i$——当主轴转速为 $n_{主}$ 时，传动系统内除主轴外各传动轴的转速之和（r/min）；

k——润滑油黏度影响系数，$k = 30 \sim 50$，黏度大时取大值；

$d_{主}$——主轴前后轴颈的平均值（cm）；

C_1——主轴轴承系数，两支承主轴 $C_1 = 2.5$，三支承主轴 $C_1 = 3$；

$d_{平均}$——主运动系统中除主轴外所有传动轴轴颈的平均直径（cm），通常可按预计的主电动机功率计算：

1.5kW $< P_{主} \leqslant$ 2.5kW，$d_{平均} = 30$mm

2.5kW $< P_{主} \leqslant$ 7.5kW，$d_{平均} = 35$mm

7.5kW $< P_{主} \leqslant$ 14kW，$d_{平均} = 40$mm

机床切削时，随着切削力的增大，主传动系统内各传动副的摩擦损耗功率也将增加，设 $\eta_{机} = \eta_1 \eta_2 \cdots$，其中 η_1，$\eta_2 \cdots$ 为主传动系统中各传动副的机械效率（详见《机械设计手册》）。$P_{铺}$ 可由下式计算：

$$P_{铺} = \frac{P_{机}}{\eta_{机}} - P_{切}$$

代入式（3.3），主运动电动机的功率为

$$P_{主} = \frac{P_{机}}{\eta_{机}} + P_{空} \tag{3.6}$$

当机床结构尚未确定时，应用式（3.6）计算有一定困难，可用下式粗略估算主电动机功率：

$$P_{铺} = \frac{P_{机}}{\eta_{床}} \tag{3.7}$$

式中，$\eta_{床}$ 为机床总机械效率。主运动为回转运动时，通常，$\eta_{床} = 0.70 \sim 0.85$；主运动为直线运动时，$\eta_{床} = 0.6 \sim 0.7$。

因此，按式（3.6）、式（3.7）计算的 $P_{主}$ 是指电动机在允许的范围内超载时的功率。对于有些间断工作的机床，允许电动机在短时间内较大地超载工作，电动机的额定功率可按

下式进行修正:

$$P_{额} = \frac{P_{主}}{K}\qquad(3.8)$$

式中，$P_{额}$——选用电动机的额定功率（kW）；

　　　　$P_{主}$——计算出的电动机功率（kW）；

　　　　K——电动机的超载系数，对于连续工作的机床，$K=1$；对于间断工作的机床，$K=$
　　　　　　1.10 ~ 1.25，间断时间越长，取值越大。

（2）进给驱动电动机功率的确定

机床进给运动驱动源可分成如下几种情况：

1）进给运动与主运动合用一个电动机，如普通卧式车床、钻床等。进给运动消耗的功率远小于主传动功率。根据统计结果，卧式车床的进给功率 $P_{进} = （0.03 ~ 0.04）P_{主}$，钻床的 $P_{进} = （0.04 ~ 0.05）P_{主}$，铣床的 $P_{进} = （0.15 ~ 0.20）P_{主}$。

2）进给运动系统内，工作进给与快速进给合用一个电动机。由于快速进给所需的功率远大于工作进给的功率，且二者不同时工作，所以不必单独考虑工作进给所需的功率。

3）进给运动采用单独电动机驱动，需要确定进给运动所需的功率（或转矩）。对于普通交流电动机，进给电动机功率 $P_{进}$（kW）可由下式计算：

$$P_{进} = \frac{Fv_{进}}{60\,000\eta_{进}}\qquad(3.9)$$

式中，F——进给牵引力（N）；

　　　　$v_{进}$——进给速度（m/min）；

　　　　$\eta_{进}$——进给传动系统的机械效率。

进给牵引力等于进给方向上切削分力和摩擦力之和。进给牵引力估算公式的例子如表 3.8 所示。

表 3.8　进给牵引力的计算

进给形式 导轨形式	水平进给	垂直进给
三角形或三角形与矩形组合导轨	$KF_Z + f'(F_X + F_G)$	$K(F_Z + F_G) + f'F$
矩形导轨	$KF_Z + f'(F_X + F_Y + F_G)$	$K(F_Z + F_G) + f'(F_X - F_Y)$
燕尾形导轨	$KF_Z + f'(F_X + 2F_Y + F_G)$	$K(F_Z + F_G) + f'(F_X + 2F_Y)$
钻床主轴		$F_Q \approx F_f + f\dfrac{2T}{d}$

表 3.8 中，F_G 为移动件的重力（N）；F_Z、F_X、F_Y 分别为局部坐标系内，切削力在进给方向、垂直于导轨面方向、导轨的侧方向的分力（N）；F_f 为钻削进给抗力（N）；f' 为当量摩擦系数。在正常润滑条件下，铸铁对铸铁的三角形导轨的 $f' = 0.17 ~ 0.18$，矩形导轨的 $f' = 0.12 ~ 0.13$，燕尾形导轨的 $f' = 0.2$；铸铁对塑料的 $f' = 0.03 ~ 0.05$；滚动导轨的 $f' \approx 0.01$。f 为钻床主轴套筒的摩擦系数。K 为考虑颠覆力矩影响的系数，三角形和矩形导轨的 $K = 0.10 ~ 1.15$；燕尾形导轨的 $K = 1.4$。d 为主轴直径（mm），T 为主轴的转矩（N·mm）。

对于数控机床的进给运动，伺服电动机按转矩选择：

$$T_{进电} = \frac{9\,550P_{进}}{n_{进电}} \tag{3.10}$$

式中，$T_{进电}$——进给电动机的转矩（N·m）；

$n_{进电}$——进给电动机的转速（r/min）。

数控机床一般采用滚动导轨或树脂导轨。

（3）快速运动电动机功率的确定

快速运动电动机起动时消耗的功率最大，要同时克服移动件的惯性力和摩擦力，可按下式计算：

$$P_{快} = P_{惯} + P_{摩} \tag{3.11}$$

式中，$P_{快}$——快速电动机的功率（kW）；

$P_{惯}$——克服惯性力所需的功率（kW）；

$P_{摩}$——克服摩擦力所需的功率（kW）。

$$P_{惯} = \frac{M_{惯}n}{9\,550\eta} \tag{3.12}$$

式中，$M_{惯}$——克服惯性力所需电动机轴上的转矩（N·m）；

n——电动机的转速（r/min）；

η——传动件的机械效率。

$$M_{惯} = J\frac{\omega}{t} \tag{3.13}$$

式中，J——转化到电动机轴上的当量转动惯量（kg·m²）；

ω——电动机转子的角速度（rad/s）；

t——电动机的起动时间（s），对于中型机床，t=0.5 s，对于大型机床，$t=1.0$ s。

各运动部件折算到电动机轴上的转动惯量为

$$J = \sum_k Jk\left(\frac{\omega_k}{\omega}\right)^2 + \sum_i m_i\left(\frac{v_i}{\omega}\right)^2$$

$$J_k = \frac{1}{2}m_k R_k^2 = \frac{\pi\rho_k l_k D_d^4}{32}$$

式中，ω_k——第 k 个旋转件的角转速（rad/s）；

m_i——第 i 个直线移动件的质量（kg）；

v_i——第 i 个直线移动件的速度（m/s）；

J_k——第 k 个旋转件的转动惯量（kg·m²）；

m_k——第 k 个旋转件的质量（kg）；

R_k——第 k 个旋转件的半径（m）；

D_k——第 k 个旋转件的直径（m）；

ρ_k——第 k 个旋转件的材料密度（kg/m³）；

l_k——第 k 个旋转件的长度（m）。

绕其轴线旋转的圆柱体的转动惯量 J_k 可以用上式计算，克服摩擦力所需的功率计算可参考进给运动。

应该指出的是：交流异步电动机的起动转矩约为满载时额定转矩的 1.6~1.8 倍；工作

时又允许短时间超载,最大转矩可达额定转矩的 1. 8 ~ 2. 2 倍。快速传动仅在启动过程中需要同时克服惯性力和摩擦力,需要的 $P_惯$ 较大,当运动部件达到正常速度时只需克服摩擦力,需要的 $P_惯$ 大幅度减小。考虑到快速行程的启动时间很短,因此,可以用由式 (3. 11) 计算出来的 $P_快$ 和电动机转速 $n_电$ 求出的转矩作为电动机的启动转矩来选择电动机,这样选出来的电动机的额定功率可小于式 (3. 11) 的计算结果。

一般普通机床的快速电动机功率和快速运动速度可参考表 3. 9 选择。一般数控机床的快速运动速度为 10 ~ 40 m/min。

表 3.9　机床部件空程速度和功率

机床类型	主参数/mm	移动部件	速度/ (m·min⁻¹)	功率/kW
卧式车床	车床上最大回转直径 400 630 ~ 800 1 000 2 000	溜板箱	3 ~ 5 4 3 ~ 4 3	0. 25 ~ 0. 50 1. 1 1. 5 4
立式车床	最大车削直径 单柱 1 250 ~ 1 600 双柱 2 000 ~ 3 150 5 000 ~ 10 000	横梁	0. 44 0. 35 0. 30 ~ 0. 37	2. 2 7. 5 17
摇臂钻床	最大钻孔直径 25 ~ 36 40 ~ 50 75 ~ 100 125	摇臂	1. 28 0. 9 ~ 1. 4 0. 6 1. 0	0. 8 1. 1 ~ 2. 2 3 7. 5
卧室镗床	主轴直径 63 ~ 75 85 ~ 110 126 200	主轴箱和工作台	2. 8 ~ 3. 2 2. 5 2. 0 0. 8	1. 5 ~ 2. 2 2. 2 ~ 2. 8 4 7. 5
升降台式铣床	工作台工作面宽度 200 250 320 400	工作台和升降台	2. 4 ~ 2. 8 2. 5 ~ 2. 9 2. 3 2. 3 ~ 2. 8	0. 6 0. 6 ~ 1. 7 1. 5 ~ 2. 2 2. 2 ~ 3
龙门铣床	工作台工作面宽度 800 ~ 1 000	横梁工作台	0. 65 2. 0 ~ 3. 2	5. 5 4
龙门刨床	最大刨削宽度 1 000 ~ 1 250 1 250 ~ 1 600 2 000 ~ 2 500	横梁	0. 57 0. 57 ~ 0. 9 0. 42 ~ 0. 6	3. 0 3. 0 ~ 5. 5 7. 5 ~ 10

3.4 主传动系统设计

3.4.1 主传动系统的功用及设计要求

1. 主传动系统的功用

机床主传动系统是实现机床主运动的传动系统，属于外联系传动链，其功用是：

1）将一定的动力由动力源传递给执行件；

2）保证执行件具有一定的转速和足够的转速范围；

3）能够方便地实现运动的开停、变速、换向和制动等。

机床主传动系统的主要构成部分是：动力源、主轴组件、变速装置、定比传动机构、开停制动和换向装置、操纵机构、润滑与密封装置、箱体等。

2. 主传动系统的设计要求

机床主传动系统因机床的类型、性能、规格尺寸等因素的不同，应满足的要求也不一样。设计机床主传动系统时最基本的原则就是以最经济、合理的方式满足既定的要求。在设计时应结合具体机床的情况进行具体分析。机床主传动系统设计有下列要求：

1）主轴具有一定的转速和足够的转速范围、转速级数，能够实现运动的开停、变速、换向和制动，以满足机床的运动要求；

2）主电动机具有足够的功率，全部机构和元件具有足够的强度和刚度，以满足机床的动力要求；

3）主传动的有关结构，特别是主轴组件要有足够的精度、抗振性，温升和噪声要小，传动效率要高，以满足机床的工作性能要求；

4）操纵灵活可靠，调整维修方便，润滑密封良好，以满足机床的使用要求；

5）结构简单紧凑，工艺性好，成本低，以满足经济性要求。

机床主传动系统的设计内容和程序是：主传动的运动参数和动力参数确定之后，还要确定传动方案，以进行运动设计、动力设计和结构设计等。

3.4.2 主传动系统方案的确定

主传动系统一般由动力源（如电动机）、变速装置及执行件（如主轴、刀架、工作台），以及开停、换向和制动机构等部分组成。动力源给执行件提供动力，并使其得到一定的运动速度和方向；变速装置传递动力以及变换运动速度；执行件执行机床所需的运动，完成旋转或直线运动。

主传动系统按驱动主传动的电动机类型可分为交流电动机驱动和直流电动机驱动。交流电动机驱动又可分单速交流电动机驱动或调速交流电动机驱动。调速交流电动机驱动包括多速交流电动机驱动和无级调速交流电动机驱动。无级调速交流电动机通常采用变频调速的原理。

按传动装置类型可分为机械传动装置、液压传动装置、电气传动装置以及它们的组合。

按变速的连续性可以分为分级变速传动和无级变速传动。

1. 传动布局选择

有变速要求的主传动系统，传动方式主要有两种：集中传动方式和分离传动方式。

（1）集中传动方式

主传动系统的全部传动和变速机构集中装在同一个主轴箱内，称为集中传动方式。通用机床中多数机床的主变速传动系统都采用这种方式。如图 3.49 所示的铣床主变速传动系统，铣床利用立式床身作为变速箱体，所有的传动和变速机构都装在床身中。其特点是结构紧凑，便于实现集中操纵，安装调整方便。缺点是这些高速运转的传动件在运转过程中所产生的振动，将直接影响主轴的运转平稳性；传动件所产生的热量，会使主轴产生热变形，使主轴回转轴线偏离正确位置而直接影响加工精度。这种传动方式适用于普通精度的大、中型机床。

（2）分离传动方式

主传动系统中大部分的传动和变速机构装在远离主轴的单独变速箱中，然后通过带传动将运动传到主轴箱的传动方式，称为分离传动方式。如图 3.50 所示，主轴箱中只装有主轴组件和背轮机构。其特点是变速箱各传动件所产生的振动和热量不直接传给或少量传给主轴，从而减少了主轴的振动和热变形，有利于提高机床的工作精度。在分离传动式的主轴箱中采用的背轮机构，如图 3.50 中"27/63"×"17/58"所示。齿轮传动的作用是：当主轴做高速运转时，运动由传动带经齿轮离合器直接传动，主轴传动链短，使主轴在高速运转时比较平稳，空载损失小；当主轴需做低速运转时，运动则由带轮经背轮机构的两对降速齿轮传动，显著降低转速，达到扩大变速范围的目的。

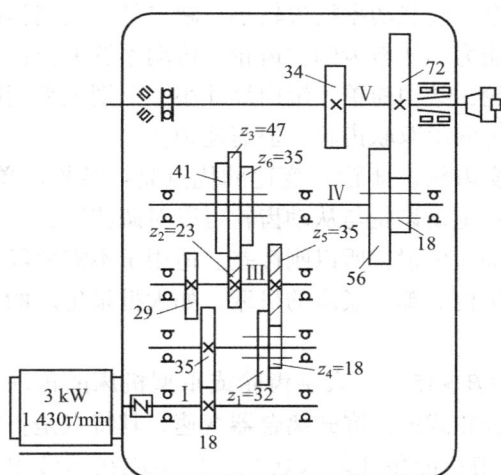

图 3.49　铣床主变速传动系统图

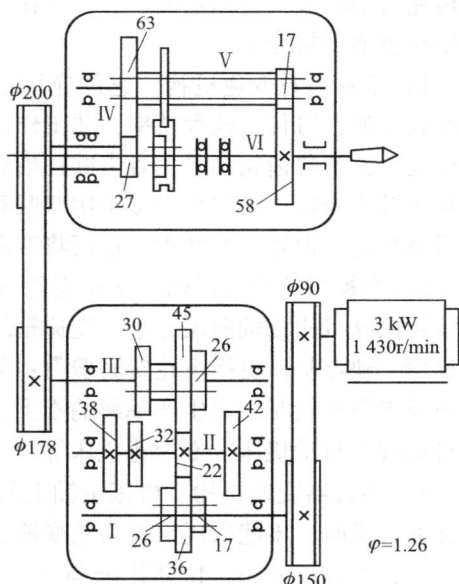

图 3.50　分离传动主变速传动系统图

2. 变速方式选择

机床主传动的变速方式可分为分级变速传动和无级变速传动。

（1）无级变速传动

无级变速传动可以在一定的变速范围内连续改变转速，以便得到最有利的切削速度；且能在运转中变速，便于实现变速自动化；能在负载下变速，便于车削大端面时保持恒定的切削速度，以提高生产效率和加工质量。无级变速传动可由机械摩擦无级变速器、液压无级变速器和电气无级变速器来实现。

1）机械无级变速器。靠摩擦传递转矩，通过摩擦传动副工作半径的变化实现无级变速。但其机构较复杂，维修较困难，效率低；摩擦传动的压紧力较大，影响工作可靠性及寿命；变速范围较窄（变速比不超过10），需要与有级变速箱串联使用。其常用在中小型车床、铣床等的主传动中。

2）液压无级变速器。通过改变单位时间内输入液压缸或液动机中的液体量来实现无级变速。其特点是变速范围较大，传动平稳，运动换向时冲击小，变速方便，易于实现直线运动，常用于主运动为直线运动的机床，如磨床、拉床、刨床等机床的主传动中。

3）电气无级变速器。采用直流和交流调速电动机来实现，可以大大简化机械结构，便于实现自动变速、连续变速和负载下变速，目前应用越来越广泛，尤其在数控机床上几乎全都采用电气变速。

（2）分级变速传动

分级（或有级）变速是指在若干固定速度（或转速）级内不连续地变速，这是普通机床中应用最广泛的一种变速方式。其传递功率大，变速范围大，传动比准确，工作可靠；但速度不能连续变化，有速度损失，传动不够平稳。分级变速传动方式包括滑移齿轮变速、交换齿轮变速和离合器（如摩擦式、牙嵌式、齿式离合器）变速以及多速电动机变速。由于其传递功率较大，变速范围广，传动比准确，工作可靠，所以广泛地应用于通用机床，尤其是中小型通用机床中。

1）滑移齿轮变速机构。它的应用最普遍，优点是：变速范围大，实现的转速级数多；变速较方便，可传递较大功率；非工作齿轮不啮合，空载功率损失较小。缺点是：变速箱结构较复杂；滑移齿轮多采用直齿圆柱齿轮，承载能力不如斜齿圆柱齿轮，传动不够平稳；不能在运转中变速。滑移齿轮多采用双联和三联齿轮，结构简单，轴向尺寸小。个别也采用四联滑移齿轮，但轴向尺寸大，也可将四联齿轮分为两组双联齿轮，但需连锁。

2）交换齿轮变速机构。交换齿轮（又称配换齿轮、挂轮）变速的优点是：结构简单，不需要操纵机构；轴向尺寸小，变速箱结构紧凑；主动齿轮与从动齿轮可以对调使用，齿轮数量少。缺点是：更换齿轮费时费力；装于悬臂轴端位置，所以刚性差。适用于不需要经常变速或者换挂轮时间对生产率影响不大，但要求结构简单、紧凑的机床，如大批量生产的某些自动或半自动机床、专门化机床等。

3）离合器变速机构。机床主轴上的斜齿轮（$\beta > 15°$）、人字齿轮或重型机床的传动齿轮又大又重时，不能采用滑移齿轮变速，可采用齿轮式或牙嵌式离合器变速。其特点是：结构简单，外形尺寸小；传动比准确，工作中不打滑；能传递较大转矩；但不能在运转中变速。片式摩擦离合器可实现运转中变速，结合平稳，冲击小；但结构简单，摩擦片间存在相对滑动，发热较大。主传动多采用液压或电磁片式摩擦离合器，电磁离合器不能安装在主轴上，以免因发热、剩磁现象影响主轴正常工作。片式摩擦离合器多用于自动或半自动机床。

4）多速电动机变速机构。多速交流异步电动机本身能够变速，多为双速或三速。其优点是：在运动中变速，使用方便；能简化变速箱的机械结构。其缺点是：多速电动机在高、低速时输出功率不同，按低速小功率选定电动机，使用高速时大功率不能完全发挥能力；多速电动机体积较大，价格较高。其适用于自动或半自动机床、普通机床变速。

根据机床的不同使用要求和结构特点，上述各种变速机构可单独使用，也可以组合使用。

例如，CA6140 型卧式车床的主传动，主要采用滑移齿轮变速，也采用了齿轮式离合器变速。

数控机床和大型机床中，有时为了在变速范围内满足一定恒功率和恒转矩的要求，或为了进一步扩大变速范围，常在无级变速器后面串接机械分级变速装置。

3.　开停方式选择

控制主轴启动与停止的开停方式，分为电动机开停和机械开停两种。

（1）电动机开停

电动机开停的优点是操纵方便省力，机械结构简化。缺点是直接启动电动机时，冲击较大；频繁启动会造成电动机发热甚至烧损；若电动机功率大且经常启动，启动电流会影响车间电网的正常供电。电动机开停适用于功率较小或启动不频繁的机床，如铣床、磨床及中小型卧式车床等。若几个传动链共用一个电动机且不同时开停，则不能采用这种方式。

（2）机械开停

在电动机不停止运转的情况下，可采用机械开停方式使主轴启动或停止。

1）锥式和片式摩擦离合器，可用于高速运转的离合，离合过程平稳、冲击小，容易控制主轴停转位置，离合器还能起到过载保护作用。这种离合器应用较多，如卧式车床、摇臂钻床等均采用这种离合器。

2）齿轮式和牙嵌式离合器，仅用于低速（$v \leqslant 10$ m/min）运转的离合，结构简单，尺寸较小，传动比准确，能传递较大转矩，但在离合过程中齿端有冲击和磨损。

应优先采用电动机开停方式，当开停频繁、电动机功率较大或有其他要求时，可采用机械开停方式。另外，尽可能将开停装置放在传动链前面而且转速较高的传动轴上。这时传递转矩小，结构紧凑，停车后大部分传动件停转，能减小空载功率损失。

4.　制动方式选择

有些机床主传动无须制动，如磨床和一般组合机床，但大多数机床需要制动，如卧式车床、摇臂钻床和镗床等。装卸及测量工件、更换刀具和调整机床时，要求主轴尽快停止转动；机床发生故障和事故时能够及时刹车，可避免更大损失。主传动的制动方式可分为电动机制动和机械制动两种。

（1）电动机制动

制动时，让电动机的转矩方向与其实际转向相反，使之减速而迅速停转，多采用反接制动、能耗制动等。操纵方面省力，机械结构简化。但频繁制动时，容易引起电动机发热甚至烧损。因此，反接制动适用于直接开停的中小功率电动机，以及制动不频繁、制动平稳性要求不高及具有反转的主传动。

（2）机械制动

在电动机不停转情况下需要制动时，可采用机械制动方式。

1）闸带式制动器。结构简单，轴向尺寸小，能以较小的操纵力产生较大的制动力矩；但径向尺寸较大，制动时会在制动轮上产生较大的径向单侧压力，对所在传动轴有不良影响，故多用于中小型机床、惯量不大的主传动（如 CA6140 型卧式车床）。

2）闸瓦式制动器。结构简单，操纵方便；制动时对制动轮有很大的径向单侧压力，制动力矩小，闸块磨损较快，故多用于中小型机床、惯量不大且制动要求不高的主传动（如多刀半自动车床）。

3）片式摩擦制动器。制动时对轴不产生径向单侧压力，制动灵活平稳；但结构较复杂，轴向尺寸较大，可用于各种机床的主传动（如 Z3040 型摇臂钻床、CW6163 型卧式车床等）。

一般情况下，应优先采用电动机制动方式；对于制动频繁、传动链较长、惯量较大的主传动，可采用机械制动方式；应将制动器放在接近主轴且转速较高的传动件上。这样可使制动力矩小，结构紧凑，制动平稳。

5．换向方式选择

有些机床主传动不需要换向，如磨床、多刀半自动车床及一般组合机床；但多数机床需要换向。换向有两种不同的目的：一是正反向都用于切削，工作中不需要变换转向（如铣床），正反向的转速、转速级数及传递动力应相同；二是正转用于切削而反转主要用于空行程，并且在工作过程中需要经常变换转向（如卧式车床、钻床）。为了提高生产率，反向应比正向的转速高、转速级数少、传递动力小。主传动换向方式分为电动机换向和机械换向两种。

3.4.3　分级变速主传动系统的设计

分级变速主传动系统设计的内容和步骤如下：根据已确定的主变速传动系统的运动参数，拟定结构式、转速图，合理分配各变速组中各传动副的传动比，确定齿轮齿数和带轮直径等，绘制主变速传动系统图。

1．拟定转速图和结构式

（1）转速图

在设计和分析分级变速主传动系统时，用到的工具是转速图。转速图是用来表示主轴各转速的传递路线和转速值的，包括一点三线，一点是转速点，三线是主轴转速线、传动轴线和传动线。在转速图中可以表示出传动轴的数目、传动轴之间的传动关系、主轴的各级转速值及其传动路线、各传动轴的转速分级和转速值、各传动副的传动比等。图 3.51 所示为一中型卧式车床的变速传动系统图及其转速图。

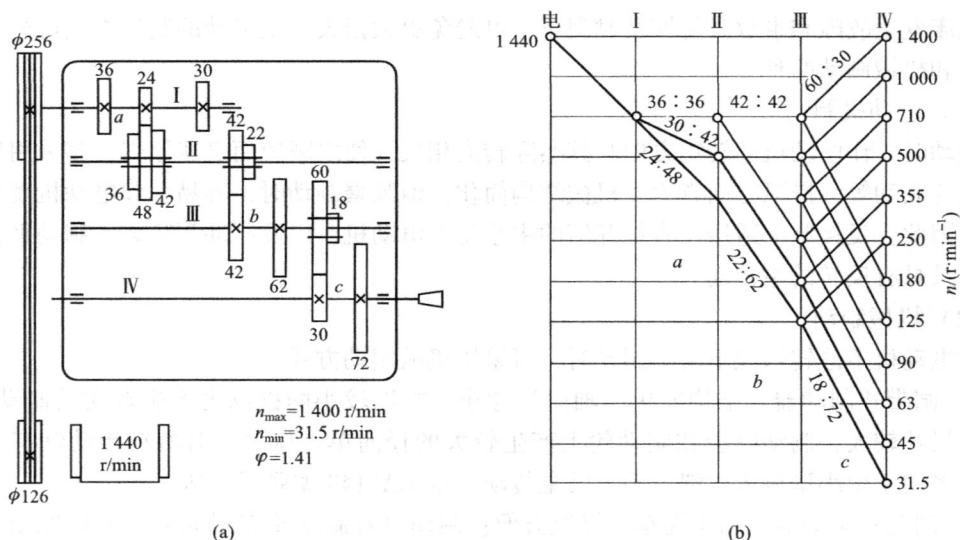

图 3.51　卧式车床主变速传动系统图和转速图

（a）变速传动系统图；（b）转速图

转速图是由一些互相平行和垂直的格线组成的。其中，距离相等的一组竖线代表各轴，轴号写在转速图上面，从左向右依次标注"电"、Ⅰ、Ⅱ、Ⅲ、Ⅳ等，分别表示电动机轴、Ⅰ轴、Ⅱ轴、Ⅲ轴、Ⅳ轴，Ⅳ轴即为主轴。竖线间的距离不代表各轴间的实际中心距。

距离相等的一组水平线代表各级转速，与各竖线的交点代表各轴的转速。由于分级变速机构的转速是按等比级数排列的，如纵坐标是对数坐标，则相邻水平线的距离是相等的，表示的转速之比是等比级数的公比 φ，在本例中 $\varphi = 1.41$。转速图中的小圆圈表示该轴具有的转速，称为转速点。如在Ⅳ轴（主轴）上有 12 个小圆圈，即 12 个转速点，表示主轴具有 12 级转速，从 31.5 r/min 至 1 400 r/min，相邻转速的比是 φ。

传动轴格线间转速点的连线称为传动线，表示两轴间一对传动副的传动比 u，用主动齿轮与从动齿轮的齿数比或主动带轮与从动带轮的轮径比表示。传动比 u 与转速比 i 互为倒数关系，即 $u = 1/i$。若传动线是水平的，表示等速传动，传动比 $u = 1$；若传动线向右下方倾斜，表示降速传动，传动比 $u < 1$；若传动线向右上方倾斜，表示升速传动，传动比 $u > 1$。

如本例中，电动机轴与Ⅰ轴之间为传动带定比传动，其传动比为

$$u = \frac{126}{256} \approx \frac{1}{2} = \frac{1}{1.41^2} = \frac{1}{\varphi^2}$$

其为降速传动，传动线向右下方倾斜两格。Ⅰ轴的转速为

$$n_1 = 1\,440 \times \frac{126}{256} = 710 \ (\text{r/min})$$

轴Ⅰ–Ⅱ间的变速组 a 有三个传动副，其传动比分别为

$$u_{a1} = \frac{36}{36} = \frac{1}{1} = \frac{1}{\varphi^2}$$

$$u_{a2} = \frac{30}{42} = \frac{1}{1.41} = \frac{1}{\varphi}$$

$$u_{a3} = \frac{24}{48} = \frac{1}{2} = \frac{1}{\varphi^2}$$

在转速图上轴Ⅰ–Ⅱ之间有三条传动线，分别为水平、向右下方降一格、向右下方降两格。

轴Ⅱ–Ⅲ轴间的变速组 b 有两个传动副，其传动比分别为

$$u_{b1} = \frac{42}{42} = \frac{1}{1} = \frac{1}{\varphi^0}$$

$$u_{b2} = \frac{22}{62} = \frac{1}{2.82} = \frac{1}{\varphi^3}$$

在转速图上，Ⅱ轴的每一转速都有两条传动线与Ⅲ轴相连，分别为水平和向右下方降三格。由于Ⅱ轴有三种转速，每种转速都通过两条线与Ⅲ轴相连，故Ⅲ轴共得到 $3 \times 2 = 6$ 种转速。连线中的平行线代表同一传动比。

Ⅲ–Ⅳ轴之间的变速组 c 也有两个传动副，其传动比分别为

$$u_{c1} = \frac{60}{30} = \frac{2}{1} = \frac{\varphi^2}{1}$$

$$u_{c2} = \frac{18}{72} = \frac{1}{4} = \frac{1}{\varphi^4}$$

在转速图上，Ⅲ轴上的每一级转速都有两条传动线与Ⅳ轴相连，分别为向右上方升两格和向右下方降四格。故Ⅳ轴的转速共为 $3 \times 2 \times 2 = 12$ 级。

（2）结构网和结构式

设计分级变速主传动系统时，为了便于分析和比较不同传动设计方案，常使用形式简单的结构网和结构式。结构网是只表示传动比的相对关系，而不表示传动轴（主轴除外）转速值大小的线图。图3.52所示为12级等比传动系统结构网，从图中可以看出各变速组的传动副数和级比指数，以及传动顺序、扩大顺序和传动路线。对照图3.51可知，结构网是传动轴上各转速数列下移至与主轴转速数列对称位置而形成的，因而其传动路线保持不变。

各变速组的传动副数的乘积等于主轴转速级数 Z，将这一关系按传动顺序写出数学式，级比指数写在该变速组传动副数的右下角，就形成结构式。图3.52所示的结构网相应的结构式为

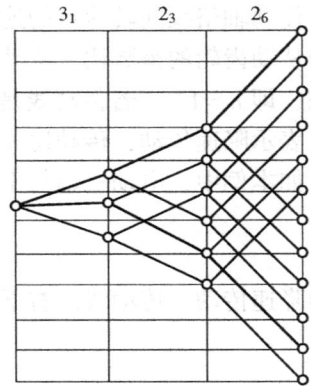

图3.52 12级等比传动
系统的结构网

$$12 = 3_1 \times 2_3 \times 2_6$$

式中，12 表示主轴的转速级数为12级；3、2、2分别表示按传动顺序排列各变速组的传动副数，即该变速传动系统由 a、b、c 三个变速组组成，其中，a 变速组的传动副数为3，b 变速组的传动副数为2，c 变速组的传动副数为2；结构式中的下标1、3、6，分别表示各变速组的级比指数。

变速组的级比是指主动轴上同一点传往从动轴相邻两传动线的比值，用 φ^{x_i} 表示。级比 φ^{x_i} 中的指数 X_i 值称为级比指数，它相当于由上述相邻两传动线与从动轴交点之间相距的格数。

设计时要使主轴转速为连续的等比数列，必须有一个变速组的级比指数为1，此变速组称为基本组。基本组的级比指数用 X_0 表示，即 $X_0 = 1$，如本例中的 3_1 即为基本组。后面的变速组因起到变速扩大作用，所以统称为扩大组。第一扩大组的级比指数 X_1 一般等于基本组的传动副数 P_0，即 $X_1 = P_0$。如本例中基本组的传动副数 $P_0 = 3$，变速组 b 为第一扩大组，其级比指数为 $X_1 = 3$，经扩大后，Ⅲ轴得到 $3 \times 2 = 6$ 种转速。

第二扩大组的作用是将第一扩大组扩大的变速范围第二次扩大，其级比指数 X_2 等于基本组的传动副数和第一扩大组传动副数的乘积，即 $X_2 = P_0 P_1$。本例中的变速组 c 为第二扩大组，级比指数 $X_2 = P_0 P_1 = 3 \times 2 = 6$，经扩大后使Ⅳ轴得到 $3 \times 2 \times 2 = 12$ 种转速。如有更多的变速组，则依次类推。

图3.52所示方案是传动顺序和扩大顺序相一致的情况，若将基本组和各扩大组采取不同的传动顺序，还有许多方案。例如：$12 = 3_2 \times 2_1 \times 2_6$，$12 = 3_3 \times 2_1 \times 2_6$ 等。

综上所述，我们可以看出结构式简单、直观，能清楚地显示出变速传动系统中主轴转速级数 Z，各变速组的传动顺序，传动副数 P_i 和各变速组的级比指数 X_i，其一般表达式为

$$Z = (P_a)_{X_a} \times (P_b)_{X_b} \times (P_c)_{X_c} \times \cdots \times (P_i)_{X_i}$$

2. 各变速组的变速范围及极限传动比

变速组中最大与最小传动比的比值，称为该变速组的变速范围，即

$$R_i = \frac{(u_{\max})_i}{(u_{\min})_i} \quad (i = 0,\ 1,\ 2,\ \cdots j)$$

设计机床主变速传动系统时，为避免从动齿轮尺寸过大而增加箱体的径向尺寸，一般限制降速最小传动比 $u_{主\min} \geqslant 1/4$；为避免扩大传动误差，减少振动噪声，一般限制直齿圆柱齿轮的最大升速比 $u_{主\max} \leqslant 2$，斜齿圆柱齿轮传动较平稳，可取 $u_{主\max} \leqslant 2.5$。因此，各变速组的变速范围相应受到如下限制：主传动各变速组的最大变速范围为 $R_{主\max} = u_{主\max} / u_{主\min} \leqslant (2 \sim 2.5) / 0.25 = 8 \sim 10$；对于进给传动链，由于转速通常较低，传动功率较小，零件尺寸也较小，上述限制可放宽为 $u_{进\max} \leqslant 2.8$，$u_{进\min} \geqslant 1.5$，故 $R_{进\max} \leqslant 14$。

上例中，基本组的变速范围

$$R_0 = \frac{u_{a1}}{u_{a3}} = \frac{1}{\varphi^{-2}} = \varphi^2 = \varphi^{X_0} \quad (P_0 - 1)$$

第一扩大组的变速范围

$$R_1 = \frac{u_{b1}}{u_{b2}} = \frac{1}{\varphi^{-3}} = \varphi^3 = \varphi^{X_1} \quad (P_1 - 1)$$

第二扩大组的变速范围

$$R_2 = \frac{u_{c1}}{u_{c2}} = \frac{\varphi^2}{\varphi^{-4}} = \varphi^6 = \varphi^{X_2} \quad (P_2 - 1)$$

由此可见，变速组的变速范围一般可写为

$$R_i = \varphi^{X_i(P_i - 1)} \tag{3.14}$$

式中，$i = 0,\ 1,\ 2,\ \cdots,\ j$，依次表示基本组、一、二、$\cdots$、$j$ 扩大组。

由式（3.14）可见，变速组的变速范围 R_i 值中 φ 的指数 $X_i\,(P_i - 1)$，就是变速组中最大传动比的传动线与最小传动比的传动线所拉开的格数。

主轴的变速范围应等于主变速传动系统中各变速组变速范围的乘积，即

$$R_n = R_0 R_1 R_2 \cdots R_j$$

检查变速组的变速范围是否超过极限值时，只需检查最后一个扩大组。因为其他变速组的变速范围都比最后一个扩大组的变速范围小，只要最后一个扩大组的变速范围不超过极限值，其他变速组便不会超出极限值。

例如，$12 = 3_1 \times 2_3 \times 2_6$，$\varphi = 1.41$，其最后一个扩大组的变速范围

$$R_2 = 1.41^{6(2-1)} = 8$$

等于 $R_{主\max}$ 值，符合要求，其他变速组的变速范围肯定也符合要求。

又如，$12 = 2_1 \times 2_2 \times 3_4$，$\varphi = 1.41$，其最后一个扩大组的变速范围

$$R_2 = 1.41^{4(3-1)} = \varphi^8 = 8$$

超出 $R_{主\max}$，是不允许的。

从式（3.14）可知，为使最后一个扩大组的变速范围不超出允许值，最后一个扩大组的传动副一般取 $R_j = 2$ 比较合适。

3. 主变速传动系统设计的一般原则

（1）变速组传动副"前多后少"原则

主变速传动系统从电动机到主轴，通常为降速传动，接近电动机的传动件转速较高，传递的转矩较小，尺寸小一些；反之，靠近主轴的传动件转速较低，传递的转矩较大，尺寸就

较大。因此，在拟定主变速传动系统时，应尽可能将传动副较多的变速组安排在前面，传动副数少的变速组放在后面，即 $P_a > P_b > P_c > \cdots > P_j$，使主变速传动系统中更多的传动件在高速范围内工作，尺寸小一些，以便节省变速箱的造价，减小变速箱的外形尺寸。按此原则，$12 = 3 \times 2 \times 2$，$12 = 2 \times 3 \times 2$，$12 = 2 \times 2 \times 3$，在这三种不同的传动方案中以前者为好。

（2）变速组传动线"前密后疏"原则

当变速传动系统中各变速组顺序确定之后，还有多种不同的扩大顺序方案。例如：$12 = 3 \times 2 \times 2$ 方案，有下列六种扩大顺序方案：

$12 = 3_1 \times 2_3 \times 2_6$；$12 = 3_2 \times 2_1 \times 2_6$；$12 = 3_4 \times 2_1 \times 2_2$；
$12 = 3_1 \times 2_6 \times 2_3$；$12 = 3_2 \times 2_6 \times 2_1$；$12 = 3_4 \times 2_2 \times 2_1$.

从上述六种方案中，比较 $12 = 3_1 \times 2_3 \times 2_6$（图 3.53（a））和 $12 = 3_2 \times 2_1 \times 2_6$（图 3.53（b））两种扩大顺序方案。

图 3.53（a）所示的方案中，变速组的扩大顺序与传动顺序一致，即基本组在最前面，依次为第一扩大组、第二扩大组（即最后扩大组），各变速组变速范围逐渐扩大。图 3.53（b）所示方案则不同，第一扩大组在最前面，然后依次为基本组、第二扩大组。

将图 3.53（a）与图 3.53（b）两方案相比较，后一种方案因第一扩大组在最前面，Ⅱ轴的转速范围比前一种方案的转速范围大。如两种方案Ⅱ轴的最高转速一样，后一种方案Ⅱ轴的最低转速较低，在传递相等功率的情况下，受的转矩较大，传动件的尺寸也就比前一种方案大。将图 3.53（a）所示方案与其他多种扩大顺序方案相比，可以得出同样的结论。

因此，在设计主变速传动系统时，尽可能做到变速组的传动顺序与扩大顺序相一致。由转速图上可发现，当变速组的扩大顺序与传动顺序相一致时，前面变速组的传动线分布紧密，而后面变速组传动线分布较疏松，所以"前密后疏"原则也称为"变速组的扩大顺序与传动顺序相一致"原则。

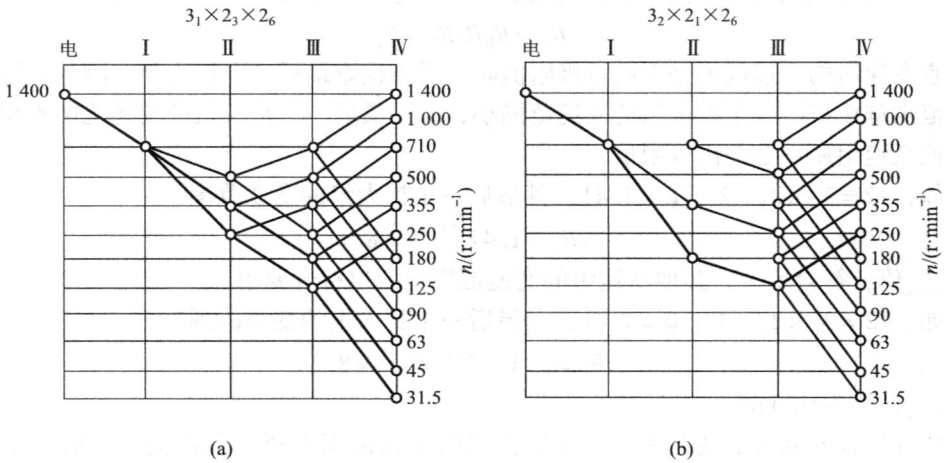

图 3.53　两种 12 级转速的转速图
（a）$12 = 3_1 \times 2_3 \times 2_6$；（b）$12 = 3_2 \times 2_1 \times 2_6$

（3）变速组的降速要前慢后快，中间轴的转速不宜超过电动机的转速

从电动机到主轴之间的总趋势是降速传动，在分配变速组传动比时，为使中间传动轴具有较高的转速，以减小传动件的尺寸，前面的变速组降速要慢些，后面的变速组降速要快

些，也就是 $u_{amin} \geqslant u_{bmin} \geqslant u_{cmin} \geqslant \cdots$ 但是，中间轴的转速不应过高，以免产生振动、发热和噪声。通常，中间轴的最高转速不超过电动机的转速。

在设计主变速传动系统时一般应该遵循上述原则，但有时还需根据具体情况加以灵活运用。如图 3.54 所示的一台卧式车床主变速传动系统，因为 I 轴上装有双向摩擦片式离合器 M，轴向尺寸较长，为使结构紧凑，第一变速组采用了双联齿轮，而不是按照前多后少的原则采用三个传动副。又如，当主传动采用双速电动机时，它成为第一扩大组，也不符合传动顺序与扩大顺序相一致的原则，但是却使其结构大为简化，并减少了变速组和转动件数目。

（4）转速图中传动比的分配

根据上述主变速传动系统设计原则设计出的转速图，可有多种方案，根据实际需要进行传动比的分配后，就可以确定出所需要的一种转速图。

[例 3-1]　设计一个 12 级转速的车床主传动系统，公比 $\varphi = 1.41$，主轴最高转速为 $n_{max} = 1\,440$ r/min，电动机转速为 1 440 r/min，电动机与主轴箱之间采用带传动，试设计其转速图。

其结构式为：$12 = 3_1 \times 2_3 \times 2_6$

根据 $R_n = \dfrac{n_{max}}{n_{min}} = \varphi^{Z-1}$，则最低转速 $n_{min} = 31.5$ r/min。

其降速比可按下式分配：

$$\cfrac{1}{\cfrac{n_d}{31.5}} = \frac{1}{1.41^{11}} = \frac{1}{1.41^2} \times \frac{1}{1.41^2} \times \frac{1}{1.41^3} \times \frac{1}{1.41^4}$$

取传动带降速比为 $1/1.41^2$，一级齿轮降速比为 $1/1.41^2$，二级齿轮降速比为 $1/1.41^3$，三级齿轮降速比为 $1/1.41^{24}$。设计出的转速图如图 3.54（b）所示。

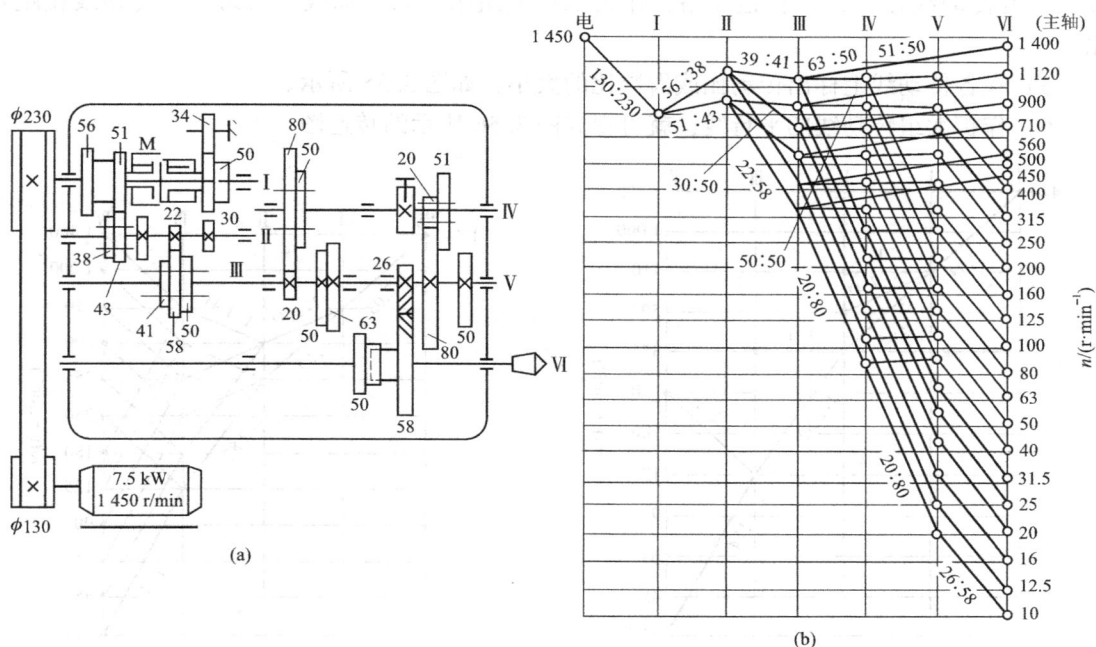

图 3.54　卧式车床主变速传动系统图及转速图

（a）传动系统图；（b）转速图

（5）转速图的绘制

根据转速图的拟定原则，确定结构式和结构网后，确定是否需要有定比传动，若需要定比传动，首先确定定比传动比的大小，应尽量保证轴I为主轴转速线上的一个转速点，然后分配各传动组的传动比，并确定其他中间轴的转速，这样就可以画转速图了。

中型车床：$Z=12$，$\varphi=1.41$，$n_{min}=31.5$ r/min。则其主轴的转速数列（单位为 r/min）为 31.5，45，63，90，125，180，250，355，500，710，1 000，1 400。

确定轴I的转速值为 710 r/min，则定比传动的传动比为

$$i_0=\frac{710}{1\ 440}=\frac{1}{2.03}$$

确定各变速组的最小传动比：从转速点 710 r/min 到 31.5 r/min 共有 9 格，三个变速组的最小传动线平均下降 3 格，按照前缓后急的原则，第二变速组最小传动线下降 3 格，第一变速组最小传动线下降 3−1=2 格，第三变速组最小传动线下降 3+1=4 格。

转速图绘制步骤如下：

1）画出转速线、传动轴线，标出转速点、标注转速值，在传动轴上方注明传动轴号，电动机轴用 0 标注。

2）在传动轴线I上用圆圈标出转速点 710 r/min，计算电动机额定转速点在传动轴线 0 上的位置，$-\frac{\lg2.03}{\lg1.41}=-2.04$，电动机额定转速在转速点 710 r/min 以上 2.04 格，用小圆圈标注，并在旁边注明其转速值，两小圆圈之间的连线就是定比传动线。

3）画出各变速组最小传动线。

4）画出基本组其他传动线，三条传动线在轴II上相距 1 格；画出第一扩大组第二条传动线，两传动线在轴III上相距 3 格；作第二扩大组第二条传动线，与第一条传动线相距 6 格。

5）在各传动线上标出传动比或齿数比的大小，如图 3.55 所示。

6）作扩大组传动线的平行线，就可得到图 3.56 所示的转速图。

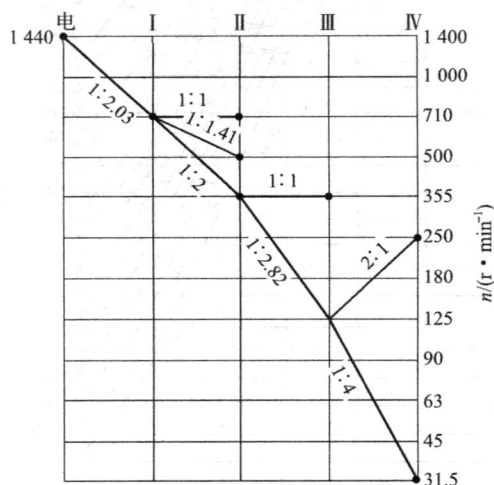

图 3.55 转速图的拟定

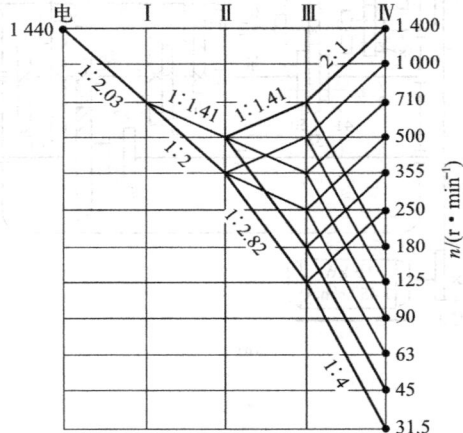

图 3.56 12 级等比转速图

4. 齿轮齿数的确定

（1）齿轮齿数的确定原则

在保证输出转速准确的前提下，应尽量减少齿轮齿数，使齿轮结构、尺寸紧凑。

1）一般情况下，要求实际传动比（齿轮齿数之比）与理论传动比（转速图上给定的传动比）之间的转速误差在允许范围之内，应满足

$$\frac{(n'-n)}{n} \leqslant (\varphi-1) \times 100\%$$

式中，n'——主轴实际转速（r/min）；

　　　n——主轴的标准转速（r/min）；

　　　φ——公比。

2）齿轮副的齿数和 $S_z \leqslant 100 \sim 120$；受啮合重合度的限制，直齿圆柱齿轮最小齿数 $z_{min} \geqslant 17$；采用正变位，保证不根切的情况下，直齿圆柱齿轮最小齿数 $z_{min} \geqslant 14$；若齿轮和轴为键连接，则应保证齿根圆至键槽顶面的距离大于两个模数，以满足其强度要求。

3）满足结构安装要求，相邻轴承孔的壁厚不小于 3 mm。

4）当变速组内各齿轮副的齿数和不相等时，齿数和的差不能大于3。

（2）确定齿轮的齿数

当各变速组的传动比确定之后，即可确定齿轮齿数和带轮直径。对于定比传动的齿轮齿数和带轮直径，可依据《机械设计手册》中推荐的计算方法确定。对于变速组内齿轮的齿数，如传动比是标准公比的整数次方时，变速组内每对齿轮的齿数和 S_z 及小齿轮的齿数可从表 3.10 中选取。在表中，横标题栏是齿数和 S_x；纵标题列是传动副的传动比 u；表中所列值是传动副的从动齿轮齿数；齿数和 S_x 减去从动齿轮齿数就是主动齿轮齿数。表中所列的 u 值全大于 1，即全是升速传动。对于降速传动副，可取其倒数查表，查出的齿数则是主动齿轮齿数。

现举例说明表 3.10 的用法。如图 3.54（b）中的变速组 a 有三个传动副，其传动比分别是：$u_{a1}=1$，$u_{a2}=1/1.41$，$u_{a3}=1/2$。后两个传动比小于 1，取其倒数，即按 $u=1$、1.41 和 2，然后查表。在合适的齿数和 S_x 范围内，查出存在上述三个传动比的 S_x 分别有

$u_{a1}=1$，$S_Z=\cdots$，60，62，64，66，68，70，72，74，$\cdots$

$u_{a2}=1.41$，$S_Z=\cdots$，60，63，65，67，68，70，72，73，75，$\cdots$

$u_{a3}=2$，$S_Z=\cdots$，60，63，66，69，72，75，$\cdots$

如变速组内所有齿轮的模数相同，且是标准齿轮，则三对传动副的齿数和 S_Z 应该是相同的。符合上述条件的有 $S_Z=60$ 或 72。如取 $S_Z=72$，从表中可查出三个传动副的主动齿轮齿数分别为 36、30 和 24，则可算出三个传动副的齿轮齿数为 $u_{a1}=36/36$，$u_{a2}=30/42$，$u_{a3}=24/48$。

确定齿轮齿数时，选取合理的齿数和是很关键的。齿轮的中心距取决于传递的转矩。一般来说，主变速传动系统是降速传动系统，越靠近后面的变速组传递的转矩越大，因此中心距也越大。为简化工艺，变速传动系统内各变速组的齿轮模数最好一致，通常不超过 2 ~ 3 种模数。因此，越靠近后面的变速组的齿数和应选择较大值，有助于实现上述要求。

变速传动组齿数和的确定有时需经过多次反复，即初选齿数和，确定主、从动齿轮齿数，计算齿轮模数，如模数过大应增大齿数和，反之则减小齿数和。为减少反复次数，按传

表3.10 各种常用传动比的适用齿数

S_x / u	40	41	42	43	44	45	46	47	48	49	50	51	52	53	54	55	56	57	58	59	60	61	62	63	64	65	66	67	68	69	70	71	72	73	74	75	76	77	78	79
1.00	20		21		22		23		24		25		26		27		28		29		30		31		32		33		34	34	35	35	36	36	37	37	38	38	39	
1.06		20		21		22		23	23	24	24	25	25	26	26	27	27	28	28	29	29	30	30	31	31	32	32	33	33		34	34	35	35	36	36	37	37	38	
1.12	19		20	20	21	21	22	22		23		24		25		26	26	27	27	28	28	29	29	30	30	31	31	32	32	33	33	33	34	34	35	35	36	36	37	37
1.19		19	19		20		21		22		23	23	24	24	25	25		26		27		28	28	29	29	30	30	31	31	32	32	32	33	33	34	34	35	35	36	36
1.25	18	18		19		20		21	21	22	22		23		24		25	25	26	26	27	27		28	28	29	29	30	30	31	31	31	32	32	33	33	34	34	35	35
1.33	17		18		19	19	20	20		21		22	22	23	23	24	24		25	25	26	26	27	27		28	28	29	29	30	30	30	31	31	32	32	33	33	33	34
1.41		17		18	18		19		20	20	21	21		22		23	23	24	24		25	25	26	26	27	27	27	28	28	29	29	29	30	30	31	31	32	32	32	33
1.50	16		17	17		18		19	19		20		21	21	22	22	22	23	23	24	24	24	25	25	26	26	26	27	27	28	28	28	29	29	30	30	30	31	31	32
1.60		16	16		17		18	18		19		20	20		21	21		22	22		23		24	24	25	25		26	26	27	27	27	28	28	29	29	29	30	30	30
1.68	15			16		17	17		18	18		19		20	20		21	21		22	22	23	23		24	24	25	25	25	26	26		27	27	28	28	28	29	29	29
1.78		15	15		16	16		17	17		18		19	19		20	20		21	21		22	22	23	23	23	24	24		25	25	26	26	26	27	27	27	28	28	28
1.88	14	14		15	15		16	16		17		18	18		19	19		20	20		21	21		22	22		23	23	24	24	24	25	25	25	26	26	26	27	27	27
2.00			14			15			16		17	17		18	18		19	19	19	20	20	20	21	21	21	22	22	22	23	23	23	24	24	24	25	25	25	26	26	26
2.11	13	13		14	14		15	15		16	16		17	17		18	18			19	19		20	20		21	21		22	22		23	23		24	24	24	25	25	25
2.24			13			14	14		15	15		16	16		17	17			18	18		19	19		20	20	20	21	21	21	22	22	22	23	23	23		24	24	24
2.37	12	12		13	13			14	14		15	15		16	16	16		17	17		18	18		19	19	19		20	20		21	21	21	22	22	22	23	23	23	23
2.51			12	12		13	13		14	14	14		15	15			16	16		17	17		18	18	18		19	19	19	20	20	20		21	21	21	22	22	22	
2.66					12			13	13			14	14		15	15	15		16	16		17	17	17		18	18	18		19	19	19	20	20	20		21	21	21	22
2.82						12	12			13	13			14	14			15	15		16	16	16		17	17	17		18	18	18		19	19	19	20	20	20	20	21
2.99								12	12			13	13			14	14	14		15	15	15		16	16	16		17	17	17		18	18	18		19	19	19		20
3.16										12	12			13	13	13			14	14			15	15			16	16	16		17	17	17		18	18	18		19	19
3.35													12	12			13	13			14	14			15	15	15			16	16	16		17	17	17		18	18	18
3.55															12	12			13	13				14	14			15	15				16	16	16		17	17	17	17
3.76																	12	12				13	13	13			14	14	14		15	15	15	15		16	16	16		
3.98																				12	12	12			13	13	13			14	14	14			15	15	15		16	16
4.22																							12	12				13	13	13			14	14	14			15	15	15
4.47																										12	12	12			13	13	13			14	14	14	14	
4.73																													12	12	12	12	12	13	13	13	13	13		14

续表

S_x \ u	1.00	1.06	1.12	1.19	1.25	1.33	1.41	1.50	1.60	1.68	1.78	1.88	2.00	2.11	2.24	2.37	2.51	2.66	2.82	2.99	3.16	3.35	3.55	3.76	3.98	4.22	4.47	4.73
80	40	39	38	37	36	34	33	32	31	30	29	28	27	26	25	24	23	22	21	20	19		18	17	16		15	14
81	38			37	36	35				30	29	28	27	26	25	24	23						18	17	16		15	14
82	41	40		39		36	35	34	33	32								21	20	19			16	15				
83			40		39	38	37			31	30	29						21	20		18		16	15				
84	42	41			37	36	35			30	29	28	27	26	25	24	23	22	21	20			17	16				
85			41	40	39		35	34	33	32								18	17					15	15			
86	43	42		41	40	39	38	37	36	35	33	32	31	30	29		28	27	26	25	24	23	22	21	20	19		15 15
87			42	41	40		37	36	35	34	33	32		29	28	27	26	25	24	23	22	21	20	19			16	15
88	44	43		40	40	39	38	38	35	34	33	33		28	27	26	25	24	23	22	21	20			17		16	
89			43	42	41	38	37	36	35	33	33	32	31	30	30	29	28						18	17				
90	45	44		41		37	36	35	34	33	33	31	30	29	28		26	25	24	23	22	21	20	20	19	18	17	
91	44			43		40	39	38	35	34	33	33	32	31	30	29	28	26	25	24	23	22	21	20	20	19	18	16
92	46	45		42	41		38	38	37	35	34	33	32	32	31	27	26	25	24	23	22	21	20	20		17	16	16
93			46	43	41	40	39	37	36	35	34	32	31	30	29	27							18	17	16			
94	47	46		43	40	40	39	38	38	35	35	34		30	29		27	26	25	24	23	22		19	18	17		
95		47	46	45	42	41	40	38	38	37	36	34	33	32		28	27	26	25	24	23	22	21	20	19	19	18	
96	48	47	45	44		41	40	40	39	37	36	36	35	33	31		28		26	25	24	23	22	21	20	19	17	
97	49	46	45	44	43	40	39	38	37	36	35	33	31	30						26	25	24	23	22	21	20		
98	49	48	46	45	42		39	38	38	35	34	33	33	30	29		28	27		26	25	24	23	22	21	20	19	18
99	50	48	47	45	44	43	41	40	40	38	37	36	35	32	31		30	29	28	27	26	25	24	23	22	21	20	20
100	51	49		46	45	43	42	40	39	38	38	36	35		34	33	32	31	30	29		28	27	26	25	24	23	22
101	51		48		45		42	41		39	38	37		34	33		32	31		30	29	28	27	26	25	24	23	22
102	51	50		47		44	42	41	40	38	38	37	36	34	33		32						26	25	24	23	22	21
103	52	50		47		44	43	41	40	40	38	37	36	35	33		32	32	31	30	29	28	27	26	25	24	23	22
104	52		49		46	45	43	42	41	40	39	38	36	35	34	33	32	31	30	29		27	26	25	24	23	22	21
105	53	51		48		45	44	42	41	41	39	38	37	36	35	34	33	33	32	31	30	29	28	27	26	25	24	23
106	53	52	50		49	47	46	44	44	43	41	40	40	39	38	37	36	36	35	34	33	33	32	31	30	29	28	
107	54	52		49		47	46	44	44	43	42	42	41	40	39	38	37	36	35	35	34	33	33	32	31	30	29	
108	54		51	49	48	47	46	45	44	43	42	40	39	39	38	37	36	35	35	34	33	32	31	30	30	29		
109	55	53	51	50	48	48	47	45	44	44	42	41	40	39	39	38	37	35	34	33	32	31	30	29			25	25
110	55	53	52	50	49	49	47	46	46	44	41	40	39	38	37	35	34	34	33	31	30	30	29			25	24	
111	56	54	52	51	50	49	47	46	45	43	43	40	39	38	36	36	35	33	32	31	30	29	28		26	25	24	24
112	56	54	53	52	51	50	48	47	45	43	42	40	40	39	38	36	36	35	33	32	31	29	29	28	27	26	25	23
113	57	55	53	52	50	48	47	45	44	42	41	39	38	36	35		33	32	31	30	29	28	27	26	25	24	23	22
114	57	55	54	52		49	47	46	44	44	41	41	40	38	37	35	34	33	31	30		29	28	26	25	24	23	22
115	58	56	54		51	49	48	46	43	41	40	40	38	38	37	36	35	33	32	32	30	29		26	25	25	24	22
116	58	56	55	53		51	50	48	45	43	42	40	39	37	36		33	33	32	31	29	28		26	25	23	22	20
117	59	57	55		52	52	50	47	45	44	42		39	36	36		35	33	32	31		28		27	26	25	24	20
118	59	57	56	54	51	52	49	49	47	46	44	41	39	38	38	35	35	33	32	31	27		26	26	25	24	23	21
119	60	58	56	54	53	53	51	49	48	46	44	43	41	40	38	35	36	34	33	30	31		26		25	24	23	21
120	60	58	57	55	53	53	52	50	48	48	46	45	43	42	40	37	37	34	33	30	29		25	24	23	22	21	

递转矩要求可先初选中心距，设定齿轮模数，再算出齿数和。齿轮模数的设定应参考同类型机床的设计经验，如齿轮模数设定得过小，齿轮经不起冲击，易磨损；如设定得过大，齿数和将较少，使变速组内的最小齿轮齿数小于17，产生根切现象，最小齿轮也有可能无法套装到轴上。齿轮可套装在轴上的条件为齿轮的齿槽到孔壁或键槽底部的壁厚 a 应大于或等于 $2m$（m 为齿轮模数），以保证齿轮具有足够强度。齿数过小的齿轮传递平稳性也差。一般在主传动中，取最小齿轮齿数 $Z_{\min} > 18 \sim 20$。

若变速组采用三联滑移齿轮时，确定其齿数之后，应检查滑移齿轮之间的齿数关系。如图 3.57 所示的三联滑移齿轮，从中间位置向左移动时，次大齿轮 z_2 要从固定齿轮 z_3' 上方越过，为避免 z_2 与 z_3' 齿顶相碰，对于标准齿轮且模数相同时，必须保证

$$a \geqslant \frac{1}{2}m\ (z_3' + 2)\ + \frac{1}{2}m\ (z_2 + 2)$$

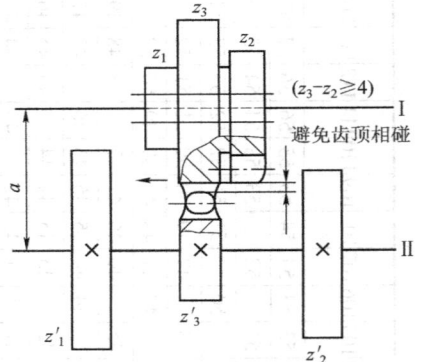

图 3.57　三联滑移齿轮的齿数关系

其中，$a = \dfrac{1}{2}m\ (z_3 + z_3')$，代入上式可得 $z_3 - z_2 \geqslant 4$。即三联滑移齿轮的最大和次大齿轮之间的齿数差应大于或等于4，以保证滑移时齿轮外圆不相碰。

当公比较小（$\varphi \leqslant 1.26$）且三联滑移齿轮变速组为基本组时，容易发生齿数差小于4的情况，这时，可适当增加齿轮副的齿数和、采用变位齿轮或改变齿轮排列方式等方法，以避免 z_2 越过 z_3'。

有时在希望的齿数和范围内找不到变速组各传动副相同的齿数和，可选择齿数和不等、但差数一般小于 $1 \sim 3$ 的方案，然后，采用齿轮变位的方法使各传动副的中心距相等。在上例中，如果认为齿数和60太小，72又太大，第1、3传动副可选66，第2传动副选67，将第2传动副的齿轮进行负变位，使其同第1、3传动副的中心距相同。

5. 主变速传动系统的几种特殊设计

前面论述了主变速传动系统的常规设计方法。在实际应用中，还常常采用多速电动机传动、交换齿轮传动和公用齿轮传动等特殊设计。

（1）具有多速电动机的主变速传动系统设计

采用多速异步电动机和其他方式联合使用，可以简化机床的机械结构，让使用更方便，并可以在运转中变速，适用于半自动、自动机床及普通机床。机床上常用双速或三速电动机，其同步转速为（750/1 500）r/min、（1 500/3 000）r/min、（750/1 500/3 000）r/min，电动机的变速范围为 2～4，级比为2，也有的采用同步转速为（1 000/1 500）r/min、（750/1 000/1 500）r/min 的双速和三速电动机。双速电动机的变速范围为1.5，三速电动机的变速范围为2，级比为 1.33～1.50。多速电动机总是在变速传动系统的最前面，作为电变速组。当电动机变速范围为 2 时，变速传动系统的公比 φ 应是 2 的整数次方根。例如，公比 $\varphi = 1.26$，是2的3次方根，基本组的传动副数应为3，把多速电动机当作第一扩大组；又如 $\varphi = 1.41$，是2的2次方根，基本组的传动副数应为2，多速电动机同样当作第一扩大组。

图 3.58 所示为多刀半自动车床的主变速传动系统图和转速图。采用双速电动机，电动

机变速范围为 2，转速级数共 8 级。公比 $\varphi = 1.41$，其结构式为 $8 = 2_2 \times 2_1 \times 2_4$，电变速组作为第一扩大组，Ⅰ－Ⅱ轴间的变速组为基本组，传动副数为 2；Ⅱ－Ⅲ轴间变速组为第二扩大组，传动副数为 2。

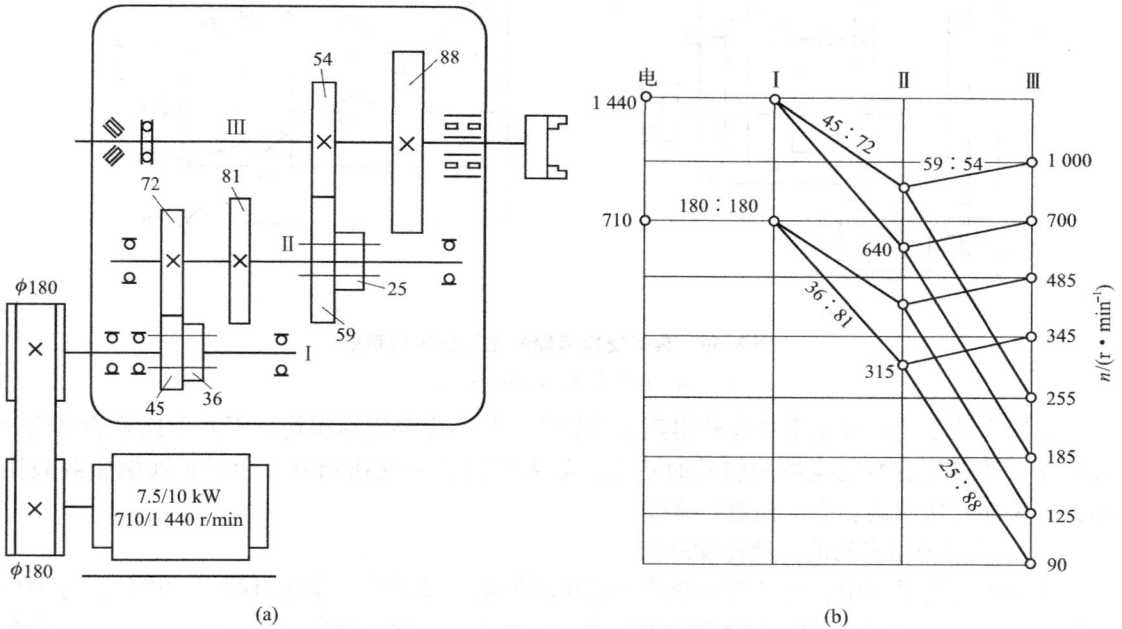

图 3.58　多刀半自动车床主变速传动系统

（a）传动系统图；（b）转速图

多速电动机的最大输出功率与转速有关，即电动机在低速和高速时输出的功率不同。在本例中，当电动机转速为 710 r/min 时，即主轴转速为 90 r/min、125 r/min、345 r/min、485 r/min 时，最大输出功率为 7.5 kW；当电动机转速为 1 440 r/min 时，即主轴转速为 185 r/min、255 r/min、700 r/min、1 000 r/min 时，功率为 10 kW。为使用方便，主轴在一切转速下，电动机功率都定为 7.5 kW。所以，采用多速电动机的缺点之一就是当电动机在高速运转时，没有完全发挥其能力。

（2）采用交换齿轮的变速传动系统

对于成批生产用的机床，例如自动或半自动车床、专用机床、齿轮加工机床等，加工中一般不需要变速或仅在较小范围内变速；但换另一批工件加工时，有可能需要变换成别的转速或在一定的转速范围内进行加工。为简化结构，常采用交换齿轮变速方式，或将交换齿轮与其他变速方式（如滑移齿轮、多速电动机变速等）组合应用。交换齿轮用于每批工件加工前的变速调整，其他变速方式则用于加工中变速。

为了减少交换齿轮的数量，相啮合的两齿轮可互换位置安装，即互为主、从动齿轮。反映在转速图上，交换齿轮的变速组应设计成对称分布的。如图 3.59 所示的具有交换齿轮的主变速传动系统，在Ⅰ－Ⅱ轴间采用了交换齿轮，Ⅱ－Ⅲ轴间采用双联滑移齿轮。一对交换齿轮互换位置安装，在Ⅱ轴上可得到两级转速，在转速图上是对称分布的。

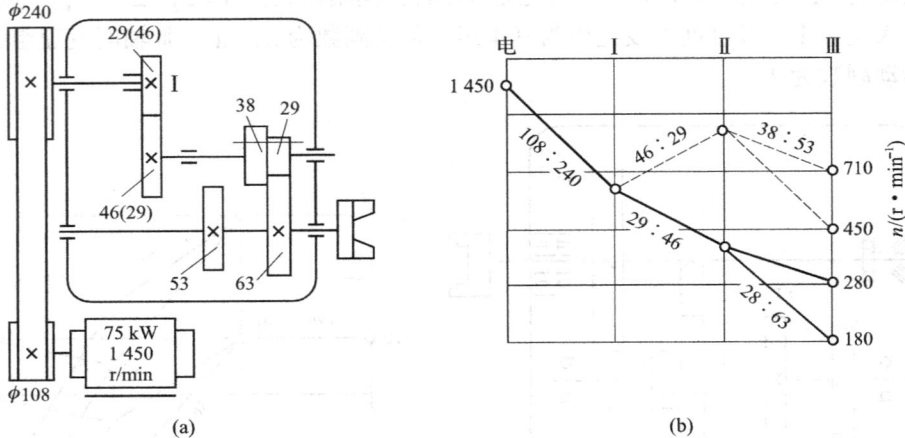

图 3.59　具有交换齿轮的主变速传动系统

（a）传动系统图；（b）转速图

交换齿轮变速可以用少量齿轮得到多级转速，且不需要操纵机构，因而变速箱的结构大大简化。缺点是更换交换齿轮较费时费力；如果将其装在变速箱外，会导致润滑密封较困难，如装在变速箱内，则会使更换麻烦。

（3）采用公用齿轮的变速传动系统

在变速传动系统中，既是前一变速组的从动齿轮，又是后一变速组的主动齿轮，称为公用齿轮。采用公用齿轮可以减少齿轮的数目，简化结构，缩短轴向尺寸。按相邻变速组内公用齿轮的数目，常用的公用齿轮包括单公用和双公用齿轮。

采用公用齿轮时，两个变速组的模数必须相同。因为公用齿轮轮齿所受的弯曲应力属于对称循环，弯曲疲劳许用应力比非公用齿轮要低，因此，应尽可能选择变速组内较大的齿轮作为公用齿轮。

如图 3.49 所示的铣床主变速传动系统图中采用了双公用齿轮传动，图中画斜线的齿轮 $z_2 = 23$ 和 $z_5 = 35$ 为公用齿轮。

6. 扩大变速范围的传动系统设计

根据传动顺序前多后少的原则，主变速传动系统最后一个扩大组一定是双速变速组，其变速范围

$$R_j = \varphi^{P_0 P_1 P_2 \cdots P_{j-1}(P_i - 1)}$$

设主变速传动系统总变速级数为 Z，则

$$Z = P_0 P_1 P_2 \cdots P_{j-1} P_j$$

通常最后扩大组的变速级数 $P_j = 2$，则最后一个扩大组的变速范围为 $R_j = \varphi^{Z/2}$。

由于极限传动比限制，$R_j \leqslant 8 = 1.41^6 = 1.26^9$，即当 $\varphi = 1.41$ 时，主变速传动系统的总变速级数 $\leqslant 12$，最大可能达到的变速范围 $R_n = 1.41^{11} \approx 45$；当 $\varphi = 1.26$ 时，总变速级数 $\leqslant 18$，最大可能达到的变速范围 $R_n = 1.26^{17} \approx 50$。

上述的变速范围常不能满足通用机床的要求，一些通用性较高的车床和镗床的变速范围一般在 140～200，甚至超过 200。可用下述方法来扩大其变速范围：增加变速组、采用背轮机构、采用双公比传动和分支传动。

（1）增加变速组

由变速范围公式可知，增加公比、增加某一变速组中传动副数和增加变速组可扩大变速范围。但增加公比，会导致相对转速损失率增大，影响机床的劳动生产率，且各类机床已规定了相应的公比大小，不宜随意改动。机床类型一定时，公比大小是固定的，因此，通过增大公比来扩大变速范围是不可行的；同样，根据传动顺序前多后少的原则，为便于操作控制，变速组内传动副数一般不大于 3，因而，通过增加某一变速组中传动副数的方法来扩大变速范围也是不可行的；在原有的传动系统中再增加一个双联齿轮变速组，可增大主轴转速级数，从而扩大变速范围。但由于受变速组极限传动比的限制，增加的变速组的级比指数往往不得不小于理论值，并导致部分转速的重复，例如，公比为 $\varphi = 1.41$，结构式为 $12 = 3_1 \times 2_3 \times 2_6$ 的常规变速传动系统，其最后一个扩大组的级比指数为 6，变速范围已达到极限值 8。如果再增加一个变速组作为最后一个扩大组，理论上其结构式应为：$24 = 3_1 \times 2_3 \times 2_6 \times 2_{12}$，最后一个扩大组的变速范围将等于 $1.41^{12} = 64$，大大超出极限值，这种情况也是无法实现的。需将新增加的最后一个扩大组的变速范围限制在极限值内，其级比指数仍取 6，使其变速范围 $R_3 = 1.41^6 = 8$。这样做的结果是在最后两个变速组 $2_6 \times 2_6$ 中重复了一个转速，只能得到 3 级变速，传动系统的变速级数只有 $3 \times 2 \times (2 \times 2 - 1) = 18$ 级，重复了 6 级转速，如图 3.60 中 V 轴上的圆圈所示，变速范围可达 $R_n = 1.41^{18-1} = 344$，结构式可写成

$$18 = 3_1 \times 2_3 \times (2_6 \times 2_6 - 1)$$

（2）采用单回曲机构

单回曲机构又称背轮机构，其传动原理如图 3.61 所示。

主动轴 I 和从动轴 III 同轴线。当滑移齿轮 z_1 处于最右位置时，离合器 M 接合，齿轮 z_1 与齿轮 z_2 脱离啮合，运动由主动轴 I 传入，直接传到从动轴 III，传动比为 $u_1 = 1$。当滑移齿轮 z_1 处于最左位置时，离合器 M 脱开，齿轮 z_1 与齿轮 z_2 啮合，运动经背轮 z_1/z_2 和 z_3/z_4 降速传至轴 III。如降速传动比取极限值 $u_{min} = 1/4$，经背轮降速可得传动比 $u_2 = 1/16$，因此，背轮机构的极限变速范围 $R_{max} = u_1/u_2 = 16$，达到了扩大变速范围的目的，这类机构在机床上应用得较多。设计时应注意当高速直联传动时（图例为离合器 M 接通），应使背轮脱开，以减少空载功率损失、噪声和发热以及避免超速现象。图 3.61 所示的背轮机构不符合上述要求，当离合器 M 接合后，轴 III 高速旋转，轴上的大齿轮 z_4 倒过来传动背轮轴，使其以更高的速度旋转。

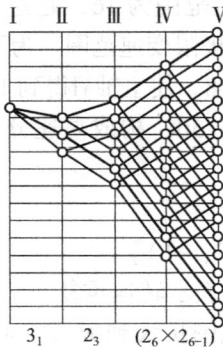

图 3.60　增加变速组以扩大变速范围

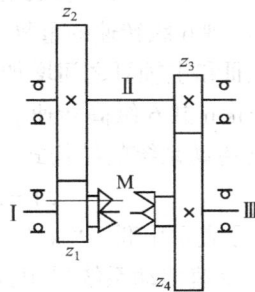

图 3.61　背轮机构

（3）采用双公比的传动系统

在机床主轴的转速数列中，每级转速的使用概率是不相等的。使用最频繁、使用时间最长的往往是转速数列的中段，转速数列中较高或较低的几级转速是为特殊工艺设计的，使用概率较小。如果保持常用的主轴转速数列中段的公比 φ（小公比）不变，增大不常用的转速公比（大公比），可在不增加主轴转速级数的前提下扩大变速范围。为了设计和使用方便，大公比是小公比的平方，高速端大公比转速级数与低速端相等。在转速图上形成上下两端为大公比，且大公比转速级数上下对称的情况，因此，混合公比传动系统又称为对称双公比传动系统。对称双公比传动系统常用的公比为 $\varphi = 1.26$。

图 3.62 所示为具有 16 速双公比的转速图，转速范围中段的公比为 $\varphi_1 = 1.26$，高、低段的公比为 $\varphi_2 = \varphi_1^2 = 1.58$。

双公比变速传动系统是在常规变速传动系统的基础上，通过改变基本组的级比指数演变来的。设常规变速传动系统 $16 = 2_2 \times 2_1 \times 2_4 \times 2_8$，$\varphi = 1.26$，变速范围 $R_n = \varphi^{16} = 32$，基本组是第二个变速组，其级比指数 $X_0 = 1$；如要演变成双公比变速传动系统，基本组的传动副数 P_0 常选为 2。将基本组的级比指数 $X_0 = 1$ 增大到 $1 + 2n$，n 是大于 1 的正整数。本例中，$n = 2$，基本组的级比指数成为 5，结构式变成 $16 = 2_2 \times 2_5 \times 2_4 \times 2_8$，就成为图 3.62 所示的转速图。从图上可以看到，主轴转速范围的高、低段各出现 $n = 2$ 个转速空挡，各有 2 级转速的公比等于 $\varphi^2 = 1.58$，比原来常规变速传动系统增加了 4 级转速的变速范围，即从原来的变速范围 32 增加到 $R_n = \varphi^{20-1} = 80$。

（4）采用并联分支的变速系统

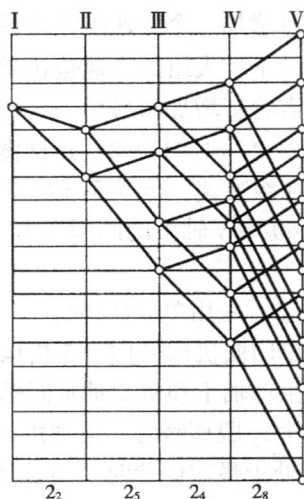

图 3.62　采用双公比的转速图

前面介绍的都是由若干变速组串联的变速系统，如果能够增加并联分支传动，还可进一步扩大主轴的变速范围，且使高速传动链缩短以提高传动效率。如图 3.51 所示的 400 mm 卧式车床主变速传动系统和其转速图，电动机经轴 I 、轴 II 、轴 III …… 直到轴 V ，组成串联形式的变速传动系统，$\varphi = 1.26$，其结构式为

$$18 = 2_2 \times 3_2 \times (2_6 \times 2_6 - 1)$$

理论上，最后一个扩大组的级比指数应是 12，变速范围为 16，超过了变速组的极限变速范围 8。最后一个扩大组的级比指数如取 9，正好达到极限变速范围。为了减小齿轮的尺寸，本例中取 6，出现 6 级转速的重复，通过一对斜齿轮 26/58，使主轴 VI 得到 $10 \sim 500$ r/min 共 18 级转速。在轴 III 和主轴 VI 之间增加了一个升速传动副 63/50，构成高速分支传动。主轴得到 $450 \sim 1\ 400$ r/min 共 6 级高转速。

上述分支传动系统的结构式可写为

$$24 = 2_1 \times 3_2 \times [1 + (2_6 \times 2_6 - 1)]$$

式中，"×"号表示串联；"+"号表示并联；"-"号表示转速重复。

本例中主变速传动系统采用分支传动方式，变速范围扩大到 $R_n = 1\ 400/10 = 140$。采用分支传动方式除了能较大地扩大变速范围外，还具有缩短高速传动路线、提高传动效率、减少噪声的优点。

7. 计算转速

众所周知，零件设计的主要依据是所承受的载荷大小，而载荷大小取决于所传递的功率和转速，外载一定时，速度越高，所传递的转矩就越小。对于某一机床，电动机的功率是根据典型工艺确定的，在一定程度上代表着该机床额定负载的大小。对于转速恒定的零件，可计算出传递的转矩大小，从而进行强度设计。对于有几种转速的传动件，则必须确定一个经济合理的计算转速，作为强度计算和校核的依据。

（1）机床的功率转矩特性

由切削原理得知，切削力主要取决于切削面积（背吃刀量和宽度的乘积）的大小。切削面积一定时，不论切削速度多大，所承受的切削力是相同的。因此，主运动为直线运动的机床，可认为在任何能实现的切削速度中，都能进行最大切削面积的切削，即最大切削力存在于一切可能的切削速度中。驱动直线运动的传动件，不考虑摩擦力等因素时，在所有转速下承受的最大转矩是相等的。这类机床的主传动属于恒转矩传动。

主运动为旋转运动的机床，传动件传递的转矩不仅与切削力有关，而且与工件或刀具的半径有关。按照工艺需求，加工某一工件时，粗加工时采用大背吃刀量、大进给量，即较大的切削力矩，低转速；精加工时则相反，采用高转速，切削力矩小。工件或刀具尺寸小时，同样的切削面积，切削力矩小，主轴转速高；工件或刀具尺寸大时，切削力矩相对较大，主轴转速则低。众所周知，转矩与角速度的乘积是功率。因而，主运动是旋转运动的机床维持功率近似相等，即属于恒功率传动。

通用机床的工艺范围广，变速范围大，使用条件也复杂，主轴实际的转速和传递的功率，也就是承受的转矩是经常变化的。例如，通用车床主轴转速范围的低速段，常用来切削螺纹、铰孔或精车等，消耗的功率较小，计算时如按传递全部功率计算，将会使传动件的尺寸不必要地增大，造成浪费；在主轴转速的高速段，由于受电动机功率的限制，背吃刀量和进给量不能太大，传动件所受的转矩随转速的增加而减小。

运动参数是完全考虑这些典型工艺后确定的，零件设计必须找出需要传递全部功率的最低转速，据此来确定传动件所能传递的最大转矩。

主轴或其他传动件传递全部功率的最低转速称为计算转速 n_j。如图 3.63 所示的主轴的功率转矩特性图中，主轴从最高转速到计算转速之间应传递全部功率，而其输出转矩随转速的降低而增大，称为恒功率区；从计算转速到最低转速之间，主轴不必传递全部功率，输出的转矩不再随转速的降低而增大，保持计算转速时的转矩不变，传递的功率则随转速的降低而降低，称为恒转矩区。

不同类型机床主轴计算转速的选取是不同的，对于大型机床，由于其应用范围很广，调速范围很宽，计算转速时可取得高些。对于精密机床及滚齿机，由于其应用范围较窄，调速范围小，计算转速时可取得低一些。各类机床主轴计算转速的统计公式见表 3.11。对于数控机床，调速范围比普通机床宽，计算转速可比表中推荐的高些。

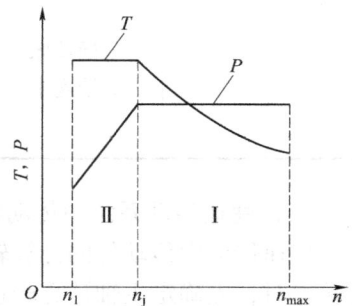

图 3.63　主轴的功率转矩特性图

表 3. 11　各类机床的主轴计算转速

机床类型		计算转速 n_j	
		等公比传动	混合公比或无级调速
中型通用机床和使用较广的半自动机床	车床，升降台式铣床，转塔车床，液压仿形半自动车床，多刀半自动车床，单轴自动车床，多轴自动车床，立式多轴半自动车床，卧式镗铣床（ϕ63～ϕ90）	$n_j = n_{min}\varphi^{\frac{Z}{3}-1}$，$n_j$ 为主轴第一个（低的）三分之一转速范围内的最高一级转速	$n_j = n_{min}\left(\dfrac{n_{max}}{n_{min}}\right)^{0.3}$
	立式钻床，摇臂钻床，滚齿机	$n_j = n_{min}\varphi^{\frac{Z}{4}-1}$，$n_j$ 为主轴第一个（低的）四分之一转速范围内的最高一级转速	$n_j = n_{min}\left(\dfrac{n_{max}}{n_{min}}\right)^{0.25}$
大型机床	卧式车床（ϕ1 250～ϕ4 000）；单柱立式车床（ϕ1 400～ϕ3 200）；单柱可移动式立式车床（ϕ1 400～ϕ1 600）；双柱立式车床（ϕ3 000～ϕ12 000）；卧式镗铣床（ϕ110～ϕ160）；落地式镗铣床（ϕ125～ϕ160）	$n_j = n_{min}\varphi^{\frac{Z}{3}}$，$n_j$ 为主轴第二个三分之一转速范围内的最低一级转速	$n_j = n_{min}\left(\dfrac{n_{max}}{n_{min}}\right)^{0.35}$
高精度和精密机床	落地式镗铣床（ϕ160～ϕ260）；主轴箱可移动的落地式镗铣床（ϕ125～ϕ300）	$n_j = n_{min}\varphi^{\frac{Z}{2.5}}$	$n_j = n_{min}\left(\dfrac{n_{max}}{n_{min}}\right)^{0.4}$
	坐标镗床 高精度车床	$n_j = n_{min}\varphi^{\frac{Z}{4}-1}$，$n_j$ 为主轴第一个（低的）四分之一转速范围内的最高一级转速	$n_j = n_m in\left(\dfrac{n_{max}}{n_{min}}\right)^{0.25}$

（2）变速传动系统中传动件计算转速的确定

变速传动中传动件的计算转速，可根据主轴的计算转速和转速图来确定。确定传动轴计算转速时，先确定主轴计算转速，再按传动顺序由后往前依次确定，最后确定各传动件的计算转速。

[例 3 - 2]　以图 3.51 所示的车床为例，确定主轴、各传动轴和齿轮的计算转速。

1）主轴的计算转速为：

$$n_{\mathrm{j}} = n_1 1 \varphi^{\frac{Z}{3}-1} = 31.5 \times \varphi^{\frac{12}{3}-1} = 31.5 \times \varphi^3 = 90 \quad (\mathrm{r/min})$$

2）各传动轴的计算转速。

主轴的计算转速是轴Ⅲ经 18/72 的传动副获得的，此时轴Ⅲ相应的转速为 355 r/min，但变速组 c 有两个传动副，轴Ⅲ转速为最低转速 125 r/min 时，通过 60/30 的传动副可使主轴获得的转速为 250 r/min，250 r/min > 90 r/min，应能传递全部功率，所以轴Ⅲ的计算转速为 125 r/min；轴Ⅱ的计算转速是通过轴Ⅱ的最低转速 355 r/min 获得的，所以轴Ⅱ的计算转速为 355 r/min；同样，轴Ⅰ的计算转速为 710 r/min。

3）各齿轮副的计算转速。

$z18/z72$ 产生主轴的计算转速，轴Ⅲ相应转速为 355 r/min 就是主动轮的计算转速；$z60/z30$ 产生的最低主轴转速大于主轴的计算转速，所对应的轴Ⅱ的最低转速 125r/min 就是 $z60$ 的计算转速。

显然，变速组 b 中的两对传动副主动齿轮 $z22$、$z42$ 的计算转速都是 355 r/min。变速组 a 中的主动齿轮 $z24$、$z30$、$z36$ 的计算转速都是 710 r/min。

8. 变速箱内传动件的空间布置与计算

（1）变速箱内各传动轴的空间布置

变速箱内各传动轴的空间布置，首先要满足机床总体布局对变速箱的形状和尺寸的限制，还要考虑各轴的受力情况、装配调整和操作维修是否方便。其中，变速箱的形状和尺寸限制是影响传动轴空间布置中最重要的因素。例如，铣床的变速箱就是立式床身，高度方向和轴向尺寸较大，变速系各传动轴可布置在立式床身的铅直对称面上；摇臂钻床的变速箱在摇臂上移动，变速箱轴向尺寸要求较短，横截面尺寸可较大，布置时往往为了缩短轴向尺寸而增加轴的数目，即加大箱体的横截面尺寸；卧式车床的主轴箱安装在床身的上面，横截面呈矩形，高度尺寸只能略大于主轴中心高加主轴上大齿轮的半径；卧式车床的主轴箱轴向尺寸取决于主轴长度，为提高主轴组件的刚度，一般采用较长的尺寸，可设置多个中间墙。

图 3.64 所示为卧式车床主轴箱的主轴分布图，为把主轴和数量较多的传动轴布置在尺寸有限的矩形截面内，又要便于装配、调整和维修，还要照顾到变速机构、润滑装置的设计，并不是一件易事。各轴布置顺序大致如下：首先，确定主轴的位置，对车床来说，主轴的位置主要根据车床的中心高确定；然后确定传动主轴的轴，以及与主轴有齿轮啮合关系的轴的位置；再确定电动机轴或运动输入轴（轴Ⅰ）的位置；最后确定其他各传动轴的位置。各传动轴常按三角形布置，以缩小径向尺寸，如图中的Ⅰ、Ⅱ、Ⅲ轴。为缩小径向尺寸，还可以使箱内某些传动轴的轴线重合，如图中的Ⅲ、Ⅴ两轴。

图 3.65 所示为卧式铣床的主变速传动机构，利用铣床立式床身作为变速箱体。床身内部空间较大，所以各传动轴可以排在一个铅直平面内，不必过多考虑空间布置的紧凑性，以方便制造、装配、调整、维修和便于布置变速操纵机构为原则。由于其床身较长，为减少传动轴轴承间的跨距，应在中间加一个支承墙。

这类机床传动轴布置也是先要确定出主轴在立式床身中的位置，然后就可按传动顺序由上而下依次确定出各传动轴的位置。

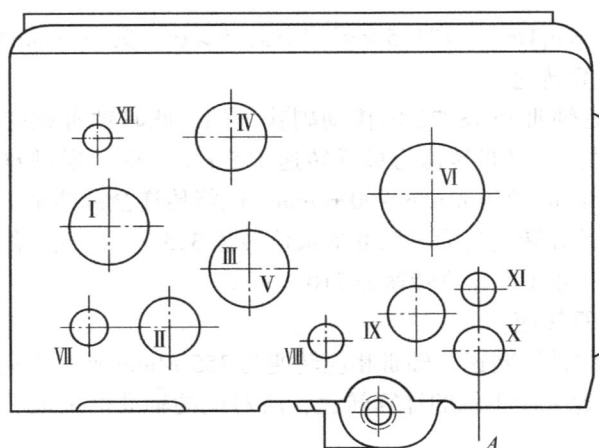

图 3.64　卧式车床主轴箱的主轴分布

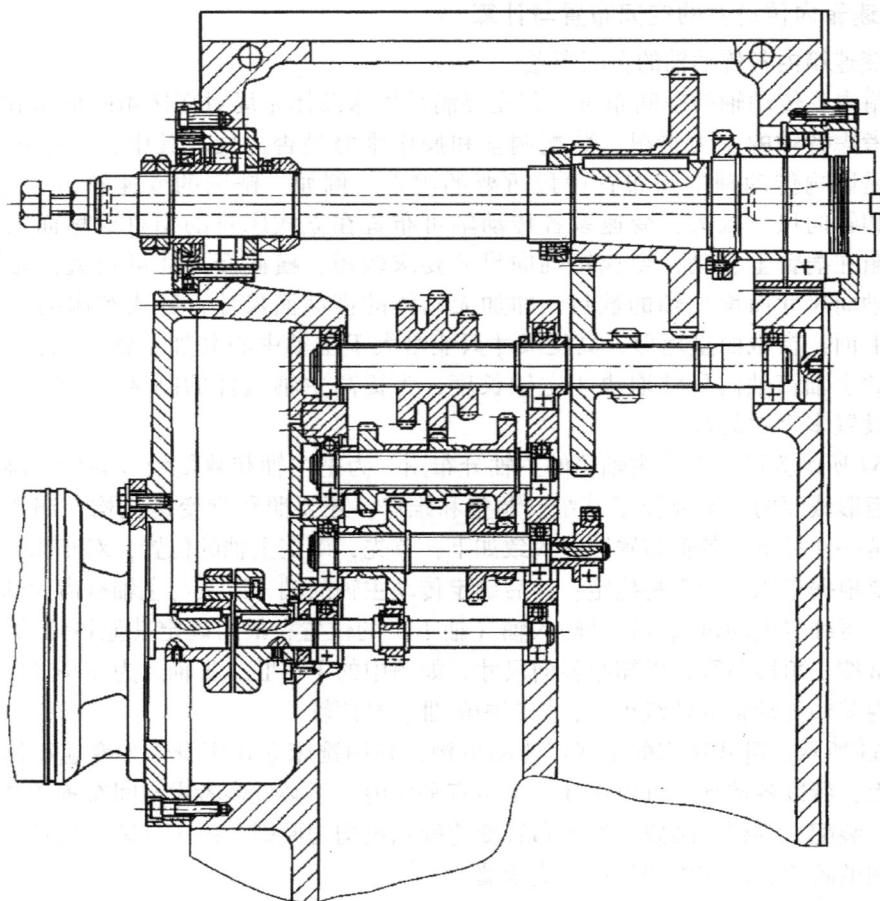

图 3.65　卧式铣床的主变速传动机构

（2）变速箱内各传动轴组件的轴向固定

传动轴上的零件定位要合理，固定要可靠。轴向位置必须固定的零件，不允许沿轴向窜动，可用轴肩、圆锥面、轴套、挡圈、螺钉、螺母及销子等进行轴向定位或固定。对于轴向滑移零件，如滑移齿轮、拨叉和滑套等，应留有足够的滑移空间，其滑移到位也必须是一定的，可采用定位装置来控制各个停留位置。

传动轴通过轴承在箱体内轴向固定的方法有一端固定和两端固定两种。采用深沟球轴承时，可以一端固定，也可以两端固定；采用圆锥滚子轴承时，则必须两端固定。一端固定的优点是轴受热后可以向另一端自由伸长，不会产生热应力。因此，适用于长轴。图 3.66 所示为一端固定时轴固定端的几种方式。图 3.66（a）所示为用衬套和端盖将轴承固定，并一起装到箱壁上，它的优点是可在箱壁上镗通孔，便于加工，但构造复杂，又要对衬套加工内外凸肩。图 3.66（b）所示虽不用衬套，但在箱体上要加工一个有台阶的孔，因而在成批生产中较少应用。图 3.66（c）所示为用弹性挡圈代替台阶，结构简单，工艺性较好，图 3.65 中的各传动轴都采用这种形式。图 3.66（d）所示为两面都用弹性挡圈的结构，构造简单、安装方便，但在孔内挖槽需用专门的工艺装备，所以这种结构适用于批量较大的机床。图 3.66（e）所示的结构是在轴承的外圈上有沟槽，将弹性挡圈卡在箱壁与压盖之间，箱体孔内不用挖槽，构造更加简单，装配更方便，但需轴承厂专门供应这种轴承。一端固定时，轴的另一端的构造如图 3.66（f）所示，轴承用弹性挡圈固定在轴端，外环在箱体孔内的轴向不定位。

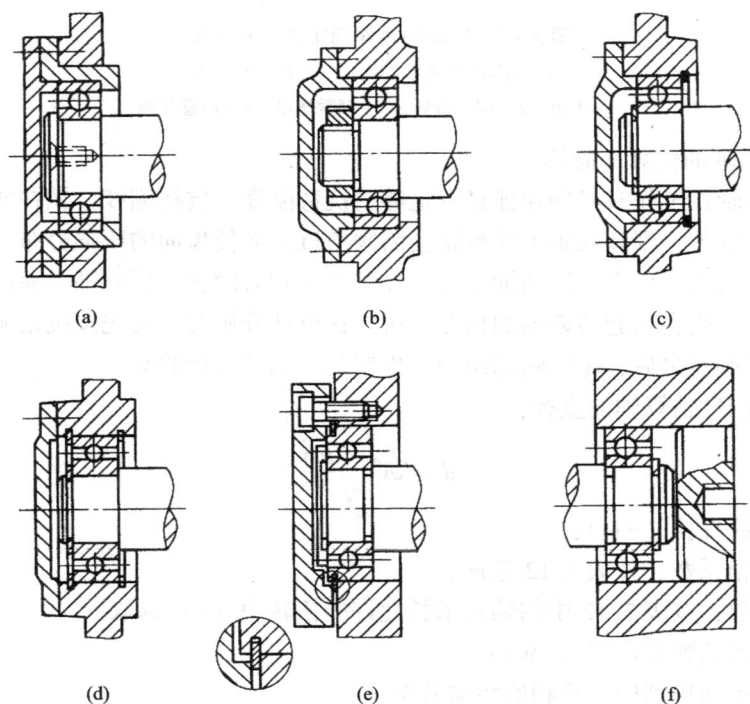

图 3.66　传动轴一端固定的几种方式

（a）衬套和端盖固定；（b）孔台和端盖固定；（c）弹性挡圈和端盖固定；
（d）两个弹性挡圈固定；（e）轴承外圈上的挡圈；（f）另一端结构

图 3.67 所示为传动轴两端固定的例子。图 3.67 （a） 通过调整螺钉 2、压盖 1 及锁紧螺母 3 来调整圆锥滚子轴承的间隙，调整比较方便。图 3.67 （b） 和 （c） 是通过改变垫圈 4 的厚度来调整轴承的间隙的，结构简单。

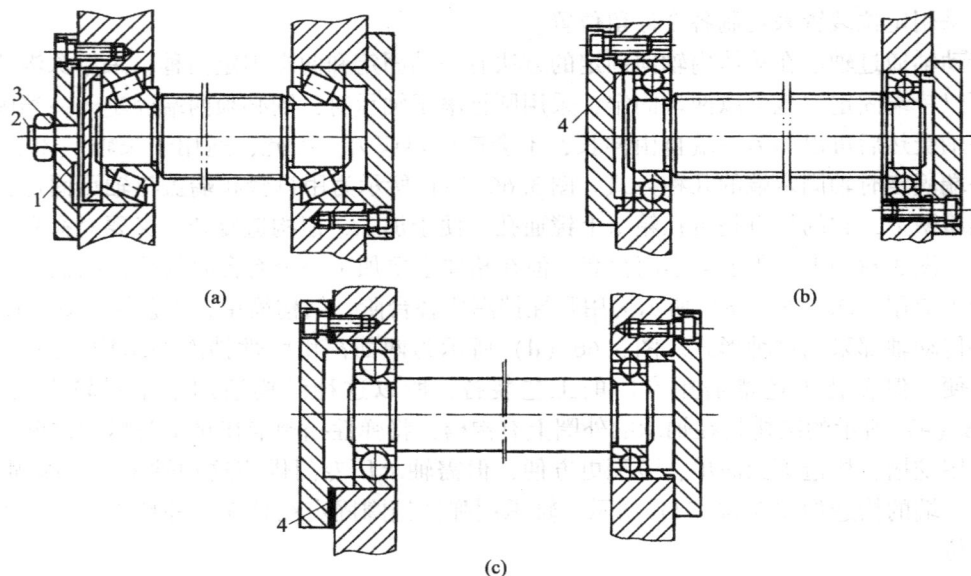

图 3.67　传动轴两端固定的几种方式
（a）用调整螺钉；（b），（c）用调整垫圈
1—压盖；2—调整螺钉；3—锁紧螺母；4—调整垫圈

（3）各传动轴的估算和验算

机床各传动轴在工作时必须保证具有足够的抗弯刚度和抗扭刚度。轴在弯矩作用下，如产生过大的弯曲变形，则装在轴上的齿轮会因倾角过大而使齿面的压强分布不均，产生不均匀磨损并使噪声增大；也会使滚动轴承内、外圈产生相对倾斜，影响轴承使用寿命；如果轴的抗扭刚度不够，则会引起传动轴的扭振。所以在设计开始时，要先按抗扭刚度估算传动轴的直径，待结构确定之后，定出轴的跨距，再按抗弯刚度进行验算。

1）按抗扭刚度估算轴的直径：

$$d \geqslant KA^4 \sqrt{\frac{P\eta}{n_{\mathrm{j}}}}$$

式中，d——轴的直径（mm）；

　　　K——键槽系数，按表 3.12 选取；

　　　A——系数，按表 3.12 中的轴每米长允许的扭转角（°）选取；

　　　P——电动机额定功率（kW）；

　　　η——从电动机到所计算轴的传动效率；

　　　n_{j}——传动轴的计算转速（r/min）。

一般传动轴的每米长允许扭转角取 $[\phi]$ = （0.5~1.0）°/m，要求高的轴取 $[\phi]$ = （0.25~0.5）°/m，要求较低的轴取 $[\phi]$ = （1~2）°/m。

表 3.12　估算轴径时的系数 A、K 值

$[\phi]$ / ((°) · m^{-1})	0.25	0.5	1.0	1.5	2.0
A	130	110	92	83	77
K		无键	单键	双键	花键
	1.0	1.04 ~ 1.05	1.07 ~ 1.10	1.05 ~ 1.09	

2) 按抗弯刚度验算轴的直径。

① 进行轴的受力分析，根据轴上滑移齿轮的不同位置，选出受力变形最严重的位置进行验算。如较难准确判断滑移齿轮处于哪个位置时受力变形最严重，则需要多计算几种位置。

② 如受力变形最严重的情况时，齿轮处于轴的中部，应验算在齿轮处轴的挠度；当齿轮处于轴的两端附近时，应验算齿轮的倾角，此外还应验算轴承的倾角。

③ 按材料力学中的公式计算轴的挠度或倾角，检查是否超过允许值。允许值可从表 3.13 中查出。

表 3.13　轴的刚度允许值

挠度/mm		倾角/rad	
一般传动轴	(0.000 3 ~ 0.000 5) L	装齿轮处	0.001
刚度要求较高的轴	0.000 2 L	装滑动轴承处	0.001
安装齿轮的轴	(0.01 ~ 0.03) m	装调心球轴承处	0.002 5
安装蜗轮的轴	(0.02 ~ 0.05) m	装调心球轴承处	0.005
		装推力圆柱滚子轴承处	0.001
		装圆锥滚子轴承处	0.000 6

注：L 为轴的跨距；m 为齿轮或蜗轮的模数。

为简化计算，可用轴的中点挠度代替轴的最大挠度，误差小于 3%；轴的挠度最大时，轴承处的倾角也最大。倾角的大小直接影响传动件的接触情况，所以，也可只验算倾角。由于支承处的倾角最大，当它的倾角小于齿轮倾角的允许值时，齿轮的倾角不必计算。

3.4.4　无级变速主传动系统设计

1) 尽量选择功率和转矩特性符合传动系统要求的无级变速装置。如执行件做直线主运动的主传动系统，对变速装置的要求是恒转矩传动，例如龙门刨床的工作台，就应该选择恒转矩传动为主的无级变速装置，如直流电动机；如主传动系统要求恒功率传动，例如车床或铣床的主轴，就应选择恒功率无级变速装置或变速电动机串联机械分级变速箱等。

2）无级变速系统装置单独使用时，其调速范围较小，满足不了要求，尤其是恒功率调速范围，往往远小于机床实际需要的恒功率变速范围。为此，常把无级变速装置与机械分级变速箱串联在一起使用，以扩大恒功率变速范围和整个变速范围。

如机床主轴要求的变速范围为 R_n，选取的无级变速装置的变速范围为 R_d，串联的机械分级变速箱的变速范围 R_f 应为

$$R_f = \frac{R_n}{R_d} = \varphi_f^{z-1} \tag{3.15}$$

式中，Z——机械分级变速箱的变速级数；

φ_f——机械分级变速箱的公比。

通常，无级变速装置作为传动系统中的基本组，而分级变速装置作为扩大组，其公比 φ_f 理论上应等于无级变速装置的变速范围 R_d。实际上，由于机械无级变速装置属于摩擦传动，有相对滑动现象，可能得不到理论上的转速。为了得到连续的无级变速，设计时应该使分级变速箱的公比 φ_f 略小于无级变速装置的变速范围，即取 $\varphi_f = (0.90 \sim 0.97) R_d$，使转速之间有一小段重叠，保证转速连续，如图3.68所示。将 φ_f 值代入式（3.15），可算出机械分级变速箱的变速级数 Z。

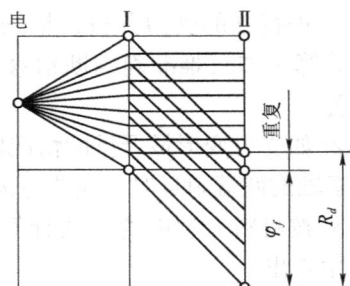

图3.68 无级变速分级变速箱转速图

[例3-3] 设机床主轴的变速范围 $R_n = 60$，无级变速箱的变速范围 $R_d = 8$，设计机械分级变速箱，求出其级数，并画出转速图。

解：机械分级变速箱的变速范围为

$$R_f = \frac{R_n}{R_d} = 60/8 = 7.5$$

机械分级变速箱的公比为

$$\varphi_f = (0.90 \sim 0.97) R_d = 0.94 \times 8 = 7.52$$

由式（3.15）可知分级变速箱的级数为

$$Z = 1 + \frac{\lg 7.5}{\lg 7.52} = 2$$

无级变速分级变速箱转速图如图3.68所示。

3.4.5 数控机床主传动系统设计

现代切削加工正朝着高速、高效和高精度方向发展，对机床的性能提出越来越高的要求，如转速高；调速范围大，恒转矩调速范围达 $1:100 \sim 1:1\,000$，恒功率调速范围达 $1:10$ 以上；能在切削加工中自动变换速度；机床结构简单；噪声小；动态性能好；可靠性高等。数控机床主传动设计应满足上述要求，并具有如下特点。

1. 主传动采用直流或交流电动机无级调速

（1）直流电动机无级调速

直流电动机是采用调压和调磁方式来得到主轴所需的转速，其调速范围与功率特性如图3.69（a）所示。从最低转速至电动机额定转速，是通过调节电枢电压、保持励磁电流恒

定的方法进行调速，属于恒转矩调速，启动力矩大，响应快，能满足低速切削需要。从额定转速至最高转速，是通过改变励磁电流，从而改变励磁磁通，保持电枢电压恒定的方法进行调速，属于恒功率调速。

一般直流电动机恒转矩调速范围较大，可达 30 甚至更大；而恒功率调速范围较小，仅能达到 2~3，满足不了机床的要求；在高转速范围时还要进一步提高转速，就必须加大励磁电流，这将使电刷产生火花，从而限制了电动机的最高转速和调速范围。因此，直流电动机仅在早期的数控机床上应用较多。

（2）交流电动机无级调速

交流调速电动机通常是通过调频进行变速，其调速范围和功率特性如图 3.69（b）所示。

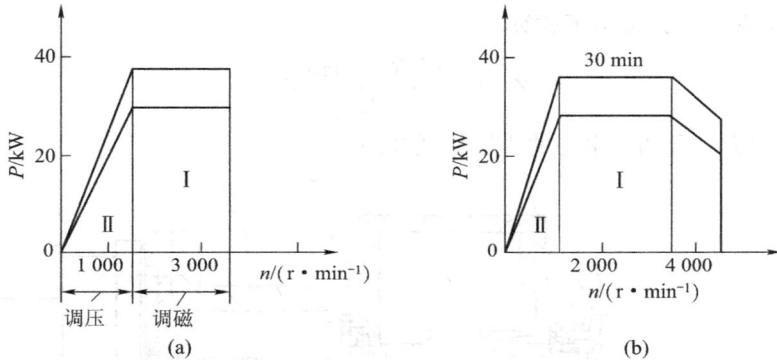

图 3.69　直流、交流调速电动机功率特性图

（a）直流电动机调速；（b）交流电动机调速

交流调速电动机一般为笼型异步电动机结构，体积小，转动惯性小，动态响应快；因其无电刷，所以最高转速不受火花影响；采用全封闭结构，具有空气强冷，保证高转速和较强的超载能力，具有很宽的调速范围。如兰州电动机厂生产的额定转速为 1 500 r/min 或 2 000 r/min 的交流调速电动机，其恒功率调速范围可达 1:5 或 1:4；同厂生产的额定转速为 750 r/min 或 500 r/min 的交流调速电动机，恒功率调速范围可达 1:12 以上。对于某些应用场合，使用这些电动机可以取消机械变速箱，且能较好地适应现代数控机床主传动的要求，因此，其应用越来越广泛。

2. 数控机床驱动电动机和主轴功率特性的匹配设计

在设计数控机床主传动时，必须要考虑电动机与机床主轴功率特性的匹配问题。由于主轴要求的恒功率变速范围 R_{nN} 远大于电动机的恒功率变速范围 R_{dN}，所以在电动机与主轴之间要串联一个分级变速箱，以扩大其恒功率变速范围，满足低速大功率切削时对电动机的输出功率的要求。

在设计分级变速箱时，应考虑机床结构复杂程度、运转平稳性要求等因素，变速箱公比的选取有下列三种情况：

1）取变速箱的公比 φ_f 等于电动机的恒功率变速范围 R_{dN}，即 $\varphi_f = R_{dN}$，功率特性图是连续的，无缺口且无重合。如变速箱的变速级数为 Z，则主轴的恒功率变速范围

$$R_{nN} = \varphi_f^{Z-1} R_{dN} = \varphi_f^Z \tag{3.16}$$

变速箱的变速级数 Z 可由下式算出：

$$Z = \frac{\lg R_{nN}}{\lg \varphi_f} \tag{3.17}$$

2）若要简化变速箱结构，变速级数应少些，变速箱公比 φ_f 可取大于电动机的恒功率变速范围 R_{dN}，即 $\varphi_f > R_{dN}$。这时，变速箱每挡内有部分低转速只能恒转矩变速，主传动系统功率特性图中出现"缺口"，称为功率降低区。使用"缺口"范围内的转速时，为防止转矩过大，电动机得不到输出的全部功率。为保证缺口处的输出功率，电动机的功率应相应增大。主轴的恒功率变速范围 R_{dN} 为

$$R_{nN} = \varphi_f^{Z-1} R_{dN} \tag{3.18}$$

变速箱的变速级数 Z 可由下式算出：

$$Z = 1 + \frac{(\lg R_{nN} - \lg R_{dN})}{\lg \varphi_f} \tag{3.19}$$

图 3.70 所示为一台加工中心的主轴箱展开图。

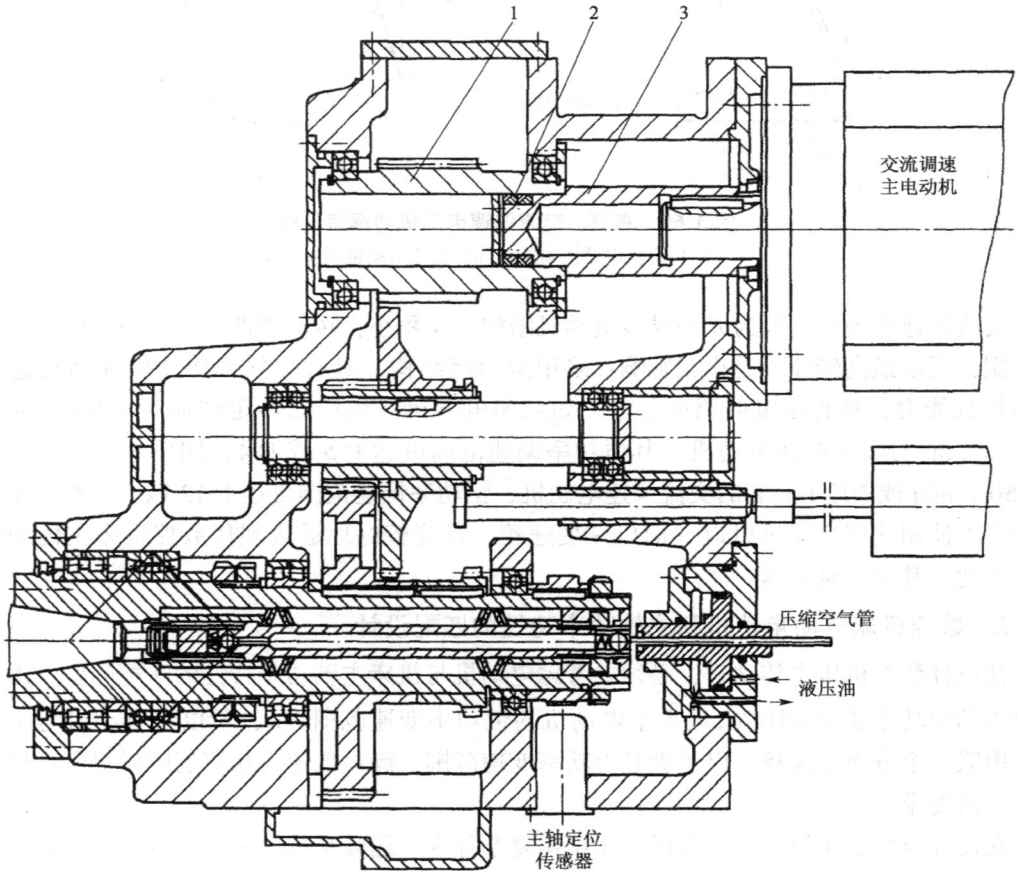

图 3.70 一台加工中心的主轴箱展开图
1—齿轮；3—锥环；3—中间轴

机床主电动机采用交流调速电动机，连续工作额定功率为 18.5 kW，30 min 工作最大输出为 22 kW。电动机经中间轴 3、锥环 2 无键连接驱动齿轮 1，经两级滑移齿轮变速传至主轴。滑移齿轮中的大齿轮套在小齿轮上，大齿轮的左侧是齿数、模数与小齿轮相同的内齿轮，两者组成齿轮离合器，将大小齿轮连成一体。图 3.71 所示为它的主传动系统图，图 3.72（a）所示为它的转速图。

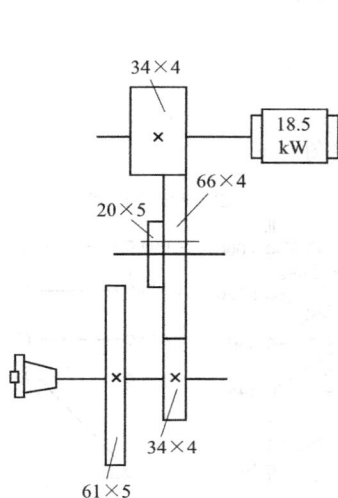

图 3.71　传动系统图

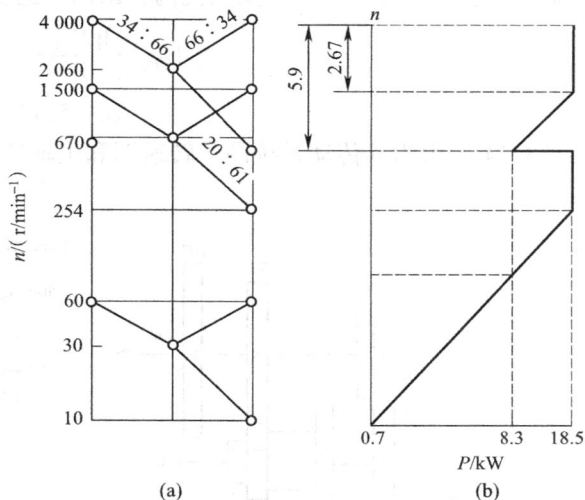

图 3.72　转速图和功率特性图
（a）主运动转速图；（b）主轴功率特性图

交流调速主电动机的额定转速为 1 500 r/min，最高转速为 4 000 r/min。电动机恒功率变速范围 $R_{dN} = 4\,000/1\,500 = 2.67$，主轴恒功率变速范围 $R_{nN} = \dfrac{n_{\min}}{n_j} = \dfrac{4\,000}{254} = 15.7$。变速箱的变速级数 $Z = 2$，由式（3.18）可算出变速箱的公比 $\varphi_f = 5.95$，大于 R_{dN} 值许多，在主轴的功率特性图中将出现较大的"缺口"，如图 3.72（b）所示。在缺口处的功率仅为

$$P_{实} = \frac{R_{dN}R_{电动机}}{\varphi_f} = \frac{2.67 \times 18.5}{5.95} = 8.3 \ (\text{kW}) \tag{3.20}$$

3）如果数控机床为了恒线速切削需在运转中变速，则取变速箱公比 φ_f 小于电动机的恒功率变速范围，即 $\varphi_f < R_{dN}$，在主传动系统功率特性图上有小段重合，这时变速箱的变速级数仍可由式（3.17）算出。

[例 3-4]　某数控机床，主轴最高转速 $n_{\max} = 4\,000$ r/min，最低转速 $n_{\min} = 30$ r/min，计算转速 $n_j = 150$ r/min，采用交流调频电动机，最大切削功率为 5.5 kW，电动机的最高转速为 4 500 r/min，额定转速为 1 500 r/min，设计分级变速箱的主传动系统。

解： 主轴要求的恒功率变速范围为

$$R_{nN} = \frac{4\,000}{150} = 26.7$$

电动机可达到的恒率变速范围为

$$R_{dN} = \frac{4\,500}{1\,500} = 3$$

主轴要求的恒功率调速范围大于电动机所能提供的恒功率调速范围，故必须配以分级变速箱。如果取变速箱公比 $\varphi_f = R_{dN} = 3$，则变速箱的变速级数为

$$Z = \frac{\lg R_{nN}}{\lg \varphi_f} = 2.99$$

取 $Z = 3$。图 3.73 所示为其传动系统图、转速图和主轴的功率特性图。

如果为了简化变速箱及其操纵机构，采用双速变速箱，取 $Z = 2$。

$$\lg \varphi_f = \frac{\lg R_{nN}}{Z} = 0.713$$

$$\varphi_f = 5.17$$

图 3.74 所示为其传动系统图、转速图和主轴的功率特性图。

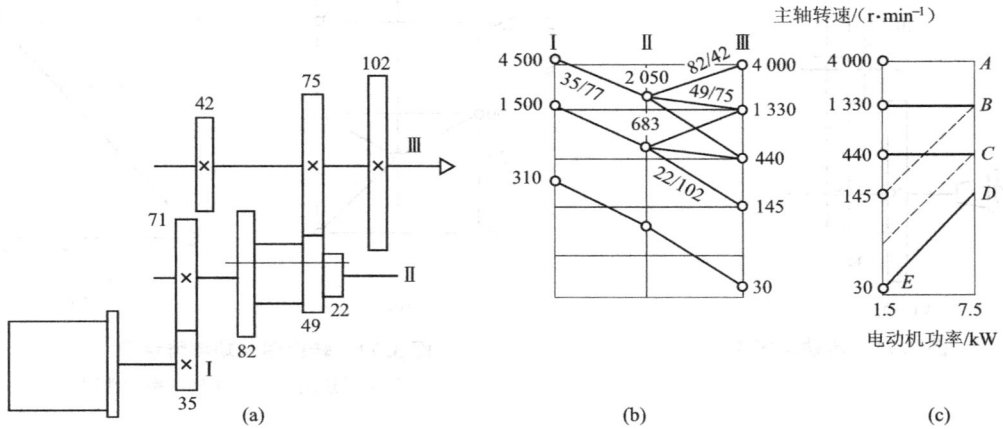

图 3.73　$Z = 3$ 时传动系统图、转速图、功率特性图

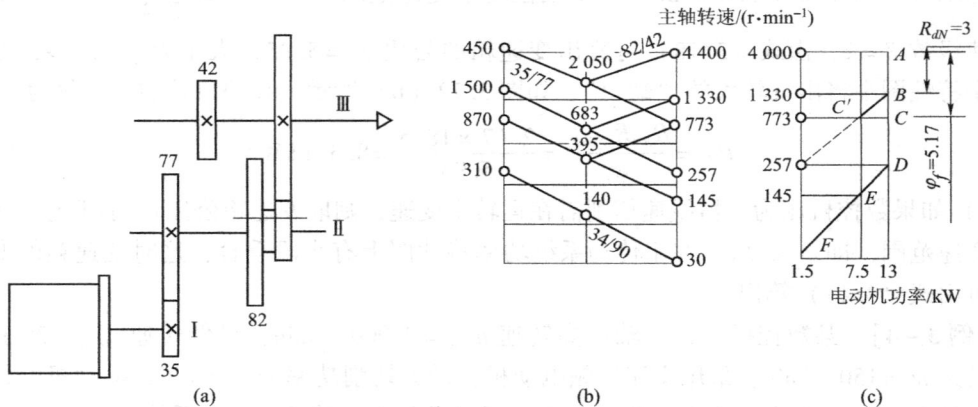

图 3.74　$Z = 2$ 时传动系统图、转速图、功率特性图

3. 数控机床高速主传动设计

提高主传动系统中主轴转速是提高切削速度最直接、最有效的方法。数控车床的主轴转速已从十几年前的 $1\,000 \sim 2\,000$ r/min 提高到目前的 $5\,000 \sim 7\,000$ r/min。数控高速磨削的砂轮线速度从 $50 \sim 60$ m/s 提高到 $100 \sim 200$ m/s。为达到如此高的主轴转速，要求主轴系统的结构

必须简化，减小惯性，且主轴旋转精度要高，动态响应要好，振动和噪声要小。高速和超高速数控机床主传动，一般采用两种设计方式：一种是采用联轴器将机床主轴和电动机轴串接成一体，将中间传动环节减少到仅剩联轴器；另一种是将电动机与主轴合为一体，制成内装式电主轴，实现无任何中间环节的直接驱动，并通过冷却液循环冷却方式减少发热，如图 3.75 所示。

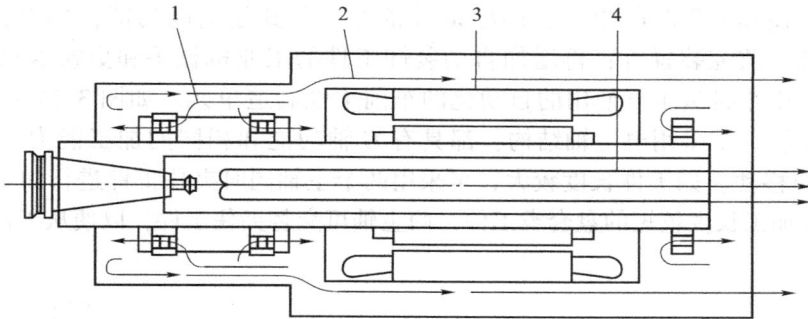

图 3.75　内装式电主轴

1—油气；2—冷却液；3—绕阻切换式内装电动机；4—冷却液

4. 数控机床采用部件标准化、模块化结构设计

中小型数控车床主传动系统设计中，广泛采用模块化的变速箱和主轴单元形式。如整机数控车床的模块化设计是在几个基础模块部件（床身、底座等）的基础上，按加工要求灵活配置若干功能部件（如主轴、刀架、尾座等）和附加模块化装置（如各式机械手、检测装置等），如图 3.76 所示。

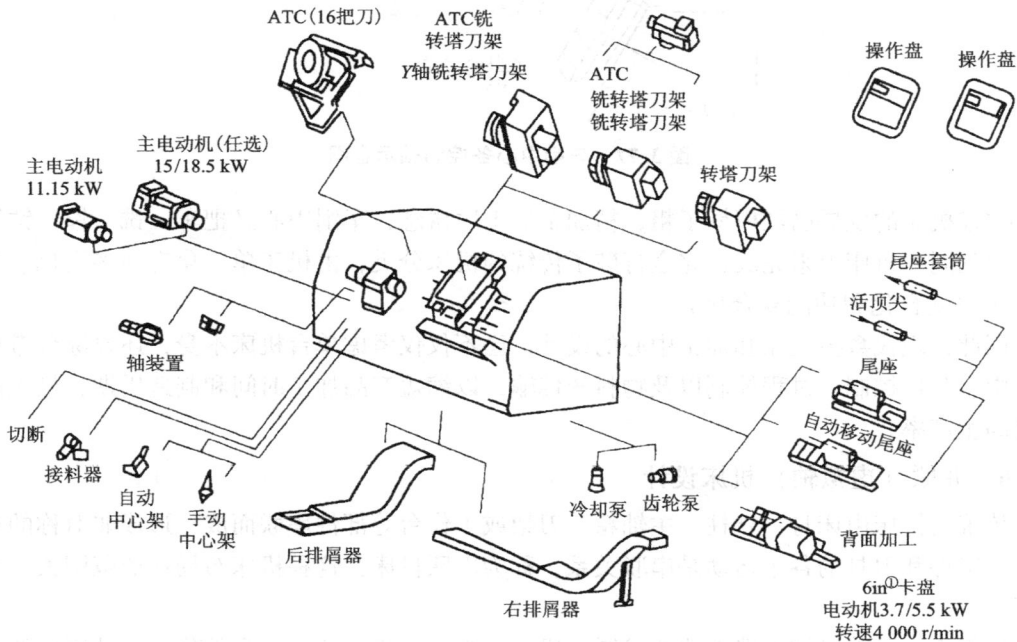

图 3.76　数控车床模块部件构成

① 1 in = 25.4 mm。

5. 数控机床的柔性化、复合化

数控机床对满足加工对象的变换有很强的适应能力，即柔性，因此发展很快。目前，在提高单机柔性化的同时，正努力向单元柔性化和系统柔性化方向发展。如数控车床由单主轴发展成具有两根主轴，又在此基础上增设附加控制轴——C轴控制功能，即主轴的回转可控制，使其成为车削中心；再配备后备刀库和其他辅助功能，如刀具检测装置、补偿装置、加工监控装置等；再增加自动装卸工件的工业机械手和更换卡盘装置等，使其成为适合于中小批量生产使用的自动化的车削柔性制造单元。如图 3.77 所示的车削中心，有两根主轴，都采用电主轴结构，都具有 C 轴功能和相同的加工能力。第 2 主轴还可沿 Z 轴横向移动。如工件长度较大，可采用两个主轴同时夹住工件进行加工，以增强工件的刚性；如加工长度较短的盘套类工件，两主轴可交替夹住工件，以便从工件的两端进行加工。

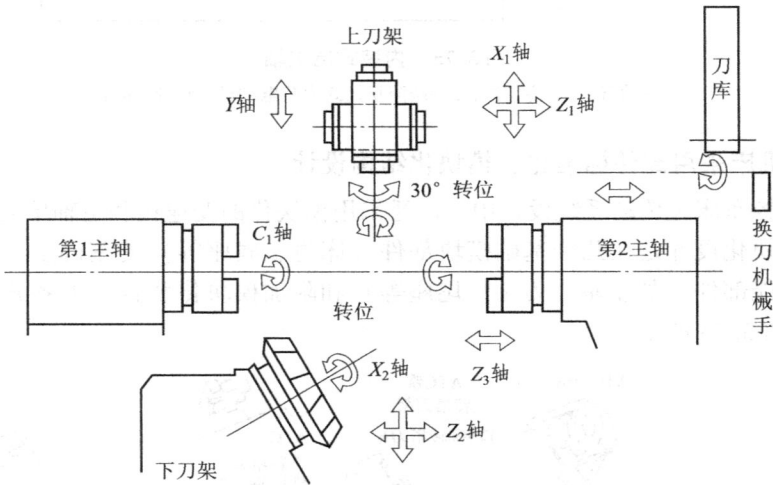

图 3.77　车削中心各控制轴示意图

数控机床的发展已经模糊了粗、精加工的工序概念，车削中心又把车、铣、镗、钻等工序集中到同一机床上来完成，完全打破了传统的机床分类，由机床单一化走向多元化、复合化（工序复合化和功能复合化）。

因此，现代数控机床和加工中心的设计，已不仅仅考虑单台机床本身，还要综合考虑工序集中、制造控制、过程控制以及物料的传输，以缩短产品加工时间和制造周期，最大限度地提高生产率。

6. 并联（虚拟轴）机床设计

传统的机床由床身、立柱、主轴箱、刀架或工作台等部件串联而成，形成非对称的布局形式。工件和刀具的各个运动是串联关系，称为串联机床，这种机床布局作业范围大、灵活性好。

近年来，随着机械制造工业的发展，机床面临进一步高速化、高效化和高精度化的严峻挑战，在机床设计中开始应用并联运动的原理。如 20 世纪 90 年代问世的虚拟轴机床（Virtual Axis Machine）是一种六个运动并联的设计，其基本结构是一个动平台、一个定平台和六根长度可变的连杆。基于让轻者运动、重者不动或少动的原则，动平台上装有机床主轴和刀具，定平台（或者与定平台固连的工作台）上安装工件，六根杆实际是六个滚珠丝杠螺母副，它们将两个平台连在一起，通过数控指令，由伺服电动机和滚珠丝杠副驱动六根轴的伸缩，从而不断改变六根杆的长度，带动动平台产生六自由度的空间运动，使刀具在工件上加工出复杂的三维曲面，如图 3.78 所示。这类虚拟轴机床采用平台闭环并联结构，具有刚度高、运动部件质量轻、机械结构简单、制造成本低等优点。而且其在改善速度、加速度、精度、刚度等性能方面具有极大的潜力，缺点是作业空间小（尤其是回转运动范围小），运动轨迹计算较复杂。

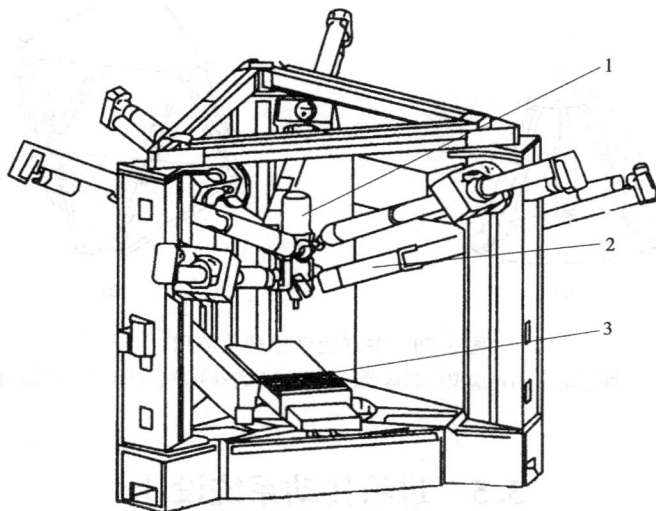

图 3.78　并联机床结构简图
1—主轴；2—伸缩轴；3—工作台

近年来，并联运动原理在机床中得到了广泛的应用。机床中的进给运动数目称为机床的运动轴数或坐标数（如有 X、Y、Z 三个进给运动的铣床称为三轴铣床或三坐标铣床）。如图 3.79（a）所示的并联机构，它有两个分支，1、2 是两个直线运动副（又称为移动关节），3、4、5 为铰链（又称为回转关节）。若移动关节为有动力源的主动关节，回转关节为无动力源的被动关节，当构件 1、2 在动力源的驱动下做直线运动时，杆35和45将伸长或缩短。从力学原理来看，当有图示平面内的外力作用时，杆35和45只受拉压力，不受弯曲力。运动 1、2 是实际的运动轴运动，故称为并联机构实轴运动。从运动学原理来看，运动 1、2 是并联的，它的运动效果与图 3.79（b）中的两个串联运动 1′、2′ 的运动效果是相当的。图 3.79（b）中的 1′ 为回转运动，2′ 为直线运动，把运动 1′ 和 2′ 称为等效运动，或称虚拟轴运动，因为 1′ 和 2′ 的运动轴实际并不存在。具有虚拟轴运动的机床也可称为虚拟轴机床，因此，并联机床又称为虚拟轴机床。图 3.79（c）所示为三自由度的并联运动机构，图 3.79（d）所示为六自由度的并联运动机构。

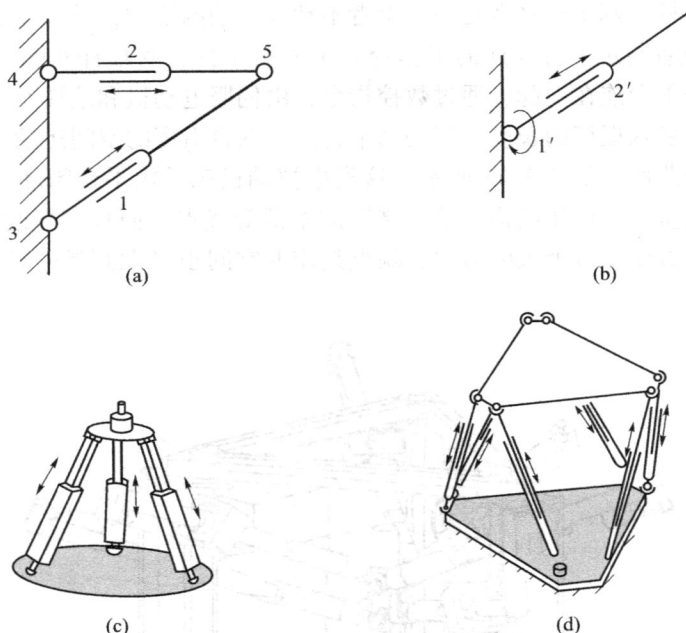

图 3.79　并联运动原理及应用
（a）并联运动；（b）虚拟串联运动；（c）三个运动并联；（d）六个运动并联

3.5　进给传动系统设计

3.5.1　进给传动系统类型及设计要求

1. 进给传动系统类型及组成

机床进给传动系统用来实现机床的进给运动和有关的辅助运动。根据机床的类型、传动精度、运动平稳性和生产率等要求，可采用机械、液压和电气等不同传动方式。

（1）机械传动

机械进给传动系统结构复杂、制造工作量大，但具有工作可靠、维修方便等特点，所以，仍然广泛应用于中、小型普通机床中。

进给传动系统一般由动力源、变速机构、换向机构、运动分配机构、过载保护机构、运动转换机构和快速传动机构等组成。

1）动力源。进给传动可采用一个或多个电动机单独驱动，便于缩短传动链、实现进给运动的自动控制；也可以与主传动共用一个动力源，便于保证主传动和进给运动之间的严格传动比关系，适用于有内联系传动链的机床，如车床、齿轮加工机床等。

2）变速机构。变速机构用来改变进给量大小，常用的变速方式有交换齿轮变速、滑移齿轮变速、齿轮离合器变速、机械无级变速和伺服电动机变速等。设计时，若几个进给运动共用一个变速机构，应将变速机构放置于运动分配机构前面。由于机床进给运动的功率较小、速度较低，有时也采用拉键机构、齿轮折回机构和棘轮机构等。

3）换向机构。换向机构用来改变进给运动的方向，一般有两种方式，一种是进给电动机换向，采用这种方式换向方便，但换向次数不能太频繁；另一种是用齿轮换向（圆柱齿轮或锥齿轮），这种方式换向可靠，因而广泛应用于各种机床中。

4）运动分配机构。运动分配机构能实现纵向、横向或垂直方向不同传动路线的转换，常采用各种离合器机构。

5）过载保护机构。其作用是在过载时自动断开进给运动，过载排除后自动接通，常采用牙嵌离合器、摩擦片式离合器和脱落蜗杆等机构。

6）运动转换机构。该机构用来转换运动类型，一般是将回转运动转换为直线运动，常采用齿轮齿条、蜗杆齿条和丝杠螺母机构。

7）快速传动机构。为了便于调整机床、节省辅助时间和改善工作条件，快速传动可与进给传动共用一个进给电动机，采用离合器等进给传动链转换；其大多数采用单独电动机驱动，通过超越离合器机构、差动轮系机构或差动螺母机构等，将快速运动合成到进给传动中。

（2）液压传动

液压进给传动通过动力液压缸等传递动力和运动，并通过液压控制技术实现无级调速、换向、运动分配、过载保护和快速运动。油缸本身做直线运动，一般不需要运动转换。液压传动工作平稳、动作灵敏，便于实现无级调速和自动控制，而且在同等功率情况下体积小、重量轻、机构紧凑，因此，广泛应用于磨床、组合机床和自动车床的进给传动中。

（3）电气传动

电气进给传动是采用无级调速电动机，直接或经过简单的齿轮变速或同步齿形带变速驱动齿轮齿条或丝杠螺母机构等传递动力和运动的；若采用近年新出现的直线电动机，则可直接实现直线运动驱动。电气传动的机械结构简单，可在工作中无级调速，便于实现自动化控制，因此应用越来越广泛。

数控机床的进给系统称为伺服进给传动系统，由伺服驱动系统、伺服进给电动机和高性能传动元件（如滚珠丝杠、滚动导轨）组成，在计算机（即数控装置）的控制下，可实现多坐标联动下的高效、高速和高精度进给运动。

2. 进给传动系统设计应满足的基本要求

进给传动系统设计应满足如下基本要求：

1）具有足够的静刚度和动刚度。

2）具有良好的快速响应性，做低速进给运动或微量进给时不爬行，运动平稳，灵敏度高。

3）抗振性好，不会因摩擦自振而引起传动件的抖动或齿轮传动的冲击噪声。

4）具有足够宽的调速范围，保证实现所要求的进给量（进给范围、数列），以适应不同的加工材料，能使用不同的刀具满足不同的零件加工要求，能传动较大的转矩。

5）进给系统的传动精度和定位精度要高。

6）结构简单，加工和装配工艺性好，调整、维修方便，操作轻便灵活。

常规机床进给系统的作用是稳定的传递力和速度，以保证切削过程连续进行，获得必要的加工精度和生产率，但它无法控制执行件的位移和运动轨迹。伺服系统则不同，它是根据指令信息而动作的，除了做功率放大以外，不仅能控制执行件的速度，而且能精确地控制其位置和运动轨迹。

数控机床对伺服系统的要求是：具有稳定性、快速性和准确性。

3.5.2 机械进给传动系统的设计特点

不同类型的机床实现进给运动的传动类型不同。根据加工对象、成形运动、进给精度、运动平稳性及生产率等因素的要求，主要有机械进给传动、液压进给传动、电伺服进给传动等。机械进给传动系统虽然结构较复杂，制造及装配工作量较大，但由于其工作可靠，便于检查和维修，仍有很多机床采用。机械进给传动系统的设计特点包括如下内容：

1）进给传动是恒转矩传动。切削加工中，当进给量较大时，一般采用较小的背吃刀量；当背吃刀量较大时，多采用较小的进给量。所以，在各种不同进给量的情况下，产生的切削力大致相同，进给力是切削力在进给方向的分力，也大致相同。所以进给传动与主传动不同，驱动进给运动的传动件不是恒功率传动，而是在恒转矩传动。

2）进给传动系统中各传动件的计算转速是其最高转速。因为进给系统是恒转矩传动，在各种进给速度下，其末端输出轴上所受的转矩是相同的，设为 $T_末$。进给传动系统中各传动件（包括轴和齿轮）所受的转矩可由下式算出

$$T_i = T_末 n_末/n_i = T_末 u_i \qquad (3.21)$$

式中，T_i——第 i 个传动件承受的转矩；

　　$n_末$——末端输出轴的转速；

　　n_i——第 i 轴的转速；

　　u_i——第 i 个传动件传至末端输出轴的传动比，如有多条传动路线，则取其中最大的传动比。

由式（3.21）可知，u_i 越大，传动件承受的转矩越大。在进给传动系统的最大升速链中，各传动件至末端输出轴的传动比最大，承受的转矩也最大，故各传动件的计算转速是其最高转速。

如图 3.80 所示的中型升降台式铣床进给传动系统转速图，由电动机经 $3 \times 3 \times 2$ 齿轮变速系统，然后通过 1:1 的定比传动到主轴 V，可以得到 9～450 r/min 的 18 种进给速度，主轴 V 的计算转速为其最高转速 450 r/min。其余各轴的计算转速在其最高升速传动路线上，如图中粗线所示。图中双圈所示是各轴的计算转速。

3）进给传动的转速图为前疏后密结构。如上所述，传动件至末端输出轴的传动比越大，传动件承受的转矩越大。进给传动系统转速图的设计刚巧与主传动系统相反，是前疏后密的，即采用扩大顺序与传动顺序不一致的结构式，如：$Z = 16 = 2_8 \times 2_4 \times 2_2 \times 2_1$，这样可以使进给系统内更多的传动件至末端输出轴的传动比较小，承受的转矩也较小，从而减小各中间轴和传动件的尺寸。

4）进给传动的变速范围。进给传动系统速度低，受力小，消耗功率小，齿轮模数较小，因此，进给传动系统变速组的变速范围可取比主变速组较大的值，即 $0.2 \leqslant u_进 \leqslant 2.8$，变速范围 $R_n \leqslant 14$。为缩短进给传动链，减小进给箱的受力，提高进给传动的稳定性，进给系的末端常采用降速很大的传动机构，如蜗杆蜗轮、丝杠螺母、行星机构等。

5）进给传动系统采用传动间隙消除机构。对于精密机床、数控机床的进给传动系统，为保证传动精度和定位精度，尤其是换向精度，要有传动间隙消除机构，如齿轮传动间隙消除机构和丝杠螺母传动间隙消除机构等。

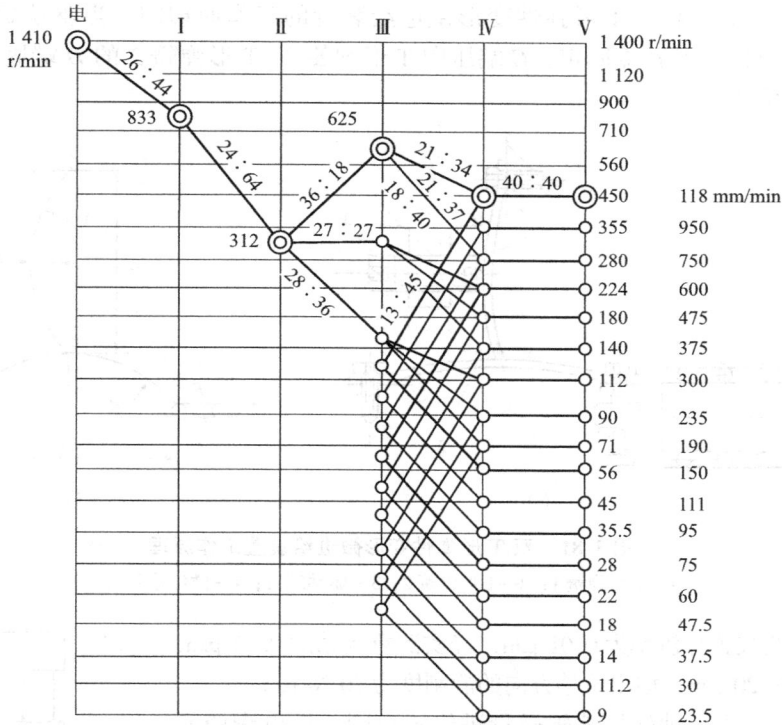

图 3.80　升降台式铣床进给传动系统转速图

6）快速空行程传动的采用。为缩短进给空行程时间，要设计快速空行程传动，常采用超越离合器、差动机构或电气伺服进给传动等。

7）微量进给机构的采用。有时进给运动极为微量，例如，每次进给量小于 2 μm，或进给速度小于 10 mm/min，需采用微量进给机构。微量进给机构有自动和手动两类，自动微量进给机构采用各种驱动元件使进给自动地进行；手动微量进给机构主要用于微量调整精密机床的一些部件，如坐标镗床的工作台和主轴箱、数控机床的刀具尺寸补偿等。

常用的微量进给机构中最小进给量大于 1 μm 的机构有蜗杆传动、丝杠螺母、齿轮齿条传动等，适用于进给行程大、进给量和进给速度变化范围宽的机床；小于 1 μm 的进给机构有弹性力传动、磁致伸缩传动、电致伸缩传动、热应力传动等，都是利用材料的物理性能实现微量进给。其特点是结构简单，位移量小，行程短。

弹性力传动是利用弹性元件（如弹簧片、弹性模片等）的弯曲变形或弹性杆件的拉压变形来实现微量进给的，适用于作补偿机构和小行程的微量进给。

磁致伸缩传动是靠改变软磁材料（如铁钴合金、铁铝合金等）的磁化状态，使其尺寸和形状产生变化，以实现步进或微量进给的，适用于小行程微量进给。

电致伸缩是压电效应的逆效应。当晶体带电或处于电场中时，其尺寸发生变化，将电能转换为机械能以实现微量进给。其进给量小于 0.5 μm，适用于小行程微量进给。

热应力传动是利用金属杆件的热伸长驱使执行部件运动，来实现步进式微量进给的，进给量小于 0.5 μm，其重复定位精度不太稳定。

图 3.81 所示为一种双 T 形弹性变形微进给装置的工作原理图。当驱动螺钉前进时，T 形弹簧 1 变直伸长，因 B 端固定，C 端压向 T 形弹簧 2，T 形弹簧 2 的 D 端固定，故推动 E 端刀夹做微量位移。

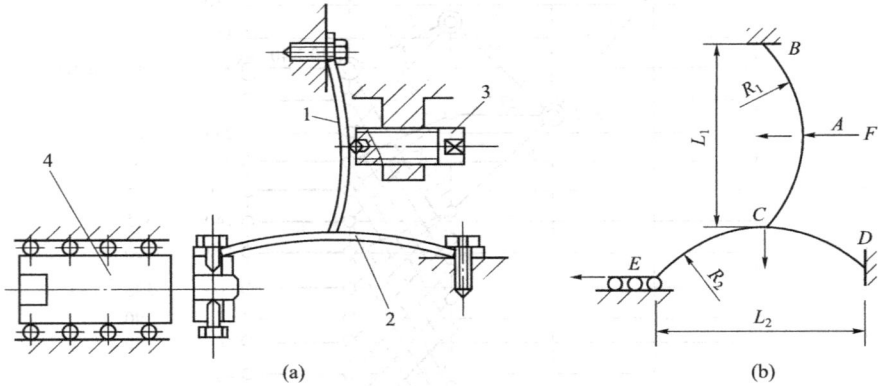

(a)　　　　　　　　　　　(b)

图 3.81　双 T 形弹性变形微进给装置工作原理
1—T 形弹簧 1；2—T 形弹簧 2；3—驱动螺钉；4—微位移刀夹

该微量进给装置分辨率为 0.01 μm，经实测重复精度 0.02 μm，最大输出位移是 20 μm，输出位移方向的静刚度为 70 N/μm。

图 3.82 所示为一种轧机轧辊微量进给示意图。压电陶瓷元件 1 在电场作用下伸缩，使机架 2 产生弯曲变形，改变轧辊 3 之间的距离。控制压电陶瓷元件的外加电压，就可以微量控制轧辊间的距离（可达 0.1 μm）。

对微量进给机构的基本要求是灵敏度要高、刚度好、平稳性好、低速进给时速度均匀、无爬行、精度高、重复定位精度好、结构简单、调整方便及操作方便灵活等。

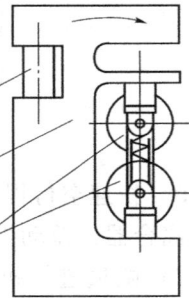

图 3.82　轧机轧辊电致伸缩微量进给示意图
1—压电陶瓷元件；
2—机架；3—轧辊

3.5.3　电气伺服进给系统

1. 电气伺服进给系统的分类

电气伺服系统是数控装置和机床之间的联系环节，是以机械位置或角度作为控制对象的自动控制系统，其作用是接受来自数控装置发出的进给移进信号，经变换和放大后驱动工作台按规定的速度和距离移动。电气伺服进给系统按有无检测和反馈装置分为开环、闭环和半闭环系统。

2. 电气伺服进给系统驱动部件

电气伺服进给系统由伺服驱动部件和机械传动部件组成。伺服驱动部件如步进电动机、直流伺服电动机、交流伺服电动机等，机械传动部件如齿轮、滚珠丝杠螺母等。其功能是控制机床各坐标轴的进给运动。

（1）对进给驱动部件的基本要求

1）调速范围要宽，以满足使用不同类型刀具加工不同零件所需的切削条件。低速运行平稳，无爬行。

2）快速响应性好，即跟踪指令信号响应要快，无滞后。电动机具有较小的转动惯量。

3）抗负载振动能力强，切削中受负载冲击时，系统的速度仍基本不变。在低速下有足够的负载能力。

4）可承受频繁启动、制动和反转。

5）振动和噪声小，可靠性高，寿命长。

6）调整、维修方便。

（2）进给驱动部件的类型和特点

进给驱动部件的种类很多，用于机床上的有步进电动机、小惯量直流电动机、大惯量直流电动机、交流调速电动机和直线电动机等。

1）步进电动机。步进电动机又称脉冲电动机，是将电脉冲信号变换成角位移（或线位移）的一种机电式数模转换器。它每接受数控装置输出的一个电脉冲信号，电动机轴就转过一定的角度，称为步距角，步距角一般为 $0.5° \sim 3.0°$。角位移与输入脉冲个数成严格的比例关系，步进电动机的转速与控制脉冲的频率成正比。电动机的步距角用 α 表示，单位为 "°"。

$$\alpha = \frac{360}{PZK}$$

式中，P——步进电动机相数；

Z——步进电动机转子的步数；

K——通电方式，$K = 1$ 为三相三拍导电方式，$K = 2$ 为三相六拍导电方式。

转速可以在很宽的范围内调节。改变绕组通电的顺序，可以控制电动机的正转或反转。步进电动机的优点是没有累积误差，结构简单，使用、维修方便，制造成本低，适用于中、小型机床和速度精度要求不高的地方；缺点是效率较低，发热大，有时会"失步"。

2）直流伺服电动机。机床上常用的直流伺服电动机主要有小惯量直流电动机和大惯量直流电动机。小惯量直流电动机的优点是转子直径较小，轴向尺寸大，长径比约为5，故转动惯量小，仅为普通直流电动机的1/10左右，因此响应时间快；缺点是额定转矩较小，一般必须与齿轮降速装置相匹配。常用于高速轻载的小型数控机床中。大惯量直流电动机，又称宽调速直流电动机，有电励磁和永久磁铁励磁两种类型。电励磁的特点是励磁量便于调整，成本低。永磁型直流电动机能在较大过载转矩下长期工作，并能直接与丝杠相连而不需要中间传动装置，还可以在低速下平稳地运转，输出转矩大。宽调速电动机可以内装测速发电机，还可以根据用户需要，在电动机内部加装旋转变压器和制动器，为速度环提供较高的增益，能获得优良低速刚度和动态性能。宽调速电动机频率高、定位精度好、调整简单、工作平稳，缺点是转子温度高、转动惯量大、时间响应较慢。

3）交流伺服电动机。自20世纪80年代中期开始，以异步电动机和永磁同步电动机为基础的交流伺服进给驱动得到迅速发展。它采用新型的磁场矢量变换控制技术，对交流电动机作磁场的矢量控制；将电动机定子的电压矢量或电流矢量作操作量，控制其幅值和相位。它没有电刷和换向器，因此，可靠性好、结构简单、体积小、质量轻及动态响应好。在同样的体积下，交流伺服电动机的输出功率可比直流电动机提高

10% ~70%。交流伺服电动机与同容量的直流电动机相比，质量约轻一半，价格仅为直流电动机的1/3，效率高，调速范围广，响应频率高。其缺点是本身虽有较大的转矩—惯量比，但它带动惯性负载的能力差，一般需用齿轮减速装置，多用于中小型数控机床。

交流伺服电动机的发展很快，特别是随着新的永磁材料的不断出现，如第三代稀土材料——钕铁硼的出现，由于其具有更高的磁性能，从而大大推动了永磁电动机的发展。随着永磁电动机结构上的改进和完善，特别是内装永磁交流伺服电动机的出现，可再次缩短磁铁长度，使电动机的外形尺寸更小，结构更合理可靠，并允许电动机在更高的转速下运行。

20世纪80年代末，出现了与机床部件一体化的电动机。日本FANUC公司试制出的一种新型的永磁交流伺服电动机，其结构特点是伺服电动机的转轴是空心的，也称空心轴交流伺服电动机。其进给丝杠的螺母可以装在电动机的空心转轴内，使进给丝杠能在电动机内来回移动。这种结构的特点是使移动的重物重心与丝杠运动在同一直线上，使弯曲和倾斜都达到最小，而且不需要联轴器，达到电动机与机床部件的一体化。这种伺服系统具有很高的刚性和极高的控制精度，具有广泛的应用前景。

4）直线伺服电动机。直线伺服电动机是一种能直接将电能转化为直线运动机械能的电力驱动装置，是适应超高速加工技术发展的需要而出现的一种新型电动机。直线伺服电动机驱动系统替换了传统的由回转型伺服电动机加滚珠丝杠的伺服进给系统，从电动机到工作台之间的一切中间传动都没有了，电动机可直接驱动工作台进行直线运动，使工作台的加/减速度提高到传统机床的10 ~20倍，速度提高3 ~4倍。

直线伺服电动机的工作原理同旋转电动机相似，可以看成是将旋转型伺服电动机沿径向剖开，向两边拉开展平后演变而成的，如图3.83所示，原来的定子演变成直线伺服电动机的初级，原来的转子演变成直线伺服电动机的次级，原来的旋转磁场变成了平磁场。在磁路构造上，直线伺服电动机一般做成双边型，磁场对称，不存在单边磁拉力，在磁场中受到的总推力可较大。

为使初级和次级之间能够在一定移动范围内做相对直线运动，直线伺服电动机的初级和次级的长短是不一样的。可以是短的次级移动，长的初级固定，如图3.84（a）所示；也可以是短的初级固定，长的次级移动，如图3.84（b）所示。

图3.85所示为直线伺服电动机的结构示意图，直线伺服电动机分为同步式和感应式两类。同步式

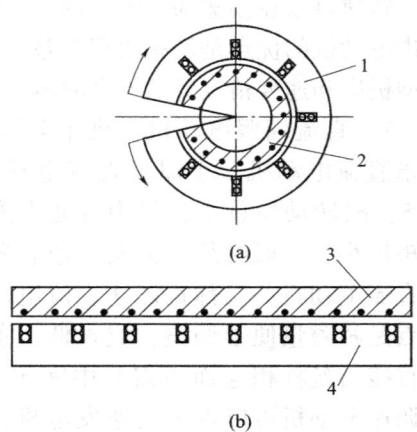

图3.83 旋转电动机变为直线电动机过程
（a）旋转电动机；（b）直线电动机
1—定子；2—转子；3—次级；4—初级

是在直线伺服电动机的定件（如床身）上，在全行程沿直线方向上一块接一块地装上永久磁铁（电动机的次级）；在直线伺服电动机的动件（如工作台）下部的全长上，对应地一块接一块安装上含铁芯的通电绕组（电动机的初级）。

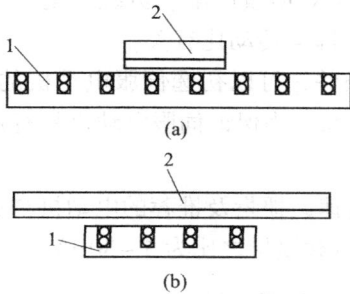

图 3.84　直线伺服电动机的形式

（a）短次级；（b）短初级

1—初级；2—次级

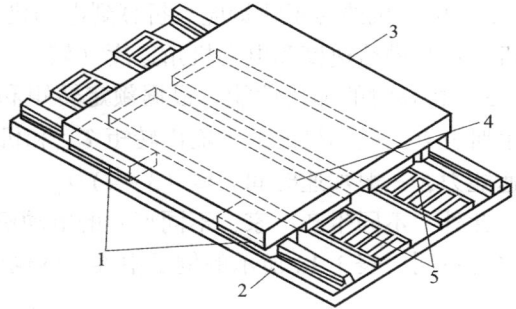

图 3.85　直线伺服电动机结构示意图

1—直线滚动导轨；2—床身；3—工作台；
4—直流电动机动件；5—直流电动机定件

感应式与同步式直线伺服电动机的区别是在定件上用不通电的绕组替代同步式的永久磁铁，且每个绕组中每一匝均是短路的。直线伺服电动机通电后，在定件和动件之间的间隙中产生一个大的行波磁场，依靠磁力，推动动件（工作台）做直线运动。

采用直线伺服电动机驱动方式，省去了减速器（齿轮、同步齿形带等）和滚珠丝杠副等中间环节，不仅简化了机床结构，而且避免了因中间环节的弹性变形、磨损、间隙、发热等因素带来的传动误差；由于采用无接触地直接驱动，使其结构简单，维护简便，可靠性高，体积小，传动刚度高，响应快，并可得到瞬时较高的加/减速度。据文献介绍，它的最大进给速度可达到 100 m/min，甚至更高，最大加/减速度为 $1g \sim 8g$。

现在，直线伺服电动机已成功地应用在超高速机床中，如 1993 年德国 EX – CELL – U 公司生产出的世界上第一台由直线伺服电动机驱动工作台的高速加工中心。它在 X、Y、Z 三个坐标轴上都采用了感应式直线伺服电动机的直接驱动方式，使其加工速度大幅度提高，可达到 60 m/min，由于加/减速度可调整，从而缩短了定位时间，大大提高了生产效率，并且提高了零件加工精度和表面质量。

目前，直线伺服电动机驱动存在的问题有如下几方面：

① 隔磁防磁问题。由于直线伺服电动机的磁力线外泄，机床装配、操作、维护时，必须采取有效的隔磁措施。

② 发热问题。因为直线伺服电动机安装在机床工作台下部，散热困难，故应采取良好的散热措施。

③ 成本较高。

（3）伺服电动机的选择

数控机床的进给系统大多采用伺服电动机，且工作进给与快速进给合用一个电动机。伺服电动机的主参数是功率，但选择伺服电动机却不按功率，而是根据计算的转矩、惯量和最大进给速度选择合适的伺服电动机。

1）最大切削负载转矩不得超过电动机的额定转矩。进给驱动电动机要克服机床的静态和动态载荷，电动机必须具有足够高的持续力矩和足够的峰值力矩输出周期，以分别克服静态和动态载荷。而运动执行件（如工作台）所需的电动机转矩可以通过传动比（如齿形带的传动或滚珠丝杠螺距）来调整。因此，电动机的转矩选择不是唯一的，但传动比的调整又会影响进给速度，而进给速度又由电动机转速和传动比决定。

2）电动机的转子惯量应与折算到电动机轴上的负载等效惯量匹配。负载惯量所需的电动机惯量与进给速度和电动机角速度（转速）之比有关，即与传动比有关。

3）快移时的加速性能。根据额定转矩和惯量匹配条件，可以初选伺服电动机的型号。从手册上查出电动机的最大输出转矩 T_{max} 和机械时间常数 t_M，为保证伺服电动机具有足够的加速能力，一般加速时间 $t_a \leqslant (3 \sim 4) t_M$。

此外，不同生产厂家、不同型号的电动机其转矩、转速、惯量及推荐的电动机与负载惯量之比不同，表 3.14 所示的例子中推荐的伺服电动机与负载惯量之比为 $5 \sim 30$ 倍。

表 3.14　伺服电动机轴惯性矩与负载惯性矩推荐比例

型号	HC—KFS	HC—MFS	HC—UFS	HC—RFS
额定功率/W	750	750	750	1 000
额定转矩/（N·m）	2.4	2.4	3.58	3.18
额定转速/（r·min^{-1}）	3 000	3 000	2 000	3 000
转动惯量/（10^{-4} kg·m^2）	1.51	0.6	10.4	1.5
推荐的负载与电动机转动惯量比	15 倍以下	30 倍以下	15 倍以下	5 倍以下

因此，数控机床进给系统的伺服电动机应根据实际电动机产品的转矩、转速、惯量及推荐的电动机与负载惯量之比和计算所得到的进给系统所需的转矩、惯量、进给速度等综合确定。

3. 电气伺服进给传动系统中的机械传动部件

（1）机械传动部件应满足的要求

1）机械传动部件要采用低摩擦传动。导轨可以采用静压导轨、滚动导轨，丝杠传动可采用滚珠丝杠螺母传动，齿轮传动采用磨齿齿轮。

2）伺服系统和机械传动系统匹配要合适。输出轴上带有负载的伺服电动机的时间常数与伺服电动机本身所具有的时间常数不同，如果转动惯量和齿轮等匹配不当，就达不到快速反应的性能。

3）选择最佳降速比来降低惯量，最好采用直接传动方式。

4）采用预紧办法来提高整个系统的刚度。

5）采用消除传动间隙的方法，减小反向死区误差，提高运动平稳性和定位精度。

总之，为保证伺服系统的工作稳定性和定位精度，要求机械传动部件无间隙、低摩擦、低惯量、高刚度、高谐振及具有适宜的阻尼比。

（2）机械传动部件设计

机械传动部件主要指齿轮或同步齿形带和丝杠螺母传动副。电气伺服进给系统中，运动部件的移动是靠脉冲信号来控制的，要求运动部件动作灵敏、低惯量、定位精度好、具有适宜的阻尼比及传动机构不能有反向间隙。

1）最佳降速比的确定。传动副的最佳降速比应按最大加速能力和最小惯量的要求确定，以降低机械传动部件的惯量。

对于开环系统，传动副的设计主要是由机床所要求的脉冲当量与所选用的步进电动机的步距角决定的。降速比为

$$u = \frac{\alpha L}{360Q}$$

式中，α——步进电动机的步距角（°/脉冲）；

　　L——为滚珠丝杠的导程（mm）；

　　Q——脉冲当量（mm/脉冲）。

对于闭环系统，传动副的设计主要由驱动电动机的最高转速或转矩与机床要求的最大进给速度或负载转矩决定，降速比为

$$u = \frac{n_{d\max} L}{v_{\max}}$$

式中，$n_{d\max}$——驱动电动机最大转速（r/min）；

　　L——滚珠丝杠导程（mm）；

　　$v_{\max}$——工作台最大移动速度（mm/min）。

设计中、小型数控车床时，通过选用最佳降速比来降低惯量，应尽可能使传动副的传动比 $u = 1$，这样，可选用驱动电动机直接与丝杠相连接的方式。

2）齿轮传动间隙的消除。

无论是齿轮传动还是同步齿形带传动，都存在齿侧间隙，在开环和半闭环系统中会引起反向死区，直接影响定位精度。在闭环系统中，由于有反馈作用，滞后量可得到补偿，但会使伺服系统产生振荡而不稳定，因此必须采取措施，将齿侧间隙减小到允许范围内。对于齿形带的齿侧间隙，一般采用软件补偿法，对于齿轮传动的齿侧间隙，可采用消隙机构。若仍不能满足要求，可再进一步采用软件补偿法。齿轮传动的消隙机构类型很多，可分为刚件调整法和柔性调整法两大类。

刚性调整法是调整后的齿侧间隙不能自动进行补偿，如偏心轴套调整法、斜齿轮轴间垫片调整法等。其特点是结构简单，传动刚度较高。但要求严格控制齿轮的齿厚及齿距公差，否则将影响运动的灵活性。图 3.86 所示为偏心轴套调整法，电动机 1 通过偏心轴套 2 安装在箱体上，转动偏心轴套可在一定程度上消除因齿厚误差和中心距误差引起的齿侧间隙，但不能消除因偏心误差引起的齿侧间隙变动。图 3.87 所示为斜齿轮轴间垫片调整法，将一个斜齿轮制成两片，中间加一个垫片，改变垫片厚度可引起斜齿轮的螺旋线产生错位，使双齿轮的齿侧分别贴紧宽齿轮齿槽的左、右侧面，以达到消除间隙的目的。

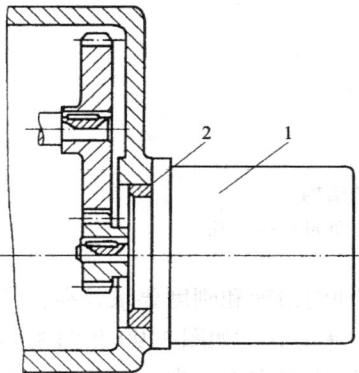

图 3.86　偏心轴套调整法
1—电动机；2—偏心套

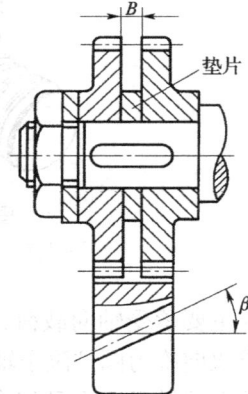

图 3.87　斜齿轮轴间垫片调整法

柔性调整法是指调整后的齿侧间隙可以自动进行补偿，其结构比较复杂，传动刚度低，会影响传动的平稳性。柔性调整法主要包括双片直齿轮错齿调整法、薄片斜齿轮轴向压簧调整法、双齿轮弹簧调整法等。图 3.88 所示为双片直齿轮错齿调整法，两薄片轮 1、2 套装在一起，同另一个宽齿轮 3 相啮合，齿轮 1、2 端面分别装有凸耳 4、5，并用拉簧 6 连接，弹簧力使两齿轮 1、2 产生相对转动，即错齿，使两片齿轮的左右齿面分别贴紧在宽齿轮齿槽的左右齿面上，消除齿侧间隙。

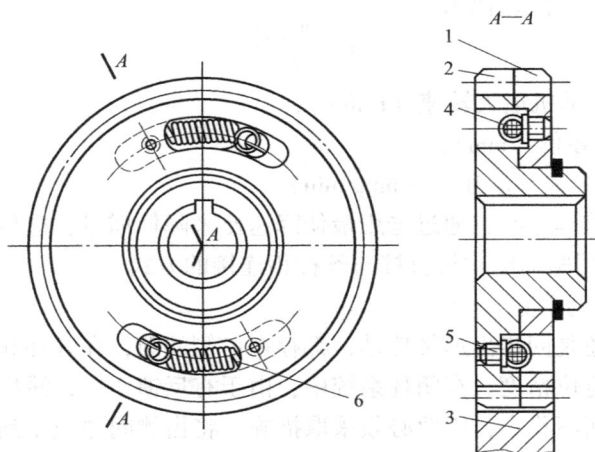

图 3.88　双片直齿轮错齿间隙消除机构

1，2，3—齿轮；4，5—凸耳；6—拉簧

3）滚珠丝杠及其支承。

滚珠丝杠是将旋转运动转换成执行件直线运动的运动转换机构，如图 3.89 所示，由螺母、丝杠、滚珠、回珠器和密封环等组成。滚珠丝杠的摩擦系数小，传动效率高。

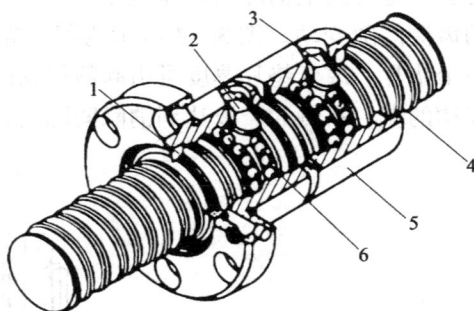

图 3.89　滚珠丝杠螺母副的结构

1—密封环；2，3—回珠器；4—丝杠；5—螺母；6—滚珠

滚珠丝杠主要承受轴向载荷，因此，对丝杠轴承的轴向精度和刚度要求较高，常采用角接触球轴承或双向推力圆柱滚子轴承与滚针轴承组合的支承方式，如图 3.90 和图 3.91 所示。

角接触推力球轴承有多种组合方式，可根据载荷和刚度要求而选定。一般中、小型数控机床多采用这种方式，而组合轴承多用于重载、丝杠预拉伸和要求轴向刚度高的场合。

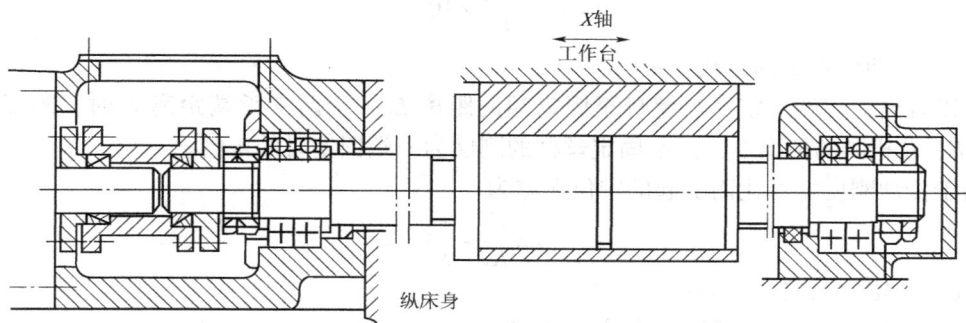

图 3.90　采用角接触球轴承的支承方式

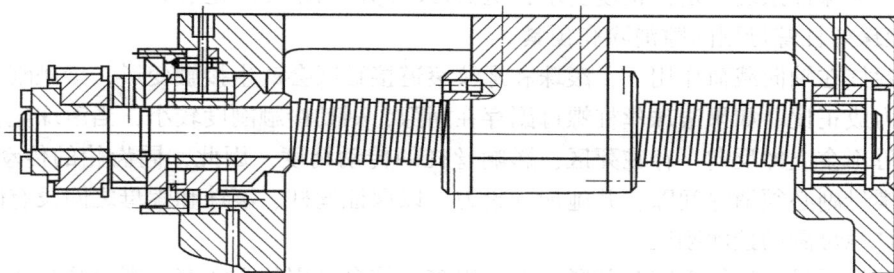

图 3.91　采用双向推力圆柱滚子轴承与滚针轴承组合的支承方式

滚珠丝杠的支承方式有三种，如图 3.92 所示。图 3.92（a）为一端固定，另一端自由的方式，常用于短丝杠和竖直丝杠；图 3.92（b）为一端固定，一端简支承方式，常用于较长的卧式安装丝杠，图 3.91 所示为其应用于数控车床中的一个例子；图 3.92（c）为两端固定的方式，用于长丝杠或高转速和要求高拉压刚度的场合，图 3.90 所示为其在数控车床中的一种应用实例，这种支承方式可以通过拧紧螺母来调整丝杠的预拉伸量。

4）丝杠的拉压刚度计算。

丝杠传动的综合拉压刚度主要由丝杠的拉压刚度、支承刚度和螺母刚度三部分组成。丝杠的拉压刚度不是一个定值，它随螺母至轴向固定端的距离改变而变化。一端轴向固定的丝杠（如图 3.92（a）和图 3.92（b）所示）的拉压刚度 K（N/μm）为

$$K = \frac{AE}{L_1} \times 10^{-6}$$

式中，A——螺纹小径处的截面积（mm^2）；

　　　E——弹性模量（钢的弹性模量 $E = 2 \times 10^{11}$ N/m^2）；

　　　L_1——螺母至固定端的距离（m）。

两端固定的丝杠（如图 3.92（c）所示），其拉压刚度 K（N/μm）为

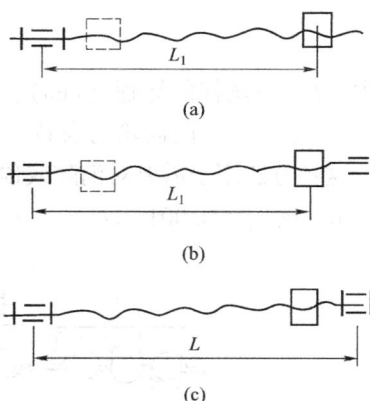

图 3.92　滚珠丝杠的支承方式

（a）一端固定，一端自由；

（b）一端固定，一端简支承；

（c）两端固定

$$K = \frac{4AE}{L} \times 10^{-6}$$

式中，L——两固定端的距离（m）。

可以看出，一端固定，当螺母至固定端的距离 L_1 等于两支承端距离 L 时，刚度最低。在 A、E、L 相同的情况下，两端固定丝杠的刚度为一端固定时的 4 倍。

由于传动刚度的变化而引起的定位误差为

$$\delta = \frac{F_1}{K_1} - \frac{F_2}{K_2}$$

式中，δ——定位误差（μm）；

$\quad\quad F_1$，F_2——不同位置时的进给力（N）；

$\quad\quad K_1$，K_2——不同位置时的传动刚度（N/μm）。

因此，为保证系统的定位精度要求，机械传动部件的刚度应足够大。

5）滚珠丝杠螺母副间隙消除和预紧。

滚珠丝杠在轴向载荷作用下，滚珠和螺纹滚道接触区会产生接触变形，接触刚度与接触表面预紧力成正比。如果滚珠丝杠螺母副存在间隙，则其接触刚度较小，当滚珠丝杠反向旋转时，螺母不会立即反向，存在死区，影响丝杠的传动精度。因此，同齿轮的传动副一样，滚珠丝杠螺母副必须消除间隙，并施加预紧力，以保证丝杠、滚珠和螺母之间没有间隙，提高滚珠丝杠螺母副的接触刚度。

滚珠丝杠螺母副进行消隙和预紧的方法很多，较多采用的方法有双螺母垫片式、双螺母齿差式、双螺母螺纹式和单螺母变导程式。图 3.93 所示为双螺母垫片式消隙，通过修磨垫片厚度，使两个螺母间产生轴向位移，分为拉伸预紧（如图 3.93（a）和图 3.93（c）所示）和压缩预紧（如图 3.93（b）所示）两种方式。这种方式的优点是结构简单、刚度高、可靠性好；缺点是精确调整较困难，当滚道和滚珠有磨损时，不能随时调整。

图 3.94 所示为双螺母齿差式消隙，左、右螺母法兰盘外圆上制有外齿轮，齿数常相差 1。这两个外齿轮又与固定在螺母体两侧的两个齿数相同的内齿圈相啮合。调整方法是让两个螺母相对其啮合的内齿圈都同向转动一个齿，则两螺母的相对轴向位移 S_0 为

$$S_0 = \frac{L}{z_1 z_2}$$

式中，L——丝杠的导程（mm）；

$\quad\quad z_1$，z_2——两齿轮的齿数。

这种方法用于需要对消隙或预紧量进行精确调整的场合。如 z_1、z_2 分别为 99、100，$L = 10$ mm，则 $S_0 \approx 0.001$ mm。

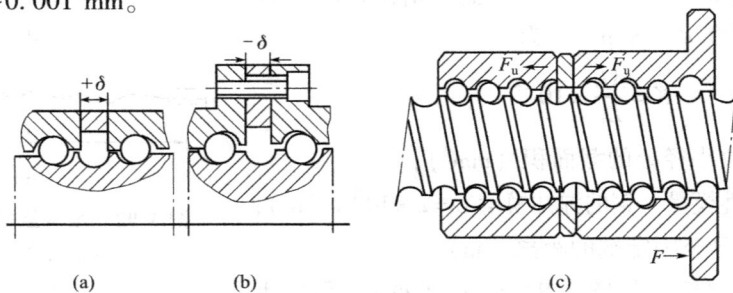

图 3.93 双螺母垫片式消隙

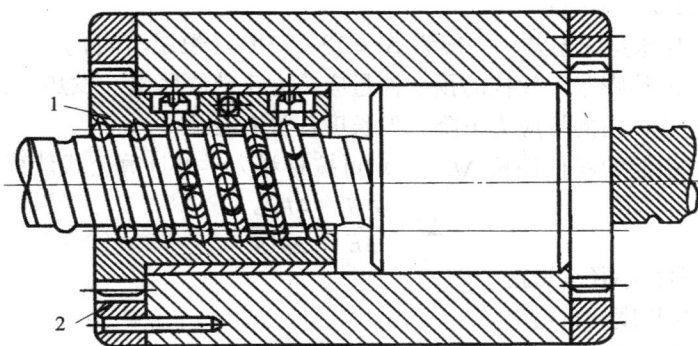

图 3.94　双螺母齿差式消隙

1—外齿轮；2—内齿轮

图 3.95 所示为双螺母螺纹式消隙，双螺母用平键与螺母座相连，其中右边螺母外伸部分有螺纹，用两个锁紧螺母可使两个滚珠螺母相对丝杠做轴向移动。此种结构调整方便，可随时调整，但调整量不精确。

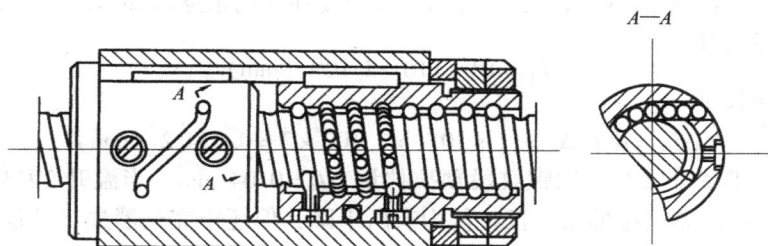

图 3.95　双螺母螺纹式消隙

图 3.96 所示为单螺母变导程式消隙，将滚珠螺母中央的圆弧螺纹滚道根据调整量的大小使其导程发生突变，迫使滚珠从中央开始分成两半分别向两边错位，达到消隙和预紧的目的。这种方法可以减小轴向尺寸，可用于轴向尺寸受到限制的场合，缺点是磨损后预紧量减小，再次调整很困难。

6）滚珠丝杠的预拉伸。滚珠丝杠常采用预拉伸方式，提高其拉压刚度和补偿丝杠的热变形。

确定丝杠预拉伸力时应综合考虑下列各因素：

① 使丝杠在最大轴向载荷作用下，在受力方向上仍能保持受拉状态，为此，预拉伸力应大于最大工作载荷的 0.35 倍。

② 丝杠的预拉伸量应能补偿丝杠的热变形。丝杠在工作时要发热，引起丝杠的轴向热变形，使导程加大，影响其定位精度。丝杠的热变形 ΔL_1 为

$$\Delta L_1 = \alpha L \Delta t$$

式中，α——丝杠的热膨胀系数,钢的 $\alpha = 11 \times 10^{-6}$ $1/℃$；

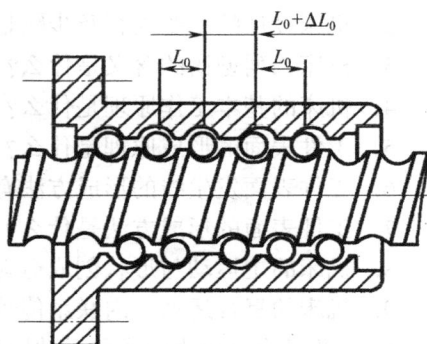

图 3.96　单螺母变导程式消隙

L——丝杠长度（mm）；

Δt——丝杠与床身的温差，一般为 $\Delta t = 2℃ \sim 3℃$（恒温车间）。

为了补偿丝杠的热膨胀，丝杠的预拉伸量应略大于热膨胀量。发热后，热膨胀量抵消了部分预拉伸量，使丝杠内的拉应力下降，但长度却没有变化。

丝杠预拉伸时引起的丝杠伸长 ΔL（m）可按材料力学的计算公式计算：

$$\Delta L = \frac{F_0 L}{AE} = \frac{4 F_0 L}{\pi d^2 E}$$

式中，d——丝杠螺纹小径（m）；

L——丝杠的长度（m）；

A——丝杠的截面积（m^2）；

E——弹性模量（N/m^2）；

F_0——丝杠的预拉伸力（N）。

则丝杠的预拉伸力 F_0（N）为

$$F_0 = \frac{1}{4L} \pi d^2 E \Delta L$$

[例 3 - 5] 某一丝杠，导程为 10 mm，直径 $d = 40$ mm，全长上共有 110 圈螺纹，跨距（两端轴承间的距离）$L = 1\,300$ mm，工作时丝杠温度预计比床身高 $\Delta t = 2℃$，求预拉伸量。

解：螺纹段长度

$$L_1 = 10 \times 110 = 1\,100 \quad (\text{mm})$$

螺纹段热伸长量

$$\Delta L_1 = \alpha_1 L_1 \Delta t = 11 \times 10^{-6} \times 1\,100 \times 2 = 0.024\,2 \quad (\text{mm})$$

预伸长量应略大于 ΔL_1，取螺纹段预拉伸量 $\Delta L = 0.04$ mm。当温升 2℃ 后，还有 $\Delta L - \Delta L_1 = 0.015\,8$ mm 的剩余拉伸量，预拉伸力有所下降，但还未完全消失，补偿了热膨胀引起的热变形。在向丝杠厂订货时，应说明丝杠预拉伸的有关技术参数，以便特制丝杠的螺距比设计值小一些，在装配预拉伸后达到其设计精度。

装配时，丝杠的预拉伸力通常用测量丝杠伸长量来控制，丝杠全长上的预拉伸量为

$$\frac{\Delta L \times L}{L_1} = \frac{0.04 \times 1\,300}{1\,100} \text{ mm} = 0.047\,3 \text{ mm}$$

思考与习题：

1. 机床设计应满足哪些基本要求？其理由是什么？

2. 机床设计的主要内容及步骤是什么？

3. 机床系列型谱的含义是什么？

4. 机床的基本工作原理是什么？

5. 工件表面的形成原理是什么？

6. 工件表面发生线的形成方法有哪些？

7. 工件表面的形成方法是什么？

8. 机床的主运动与形状创成运动的关系如何？进给运动与形状创成运动的关系如何？

9. 机床的复合运动、内联系传动链、运动轴的联动的含义及关系如何？

10. 机床的运动功能式和运动原理图表达的含义分别是什么？

11. 机床的主参数及尺寸参数根据什么确定？

12. 机床的运动参数如何确定？驱动方式如何选择？数控机床与普通机床的运动参数及驱动方式的确定方法有什么不同？

13. 机床的动力参数如何确定？

14. 机床主传动系都有哪些类型？由哪些部分组成？

15. 什么是传动组的级比和级比指数？常规变速传动系各传动组的级比指数有什么规律性？

16. 什么是传动组的变速范围？各传动组的变速范围之间有什么关系？

17. 某车床的主轴转速为 $n = 40 \sim 1\,800$ r/min，公比 $\varphi = 1.41$，电动机的转速 $n_{电} = 1\,440$ r/min，试拟定其结构式、转速图；确定齿轮齿数、带轮直径，验算转速误差；画出主传动系统图。

18. 某机床主轴转速 $n = 37.5 \sim 1\,700.0$ r/min，机械有级变速的转速级数 $Z = 12$，试完成下述内容：

(1) 求出机床主轴的变速范围 R_n；

(2) 确定公比值；

(3) 查表确定主轴各级转速；

(4) 写出三个不同结构式并画出结构图；

(5) 确定一个合理的结构式，并说明理由；

(6) 拟定一个合理的转速图；

(7) 根据转速图，计算基本组、各扩大组的传动比；

(8) 用查表法确定各级齿轮的齿数。

19. 用于成批生产的车床，主轴转速 $n_{电} = 45 \sim 500$ r/min，为简化机构采用双速电动机，$n_{电} = 720 \sim 1\,440$ r/min，试画出该机床的转速图和传动系统图。

20. 求图 3.97 所示的车床齿轮、各轴的计算转速。

21. 求图 3.98 所示的各齿轮、各轴的计算转速。

22. 进给传动系设计要能满足的基本要求是什么？

23. 试述进给传动与主传动相比较，有哪些不同的特点。

24. 试述滚珠丝杠螺母机构的特点及其支承方式有哪几种，消隙方式有哪几种。

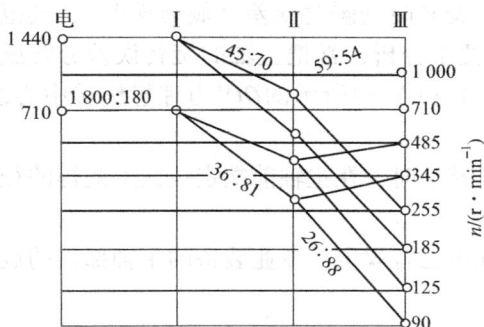

图 3.97　20 题图

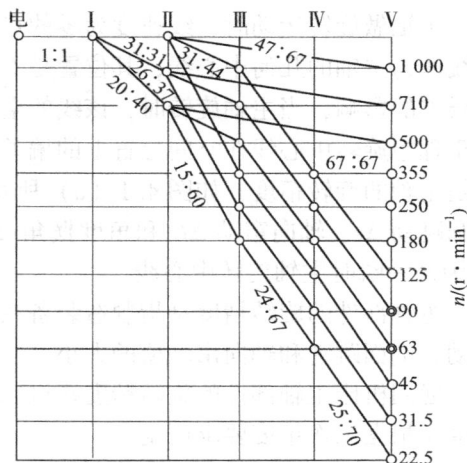

图 3.98　21 题图

第4章 典型部件设计

【本章知识点】

1. 主轴部件的设计要求。
2. 主轴轴承的支承。
3. 支承件的结构设计，提高支承件刚度的措施。
4. 导轨的功能与分类。
5. 滚珠丝杠螺母副工作原理及其调隙。
6. 机床刀架种类。
7. 机床控制方式及其插补过程。

4.1 主轴部件设计

4.1.1 主轴组件基本要求

各种制造装备主轴的工作情况不同，所要求的转速范围和承受的载荷也相差很大，但它们有一个共同的要求，即主轴部件在一定的载荷与转速下，能使工件或刀具获得精确、稳定的旋转运动，并长期保持这一性能。对主轴部件的具体要求有以下几个方面。

1. 旋转精度

主轴做旋转运动时，线速度为零的点的连接线称为主轴的旋转中心线。在理想状态下，该线即为主轴的几何中心线，其位置是不随时间变化而变化的。但实际上，由于制造和装配等误差的影响，当主轴旋转时，该线的空间位置每时每刻都在发生变化。瞬时旋转中心线相对于理想旋转中心线在空间位置上的偏差，即主轴旋转时的瞬时误差（旋转误差），其范围就是主轴的旋转精度，如图 4.1（a）所示。为了便于分析，常把主轴的旋转误差分解成径向圆跳动 Δr、轴向窜动 ΔO 和角度摆角 $\Delta \alpha$。图 4.1（b）中所示的 OO' 为理想旋转中心线；AB 为某一瞬时主轴旋转中心线。

主轴部件的旋转精度是指制造装备在空载低速转动时，在主轴前端定位面上测得的径向跳动、端面跳动和轴向窜动值的大小。

通用机床主轴部件的旋转精度在机床精度标准中已有规定。专业装备的主轴部件的旋转精度应根据工作精度要求而定。

主轴部件的旋转精度是在静态无载荷条件下测得的。如果在工作条件下，则旋转精度就会有所不同，这种精度称为运动精度，是动态的旋转精度。一般情况下，动态的旋转精度与

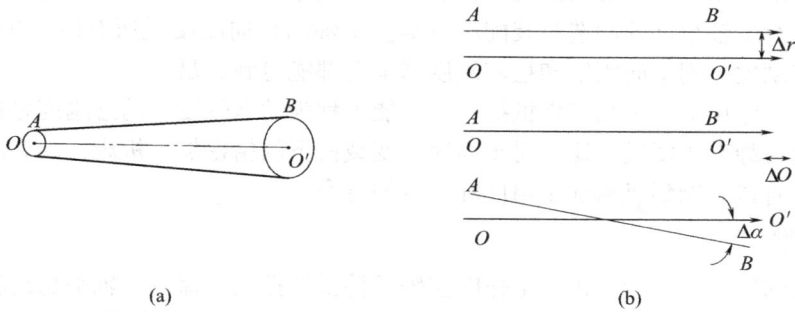

(a)   (b)

图 4.1 主轴旋转误差

静态的旋转精度有差异，其差异越小越好，这对于精密机床是不可忽视的。

主轴组件的旋转精度直接受轴承精度和间隙的影响，同时也和与轴承相配合的零件（箱体、主轴本身）的精度及轴承安装、调整等因素有关。运动精度还取决于主轴转速、轴承组合设计和轴承的性能以及主轴组件的平衡等。

2. 静刚度

静刚度简称刚度，是指在外加载荷作用下抵抗变形的能力。通常是指当在主轴工作端部作用一个静态力 F（或转矩 M_n）时，F 与主轴在 F 作用方向上所产生的变形 y 之比，如图 4.2（a）所示，即

$$K = \frac{F}{y} \tag{4.1}$$

式中，K——刚度（N/μm）。

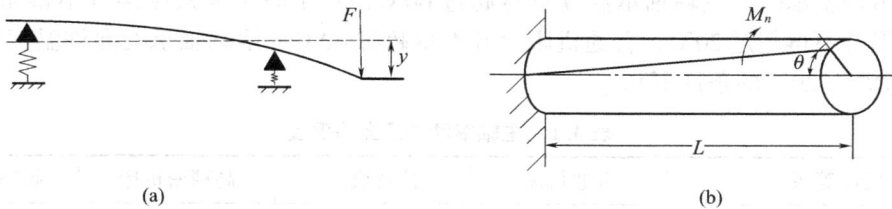

(a)   (b)

图 4.2 主轴刚度

根据力 F 的作用方向是沿主轴半径方向或沿轴线方向，则由式（4.1）所确定的刚度相应地称为径向刚度或轴向刚度。如果是作用在主轴工作端部的转矩，则变形为该转矩作用下主轴工作端的扭转角，其刚度称为扭转刚度 K_M，如图 4.2（b）所示，其刚度表达式为

$$K_M = \frac{M_n}{\dfrac{\theta}{L}} = \frac{M_n L}{\theta} \tag{4.2}$$

式中，M_n——作用的转矩（N/m）；

L——转矩的作用距离（m）；

θ——扭转角（°）；

K_M——扭转刚度 [N·m²/（°）]。

影响主轴组件刚度的主要因素是主轴的结构及尺寸、轴承的类型、配置及预紧、传动件的布置方式以及主轴组件的制造与装配质量等。主轴的径向刚度是所有刚度中最为主要的，若满足了径向刚度，则轴向刚度和扭转刚度基本上都能得到满足。

在额定载荷作用下，主轴部件抵抗变形的能力称为动态刚度。动态刚度是低于静态刚度的，动态刚度与静态刚度成正比。对于高速、变载荷下的精密加工机床，动态刚度就显得十分重要，它会直接影响到机床加工精度和刀具的寿命。

3. 抗振性

主轴部件的抗振性是指当机器工作时主轴部件抵抗振动、保持主轴平稳运转的能力。主轴部件的振动主要包括受迫振动和自激振动两种，主轴振动将显著影响工件的表面成形质量、刀具的耐用度和主轴轴承的寿命，同时还会产生噪声而影响工作环境。主轴部件工作时应尽量减少振动，这对高速、高精度装备尤为重要。

影响主轴部件抗振性的主要因素是主轴部件的阻尼、刚度和固有频率，并与主轴的传动方式、轴承的类型、主轴部件的质量分布状况及轴上零件制造与装配的质量等因素有关。

4. 热变形

主轴部件的热变形是指当机器工作时，因各相对运动处的摩擦和介质阻力等耗损而造成的温升，使主轴部件在形状和位置上产生畸变。热变形会使主轴悬伸量变大，使轴承的间隙发生变化；温升还会使主轴箱发生膨胀，轴心位置偏移。润滑油温度升高后，使润滑油黏度下降，从而降低了轴承的承载能力。

热变形可在主轴部件运转一段时间后用因发热而造成的各部分位置变化来度量，也可以用温升近似地表示。影响主轴组件温升和热变形的主要因素是轴承的类型、配置方式、预紧力的大小以及润滑方式和散热条件等。

使用滑动轴承时，主轴轴承温度不得超过60℃，对于高精度机床温升不得超过10℃，精密机床温升不得超过20℃，普通机床温升不得超过40℃。滚动轴承的允许温度可参阅表4.1（在室温为20℃的条件下）。

表4.1　主轴滚动轴承允许温度

机床等级	普通机床	精密机床	高精密机床	超精密机床
轴承外圈允许温差/℃	<50~55	<40~45	<35~40	<28~30

5. 精度保持性

主轴部件的精度保持性是指长期地保持其原始制造精度的能力。因此，磨损是主轴部件精度丧失的主要原因。各滑动表面包括主轴端部定位面、锥孔与滑动轴承配合的轴颈表面、钻镗床等轴向移动的主轴部件的导向表面等都必须具有很高的硬度，以保持其耐磨性。滑动和滚动轴承的耐磨性最为重要，它们的磨损不仅会使主轴部件丧失原有的运转精度，而且会降低主轴组件的刚度和抗振性。影响耐磨性的主要因素为主轴、轴承的材料与热处理、轴承（或衬套）类型、润滑防护、定位装夹及密封等措施。

4.1.2　主轴传动件

主轴的传动方式主要包括齿轮传动、带传动和电动机直接驱动等。主轴传动方式与主轴转速、传递转矩、运行稳定性、结构及装配与维修方便性等因素息息相关。

1）齿轮传动的结构最为简单、紧凑，能够传递较大转矩，适应面较广，适用于变载荷、变转速的工况，但其传动平稳性不如带传动。

2）带传动普遍应用在主轴中，常用的带传动主要有平带、V 带、多楔带及同步齿形带等，其具有结构简单、运行平稳及成本低等特点。同时当主轴负载较大时，带传动能出现打滑现象，起到过载保护作用。其缺点是有滑动，不适合用于速比准确的场合。

3）电动机驱动是目前主轴传动的主流，多用于较高端的机床中，尤其在精密加工机床、高速加工中心、高档数控机床等领域得到了较广泛的应用。通常，将电动机与主轴单元结合在一起形成电主轴，从而简化了主轴单元的结构，提高了主轴部件的刚度，降低了噪声和振动，调速范围也较宽。

4.1.3　主轴结构设计

1. 主轴结构参数的确定

主轴结构参数直接影响主轴旋转精度和主轴刚度。主轴的结构参数有主轴前轴颈直径 D_1、后轴颈直径 D_2、主轴内孔直径 d、主轴前端悬伸量 a 和主轴支承间跨距 L，如图 4.3 所示。

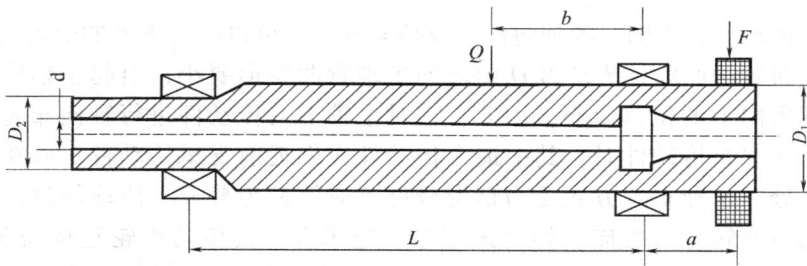

图 4.3　主轴结构参数

（1）主轴前后轴颈直径

按照机床类型、主轴传递的功率或最大加工直径，主轴前轴颈的直径可参考表 4.2 选取。车床和铣床后轴颈的直径 $D_2 \approx (0.7 \sim 0.85) D_1$。

表 4.2　主轴前轴颈直径 D_1　　　　　mm

功率/kW 机床	2.6~3.6	3.7~5.5	5.6~7.2	7.4~11	11~14.7	14.8~18.4
车床	70~90	70~105	95~130	110~145	140~165	150~190
铣床	60~90	60~95	75~100	90~105	100~115	—
外圆磨床	50~60	55~70	70~80	75~90	75~100	90~100

（2）主轴内孔直径 d

多数机床的主轴是空心的，内孔直径与主轴用途有关，如车床主轴内孔用来通过棒料或安装送料机构；铣床主轴内孔可通过拉杆来拉紧刀杆。卧式车床主轴孔径 d 通常不小于主轴平均直径的 55%~60%；铣床主轴孔径 d 可比刀具拉杆直径大 5~10 mm。

（3）主轴前端悬伸量 a

主轴前端悬伸量 a 是指主轴前端面到前轴承径向反力作用中点的距离。主轴前端悬伸量取决于主轴端部的结构、前支承轴承配置与密封装置的形式和尺寸，并由结构设计确定。前端悬伸量对主轴部件刚度、抗振性影响较大，在满足结构要求的前提下，设计时应尽量缩短该悬伸量。

（4）主轴支承间跨距 L

主轴支承间的跨距 L 是获得主轴部件最大静刚度的重要条件之一。支承跨距过小，主轴的弯曲变形小，但支承变形引起的主轴前轴端位移量增大；反之，支承跨距过大，支承变形引起主轴前轴端的位移量尽管减小，但主轴的弯曲变形增大，也会引起主轴前端较大位移。可见，存在一个最佳跨距 L_0，处在该跨距时，因主轴弯曲变形和支承变形引起的主轴前轴端的总位移量最小，一般取 $L_0 = (2.0 \sim 3.5) a$。但是，在实际结构设计时，由于结构上的原因支承刚度因磨损会不断降低，主轴支承间的实际跨距 L 往往大于最佳跨距 L_0。主轴支承间跨距 L 的确定应进行主轴部件刚度计算。影响主轴部件刚度的因素除了主轴前端悬伸量 a 及切削力 F、主轴直径、主轴支承间跨距 L、主轴轴承类型外，对于机械传动、机电结合传动的主传动系统而言，影响因素还包括传动件在主轴上的轴向位置 b 及传动力 Q。

合理布置传动件在主轴上的轴向位置及径向方位，可以改善主轴的受力情况，减小主轴变形。合理布置的原则是传动力 Q 引起的主轴弯曲变形要小，引起主轴前轴端在影响加工精度敏感方向上的位移要小。因此，在对主轴上的传动件进行轴向布置时，应尽量靠近前支承，有多个传动件时，其中最大传动件应靠近前支承传动件，放在两个支承中间靠近前支承处。这种布置方式受力情况较好，应用最为普遍。传动件放在主轴前悬伸端主要用于具有大转盘的机床，如立式车床、镗床等，其传动齿轮直接安装在转盘上；传动件放在主轴的后悬伸端较多地用于带传动，使更换传动带方便。主轴受到的传动力 Q 相对于切削力 F 的方向取决于驱动主轴的传动轴位置，应尽可能将该驱动轴布置在合适的位置，使驱动力引起的主轴变形可抵消一部分因切削力引起的主轴轴端精度敏感方向上的位移。

2. 主轴接口

主轴与主轴上所安装的刀柄、夹盘、顶尖连接部位称为主轴接口，主轴接口形式取决于机床类型、安装夹具或刀具的形式。虽然主轴头部的形状和尺寸已经标准化，但随着刀具技术的发展，刀柄的形式也在发展变化，因此，与其相连接的主轴接口形式也发生了变化。

3. 主轴材料和热处理

由于钢材的弹性模量较大，且钢的弹性模量与钢的种类和热处理方式无关，即不论是普通碳钢或合金钢，其弹性模量基本相同，所以，一般机床的主轴都选用价格便宜、性能良好的中碳钢（45 钢），经调质处理后，在主轴端部、锥孔、定心轴颈或定心锥面等部位进行局部高频淬硬，以提高其耐磨性。只有在载荷较大且有较大冲击时，或精密机床主轴需要减少热处理后的变形时，以及轴向移动的主轴需要保证其耐磨性时，才考虑选用合金钢。另外，当支承为滑动轴承时，轴颈也需淬硬，以提高主轴的耐磨性。机床主轴常用的材料及热处理要求如表4.3所示。

表 4.3　主轴常用材料与热处理要求

钢材	热处理	用途
45 钢	调质 22 ~ 28HRC，局部高频淬硬 50 ~ 55HRC	一般机床主轴、传动轴
40Cr	淬硬 40 ~ 50HRC	载荷较大或表面要求较硬的主轴
20Cr	渗碳、淬硬 56 ~ 62HRC	中等载荷、转速很高、冲击较大的主轴
38CrMoAl	氮化处理 850 ~ 1 000HV	精密和高精密机床主轴
65Mn	淬硬 52 ~ 58HRC	高精度机床主轴

对于高速、高效、高精度机床的主轴组件，热变形及振动等一直是国内外研究的重点课题，特别是对高精度、超精密加工的机床主轴。目前，新出现一种玻璃陶瓷材料，其线热膨胀系数接近于零，是制作高精度机床主轴的理想材料。

4. 主轴的技术要求

为了使主轴组件具有足够的精度和良好的动态性能，需对主轴重要配合面提出相应的技术要求。首先，制定出满足主轴旋转精度所必需的技术要求，如主轴前后轴承轴颈的同轴度，锥孔相对于前后轴颈中心连线的径向跳动，定心轴颈及其定位轴肩相对于前后轴颈中心连线的径向和轴向跳动等。再考虑其他性能的需要，如表面粗糙度和表面硬度等。

4.1.4　主轴轴承

1. 主轴轴承类型

主轴使用的轴承主要包括滚动轴承与滑动轴承两大类。相比而言，滚动轴承具有以下优点：
1）滚动轴承可以在旋转和载荷变化幅度较大的条件下稳定的工作；
2）滚动轴承可在无间隙甚至预紧（存在一定过盈量）的条件下工作；
3）滚动轴承摩擦系数小，发热量低；
4）滚动轴承采用脂润滑，维修保养方便；
5）滚动轴承采购方便，易于配套使用。
滚动轴承的缺点如下：
1）滚动体数量有限，滚动轴承高速回转时其径向刚度变化；
2）滚动轴承阻尼较低；
3）滚动轴承的径向尺寸比滑动轴承大。
目前，大多数机床均采用滚动轴承，尤其是在立式主轴中。采用滑动轴承可以应用脂润滑，以避免出现密封漏油现象。但在主轴水平放置且要求加工表面精度高的机床中，例如平面磨床、高精度车床其主轴轴承往往采用滑动轴承。这主要是由于滑动轴承的阻尼性能好，支承刚度高，具有良好的抗振性能和运动平稳性。按照流体介质的不同，主轴滑动轴承分为液体滑动轴承和气体滑动轴承两类。液体滑动轴承按照油膜压强形成方法的不同，有动压轴承和静压轴承之分。

（1）滚动轴承

通常，主轴的承载能力与疲劳寿命不是选择主轴轴承的主要指标。主轴轴承应根据精度、刚度和转速进行选择。为了提高主轴精度与刚度，主轴轴承间隙需可调整。线接触滚子轴承比点接触球轴承刚度高，但在相同温度下，线接触滚子轴承所允许的转速较低。机床主轴常用的滚动轴承的主要种类如下：

1）角接触球轴承。

角接触球轴承又称向心推力球轴承，如图 4.4 所示，可以承受径向载荷和单向轴向载荷，极限转速较高。接触角有 15°、25°、40° 和 60° 等，其中主轴轴承多用 15° 和 25°。所承受的轴向载荷随接触角 α 的增大而增大。例如，15° 接触角的角接触轴承多用于轴向载荷较小且转速较高的领域，如磨床主轴等部件；25° 接触角的角接触轴承多用于轴向载荷较大的领域，如车床和加工中心主轴。

为了提高主轴组件的刚度和承载能力，角接触球轴承可以采用成对组合安装的方式。图 4.5（a）所示为背靠背配置，两个轴承反作用力组成的反力矩大，可抵消一部分外载荷产生

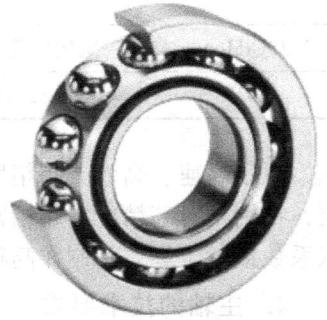

图 4.4　角接触球轴承

的弯矩，对调高主轴组件刚度有利，应用广泛；图 4.5（b）所示为面对面配置，两轴承产生的反力矩较小，故对主轴组件刚度提升作用有限，但其装卸方便；图 4.5（c）所示为同向组合，也称串联配置，两个轴承大口方向一致，可承受较大的单向轴向载荷。

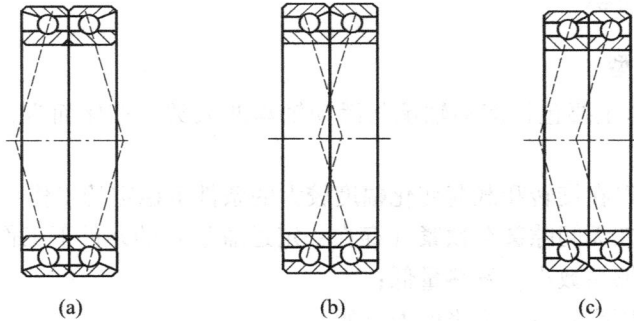

（a）　　　　　　　　　　（b）　　　　　　　　　　（c）

图 4.5　成对安装角接触球轴承

（a）背对背配置；（b）面对面配置；（c）串联配置

2）双列圆柱滚子轴承。

图 4.6 所示为双列圆柱滚子轴承，该轴承只能承受径向载荷，且轴承内圈带有锥孔，锥度为 1∶12，滚动体为两列交错排列的短柱滚子，可随同内圈沿外圈滚道轴向滑移。轴承内圈的锥孔与主轴的外轴颈相配合，当二者产生相对轴向位移时，使锥面配合趋紧，因轴承内圈较薄产生径向弹性变形而胀大，因此，可消除滚子与内、外滚道间的径向间隙。若主轴需要承受轴向载荷，则应增加推力轴承与之配合使用。

由于这种轴承具有径向尺寸较小、制造精度较高、承载能力较大、静刚度好以及允许的转速高等优点，且能够调整轴承的径向间隙，在机床主轴组件中应用广泛。

　3）双向推力角接触球轴承。

　双向推力角接触球轴承与双列圆柱滚子轴承配套使用，主要用于承载轴向负荷，如图 4.7 所示。轴承由左右内圈、外圈、左右两列滚珠及保持架组成。在轴承外圈还开设有润滑用的油槽和油孔，轴承需在预紧下工作，其预加载荷的大小是靠两个内圈中间隔套的厚度尺寸来控制的。该类轴承允许转速高，温升低，抗振性高于推力球轴承，装配简单，精度稳定可靠。

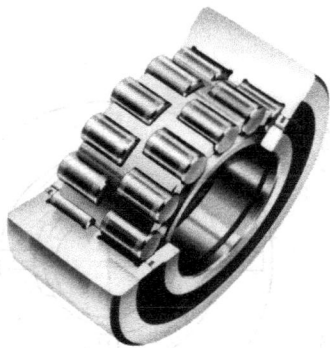
图 4.6　双列圆柱滚子轴承

图 4.7　双向推力角接触球轴承

　4）圆锥滚子轴承。

　图 4.8 所示为圆锥滚子轴承，该类轴承能承受轴向与径向载荷，承载能力与刚度都比较高，可用于主轴的前支承。但是，滚子大端与内圈挡边之间是滑动摩擦，发热较多，允许的转速较低，多应用于中速或一般精度要求的加工机床主轴组件中。

　主轴组件的滚动轴承既要有承受径向载荷的径向轴承，又要有承受两个方向轴向载荷的推力轴承。为提高主轴组件的刚度，通常采用轻系列或特轻系列轴承，因为当轴承外径一定时，其孔径（即主轴轴颈）较大。轴承类型及型号选用主要应根据主轴组件的刚度、承载能力、转速、抗振性及结构

图 4.8　圆锥滚子轴承

等要求进行合理选定。同样尺寸的轴承，线接触的滚动轴承比点接触的球轴承的刚度要高，但极限转速要低；多个轴承比单个轴承的承载能力要大；不同轴承承受载荷的类型及大小不同；还应考虑结构的要求，如中心距特别小的组合机床主轴可采用滚针轴承。

　（2）滑动轴承

　滑动轴承具有精度高、抗振性好、运行平稳、结构简单及成本低廉等特点，且长期运行过程中无须加注润滑剂，多用于精密、高精密机床的主轴。按照流体介质的不同，主轴滑动轴承可分为液体滑动轴承和气体滑动轴承。液压滑动轴承根据其油膜压力形成方法的不同，有动压轴承和静压轴承之分。

　1）液体动压滑动轴承。

　动压滑动轴承是靠主轴以一定转速旋转，搅动润滑油从间隙大处向间隙小处流动，形成压力油膜而将主轴浮起，并承受载荷。轴承中只产生 1 个压力油膜的叫单油楔动压轴承。当

载荷、转速等工作条件变化时，单油楔动压轴承的油膜厚度和位置也随之变化，使轴心线浮动而降低了旋转精度和运动平稳性。

当主轴以一定的转速旋转时，在轴颈周围能形成几个压力油楔，把轴颈推向中央，这类轴承称为多油楔动压轴承。当主轴受到外载荷时，轴颈稍有偏心，承载的油楔间隙减小而压力升高，相对方向的油楔间隙增大而压力降低，形成了新的平衡。此时，多油楔动压轴承承载方向的油膜压力将比普通单油楔轴承的压力高，油膜压力越高且油膜越薄，则其刚度越大，故多油楔轴承能满足主轴组件的要求。

① 固定多油楔轴承。

固定多油楔轴承的形状如图4.9所示。在轴瓦内壁上开有4个等分的油囊，形成油楔，由液压油泵供应的低压油经进油孔进入油囊，形成循环润滑，从而避免了在启动和停止时出现干摩擦现象。

② 活动多油楔轴承。

活动多油楔轴承由3块或5块轴瓦组成，如图4.10所示，利用浮动轴瓦自动调整位置来实现油楔。图中3块轴瓦各由一个球头螺钉支承，可以稍微摆动以适应转速或载荷的变化。瓦块的压力中心O离出口的距离b约等于瓦块宽B的0.4倍。O点就是瓦块的支承点。主轴旋转时，由于瓦块上油楔压强的分布，瓦块可自行摆动至最佳间隙比$h_1/h_2 = 2.2$后处于平衡状态。当主轴负荷

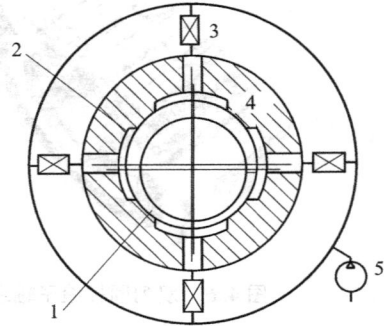

图4.9　固定多油楔滑动轴承
1—油楔；2—油囊；3—节流器；
4—油腔；5—油泵

变化时，主轴将产生位移，h_2也将发生变化。若h_2变小，则出口处油压升高，使轴瓦做逆时针方向摆动，使h_1也变小，当$h_1/h_2 = 2.2$时，又处于新的平衡状态。因此，这种轴承能自动地保持最佳间隙比，使瓦块宽B等于油楔宽，这时轴瓦的承载能力最大。

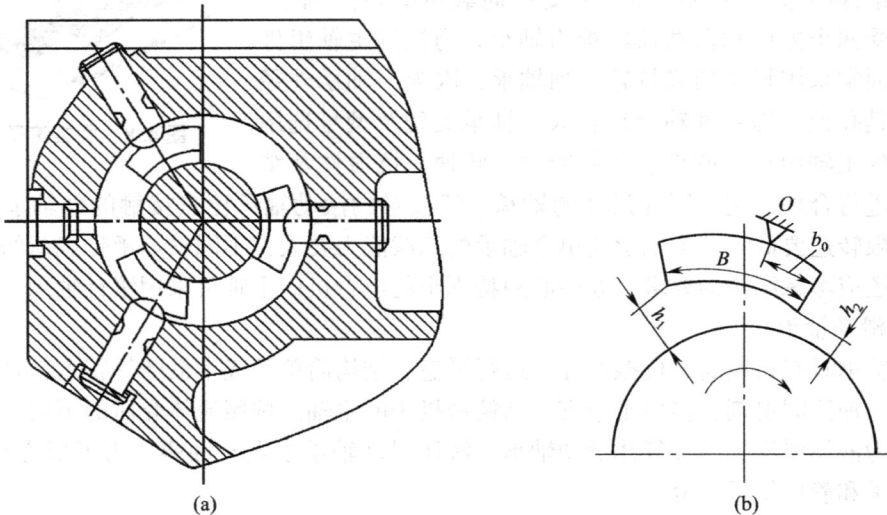

(a)　　　　　　　　　　　　　　　　(b)

图4.10　活动多油楔滑动轴承
（a）轴承结构图；（b）轴承工作原理图

2）液体静压轴承。

动压轴承在转速低于一定值时，无法形成压力油膜。主轴处于低转速或启动、停止过程中，动压轴承就要与轴承表面直接接触，产生干摩擦。主轴转速变化后，压力油膜的厚度要随之变化，致使轴心位置发生变化，而如图 4.11 所示的液体静压轴承就是由于克服了上述缺点而发展起来的。

液体静压轴承系统由一套专用供油系统、节流阀和轴承三部分组成。静压轴承由供油系统供给一定压力油，输进轴和轴承间隙中，利用油的静压力支承载荷，轴径始终浮在压力油中。轴承油膜压力与主轴转速无关，承载能力不随转速变化。静压轴承承载能力高、旋转精度高、抗振性好、油膜有均化误差的作用，可提高加工精度，摩擦小，轴承寿命长。其缺点是需要配备一套专用的供油系统，而且制造工艺较复杂。

（3）气体轴承

图 4.12 所示为气体轴承。气体轴承包括气体动压轴承、气体静压轴承和气体压膜轴承三大类。气体润滑剂主要是空气，也有用氢、氮、氦、一氧化碳和水蒸气等作为润滑剂的。由于采用气体作为润滑剂，轴与轴瓦被气体隔开，使轴在轴承中无接触地旋转或呈悬浮状态。气体黏度小，化学稳定性好，对温度变化不敏感。因此，气体轴承具有摩擦功耗小、精度高、速度高、温升小、寿命长、耐高低温及原子辐射，对主机和环境不污染等优点。此外，轴承表面的加工误差能被气体的可压缩性所均化，因而可达到极高的旋转精度。如今，气体轴承在精密仪器、精密机床、高速离心机、高低温环境及反应堆等设备中应用日益广泛。在某些情况下，气体轴承甚至是唯一可用的支承形式。气体轴承的缺点是承载能力小、刚性差、稳定性差，对工作条件和材料要求严格，气体轴承还要求有稳定的过滤气源等。

图 4.11　液体静压轴承

图 4.12　气体轴承

2. 主轴支承配置

（1）主轴支承的数目

机床的主轴支承常采用前、后两个支承方式设置，这种方式结构简单，制造装配方便，且容易保证精度。

为了提高主轴组件的刚度和抗振性，机床主轴可采用三支承结构形式，三支承大多采用前、中支承为主要支承，后支承为辅助支承的结构形式。也可采用以前、后支承为主要支承，中间支承为辅助支承的结构形式。主支承应消除间隙或预紧，辅助支承则应保留一定的径向游隙或选用较大游隙的轴承。

（2）推力轴承的位置配置

为使主轴具有足够的轴向刚度和轴向位置精度，并尽量简化结构，应恰当地配置推力轴承的位置。

1）前端配置。

图4.13（a）所示为两个方向的推力轴承都布置在前端支承处，这类配置方案在前支承处轴承数目多，发热大，温升高；但主轴受热后向后伸长，不影响轴向精度。精度高，对提高主轴部件刚度有利。此种配置方式多用于对轴向精度和刚度要求较高的精密机床。

2）后端配置。

两个方向的推力轴承都布置在后支承处，如图4.13（b）所示。这类配置方案的前支承处的轴承数目少，发热少，温升低；但是主轴受热后向前伸长，影响轴向精度。此种配置方式用于对轴向精度要求不高的普通精度机床，如立铣、多刀车床等。

3）两端配置。

两个方向的推力轴承分别布置在前、后两个支承处，如图4.13（c）和图4.13（d）所示。这类配置方案当主轴受热伸长后，会影响主轴轴承的轴向间隙，可用弹簧消除间隙和补偿热膨胀。此种配置方式常用于短主轴，如组合机床主轴。

4）中间配置。

两个方向的推力轴承配置在前支承的后侧，如图4.13（e）所示。这类配置方案可减少主轴的悬伸量，并使主轴的热膨胀向后；但前支承结构较复杂，温升也较高。

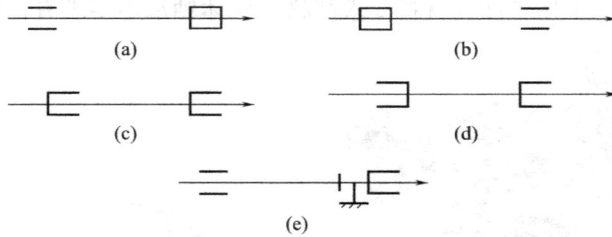

图4.13 轴承位置配置方案

（a）前端配置；（b）后端配置；（c），（d）两端配置；（e）中间配置

（3）滚动轴承精度等级的选择

主轴轴承中，前、后轴承的精度对主轴旋转精度的影响是不同的。如图4.14（a）所示，前轴承轴心有偏移 δ_a，后轴承偏移量为零，由偏移量 δ_a 引起的主轴端轴心偏移为

$$\delta_{a1} = \frac{L+a}{L}\delta_a$$

图4.14（b）表示后轴承有偏移 δ_b，前轴承偏移为零时，引起主轴端部的偏移为

$$\delta_{b1} = \frac{a}{L}\delta_b$$

显然，前支承的精度比后支承对主轴部件的旋转精度影响大。因此，选取轴承精度时，前轴承的精度要选的高一点，一般比后轴承精度高一级。另外，在安装主轴轴承时，如将前、后轴承的偏移方向放在同一侧，如图4.14（c）所示，可以有效地减少主轴端部的偏移。

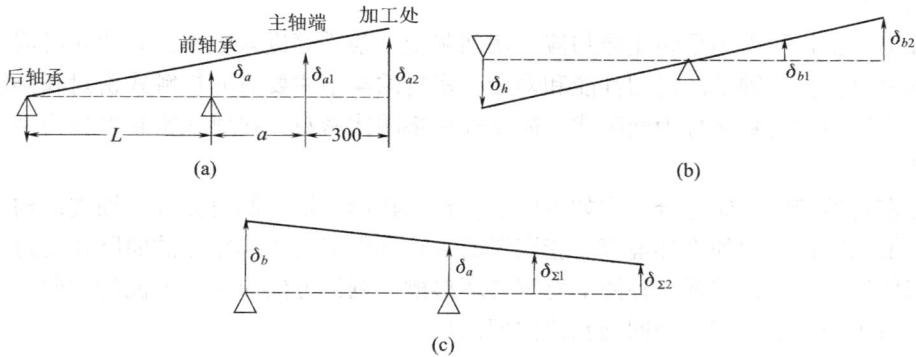

图 4.14　主轴轴承对主轴旋转精度的影响

（a）前轴承偏移量的影响；（b）后轴承偏移量的影响；（c）前、后轴承综合偏移量的影响

不同等级的机床其主轴轴承精度选择可参考表 4.4，数控机床可按精密或高精密级选择。

表 4.4　主轴轴承精度

机床精度等级	前轴承	后轴承
普通精度级	P5 或 P4（SP）	P5 或 P4（SP）
精密级	P2（UP）或 P4（SP）	P4（SP）
高精密级	P2（UP）	P2（UP）

（4）主轴滚动轴承的预紧调整

预紧是提高主轴部件的旋转精度、刚度和抗振性的重要手段。所谓预紧就是采用预加载荷的方法消除轴承间隙，而且有一定的过盈量，使滚动体和内外圈接触部分产生预变形，增加接触面积，提高支承刚度和抗振性。主轴组件的主要支承轴承都需预紧，预紧有径向预紧和轴向预紧两种。预紧量要根据载荷和转速来确定，不能过大，否则预紧后发热较多、温升高，会使轴承寿命降低。预紧力通常分为三级：轻预紧、中预紧和重预紧，代号分别为 A、B、C。轻预紧适用于高速主轴；中预紧适用于中、低速主轴；重预紧用于分度主轴。

（5）滚动轴承的润滑和密封

1）润滑。

润滑剂和润滑方式的选择主要取决于轴承的类型、转速和工作负载。润滑的作用是利用润滑剂在摩擦面间形成润滑油膜，减小摩擦系数和发热量，并带走一部分热量，以降低轴承的温升。滚动轴承所用的润滑剂主要有润滑脂和润滑油两种。

① 润滑脂。如锂基脂、钙基脂、高速轴承润滑脂等都属于润滑脂。其特点是黏附力强，油膜强度高，密封简单，不易渗漏，维护方便。但润滑脂的摩擦阻力比润滑油略大，常用于转速不太高、又不需要冷却的场合。

② 润滑油。润滑油的黏度随温度的升高而降低。转速越高，其黏度越低；负荷越重，其黏度应越高。主轴轴承的润滑方式主要有油浴、滴油、循环润滑、油雾润滑、油气润滑和喷射润滑等。

2）密封。

主轴组件密封的作用是防止冷却液、切削灰尘、杂质等进入轴承，并使润滑剂无泄漏地保持在轴承内，保证轴承的使用性能和寿命。密封的类型主要有非接触式密封和接触式密封两大类。非接触式密封又分为间隙式、曲路式和垫圈式密封。接触式密封可分为径向密封圈和毛毡圈。

选择密封类型时，应综合考虑如下因素：轴的转速、轴承润滑方式、轴端结构、轴承工作温度和轴承工作时的外界环境等。脂润滑的主轴部件多用于非接触的曲路式密封。油润滑的主轴部件的密封，在前螺母外圈上有锯齿环形槽，锯齿方向应沿着油流的方向，主轴旋转时将油甩向压盖的空气腔，经回油孔流向回油箱。

3. 常见的几种典型配置形式

主轴轴承的配置形式应根据其刚度、转速、承载能力、抗振性和噪声等要求来选择。常见的有如下几种典型配置形式：速度型、刚度型和刚度速度型。

（1）速度型

图 4.15 所示为高速车床主轴组件，主轴前后轴承都采用角接触球轴承。当轴向切削分力较大时，可选用接触角为 25° 的球轴承；当轴向切削分力较小时，可选用接触角为 15° 的球轴承。在相同的工作条件下，前者的轴向刚度比后者大一倍。角接触球轴承具有良好的高速性能，但它的承载能力较小，因而，适用于高速轻载或精密机床，如高速镗削单元和高速 CNC 车床。

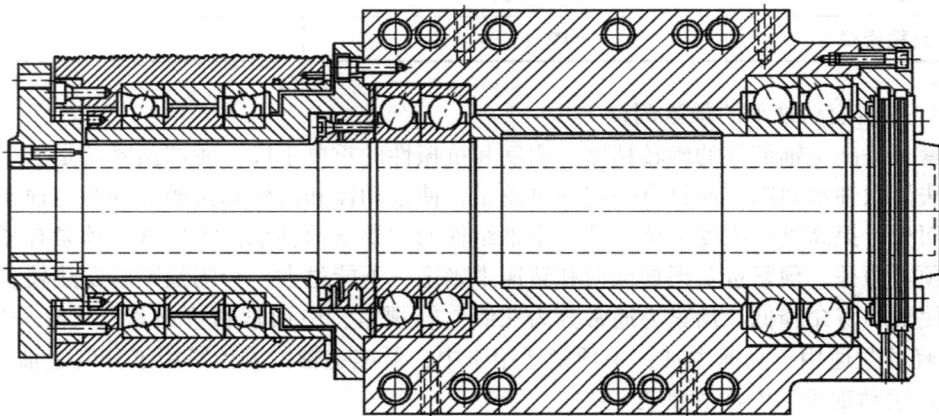

图 4.15 高速车床主轴组件

（2）刚度型

图 4.16 所示为数控车床主轴组件，前支承采用双列短圆柱滚子轴承承受径向载荷，采用 60° 角接触双列向心推力球轴承承受轴向载荷，后支承采用双列短圆柱滚子轴承。这种轴承配置的主轴部件，适用于中等转速和切削负载较大、要求刚度高的机床。

（3）刚度速度型

图 4.17 所示为卧式铣床主轴组件，要求径向刚度好，并有较高的转速。机床主轴前轴承采用双列短圆柱滚子轴承承受径向载荷，主轴的动力从后端传入，后轴承要承受较大的传动力，后支承采用角接触双列向心推力球轴承承受轴向载荷。

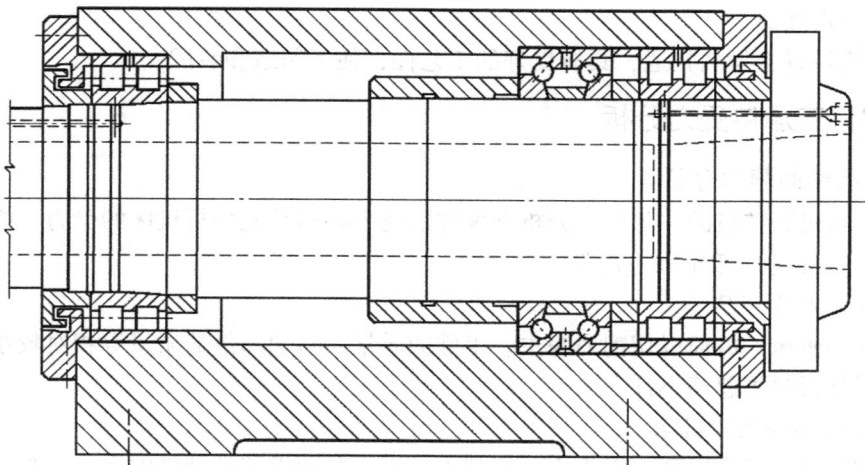

图 4.16 数控车床主轴组件

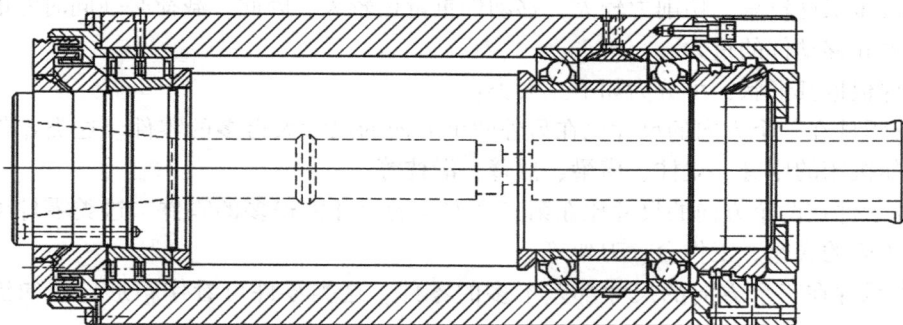

图 4.17 卧式铣床主轴组件

4.2 支承件设计

支承件是机床的基础构件，包扎床身、支柱、横梁、摇臂、底座、刀架、工作台、箱体和升降台等，支承件的主要功能是承受各种载荷及热变形，并保证机床各零件之间的相互位置和相对运动精度，从而保证加工质量。支承件一般都比较大，称为大件。机床支承件相互固定，连接成机床的基础和框架。机床上的零部件固定在支承件上，或固定在支承导轨上运动。进行加工时，刀具与工件之间相互作用的力沿着大部分支承件逐个传递并使之变形，机床的动态力使支承件和整机振动。

4.2.1 支承件基本要求

支承件应满足的基本要求如下：

1）足够的刚度和较高的刚度—质量比。

2）较好的动态特征，包括有较大的位移阻抗（动刚度）和阻尼；能与其他部件相配合，整机低阶频率较高，使整机的各阶固有频率不致与激振频率相重合而产生共振；不会因发生薄壁振动而产生噪声等。

3）热稳定性好。

4）结构性好，排屑畅通，具有良好的工艺性，便于制造和装配。

4.2.2 支承件受力分析

1. 支承件的静力分析

支承件是机床整机的一部分，分析支承件的受力必须首先分析机床的受力。机床根据其所受的载荷的特点，可分为三大类。

（1）中、小型机床

中、小型机床的载荷以切削力为主。工件的质量、移动部件的质量等相对较小，在进行受力和变形分析时可忽略不计。

（2）精密和高精密机床

精密和高精度机床以精加工为主，切削力较小。载荷以移动部件的重力和热应力为主。

（3）大型机床

大型机床工件较重，切削力较大，移动件重量也较大。因此，载荷必须同时考虑工件重力、切削力和移动件的重力。

支承件根据其形状，可分为如下三大类：

1）支承件在一个方向的尺寸比在另外两个方向的尺寸大得多的零件。这类零件可看作梁类件，如机床的床身、立柱、横梁、摇臂、滑枕等。

2）支承件在两个方向的尺寸比在第三个方向的尺寸大得多的零件。这类零件可看作板类件，如机床的底座、工作台、刀架等。

3）支承件在三个方向的尺寸都差不多的零件。这类零件可看作箱形件，如机床的箱体、升降台等。

图 4.18 所示当工件支承在主轴和尾座的顶尖上，刀架位于床身中间位置。这类机床的外载荷以切削力为主，工件和移动部件的重力忽略不计。作用在刀尖上的切削力可分为三个方向的分力 F_x、F_y、F_z。工件承受反方向的切削分力 $-F_x$、$-F_y$、$-F_z$，分别通过刀架、主轴箱和尾座传到床身上，在床身内封闭。在这个封闭力系中，床身两端固定于床腿上，其弯曲变形可按简支梁分析，扭转变形可按两端固定梁分析，计算长度近似取为工件长度，如图 4.19 所示。

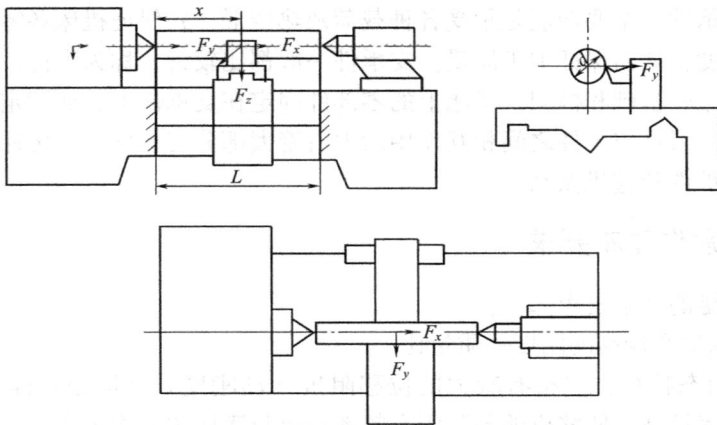

图 4.18 卧式车床受力简图

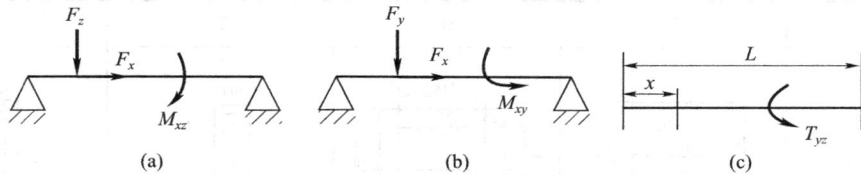

图 4.19 床身载荷简图

图 4.19（a）所示的床身铅垂面（xz 面）内，力 F_x 和弯矩 $M_{xz} = F_x (H_1 + H_2)$ 使床身产生弯曲变形，其中，$H_1 + H_2$ 为主轴中心至床身截面扭转中心线的距离。图 4.19（b）所示的床身水平面（xy 面）内，力 F_y 和弯矩 $M_{xy} = F_x d/2$ 使床身产生弯曲变形，d 为工件直径。图 4.19（c）所示的床身横截面（yz 面）内，转矩为

$$T_{yx} = F_x \frac{d}{2} + F_y (H_1 + H_2) \tag{4.3}$$

转矩使床身产生扭转变形。就床身变形对加工精度的影响而言，扭转变形的影响最大，其次是水平面内的弯曲变形，而铅垂面内的弯曲变形对加工精度的影响相对较小，可忽略不计。

4.2.3 支承件结构设计

支承件的质量可占机床总质量的 80% ~ 85%，其性能对整机动态性能的影响较大。正确进行支承件的结构设计对机床至关重要。首先，需根据其使用要求对支承件进行受力分析，再根据所受的力和其他要求，并参考现有机床的同类型件，初步确定其形状和尺寸。

机床支承件所受的载荷主要为弯曲载荷和扭转载荷，支承件的抗弯曲刚度和抗扭转刚度与其截面惯性矩成正比。对于截面面积相同而截面形状不同的支承件，其截面惯性矩也不相同，合理的截面形状可以提高支承件的刚度。表 4.5 列出了 8 种截面积为 100 cm^2，但截面形状各不相同的惯性矩的相对值。

表 4.5 惯性矩与截面形状的关系

序号		1	2	3	4
截面形状		⌀113	⌀113 / ⌀160	⌀160 / ⌀196	⌀160 / ⌀196
惯性矩相对值	抗弯	1	3.02	5.03	—
	抗扭	1	3.02	5.03	0.07

续表

序号		5	6	7	8
截面形状		100×100	100×100 (142×142)	50×200	50×200 (85×235)
惯性矩相对值	抗弯	1.04	3.19	4.17	7.33
	抗扭	0.88	2.69	0.44	1.65

从表4.5中可以看出以下问题：

1）空心截面的惯性矩比实心的大，加大轮廓尺寸、减小壁厚，可大大提高支承件的刚度。因此，设计支承件时总是使壁厚在工艺性好的前提下尽量薄一些。一般不用增加壁厚的办法来提高刚度。

2）方形截面的抗弯刚度比圆形的大，而抗扭刚度较低。因此，若支承件所受的主要是弯矩，则截面形状为方形和矩形为佳。矩形截面在高度方面的抗弯刚度比方形截面的高，但抗扭刚度则较低。因此，对于承受单方向的弯矩为主的支承件，其截面形状常取为矩形。

3）不封闭的截面比封闭的截面刚度小得多，抗扭刚度更小。因此，在可能的条件下，应尽量把支承件的截面做成封闭的形式。

因此，从提高刚度的观点来考虑，在相同截面面积的情况下，支承件的截面最好做成四边封闭的框形。但是应注意的是由于排屑，清砂，安装电器件、液压件和传动件等的实际需要，往往很难做到支承件的四面封闭，有时甚至连三面封闭都难以做到。

4.2.4 支承件材料

支承件的材料有铸铁、钢材、铝合金、预应力钢筋混凝土、天然花岗岩、树脂混凝土、结构陶瓷等。

1. 铸铁

大多数机床支承件由灰铸铁制成，在铸铁中加入少量合金元素可提高其耐磨性。铸铁铸造性能好，是容易获得复杂结构的支承件。同时铸铁具有内摩擦力大，阻尼比大，振动衰减性能好，成本低，适于成批生产等优点。但机床支承件铸件往往结构较大，其制造周期长，有时会产生缩孔、气泡等铸造缺陷。

HT200铸铁被称为Ⅰ级铸铁，这种材料抗压、抗弯性能较好，可制成带导轨的支承件，但却不适宜制作结构太复杂的支承件。HT150铸铁被称为Ⅱ级铸铁，它的流动性好，铸造性能优良，但其力学性能较差，适用于形状复杂的支承件铸件、重型机床床身、受力不大的床身和底座。HT100铸铁称为Ⅲ级铸铁，它的力学性能差，一般用作镶装导轨的支承件。为增加铸铁耐磨性，可采用高磷铸铁、磷铜钛铸铁、铬钼铸铁等合金铸铁。铸造支承件要进行时效处理，消除内应力。

2. 钢材

用钢板和型钢等焊接支承件，其特点是制作周期短，省去木模制作工艺；支承件可制成封闭结构，刚性好；钢板焊接支承件固有频率比铸铁高，在刚度要求相同的情况下，采用钢焊接支承件可比铸铁支承件壁厚减少一半，重量减轻 20% ~ 30%。因此，支承件用钢板焊接结构件代替铸件的趋势正在不断增强。钢板焊接结构的缺点是钢板材料内摩擦阻尼约为铸铁的 1/3，且其抗振性较铸铁差。为提高机床的抗振性能，可采用提高阻尼的方法来改善其动态性能。同时，由于焊接过程所产生的内应力将随着时间的改变使大件发生变形，故而必须进行较好的时效处理。

3. 铝合金

对于有些对总体质量要求较小的设备，为了减轻其质量，它的支承件可考虑使用铝合金。铝合金的密度只有铁的 1/3，且有些铝合金还可以通过热处理进行强化。

4. 预应力钢筋混凝土

预应力钢筋混凝土支撑件（主要为床身、立柱、底座等）近年来发展较快，它具有刚度高、阻尼比大、抗振性能好、成本低的特点。预应力钢筋混凝土床身中的钢筋布置对支承件的整体动态性能影响较大。通常，床身内有三个方向都要配置钢筋，其总预应力可达120 ~ 150 kN。预应力钢筋混凝土支撑件的缺点是脆性大、耐蚀性差，为了防止油、切削液对混凝土的侵蚀，其表面常做塑料或油漆喷涂处理。

图 4.20 所示为数控车床的底座和床身，底座 1 为钢筋混凝土，混凝土的内摩擦阻尼很高，因而机床的抗振性好。床身 2 为内封砂的铸铁床身，这种设计也可提高床身的阻尼。

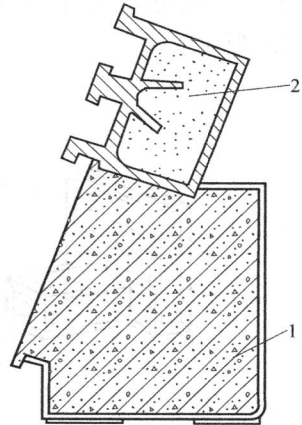

图 4.20　数控机床底座及床身示意图
1—底座；2—床身

5. 天然花岗岩

天然花岗岩具有性能稳定，精度保持性好，抗振性好，阻尼系数大，耐磨性好，导电系数和热膨胀系数小，热稳定性好，抗氧化性能强，不导电，抗磁，与金属不黏合，加工方便，通过研磨和抛光容易得到很高的精度和表面粗糙度等诸多优点，是制造高精密轻型机床支承件的主要材料。其缺点是抗冲击性能差，脆性较大，切削液、油和水等液体易渗入晶界中，使表面局部变形胀大，难于制作复杂的零件等。

6. 树脂混凝土

树脂混凝土是制造机床床身的一种新型材料。树脂混凝土与普通混凝土不同，它采用树脂和稀释剂代替水泥和水，将骨料固结成为树脂混凝土，也称人造花岗岩。树脂混凝土刚度高，其阻尼是灰铸铁的 8 ~ 10 倍，抗振性好，热容量大，热稳定性好，质量轻。树脂混凝土的物理力学性能与铸铁的比较如表 4.6 所示。

表 4.6　树脂混凝土的性能

性能	单位	树脂混凝土	铸铁
比密度		2.4	7.8
弹性模量	MPa	3.8×10^4	21.2×10^4
抗压强度	MPa	145	
抗拉强度	MPa	14	250
对数衰减率		0.04	
线膨胀系数		16×10^{-6}	11×10^{-6}
导热系数	W/（$m^2 \cdot$ K）	1.5	54
比热容	J/（kg · K）	1 250	437

常见的树脂混凝土床身的结构形成分为框架结构、整体结构和分块结构三种，如图 4.21 所示。

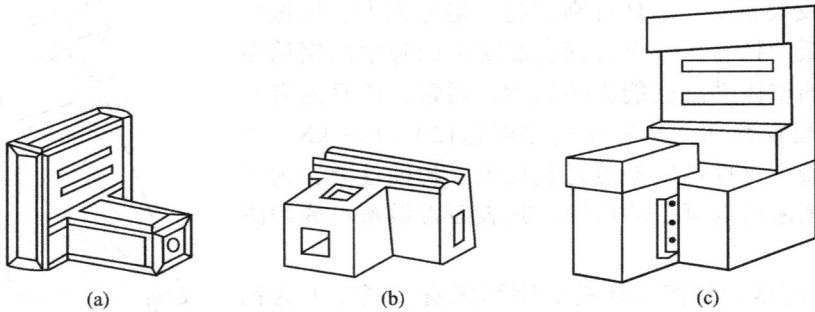

图 4.21　树脂混凝土床身的结构形式
（a）框架结构；（b）整体结构；（c）分块结构

1）框架结构。这种结构采用金属型材焊接出床身的周边框架，在框架内浇注树脂混凝土，如图 4.21（a）所示。这种结构刚性好，适用于结构较简单的大、中型机床床身。

2）整体结构。用树脂混凝土制造出床身的整体结构，如图 4.21（b）所示，其中导轨部分可以是金属件，可预先加工好，并作为预埋件直接浇铸在床身上；或采用预留导轨等部件的准确安装面，床身浇铸好之后，将这些部件黏接在机床床身上，如图 4.22 所示。这种结构适用于形状不复杂的中、小型机床床身。

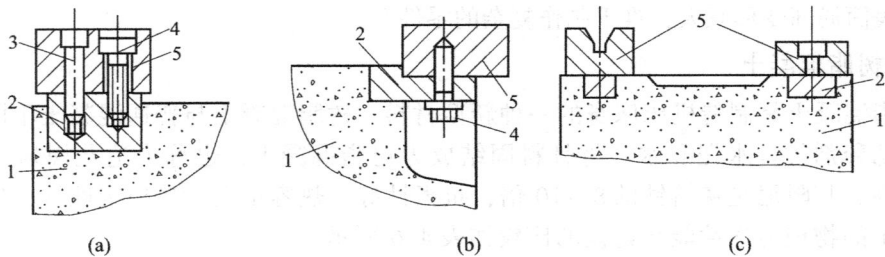

图 4.22　树脂混凝土床身与金属部件连接
1—树脂混凝土；2—预埋件；3—销钉；4—螺钉；5—导轨

3）分块结构。为简化浇注模具的结构，对于结构复杂的大型床身构件，应把它分成几个形状简单、便于浇注的部件，如图 4.22（c）所示。各部分分别浇注后再用黏接剂或其他形式连接起来。

7. 结构陶瓷

该类机床的支承件多用氧化铝陶瓷作为结构材料，称为结构陶瓷。结构陶瓷的优点是在比刚度高、结构相同的条件下，结构陶瓷的比刚度约为铸铁的 4 倍。另外，结构陶瓷的热膨胀系数小，热变形非常小。结构陶瓷硬度高，耐磨性好且耐腐蚀。但是，结构陶瓷的抗冲击性与抗振性较差。

4.2.5　提升支承件刚度的措施

1. 隔板

隔板是提升支承件刚度的有效措施之一。隔板是指在支承件外壁之间起连接作用的内板，对于提高截面不能封闭的支承件的刚度比较有效，它能够把作用于支承件局部区域的载荷传递给其他壁板，使支承件均衡地承受载荷，从而提高支承件的本体刚度。隔板分为纵向隔板、横向隔板和斜向隔板。纵向隔板对提高纵向抗弯刚度有显著的效果；横向隔板对提高抗扭刚度有显著的效果；斜向隔板对提高抗弯和抗扭刚度都有较好的效果。此外，隔板对提高非封闭截面的刚度，特别是抗扭刚度作用更大。

必须注意的一点是隔板的方向，如图 4.23 所示。如果受载荷的作用，则纵向隔板必须按图 4.23（a）所示的方式布置，如果按图 4.23（b）所示的方式布置，则隔板对提高刚度的作用将很小。

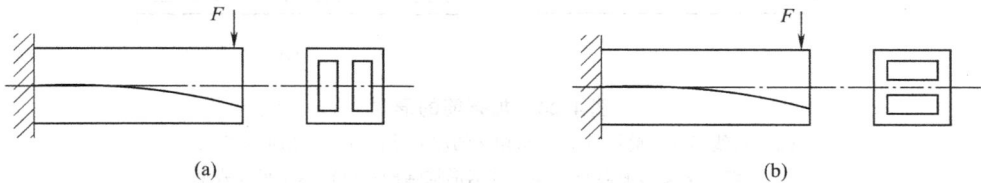

图 4.23　隔板的布置方向

横向隔板将支承件的外壁横向连接，其作用是提高抗扭刚度。空心构件承受转矩作用时，会使壁板翘曲导致截面形状畸变，适当地布置横向隔板能够有效地减少这种畸变，增加横向隔板与不加横向隔板相比，端部位移和畸变都大为减少；但继续增加隔板，取得的效果则不明显。

斜向隔板可同时提高抗弯刚度和抗扭刚度。未加斜向隔板支承件端部受到转矩 T 的作用，截面发生扭转，并发生畸变。当增加斜向隔板后，扭转变形和畸变都大为减少，抗弯刚度也得到提高。

2. 加强筋

加强筋的作用是提高局部刚度和减小薄壁振动，一般布置在支承件的内壁上。与隔板不同，它只是壁板上局部凸出的窄条，不在壁板之间起连接作用，其厚度一般取壁厚的 0.8 ~ 1.0 倍，高度为壁厚的 4 ~ 5 倍。加强筋的几种常见形式如图 4.24 所示，图 4.24（a）所示为直线形加强筋，其结构简单，容易制造，但刚性差，常用于载荷较小的窄壁上。图4.24（b）所示为直角相交的加强筋，其制造简单，但容易产生内应力，广泛应用于箱形截面的床身与平板上。图4.24（c）和图4.24（d）所示为三角形及斜向交叉形加强筋，能保证足够的刚度，常用于支承件的宽壁与平板上。图4.24（e）所示为蜂窝形加强筋，其在各个方向都能均匀收缩，内应力小，但制造成本较高，常用于平板上。图4.24（f）所示为米字形加强筋，抗弯刚度和抗扭刚度都较高，但形状复杂，制造工艺性差，一般用于焊接床身。

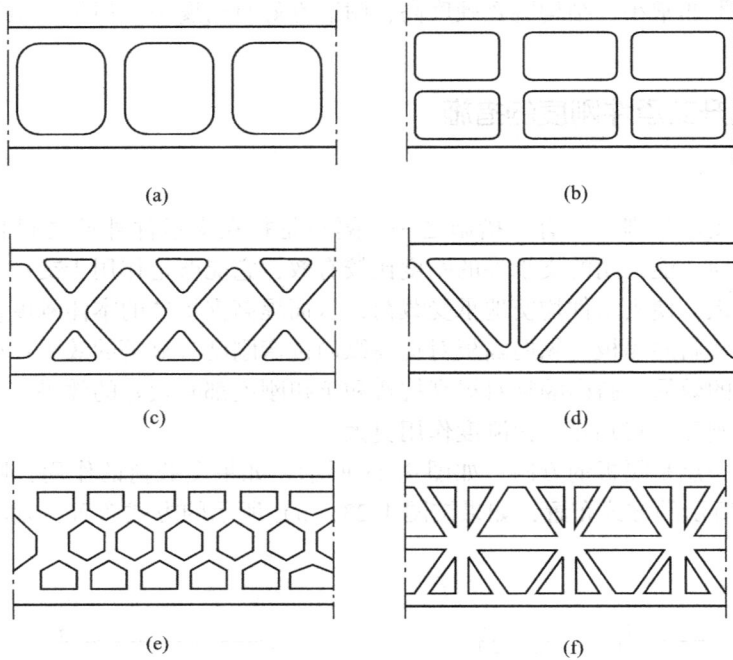

图4.24 加强筋的形式

（a）直线形加强筋；（b）直角相交的加强筋；（c）三角形加强筋；
（d）斜向交叉形加强筋；（e）蜂窝形加强筋；（f）米字形加强筋

3. 合理开孔和加盖

为了安装机件或清砂，立柱常需要开窗孔。在铸铁支承件壁上开孔会降低其刚度，当开孔面积小于所在壁面积的1/5时，对刚度影响较小。当开孔面积超过所在壁面积的1/5时，抗扭刚度会降低许多。所以，孔宽和孔径以不大于壁宽的四分之一为宜，且应开在支承件壁的几何中心附近。开孔对抗弯刚度影响较小，若加盖且拧紧螺栓，抗弯刚度可接近未开孔时的水平。对于抗扭刚度，开在较窄壁面上的窗孔，对刚度的影响比开在较宽壁面上的大。矩形截面的立柱，窗孔尽量不要开在前、后壁上。窗孔的宽度尽量不要超过立柱空腔宽度的70%，高度不超过空腔宽的1.0~1.2倍。

4. 提高支承件的接触刚度

为了提高接触刚度，不仅是导轨面，而且重要的固定结合面也必须配磨或配刮。固定结合面配磨时，表面粗糙度值$Ra \leqslant 16 \mu m$。配刮时，每$25 \times 25 mm^2$，高精度设备为12点以上，精密设备为 8 点，普通设备为 6 点，并应使接触点均匀分布。

　　固定螺钉应在接触面上造成一个顶压力。通常应使接触面的平均预压压强约为 2 MPa。由于被连接的物体是弹性体，因此，螺钉产生的接触面压强仅分布在一定的范围之内。如图 4.25 所示，件 1 用螺钉 2 固定在件 3 上，这时接触压强的分布应如图 4.25 的下半部件所示，称为压力锥，其母线通过螺钉头的边缘。研究表明，压力锥半角 $\theta = 50° \sim 60°$。参考以上数据，就可决定固定螺栓的直径、数量、距离以及拧紧螺钉时的扭矩，这个扭矩在装配时可用指针式扭力扳手控制。

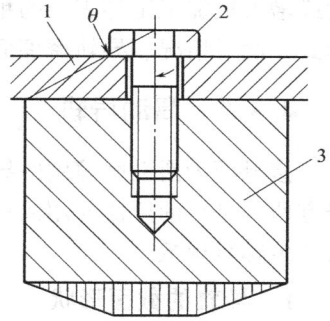

图 4.25　连接螺钉的压力锥
1—件 1；2—螺钉；3—件 3

4.3　导　轨　设　计

4.3.1　导轨的功用与基本要求

1. 导轨的功用

　　导轨是指引导部件沿一定方向运动的一组平面或曲面。导轨的功用是导向和承载，即引导运动部件沿一定轨迹（通常为直线和圆）运动，并承受运动件及其安装件的重力以及切削力。在导轨副中，运动的导轨称为动导轨，固定不动的导轨称为支承导轨。按照运动性质的不同，导轨分为主运动导轨、进给运动导轨和移植导轨三类。通常，主运动导轨与支承导轨之间的相对运动的速度较高；进给运动导轨的动导轨与支承导轨之间的相对运动速度较低。按照摩擦性质不同，导轨又可分为滑动导轨和滚动导轨，而滑动导轨中又包括静压导轨、动压导轨和普通滑动导轨。

2. 导轨的基本要求

　　（1）导向精度

　　导向精度主要是指动导轨运动轨迹的精确度。影响导向精度的主要原因有：导轨的几何精度和接触精度、导轨的结构形式、导轨及其支承件的刚度和热变形、静（动）压导轨副之间的油膜厚度及其刚度等。

　　直线运动导轨的几何精度一般包括导轨在竖直平面内的直线度、导轨在水平面内的直线度、导轨面之间的平行度等。

　　（2）精度保持性

　　精度保持性主要由导轨的耐磨性决定。提高机床导轨的耐磨性以保持其精度，是提升机床质量的主要方法之一。耐磨性与导轨的材料、导轨副的摩擦性质、导轨上的载荷状况及其分布规律、工艺方法、润滑和防护条件等因素有关。

　　（3）刚度

　　刚度包括导轨的自身刚度和接触刚度。导轨的刚度不足会影响部件之间的相对位置和导向精度。导轨刚度主要取决于导轨的结构形式、尺寸、与支承件的连接方式及受力状况等因素。

　　（4）低速运动平稳性

　　动导轨做低速运动或微量位移时易产生摩擦自激振动，即爬行现象。爬行会降低定位精度或增大被加工工件表面的粗糙度的值。影响导轨低速运行平稳性的主要因素有导轨的结构形式、润滑情况、导轨摩擦面的摩擦因数、传动导轨运动的传动系刚度等。

4.3.2 滑动导轨

接触面为滑动摩擦副的导轨称为滑动导轨。普通滑动导轨结构简单，工艺性好，使用维修方便，是目前广泛使用的一种导轨。滑动导轨的缺点是摩擦系数大、磨损快、寿命短、容易产生爬行现象。

1. 导轨的截面形状

直线运动滑动导轨的截面形状主要有矩形、V形、燕尾形和圆柱形四种，并且每种导轨副都有凹、凸之分，如图4.26所示。水平放置的凸形导轨（支承导轨）不易积存切屑，但也不易存留润滑油，多用在低速水平往复运动的工况中。凹形导轨易存留润滑油，常用于高速运动的情况，但铁屑等杂物易积存在导轨面上，必须有可靠的防护措施。

1）矩形导轨。图4.26（a）所示，矩形导轨靠两个彼此垂直的导轨面导向。若只用顶部的导轨面时，也称平导轨。矩形导轨刚度高，承载能力大，容易加工制造，便于维修。但该类导轨在侧导轨面磨损后不能自动补偿，需要有间隙调整装置。

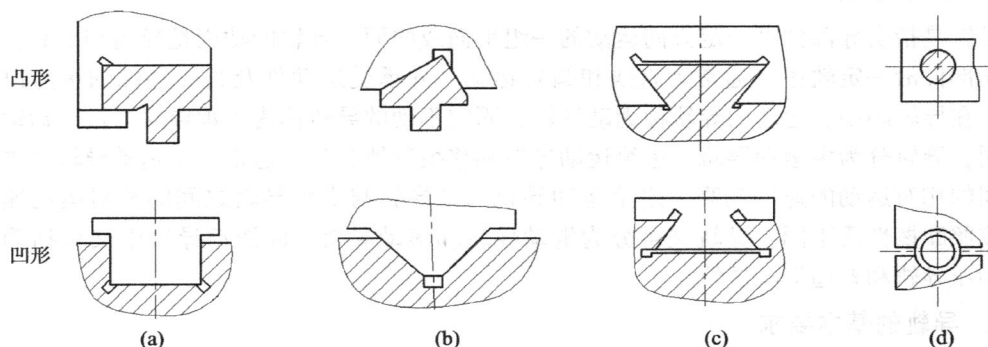

图4.26 直线滑动导轨的截面形状
（a）矩形；（b）V形；（c）燕尾形；（d）圆柱形

2）V形导轨。如图4.26（b）所示，V形导轨靠两个相交的导轨面导向。其中，凸形导轨习惯上又称山形导轨。V形导轨磨损后，动导轨自动下沉补偿磨损量，消除间隙，因此，该类导轨的导向精度较高。导轨顶角 α 的大小取决于承载能力和导向精度等工作要求，α 增大，导轨承载能力提高，但摩擦力也随之增大。α 通常取为90°（如车床，磨床），对于大型或重型机床（如龙门刨床），α 取为110°~120°，对于精密机床，取 $\alpha < 90°$。当导轨面承受的水平力和垂直力相差较大时，可采用不对称V形导轨，以使导轨面的压强分布均匀。

3）燕尾形导轨。如图4.26（c）所示，其高度较小，结构紧凑，可承受颠覆力矩，间隙调整方便。燕尾形导轨的缺点是摩擦阻力较大，刚度差，制造、检验和维修不方便。该类导轨一般用于受力较小、导向精度要求不高、速度较低、移动部件层次多、高度尺寸要求小的部件（如车床刀架、铣床工作台等）。

4）圆柱形导轨。如图4.26（d）所示，该类导轨制造方便，工艺性好，但磨损后较难调整间隙，常用于承受轴向载荷的场合（如摇臂钻床的立柱）。

2. 导轨的组合形式

机床通常采用两条导轨导向和承受载荷。根据导向精度、载荷情况、工艺性以及润滑和防护等方面的要求，可采用不同的组合形式。常见的导轨组合形式如图 4.27 所示。

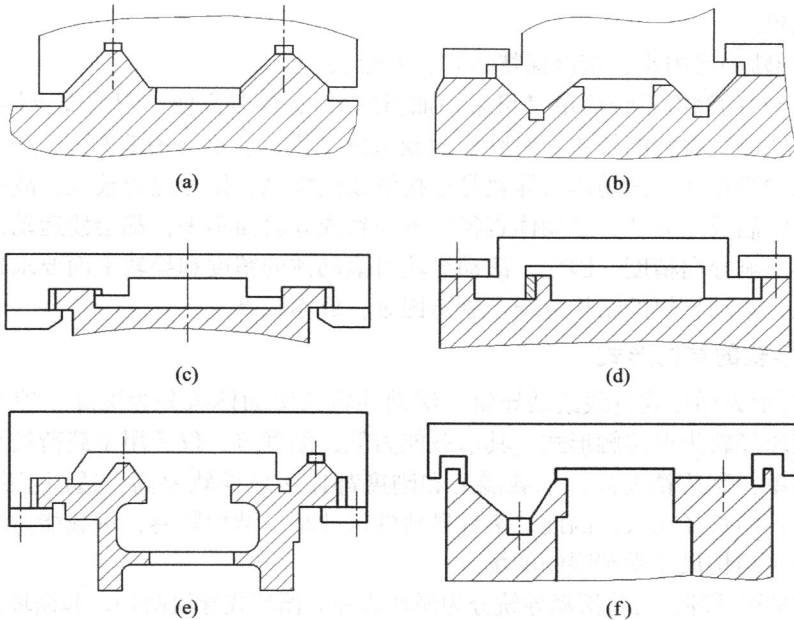

图 4.27　直线滑动导轨常见组合形式
（a），（b）双 V 形导轨；（c），（d）双矩形导轨；
（e），（f）V 形—矩形导轨组合

1）双 V 形导轨。如图 4.27（a）和图 4.27（b）所示，该类组合形式的直线滑动导轨导向精度高，磨损后能自动补偿间隙，精度保持性好。但导轨的加工、检验和维修较困难。常用于精度要求较高的机床，如坐标镗床、丝杠车床等。

2）双矩形导轨。如图 4.27（c）和图 4.27（d）所示，该类组合形式的直线滑动导轨刚性好，承载能力大，易于加工和维修。但导轨的导向性差，磨损后不能自动补偿间隙。适用于普通精度机床和重型机床，如重型车床、升降台铣床、龙门铣床等。

3）V 形—矩形导轨组合。如图 4.27（e）和图 4.27（f）所示，该类组合形式的直线滑动导轨导向性好，刚度大，制造方便，在实际中应用广泛。适用于卧式车床、龙门刨床等。

4.3.3　滚动导轨

滚动导轨是指在动导轨面和支撑导轨面之间安放多个滚动体（如滚珠、滚柱或滚针），使两导轨面之间的摩擦成为滚动摩擦的导轨。滚动导轨广泛应用于各类机床，特别是数控机床。

1. 滚动导轨的特点

滚动导轨与普通滑动导轨相比具有以下优点：

1）运动灵敏度高。滚动导轨的摩擦系数小，$f = 0.002\,5 \sim 0.005\,0$，且无论在高速运动或低速运动时，滚动导轨的摩擦系数基本不变，即静、动摩擦系数相差甚微。

2）定位精度高。滚动导轨的重复定位精度可达 0.1~0.2 μm，普通滑动导轨一般为 10~20 μm。

3）滚动导轨启动功率小，牵引力小，运动轻便、平稳，一般滚动导轨在低速移动时不会出现爬行现象。

4）滚动导轨的磨损小，精度保持性好，寿命长。

5）滚动导轨的润滑系统简单（可采用油脂润滑），维修方便（只需要更换滚动体）。

但滚动导轨的抗振性能较差，对脏物比较敏感，因此，必须有良好的防护措施与装置。由于导轨间无油膜存在，滚动体与导轨是点接触或线接触，接触应力较大，故一般滚动体和导轨须用淬火钢制成。另外，滚动体直径的不一致或导轨面不平，都会使运动部件倾斜或高度发生变化，影响导向精度，因此，滚动导轨对滚动体的精度和导轨平面要求较高。与普通滑动导轨相比，滚动导轨的结构复杂，制造困难，成本较高。

2. 滚动导轨的结构形式

图 4.28 所示为循环式直线滚动导轨。滚动导轨的滚动体可分为滚珠、滚柱、滚针三种结构形式。滚珠导轨为点接触形式，其承载能力低，刚度差，仅适用于载荷较小的场合。滚柱导轨结构简单，制造精度高，承载能力和刚度都比滚珠导轨要高，适用于载荷较大的机床。滚针比滚柱的长径比大，因此，滚针导轨的尺寸小，结构紧凑，承载能力大，但摩擦系数也大，多用于结构尺寸受到限制的场合。

按滚动体是否循环，可将滚动导轨分为循环式和非循环式导轨两种。非循环式滚动导轨结构简单，它是适用于短行程的导轨。循环式滚动导轨类型多样，但其结构都主要包括滚珠导套、滚珠导轨块和滚柱导轨块等。循环式导轨安装、使用、维护方便，已形成系列化产品。

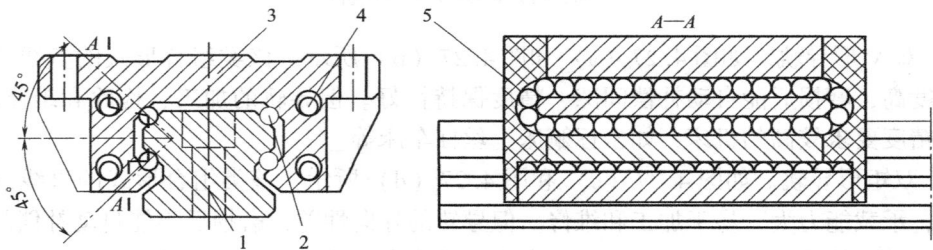

图 4.28 直线滚动导轨原理图
1—导轨条；2—滚珠；3—滑块；4—回珠孔；5—挡球板

3. 滚动导轨的预紧

预紧是指在滚动体与导轨面之间预加一定的载荷，增加滚动体与导轨的接触面积，以减少导轨面的平面度、滚子直线度和滚动体直径不一致等误差的影响，使大多数滚动体都均衡地参加工作。滚动导轨的预紧可以提高导轨的刚度，一般来说有预紧的滚动导轨比没有预紧的滚动导轨刚度可以提高 3 倍以上。

直线滚动导轨副的预紧可以分为四种情况：重预紧 F_0，预紧力为 C_d（C_d 为额定动载荷）；中预紧 $F_1 = 0.05C_d$；轻预紧 $F_2 = 0.025C_d$；无预紧 F_3。根据其规格不同，留有 3~28 μm 间隙，常用于辅助导轨、机械手等。轻预紧用于精度要求高、载荷轻的机床，如磨床进给导轨、工业机器人等。中预紧用于对刚度和精度均要求较高的场合，如数控机床导轨。重预紧多用于重型机床。预紧的方法可分为两种，一种是通过调整螺钉、垫块或楔块移动导轨来实现预紧；另一种是利用尺寸差达到预紧。

4.3.4　静压导轨

静压导轨的滑动面间开有油腔，将有一定压力的油通过节流器输入油腔形成压力油膜，浮起运动部件，使导轨工作表面处于纯液体摩擦，不产生磨损，其精度保持性好。同时摩擦因数也极低（ $f = 0.000\,5$ ），使驱动功率大幅度降低；其运动不受速度和负载的限制，低速无爬行现象，承载能力大，刚度好；油液有吸振作用，抗振性好，导轨摩擦发热也小。其缺点是结构复杂，要有附加供油系统，且油的清洁度要求较高，维修与调整困难。

图 4.29 所示为可变节流器反馈式静压导轨，多采用可调节流阀。当动导轨上受载荷 $F + F_w$ 作用时，平衡被破坏，动导轨下降，上油封间隙 h_1 减小，上油封液阻 F_{R1} 增大；下油封间隙 h_2 增大，下油封液阻 F_{R2} 减小。则流经节流阀上腔的流量减小，压力降减小，上油腔 1 中的压力 P_{b1} 升高；流经节流阀下腔的流量增大，压力降增大，使下油腔压力 P_{b2} 降低。也因 $P_{b1} > P_{b2}$ ，节流阀内的薄膜向下变形，使其上间隙增大，节流液阻 F_{Rj1} 减小；下间隙减小，液阻 F_{Rj2} 增大。四个液阻组成一个威斯顿桥，油腔压力 P_{b1} 和 P_{b2} 可由下式算出：

$$P_{b1} = \frac{p_s F_{R1}}{F_{R1} + F_{j1}}$$

$$P_{b2} = \frac{p_s F_{R2}}{F_{R2} + F_{j2}}$$

则由上式可知，可调节流阀上、下油腔的节流液阻与导轨上、下油封液阻的阻值作相反的变化，增加了油腔压力随外载荷变化的反馈能力，减少了由于外载荷变化引起的工作台位置的变化，即提高了导轨的刚度。因此采用闭式导轨，油膜刚度较高，能承受较大载荷，并能承受偏载和颠覆力矩作用。

气体静压导轨的工作原理与液体静压导轨类似。但由于气体的可压缩性，其刚度不如液体静压导轨。

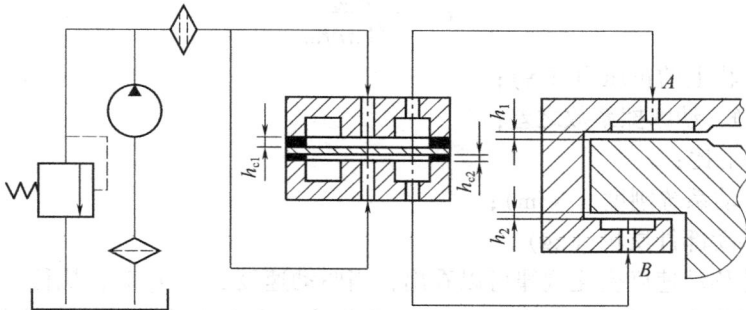

图 4.29　可变节流器反馈式静压导轨

4.3.5　提升导轨动态特性的措施

机床的某些运动部件往往需要做低速运动或间歇微量位移，因而，机床导轨易产生爬行现象。当机床导轨在运行过程中，主动件做匀速运动，被动件出现速度不均匀的跳跃式运动现象，即时走时停或出现时快时慢的现象。这种在低速运动过程中所产生的运动不平稳性称为导轨的爬行。爬行会影响机床的定位精度、加工精度以及工件的表面粗糙度。因此，应对爬行予以足够重视并采取有效措施防止爬行现象的产生。

1. 爬行过程分析

机床爬行一般是在低速滑动摩擦情况下发生的。它是由摩擦力特性引起的一种自激振动，主要与摩擦力特性和传动系统刚度等因素有关。通常，机床导轨静摩擦系数 f_0 大于动摩擦系数 f_d，在低速运行范围内，动摩擦系数随着速度增加而减小。

图 4.30 所示为简化后的进给传动机构力学模型，A 为驱动件，B 为执行件（如刀架、工作台、砂轮架等），从驱动件到执行件之间的进给传动系统（包括齿轮、丝杠、螺母等）作为弹性体，可简化为弹簧 C，其刚度系数为 K，D 为执行件的支承导轨。当 A 以较低的速度 v_0 匀速运动时，开始阶段由于 B 在导轨面上所受静摩擦阻力 F_0 变为动摩擦力 F_d，且 F_d 要比 F_0 较大，所以 B 仍保持不动，而弹簧 C 受到压缩储存能量，直到 A 移动 x_0 以后，弹簧的弹性力 Kx_0 超过静摩擦力，B 开始移动，这时静摩擦力 F_0 变为动摩擦力 F_d，且 F_d 要比 F_0 小得多，致使 B 加速运动，随着速度的增加，摩擦系数进一步减小，速度增加的更快。随着弹簧的伸长，其弹性能释放，弹簧力减小。当弹簧力小于动摩擦力时，B 做减速运动，当 B 的移动距离超过 A 时，弹簧由压缩状态变为拉伸状态，对 B 的反向弹簧力使其进一步做减速运动，直至运动停止。然后，由于驱动件 A 仍继续以 v_0 做匀速运动，上述过程会周而复始地进行，使 B 做"停顿—加速运动—减速运动—停顿"的爬行运动。

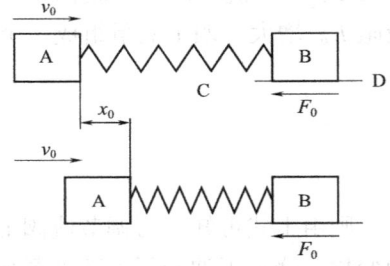

图 4.30　进给传动机构力学模型

2. 爬行临界速度

根据对爬行现象的理论分析，可以得出计算爬行的临界速度的公式。对于直线运动，临界速度 v_c 可按式（4.4）计算：

$$v_c = \frac{F\Delta f}{\sqrt{4\pi\varepsilon Km}} \tag{4.4}$$

式中，F —— 导轨上的正压力（N）；

Δf —— 静、动摩擦系数之差；

ε —— 阻尼比；

K —— 传动系统刚度（N/m）；

m —— 移动部件质量（kg）。

由运动部件移动速度变化规律可以看出，当驱动速度 $v_0 < v_c$ 时，执行件的速度在 $t = t_1$ 时将变为零，即出现爬行现象。当 $v_0 > v_c$ 时摩擦力变化呈上升特性，当执行件起动后，因静、动摩擦力的变化在加速运动过程中又受到随之加大的摩擦阻力的抑制作用。因此，执行件在经过一段过渡过程后，将按 v_0 做匀速运动而不会爬行。当 $v_0 = v_c$ 时，则处于临界状态。因此，要防止爬行现象，运动速度 v_0 必须大于临界速度 v_c。

3. 防止爬行的措施

根据以上分析，为防止爬行，应采取措施降低爬行的临界速度，即减小 Δf 和 m，增大 K 和 ε。具体来说，可采取以下几方面的措施：

1）改善导轨的摩擦性能，以减少静、动摩擦系数之差 Δf，如采用导轨油，导轨油中增加了极性添加剂，增加了油性，可使油分子紧紧地吸附在导轨面上；用滚动摩擦或静压液体摩擦代替滑动摩擦（采用滚动导轨和滚珠丝杠—螺母副）；选用摩擦系数小的滑动导轨表面材料（镶装铝青铜、锌合金、聚四氟乙烯的动导轨与铸铁的支承导轨配合）等；

2）提高传动系统刚度 K，如缩短传动链，减少传动件数量；提高各传动件及组件的刚度；合理确定传动系统的传动比等；

3）增加传动系统阻尼比 ε，如在摩擦表面上使用黏度较大的润滑油，保证丝杠传动副润滑充分；在传动链中增加阻尼器等；

4）减轻移动部件质量 m；

5）减小传动间隙；减小运动部件的偏重，避免操纵手柄偏重或安装脱开装置；提高零件的加工转配质量等。

4.4　滚珠丝杠螺母副机构

丝杠螺母副是将数控机床的旋转运动转换为直线运动的常用方法之一。

4.4.1　滚珠丝杠螺母副的工作原理

1. 滚珠丝杠螺母副的工作原理及特点

如图 4.31 所示的滚珠丝杠副是一种靠滚珠传递和转换运动的新型元件，其丝杠 3 和螺母 1 上分别加工有半圆弧形沟槽，合在一起形成滚珠的圆形滚道，并在螺母上加工有使滚珠形成循环的回珠通道，当丝杠和螺母相对转动时，滚珠可在滚道内循环滚动，从而迫使丝杠和螺母产生轴向相对移动。由于丝杠和螺母之间是滚动摩擦，因而具有以下特点：

1）摩擦损失小，传动效率高，可达 90% ~ 96%，是普通滑动丝杠副的 3 ~ 4 倍。

2）摩擦阻力小，几乎与运动速度无关，动、静摩擦力之差极小，因而能保证运动灵敏、平稳，低速时不易产生爬行现象。磨损小，精度保持性好，寿命长。

3）丝杠螺母之间进行消隙或预紧，可以消除反向间隙，使反向无死区，定位精度高、轴向刚度大。

4）不能自锁，传动具有可逆性，即能将旋转运动转换为直线运动或将直线运动转换为旋转运动，因此在某些场合，如传递直线运动时，应增加制动或防止逆转装置，以防工作台因自重而自动下降等。

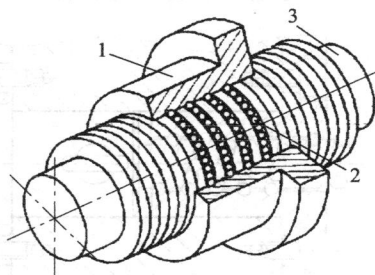

图 4.31　滚珠丝杠结构原理图
1—螺母；2—滚珠；3—丝杠

4.4.2 滚珠丝杠副的结构

各种不同结构的滚珠丝杠副的主要区别是螺纹滚道法向截面的形状、滚珠循环方式及轴向间隙的调整和预加负载的方法等三个方面。

1. 螺纹滚道的法向截面的形状

螺纹滚道的法向截面形状有单圆弧形面和双圆弧形面两种，接触角皆为45°。

2. 滚珠丝杠螺母副的循环方式

常用的滚珠丝杠螺母副的循环方式有两种，即外循环与内循环。

（1）外循环

图4.32所示为常用的一种外循环方式，这种结构在螺母体上轴向处钻出两个孔与螺旋槽相切，作为滚珠的进口和出口。再在螺母的外表面上铣出回珠槽并沟通两孔。另外，在螺母内进出口处各安装一挡珠器，此种方式的噪声较大。

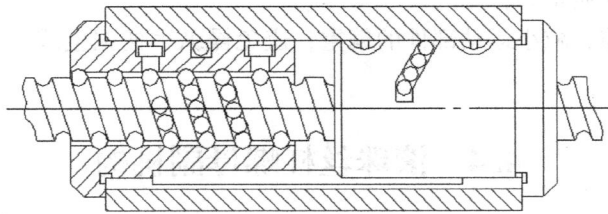

图4.32 外循环滚珠丝杠副

（2）内循环

内循环均采用反向器实现滚珠循环。反向器有两种形式，结构原理如图4.33所示。圆柱凸键反向器的圆柱部分嵌入螺母内，端部开有反向槽。反向槽靠圆柱外表面及其上端的凸键定位，以保证其对准螺纹滚道方向。

4.4.3 滚珠丝杠副的间隙调整

滚珠丝杠副消除间隙与调整预紧的方法主要包括垫片预紧、螺纹预紧、齿差预紧等。

1. 垫片预紧

双螺母垫片预紧结构如图4.34所示，其特点如下：

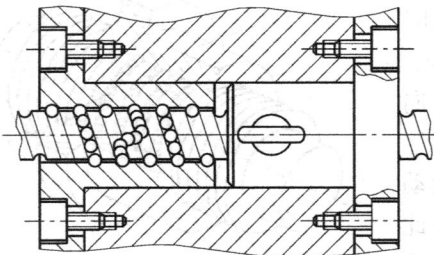

图4.33 内循环滚珠丝杠副

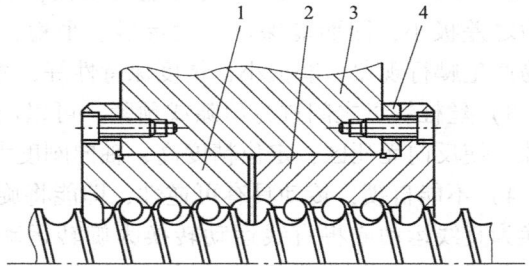

图4.34 双螺母垫片预紧结构

1，2—单螺母；3—螺母座；4—调整垫片

1）修磨垫片厚度，使两螺母间产生轴向位移，分为拉伸预紧和压缩预紧两种方式，前者采用较多。

2）结构简单，装卸方便，刚度高。

3）调整不变，滚道有磨损时，不能随时消除间隙和进行预紧。

2. 螺纹预紧

螺纹预紧结构如图 4.35 所示，其特点为：通常调整端部的圆螺母，使滚珠丝杠螺母产生轴向位移，其机构简单、紧凑，工作可靠，滚道磨损时可随时调整，但预紧量不准确，应用也较普遍。

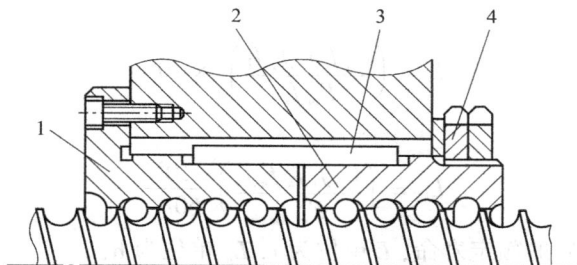

图 4.35　双螺母螺纹预紧结构

1，2—单螺母；3—平键；4—调整螺母

3. 齿差预紧

螺母齿差预紧结构如图 4.36 所示，其特点为：两个螺母上都有齿轮，分别与紧固在套筒两端的内齿圈相啮合，其齿数分别为 z_1 和 z_2，并相差一个齿，两个螺母向相同方向转动一个齿，调整的轴向位移为 $S = \dfrac{P}{z_1 z_2}$；其调整方便，能精确地调整预紧量，结构较复杂，多用于高精度传动。

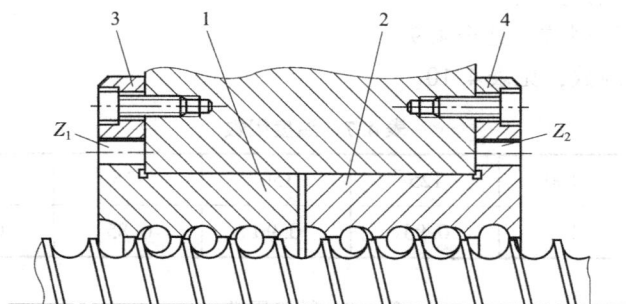

图 4.36　双螺母齿差预紧结构

1，2—单螺母；3，4—内齿轮

4.4.4　滚珠丝杠副设计

1. 选择计算的准则

由于滚珠丝杠副已标准化、系列化，并由专业厂家生产和供应，故对使用者来说主要是选用计算问题。

滚珠丝杠副的承载能力用额定负荷表示，其定义、计算和选用方法与滚动轴承基本相同。当滚珠丝杠传动的转速 $n > 10$ r/min 时，其主要失效形式为疲劳点蚀。计算准则与滚动轴承的计算准则相同，即根据额定动负荷选用滚珠丝杠副，只有当 $n < 10$ r/min 时才按额定静负荷选用。对于承受压缩的细长滚珠丝杠副需进行压杆稳定性计算；对转速高、支承距大的滚珠丝杠副需进行临界转速的校核；对精度要求高的传动要进行刚度验算、转动惯量校核，对闭环控制系统还要进行谐振频率的验算。

2. 疲劳寿命计算

（1）额定寿命

$$L = \left(\frac{C_a f_t f_h f_a f_k}{F_m f_w} \right)^3 \times 10^6 \qquad (4.5)$$

或

$$L_h = \left(\frac{C_a f_t f_h f_a f_k}{F_m f_w} \right)^3 \frac{10^6}{60 n_m} \qquad (4.6)$$

式中，L，L_h ——修正后的额定寿命，L 单位为 r，L_h 单位为 h；

C_a ——额定轴承动负荷（N）；

F_m ——丝杠的轴向当量负荷（N）；

n_m ——丝杠的当量转速；

f_t ——温度因数，见表 4.7；

f_h ——硬度因数，当导轨面硬度为 HRC58～64 时，$f_h = 1.0$，HRC 为 55 时，$f_h = 0.8$，HRC 为 50 时，$f_h = 0.53$；

f_h ——（滚道实际硬度 HRC/58）$^{3.6}$，由于标准规定硬度不低于 HRC58，故通常取 $f_h = 1$；

f_a ——精度因数，见表 4.8；

f_w ——负荷性质因数，见表 4.9；

f_k ——可靠性因数，见表 4.10。

表 4.7 温度因数

工作温度/℃	<100	125	150	175	200	225
f_t	1	0.95	0.90	0.85	0.80	0.75

表 4.8 精度因数

精度等级	1、2、3	4、5	7	10
f_a	1.0	0.9	0.8	0.7

表 4.9 负荷性质因数

负荷性质	无冲击平稳运转	一般运转	有冲击和振动运转
f_w	1.0～1.2	1.2～1.5	1.5～2.5

表 4.10　可靠性因数

可靠性/%	90	95	96	97	98	99
f_k	1.00	0.92	0.53	0.44	0.33	0.21

（2）当量负荷和当量转速

在变速和变负荷的条件下，必须折算成当量负荷和当量转速进行寿命计算。通常情况下可取

$$F_m = \sqrt[3]{F_1^3 \frac{n_1 q_1}{n_m 100} + F_2^3 \frac{n_2 q_2}{n_m 100} + \cdots + F_i^3 \frac{n_i q_i}{n_m 100}} \tag{4.7}$$

式中，n_i ——相应工作阶段的丝杠转速（r/min）；

q_i ——相应工作阶段所含时间比例（%）；

F_i ——相应工作阶段所受载荷（N）。

$$n_m = n_1 \frac{q_1}{100} + n_2 \frac{q_2}{100} + \cdots + n_i \frac{q_i}{100} \tag{4.8}$$

（3）滚珠丝杠副规格的选择

滚珠丝杠副的寿命见表 4.11，可参考选用。

表 4.11　各种机械滚珠丝杠的推荐寿命

主机类型	寿命 L_h/h	主机类型	寿命 L_h/h
数控机床、精密机床	15 000	自控系统	15 000
普通机床、组合机床	10 000	测量系统	15 000
工程机械	5 000 ~ 10 000	航空机械	1 000 ~ 2 000

根据选定的寿命 L_h、计算出的当量负荷 F_m 和当量转速 n_m，查得各项因数，由式（4.5）或式（4.6）即可求得额定动负荷 C_a。所选用的滚珠丝杠副的额定动负荷应大于或等于计算值。最后查阅有关滚珠丝杠副的产品手册即可得出其规格与型号。

3. 压杆稳定性和临界转速验算

（1）压杆稳定性

细长丝杠承受压缩载荷时，应验算压杆稳定性，不会发生失稳的最大压缩载荷为临界载荷 F_{er}。

$$F_{er} = 3.4 \times 10^6 \frac{f_1 d_2^4}{L_0^2} \tag{4.9}$$

式中，$d_2 = d_0 - 1.2 D_w$（mm）；

d_0 ——丝杠公称直径（mm）；

D_w ——滚珠直径（mm）；

L_0 ——丝杠最大承受长度（mm）；

f_1 ——丝杠支承方式系数，见表 4.12。

表4.12 滚珠丝杠支承结构形式

支撑形式	支撑方式系数		特点及应用
	f_1	f_2	
一端固定一端自由 （F—0）	0.25	1.875	（1）结构简单； （2）丝杠的轴向刚度比两端固定时低； （3）丝杠的压杆稳定性和临界转速都较低； （4）设计时尽量使丝杠受拉伸； （5）适用于较短和竖直的丝杠
一端固定一端游动 （F—S）	2.0	3.927	（1）需保持螺母与两端支撑轴，故结构复杂，工艺较困难； （2）丝杠的轴向刚度和F—O型相同； （3）压杆稳定性的临界转速比同长度的F—O型高； （4）丝杠有热膨胀的余地； （5）适用于较长的卧式安装丝杠
两端固定 （F—F）	4.00	4.730	（1）结构简单； （2）只要轴承无间隙，丝杠的轴向刚度为一端固定的4倍； （3）丝杠一般不会受压，无压杆稳定问题，固有频率比一端固定要高； （4）可以预拉伸，预拉伸后减少丝杠自重的下垂和补偿热膨胀，但需一套预拉伸机构，结构及工艺都比较复杂； （5）要进行预拉伸的丝杠，其目标行程略小于公称行程，减少量等于拉伸量； （6）适用于对刚度和位移精度要求高的场合

注：L_0—核算压杆稳定性的支撑距离；L_c—核算临界转速的支撑距离；F—固定端；O—自由端；S—游动端

（2）临界转速

高速长丝杠有可能发生共振，需验算其临界转速，不会发生共振的最高转速为临界转速 n_{er}。

$$n_{er} = 9\,910 \frac{f_2 d_2^4}{L_c^2} \qquad (4.10)$$

式中，$d_2 = d_0 - 1.2 D_w$（mm）；

　　　f_2——丝杠支承方式系数，见表4.12；

　　　L_c——临界转速的支撑距离（mm），见表4.12。

此外，滚珠丝杠还受 $d_0 n$ 值的限制，通常 $d_0 n \leqslant 7\,000$ mm·r/min。

4. 滚珠丝杠副系统刚度的计算

从理论上来说，滚珠丝杠副系统的刚度与丝杠刚度，丝杠副螺纹滚道与滚珠在轴向上的接触刚度，螺母座、轴承座刚度以及支承轴承刚度等多种因素有关。在实际设计中，通常采取提高轴承、轴承座、螺母座刚度等措施来提高系统刚度，而滚珠丝杠副刚度主要取决于丝杠刚度和钢球与滚道接触刚度。参考 ISO 标准，滚珠丝杠副系统刚度计算公式可简明表示为公式（4.11）。

$$\frac{1}{R_t} = \frac{1}{R_s} + \frac{1}{R_u} \tag{4.11}$$

式中，R_t ——滚珠丝杠副系统刚度（N/μm）；

$\quad\quad R_s$ ——滚珠丝杠轴刚度（N/μm）；

$\quad\quad R_u$ ——滚珠丝杠副螺纹滚道与钢珠在轴向的接触刚度（N/μm）。

$$R_s = \frac{\pi(d_0 - 12D_w)^2 E}{4L} \times 10^{-3}$$

其中，d_0，D_w ——查滚珠丝杠副样本可得；

$\quad\quad L$ ——支撑距离（mm），丝杠安装方式为一端固定另一端自由的螺母至固定端处的最大距离，如图 4.37 所示，当滚珠丝杠副安装方式为两端固定时，L 为两端固定支撑间距离，如图 4.38 所示；

$\quad\quad E$ ——弹性模数，$E = 2.1 \times 10^5$（N/mm²）；

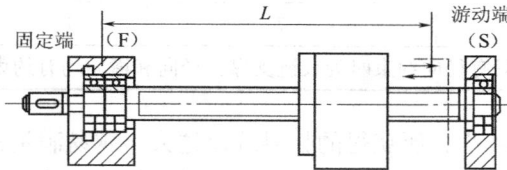

图 4.37　一端固定丝杠

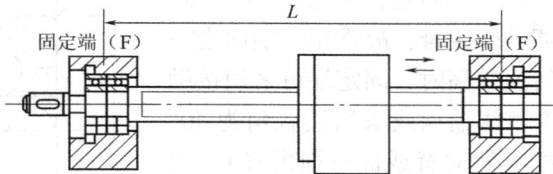

图 4.38　两端固定丝杠

5. 丝杠热位移 δ_t（mm）及其补偿

$$\delta_t = \alpha \Delta t l_u \tag{4.12}$$

式中，α ——线膨胀系数，$\alpha = 11 \times 10^{-6}$（1/℃）；

$\quad\quad \Delta t$ ——丝杠轴的温升，一般取 3℃ ~ 5℃；

$\quad\quad l_u$ ——螺纹有效长度（mm）。

可以对丝杠进行预拉伸以补偿其热伸长，拉伸量 δ_t'，等于或略大于热伸长量 δ_t。丝杠热伸长后，会使预拉伸力下降以致消失，却不会产生行程误差。转动丝杠尾端的轴座，靠螺纹就可使轴承左移以拉伸丝杠，调整好后靠螺钉完成紧定。预拉伸后丝杠行程在全长上大于预拉伸量 δ_t'。因此，制造丝杠时，应使丝杠的目标行程小于 δ_t'，即按 GB/T 17587.3—1998 的规定，对丝杠轴的行程精度提出负的方向目标值，使其在 l_u 长度内实际行程比标准值 δ_t' 小，拉伸后，行程等于标准值。

4.4.5 滚珠丝杠副的稳定性

长径比大的滚珠丝杠，应进行压杆稳定性计算，并使临界载荷 $F_{cr}/F_m \geqslant 2.5$。

当 $4\mu \dfrac{l}{d_1} > 85$ 时，

$$F_{cr} = \frac{\pi^3 E d_1^2}{64 (\mu l)^2}$$

当 $4\mu \dfrac{l}{d_1} < 85$ 时，

$$F_{cr} = \frac{120\pi d_1^4}{d_1^2 + 0.0032 (\mu l)^2}$$

式中，d_1 ——滚珠丝杠的螺纹小径（mm）；

l ——滚珠丝杠的最大工作长度（mm）

μ ——丝杠长度系数，其值取决于螺杆端部的支撑形式，如表 4.13 所示。

表 4.13　螺杆端部支撑结构对应丝杠长度系数

螺杆端部结构	两端固定	一端固定一端铰支	两端铰支	一端固定一端自由
μ	0.5	0.7	1	2
注：用滚动轴承支撑时，只有径向约束时为铰链支撑，径向和横向均有约束时为固定支撑				

上式表明，长度系数越小，所获得的临界载荷越大，越易满足稳定性条件。从长度系数可知：两端固定支撑时，长度系数最小。在选择滚珠丝杠的支撑方式时，应首先考虑两端固定的支撑形式，其次是一端固定一端铰支的支撑形式。垂直丝杠可采用一端（上端）固定，一端自由支撑。但两端固定形式装配和调整较困难，故常用一端固定一端铰支的支撑形式。当转速较高时，固定端可采用接触角为 60°的双向推力角接触球轴承或采用接触角为 40°的角接触球轴承双联组配（背对背或面对面配置）；当转速低时，可采用两个推力球轴承与深沟球轴承组合支撑，深沟球轴承居中。铰支端可采用深沟球轴承，滚珠丝杠采用推力角接触球轴承，如图 4.39 所示。

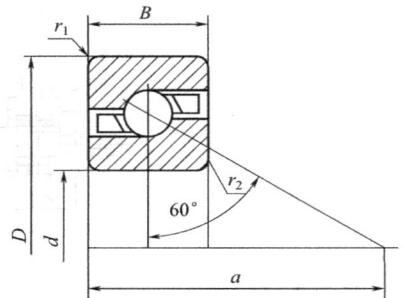

图 4.39　滚珠丝杠用推力角接触球轴承

4.5　机床刀架和自动换刀装置设计

4.5.1 刀架基本要求

刀架装置是用于安装刀具并可做移动或回转，便于对零件进行切削加工的部件。合适的刀架可使机床在一次装夹中完成多个工序加工，如数控机床多采用转位刀架，加工中心机床则采用刀库和自动换刀装置。刀库存储加工工序所需要的各种刀具，从十几把到上百把，并且自动换刀时间仅需几秒甚至零点几秒。机床刀架装置要满足的基本要求如下：

1）满足加工工艺的要求，有足够的刀具存储量，能够方便、正确地完成多种加工。

2）刚度高、可靠性高。刀架应具有较高的刚度，满足加工精度要求；刀库和自动换刀装置应具有足够的刚度，保证换刀平稳可靠。

3）重复定位精度高、精度保持性好。在加工过程中，刀架需要经常转位或定位，刀架的重复定位精度要求高，精度保持性要好。

4）换刀时间短。应尽量缩短刀架转位时间和加工中心自动换刀时间，提高效率。

5）操作方便，换刀动作灵活。

4.5.2　刀架结构

1. 数控机床刀架结构

数控机床刀架分为转塔式刀架和直排刀架两大类。

（1）转塔式刀架

转塔式刀架包含立式数控转塔刀架和卧式数控转塔刀架两种类型，根据各种刀架的性能不同又可分为简易和全功能刀架两种类型。简易刀架只能沿一个方向（一般为逆时针方向）转位，而全功能数控刀架可按最短距离就近选取刀位，其中卧式全功能数控转塔刀架可自动选择正、反转。

一般采用电气或液压驱动转塔式刀架来完成自动换刀，卧式液压全功能数控转塔刀架由大转矩液压马达驱动，液压刹紧，端齿盘作精定位，采用计数盘和接近开关或双片平行共轭凸轮进行分度。其特点是结构简单、动作平稳可靠、分度精度高、可双向回转和就近选择刀具以及可进行重负荷切削等优点。

（2）直排刀架

直排刀架典型的布置形式如图 4.40 所示，用于加工棒料为主的小规格数控机床一般采用直排式刀架。夹持各种不同用途刀具的刀夹，沿着机床的 X 方向排列在快换台板上。这种刀架的特点是方便刀具布置和机床换刀，根据工件的车削工艺要求对不同用途的刀具进行各种组合，当一把刀具完成车削工作后，快换台板按程序沿 X 轴向移动到预先设定的距离，第二把刀具就到达加工位置，完成机床换刀动作。这种刀架换刀迅速，大大提高了机床的生产效率。使用快换台板，可实现成组刀具的机外预调对刀，即当机床在加工某一工件的同时，

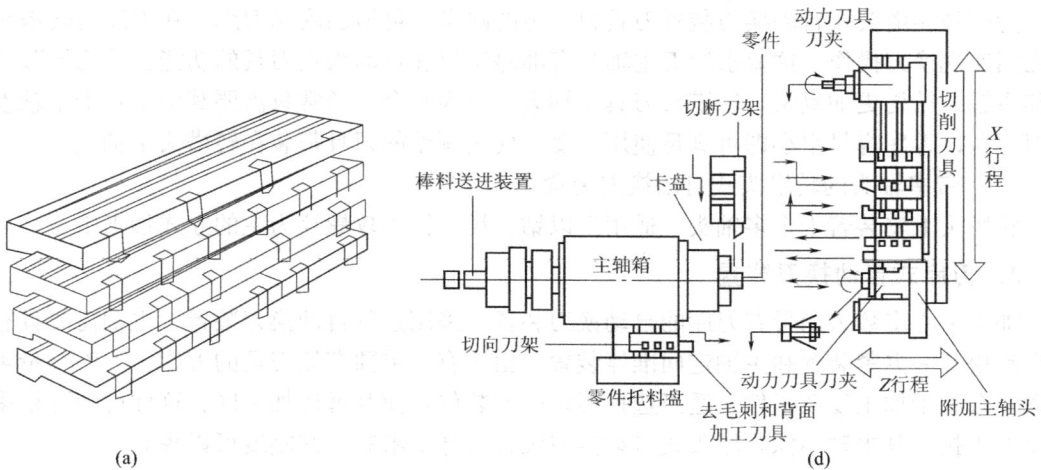

(a)　　　　　　　　　　　　　　(d)

图 4.40　快换台板与直排刀架

利用快换台可在机外组成加工同一工件或不同工件的直排刀组，利用对刀仪进行对刀。当刀具磨损或需要更换工件时，可用更换钛板的方式来成组地更换刀具，使换刀的辅助时间大大缩短。在直排刀架上还可以安装不同用途的动力刀具，如附加主轴头和动力刀具刀夹来夹持刀具，完成钻、铣、攻螺纹等加工工序，使机床在工件的一次装夹中完成全部或大部分加工工序。这种刀架结构简单、加工方便、制造成本低，适宜加工回转直径小于 100 mm 的数控车床。

2. 数控机床刀架的选用

目前，我国能够生产各种数控车床刀架，可以从中选取经济、适用的刀具。选用刀架时应考虑下述问题。

1）经济型数控车床一般选用 4 工位或 6 工位的立式数控转塔刀架。

2）全功能数控车床通常选用 8、10、12 工位卧式电动或液压数控转塔刀架。

3）最大回转直径小于 100 mm 的数控机床宜选用直排式刀架。

4）要考虑的其他因素主要有驱动刀架的动力源（电动和液动）、刀架的刹紧方式（机械和液压）、刀架发出信号的方式（机械压微动开关和无触点接近开关）等。

4.5.3 自动换刀装置

1. 转塔头式自动换刀装置

（1）无刀库的转塔头式自动换刀装置

一些无刀库的加工中心采用转塔头式的换刀方式。刀具主轴都集中在转塔头上，转塔头转位即可实现换刀，一般为顺序换刀。转塔头与主电动机和变速箱可做成一个整体部件，共同沿机床导轨运动，这种结构较紧凑，但移动部件较重；也可把主电动机和变速箱固定在机床上，只有转塔头沿机床导轨运动，使移动部件较轻，且振动及热量不会传递到转塔头中。转塔头式自动换刀装置，由于转塔头结构受限，刚度较低，而且由于每把刀具都需要一个主轴，因此刀具数一般不超过 10 把。

（2）附设刀库的转塔头式自动换刀装置

为弥补转塔头式自动换刀装置刀具数不足的缺点，可增加附属刀库，在刀库与转塔头主轴之间实现换刀操作。这要求换刀主轴具有准停定位和自动松夹刀具的功能，从而导致转塔头和主轴的结构更加复杂。转塔头刀具主轴数一般为 6 个，通常只需要其中某几个主轴参与换刀，所以刀库容量很小即可满足使用需要。使用频繁的刀具都装在转塔头主轴上。

（3）带多轴头的转塔头式自动换刀装置

转塔头上安装若干个多轴头，适用于以钻、扩、铰、攻螺纹为主的立式加工中心。

2. 刀库式自动换刀装置

加工中心多数采用带有刀库的自动换刀装置。采用这种自动换刀装置，主轴需要具有刀具自动松开—夹紧装置和主轴定向准停装置。由于有了单独存储刀具的刀库，刀库容量可以增大，有利于加工复杂工件。适当选择刀库的安装位置使其远离加工区，这样可消除很多不必要的干扰。其主轴不像转塔头式自动换刀装置那样受限制，其刚度可以提高。

（1）刀库容量

多数刀库有 20～60 把刀具。对于中等尺寸，一般复杂程度的工件，完成其全部加工工序所需的刀具数，约有 80% 的工件是在 10 ~ 40 把之间。例如，在既需要铣又需要孔加工的工件中，有 70% ~ 80% 的工件只需要不超过 14 把刀具（3 种铣刀，11 种孔加工刀具）就够用了。一般，按大多数工件加工时需要的刀具数确定刀库容量。当有个别数量较少的工件需要较多的刀具时，刀库可设计成在机床加工过程中能方便地更换少量刀具，而不必过分增大刀库容量。因为容量大的刀库成本高、结构复杂，故障率会相应增加，刀库管理也相应更复杂。

（2）自动换刀过程与步骤

1）一个工序完成后刀具快速退离工件。主轴定向准停后从加工位置退到换刀位置。主轴箱的换刀位置可以是固定的或任意的，这与自动换刀装置的类型有关，换刀过程不尽相同。

2）刀库选刀运动。使刀库中待交换刀具处于换刀位置。有些刀库的选刀运动可在机床加工时完成。

3）刀具交换。在用回转式单臂双手机械手换刀时，刀具交换包括下列动作：主轴松开旧刀具，机械手抓取新、旧刀具，从主轴、刀库中取出并换位，新刀具装入主轴并自动夹紧，旧刀具返回刀库。这些抓刀、拔刀、交换、插入刀具等的动作时间，即通常所说的刀具交换时间或换刀时间，该时间主要取决于换刀机械手的动作时间，它与自动换刀装置类型和机械手结构有关。

4）主轴消除准停、变速、启动旋转并快速趋近加工位置，用新刀具开始下一工序加工。

上述整个自动换刀过程所需的时间称为换刀过程时间，即从上一工序停止切削到下一工序开始切削所经历的时间。

（3）主要类型

按刀库的安装位置不同可以分为顶置（立柱顶部、上部或在主轴箱上）、侧置、悬挂、落地等多种类型；按刀库与主轴之间的刀具交换方式可分为直接换刀（无机械手）和机械手换刀两种。

1）直接换刀。

刀库中处于换刀位置的刀具的存放方向与主轴上装刀方向一致，无换刀机械手，换刀动作主要由刀库运动实现，其结构简单，换刀可靠性较高。

① 刀库安装在主轴箱上。刀库容量一般较小，以避免造成刀库体积过大而与加工区产生干涉。换刀动作全部由刀库运动实现。

② 刀库安装在立柱前上部。刀库做选刀回转运动和拔刀、插入刀具的运动。换刀时刀库移近主轴，可实现主轴任意位置换刀。也有在换刀时主轴箱移向刀库的，以实现主轴固定位置换刀。这种自动换刀装置换刀时间较长，刀库容量不大，多用于中小型加工中心。

2）机械手换刀。

刀库的位置要比无机械手的自动换刀装置灵活得多。刀库中刀具的存放方向与主轴装刀方向可以不一致。根据不同要求可配置不同形式的机械手。在刀库距主轴位置较远的情况下，还可设置刀具传送机构，在刀库与机械手之间传送刀具。用机械手换刀的自动换刀装置，刀库容量可以很大，而换刀时间可缩短到几秒。由于刀库位置和机械手换刀动作的不同，换刀过程不尽相同。

3. 有成套刀库的可换刀库自动换刀系统

为适应由加工中心组成的柔性加工系统的需要，换刀装置由单一的自动换刀装置扩展成有成套刀库的可换刀库自动换刀系统。它由刀库存储库、刀库自动更换装置和机械手等组成。图 4.41 所示为有可换刀库自动换刀系统的卧式加工中心。工件装在落地式工作台上，待换的备用刀库存放在机床后面固定的刀库托架上。更换刀库时，立柱沿 X 向导轨移至刀库储存库空托架前，松开的刀库从立柱上被推入空托架上，然后立柱移至选定刀库前对准刀库安装位置，把选定刀库从托架上装入立柱上的刀库座内定位夹紧。由两手成 180° 的回转式单臂双手机械手在刀库与主轴间换刀。机械手首先用其一只手爪从刀库中取出选好的刀具，然后机械手臂摆动 90°，用其另一只空手爪抓住主轴上待卸刀具并拔出，机械手再回转 180°，将新刀装入主轴，最后机械手臂反向摆动 90°，将卸下的刀具送回刀库。

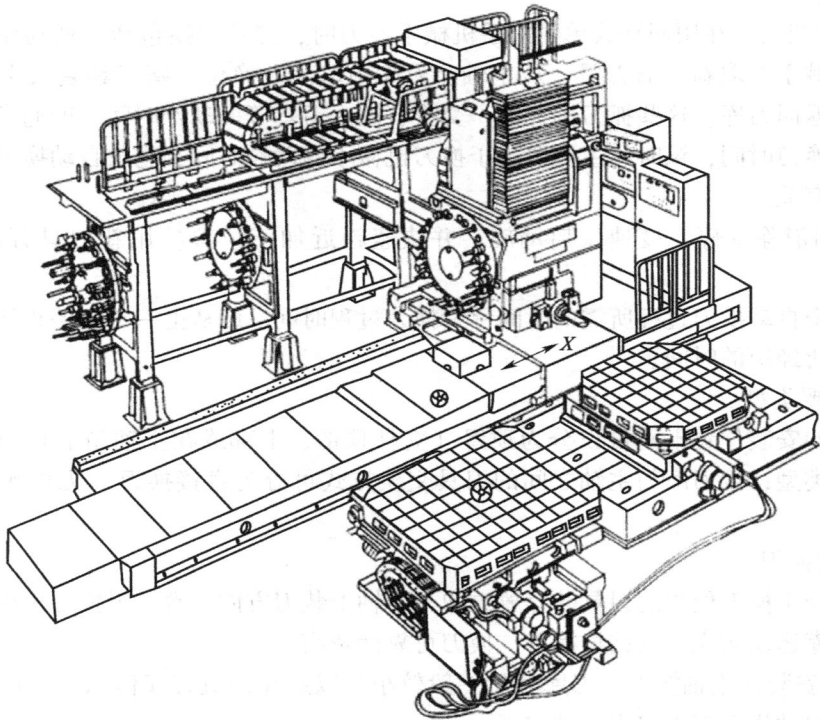

图 4.41 带自动换刀系统的卧式加工中心

4.5.4 自动选刀系统

数控机床的刀库中存储着多把刀具，按数控装置的刀具选择指令，从刀库中挑选各工序所需刀具的操作，称为自动选刀。目前，常用的自动选刀方式主要有顺序选刀和任意选刀两种。

1. 顺序选刀方式

刀具的顺序选择方式是将刀具按加工工序的顺序，依次放入刀库的每一个刀座内。每次换刀时，刀库按顺序转动一个刀座的位置，并取出所需要的刀具。已经使用过的刀具可以放回到原来的刀座内，也可以按顺序放入下一个刀座内。采用这种方式的刀库，不需要识别装置，而且驱动控制也比较简单，可以直接由刀库的分度机构来实现。因此，刀具的顺序选择方式具有结构简单、工作可靠等优点。但由于刀库中的刀具在不同的工序中不能重复使用，因而必须相应地增加刀具的数量和刀库的容量，这就降低了刀具和刀库的利用率，而且每更换一种工件，必须重新排列刀库中的刀具顺序，增加了操作的复杂性，在使用同一种刀具时，刀具的尺寸误差也容易导致加工精度不稳定。此外，人工装刀操作必须十分谨慎，如果刀具在刀库中的顺序发生差错，将会造成严重的事故。

2. 任意选刀方式

由于数控系统的发展，目前绝大多数数控系统都具有刀具任选功能，因此，多数加工中心都采用任选刀具的换刀方法。任选刀具的换刀方式包括刀具编码、刀座编码和软件记忆力刀具识别等方式。

（1）刀具编码方式

刀具编码方式是采用一种特殊的刀柄结构，对每把刀进行编码，换刀时通过编码识别装置，按换刀指令代码，在刀库中寻找出所需要的刀具。由于每一把刀具都有自己的代码，因此，刀具可以存放于刀库的任意一刀套中。这样的刀库中的刀具在不同的工序中就可以重复使用，而且换下来的刀具也不必放回原来的刀套中，避免了因刀具存放在刀库中的顺序差错而造成的事故；同时缩短了刀库的运转时间，刀库的容量也可相应地减少，使自动换刀控制线路得到简化。

刀具编码的具体结构如图 4.42 所示。在刀柄 1 后面的拉紧螺杆 4 上套装有一组等间隔的编码环 2，由锁紧螺母 3 固定。编码环既可以是整体的，也可以是由圆环组装而成的。编码环的外径有大、小两种不同的规格，大直径表示二进制的"1"，小直径表示"0"。通过对这两种圆环的不同排列，可以得到一系列的代码。

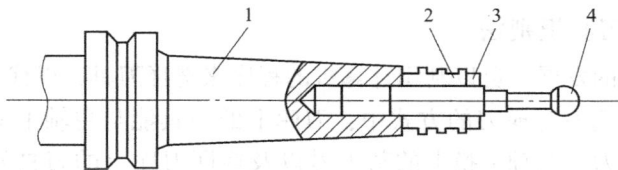

图 4.42 刀具编码

1—刀柄；2—编码环；3—锁紧螺母；4—拉紧螺杆

（2）刀座编码方式

刀座编码方式是对刀库的刀座进行编码、刀具进行编号。装刀时，将与刀座编码相对的刀具一一放入指定的刀座中，然后根据刀座的编码选取刀具。换刀时刀库旋转，使各个刀座依次经过刀具识别装置，直至找到所需要的刀座，刀库便停止旋转。刀座编码方式取消了刀柄中的编码环，使刀柄的结构大为简化。因此，刀具识别装置的结构不受刀柄尺寸的限制，而且可以放置在较为合理的位置。采用刀座编码方式时，在自动换刀过程中必须将用过的刀具放回原来的刀座中，增加了刀座动作的复杂性，如果操作者把刀具误放入与编码不符合的刀座内也会造成事故。与顺序选择刀具的方式相比，刀座编码的突出优点是刀具在加工过程中可以重复使用。

刀座编码方式分为永久性编码和临时性编码。一般情况下，永久性编码是将一种与刀座编号相对应的刀座编码板安装在每个刀座的侧面，它的编码是固定不变的。临时性编码也称钥匙编码，它采用了一种专用的代码钥匙（如图4.43（a）所示），并在刀座旁设专用的代码钥匙孔（如图4.43（b）所示）。编码时，先按加工程序的规定给每一把刀具系上表示该刀具号码的代码钥匙，在刀具任意放入刀座的同时，将对应的代码钥匙插入该刀座旁的钥匙孔内，这样就通过钥匙把刀具的号码转记到该刀座中，从而给刀座编上了代码。编码时，钥匙对准键槽和水平方向槽子插入钥匙孔座，然后顺时针方向旋转90°。处于钥匙有齿部分的弹簧接触片被撑起，表示代码"1"，处于无齿部分的弹簧接触片保持原状，表示代码"0"。刀库上装有数码读取装置，它由两排成180°分布的炭刷组成。当刀库转动选刀时，钥匙孔座的两排接触片依次通过炭刷，读出刀座的代码，直到找到所需的刀具。当刀具从刀座中取出时，刀座中的编码钥匙也取出，刀座中原来的编码随之消失。因此，这种方式具有更大的灵活性，各个工厂可以对大量刀具中的每一种进行统一的固定编码，有利于程序编制和刀具管理，而且在刀具装入刀库时，不容易发生人为差错。但是，钥匙编码方式仍然必须把用过的刀具放回原来的刀座中，这是它的主要缺点。

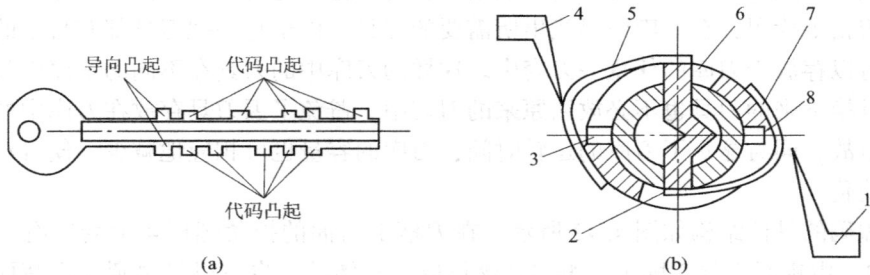

图4.43　钥匙编码

1，4—碳刷；2—钥匙凹处；3，8—钥匙孔座；5，7—弹簧接触片；6—钥匙凸起处

3. 软件记忆力刀具识别法

随着计算机技术的发展，可以利用计算机的程序来选择刀具，以代替传统的编码环和刀具识别装置。在这种选刀与换刀的方式中，刀库上的刀具能与主轴上的刀具任意地直接交换，即任意选刀、换刀。主轴上换上的新刀号以及换回刀库上的刀具号，均在计算机（或可编程序控制器）内部相应地存储单元记忆中，不论刀具放在哪个地址，都始终能跟踪记忆。这种刀具选择方式需要在计算机内部设置一个模拟刀库的数据表，其长度和表内设置的数据与刀库的刀座位置数和刀具号相对应。这种方法主要用软件来完成选刀，消除了由于刀具识别装置的稳定性和可靠性所带来的选刀失误。

4.6　机床控制系统设计

4.6.1　控制系统内容

现代制造装备技术都是以电动机、伺服电动机、液压马达等为动力源，通过机械传动、液压传动或气动来实现各种部件的运动。这些运动主要包括切削加工设备的主运动和沿各坐标方向的进给运动，同时也包含运动的启动、停止、变速、换向以及运动的先后次序，运动轨迹和距离，换刀，测量，冷却与润滑液的供应与停止，夹具的松、夹动作，自动线上各种运动的匹配等。

我们通常是按照某原理和方法对切削加工的机床、夹具及自动线的工作特性进行调节或操纵。如采用机械（凸轮）控制、电气控制、液压控制和气动控制等，又如采用启动、变速（调速）、停止等控制方式对运动进行调节或操纵。目前，已经采用程序启动替代最原始的最简单的闸刀、按钮启动。所采用的变速方式通常有各种齿轮变速机构、手柄凸轮式、液压油缸活塞—拨叉、机械摩擦离合器等。采用的停止方式包括用闸刀、按钮、挡铁、行程开关等器件和程序来实现。

在上述各项运动中最复杂、最关键、要求最高的是切削加工设备的主运动和进给运动及它们的组合运动，因为它们决定了所加工零件的表面精度。例如：

1）车削锥体和回转曲面时，除主轴带动工件做回转运动外，还需要车床做纵、横两方向的协调运动；

2）在立式铣床上铣平面凸轮时，除主轴带动刀具做旋转的主运动外，还需工作台做 X、Y 两个坐标轴方向的协调运动；

3）当加工三维曲面时，除刀具做旋转主运动外，还需同时在 Z 方向运动，且此运动与 X、Y 的运动协调配合，以形成三维空间曲面。

这种控制也可称为轨迹控制，目前是用数字控制来实现的。

其余运动，如电动机的启、停，电磁阀和电磁离合器的通、断，冷却泵电动机的打开与关闭，刀架、工作台或刀库的转位、换刀，夹具的松开、夹紧，自动线上的各种物料输送等动作，在一定的位置点动作即可。目前多采用可编程控制器来实现控制。

4.6.2　行程和时间控制

1. 行程控制

行程控制是利用运动部件的行程进行控制的，把行程开关设置在执行部件行程当中的某几点或终点，通过电路的接通与断开来控制电动机、电磁阀、电磁离合器等的通电与断电，从而控制执行部件本身或其他部件的运动。

行程控制多用在组合机床和组合机床自动线上，组合机床可根据工艺要求进行钻孔、镗孔、铣平面、车端面和切槽等工序。在自动线上，由于全部工艺过程都自动进行，故要求各种动作要协调有序，并能保证加工效率和加工精度。例如，在工件被夹紧之后启动动力头，一切工序都加工完毕后松开夹紧，移动工件。图 4.44 所示为一个动力头的组合机床行程控制原理框图，图 4.44（b）所示为它的工作循环图。开始工作时，先夹紧工件，然后动力头要快速趋近工件，然后对零件进行加工，加工完毕要快退，动力头退到原位时松开夹紧。图 4.44（a）所示为完成上述动作的行程控制原理图。当主令按钮 A 按下时，继电器 a 通电，液压缸 Ⅰ 动作，夹紧工件。工件被夹紧后，压力继电器（图中未表示）压下行程开关 1，接通其常开触点，使继电器 b 通电，控制动力头 Ⅱ 快速趋近工件，并启动动力头主电动机。当动力头 Ⅱ 接近工件，开始加工之前，压下行程开关 3，使继电器 c 通电，控制动力头 Ⅱ 由快进转为工作进给。加工完毕，动力头到达行程终点位置，压下行程开关 4，使继电器 c 断电，d 通电，动力头转为快速退回。当它退到终点时压下行程开关 2，a 断电，液压缸 Ⅰ 中的活塞退回，夹具松开。可取下工件，再换另一个待加工工件。

(a)

(b)

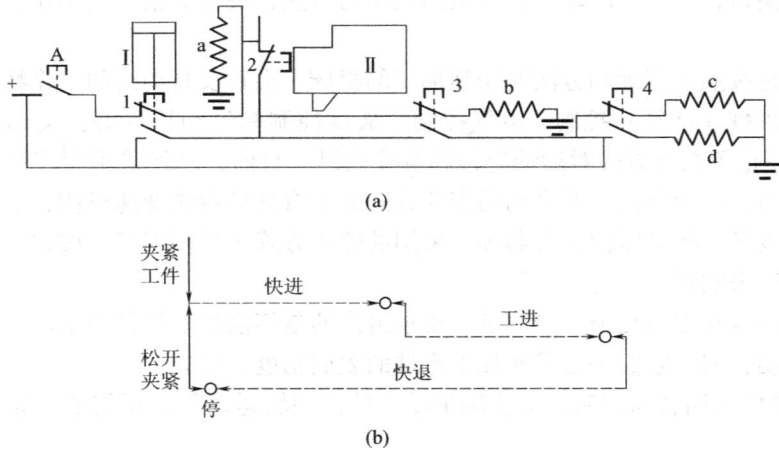

图 4.44　行程控制原理框图

（a）行程控制原理图；（b）工作循环图

1，2，3，4—行程开关

2. 时间控制

机床上部件动作的时间分配和运动的行程信息都记录在凸轮上，所以一般采取凸轮机构作为机床上的时间控制系统。凸轮控制主要用在机械传动的自动、半自动机床上。由于凸轮的形状和安装角度不同，故可以控制执行部件的先后动作顺序。凸轮回转一周，完成一个工作循环，加工出一个工件，改变凸轮的转动速度可改变其工作循环周期。

图 4.45 所示为凸轮控制示意图，凸轮 1、11 和 9 装在分配轴 I、II 上，同分配轴一起旋转。加工周期从凸轮 o 点开始，此时三个杠杆 2、12、8 的滚子都在 o 点与凸轮接触。凸轮转过 α_1 角，在 a 点杠杆滚子与凸轮接触。凸轮 9 的 oa 段是快速升程曲线，在杠杆 8 的作用下刀架 7 快递移动趋近工件。凸轮 1 和 11 的半径不变，刀架 6 和 13 保持不动。当凸轮转过 α_2 角时，凸轮 9 转过 ab 段，该段是加工升程曲线，机床进行钻孔加工，b 点是升程的最高点，钻孔也达到了要求的深度。凸轮 11 的 abc 段是快速升程曲线，刀架 13 在杠杆 12 的推动下向前趋近工件。凸轮 1 的半径不变，刀架 6 不动。当凸轮从 b 点转到 c 点时，凸轮 9 的 bc 段是回程曲线，凸轮半径减小。杠杆 8 在回程曲线作用下使刀架 7 退回原位。凸轮 11 的 bc 段仍是快速升程曲线，刀架 13 继续趋近工件。凸轮 1 的半径不变，刀架 6 不动。凸轮与杠杆滚子的触点越过 c 点以后，凸轮 11 的 cd 段是加工升程曲线，刀架 13 向前做进给运动，刀具进行切削加工。凸轮 1 和 9 的 cd 段，半径不变，刀架 6、7 保持不动。当凸轮转至 d 点与杠杆滚子接触时，凸轮 11 达到了加工升程曲线的最高点，刀架 13 达到了要求的切削深度。凸轮 1 处于升程曲线的起点。当凸轮从 d 点转到 e 点时，凸轮 1 使刀架 6 快速引进；凸轮 11 使刀架 13 快速后退；凸轮 9 的 $defgo$ 段半径不变，使刀架 7 停留在最后位置，直到下一循环开始。当凸轮转至 f 点时，凸轮 1 使刀架 6 完成进给；转至 g 点时，完成快退。凸轮 11 的 efg 段半径不变，使刀架 13 停在后面位置不动。当凸轮与杠杆滚子的接触点从 g 到 o 时，三个凸轮的半径不变，三个刀架都不动，此时机床进行自动上料、夹紧、换刀等辅助运动。

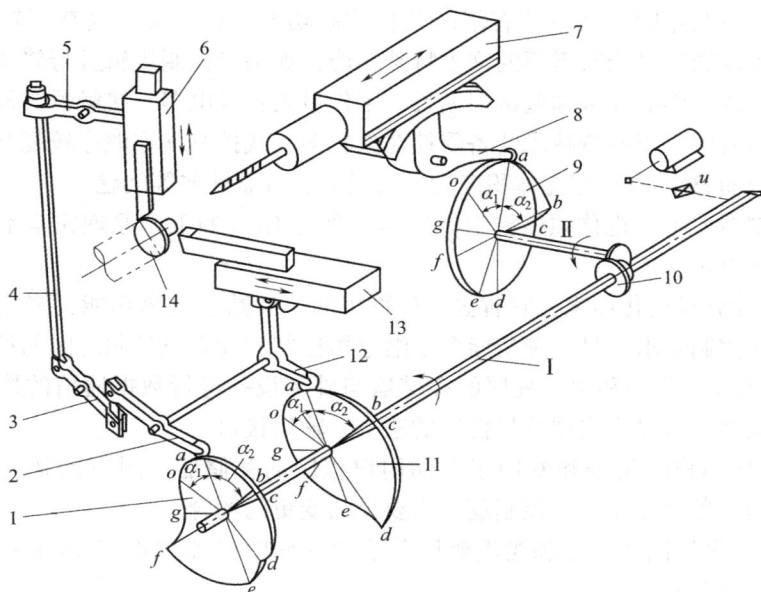

图 4.45 时间控制原理

1，9，11—凸轮；2，8，12—杠杆；3，4，5—连杆；6，7，13—刀架；10—换向锥齿轮

由换置机构 u 控制分配轴 Ⅰ、Ⅱ 旋转一周的时间，通过改变 u 的传动比来改变凸轮的旋转速度进而对加工周期进行调整。

4.6.3 顺序控制

1. 概述

如图 4.46 所示，以钻床钻孔的顺序控制为例加以说明。按钮给出启动指令，且钻头开始处于规定的起始位置时（上限限位开关 1），控制系统启动钻孔过程。首先，钻头（即主轴）旋转且垂直向下进给，然后通过下限限位开关 2，控制系统得到钻头要达到的孔深要求信息。为保证加工质量，要求钻头到位后再继续转动一定时间（可用延时元件控制），然后才向上返回，同时主轴停转。待回到上限限位开关 1 处时，一个工作循环就自动结束。

其中的输入信号包含按钮、行程限位开关等动作，各种输入信号通过控制系统的逻辑处理后，做出必要的控制动作并传送给输出部分，使钻床主轴执行相应的开、关动作。每一个执行动作都由控制系统按顺序依次发出。

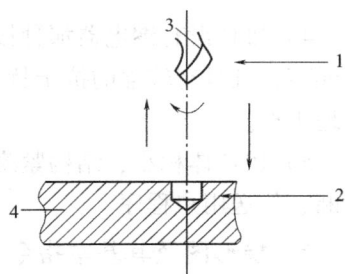

图 4.46 钻床钻孔示意图

1—上限限位开关；2—下限限位开关；
3—钻头；4—工件

通常，上述工况包括信息输入、信息处理、信息输出、工作机械执行机构的执行等过程。根据所生产产品的具体要求对工作机械的工作过程进行设计。由控制系统接受输入信息并经过相应处理后依次（顺序）发给执行机构（输出）来执行具体要求的动作。

以前的顺序控制系统都具有能够实现规定的顺序控制功

能的电路（RLC）。在实际应用中，RLC 存在一些难以克服的缺点，如：只能解决开关量的简单逻辑运算，以及定时、计算等有限的几种控制功能，难以实现复杂逻辑运算、算术运算、数据处理以及数控机床所需的许多特殊功能；如果对控制逻辑进行修改，需要增减控制元件和重新布线，因而安装和调试周期长、工作量大；继电器、接触器等器件体积大，每个器件工作触点有限，当制造技术装备受控对象较多，或控制动作顺序较复杂时，需要采用大量的器件，因而整个 RLC 存在体积庞大、功耗大、可靠性差等问题。

可编程控制器 PLC（也称顺序控制器）是一种与 RLC 的工作原理完全不同的顺序控制器，它有如下特点：

1）PLC 由计算机简化而来，它省去了计算机的一些数字运算功能，强化了逻辑运算功能，以适应顺序控制要求，是一种功能介于继电器控制和计算机控制之间的控制系统。它包含 CPU 存储系统控制程序和用户程序的存储器与外部设备进行数据通信的接口及工作电源等，为工作机械和工作过程实现信号传送的输入、输出接口。

2）具有面向用户的指令和专用于存储用户程序的存储器。用户控制逻辑用软件来实现。适用于控制对象动作复杂、控制逻辑需要灵活变更的场合。

3）用户程序采用图形符号和逻辑顺序关系的梯形图（如图 4.47 所示）进行编辑，将更为直观且容易理解和掌握。

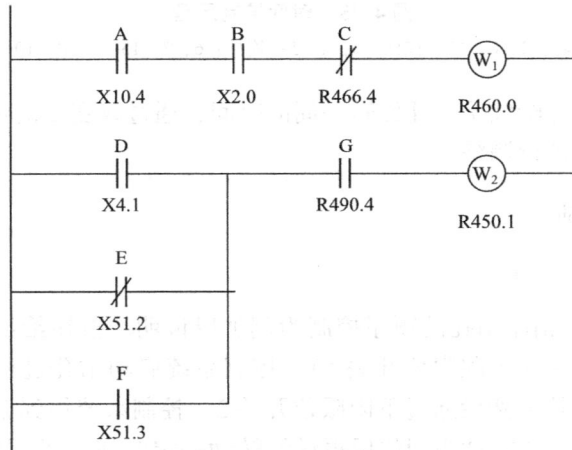

图 4.47　梯形图结构

4）PLC 没有继电器那种接触不良、触点熔焊、磨损和线圈烧断等故障，运行中无振动、无噪声，且具有较强的抗干扰能力，可以在环境较差（如粉尘、高温、潮湿）的条件下可靠地工作。

5）PLC 体积小，结构紧凑，而且容易与计算机相连，故可以方便地输入、显示、编辑、诊断、传送用户程序。

2. 梯形图及其基本指令

机床出厂时厂家已将 PC 程序中的系统管理程序和编译程序固化于存储器中，用梯形图来表示面向用户或面向生产过程的应用程序或用户程序。梯形图中有左右两条竖直线，称为母线（或电力轨）。梯形图是母线和夹在母线间的节点（或触点）、线圈（或称继电器线圈）、功能块、功能指令等构成的一个或多个网络。在左右母线间的梯形图是一个网络，包括母线称为一个梯级，每个梯级由一行或数行构成。如图 4.48 所示由两个梯级构成，上一个梯级只有一行，含有 3 个节点和一个线圈；下一个梯级由 3 行构成，含 4 个节点和一个线圈。

这里介绍一些各厂家所使用的基本编程指令供大家学习和参考。

（1）基本指令

逻辑运算、定时器、计数器、位移寄存器、主控、输出等指令是 PC 的基本指令。

1）逻辑操作开始指令。

逻辑行和逻辑块操作的开始触点是在梯形图中与左侧母线连接的触点及分支母线相连的触点，表示一个逻辑行或逻辑块的逻辑运算从该触点开始，可以是动合触点、动断触点以及定时器、计数触点。图 4.48（b）中所示的动合触点开始指令为 LD，动断触点开始指令为 LDN。

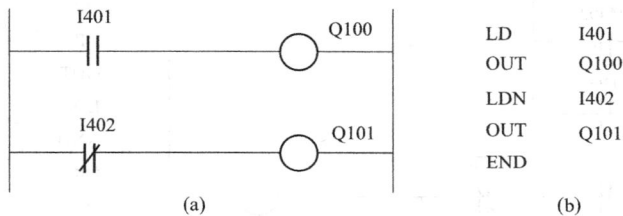

图 4.48　逻辑操作开始命令

（a）梯形图；（b）语句表

2）逻辑"与"指令。

梯形图中触点的串联连接，表示该触点与其左侧触点为逻辑"与"操作，可以多个触点串联进行逻辑"与"操作。在梯形图 4.49（a）中第 1 条支路为动合触点 I401"与"动合触点 I402 再"与"动合触点 M403，第二条支路为动合触点 I404"或"动合触点 I406 后再"与"动断触点 I405。在语句表图 4.49（b）中"与"动合触点指令为 AND，"与"动断触点指令 ANDN。

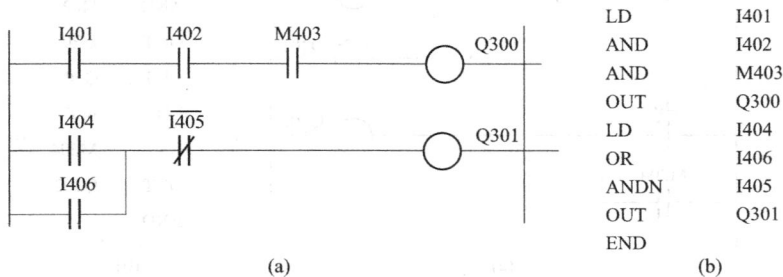

图 4.49　逻辑"与"指令

（a）梯形图；（b）语句表

3）逻辑"或"指令。

梯形图中触点的并联连接，表示该触点与前面的触点为逻辑"或"操作，也可多个触点并联连接。在梯形图 4.50（a）中，第 1 条支路为动合触点 I401"或"动合触点 M402 再

"或"动合触点 Q300；第 2 条支路为动合触点 I403 "与"动断触点 M404 后再"或"动合触点 M405。在语句表图 4.50 （b）中"或"动合触点指令为 OR，"或"动断触点指令为 ORN。

4）输出指令。

梯形图中位于逻辑行末尾的线圈表示该逻辑行结束，逻辑运算的结果驱动该线圈。可以是输出继电器、内部继电器、定时器、计数器以及功能寄存器，但不能驱动输入继电器。输出指令并联可以同时驱动多个继电器。在梯形图 4.51 （a）中动合触点 I400 直接驱动输出继电器 Q300；动合触点 I401 "与" I402 的结果驱动内部继电器 M204 和继电器 Q301；动合触点 I403 "或" M204 的结果驱动输出继电器 Q302。在语句表图 4.51 （b）中输出指令为 OUT。

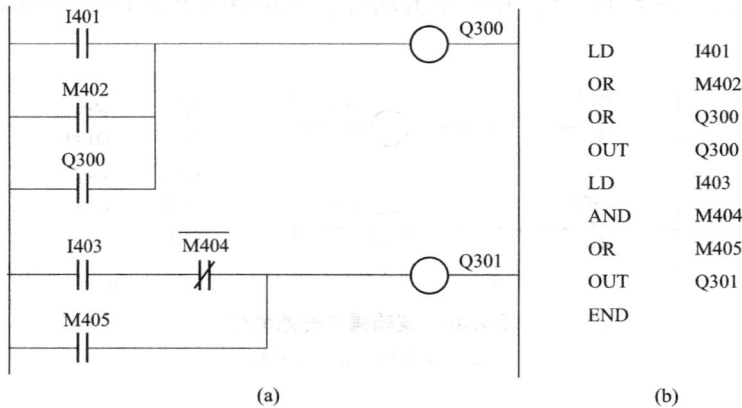

(a)   (b)

图 4.50　逻辑"或"指令

（a）梯形图；（b）语句表

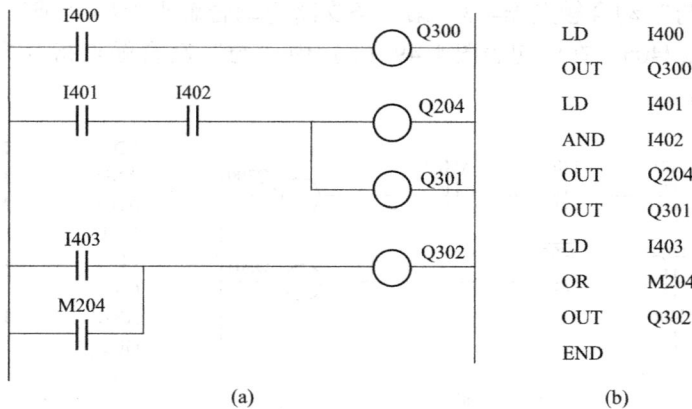

(a)   (b)

图 4.51　输出指令

（a）梯形图；（b）语句表

5）线圈设定指令。

应用和线圈设定指令在一定条件下对线圈进行置位（使其接通）或复位（使其断开）操作。一旦设定，在任何条件下，其状态均保持不变，具有保持作用，只能用于输出继电器、内部继电器、移位寄存器。在梯形图 4.52（a）中动合触点 I100 闭合时将输出继电器 Q300 置位使其接通，之后即使 I100 断开 Q300 仍保持接通，直到动合触点 I101 闭合时对 Q300 复位才使其断开并保持下一次被置位。在语句表图 4.52（b）中置位命令为 SET，复位命令为 RET，其动作时序如图 4.52（c）所示。

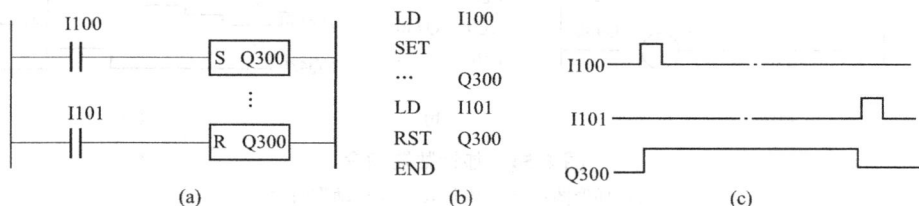

图 4.52 线圈设定指令

（a）梯形图；（b）语句表；（c）动作时序

6）定时器指令。

PC 内部定时器相当于通电延时动作的时间继电器。编程时指定某一个定时器并设定时间常数，在满足定时条件时开始计时，到达设定时间其触点动作；定时条件不满足时自行复位，也可由复位指令对定时器进行复位操作。在梯形图 4.53（a）中动合触点 I400 闭合时定时器 T001 开始计时，到达设置值 10 s 后其动合触点闭合，输出继电器 Q305 接通。在语句表图 4.53（b）中定时器指令为 TMR，动作时序如图 4.53（c）所示。

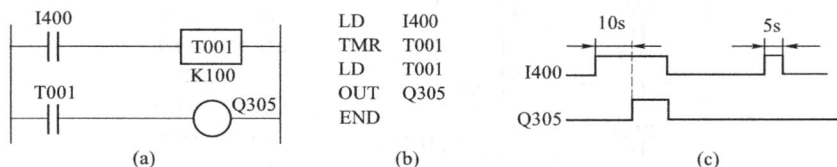

图 4.53 定时器指令

（a）梯形图；（b）语句表；（c）动作时序

7）计数器指令。

计数器接受外部输入的脉冲信号并计量其个数，包括加计数器、减计数器和可逆计数器三种。

加计数器有两个输入端分别是计数输入和复位输入。在加计数器输入端的每一个脉冲使计数值加 1，到达设定值后其触点动作；任何时候加在复位输入端的一个脉冲都能使计数器复位。在梯形图 4.44（a）中动合触点 I400 每闭合一次，计数器 C100 的计数值加 1，当达到设定值 4 之后其触点动作，但对输入脉冲继续计数到最大值 9 999 才停止，动合触点 I401 闭合使计数器复位，计数值变为 0。在语句表图 4.54（b）中计数器指令为 CNT，动作时序如图 4.54（c）所示。

减计数器的工作原理与加计数器类似，只是每一个输入脉冲使其计数减 1，复位后计数值变为设定值。

可逆计数器包含 3 个输入端，即加计数输入、减计数输入和复位输入。加计数输入的每一个脉冲使计数值加 1，增加到最大值 9 999 时则保持不变。减计数输入的每一个脉冲使计数值减 1，减小到最小值 0 000 时则保持不变。计数值大于、等于设定值时动合触点闭合、

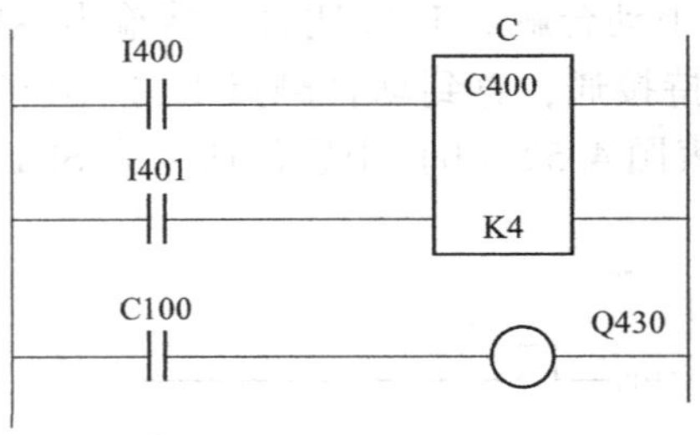

(a)

```
LD    I400
LD    I401
CNT   C100
      K4
LD    C100
OUT   Q430
END
```

(b)

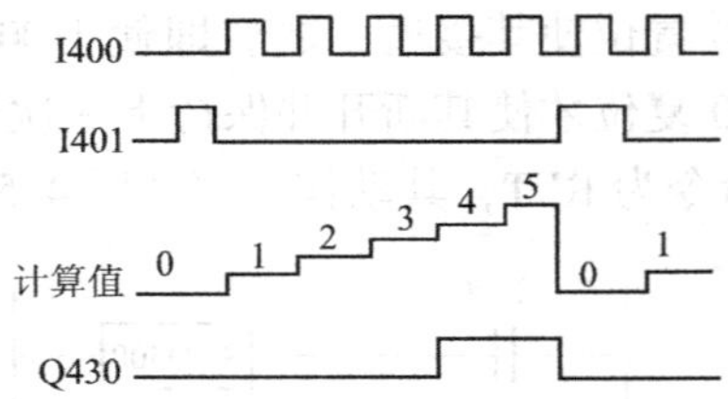

(c)

图 4.54　加计数器指令

(a) 梯形图；(b) 语句表；(c) 动作时序

动断触点打开；计数值小于设定值时动合触点打开、动断触点闭合，复位输入端的脉冲使计数器复位，计数值变为0。在梯形图图4.55（a）中，动合触点 I001 闭合一次计数器 C001 的计数值加 1，动合触点 I002 闭合一次使 C001 的计数值减 1，其计数值大于等于 3 时输出继电器 Q100 接通，计数值小于 3 时 Q100 断开，动合触点 I003 闭合使计数器 C001 复位。在语句表图 4.55（b）中可逆计数器指令为 UDCNT，动作时序如图 4.55（c)所示。

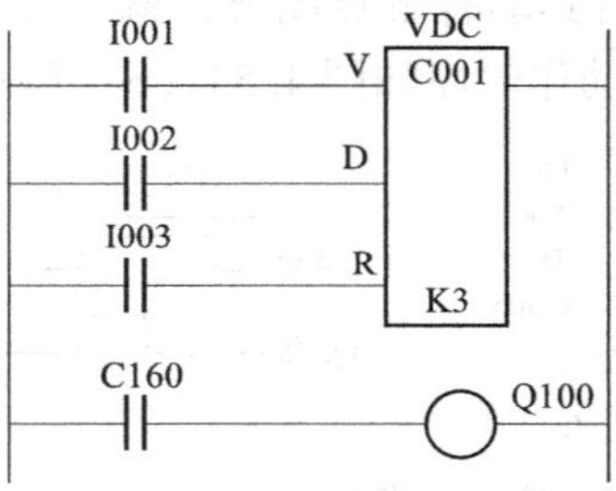

(a)

```
LD      I 001
LD      I 002
LD      I 003
UDCNT   C001
        K3
LD      C160
OUT     Q100
END
```

(b)

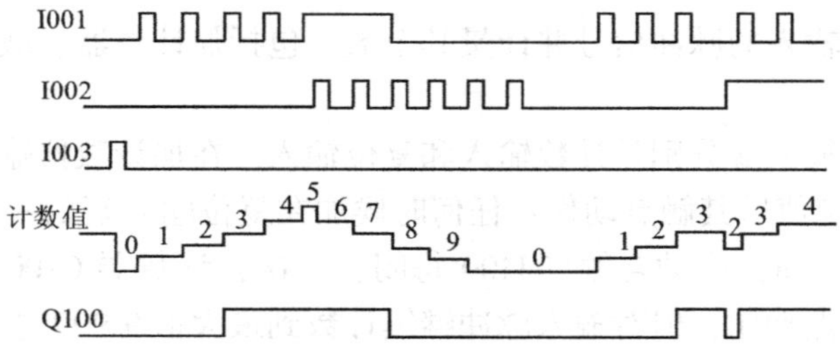

(c)

图 4.55　可逆计数器指令

(a) 梯形图；(b) 语句表；(c) 动作时序

8）移位寄存器。

移位寄存器是在 PC 内部继电器中的某一区域被指定为可以进行移位操作的寄存器。它有 3 个输入端，即数据输入、移位脉冲输入和复位输入。移位脉冲输入的每一个脉冲使移位寄存器完成 1 次移位操作，把数据输入端的数据送入第一个寄存器，而把第 1 个寄存器的内容移入第 2 个寄存器，第 2 个寄存器的内容移入第 3 个寄存器，这样一直移到最后 1 个寄存器为止；复位输入使寄存器全部变为 0。对移位寄存器编程时须指定第 1 个寄存器和最后 1 个寄存器的编号，由这些连续编号的寄存器参加移位操作。在梯形图 4.56（a）中，触点 I001 闭合时加到移位寄存器数据输入端的数据为 1，触点 I001 打开时数据为 0，触点 I002 每闭合一次产生 1 个移位脉冲，使寄存器内容移位 1 次，即输入数据进入 M200，M200 原来的内容移动到 M201，M201 原来的内容移位到 M202，这样顺序移下去直到 M216 原来的内容移到 M217，M217 原来的内容移出丢失，完成 1 次移位。触点 I003 闭合时寄存器复位，全部变为 00，移位方向取决于起始寄存器号和末尾寄存器号的相对大小，如果起始寄存器号小于末尾寄存器号，则移位是从小号向大号方向进行；如果起始寄存器号大于末尾寄存器号，则移位是从大号向小号方向进行。在语句表图 4.56（b）中移位寄存器指令为 SR，图 4.56（c）所示为从小号向大号的移位过程。

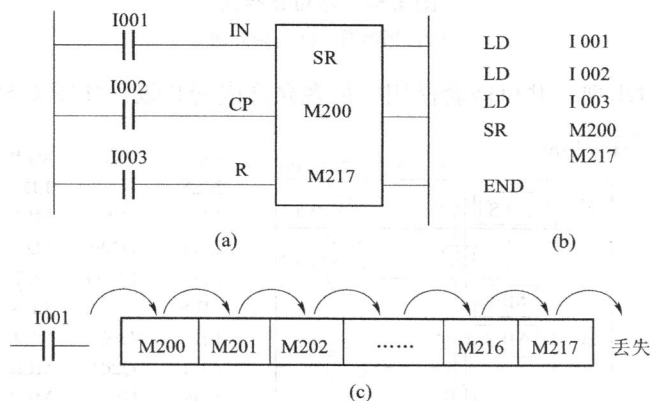

图 4.56　移位寄存器
（a）梯形图；（b）语句表；（c）动作时序

9）主控指令。

主控指令包括开始和主控结束两条指令。在 PC 编程中常会遇到逻辑电路中几个线圈同时受一个触点或一组触点的控制，即受到公共逻辑条件的控制，称为主控。将各个线圈的逻辑行编入公共的逻辑条件，以减少每个线圈的逻辑中都编入该逻辑条件而增加的许多接点和程序步数，避免浪费用户存储器。使用主控开始指令设置一条分支母线，在公共条件的逻辑行完成时，使用主控结束指令结束分支母线返回原母线。在图 4.57（a）中，输出继电器 Q200、Q201、Q202 都受控于公共逻辑条件 I000 与 I001 的串联，当 I000 "与" I001 为 1 时，主控开始（MLS）之间各行的逻辑操作正常，即 Q200、Q201、Q202 分别由触点 I002、I003、I004 逻辑驱动；而当 I000 "与" I001 为 0 时，则不论 I002、I003、I004 状态如何，Q200、Q201、Q202 均不能接通。输出线圈 Q203 在主控之外，其状态与 I000、I001 触点的状态无关。在语句表图 4.59（b）中主控开始指令为 MLS，主控结束指令为 MLR。主控开始指令后的每一个逻辑行开始于分支母线，同样使用 LD/LDN 指令，主控结束指令使其返回原母线，即主控结束后的逻辑行开始于原母线。

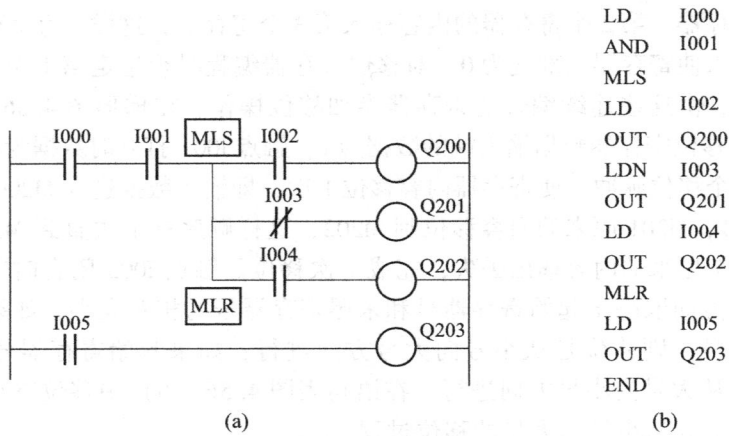

```
LD      I000
AND     I001
MLS
LD      I002
OUT     Q200
LDN     I003
OUT     Q201
LD      I004
OUT     Q202
MLR
LD      I005
OUT     Q203
END
```

(a)   (b)

图 4.57　移位寄存器

（a）梯形图；（b）语句表

主控指令须成对出现，并可嵌套使用，最多允许嵌套 8 级，如图 4.58 所示。

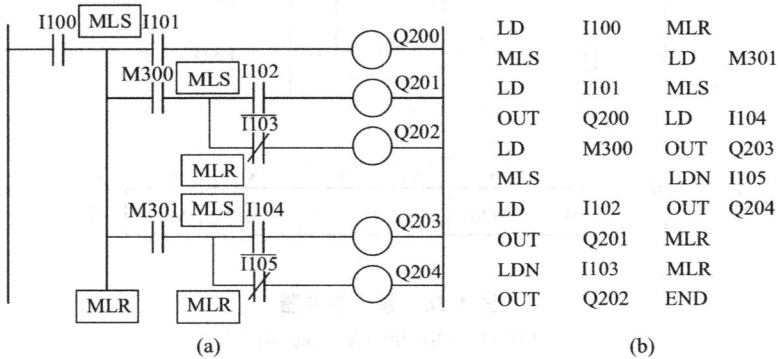

```
LD      I100          MLR
MLS                   LD    M301
LD      I101          MLS
OUT     Q200          LD    I104
LD      M300          OUT   Q203
MLS                   LDN   I105
LD      I102          OUT   Q204
OUT     Q201          MLR
LDN     I103          MLR
OUT     Q202          END
```

(a)   (b)

图 4.58　主控指令的嵌套

（a）梯形图；（b）语句表

10）块连接指令。

将 2 个以上触点的逻辑连接称为块，每个块的开始使用 LD/LDN 指令。2 个以上触点串联连接称为串联触点块，2 个以上触点的并联连接称为并联触点块。块连接指令有 2 个，即"与块"指令和"或块"指令。

"与块"指令用于并联触点块的串联连接，即块的逻辑"与"。在梯形图 4.59（a）中，A、B、C 为 3 个触点块，使用"与块"指令将 3 块串联起来，实现逻辑"与"。在语句表中，"与块"指令为 ANDLD，它有 2 种编程方法，即：分散连接，如图 4.59（b）所示；集中连接，如图 4.59（c）所示，执行结果完全一样。

"或块"指令用于串联触点块的并联连接，即块的逻辑"或"。在梯形图 4.60（a）中，A、B、C 为 3 个并联触点块，使用"或块"指令将 3 块并联连接起来，实现逻辑"或"。在语句表中，"或块"指令为 ORLD，它有两种编程方法，即分散连接，如图 4.60（b）所示；集中连接，如图 4.60（c）所示，执行结果完全一样。

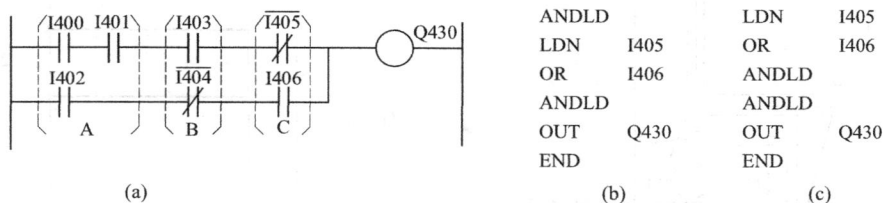

LD	I400	LD	I400
AND	I401	AND	I401
OR	I402	OR	I402
LD	I403	LD	I403
ORN	I404	ORN	I404
ANDLD		LDN	I405
LDN	I405	OR	I406
OR	I406	ANDLD	
ANDLD		ANDLD	
OUT	Q430	OUT	Q430
END		END	

图 4.59　"与块"指令

（a）梯形图；（b）分散连接；（c）集中连接

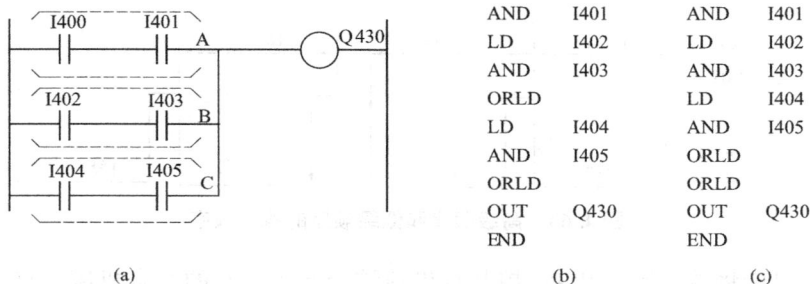

LD	I400	LD	I400
AND	I401	AND	I401
LD	I402	LD	I402
AND	I403	AND	I403
ORLD		LD	I404
LD	I404	AND	I405
AND	I405	ORLD	
ORLD		ORLD	
OUT	Q430	OUT	Q430
END		END	

图 4.60　"或块"指令

（a）梯形图；（b）分散连接；（c）集中连接

图 4.61 所示的梯形图是指按指定的顺序（指令表顺序）从梯形图开头（指令开始）至梯形图结尾（指令结束）的顺序执行。当执行至顺序结束时，又返回开头重复执行。

从梯形图开始至结束的执行时间称为顺序处理时间，又称扫描周期或循环周期。处理时间随高级顺序和低级顺序的步数而变化。步数越少，处理时间越短，信号响应越快。

FANUC 公司面向数控机床的 PC 程序的处理时间一般为几十毫秒至上百毫秒。这个速度对处理数控机床的绝大多数信号而言已经足够了。但有些信号（尤其是脉冲信号）要求响应速度比较快，其响应时间约为 50 ms。为适应整机控制信号的不同响应速度要求，PC 程序常分为高级顺序和低级顺序两部分（有的 PC 则分为第 1、2、3 级顺序程序）。用功能指令 END1 指定高级顺序结束，用 END2 指定低级顺序结束如图 4.62 所示。

应用 PC 编辑机（或 PC 编程器）编辑程序时，自动地将低级顺序程序划分为 1、2、…、n 段，并将划分结果与顺序程序一同输入 RAM 或写入 EPROM 中。n 的数值随着步数的增加而增大。PC 在每个"段执行周期"中执行一次高级顺序，以"段执行周期×n"执行一次低级顺序，如图 4.63 所示。在段执行周期内，如果想使执行的时间越少，则高级顺序程序占用的步数越多，这样就要增加分割段数 n，PC 程序被全部扫描一次的时间将延长。理想的 PC 程序是将高级顺序部分压缩至最小，例如小于 100 步。所以只应把需要迅速处理的信号及快速响应的顺序编在高级顺序（如急停、坐标轴极限超程等逻辑顺序）中，其他信号则编在低级顺序中。

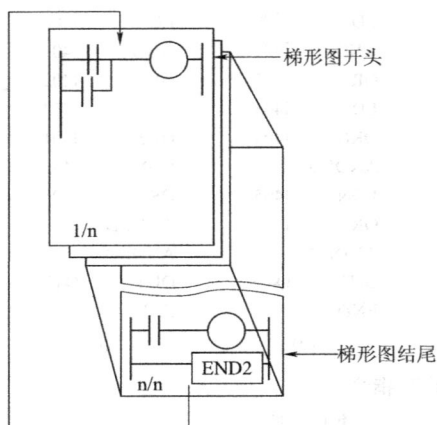

图 4.61　梯形图程序的执行

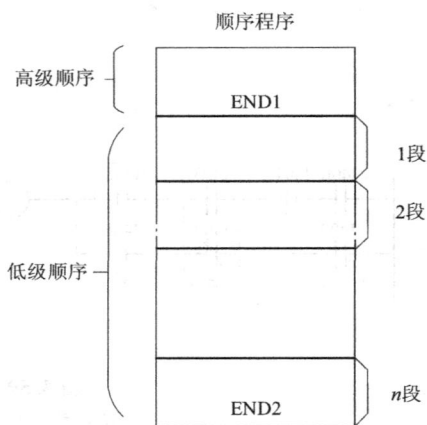

图 4.62　顺序程序的划分

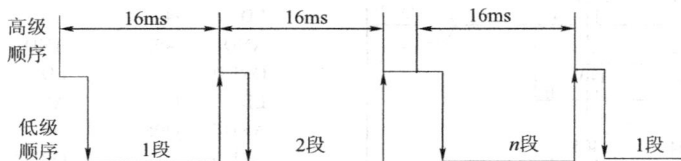

图 4.63　高级顺序和低级顺序的执行顺序

目前数控机床将数字控制和 PC 控制有机地结合起来，有的组合机床、夹具仅由 PC 控制，至于自动线、TL、FTL、FMC、FMS 的控制则比较复杂，需要将数字控制技术和 PC 控制技术有机地结合起来，实现对单机（台）和自动线的自动控制。

熟悉和掌握数控机床和各种类型的自动线的工作过程是设计应用软件实现工作过程的重要基础。只要注重实践，不断探索，不断改进，就一定会实现较理想的控制。

4.6.4　数字控制

随着计算机技术的发展，机床运动的控制已由数字控制逐渐取代原来的机械控制、强电控制及液压控制。数字控制可以控制直线运动和回转运动部件的行程、速度和启停位置，其定位精度可达 1 μm，也可以同时控制多个部件按一定规律动作（称多坐标联动），实现平面曲线和空间曲线的加工。有些数控系统配有仿形装置，可以进行仿形加工。数控系统可以控制齿轮加工中的发展运动和差动运动，并可加工非圆齿轮。数控系统可以控制开关电路的开关时间和顺序、转动部件的转速（如主轴）、角位移和控制其停止在准确位置上（如分度主轴，工作台）等。数字控制不但提高了机床的自动化程度和加工精度，也实现了各种复杂曲面的加工，能够进行许多从前无法实现的加工操作，使机械制造技术大大向前推进。

1. 数字控制的信息和程序

数字控制的基本原理框图如图 4.64 所示。机床运动的各种信息都编制在控制程序中。计算机逐条执行程序，根据程序给出的命令和数据进行各种运算，并把运算结果传送给伺服系统或进行开关量控制。

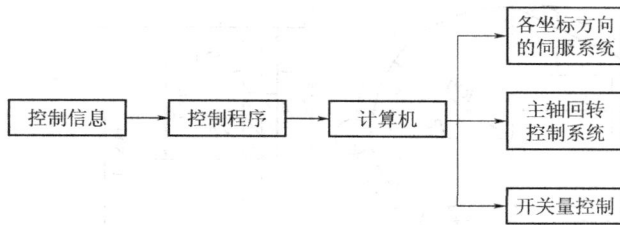

图 4.64　数字控制的基本原理

控制的性质不同使控制机床运动的信息也不同。开关量控制是根据电路中开关的不同组合，给出控制信息的；根据被加工零件的形状和加工路线要求给出机械加工时切削运动轨迹的控制命令，给出控制信息的，下面仅以在加工中心上进行两坐标直线和圆弧铣削加工时所需要的信息和程序编制为例予以说明。

（1）数控机床的坐标系统

以机床某一坐标系的坐标值作为数控机床加工时的控制量。首先说明机床的坐标系统。图 4.65 所示为一被加工零件和所在的坐标系简图。该零件在数控机床上加工时，一定被放在坐标系中的某一位置上。数控机床在出厂时根据工作台和主轴的移动位置已经确立了一个坐标系，这个坐标系是固定不变的，叫作基本机床坐标系，图中为 $OXYZ$。加工时机床的运动都以这个坐标系为基准。但零件编程时还不能确定该零件放在工作台的哪个位置，即还不能确定它在基本机床坐标系中的坐标位置。编程人员根据零件的结构特点、被加工表面的位置关系，为编程和加工时机床调整方便，另外设定一个坐标系，称为工件坐标系，图中为 $O'X'Y'Z'$。工件坐标系的原点通常设在最便于坐标值计算的地方，它仅与工件有关。在工件上一旦设定了坐标系，则该工件上被加工表面的位置便由该工件坐标系确定。工件移动，该工件坐标系也跟着移动。零件的加工程序通常是根据它的工件坐标系编写的。加工时，把工件放到机床工作台上，则工件坐标系也就处在工作台的某一位置。安放工件时，一定要把工件坐标系的坐标轴和基本机床坐标系的坐标轴对应平行放置。移动工作台或刀具，把刀具对准工件坐标系的坐标原点，则计算机便可根据刀具在基本机床坐标系中的位置算出工件坐标系原点 O' 在基本机床坐标系 $OXYZ$ 中的坐标值。加工时，计算机根据工件坐标系原点坐标值和零件程序中给出的坐标值相加或相减，来确定刀具的加工位置。在图 4.65 中，工件坐标系原点 O' 在基本机床坐标系 $OXYZ$ 中的位置为：$X' = 500.00$ mm，$Y'_0 = 300.00$ mm，$Z'_0 = 15.00$ mm。

（2）刀具的半径补偿和偏重

如果轮廓加工的刀具采用立铣刀，如图 4.65（b）所示，则加工表面应是以铣刀直径为直径的圆的包络线。从 A 点加工至 B 点时，刀具中心线应在刀具前进方向加工表面的左侧，距离等于铣刀半径，如图 4.65（a）中的虚线所示。在某一面（如 AB 面）轮廓加工时，由于刀具中心线起点和终点坐标值与工件轮廓线起点和终点坐标值不一致，在零件编程时必须给出铣刀半径作为半径补偿量。计算机就根据工件这一段轮廓的起点和终点坐标值及刀具半径补偿值算出刀具中心线轨迹。

Z 向位移时是按主轴端部计算的，因此图 4.65（b）所示的刀具的长度 L 影响主轴 Z 向位移量。假如主轴端部到工件加工表面的距离为 M，则必须保证 $M > L$，使刀具端部到工

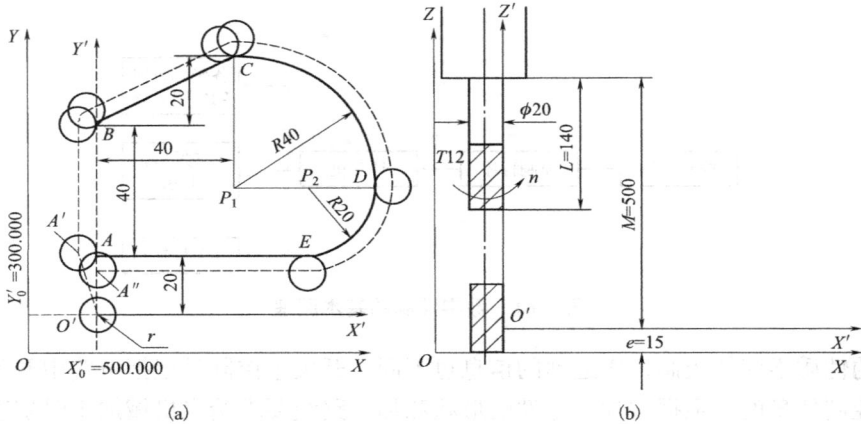

图 4.65　数控机床加工示意图

件表面有足够的距离。加工前，主轴先 Z 向快速移动。通常刀具端部趋近到距工件表面 1 ~ 3 mm 处，这时主轴端部的 Z 向快移距离为：$M - L -$（1 ~ 3）mm。然后主轴再 Z 向做工作进给，若对工件的切入深度为 e，则主轴 Z 向进给距离为 $e +$（1 ~ 3）mm。由于使用的刀具的长度不同，所以 L 值是变化的。因此，在编程时必须给出 L 值，作为主轴 Z 向移动的偏移量。

（3）控制信息

机床的全部运动都可用数字控制。例如：主电动机的启动与停止，主电动机的转速；运动部件的移动速度，运动的起止位置；轮廓加工时两个以上运动部件的联动（插补运动）；切削螺纹；刀具的更换和刀具寿命的检测；工作加工位置的变更；工件或工作台的更换；加工精度的测量与控制；润滑油与冷却液的供应；铁屑的排除；加工时的图像显示等。数字控制是由计算机通过程序控制的，所以编制的程序要包含所要控制的全部信息。信息代码由国际标准化协会 ISO 规定。加工程序就是应用这些代码和被加工零件图样中给出的数据，按国家或厂商给出的编程规则编制的。

进行各种轮廓加工时采用多坐标联动是数字控制的难点之一，编写加工程序时要包含轮廓特征的全部信息，图 4.65 所示为两坐标联动加工直线和圆弧时的例图。直线加工时应给出直线端点的绝对坐标值或相对坐标值。加工前，刀具处在设定的工件坐标系原点 O'。为了使刀具移到 A 点，必须在程序中给出 A 点的坐标值（0，20）。要加工 AB 直线，则在下一段程序中必须给出 B 点在工件坐标系中的绝对坐标值（0，60）或相对 A 点的增量坐标值（或称为相对坐标值）（0，40），如果继续加工 BC 直线，则须给出 C 点的绝对坐标值（40，80）或相对坐标值（40，20）。圆弧加工时，除需给出圆弧的起点、终点坐标值外，还须给出圆心距圆弧起点的相对坐标值或圆弧半径。如果加工图 4.65（a）中的 CD 圆弧，并且刀具已在 C 点又已经进行了半径补偿，则在该段加工程序中给出 D 点坐标值，绝对坐标值（80，40）或相对坐标值（40，-40），圆心相对 C 点的相对坐标值（0，-40）或半径长度 R40。

（4）控制程序

数控机床加工时，数控系统的计算机是按零件程序的先后顺序逐条执行的。零件编程就是把上述的控制信息按规则编成控制用计算机能识别的语言。

图 4.65 所示的零件的工艺路线如下：

1）把需要的刀具装入主轴。

2）把主轴端部中心点移至将要设定的工件坐标系原点 O' 的上方，即在 $OXYZ$ 坐标系中 $X = 500.000$ mm，$Y = 300.000$ mm，$Z = 515.000$ mm 处。

3）设定工件坐标系 $O'X'Y'Z'$。

4）把刀具从工件坐标系的 O' 点上方移至工件轮廓的 A 点上方，并作半径补偿，即把刀具中心从 O' 移至 A' 处。

5）使主轴以规定的转速正向旋转。使刀具沿 $-Z'$ 方向快进至其端部距工件表面 3 mm 处。

6）刀具沿 $-Z'$ 向切入运动，达到要求的深度。

7）加工 AB 表面。

8）加工 BC 表面。

9）加工 CD 圆弧表面。

10）加工 DE 圆弧表面。

11）加工 EA 表面，刀具中心移至 A' 点。

12）刀具 Z' 向上升，使主轴端部距工件表面 500.000 mm，并消除刀具长度偏置。主轴停转。

13）刀具移回 $O'Z'$ 轴上，并消除半径补偿。

图 4.66 所示的程序中各符号的意义如下：Ni 是程序顺序号；LF 是程序段结束符号；G00 ~ G99 是准备功能代码，见表 4.14；M00 ~ M99 是辅助功能代码，见表 4.15；T00 ~ T99 是刀具编号代码，T 后面的数字是刀具在刀具库中的编号，如果刀库中的刀具数超过 100 把，T 后可用三位数；S00 ~ S9999 是主轴转速机能代码，S 后面的数字是主轴转速，目前数控机床的转速多数不超过 10 000 r/min，如果超过 10 000 r/min，S 后面可用 5 位数；X、Y、Z、U、V、W、A、B、C 是运动指令，它们后面必须跟有终点坐标值；终点坐标值是本段程序执行后，运动件到达的位置，U、V、W 是一一对应平行于 X、Y、Z 坐标轴的另一组直线运动指令，以便能控制一个坐标方向上的两个运动件同时进行。如在数控车床上可在程序中给出 Z、W 两个终点坐标值，分别控制床鞍和小刀架都沿主轴中心线方向运动。A、B、C 分别对应 X、Y、Z 轴，为绕轴回转的运动指令。

N1	T12	M06					LF
N2	G90	G00	X50000	Y300000	Z515000		LF
N3	G92		X0	Y0	Y20000		LF
N4	G90	G00	G41	D08	M03		LF
N5	G43	G01	Z3000	S250	F100		LF
N6	G01			Z – 15000	F150		LF
N7			Y60000				LF
N8			X40000	Y60000			LF
N9	G02		X80000	Y40000	I0	J – 40000	LF
N10			X60000	Y20000	I – 20000	J0	LF
N11	G01		X0				LF
N12	G00		D00	Z500000	M05		LF
N13	G40			Y0			LF
N14					M02		LF

图 4.66　零件的程序

表 4.14 准备功能 (G) 代码

代码 (1)	功能保持到被取消或被同样字母表示的程序指令所代替 (2)	功能仅在所出现的程序段内有作用 (3)	功能 (4)	代码 (1)	功能保持到被取消或被同样字母表示的程序指令所代替 (2)	功能仅在所出现的程序段内有作用 (3)	功能 (4)
G00	a		点定位	G34	a		螺纹切削，增螺距
G01	a		直线插补	G35	a		螺纹切削，减螺距
G02	a		顺时针方向圆弧插补	G36 ~ G39	#	#	永不指定
G03	a		逆时针方向圆弧插补	G40	d		刀具补偿/刀具偏置，注销
G04		*	暂停	G41	d		刀具补偿—左
G05	#	#	不指定	G42	d		刀具补偿—右
G06	a		抛物线插补	G43	# (d)		刀具偏置—正
G07	#	#	不指定	G44	# (d)		刀具偏置—负
G08		*	加速	G45	# (d)		刀具偏置 +/+
G09		*	减速	G46	# (d)		刀具偏置 +/−
G10 ~ G16	#	#	不指定	G47	# (d)		刀具偏置 −/−
G17	c		XY 平面选择	G48	# (d)		刀具偏置 −/+
G18	c		ZX 平面选择	G49	# (d)		刀具偏置 0/+
G19	c		YZ 平面选择	G50	# (d)		刀具偏置 0/−
G20 ~ G32	#	#	不指定	G51	# (d)		刀具偏置 +/0
G33	a		螺纹切削，等螺距	G52	# (d)		刀具偏置 −/0

续表

代码 (1)	功能保持到被取消或被同样字母表示的程序指令所代替 (2)	功能仅在所出现的程序段内有作用 (3)	功能 (4)	代码 (1)	功能保持到被取消或被同样字母表示的程序指令所代替 (2)	功能仅在所出现的程序段内有作用 (3)	功能 (4)
G53	f	直线偏移，注销		G69	# (d)	#	刀具偏角，外角
G54	f	直线偏移 X		G70 ~ G79	#	#	不指定
G55	f	直线偏移 Y		G80	e		固定循环，注销
G56	f	直线偏移 Z		G81 ~ G89	e		固定循环
G57	f	直线偏移 XY		G90	J		绝对尺寸
G58	f	直线偏移 XZ		G91	J		增量尺寸
G59	f	直线偏移 YZ		G92		*	预置寄存
G60	h		精确定位（精）	G93	K		时间倒数，进给率
G61	h		精确定位（中）	G94	K		每分钟进给
G62	h		快速定位（粗）	G95	K		主轴每转进给
G63		*	攻丝	G96	I		恒线速度
G64 ~ G67	#	#	不指定	G97	I		每分钟转数（主轴）
G68	# (d)	#	刀具偏角，内角	G98 ~ G99	#	#	不指定

注：① #号：如选作特殊用途，必须在程序格式说明中说明。

② 如在直线切削控制中没有刀具补偿，则 G43 ~ G52 可指定作其他用途。

③ 在表中左栏括号中的字母（d）表示：可以被同栏中没有括号的字母 d 所注销或代替，也可被有括号的字母（d）所注销或代替。

④ G54 到 G52 的功能可用于机床上任意两个预定的坐标。

⑤ 控制机上没有 G53 ~ G59、G63 功能时，可以指定作其他用途。

表4.15 辅助功能（M）代码

代码 (1)	功能开始时间		功能保持到被注销或被适当程序指令代替 (4)	功能仅在所出现的程序段内有作用 (5)	功能 (6)
	与程序段指令运动同时开始 (2)	在程序段指令运动完成后开始 (3)			
M00		*		*	程序停止
M01		*		*	计划停止
M02		*		*	程序结束
M03	*		*		主轴顺时针方向
M04	*		*		主轴逆时针方向
M05		*	*		主轴停止
M06	#	#		*	换刀
M07	*		*		2号冷却液开
M08	*		*		1号冷却液开
M09		*	*		冷却液关
M10	#	#	*		夹紧
M11	#	#	*		松开
M12	#	#	#	#	不指定
M13	*		*		主轴顺时针方向,冷却液开
M14	*		*		主轴逆时针方向,冷却液开
M15	*			*	正运动
M16	*			*	负运动
M17~M18	#	#	#	#	不指定
M19		*	*		主轴定向停止
M20~M29	#	#	#	#	永不指定
M30		*		*	纸带结束
M31	#	#		*	互锁旁路
M32~M35	#	#	#	#	不指定
M36	*		*		进给范围1
M37	*		*		进给范围2
M38	*		*		主轴速度范围1
M39	*		*		主轴速度范围2
M40~M45	#	#	#	#	如果需要作为齿轮换挡,此外不指定

续表

代码(1)	功能开始时间		功能保持到被注销或被当程序指令代替(4)	功能仅在所出现的程序段内有作用(5)	功能(6)
	与程序段指令运动同时开始(2)	在程序段指令运动完成后开始(3)			
M46~M47	#	#	#	#	不指定
M48		*	*		注销 M49
M49	*		#		进给率修正旁路
M50	*		#		3 号冷却液
M51	*		#	#	4 号冷却液
M52~M54	#		#		不指定
M55	*		#		刀具直线位移,位置1
M56	*		#		刀具直线位移,位置2
M57~M59	#	#	#	#	不指定
M60	*	*		*	更换工件
M61	*		*		工件直线位移,位置1
M62	*		*		工件直线位移,位置2
M63~M70	#	#	#	#	不指定
M71	*		*		工件角度位移,位置1
M72	*		*	#	工件角度位移,位置2
M73~M89	#	#	#	#	不指定
M90~M99	#	#	#	#	永不指定

4.6.5 插补原理

将控制信息进行编程之后把程序输入到计算机中。计算机逐条处理输入的程序，并根据程序的要求进行各种运算。一般对数控机床工作所需要运算方法是插补运算。在两坐标联动的数控机床中，插补运算主要是直线插补运算和圆弧插补运算。这里仅以两坐标联动的插补原理来说明计算机的控制作用。

1. 直线运动插补原理

图 4.67 中所示的 AB 线为在 XOY 坐标系中的斜线。在数控机床上加工出这条斜线需要计算机进行插补运算。插补运算就是把这条直线分成许多小段，求出每一小段的长度 f 和在坐标轴上的投影 ΔX、ΔY。计算机每插补运算一次，求出每一小段的 f、ΔX、ΔY 的二进制数。ΔX 和 ΔY 输出给伺服系统，控制机床 X 和 Y 向执行器同时分别移动距离 ΔX 和 ΔY。

如果插补时间为 t（ms），即每隔 t 进行一次插补运算，程序中给出的进给速度为 v_f（mm/min），则刀具（或工件）在 t 时间内沿斜线移动的距离应为 $f = \dfrac{v_f}{60 \times 1\,000}$，若 $t = 8$ ms，$v_f = 100$ mm/min，则 $f = \dfrac{100}{60 \times 1\,000} \times 8 = 0.013\,33$（mm）。这个 f 值称为一次插补进给量。由图 4.67 可知，$\tan\alpha = (Y_2 - Y_1)/(X_2 - X_1)$，$\cos\alpha = 1/\sqrt{1 + \tan^2\alpha}$。因此，可以求出在 t 时间内 X 坐标方向移动量 $\Delta X = f\cos\alpha$，Y 坐标方向移动量 $\Delta Y = [(Y_2 - Y_1)/(X_2 - X_1)]\Delta X$。斜线 AB 起、终点坐标 X_1、X_2、Y_1、Y_2 是零件程序中给出的量，是已知数。计算机工作时，由零件程序中的 G01 代码调出固化在内存中的直线插补计算程序（在这些程序中包括上述给出的公式），再利用零件程序中给出的直线起、终点坐标值，算出（ΔX，ΔY），各坐标方向同时分别完成一次位移，这样连续不断地工作，直到斜线的终点 B。

2. 圆弧插补原理

和直线运动插补原理相似，圆弧运动插补运算也是把圆弧分成许多小段，求出每一小段的弦线长度和在坐标方向上的分量。根据零件程序中给出的速度，算出各小段的弦长。前述图 4.66 所示的程序的 N9 段是加工图 4.65（a）中的 CD 段圆弧。进给速度指令是 F150，即进给速度为 150 mm/min，假如 8 ms 进行一次插补运算，则每一次插补进给移动量 f（被分割小段弦长）为 $f = 150 \times 8/(60 \times 1\,000) = 0.2$（mm）。

图 4.68 中所示的圆弧 CD 处在 XOY 坐标系中，弦 ab 为一次插补进给移动量 f（a、b 间的直线距离），ΔX、ΔY 为弦 f 在 X 轴和 Y 轴上的投影，$\angle\alpha$ 为 ΔX 与 ab 的夹角。由图可以

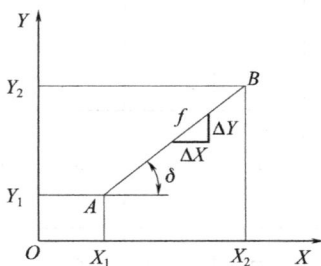

图 4.67 直线运动插补

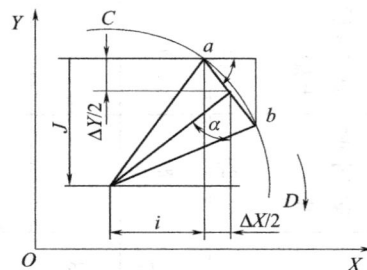

图 4.68 圆弧插补

看出：

$$\begin{cases} i^2 + j^2 = R^2 \\ (i + \Delta X)^2 + (j - \Delta Y)^2 = R^2 \end{cases}$$

两式相减得

$$\Delta X(2i + \Delta X) - \Delta Y(2j - \Delta Y) = 0$$

则

$$\Delta Y = \Delta X \frac{(2i + \Delta X)}{(2j - \Delta Y)} \tag{4.13}$$

由图 4.68 可看出

$$\Delta X = f\cos\alpha \tag{4.14}$$

在圆弧插补过程中，α 是变化的。ab 的中点，α 可用下式算出

$$\tan\alpha = \left[i + \frac{(f\cos\alpha)}{2}\right]\left[j - \frac{(f\sin\alpha)}{2}\right] \tag{4.15}$$

式（4.15）中的 i、j 比 f 大得多，带有 f 的项对运算结果影响不大。可用 $\cos 45°$ 代替 $\cos\alpha$，用 $\sin45°$ 代替 $\sin\alpha$。$\sin45° = \cos45° \approx 23/32$，则得

$$\tan\alpha = \frac{(i + 23f/64)}{(j - 23f/64)} \tag{4.16}$$

有

$$\cos\alpha = \frac{1}{\sqrt{1 + \tan^2\alpha}} \tag{4.17}$$

插补运算时，从式（4.16）、式（4.17）计算 $\cos\alpha$，代入式（4.14）计算 ΔX，再代入式（4.13）计算 ΔY。

虽然由式（4.16）算出的 $\tan\alpha$ 有误差，使得由式（4.14）算出的 ΔX 有误差。但由于式（4.13）是精确的，把有误差的 ΔX 代入式（4.13），算出的 ΔY 值仍能保证每次插补算出的坐标点一定在圆弧上，不影响加工精度，只是使 f 有微小的变化。

把式（4.13）、式（4.14）、式（4.16）、式（4.17）及 f 的计算编为程序，并固化在计算机内。顺圆弧插补时用 G02 代码调出，用以计算 ΔX、ΔY 值。将此值传输给 X、Y 坐标方向的伺服系统，控制机床 X、Y 方向同时动作，使刀具沿 ab 弦线从 a 点走到 b 点，完成一次插补联动。每次圆弧插补运动只用几毫秒时间。计算机连续不断地一次又一次进行插补运算，并及时传送给伺服系统，控制机床的运动，直到这段圆弧加工完毕。圆弧插补实际上是用折线代替圆弧，每段折线很短，误差在允许的范围之内。

在对逆圆弧进行插补时，调用逆圆弧插补程序。在对其他类型的曲线进行加工时，可调用其他专用程序。若系统中没有这种曲线的机构程序，可用小段圆弧拼接来代替。任何曲线轮廓加工的插补原理均为把曲线细分成许多小段。刀具加工轨迹是每一小段的弦线，弦线很短，所以误差很小，仍能保证加工精度。每一小段的长短，与 v_f（插补进给速度，mm/min）和 f（插补进给移动量，mm）有关。每一小段的值越短，加工精度越高。

思考与习题：

1. 主轴部件应满足哪些基本要求？
2. 主轴的传动方式有哪些？都具有什么特点？
3. 主轴结构参数有哪些？

4. 主轴轴承类型有哪些？活动多油楔轴承具有什么优缺点？

5. 推力轴承在主轴上的配置形式有哪些？

6. 支承件应满足的基本要求有哪些？其截面形状如何影响支承件的刚度特性？

7. 支承件采用的材料都有哪些？具有什么特点？

8. 提升支承件刚度的措施有哪些？

9. 导轨设计中应满足哪些基本的要求？

10. 滑动导轨的截面形状有哪些？不同截面形状的导轨具有什么特点？

11. 滚动导轨的优点是什么？其预紧方式有哪些？

12. 静压导轨的工作原理是什么？

13. 什么叫导轨的爬行？说明其工作原理及防止爬行的措施。

14. 结合滚珠丝杠螺母副的结构特点，简要论述其优缺点。

15. 滚珠丝杆副的消除间隙与调整预紧方法有哪些？

16. 说明机床刀架的自动换刀过程及步骤。

17. 如何实现机床的行程控制？行程控制与时间控制有什么区别？

18. 什么是机床的直线插补与圆弧插补？

第 5 章 组合机床设计

【本章知识点】

1. 组合机床的组成与特点。
2. 组合机床的设计步骤。
3. 组合机床的切削用量。
4. 组合机床的三图一卡。
5. 组合机床多轴箱的设计步骤与内容。

5.1 概　　述

组合机床是按系列化、标准化设计的通用部件和按被加工零件的形状及加工工艺要求设计的专用部件组成的一种高效专用机床，由万能机床和专用机床发展而来。组合机床是专门用于加工一种工件或另一种工件的特定工序的机床，可同时用许多刀具进行切削。机床的设计既要确保专用机床的高效性，又要具有万能机床的重调性和重组性。

5.1.1 组合机床的组成及其特点

1. 组合机床的组成

在组合机床中，将机床上带动刀具对工件产生切削运动的部分及床身、立柱、工作台等设计成通用的独立部分，称为通用部件。根据工件加工的需要，用这些通用部件配以部分专用部件就可组成机床，称为组合机床。当工件改变时，还是用这些通用部件，只将部分专用部件改变，又可组装成加工新工件的机床。组合机床是按工序高度集中原则设计的，即在一台机床上可以同时完成多个同一工序或多种不同工序的加工。

我国制造的一整套通用部件，大致可分为如下几部分：动力部分——动力头、动力滑台、动力箱；工件运送部件——回转工作台、移动工作台、回转鼓轮；支承部件——立柱、床身、底座、滑座等；控制系统——液压传动装置、电气柜、操纵台等。如图 5.1 所示，单工位双面复合式组合机床由滑台 1、镗削头 2、夹具 3、多轴箱 4、动力箱 5、立柱 6、立柱底座 7、中间底座 8 和侧底座 9 组成。

组合机床通用部件的一般要求如下：

1）在较小的外形尺寸条件下能获得较大的进给力和功率，这是实现工序集中的重要条件。

2）动力部分的结构必须具有高的刚度，以便采用较大的切削用量。

3）动力部分的主运动和进给运动应具有较大的变速范围，以便能充分发挥切削刀具的性能。

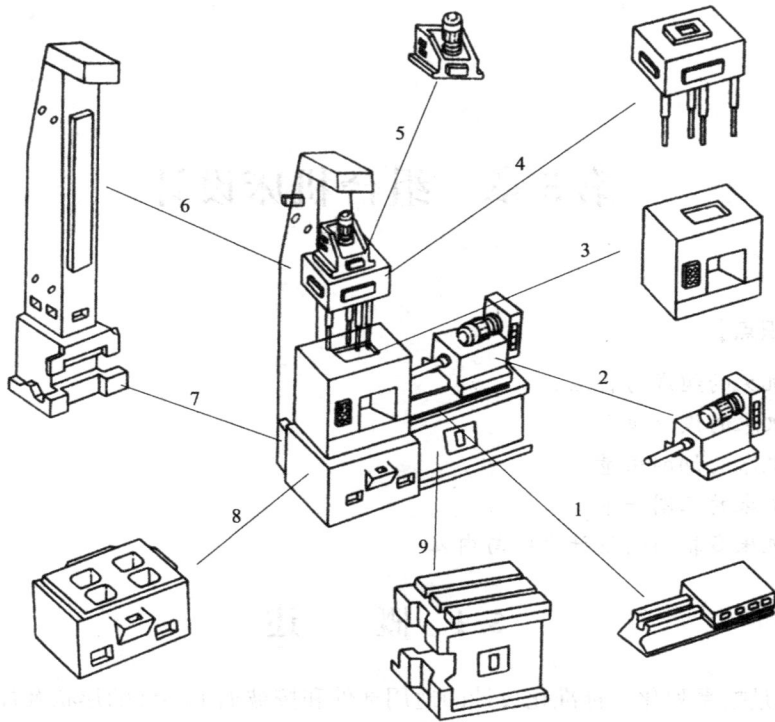

图5.1 单工位双面复合式组合机床

1—滑台；2—镗销头；3—夹具；4—多轴箱；5—动力箱；
6—立柱；7—立柱底座；8—中间底座；9—侧底座

4）动力部分是带动刀具实现切削运动（主运动和进给运动）的部件，其进给机构必须保证进给运动的稳定性。

5）动力部件应该有较高的空行程速度，一般在 6 ~ 8 m/min，并保证较高的从快进到工作进给的转换精度，一般在 1 mm 以内。

6）通用部件应该有统一的联系尺寸，以适应不同状态的安装。

对通用部件不应盲目地追求高指标，使其结构复杂，不易制造，应针对不同行业的特点，制造出最适用的通用部件，并要注意提高各通用部件间的通用化程度。

2. 组合机床的特点

组合机床的特点如下：

1）由于机床是由 70% ~ 90% 的通用零部件组成的，在需要的时候它可以进行部分或全部的改装，以组成适应新的加工要求的设备，即组合机床具有重组的优越性，其通用零部件可以多次重复使用。

2）组合机床是按具体加工对象专门设计的，故可按其最合理的加工工艺过程进行加工。

3）在组合机床上可以同时从几个方向采用多把刀具对几个工件进行加工，是实现工序集中的最好途径，也是提高生产率的最好途径。

4）组合机床常常采用多轴对箱体零件一个面上的多个孔或多面上的孔同时进行加工。

这样可较好地保证各个孔的位置精度要求，提高产品质量，减少工序间的辅助时间，改善劳动条件，减少机床占地面积。

5）由于组合机床的大多数零部件是同类的通用部件，因而减少了机床的维护和修理次数。必要时可更换整个部件，以提高维修速度。

6）组合机床的通用部件可由专门工厂集中生产，这样可用专用高效设备进行加工，有利于提高通用部件的性能，降低制造成本。

5.1.2　组合机床的分类

组合机床的通用部件分大型和小型两大类。大型通用部件是指功率为 1.5 ~30 kW 的动力部件及其配套部件，这类动力部件多为箱体移动的结构形式。小型通用部件是指电机功率为 0.1~2.2 kW 的动力部件及其配套部件，这类动力部件多为套筒移动的结构形式。用大型通用部件组成的机床称为大型组合机床，用小型通用部件组成的机床称为小型组合机床。

组合机床除分为大型和小型外，按配置形式又可分为单工位机床和多工位机床。单工位机床有单面、双面、三面、四面等几种，多工位机床有移动工作台式、回转工作台式、中央立柱式、回转鼓轮式等配置形式。

1. 基本配置形式

（1）单工位组合机床

单工位组合机床通常用于加工一个或两个工件，特别适用于大中型工件的加工。根据配置动力部件的数量，这类机床可以从单面或从几个面对工件进行加工。

1）卧式单面组合机床。图 5.2 所示为卧式单面组合机床。

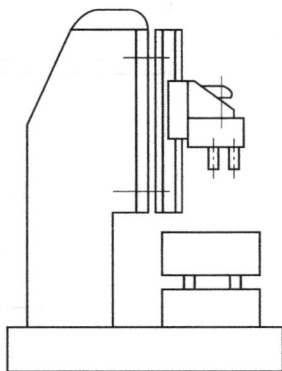

2）立式单工位组合机床。图 5.3 所示为加工拖拉机气缸盖孔的立式单工位组合机床。

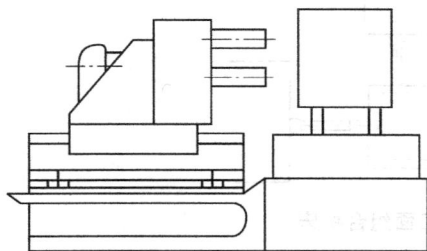

图 5.2　卧式单面组合机床

图 5.3　立式单工位组合机床

3）卧式双面组合机床。图 5.4 所示为同时对工件两面进行加工的卧式双面镗孔车端面组合机床，用于对转向节球形支承进行精镗孔和车端面。

4）复合式双面组合机床。图 5.5 所示为加工气缸体顶面和侧面的复合式双面组合机床。

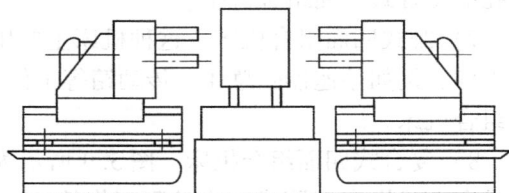

5）卧式三面组合机床。图 5.6 所示为从

图 5.4　卧式双面镗孔车端面组合机床

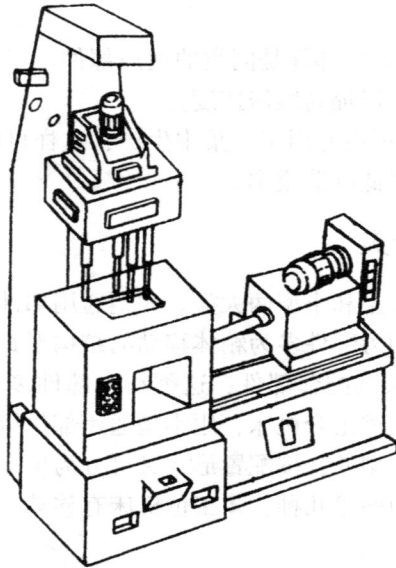

图 5.5　复合式双面组合机床

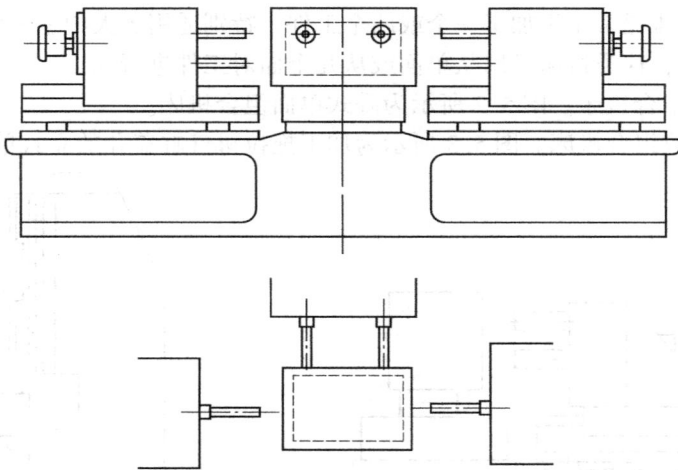

图 5.6　卧式三面组合机床

三面加工拖拉机变速箱的卧式三面组合机床。

6）复合式三面组合机床。图 5.7 所示为对拖拉机后桥壳顶面及左右两侧面同时钻螺纹底孔的复合式三面组合机床。

7）卧式四面组合机床。这种机床主要用于某些需要从四面同时加工以便保证加工精度的工件，例如差速器壳总体、传动箱等工件。图 5.8 所示为四面加工小型拖拉机主变速箱体的组合机床。

8）复合式四面组合机床。图 5.9 所示为对工件从四面加工的复合式组合机床，后动力头是在立式机床"跨式"立柱下工作的。

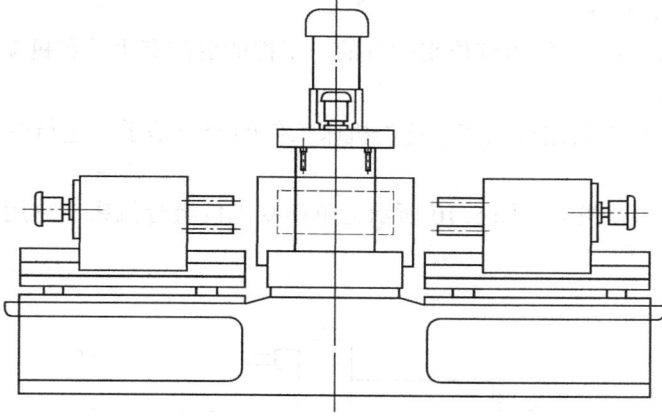

图 5.7　复合式三面组合机床

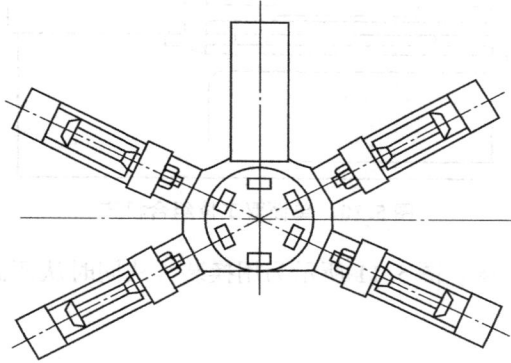

图 5.8　卧式四面组合机床

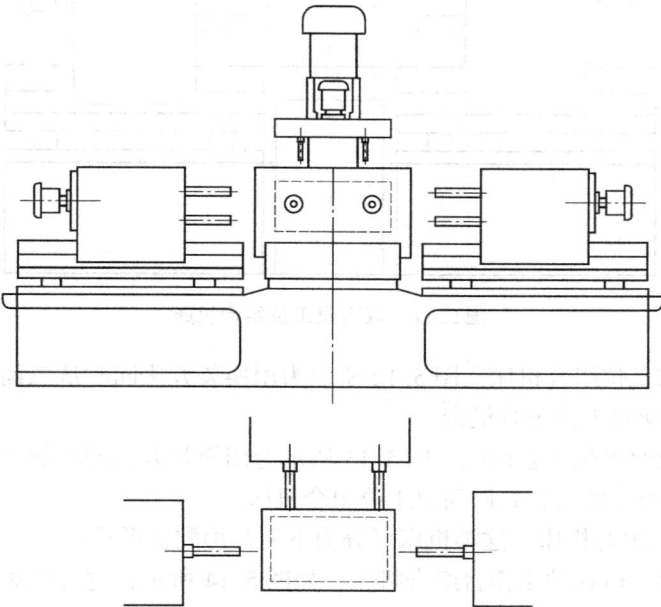

图 5.9　复合式四面组合机床

（2）多工位组合机床

很多组合机床是按工件能否变位来配置的，工件的变位有手动和机动两种方式。这种机床有下列几种形式：

1）固定式多工位夹具组合机床。这类机床工件的变位是手动进行的，可分为下列几种配置形式：

① 单面双工位组合机床。图5.10所示为单面双工位组合机床，它用换装方法同时加工两个工件不同面上的孔。

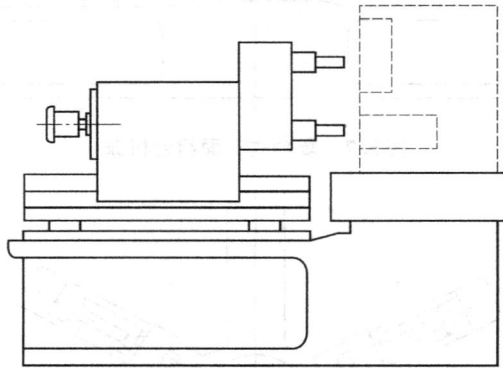

图5.10 单面双工位组合机床

② 双面双工位组合机床。图5.11所示为用换装方法同时从两面对两个工件进行加工的双面双工位组合机床。

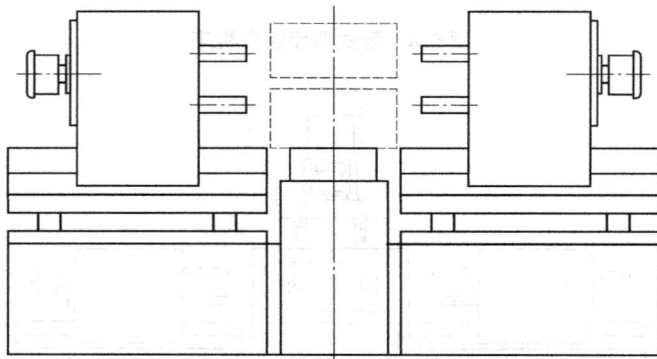

图5.11 双面双工位组合机床

③ 卧式三面双工位组合机床。图5.12所示为用换装方法同时从三面加工两个拖拉机后桥变速箱的卧式三面双工位组合机床。

④ 复合式四面双工位组合机床。图5.13所示为用换装方法同时加工工件的四个面，以提高机床工序集中程度的复合式四面双工位组合机床。

2）移动工作台组合机床。这类机床可分为下列几种配置形式：

① 卧式单面双工位移动工作台组合机床，如图5.14所示，这种机床通常用于安装一个工件后在两个工位上完成不同工序的加工。

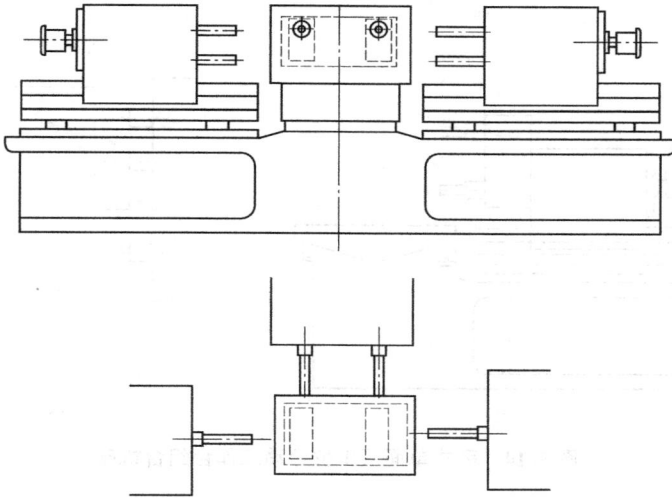

图 5. 12　卧式三面双工位组合机床

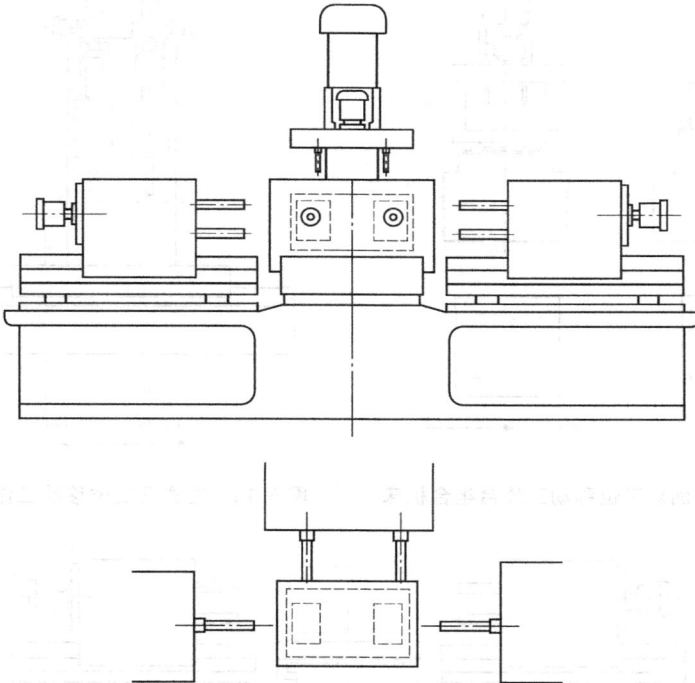

图 5. 13　复合式四面双工位组合机床

　　② 立式单面双工位移动工作台组合机床。图 5. 15 所示为立式单面双工位移动工作台组合机床的配置方案，这种机床通常用于安装一个工件后在两个工位上完成不同工序的加工。图 5. 16 所示为用两个动力头组成的立式三工位移动工作台组合机床，用于粗或精加工气缸体的缸孔和止口。

　　③ 卧式双面双工位移动工作台组合机床，如图 5. 17 所示，这种机床用于从两面对工件进行多工序加工，具有较高的工序集中程度，从配置上划分也包括集中和分散两种。

(a)

(b)

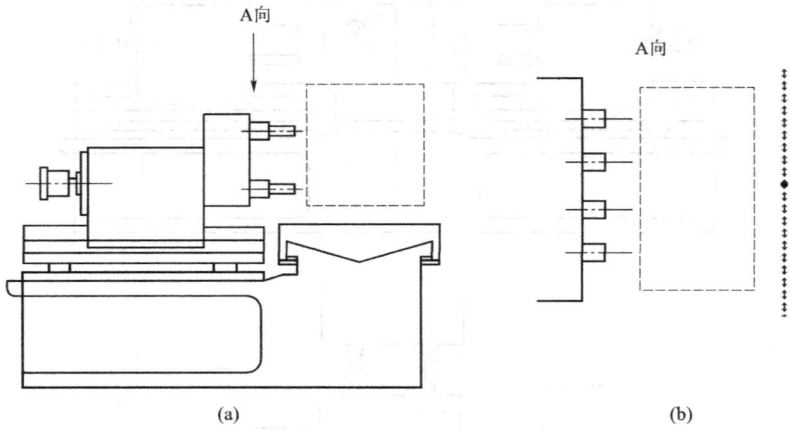

图 5.14　卧式单面双工位移动工作台组合机床

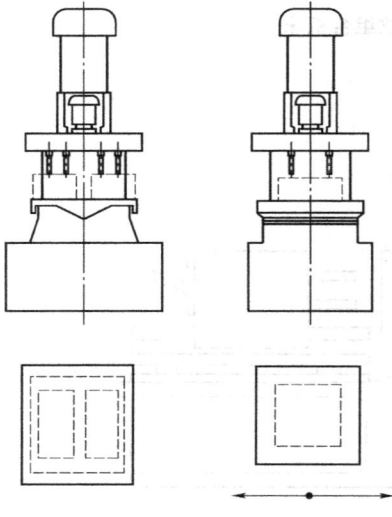

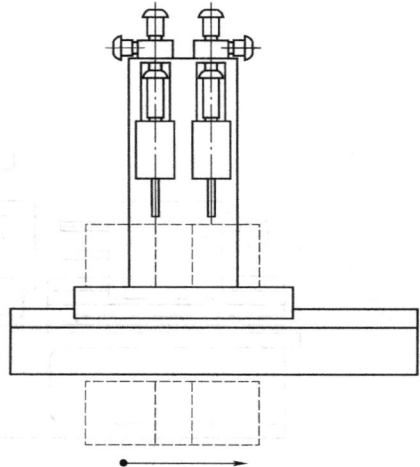

图 5.15　立式单面双工位移动工作台组合机床　　图 5.16　立式三工位移动工作台组合机床

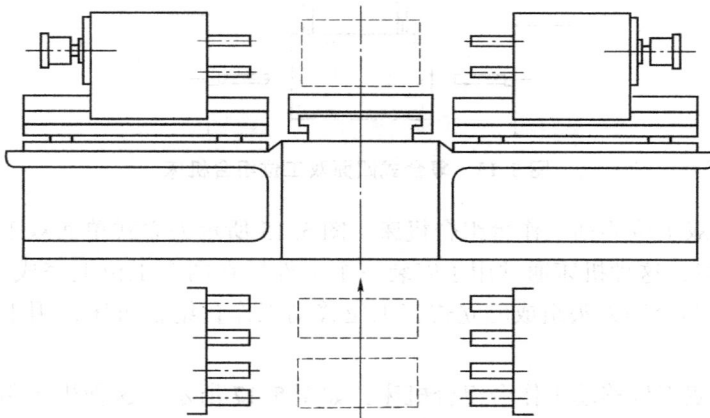

图 5.17　卧式双面双工位移动工作台组合机床

④ 复合式双工位移动工作台组合机床。图 5.18 所示为按分散配置原则组成的复合式双工位移动工作台组合机床,这种机床用于从顶面及两侧面对工件进行加工。

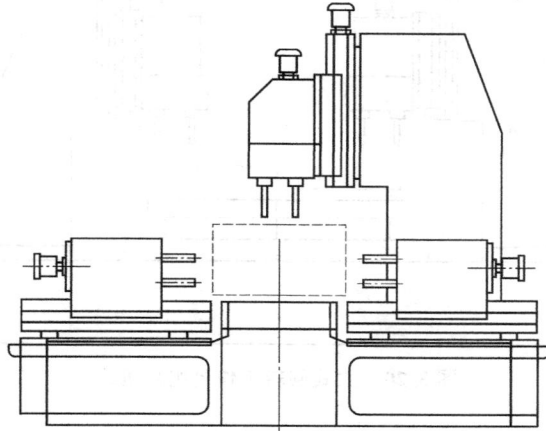

图 5.18 复合式双工位移动工作台组合机床

(3) 回转工作台组合机床

1) 卧式单面回转工作台组合机床。这类机床的特点是没有专门的装卸工位,使机床的辅助时间和机动时间相重合,减轻了工人装卸工件的紧张程度,提高了机床的生产率,如图 5.19 所示。

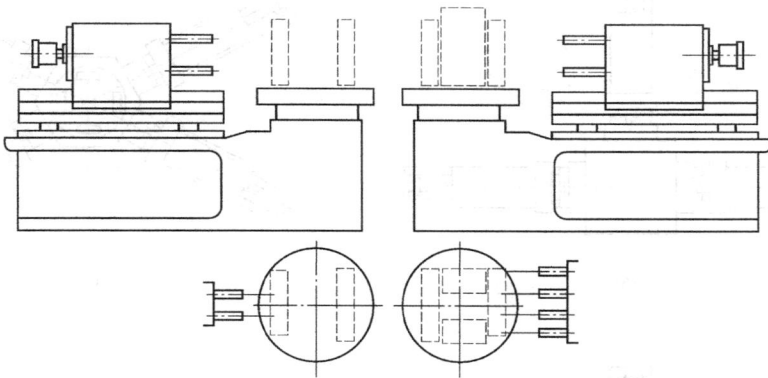

图 5.19 卧式单面回转工作台组合机床

2) 立式回转工作台组合机床。这类机床适用于从一个方向对工件进行多工序加工,在采用两次安装的情况下,也可以同时加工完成工件两个面上的工序,如图 5.20 所示。

3) 卧式多面回转工作台组合机床。这类大型卧式多工位回转工作台组合机床主要适用于从多面加工的零件。这种机床工艺可能性较小,布局较大,占地面积很大,所以一般不采用。图 5.21 (a) 所示为卧式三面四工位组合机床,图 5.21 (b) 所示为卧式四面六工位组合机床,图 5.21 (c) 所示为卧式五面六工位组合机床,用于对 16 种阀盖小端孔及填料孔进行钻、铰和攻螺纹。图 5.21 (d) 采用换装的方法。加工工件两个面上的工序,即将在第一个工位上加工好的工件换装在第二个工位上,而在第一个工位上装上新的毛坯。这样既可以增大机床的工艺可能性,还可将粗、精加工分别在不同的工位上进行,有利于保证加工精度。

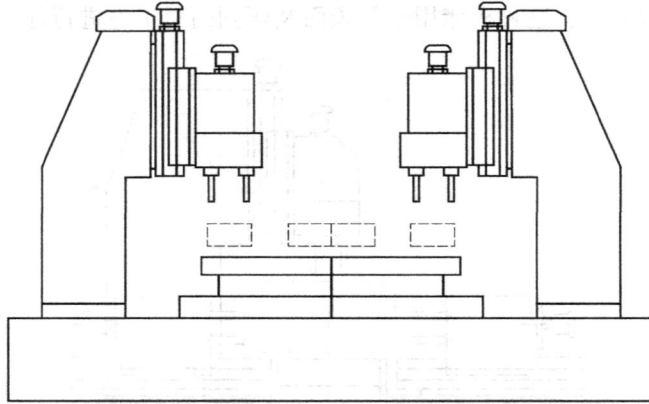

图 5.20　立式回转工作台组合机床

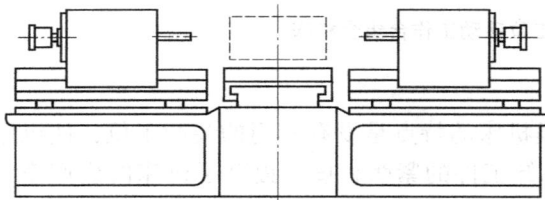

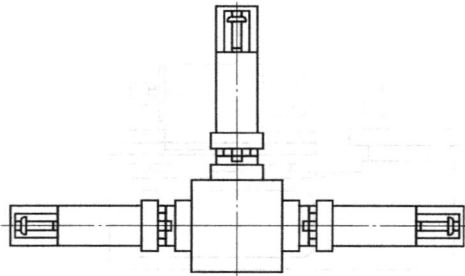

(a)

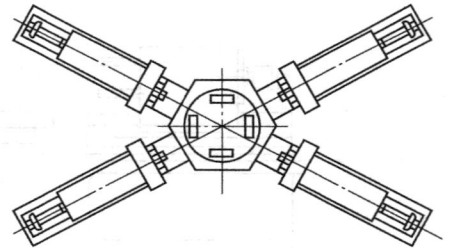

(b)

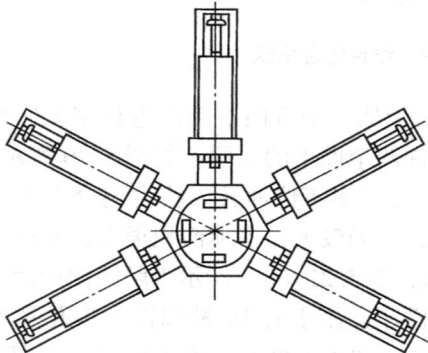

(c)

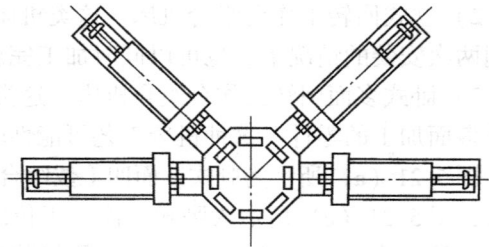

(d)

图 5.21　卧式多面回转工作台组合机床

4）复合式多工位回转工作台组合机床。这种机床能同时完成两个方向工件的加工，其工艺可能性较大，使用范围较广，如图 5.22 所示。

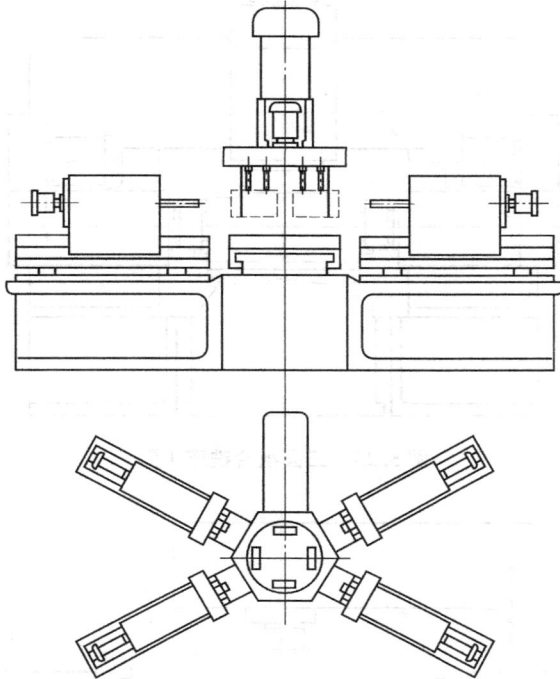

图 5.22　复合式多工位回转工作台组合机床

2. 组合机床的工艺范围及加工精度

（1）组合机床的工艺范围

随着组合机床在机械加工中的广泛应用，其工艺范围也日益扩大。过去组合机床主要用于钻孔、铰孔、镗孔及攻丝，现在组合机床也常用于精密镗孔、铣面、车削、磨削、拉削及滚压等工序。组合机床从完成工艺方面可分为组合铣床、组合钻床、组合镗床、镗孔车端面组合机床及组合攻丝机床等。

1）平面铣削。

目前，为了在大批量生产中提高平面的加工效率，在加工中普遍采用组合铣床。这种铣床由通用铣头和动力滑台等部件组成。图 5.23 所示为加工铸铁齿轮箱平面的三面组合铣床，加工时铣头不做进给运动，进给运动由动力滑台带动工件实现。也可以采用工件不动，铣头做进给运动的方式实现平面的铣削，如图 5.24 所示。显然，后一种加工方法的可靠性差，也不经济，这是因为立式铣头的悬臂大，加工时易引起振动。

在组合机床上有时采用普通的钻削动力头，再装上专门的铣削主轴箱来加工平面，多用于铣削平面与其他孔加工工序同时进行的情况，但其结构刚性差，只适用于负荷较轻及精度较低的铣削工序。

2）钻孔。

钻孔包括一般钻孔和钻深孔两种情况。钻深孔时为了防止切屑阻塞而引起钻头折断，需采用分级进给的方法，即加工过程中钻头定期退出以排除切屑。

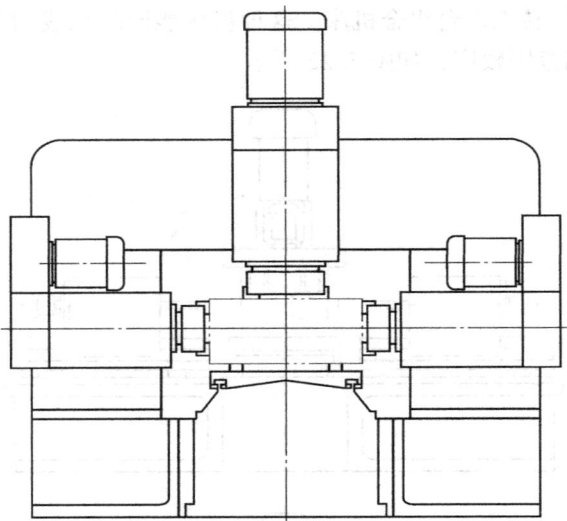

图 5.23　三面组合铣床 I 型

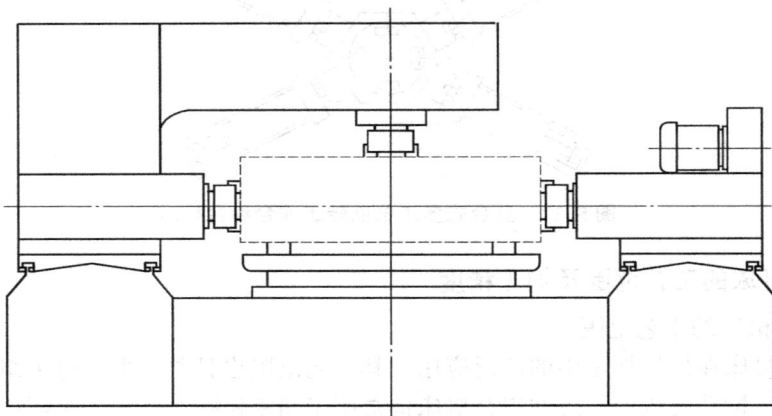

图 5.24　三面组合铣床 II 型

钻直径较小深孔时的常见问题有：

① 切屑排除困难。由于阻塞使扭矩增大，造成钻头折断。

② 刀具冷却困难。由于孔径较小，切屑不易进入加工空间，钻头发热严重，降低了钻头的使用寿命。

③ 钻头轴线容易歪斜。由于钻头细长，其强度和刚度很弱，特别是钻头刃磨不对称时，钻孔容易偏斜。

组合钻床采用分级进给加工深孔时，每次钻削的深度参照表 5.1 进行选择。

表 5.1　深孔加工每次钻深值

工件材料	孔深≤20d	孔深 >20d
铸铁	（4 ~ 6）d	（3 ~ 4）d
钢	（1 ~ 2）d	（0.5 ~ 1.0）d

若加工的孔为通孔，则可采用两面钻孔的方法。改善深孔加工条件的措施有如下几项：

① 为排屑方便，小径深孔应采用卧式机床加工。孔径较大时，加工可不用分级进给。

② 利用刀具结构形式对排屑的影响。如增大钻孔螺旋槽角度，可使排屑方便。

③ 孔径较大时，可采用"中空"钻头，加工时冷却液通过钻头进入加工空间，即可达到冷却的目的，且有利于排屑。

④ 精度很高的工件，如曲轴，应采用浸入式加工，即把工件浸在冷却液中加工。

⑤ 钻头轴线的对中性主要取决于切削刃的对称性及钻头的导向条件，故提高钻头切削刃的对称性及采用较长的导向件、缩小导向件距工件的距离是提高孔直线度的主要措施。

3）扩孔。

在组合机床上可以扩圆柱孔、锥孔、锪窝、锪平台及扩成形面等。在薄壁件上扩孔多采用悬臂加工。当位置精度要求较高或扩孔前的底孔质量较差及条件限制导向不能靠近工件时，应采用前后导向进行扩孔。

4）铰孔。

在组合机床上可铰圆柱孔、阶梯孔及锥孔，铰孔直径多在 $\phi 40$ mm 以下。为提高孔的位置精度，须严格控制铰刀导向部分和导套的径向间隙，而且使导向部分接近工件，当导向较长时，可采用铰刀与主轴浮动连接，还可以采用前后双导向的方法。

5）镗孔。

当被加工孔径大于 $\phi 40$ mm 时，组合机床多采用镗削的方法加工，有时小孔径的孔也采用镗削。组合机床镗孔采用导向加工和不导向的刚性加工两种方式。大径深孔（如气缸的缸孔）多用刚性主轴加工，一些中等孔径的光孔或阶梯孔一般采用导向加工。

6）螺纹加工。

组合机床可以加工紧固螺纹孔、锥螺纹、外螺纹及大直径螺纹。在铸件上螺纹孔加工精度为 5H ~ 6H。

（2）加工精度

一般组合铣床加工平面的平面度为 (0.04 ~ 0.10) / (500 ~ 800)，表面粗糙度 Ra 为 3.2 ~ 6.3 μm。为达到上述精度，必须选择合适的切削用量。精铣时每次进给量要小，一般在 0.05 ~ 0.20 mm，铣削速度应该高一些，对铸铁零件来说，一般在 80 ~ 130 m/min。组合机床上钻孔工序大多是扩铰工序前加工底孔及加工螺纹底孔；在铸铁上钻孔精度一般可达 IT10 ~ IT11 级，表面粗糙度 Ra 为 12.5 μm，位置精度为 0.2 mm；钻孔孔径及位置精度主要取决于导向精度及刃磨情况。为此要减小导向孔和钻头间的间隙，严格控制钻头的摆动，使导向装置靠向工件及要求主轴与导向孔之间的同轴度。扩孔是精铰或精镗前的粗加工工序，因扩孔钻有导向刃带，故加工精度比钻削高。在铸铁上扩孔，孔的精度可达 IT9 ~ IT10 级，表面粗糙度可达 $Ra3.2$ μm，位置精度达到 0.1 mm。加工铸铁时，在铰刀设计制造合理，冷却润滑良好的情况下，表面粗糙度可达到 $Ra1.6$ μm，但铰钢件时粗糙度一般为 $Ra3.2$ μm，孔的位置精度一般为 0.03 ~ 0.05 mm。组合机床上镗孔可达 IT7 ~ IT6 级精度，表面粗糙度为 $Ra0.8$ ~ 3.2 μm；加工有色金属表面粗糙度为 $Ra1.6$ ~ 3.2 μm，位置精度为 0.025 ~ 0.050 mm，用一根镗杆镗削同轴孔时，同轴度保证在 $\phi 0.015$ ~ 0.020 mm，若用两根镗杆两边加工时，孔的同轴度可达到 ϕ (0.03 ~ 0.05) mm。

组合机床的加工精度与其配置形式有关，不同的配置形式，其加工精度不同，具体情况如下：

1）固定式夹具组合机床的加工精度。

这类夹具的加工精度最高。对精加工的夹具，其公差一般取被加工零件公差的1/3。使用这类夹具的机床加工时能达到的精度如下。

① 钻孔位置精度。采用固定导向时，其位置精度一般能达到0.2 mm；采用活动钻模板时，其位置精度为0.20～0.25 mm。

② 镗、铰孔位置精度。采用固定精度导向时，孔间距离及孔的轴线与基面的位置精度可达0.025～0.050 mm。

③ 镗孔的同轴度与孔轴线间的平行度。当只有一面镗孔时，镗杆采用前后或多层精密导向，同轴度可达 $\phi0.015～\phi0.030$ mm；若两面镗孔且是单轴，便于调整主轴位置精度时，同轴度为0.015～0.030 mm；两面多轴加工时，孔的同轴度一般为0.05 mm。孔轴线的平行度保持在轴线间距离公差范围内，可达（0.02～0.05）／（800～1 000）。

2）带移动式夹具组合机床的加工精度。

在多工位机床上，由于回转工作台或回转鼓轮转位时有误差，因而影响加工精度。立式多工位机床的夹具固定于同一工作台面上，用一个活动钻模板，加工时与夹具定位，其工作台的转位误差会增大主轴相对导向的轴心偏移和相邻工位加工孔的误差。鼓轮机床经常是导向套设在两侧支架上，由于鼓轮分度误差、轴承振动、各工位夹具与支架上导向不同心等原因，加工精度较低。

① 钻孔位置精度。在立式多工位机床上，采用统一活动钻模板，钻孔位置精度可达到 $\phi0.05$ mm；在鼓轮机床上，当导向设在支架上时，钻孔位置精度可达 $\phi0.25$ mm。

② 精加工孔的位置精度。当在一个工位进行孔的加工时，其位置精度可达 $\phi0.05$ mm。在不同工位上分别进行孔加工时，立式回转工作台的位置精度可达到 $\phi0.1$ mm；回转鼓轮机床的位置精度只能达到 $\phi0.1$ mm 以上。

在立式多工位机床上，为了达到更高的加工精度，通常在精加工工位上采用独立的钻模板，并和夹具很好的定位，有条件时可利用工件前道工序精加工的孔定位，则更有利。

在鼓轮机床上使用导向设计能在鼓轮夹具上也获得较高的精度，或按照分散配置形式设计鼓轮机床，在每个工位上则采用各自的小动力头，带导向或不带导向按刚性主轴进行加工，这样可分别精确调整各动力头的位置，从而达到较高的精度。

5.2 组合机床总体设计

5.2.1 组合机床的设计步骤

1. 制定工艺方案

分析被加工零件的图纸，根据组合机床各种工艺方法能达到的加工精度和技术要求，解决零件是否可以利用组合机床加工以及采用组合机床加工是否合理等问题。综合考虑影响制定零件工艺方案、机床配置形式和工艺装备的各种因素。

确定零件在组合机床上合理可行的加工方法（安排工序及流程，选择加工的定位基准及夹压方案），确定工序间的加工余量，确定刀具的结构型式、数量及切削用量等。

（1）选择合适、可靠的工艺方法

1）考虑被加工零件的加工精度和加工工序。

① 精度为 H7 的孔加工，工步数应设为 3~4 个，对于不同尺寸的孔径须采用不同的工艺方法（如镗孔或铰孔）。

② 当孔与孔间有较高的位置精度要求（误差≤0.05 mm）时，应在一个安装工位对所有孔同时进行最终精加工。

③ 如果箱体件的同一轴线上几个孔的同轴度要求较高（同轴度误差≤0.05 mm），则最后精加工应从一面进行。

④ 加工精度为 H6、表面粗糙度为 $Ra0.4~\mu m$ 的孔时，机床须采取主轴高速、低进给量（$f \leq 0.01~mm/r$）的加工方法，以尽量减小切削力和消除主轴振动。机床常采用皮带转动的精镗头，且主轴设有卸载装置，进给采用液压增稳系统。

⑤ 加工精度为 H6~H7、直径为 $\phi80~\phi150~mm$ 的气缸孔时，由于气缸孔间距小，不便安装导向，且需进行立式加工，切屑容易落入下导向套，造成导向精度变差。此时，应采用立式刚性主轴结构，不宜采用结构复杂的浮动主轴带导向加工。

2）考虑被加工零件的材料、硬度、加工部位的结构和形状、零件刚性及定位基准面。

① 同样精度的孔，加工钢件一般比加工铸铁件的工步数多。

② 加工薄壁易振动或刚性不足的工件，其工序安排不能过于集中，以免因为加工表面多而造成工件受力大、共振及发热变形影响其加工精度。

③ 加工箱体多层壁同轴线的等直径孔，应在一根镗杆上安装多个镗刀进行镗削，退刀时，要求工件（夹具）"让刀"，镗刀头周向定位。

3）考虑被加工零件的生产批量及生产效率。

零件生产批量是决定按单工位、多工位、自动线，还是按中小批量生产特点设计组合机床的重要因素。

① 零件的生产批量越大，工序安排一般越趋于分散，且粗、半精、精加工分别在不同的机床上完成。

② 中小批量生产则力求减少机床台数，尽量将工序集中在一台（多工位）或少数几台机床上加工。

4）考虑组合机床的工艺范围所能达到的加工精度。

组合机床加工铸铁或钢件的主要工序能达到的精度和表面粗糙度可查阅设计手册。

（2）合理安排粗、精加工

首先分析零件的生产批量、加工精度和技术要求，再合理安排粗、精加工工序。

1）零件批量大或加工精度要求较高时，粗、精加工工序应分开。

① 工件能得到较好的冷却，有利于减少热变形和内应变的影响。

② 避免粗加工振动对加工精度、表面粗糙度的影响。

③ 利于精加工机床保持持久稳定的精度。

④ 机床结构简单，便于维修、调整。

2）零件批量不大，如能保证加工质量，粗、精加工可集中。

零件的粗、精加工集中在一台机床上，可减少机床台数，提高其负荷效率，但最大切除余量和最后精加工工序应分开。

（3）合理实施工序集中

工序集中是指运用多种刀具，采用多面、多工位和复合刀具的方法，在一台机床上对一个或几个零件完成多个工序过程，以提高其生产率。

1）注意工序集中带来的如下问题：

① 工序集中可导致机床结构复杂、刀具数量增加、调整不方便、可靠性降低，影响生产率的提高。

② 工序集中可导致切削负荷加大，造成工件刚性不足、工件变形而影响加工精度。

2）合理考虑工序集中。

① 将相同工艺内容的工序集中在同一台机床或同一工位上加工。如：将箱体零件的大量螺孔攻丝工序集中在一台攻丝机床上，并且不与大量钻、镗工序集中在用一台机床上进行，从而使机床结构简单。

② 加工箱体零件上有相互位置精度要求的孔时，孔加工应集中在一台机床上一次安装并完成加工（粗、精加工）。

③ 工序集中要保证零件能在较大的切削力、夹紧力作用下不变形，即在提高生产率的同时保证加工精度。

④ 大量的钻、粗镗工序应分开。

钻孔、镗孔直径相差很大，会使主轴转速相差较大，导致多轴箱传动链复杂；钻孔产生很大的轴向力，会使工件变形而影响镗孔精度；粗镗孔振动较大，会影响钻孔加工，易造成小钻头折断。

⑤ 铰孔、镗孔工序应分开。

铰孔是低速大进给量切削，镗孔是高速小进给量切削。这两种工序如不分开，会影响切削用量的合理选择和多轴箱传动结构的简化。

⑥ 工序集中应考虑多轴箱轴承结构、设置导向需要，否则会造成机床、刀具调整不便，工作性能、生产率降低。

（4）合理选择定位基准及夹压点

合理的加工定位基准是确保加工精度的重要条件，有利于最大限度地集中工序和提高生产率。

1）箱体类零件定位基准的选择。

箱体类零件是机械加工工序较多且精度要求高的零件。特别是这类零件上有较多高精度的孔需要加工，其通常采用"一面两孔"作定位基准，如图5.25所示。

① "一面两孔"定位基准的优点。

其优点是可消除工件的6个自由度，使工件得到可靠的定位；"一面两孔"可同时加工工件的5个表面，有利于提高各面上孔的位置精度；"一面两孔"可作为粗、精全部工序的定位基准，达到整个工艺过程的基准统一，并实现夹具通用化；"一面两孔"易实现自动化定位、夹紧。

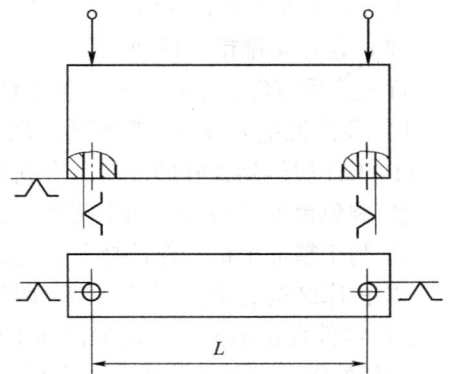

图5.25 箱体类零件定位基准的选择

② "一面两孔" 定位基准的要求。

定位平面的平面度允差一般为 0.05 ~ 0.08 mm，表面粗糙度一般为 Ra1.6 ~ 3.2 μm。定位销孔为 H7 精度，两销孔中心距 L 尽量大一些，其公差为 ± （0.03 ~ 0.06） mm （或为工件公差的 1/3 ~ 1/5）。不可选择零件上直径太小的孔作为定位销孔。如果定位销孔太细，输送工件时，易受工件碰撞变形而破坏其定位。销孔的直径可根据箱体的大小及质量来选择。

2） 非箱体类零件定位基准的选择。

① 对于曲轴、连杆、转向器壳、拨叉等零件，采用外圆柱体作为定位基准，V 形块作为定位元件。V 形块夹角取 90° ~ 120°，如图 5.26 所示。

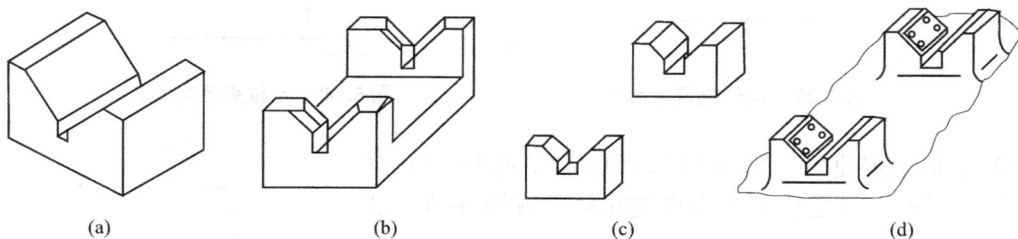

(a)   (b)   (c)   (d)

图 5.26 V 形块

② 对于法兰类零件，采用一个孔 （或外圆） 及一个平面作为定位基准，如图 5.27 所示。

3） 定位基准的选择原则。

① 基准重合原则。即尽量选择零件的设计基准作为组合机床加工的定位基准。但有时必须改用其他面作为定位基准，零件设计以顶面 A 为设计基准。为方便加工曲轴孔、凸轮轴孔需安装中间导向时，常改用底面 C 作为加工基准，如图 5.28 所示。

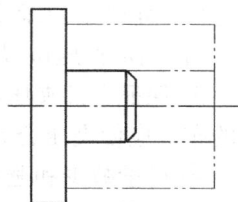

图 5.27 芯轴

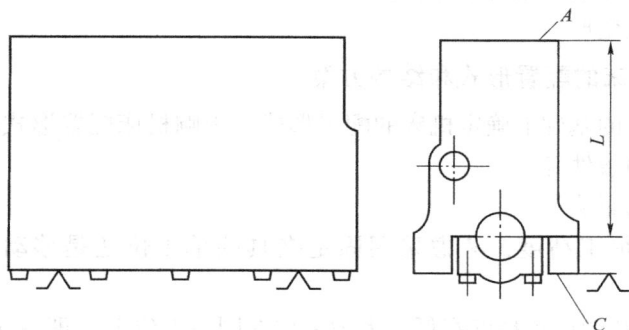

图 5.28 零件示意图

② 基准统一原则。即尽量在各加工机床上采取共同的定位基准来加工零件不同表面的孔或对同一孔完成不同的工序。但有时个别工序不采用统一基准也为合理。例如：在图 5.29 ~ 图 5.31 所示的三种方案中，图 5.30 所示的定位基准由底面改为顶面后，夹紧力方向与工件重力方向一致，而且钻头对工件还有向下的压力，从而减小了夹压力，使夹具结构简单，提高了加工稳定性。

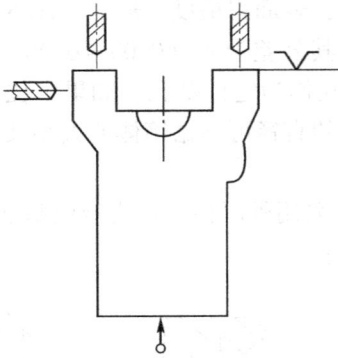

图 5.29　定位夹紧方案一　　　　　　　图 5.30　定位夹紧方案二

③ 定位稳定原则。即尽量选择已加工的较大平面作为定位基准，且定位基准不可选在铸件或锻件的分型面。

④ 辅助支承。辅助支承是为不具备理想定位基准的零件而专门设置的支承，以防止工件加工时变形和振动，增加定位稳定性，以承受较大的切削力。

4）确定夹压位置时应注意的问题包括以下几方面：

① 保证零件夹压后定位稳定，即夹压力要足够，夹压点的布置应使夹压合力落在定位平面内。

② 尽量减少和避免零件夹压后的变形。

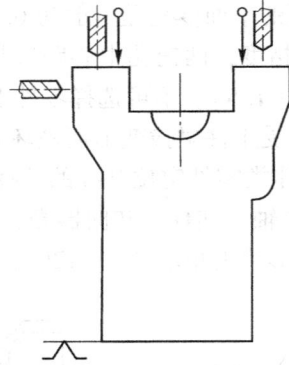

图 5.31　定位夹紧方案三

加工刚性差或高度较高的箱体零件时，应使夹压力尽可能沿着箱体墙壁和肋板，并直接对准定位支承。对局部刚性差的零件，应适当增加辅助支承或采用多点夹压方法，使夹压力分布均匀，减少夹压变形。

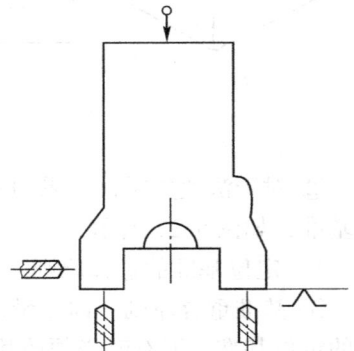

2. 确定组合机床的配置形式和结构方案

在确定工艺方案的基础上确定机床的配置形式。影响机床配置形式的因素有加工精度、工件结构及机床使用条件等。

（1）加工精度的影响

1）根据零件的加工精度，考虑采用固定夹具的单工位还是移动夹具的多工位组合机床。

2）根据工件各孔的位置精度高低，考虑采用在同一工位上（即一次安装）对工件上的各孔同时进行精加工的方法。

（2）工件结构的影响

工件结构的影响是指工作的形状、大小和加工部位特点等的影响。

1）外形尺寸和重量较大的工件一般应采用固定夹具的单工位组合机床。

2）多工序的中小型零件一般应采用移动夹具的多工位组合机床。

3）箱体孔中心线与水平定位基面平行，且需由一面或几面加工的零件，应采用卧式组合机床。

4）工件孔深且直径大，且孔中心线与水平定位基面垂直的零件，应采用立式组合机床。

（3）机床使用条件的影响

1）车间内零件输送线的高度直接影响机床的装料高度。当工件输送穿过机床时，机床应设计成通过式，且配置不能超过三面。

2）生产线的工艺流程方向及机床在车间的安装位置都会影响机床的配置方案。

3）加工厂缺乏制造、刃磨复合刀具的能力，制定方案时应避免采用复合刀具，并考虑增加机床工位以及采用普通刀具进行分散加工。

4）地区炎热会影响液压油的性能，在这种情况下使用液压传动滑台可能会造成机床进给运动不够稳定，应考虑采用机械传动的滑台进给机床。

5.2.2　确定切削用量及选择刀具

1. 确定切削用量

（1）钻、扩、铰切削用量（见表 5.2）

表 5.2　高速钢钻头切削用量

材料	加工直径 d/mm	切削速度 v/ ($\mathrm{m \cdot min^{-1}}$)	进给量 f/ ($\mathrm{mm \cdot r^{-1}}$)	切削速度 v/ ($\mathrm{m \cdot min^{-1}}$)	进给量 f/ ($\mathrm{mm \cdot r^{-1}}$)	切削速度 v/ ($\mathrm{m \cdot min^{-1}}$)	进给量 f/ ($\mathrm{mm \cdot r^{-1}}$)
		160 ~ 200 HBS		200 ~ 241 HBS		300 ~ 400 HBS	
铸铁	1 ~ 6	16 ~ 24	0.07 ~ 0.12	10 ~ 18	0.05 ~ 0.1	5 ~ 12	0.03 ~ 0.08
	6 ~ 12		0.12 ~ 0.2		0.1 ~ 0.18		0.08 ~ 0.15
	12 ~ 22		0.2 ~ 0.4		0.18 ~ 0.25		0.15 ~ 0.2
	22 ~ 50		0.4 ~ 0.8		0.25 ~ 0.4		0.2 ~ 0.3
		$\sigma_b = 520 \sim 700$ MPa（35 钢、45 钢）		$\sigma_b = 700 \sim 900$ MPa（15Cr）		$\sigma_b = 1\,000 \sim 1\,100$ MPa	
钢	1 ~ 6	16 ~ 24	0.07 ~ 0.12	10 ~ 18	0.05 ~ 0.1	5 ~ 12	0.03 ~ 0.08
	6 ~ 12		0.12 ~ 0.2		0.1 ~ 0.18		0.08 ~ 0.15
	12 ~ 22		0.2 ~ 0.4		0.18 ~ 0.25		0.15 ~ 0.2
	22 ~ 50		0.4 ~ 0.8		0.25 ~ 0.4		0.2 ~ 0.3
		纯铝		铝合金（长屑）		铝合金（短屑）	
铝	3 ~ 8	20 ~ 50	0.03 ~ 0.2	20 ~ 50	0.05 ~ 0.25	20 ~ 50	0.03 ~ 0.1
	8 ~ 25		0.06 ~ 0.5		0.1 ~ 0.6		0.05 ~ 0.15
	25 ~ 50		0.15 ~ 0.8		0.2 ~ 1.0		0.08 ~ 0.36

续表

材料	加工直径 d/mm	切削速度 v/ $(m \cdot r^{-1})$	进给量 f/ $(mm \cdot r^{-1})$	切削速度 v/ $(m \cdot min^{-1})$	进给量 f/ $(mm \cdot r^{-1})$	切削速度 v/ $(m \cdot min^{-1})$	进给量 f/ $(mm \cdot r^{-1})$
铜		黄铜、青铜		硬青铜			
	3~8		0.06~0.15		0.05~0.15		
	8~25	60~90	0.15~0.3	25~45	0.15~0.25		
	25~50		0.3~0.75		0.25~0.5		

钻孔的切削用量还与钻孔深度有关。当加工铸铁孔深为孔径的 3~6 倍时，在组合机床上采用一次走刀完成，但切削用量要小一些，如表 5.3 所示。降低切削用量的目的是减少轴向切削力，避免钻头折断。钻孔深度较大时，由于冷却较差，使刀具寿命降低，降低切削速度主要是为了提高刀具寿命。若孔深与孔径比较大，则其每转进给量与每次吃刀量都很小，如切削速度较低则生产率很低，此时应提高切削速度。

加工孔深与孔径的比为 10 倍左右的小孔铸铁时，在组合机床上应采用分级进给的方法，通常是用单独的工位或专门的机床加工。选择切削用量时不能全部随孔深增加而减小，有时反而要适当地提高切削用量，如竖直或倾斜钻孔时，适当提高切削速度和切削用量有助于向上方排屑。

表 5.3　深孔钻削切削用量

孔深/mm	$3d$	$(3~4)d$	$(4~5)d$	$(5~6)d$	$(6~8)d$
切削速度 v/ $(m \cdot min^{-1})$	v	$(0.8~0.9)v$	$(0.7~0.8)v$	$(0.6~0.7)v$	$(0.6~0.65)v$
进给量 f/ $(mm \cdot r^{-1})$	f	$0.9f$	$0.9f$	$0.8f$	$0.8f$
孔深/mm	$(8~10)d$	$(10~15)d$	$(15~20)d$	$20d$ 以上	
进给量 f/ $(mm \cdot r^{-1})$	$0.7f$	$0.6f$	$0.5f$	$(0.3~0.4)f$	

高速钢扩孔的切削用量，如表 5.4 所示。

当用硬质合金扩孔钻加工铸铁时，切削速度 $v = 30~15$ m/min；加工钢件时，切削速度 $v = 35~60$ m/min

对钢件铰孔要获得较低的表面粗糙度，除了铰刀需保证合理的几何形状及充分冷却的条件外，最重要的是要合理选择切削用量。一般切削速度较低，进给量较大，如表 5.5 所示。

表 5.4　扩孔切削用量

加工直径 d/mm	铸铁				钢、铸钢				铝、铜			
	扩通孔		锪沉孔		扩通孔		锪沉孔		扩通孔		锪沉孔	
	切削速度 v/(m·min^{-1})	进给量 f/(mm·r^{-1})	切削速度 v/(m·min^{-1})	进给量 f/(mm·r^{-1})	切削速度 v/(m·min^{-1})	进给量 f/(mm·r^{-1})	切削速度 v/(m·min^{-1})	进给量 f/(mm·r^{-1})	切削速度 v/(m·min^{-1})	进给量 f/(mm·r^{-1})	切削速度 v/(m·min^{-1})	进给量 f/(mm·r^{-1})
10~15	10~18	0.15~0.20	8~12	0.15~0.20	12~20	0.12~0.20	8~14	0.08~0.10	30~40	0.15~0.20	20~30	0.15~0.20
15~25		0.20~0.25		0.15~0.30		0.2~0.3		0.10~0.15		0.20~0.25		0.15~0.20
25~40		0.25~0.30		0.15~0.30		0.3~0.4		0.15~0.20		0.25~0.30		0.15~0.20
40~60		0.3~0.4		0.15~0.30		0.4~0.5		0.15~0.20		0.3~0.4		0.15~0.20
60~100		0.4~0.6		0.15~0.30		0.5~0.6		0.15~0.20		0.4~0.6		0.15~0.20

表 5.5 铰孔切削用量（高速钢铰刀）

加工直径 d/mm	铸铁		钢、合金钢		铝、铜及其合金	
	切削速度 v/(m·min⁻¹)	进给量 f/(mm·r⁻¹)	切削速度 v/(m·min⁻¹)	进给量 f/(mm·r⁻¹)	切削速度 v/(m·min⁻¹)	进给量 f/(mm·r⁻¹)
6~10		0.3~0.5		0.3~0.4		0.3~0.5
11~15		0.5~1.0		0.4~0.5		0.5~1.0
16~25	2~6	0.8~1.5	1.2~5.0	0.4~0.6	8~12	0.8~1.5
26~40		0.8~1.5		0.4~0.6		0.8~1.5
41~60		1.2~1.8		0.5~0.6		1.5~2.0

（2）镗孔切削用量（见表 5.6）

镗孔切削用量的值与加工精度有很大关系。当精镗孔的精度为 IT7、孔径为 60~100 mm 时，孔径公差为 0.03~0.035 mm；当孔的精度为 IT6，孔径公差为 0.019~0.022 mm 时，在刀具质量不高，且切削速度较高时，镗刀容易磨钝，导致孔径超差，从而必须经常刃磨刀具、调刀，因此效率较低。

表 5.6 镗孔切削用量

工序	刀具材料	铸铁		钢、合金钢		铝及其合金	
		切削速度 v/(m·min⁻¹)	进给量 f/(mm·r⁻¹)	切削速度 v/(m·min⁻¹)	进给量 f/(mm·r⁻¹)	切削速度 v/(m·min⁻¹)	进给量 f/(mm·r⁻¹)
粗镗	高速钢	20~25	0.25~0.80	15~30	0.15~0.40	100~150	0.5~1.5
	硬质合金	35~50	0.4~0.5	50~70	0.35~0.70		
半精镗	高速钢	20~35	0.1~0.3	15~50	0.1~0.3	100~200	0.2~0.5
	硬质合金	50~70	0.15~0.45	95~135	0.15~0.45		
精镗	硬质合金	70~90	IT6 级 ≤0.08，IT7 级 0.12~0.15	100~150	0.12~0.15	150~400	0.06~0.10

（3）铣削用量

铣削用量与加工精度和生产效率紧密联系。如果要保证高的加工精度和生产效率，铣削速度应该设置得高一些，但每齿进给量就要小一些，如表 5.7~表 5.9 所示。

表 5.7 硬质合金端铣刀铣削用量

加工材料	工序	铣削深度/mm	铣削速度/（m·min^{-1}）	每齿进给量/（mm·z^{-1}）
钢 σ_b = 520 ~ 700 MPa	粗	2 ~ 4	80 ~ 120	0.2 ~ 0.4
	精	0.5 ~ 1.0	100 ~ 180	0.05 ~ 0.20
钢 σ_b = 700 ~ 900 MPa	粗	2 ~ 4	60 ~ 100	0.2 ~ 0.4
	精	0.5 ~ 1.0	90 ~ 100	0.05 ~ 0.15
钢 σ_b = 1 000 ~ 1 100 MPa	粗	2 ~ 4	40 ~ 70	0.1 ~ 0.3
	精	0.5 ~ 1.0	60 ~ 100	0.05 ~ 0.10
铸铁	粗	2 ~ 5	50 ~ 80	0.2 ~ 0.4
	精	0.5 ~ 1.0	80 ~ 130	0.05 ~ 0.20
铝及其合金	粗	2 ~ 5	300 ~ 700	0.1 ~ 0.4
	精	0.5 ~ 1.0	500 ~ 1 000	0.05 ~ 0.30

表 5.8 面铣刀铣削用量

铣刀品种及刀片形状		一般加工余量不大于/mm	最大加工余量/mm
粗齿套式面铣刀	刀具材料为 YG6（铸铁）或 YT14（钢）	8	12
中齿套式面铣刀		8	12
细齿套式面铣刀		6（铸铁）、3（钢）	12
粗密齿套式面铣刀	刀具材料为 YG6	3（铸铁）	9（铸铁）
铣铝合金套式面铣刀	刀具材料为 YT14	6	9

表 5.9 硬质合金不重磨面铣刀铣削用量

材料			每齿进给量/（mm·z^{-1}）		
			0.4	0.2	0.1
名称	硬度/（HBS）	最大抗拉强度 σ_b/MPa	切削速度 v/（m·min^{-1}）		
碳钢 C0.15%、C0.35%、C0.7%	125	450	140	170	200
	153	550	100	140	175
	250	800	75	90	125
合金钢	150 ~ 200	500 ~ 650	100	130	160
	200 ~ 275	650 ~ 900	75	90	125
	275 ~ 325	900 ~ 1 100	60	80	100
	325 ~ 450	1 100 ~ 1 500	50	60	80

续表

材料			每齿进给量/（mm·z⁻¹）		
名称	硬度/（HBS）	最大抗拉强度 σ_b/MPa	0.4	0.2	0.1
			切削速度 v/（m·min⁻¹）		
铸铁	<50	<500	70	100	140
	150~250	500~800	55	75	100
	160~200	580~650	100	115	150
灰铸铁	180	620	80	130	150
合金铸铁	250	800	70	90	115

注：铣削铝合金推荐切削速度为 300~1 000 m/min，每齿进给量为 0.1 mm/z 左右。表内推荐的进给量和切削速度为最大值，实践中取值应适当低一点。

（4）攻螺纹切削用量

攻螺纹切削用量如表 5.10 所示。

表 5.10　螺纹切削用量

加工材料	铸铁	钢及其合金	铝及其合金
切削速度 v/（m·min⁻¹）	4~8	4~6	5~15

2．刀具的选择

（1）组合机床刀具的特点

1）耐用度和可靠性要求较高，方便装卸和调整。

组合机床的加工循环时间短，且在每一循环中，刀具不工作的时间很短，尤其是其常常进行多刀加工，刀具数量多，更换刀具比较费时间，所以刀具结构要可靠，刀具材料和几何参数选取要合理，切削条件应适当，以使刀具有较高的耐用度。

2）复合程度要求高。

组合机床常采用复合刀具，使得工序较为集中，以提高其生产率，保证加工精度，减少工位。但是刀具结构比较复杂，当切削力较大时，排屑不方便，而且刃磨困难。

3）导向良好。

组合机床主要是用多轴加工箱体孔，孔的位置精度是由夹具和刀杆导向来保证的。

4）通用性强。

组合机床刀具大多为专用刀具，将专用刀具系列化形成通用结构。

（2）常用刀具在组合机床上的使用

1）组合机床常用钻头。

① 钻头。常选用标准的高速钢锥柄或直柄麻花钻，由于其加工孔的位置精度只有 ϕ0.2 mm 左右，所以为了提高经济效益，除了导向套到工件距离及导向套长度要适当外，还应减小钻头与导向套的间隙以及倒锥度。根据工件材料的性质，如在铸铁上钻较浅的孔时，为了提高钻头刚度，可采用硬质合金锥柄或直柄麻花钻，选择比高速钢钻头高的切削速

度及较低的背吃刀量；如在钢件上钻孔，常采用内冷却麻花钻，其能将切削液通向切削区，提高冷却润滑效果，从而有利于切屑排出和提高钻头耐用度。可采用扭制式或采用在钻背上铣槽嵌焊铜管式，但是后者强度和刚度较差，切削用量大的时候可能产生振动，甚至折断钻头。此外，组合机床也可采用专用高速钢麻花钻，但是尽量不采用特别细的麻花钻，因其制造和热处理均比较困难。

组合机床上常采用扁钻钻孔，虽然其前角小、不易排屑，但其刚性好、轴向尺寸小，所以一般复合加工时常用扁钻。对于大直径扁钻，常采用装配式，主要依靠其两侧面和后面的沟槽与刀杆配合，并用螺钉紧固。扁钻的材料也可是高速钢或硬质合金。

② 深孔钻和套料钻常用于深径比很大的孔。

2）组合机床常用扩孔钻。

组合机床在铸件上扩孔，表面粗糙度能够达到 $Ra6.3\ \mu m$，最高可达 $Ra3.2\ \mu m$。

① 在铸铁上扩孔（见表5.11），如果孔的直径小于等于 15 mm，则扩孔钻一般选用高速钢四齿；如果孔的余量大且较深，则为了加大容屑量，可选用高速钢三齿。

对于大直径孔（$D>60$ mm），一般选择硬质合金锥柄或套装扩孔钻，常常做成装齿扩孔钻。

表 5.11　扩孔钻公差（加工铸铁）　　　　　　　　　　　　mm

工件		扩孔钻		工件		扩孔钻	
公称尺寸 D	公差	公称尺寸 D	公差	公称尺寸 D	公差	公称尺寸 D	公差
3~6	0.048	D+0.040	-0.020	3~6	+0.08	D+0.065	-0.025
6~10	0.058	D+0.045	-0.025	6~10	+0.10	D+0.075	-0.030
10~18	0.070	D+0.055	-0.030	10~18	+0.12	D+0.090	-0.035
18~30	0.084	D+0.065	-0.040	18~30	+0.14	D+0.105	-0.045
30~50	0.100	D+0.080	-0.045	30~50	+0.17	D+0.130	-0.050
				50~55	+0.20	D+0.155	-0.050

② 钢件上扩孔。由于硬质合金扩孔钻加工钢件仍存在诸多问题，故目前主要还是使用高速钢扩孔钻来加工钢件。在钢件上扩孔，切削力较大，必须加强刀刃，所以通常在扩孔钻上磨出过渡刃，甚至如果钢件的强度较高，还要在主切削刃上磨出负倒棱。

3）组合机床常用铰刀。

在组合机床上常常采用铰刀进行孔的精加工，铰刀骑在铸铁和铝件上均能加工出尺寸精度为 IT7、粗糙度为 $Ra1.6~0.8\ \mu m$ 的孔。但是在组合机床上使用的铰刀大多为专门设计制造的专用铰刀。

① 铸铁上的铰孔加工。对于铸铁类的脆性零件，多采用硬质合金铰刀，刀齿材质通常为 YG 类合金，刀体则为 40Cr（淬硬至 HRC35~40）；如铰刀有导向部分时，刀体为 9SiCr，并且淬硬至 HRC59~62。这种加工铸铁的硬质合金铰刀的主要几何参数为：

a. 齿数：加工铸铁的硬质合金铰刀，刀齿齿数应满足相邻刀齿在圆周上的距离不超过

10 mm。具体如表 5. 12 所示。

表 5. 12　铰刀齿数

铰刀直径/mm	10 ~ 18	18 ~ 35	35 ~ 50
齿数	4	6	8

b. 铰刀切削部分的角度：主偏角通常为 5°，后角取 8° ~ 12°，前角取 0°，即铰刀前面沿半径方向分布。

c. 铰刀的校准部分一般取 10 mm 长，刃带宽度随直径不同取值为 0. 1 ~ 0. 3 mm，其宽度如表 5. 13 所示。

表 5. 13　铰刀刃带宽度　　　　　　　　　mm

铰刀直径	10 ~ 12	12 ~ 21	21 ~ 50
刃带宽度	0. 1 ~ 0. 2	0. 10 ~ 0. 25	0. 15 ~ 0. 30

② 钢或铝上的铰孔加工。对于钢类韧性材料的铰刀，其材质一般为高速钢，也可以是硬质合金。如果是硬质合金，一般采用 YT 类合金。但是当加工韧性、塑性、机械强度及耐热性较高的钢种时，如加工低碳镍铬合金，则应采用 YW 类和 YG 类合金。

加工钢件铰刀的主偏角通常为 15°，有时取 45°，为使切削部分与校准部分过渡平滑并有一定的挤压作用，以提高表面粗糙度，可磨出 1. 0 ~ 1. 5 mm、偏角为 1° ~ 2°的过渡刃，前角增大到 5° ~ 10°。

加工铝件也可选用硬质合金铰刀，通常选用 YG 类合金。铰刀校准部分的前角可达 10°，后角可达 15°。

4）组合机床常用镗刀。

在组合机床上，粗镗、半精镗和精镗是常用的工艺方法，精镗可达到尺寸精度 IT7，表面粗糙度为 $Ra3. 2\ \mu m$。组合机床上的镗孔分为两类。

第一类为刚性主轴镗孔，此类镗孔的镗杆与主轴刚性连接，一般不用导向，设计时只需选取恰当的镗杆和镗刀尺寸以及几何参数即可。第二类是有导向的镗孔，其镗杆与主轴经各级浮动卡头浮动连接，具体分为单导向悬臂镗孔、前后双导向镗孔和多导向镗孔三种。由于镗孔的速度较高，故这三种镗孔的导向结构通常做成第二类导向，即做成镗杆与夹具导套只有相对移动无相对转动的导向。

单导向悬臂镗孔的导向分为外滚式和内滚式；前后双导向镗孔一般前导向为外滚式，后导向为内滚式；多导向镗孔一般均为外滚式导向。

① 镗刀在镗杆上的安装。镗刀在镗杆上一般倾斜一个角度，以便镗刀刀尖稍高于孔中心，还能增大镗刀的支撑面，对于镗小直径孔很有利。对于中等直径的孔，组合机床上的镗刀一般高出中心的尺寸约为被加工孔径的 1/20，即镗刀前、后角在垂直于镗杆轴心线的截面内变化为 5° ~ 6°。

镗刀也不宜悬伸太长，以免造成刚性不足。镗刀直径 D、镗杆直径 d、镗刀截面 $B \times B$ 之间的关系通常为 $(D - d) / 2 = (1. 0 ~ 1. 5B)$，如表 5. 14 所示。

表 5.14　镗孔、镗杆直径与镗刀截面　　　　　　　　　　　　　　mm

镗刀直径 D	30 ~ 40	40 ~ 50	50 ~ 70	70 ~ 90	90 ~ 100
镗杆直径 d	20 ~ 30	30 ~ 40	40 ~ 50	50 ~ 65	65 ~ 90
镗刀截面 $B \times B$	8 × 8	10 × 10	12 × 12	16 × 16	16 × 16

表 5.14 中所列镗杆直径范围在加工小孔时取大值;在加工大径孔时,如果导向良好,切削负荷轻可取小值,一般取中值,如果导向差,负荷重,则取大值。

如果孔直径 D 大于 100 mm,镗杆直径不必太大。为避免镗刀悬伸太长,可采用刀夹,刀夹与镗杆的配合在宽度上为 D/d,用小于 8° 的楔紧固。刀夹、镗杆与楔研配,以保证其配合良好,以后换刀时不再拆卸。

镗刀在镗杆上一般采用螺钉压紧,为方便调整,在镗刀后面设有调节螺钉,为加大压紧力及避免扭坏,采用内四方螺钉。

② 镗刀可做成方截面或圆截面。方截面的镗刀弯曲刚性较好,制造也简单,但上面的方孔制造较复杂;而圆截面镗刀正好相反,孔制造简单,刀杆的刚性及热处理工艺较好。精镗铸铁时,镗刀参数如表 5.15 所示。

表 5.15　精镗铸铁时镗刀应保持的几何参数

主偏角	45° ~ 50°	副偏角	5° ~ 10°
前角	0° ~ 5°	刃倾角	0° ~ 5°
后角	8° ~ 12°	副后角	8°
刀尖圆弧半径	1.5 ~ 2.0 mm		

当镗孔系统刚度不够时,应该增大镗刀主偏角,减小刀尖圆角半径,以减小径向力。多导向镗孔时,镗刀需要通过夹具导向套中的槽,故需要保证镗刀与槽之间的相互位置,不仅在主轴箱上采用主轴定位机构,还要在镗杆上采用加工螺旋导引及长槽,并在夹具导套上安装相应的键。为了使夹具导向套上的键能顺利进入镗杆上的长槽,螺旋导引的螺旋角不能太大,一般为 45°,同时其应该在镗杆不回转时进入导套。设计的时候注意只有当键进入镗杆上长槽的完整部分之后,镗刀才能进入导向套的槽,以免损坏镗刀和导向套。

③ 镗孔导向系统的结构设计。镗孔导向系统的结构影响孔的精度和表面粗糙度。一般悬臂镗孔导向长度与导向直径之比应为 2 ~ 3。如果是双导向或多导向,这个比例可相应小一点,但开始加工时该比例不能小于 1;此外,镗杆导向套内的两轴承距离的选取也会对孔的精度和表面粗糙度产生很大影响。

④ 镗孔导向系统的精度设计。根据孔的精度要求及导向系统精度对镗孔精度的影响确定导向系统的精度。双导向镗孔导向系统的精度不仅对加工孔和轴承尺寸及形状精度、位置精度和装配精度有要求,还对镗杆的前导向和后导向以及两轴颈相互间的跳动都有严格的要求,以保证两导向有较高的同轴度。对于多导向精镗,一般镗杆直径公差是椭圆度、锥度允许误差的 1/4,整个镗杆的垂直度根据工件孔的同轴度要求减去 $\phi 0.010 ~ \phi 0.015$ mm。

5）组合机床攻螺纹一般用丝锥、攻丝卡头和攻丝靠模。

① 加工铸铁件的丝锥，一般选择标准丝锥，通常选用其中的加工不通孔的丝锥，在组合机床上攻较小的螺纹（M16以下）都是一次攻出，故选用单锥。常用的冷却液为煤油或煤油和机油的混合液。

② 加工钢件的丝锥。在组合机床上攻钢件的螺纹，常常会出现丝锥崩刃、折断现象。其中以丝锥折断危害最为严重，其实质是丝锥的强度不足及丝锥承受的力太大。目前，机用丝锥攻公制螺纹时的切削扭矩如下式：

$$M = \frac{CD^{1.25}t^{1.76}Z^{0.2}}{\tan^{0.2}\psi}$$

式中，C——由工件材料决定的系数；

D——丝锥外径（mm）；

t——螺距（mm）；

Z——丝锥槽数（刃瓣数）；

ψ——导角（°）。

6）组合机床常用端铣刀和圆柱铣刀铣平面，也可采用立铣刀或其他铣刀，如切口铣刀切槽。由于大直径端铣刀制造困难，因而尽量选择标准铣刀。

（3）常用复合刀具

在组合机床上广泛采用各种复合刀具，它能同时或按先后顺序完成两个或两个以上工序（或工步）。它不仅能够减少机动和辅助试件，而且能够减少工件的装夹次数，提高加工表面间的位置精度。此外采用复合刀具可使工序集中，减少机床的工位数或台数，节约投资。

复合刀具从结构上分为整体式和装配式两种，从工艺上分为同工艺的复合刀具和不同工艺的复合刀具。

1）同工艺的复合刀具。

① 复合扩孔钻。在组合机床上，复合扩孔钻采用最多，结构形式也较多，它可以扩一层壁上的两阶或三阶孔。其直径不大时，可以做成高速钢或硬质合金整体锥柄的形式。

② 复合铰刀。在组合机床上常用复合铰刀来铰阶梯孔或对孔进行粗、精铰。小直径的复合铰刀一般为整体式的，直径差较大的复合铰刀常做成装配式的，大直径的复合铰刀可用刀杆将套装铰刀串联在一起或者做成装齿式的。

③ 复合镗刀。它在组合机床上应用很普遍，主要分为两种：一种是长镗杆上安装几把镗刀加工两层或两层以上的同轴孔；另一种是在刚性主轴前的镗杆上安装几把镗刀镗同轴孔或阶梯孔。

④ 复合铣刀。在组合机床上常在铣刀刀杆上对装两把铣刀（一把左切，另一把右切）同时铣工件的两侧面，有时也可在铣刀杆上装多把铣刀铣工件多层壁的侧面或多个工件侧面。

2）不同工艺的复合刀具。

① 钻—扩复合刀具，使用较多，通常加工阶梯孔或对孔进行钻—扩加工，设计时要注意为使钻出的大量切屑能够顺利排出，最好钻头部分的长度大于工件壁厚，并将钻槽与扩孔

钻槽铣通。

② 钻—铰复合刀具，主要用来加工直径不大的孔，一般设计成高速钢材质的。钻铰复合刀具的钻头部分应适当加长以利于排屑。

③ 钻—镗复合刀具，其在铸铁上加工不大的孔时，精度可达 IT7 级，表面粗糙度可达 $Ra3.2\ \mu m$。

④ 扩—铰复合刀具，一般用于孔的半精—精加工，在铸铁上经钻孔之后，可用扩—铰复合刀具加工直径不大的孔，精度可达 IT7 级，表面粗糙度可达 $Ra3.2\ \mu m$。当多轴箱不能变速时，其切削速度应选铰孔或高于铰孔的切削速度，进给量按扩孔的选用，扩孔后用加速进给机构加大铰刀的进给量。

⑤ 扩—镗复合刀具，一般用于镗孔—锪沉孔，也可加工同一轴线两层壁上的孔。前者还可安装一个倒角刀在孔口倒角，成为镗孔—倒角—锪沉孔复合刀具。

5.2.3　三图一卡编制

"三图一卡"是指被加工零件的工序图、加工示意图、机床联系尺寸图和生产率计算卡，它们是机床设计的依据，也是验收机床的依据。

1. 被加工零件的工序图

被加工零件的工序图是根据选定的工艺方案，表示一台组合机床完成的工艺内容，加工部位的尺寸、精度、表面粗糙度及技术要求，加工用的定位基准、夹具部位及被加工零件的材料、硬度、重量和在本道工序加工前毛坯或成品状况的图纸，它不能用用户提供的图纸代替，而应该在原零件图的基础上，突出本机床的加工内容，再加上必要的说明。它是组合机床设计的主要依据，也是制造、使用、检验和调整机床的重要技术文件，如图 5.32 所示。

（1）被加工零件工序图的主要内容

1）被加工零件的形状，主要外廓尺寸和本机床要加工的部位尺寸、精度、表面粗糙度、几何精度等，以及对上道工序的技术要求等。

2）本工序所选定的定位基准、夹紧部位及夹紧方向。

3）加工时如需要中间向导，应表示出工件与中间向导有关部位的结构和尺寸，以便检查工件、夹具、刀具之间是否相互干涉。

4）被加工零件的名称、编号、材料、硬度及被加工部位的加工余量等。

（2）绘制被加工零件工序图的相关规定和注意事项

1）被加工零件工序图的相关绘制规定。

被加工零件工序图要求按一定的比例绘制，且要有足够的视图和剖面；用粗实线表示本道工序加工部位；在定位面上标注定位符号，用＿∧＿表示，并在下面标注限制的自由度数；在夹紧位置用符号↓标注。

2）被加工零件工序图绘制的注意事项。

① 本工序加工部位的位置尺寸应该与定位基准直接相关。如定位基准与设计基准不重合，则必须进行位置精度分析和换算。

② 对工件毛坯应标注要求，认真分析空的加工余量。如在镗阶梯孔时，其大孔单边余量应小于相邻两孔半径之差，使得镗刀能够顺利通过。

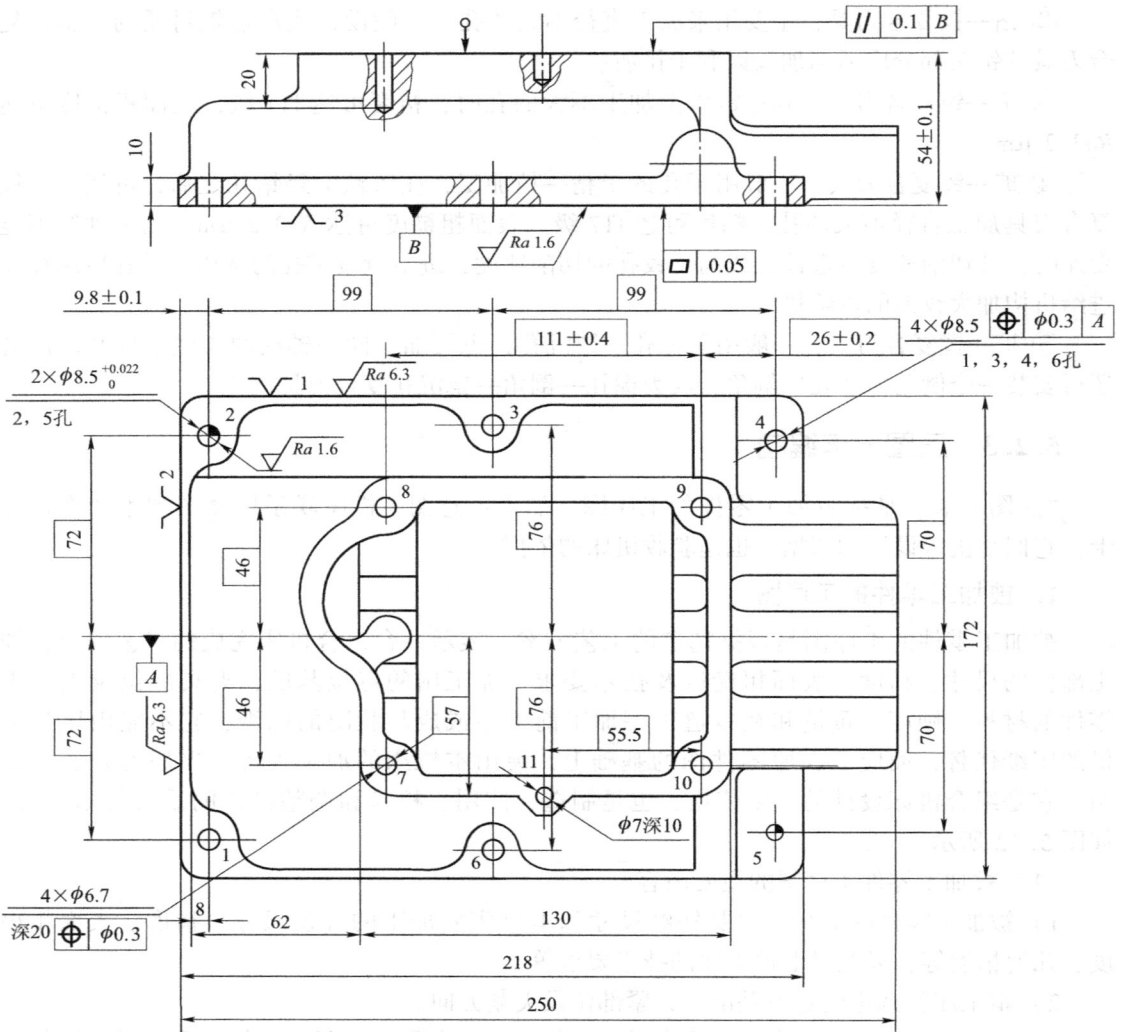

图 5.32　被加工零件工序图

③ 对本工序的特殊要求一定要注明。例如，精镗孔时，如不允许有退刀痕，则必须注明。

2. 加工示意图

加工示意图是被加工零件工艺方案在图样上的反映，表示被加工零件在机床上的加工过程，刀具的布置以及工件、夹具、刀具的相对位置关系，机床的工作行程及工作循环等，是刀具、夹具、多轴箱、电气和液压系统设计选择动力部件的主要依据，是整台组合机床布局形式的原始要求，也是调整机床和刀具所必需的重要文件。

加工示意图是根据生产率要求和工序图的要求而拟订的机床工艺方案。它是刀具、辅具的布置图，是组合机床部件设计的重要依据，是机床布局和机床性能的原始要求，也是机床试车前对刀和调整机床的技术资料，如图 5.33 所示。

（1）加工示意图的主要内容

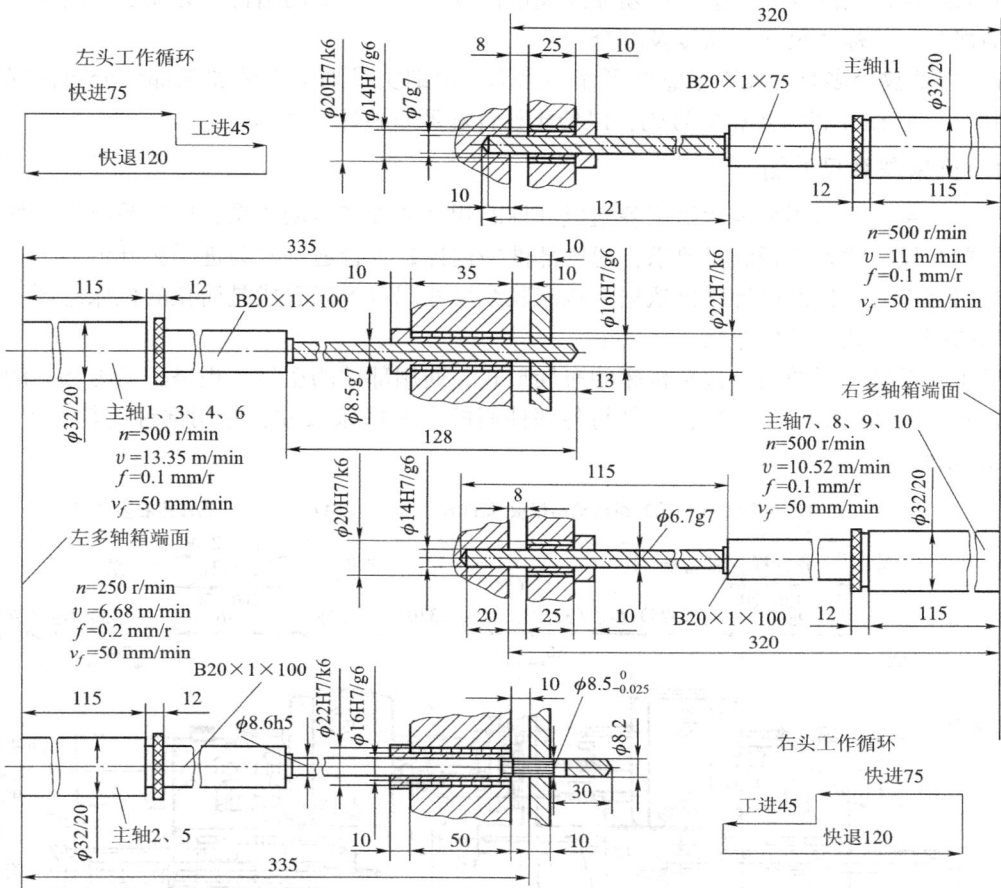

图 5.33　加工示意图

加工示意图应表达和标注机床的加工方案、切削用量、工作循环和工作过程；工件、刀具及导向、托架及多轴箱之间的相对位置及其联系尺寸；主轴结构类型、尺寸及外伸长度；刀具类型、数量和结构尺寸（直径和长度）；接杆（镗杆）、浮动卡头、导向装置、攻螺纹靠模装置等的结构尺寸；刀具、导向套间的配合；刀具、接杆、主轴之间的连接方式和配合尺寸等。

（2）加工示意图的绘制注意事项

1）加工示意图的绘制顺序：先按比例用细实线绘出工件加工部位和局部结构的展开图，加工表面用粗实线画。为简化设计，相同加工部位的加工示意图（指对同一规格的孔加工，所用刀具、导向、主轴、接杆等的规格尺寸、精度完全相同），允许只表示其中一个，亦即同一多轴箱上结构尺寸相同的主轴可只画一根，但必须在主轴上标注轴号（与工件孔号相对应）。

2）一般情况下，在加工示意图上，主轴分布可不按真实距离绘制。当被加工孔间距很小或需设置径向结构尺寸较大的导向装置时，相邻主轴必须严格按比例绘制，以便检查相邻主轴、刀具、辅具和导向是否干涉。

3）主轴应从多轴箱端面画起。刀具应画加工终了位置（攻丝加工则应画开始位置）。

标准的通用结构只画外形轮廓，但须加注规格代号。对一些专用结构，为显示其结构而必须画出剖视图，并标注尺寸、精度及配合。

4）当轴数较多时，加工示意图可缩小比例，用细实线画出工件加工部位分布情况简图（向视图），并在孔旁标注相应号码，以便于设计和调整机床。

3. 机床联系尺寸图

机床联系尺寸图用来表示机床各组成部件的相互装配和运动关系，以检验机床各部件的相对位置及尺寸联系是否满足要求，通用部件的选择是否合适，并为进一步开展多轴箱、夹具等专用部件、零件的设计提供依据。机床联系尺寸图也可以看成是简化的机床总图，它表示机床的配置形式及总体布局。

机床联系尺寸图的内容包括机床的布局形式，通用部件的型号、规格，动力部件的运动尺寸和所用电动机的主要参数，工件与各部件间的主要联系尺寸，专用部件的轮廓尺寸等，如图 5.34 所示。

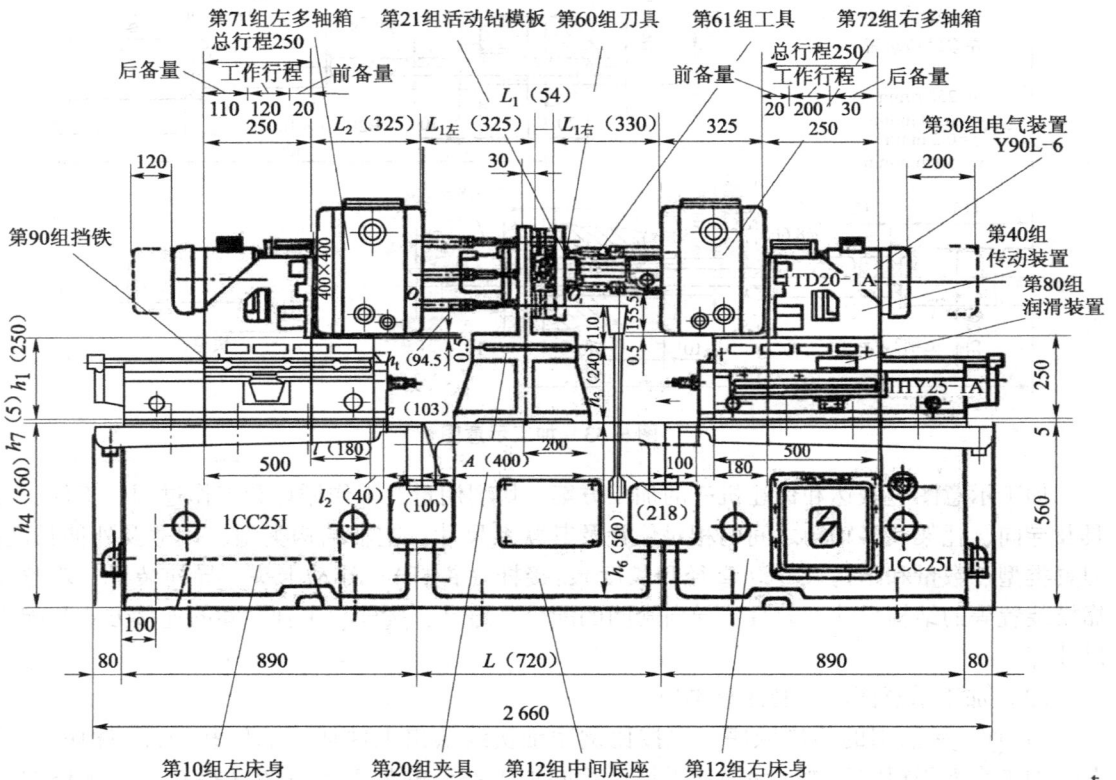

图 5.34 机床联系尺寸图

绘制机床联系尺寸图之前，应进行下列计算。

（1）选用动力部件

选用动力部件主要是选择型号、规格合适的动力滑台和动力箱。

1）选用滑台，根据滑台的驱动方式、所需进给力、进给速度、最大行程长度和加工精度等因素来选用合适的滑台。

① 驱动形式的确定是通过对液压滑台和机械滑台的性能特点比较，并结合具体的加工要求和使用条件选择 HY 系列液压滑台。

② 确定轴向进给力和滑台所需的进给力。

由于滑台工作时，除了克服各主轴的轴向力外，还要克服滑台移动时所产生的摩擦力，所以需确定轴向进给力和滑台所需进给力。

③ 确定进给速度。液压滑台的工作进给速度规定一定范围内无级调速，对液压滑台确定切削用量时所规定的工作进给速度应大于滑台最小工作进给速度的 0.5 ~ 1.0 倍；液压进给系统中采用应力继电器时，实际进给速度应更大一些。

（2）确定装料高度

装料高度指工件安装基面至机床底面的垂直距离，在现阶段设计组合机床时，装料高度可视具体情况在 $H = 580 ~ 1\,300$ mm 选取。

（3）确定夹具轮廓尺寸

主要根据工件的轮廓尺寸和形状确定夹具底座轮廓尺寸，即夹具底座的长、宽、高和形状。

（4）确定中间底座轮廓尺寸

中间底座的轮廓尺寸要满足滑台在其上面连接安装的需要，同时也要在长、宽、高三个方向上满足夹具的安装要求。

（5）确定多轴箱轮廓尺寸

对于通用的钻、镗类多轴箱，卧式的厚度为 325 mm，立式为 340 mm。这里主要是计算多轴箱的宽度 B 和高度 H 以及最低主轴高度 h_1。

$$B = b + 2b_1$$

$$H = h + h_1 + b_1$$

式中，b——工件在宽度方向上相距最远的两孔距离（mm）；

　　　b_1——最边缘主轴中心至箱体外壁距离（mm）；

　　　h——工件在高度方向相距最远的两孔距离（mm）；

　　　h_1——最低主轴高度。

因为在多轴箱内要保证有足够的空间安排齿轮，建议 $70 < b_1 < 100$（mm）。综合机床装料高度 H、工件最低孔位置 h_2、滑台总高度 h_3 和侧底座高度 h_4 等尺寸之间的关系，并在此基础上得到多轴箱最低主轴高度 h_1。针对卧式组合机床，h_1 要保证润滑油不要从主轴衬套处泄露到箱外，所以一般 $85 < h_1 < 140$（mm）。计算公式如下：

$$h_1 = h_2 + H - (0.5 + h_3 + h_4)$$

4. 组合机床生产率计算卡

机床生产率计算卡是反映机床生产节拍或实际生产率和切削用量、动作时间、生产纲领及负荷率等的关键技术文件，它是用户验收机床生产率的重要依据。可以根据选定的机床工作循环所要求的工作行程长度、切削用量、动力部件的快进及工进速度等来计算机床的生产率并编制生产率计算卡，如表 5.16 所示。

表 5.16　生产率计算卡

被加工零件	图号					毛坯种类			铸件		
	名称		汽车变速箱壳体			毛坯重量					
	材料		HT150			硬度			150～200 HBS		
工序名称				左右面镗孔		工序号					

序号	工步名称	被加工零件数量	加工直径/mm	加工长度/mm	工作行程/mm	切削速度/(m·min^{-1})	每分钟转速/(r·min^{-1})	进给量/(mm·r^{-1})	进给速度/(mm·min^{-1})	工时/min		
										机加工时间	辅助时间	共计
1	装卸工件	1									0.8	0.8
2	右动力部件											
3	滑台快进 100									0.012 5		0.012 5
4	右多轴箱工进（镗孔 1#）		90	62	630				80	0.775		0.775
5	（镗孔 2#）		100	64	630				80	0.8		0.8
6	滑动在死挡铁上停留时间											0.03
7	滑动快退 226								8 000			0.028 25
备注	装卸工件时间取决于操作者的熟背程度，本机床取 0.8 min								总计：2.445 8 min			
									单件工时：2.445 8 min			
									机床生产率：21.27 件/h			
									机床负荷率：86.70%			

（1）理想生产率 Q

理想生产率 Q（件/h）是指完成年生产纲领 A（包括备品和废品）所要求的机床生产率，它与全年工时总数 t_k 有关，一般情况下，单班制 t_k 取 2 350 h，两班制 t_k 取 4 600 h，则

$$Q = \frac{A}{t_k}$$

（2）实际生产率 Q_1

实际生产率 Q_1（件/h）是指所设计的机床每小时实际可生产的零件数量，即

$$Q_1 = \frac{60}{T_{单}}$$

式中，$T_{单}$——生产一个零件所需要的时间（min），按下式计算：

$$T_{单} = t_{切} + t_{辅} = \left(\frac{L_1}{v_{f1}} + \frac{L_2}{v_{f2}} + t_{停} \right) + \left(\frac{L_{快进} + L_{快退}}{v_{fk}} + t_{移} + t_{装、卸} \right)$$

式中，L_1，L_2——分别为刀具的第 I 、第 II 工作进给长度（mm）；

v_{f1}，v_{f2}——分别为刀具第 I 、第 II 工作进给量（mm/min）；

$t_{停}$——当加工沉孔、止口、倒角、光整表面时，滑台在死挡铁上的停留时间（min），通常指刀具在加工终了时无进给状态下旋转 5~10 r 所需的时间；

$L_{快进}$——快进长度；

$L_{快退}$——快退长度；

v_{fk}——动力部件快速行程速度，用液压动力部件时取 3~10 m/min，用机械动力部件时取 5~6 m/min；

$t_{移}$——直线移动或回转工作台进行一次工位转换消耗的时间，一般 $t_{移}=0.1$ min；

$t_{装、卸}$——工件装卸（包括定位或撤销定位、夹紧或松开、清理基面或切屑及吊运工件等）时间，它取决于装卸自动化程度、工件重量大小、装卸是否方便及工人的熟练程度，通常取 0.5~1.5 min。

如果计算出的机床实际生产率不满足理想生产率，则必须重新选择切削用量或修改机床设计方案。

（3）机床负荷率 $\eta_{负}$

当 $Q_1 > Q$ 时，机床负荷率为二者之比，即

$$\eta_{负} = \frac{Q}{Q_1}$$

组合机床的负荷率一般为 0.75~0.90，自动线的负荷率为 0.6~0.7。典型的钻、镗、攻螺纹类组合机床的负荷率，按其复杂程度参照表 5.17 确定；对于精密度较高、自动化程度高或加工多品种的组合机床，应适当降低负荷率。

表 5.17　组合机床允许最大负荷率

机床复杂程度	单面或双面加工			三面或四面加工		
主轴数	15	16~40	41~80	15	16~40	41~80
负荷率	≈0.90	0.86~0.90	0.80~0.86	≈0.86	0.80~0.86	0.75~0.80

5.3　组合机床多轴箱设计

5.3.1　多轴箱概述

多轴箱是组合机床的重要专用部件。它是根据加工示意图所确定的工件加工孔的数量和位置、切削用量和主轴类型而设计的传递各主轴运动的动力部件。其动力来自通用的动力箱，并与动力箱一起安装于进给滑台上，可完成钻、扩、铰、镗孔等加工工序。

多轴箱一般具有多根主轴，可同时对一列孔系进行加工。但也有单轴的，多用于镗孔。多轴箱按结构特点分为通用多轴箱和专用多轴箱两大类。前者结构典型，能利用通用的箱体和传动件；后者结构特殊，往往需要加强主轴系统刚性，而且主轴及某些传动件必须进行专门设计，故专用多轴箱通常指"刚性多轴箱"，即采用无须刀具导向装置的刚性主轴和精密滑台导轨来保证加工孔的位置精度。通用多轴箱则采用标准主轴，借助导向套引导刀具来保证加工孔的位置精度。通用多轴箱又可分为大型多轴箱和小型多轴箱，这两种多轴箱的设计方法基本相同。

5.3.2 多轴箱的种类和结构

组合机床多轴箱按其组成和用途可分为大型通用多轴箱、小型通用多轴箱和专用多轴箱三种。大型通用多轴箱由通用零件如箱体、主轴、传动轴、齿轮和通用或专用附加机构等组成。它的主轴刚性不是很高，主要是因为这种标准主轴的前后支承距离平均约为 150 mm，而刀具的悬伸长度通常是该支承距离的几倍。因此，靠主轴本身并不能保证加工孔的位置精度，而主要应靠夹具上的导向装置来保证加工孔的位置精度。

1. 大型通用多轴箱

大型通用多轴箱按其机构性质可分为大型标准攻丝多轴箱、大型标准复合钻攻多轴箱和大型钻削多轴箱三种，其中大型钻削多轴箱是主要完成镗孔、钻孔、扩孔、铰孔、倒角、锪孔等单一的混合工序的多轴箱。

图 5.35 所示为大型标准多轴箱的基本结构，它主要由通用的箱体类零件、通用的传动类零件以及润滑和防油元件等组成。

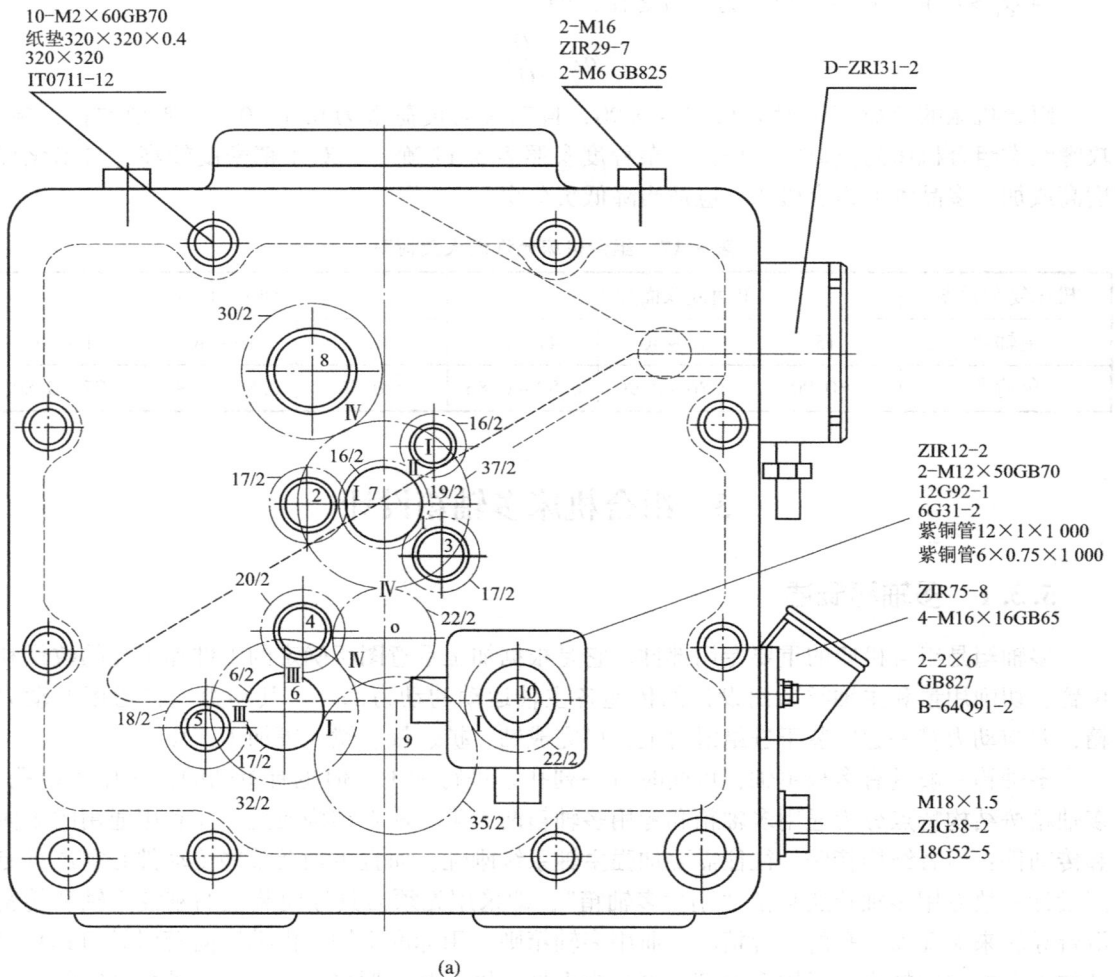

(a)

图 5.35 大型标准多轴箱的基本结构

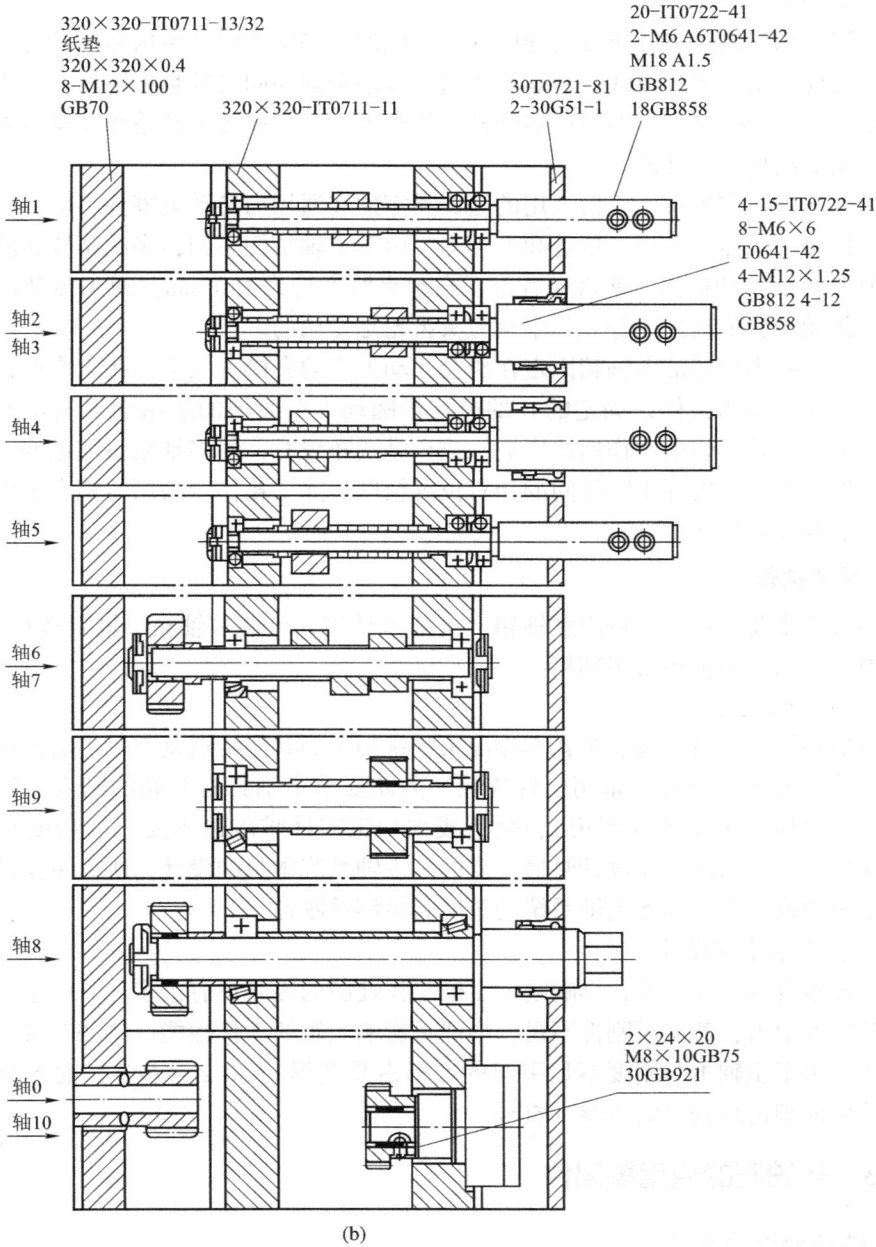

图 5.35 大型标准多轴箱的基本结构（续）

大型标准多轴箱的后盖有四种厚度。设计时，如果箱内只有动力头输出轴与另一传动轴，轴上有Ⅳ或Ⅴ排齿轮，且这一对Ⅳ或Ⅴ排齿轮的轮廓又不超出后盖与动力头的结合法兰的范围时，可分别选用厚度为 50 mm 和 100 mm 的后盖。此时，后盖窗孔要按齿轮轮廓扩大，否则就要分别选用厚度为 90 mm 的基型后盖和厚度为 125 mm 的加厚后盖。此外，多轴箱内如果没有Ⅳ和Ⅴ排齿轮，动力部件的动力是由动力轴联轴器直接传入多轴箱内，也可选用 50 mm 厚的后盖。

2. 小型通用多轴箱

小型通用多轴箱是由多轴箱及其导向部分组成的。多轴箱内部结构是标准的，但箱体的外形按具体需要可采用多种形式。它和大型通用多轴箱的相同之处是主轴均为非刚性，且刀具导向主要靠导向套引导。小型通用多轴箱按用途可分为钻孔类多轴箱和攻丝类多轴箱，但这两种多轴箱的结构是一样的。

多轴箱部分——多轴箱主要由专用的箱体类零件和通用的传动类零件组成。其中箱体类零件主要包括多轴箱体、前盖、后盖和上盖等。由于主轴结构不同，多轴箱体和前盖的厚度也不同，但三者（多轴箱体、前盖和后盖）合起来厚度均为 140 mm。通用传动类零件主要包括主轴、传动轴、传动齿轮等，其中动力头齿轮是专用的。

导向部分——小型标准多轴箱固定在滑套式动力头的套筒法兰上。在工作过程中，多轴箱相对动力头体（动力头体是固定的）的悬伸量随动力头套筒的进给而逐渐增大。为了使多轴箱工作平稳，减轻切削力作用的影响，或在卧式布置时，使多轴箱不随悬伸量的增加而显著下垂，保证主轴与被加工零件间的相对位置精度，除了箱体应采用铸铝合金以减轻重量外，多轴箱还要设置导向部分。

3. 专用多轴箱

专用多轴箱主要包括刚性镗削多轴箱、铣削多轴箱、可调多轴箱、辐射式传动多轴箱、主轴可伸缩多轴箱和曲轴传动多轴箱。

（1）刚性主轴设计

刚性镗削多轴箱、精镗头、镗孔车端面头、铣削头的共同特点是刀具不需要借助导向进行加工，主轴和刀杆（刀盘）采用刚性连接。因此要求主轴具有较高的刚度，如果刚度不够，在加工中容易产生振动（崩刃），会造成被加工零件难以达到要求的精度和表面粗糙度，甚至损坏刀具。因此，在设计时最主要的是主轴系统本身的设计，所以主要设计工作也放在主轴系统的设计上，确保主轴系统的精度和足够的刚性。

（2）主轴支承系统设计

除了主轴本身的刚度以外，影响刚性主轴工作性能的因素还有很多，其中主轴支承系统的刚性对其影响很大，若支承刚性不足，会严重影响主轴的工作性能。例如对某一主轴的刚度试验表明，由于主轴本身刚度不足引起的变形占总变形的 50% ~ 70%，而支承部分刚性不足引起的变形则占总变形的 30% ~ 50%。

5.3.3 多轴箱的通用零部件

1. 多轴箱的通用零件

（1）通用箱体

铸铁的通用多轴箱体（材料为 HT200）、前盖和后盖（材料均为 HT150），由于其宽度和高度的不同，多轴箱体的标准厚度为 180 mm，基型后盖的厚度为 90 mm；基型前盖的厚度为 55 mm（卧式）；变型前盖的厚度为 70 mm（立式）。

（2）通用主轴

1）通用钻削类主轴。

① 圆锥滚子轴承 + 主轴：前后支承皆为圆锥滚子轴承。该支承可承受较大的径向力和

轴向力，且结构简单、装配调整方便，广泛用于扩、镗、铰孔和攻螺纹等加工。当在主轴进、退两个方向上都有轴向切削力时常用此种结构。

②滚珠轴承＋主轴：前支承为推力球轴承和向心球轴承，后支承为向心球轴承或圆锥滚子轴承。由于推力球轴承设置在前端，能承受单方向的轴向力，故适用于钻孔主轴。

③滚针轴承＋主轴：前后支承皆为无内环滚针轴承和推力球轴承。当主轴间距较小时采用此种结构。

2）攻螺纹主轴。

①前后支承皆为圆锥滚子轴承。

②前后支承皆为无内环滚针轴承和推力球轴承。

3）通用传动轴。

根据用途和支承形式不同，通用传动轴分为滚锥传动轴、滚针传动轴、埋头传动轴、手柄轴、油泵传动轴和攻丝用蜗杆轴。

4）通用齿轮。

多轴箱所用的通用齿轮有传动齿轮、动力头齿轮和电动机齿轮三种，其材料为 45 号钢，齿部进行高频淬火。

动力头齿轮有 A、B 两型，宽度分别为 84 mm 和 44 mm。当采用 90 mm 厚的后盖时，动力头齿轮应选 A 型；而采用 50 mm 厚的后盖时，动力头齿轮应选 B 型。对于后者，由于多轴箱后盖厚度只有 50 mm，动力头输出轴端可能与多轴箱体后壁相干涉。此时，可在多轴箱体后壁的对应位置处开洞，否则需要将动力头输出轴截短；当采用厚度为 100 mm 或 125 mm 的加厚后盖时，则一律选用 B 型动力头齿轮。至于选用 100 mm 厚的后盖时，动力头输出轴是否需要截短，应视其是否与其他轴干涉而定。

2. 多轴箱的通用部件

根据组合机床加工工艺的需要设计主轴定位减速机构、定位钩、攻丝行程控制机构等多轴箱的通用部件。

在组合机床上用导向装置进行镗孔，当镗孔直径大于导向套孔直径，用多导向镗削一系列同轴孔、用镗刀排镗削同一轴线上相同直径的几个孔，以及镗孔在加工面上不允许有刀具划痕等情况时，为了使镗刀能够顺利地进入引刀槽或工件中而不发生碰撞，要求镗杆在引进或退出时必须停止旋转运动，使镗刀按规定的方位进入（退出）导向套或工件。

5.3.4　多轴箱的设计步骤和内容

多轴箱的设计一般根据主轴的分布、转速、转向以及尺寸要求等，并由设计者进行全部的设计工作。

1. 多轴箱设计的原始依据

多轴箱的设计者除了要熟悉多轴箱本身的设计规律外，还要熟悉多轴箱与其他常见部分和被加工零件的关系，尤其要了解加工零件的工艺要求。因此，开展多轴箱设计工作的依据是"三图一卡"。多轴箱设计的原始依据主要包括如下几个方面的内容：

1）所有主轴的位置关系尺寸。

2）要求的主轴转速和转向（此处指的是左旋，对于右旋的情况一般不注明）。

3）主轴的工序内容和主轴外伸部分尺寸。

4）多轴箱的外形尺寸以及与其他相关部件的联系尺寸。

5）动力部分（包括主电动机）的型号。

6）托架或钻模板的支杆在多轴箱上的安装位置及有关要求。

7）工艺上的要求。

2. 主轴的形式与直径的确定

主轴的形式和直径主要取决于工艺方法、刀具与主轴的连接结构、刀具的进给抗力和切削扭矩。通常，钻孔主轴采用滚珠支承；钻孔以外的其他工序，主轴前支承可视具体情况确定有或没有止推轴承。在设计中，一般不选用直径为 15 mm 的主轴和滚针主轴，因其主轴精度低，既不方便制造装配，也不方便使用和维修。

3. 传动系统的设计和计算

传动系统的设计是多轴箱设计中重要的环节，尤其是大型标准多轴箱设计中是最关键的一环。传动系统的设计主要是通过一定的传动链，按要求把动力从动力部件的驱动轴传递到主轴上，同时满足多轴箱的其他构件和传动的要求。

通常，同一个多轴箱的传动系统可设计出几种方案，通过对各传动方案进行比较分析，从中选出最佳方案。这样做主要是因为传动系统的设计将直接关系到多轴箱的质量、通用化程度、设计和制造工作量的大小及其成本的高低等。

（1）传动系统设计的一般要求

1）在保证主轴的强度、刚度、转速和转向要求的前提下，力求使传动轴和齿轮个数最少。尽量使用一根传动轴带动多根主轴，当齿轮啮合中心距不符合标准时，可采用齿轮变位的方法来凑中心距离。

2）在保证有足够强度的前提下，主轴、传动轴和齿轮的规格要尽可能减少，从而减少零件的品种。

3）为了减少主动主轴的负荷，一般避免在多根主轴之间相互传动。

4）最佳传动比为 1.0 ~ 1.5，但允许达到 3.0 ~ 3.5。

5）粗加工主轴上的齿轮应该尽可能靠近前支承，以减少主轴的扭转变形。

6）刚性镗削主轴上的齿轮的分度圆直径要尽可能大于被加工孔的直径，以减少振动，提高传动的平稳性。

7）尽可能避免升速传动，必要的升速最好放在传动链的最后 1 ~ 2 级，以减少功率损失。

（2）主轴分布类型及传动系统的设计方法

1）主轴分布类型。

虽然组合机床所加工的零件和结构各不相同，但被加工零件上孔的分布主要有以下几种，如图 5 - 36 所示。

① 单组或多组圆周分布；

② 等距或不等距直线分布；

③ 圆周和直线混合分布；

④ 任意分布。

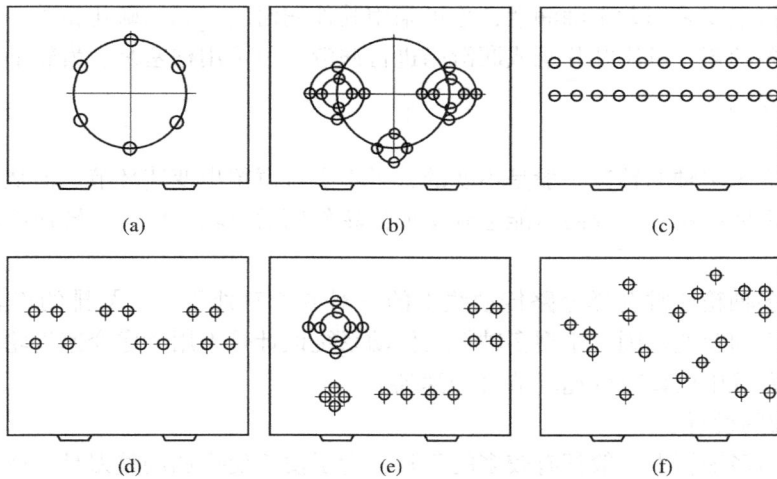

图 5.36　主轴分布类型

（a）单组圆周分布；（b）多组圆周分布；（c）等距直线分布；（d）不等距直线分布；

（e）圆周和直线混合分布；（f）任意分布

2）传动系统的设计方法。

通常，经济有效的传动是用一根传动轴带动多根主轴。因此，在设计传动系统时，首先要把所有主轴分布成数量尽可能少的若干组同心圆，然后在各组同心圆上放置一根传动轴，带动各组主轴。接着再用数量尽可能少的传动轴把各主轴与动力部件驱动轴连接起来。通常，传动布置次序从主轴处开始布置，最后再引到动力部件的驱动轴上。

当采用液压自驱式动力头时，其驱动轴的转速、转向和相对多轴箱的位置是固定的（特殊情况下，多轴箱对称中心线相对动力头驱动轴中心线也可有偏移）；而动力部件为电动机时，其转速、转向和在多轴箱上的安装位置要视具体情况而定。

（3）多轴箱的润滑、变速和手柄轴的设置

1）润滑。

大型标准多轴箱采用叶片润滑油泵进行润滑，油泵供出的油经分油器分向各润滑部位。对于卧式标准多轴箱，其前后壁之间的齿轮和壁上的轴承用油盘润滑，箱体和后盖以及前盖间的齿轮用油管润滑；对于立式多轴箱，则将油管分散引至最高排齿轮上面，从而使多轴箱内的传动件得到润滑。

当动力部件导轨采用自动润滑时，仍需由分油器的径向分油口向导轨润滑装置引润滑油管。

对于中等尺寸以下的多轴箱，通常用一个润滑泵即可；对于尺寸较大而且轴数较多的多轴箱，可使用两个润滑泵。叶片润滑油泵的使用转速为 $400 \sim 800$ r/min，其安放位置应尽可能靠近油池，使其易于泵油。该泵的传动方式分为两种，一种是借助油泵传动轴传动，另一种是通过装在泵轴上的齿轮直接传动。叶片润滑泵的使用可靠，对一般前盖易于拆卸的多轴箱而言，可不设置专供拆修油泵的油泵盖。

设计多轴箱的传动系统时，在主要传动环节没排好之前，可不考虑油泵的位置，主要传动环节排好之后，再试着给油泵确定合适的位置，并按比例画出油泵外廓。当泵体或管接头与传动轴端相碰时，传动轴需采用埋头形式。

小型多轴箱主要采用黄干油润滑，也可采用其他润滑脂，如二硫化钼等。

对于专用多轴箱，可用叶片泵或润滑脂进行润滑，也可用柱塞泵、齿轮油泵、飞溅润滑和喷雾润滑等方式。

2）变速

大型组合机床主轴的转速一般是不变的，可不必特意留出变速环节。但从长远考虑，在设计时可有意识地使用一对或两对能起到交换齿轮作用的齿轮，使主轴转速能有一定的调整范围。

大型标准多轴箱通常选择分路传动线上的一对或两对处于Ⅳ、Ⅴ排的齿轮作为交换齿轮，以获得一定的变速范围。小型多轴箱的传动系统设计是不用考虑变速齿轮的，因为小型动力头的传动系统中已设有变速环节（减速器）。

3）手柄轴的设置

组合机床的多轴箱上一般都有较多的刀具，为了便于变换和调整刀具，或在装配和维修时便于检查主轴精度，一般每个多轴箱上都要设置一个手柄轴，以便手动回转主轴。

为了扳动方便，手柄轴的转速应该尽可能高一些，其所处位置要靠近机床操作人员的一侧，并便于操作人员下扳手。此外，手柄轴周围应该有较大的空间，以便扳动一次手柄轴的转角不小于 $60°$。一般在设计传动系统时，先不考虑手柄轴的设置问题，而在传动系统排好之后，按前述要求从传动轴中选择一根作为手柄轴。小型和专用多轴箱通常不设手柄轴。

（4）传动轴直径的确定和齿轮强度的验算

在设计多轴箱传动系统时，为了凑齿轮啮合中心距，或受空间限制，根据情况初步地选定了齿轮的模数、齿数和轴径，并且按照机械设计方法进行相关计算和验算。首先用粗略计算法，对于传动轴而言，即用扭矩刚度计算法，即把轴视为受纯扭矩作用，不考虑弯矩作用而且采用较低的材料许用应力的一种强度计算法；对于齿轮而言，即忽略其他因素，仅按齿轮及其传动的主要参数，并借助相关表格进行校验的一种强度计算法。

计算传动轴轴径时，先要算出它所传递的扭矩，然后根据此扭矩查阅轴承受的扭矩表，以确定轴的直径。

4. 多轴箱的坐标计算

主轴箱的坐标计算主要包括计算主轴和传动轴的坐标位置，其主要是为了保证组合机床的加工精度（被加工孔的位置精度），确保齿轮正确的啮合关系。多轴箱的坐标计算必须正确，如不正确，轻则返工，重则多轴箱报废。

（1）多轴箱坐标原点的确定

对于安装在动力箱上的多轴箱，应选取多轴箱体的定位销孔作为坐标原点；当多轴箱直接安装在动力滑台或床身上时，一般选取多轴箱底平面与通过其定位销孔的垂直线交点作为坐标原点，如图 5.37 所示。

（2）坐标计算的顺序

首先计算主轴坐标，然后计算与这些主轴有直接啮合关系的传动轴坐标，再按顺序计算其余轴的坐标。

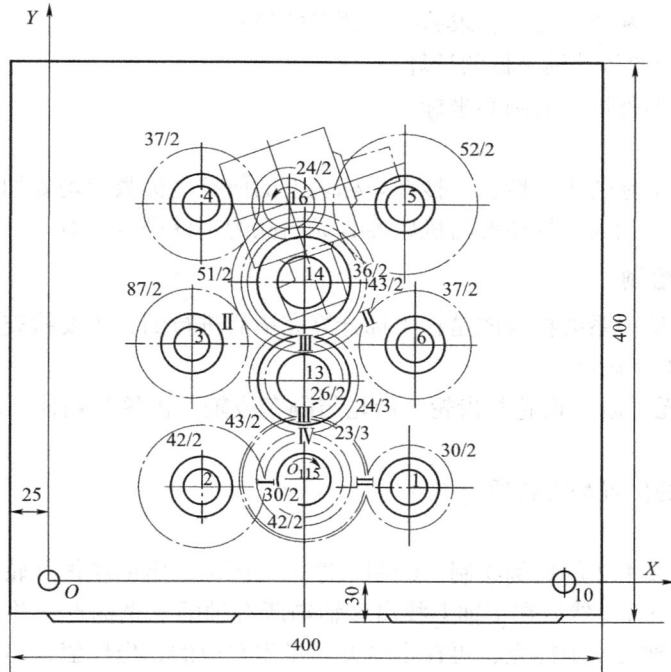

图 5. 37   多轴箱的坐标原点确定

在计算过程中，将计算出来的各轴坐标数据填入专门格式的坐标表中，以便计算其他轴和将来画检查图和箱体图时使用。

（3）主轴坐标的计算

按多轴箱设计的原始依据或被加工零件的工序图进行主轴坐标的计算。一般应按被加工零件图进行再一次验算。主轴坐标的计算精度要求精确到小数点后第三位数字。

为了减少计算误差，对于角度关系的主轴坐标，应采用七位或七位以上的三角函数进行计算。当被加工零件的孔距尺寸带有公差，在计算坐标时要考虑公差的影响，对于那些带有单向公差或双向不对称公差的尺寸，要把公差计算进去，使得主轴的名义坐标尺寸位于公差带的中央。

（4）传动轴坐标的计算

传动轴坐标的计算是多轴箱计算中工作量较大和较复杂的一步，它可分为与一轴定距的传动轴坐标的计算、与二轴定距的传动轴坐标的计算及与三轴等距的传动轴坐标的计算等三种情况。

1）与一轴定距的传动轴坐标的计算。

根据一根轴（主轴或传动轴）的坐标和给定的齿轮啮合中心距来计算传动轴坐标，实质就是求直角三角形斜边上一个端点的坐标，如图 5. 38 所示。

2）与二轴定距的传动轴坐标的计算。

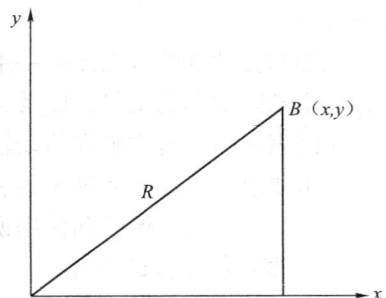

图 5. 38   与一轴定距的传动
轴坐标计算

　　根据两轴的坐标和给定的两个齿轮啮合中心距，算出传动轴的坐标，即已知齿轮啮合三角形的两个顶点的坐标和三条边，求另一个顶点的坐标。

　　3）与三轴等距的传动轴坐标的计算。

　　实质是求三角形外接圆的圆心坐标。

　　4）坐标验算。

　　为了保证镗孔坐标的正确性，对抄在坐标表上的所有坐标数值均要加以验算。当机床加工有导向装置时，主轴的坐标还要与机床夹具导向孔的坐标进行核对。

5. 检查图的绘制

　　绘制坐标和传动关系的检查图是在坐标计算完毕后进行的，主要检查以下各项。

　　1）坐标计算的正确性。

　　2）零件间有无干涉（齿轮与齿轮、齿轮与隔套或轴、齿轮与箱体、轴承与轴承或轴承与组织防油套等）。

　　3）附加机构的位置是否合适。

　　4）其他项目。

　　检查图按1:1或1:2的比例绘制。绘制顺序是先画出选定的箱体外轮廓，并绘制上箱体的横坐标x和纵坐标y；然后在y轴上找出多轴箱所有轴的y坐标点，并标注上对应的坐标值或轴号；通过各轴的y坐标点，再在水平方向量出对应的x坐标值，即可找出多轴箱所有轴的坐标位置。

　　习惯上，先画出齿轮分度圆，然后标注上轴号、主轴的转速、动力部件驱动轴和油泵的转速和转向、齿轮的齿数和模数、变位齿轮的变位量等。对于可能产生干涉的地方，特别是齿轮与齿轮要干涉时，还要对具体的有关尺寸进行计算并标出，以供检验时使用。

6. 总图与零件的设计

　　对于小型标准多轴箱和专用多轴箱的总图和零件的设计与一般机械部件的设计基本相同，而大型标准多轴箱的总图和部分零件的设计与一般机械部件的设计有所不同。

　　（1）大型标准多轴箱总图的设计

　　大型标准多轴箱的总图包括主视图部分、按装配形式归类的主轴和传动轴的截面图、主轴与传动轴的明细表、技术要求等。

　　主视图——多轴箱联系尺寸、动力部件的型号、主轴位置、传动关系、件号、润滑油管的分布等。

　　主轴和传动轴的截面图——主轴和传动轴的装配形式、轴承、齿轮、隔套等零件的安装位置，主轴防油套的型号，以及必要的零件尺寸等。

　　明细表——所有主轴和传动轴部件的各零件编号、规格和数量等。

　　技术要求——注明多轴箱的装配要求。如需注明多轴箱的技术标准，主轴的精度等级，必要的设计、装配、调整和使用说明等。

　　（2）多轴箱零件的设计

　　大型多轴箱的大部分零件是通用的，所以根据需要进行合理选用即可。箱体类零件（前盖、后盖和多轴箱体）虽然也是按系列化和通用化原则设计的，但不是完全通用的，这些零件模型甚至铸件可以事先完成，但需要根据每个多轴箱的具体需要进行补充加工或修改模型。

1）补充加工图和修改模型及补充加工图。

这些主要是对基本零件图（主要是通用箱体零件图）的补充图或对已成形的零件提出补充加工要求的图纸。补充机械加工内容的补充图称为"补充加工图"。除了补充机械加工内容之外，还要求改动原有模型（即木模）的补充图被称为"修改模型及补充加工图"。对于那些标准的或外购的零部件，当其局部不适用于本多轴箱时，也可以采取补充加工的方法，绘制补充加工图。

用细实线把基本零件图上的主要图形画出，次要的图形、投影和一般尺寸在原则上可以不画或不标注。但是，为了表明零件的轮廓及与补充内容有关的位置尺寸关系，通常要标注出轮廓尺寸和有关位置尺寸。需要补充加工和修改模型的部位，要用粗实线画出，并标注上要求的尺寸、表面粗糙度、技术要求等。如需要取消零件图上原有的图形和尺寸，则需特别加以注明。

2）变位齿轮。

在多轴箱传动系统中，常采用一主动轴带动多个传动轴的传动方法。此种情况下，常常会出现两轴的中心距一定，而这个一定的中心距又不符合齿轮的标准啮合中心距的情况，为了凑中心距，就必须把啮合副中的一个或两个齿轮做成变位齿轮。

5.3.5　多轴箱的设计

1. 多轴箱的设计

因为机床在总体结构上的不同，大型标准多轴箱有的安装在动力头或动力箱上，有的安装在动力滑台上。安装在动力滑台上的，为了增加多轴箱和滑台的连接刚性，同时也为了电气走线和美观，多轴箱后面一般设有侧板。多轴箱和滑台之间通常采用圆柱定位销。

（1）大型标准钻削类多轴箱的设计

1）由于钻削时产生的轴向力较大，钻孔的主轴前支承通常采用止推轴承。除了钻削主轴外，其他主轴采用哪种支承结构视具体结构而定。

2）有特殊需要时，不采用直径为 22/14（或 21/14）的主轴，因为这种主轴的直径较细，存在刚性差和不便加工等缺点。

3）尽量避免采用滚针主轴和滚针传动轴，因为滚针轴的传动精度低、滚动部件磨损快，又不便于装配和维修。

4）注油器要放在多轴箱靠近操作人员的一侧，以便观察润滑油泵的工作情况。

（2）攻丝多轴箱的设计

在组合机床上攻螺纹，根据工件加工部位分布情况和工艺要求，常用攻丝动力头攻螺纹法、攻螺纹靠模装置攻螺纹法和活动攻螺纹模板攻螺纹法。

攻螺纹动力头用于同一方向纯攻螺纹的工序，利用丝杠进给，攻螺纹行程较大，但其结构复杂，传动误差大，加工螺纹精度较低（一般低于7H级）。

攻螺纹靠模装置用于同一方向纯攻螺纹的工序，由攻螺纹多轴箱和攻螺纹靠模头组成。靠模螺母和靠模螺杆是经过磨制并精细研配的，因而螺孔加工精度较高。靠模装置结构简单、制造成本低，并能在一个攻螺纹装置上方便的攻不同规格的螺纹，且可各自选用合理的切削用量。

若一个多轴箱完成攻螺纹的同时还要完成钻孔等工序，则要采用攻螺纹模板攻螺纹法，即只需在多轴箱的前面附加一个专用的活动攻螺纹模板，便可完成攻螺纹及钻孔工作。

（3）大型钻攻复合多轴箱的设计

钻攻复合多轴箱是在一个多轴箱上既有钻削类工序的主轴，又有供攻丝工序的长钻削类主轴的多轴箱。从结构上来看，它是一个钻削类多轴箱和一个攻丝类多轴箱的机械式组合。从传动上来看，钻削类主轴部分与攻丝主轴部分又是彼此分开各成系统的，两部分分别由各自的动力部件带动。其各部分的设计与各类多轴箱的设计几乎完全一样，只是攻丝用的主轴要用长钻削类主轴，而不是用一般的双键攻丝主轴。此外，在主轴和前盖上靠近攻丝主轴处，要设计攻丝模板的导杆座。

2. 小型标准多轴箱的设计

小型标准多轴箱，根据其用途可分为钻削类多轴箱（钻、扩、铰、倒角、锪平面等单一或混合工序）及攻丝多轴箱两种，它们在结构和设计方法上相同。

1）标准多轴箱一般是安装在滑套式动力头的滑套法兰上，并随动力头的滑套一起做轴向移动。动力头输出轴的转向可随多轴箱的设计需要而定。

滑套式动力头上配有减速器，可使动力头输出轴获得等于或接近于多轴箱所需的转速。因此在设计多轴箱时，从动力头输出轴到主轴的传动比一般可以取1:1或接近于1:1。

2）设计多轴箱传动系统时，应尽可能采用多轴箱体和后盖间的一排悬伸齿轮传动，尽量避免采用多轴箱体前后壁之间的一排中间齿轮传动。因为，多轴箱体前后壁间的空间较小，不便于齿轮的拆装。

3）箱体件（多轴箱体、前盖和后盖）和导向杆支座是非通用的，设计时要根据结构需要并参照有关的参考图进行专门设计。

箱体件的材料为铸造铝合金时，其热处理后的硬度一般不得低于HB110；若所用铸铝的硬度太低，则多轴箱体的轴承孔最好压配钢套，以防止装拆轴承时将轴承孔拉破，破坏其原有精度。

4）多轴箱内的传动件都用润滑脂润滑，导杆用钢珠油杯润滑。

5）多轴箱立式安装时，为了便于动力头把多轴箱从加工终点拉回原点，一般要在多轴箱和导向杆支座间加装拉力弹簧。

6）当被加工孔距较小，采用通用的主轴排不下时，可采用专用结构的主轴。

3. 专用多轴箱设计

在组合机床上，当采用标准机构的多轴箱不能满足加工工艺的要求（如大直径深孔加工、平面加工等），或者难以保证精度时，就应设计专用多轴箱，常见的专用多轴箱有刚性镗削多轴箱、铣削多轴箱、可调多轴箱、主轴可伸缩多轴箱等。

1）刚性镗削多轴箱是一种常见的专用多轴箱，分为单轴的和多轴的，其主要特点是：主轴有足够的刚性，刀杆与主轴采用刚性连接，加工时无须依靠导向套和镗模；主轴的支承距较大，因此这种多轴箱的厚度较标准多轴箱要厚得多。采用这种多轴箱进行镗削时，无须采用导向，所以可以使机床的纵向尺寸大为减小。若其用于立式时可大大减小立柱高度，从而降低机床的总高度。

2）铣削多轴箱的特点是采用通用的动力头和标准多轴箱，而在多轴箱体的前面装上根据被加工零件的工艺要求设计的专用铣削部件。

3）可调式多轴箱。在一些中小批生产或不同规格的系列化产品的生产中，常采用可调式多轴箱，即主轴的位置和轴数可在一定的范围内进行调整。

可调式多轴箱可用来配置钻孔、扩孔、铰孔、镗孔和攻丝等工艺的机床，在加工完一种产品后经过适当的调整，又可对另一种产品进行加工，从而提高机床的利用率，起到一机多用的作用。目前，这类多轴箱在一些进行中小批量生产的工厂中的应用越来越多。

4）主轴可伸缩式多轴箱。在有些被加工的零件上，需要加工的孔很多，而且孔排列得很密时，常常需要分次加工，即加工一部分孔以后将工件转一个位置，再加工另一部分的孔，这时不需要所有的主轴都参与工作，有些主轴常常要暂停工作。为免其碰伤其他工件，就要求它在其他主轴加工时能缩回到刀具每次退离线以外。

5.4 组合机床设计实例

以某型气缸盖为研究对象，设计用于钻后面六孔的组合机床，绘制组合机床的"三图一卡"，在选定的工艺和结构方案的基础上，进行组合机床的总体方案图样文件设计。其内容包括：绘制被加工零件工序图、加工示意图、机床联系尺寸图和生产率计算卡等。

1. 被加工零件工序图

根据工序内容和被加工零件工序图的要求，设计出钻后面六孔的被加工零件工序图，如图 5.39 所示。

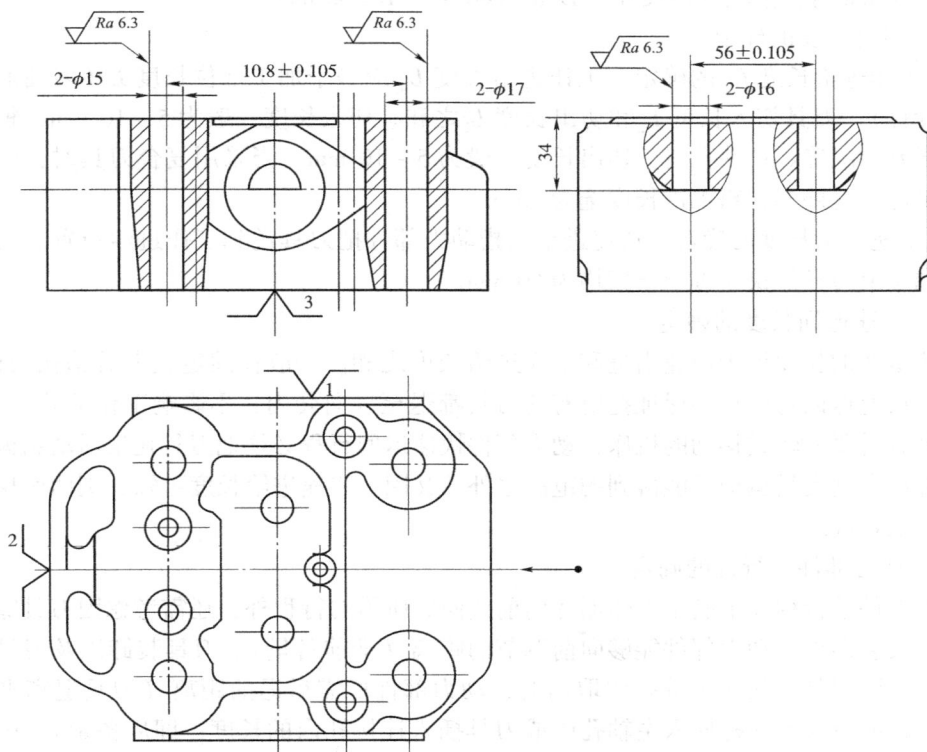

图 5.39 钻气缸盖六孔零件工序图

2. 加工示意图

加工示意图是在工艺方案和机床总体方案初步确定的基础上绘制的，是表达工艺方案具体内容的机床工艺方案图。

（1）快速进给机构

1）导向结构的选择。在某种型式气缸盖中钻孔采用固定套导向。

2）确定主轴尺寸、外伸尺寸。在敦煌－12型195柴油机气缸盖中，主轴用于钻孔，选用滚锥轴承主轴。钻孔时主轴与刀具采用接杆连接，主轴属于短主轴。根据选定的切削用量计算得到的切削转矩 T，有公式

$$d = B \sqrt[4]{\frac{T}{10}}$$

$$\frac{T}{W_P} < [\tau]$$

式中，d——轴的直径（mm）；

T——轴所传递的转矩（N/mm）；

W_P——轴的抗阻截面模数（m³）；

$[\tau]$——许用剪切应力（MPa），45钢的 $[\tau]$ =31 MPa；

B——系数，本部分钻孔主轴为传动主轴，取 B =5.2。

根据主轴类型及初定的主轴轴径，可得到主轴外伸尺寸及连杆的莫式圆锥号。滚锥主轴轴径 d = 25 mm 时，主轴外伸尺寸为 D/d_1 = 60/44，L = 60 mm。

（2）引进长度的确定

1）工作进给长度 L_T 的确定。工作进给长度 L_T 应等于加工部位长度 L（多轴加工时按最长孔计算）、刀具切入长度 L_1 和切出长度 L_2 之和。切入长度一般为5～10 mm，根据工件端面的误差情况确定；钻孔时，切出长度一般为5～10 mm。当采用复合刀具时，应根据具体情况决定。此外多轴箱工进长度选为90 mm。

2）快速进给长度的确定。快速进给是指动力部件把刀具送到工作进给位置。初步选定两个多轴箱上刀具的快速进给长度均为60 mm。

（3）快速退回长度的确定

快速退回的长度等于快速引进和工作进给长度之和。一般在固定式夹具钻孔的机床上，动力部件快速退回行程只要保证把所有的刀具都退至导向套内，不影响工作的装卸就行了，但对于夹具需要回转或移动的机床，动力部件快速退回行程必须把刀具托架活动钻模板及定位销全部退离到夹具运动可能碰到的范围之外。又因为快速进给长度可知，则两面快速退回长度均为150 mm。

（4）动力部件总行程的确定

动力部件总行程除了满足工作循环向前或向后所需的行程外，还需考虑因刀具磨损、补偿制造、安装误差、动力部件能够向前调节的距离（即前备量）、刀具装卸以及刀具从接杆中或接杆连同刀具一起从主轴孔中取出时，动力部件所需后退的距离（刀具退离夹具导套外端面的距离应大于连杆插入主轴孔内或刀具插入连接孔内的长度，即后备量）。因此，动力部件的总行程为快退行程与前备量之和。

根据上述设计，绘制如图5.40所示的加工示意图。

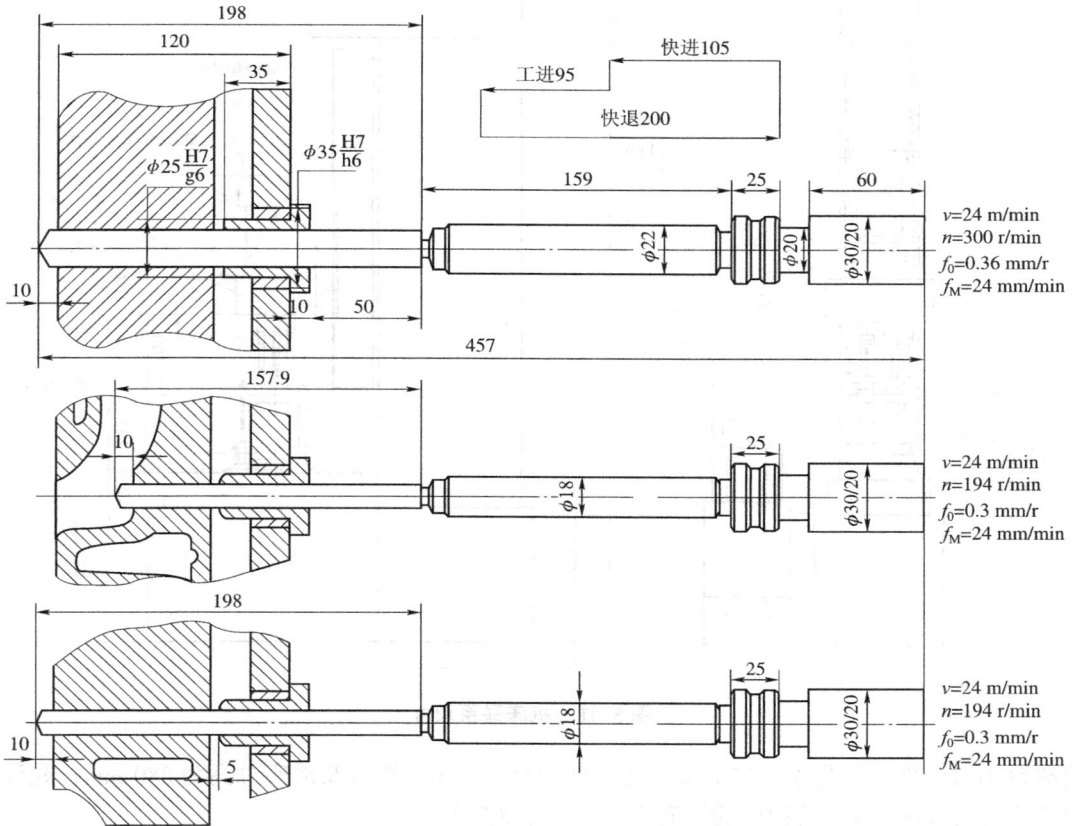

图 5.40 加工示意图

3. 机床联系尺寸总图

本组合机床采用的是液压平台，其机床联合尺寸如图 5.41 所示。与机械滑台相比较，液压平台具有以下优点：在相当大的范围内进给量可以五级调速，因而可以获得较大的进给力；液压驱动的零件磨损小，使用寿命长，当工艺上要求多次进给时，通过液压换向阀很容易实现，过载保护简单可靠；由行程调速阀来控制滑台的快进转工进，转换精度高且工作可靠。

（1）选择动力部件

1）动力滑台型号的选择。

根据选定的切削用量计算得到单根主轴的进给力。按公式计算有：

$$F_{多} = \sum_{i=1}^{n} F_i$$

式中，F_i——各主轴所需的轴向切削力（N）。

多轴箱：

$$F_{多} = 169.45 + 169.45 = 338.9 （N）$$

实际上，为克服滑台移动引起的摩擦阻力，动力滑台的进给力应大于 F。考虑到所需的最小进给速度、切削功率、行程、多轴箱轮廓尺寸等因素，为了保证工作的稳定性，选用机

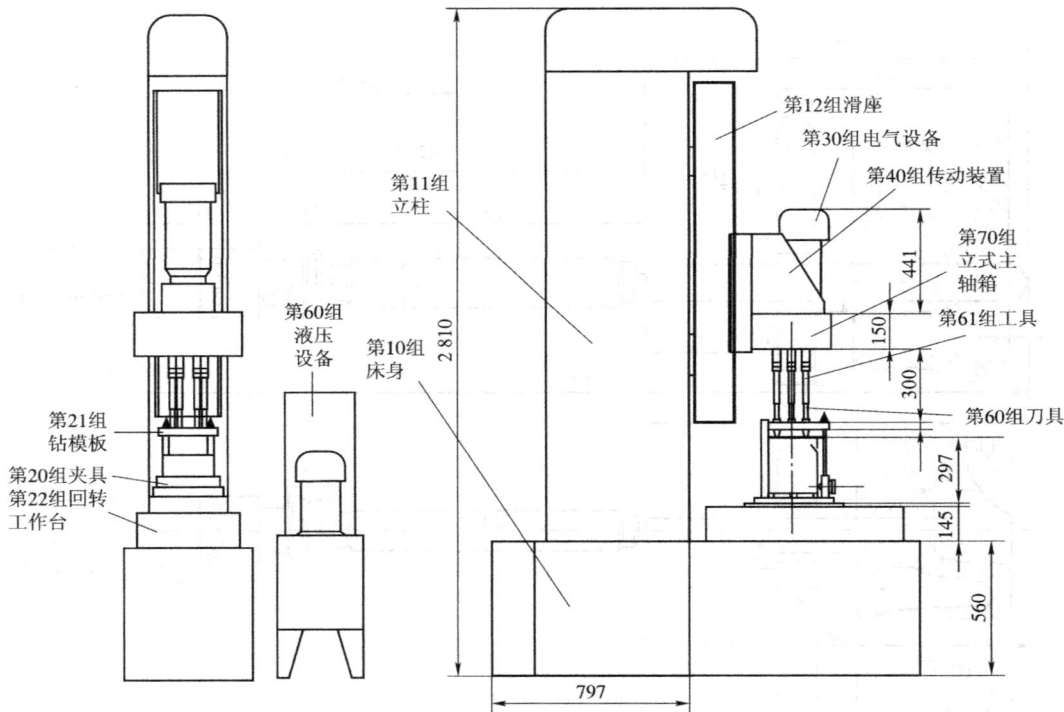

图 5.41　机床联系尺寸

械滑台 1hj25 型，台面宽为 250 mm，台面长为 500 mm，滑台及滑座总高为 880 mm，允许最大进给力为 8 000 N，其相应的侧底座型号为 1CC251。

　　2）动力箱型号的选择。

　　由切削用量计算得到各主轴的切削功率总和为 $P_{多轴箱}$。根据公式计算有：

$$P_{多轴箱} = \frac{P_{切削}}{\eta}$$

式中，$P_{切削}$——消耗于各主轴的切削功率的总和（kW）；

　　　　η——多轴箱的传动效率，加工黑色金属时取 0.8 ~ 0.9，加工有色金属时取 0.7 ~ 0.8；主轴数多、传动复杂时取小值，反之取大值。

　　本设计中，被加工零件材料为灰铸铁，属黑色金属，且主轴数量较多、传动复杂，故传动效率取 0.8。多轴箱选用 1TD25 - IA 型动力箱驱动（$n = 520$ r/min；电动机选 Y100L - 6 型，功率为 1.5 kW），根据液压滑台的配套要求，滑台额定功率应大于电动机功率。

　　3）配套通用部件的选择。

　　侧底座选用 1CC321 型号，其高度 $H = 560$ mm，宽度 $B = 600$ mm，长度 $L = 1\ 180$ mm。

　　（2）确定机床装料高度

　　装料高度是指机床上工件的定位基准面到地面的垂直距离。本设计中，工件最低孔位置 $h_2 = 90$ mm，所选滑台总高 $h_3 = 280$ mm，侧底座高度 $h_4 = 560$ mm，夹具底座高度 $h_5 = 280$ mm，中间底座高度 $h_6 = 560$ mm。综合以上因素，该组合机床的装料高度取 $H = 760$ mm。

　　（3）机床生产率计算卡

　　根据加工示意图所确定的工作循环及切削用量等就可以计算机床生产率，并编制生产率计算卡。它既是反应机床生产节拍或实际生产率和切削用量动作时间、生产纲领和负荷率等关系的技术文件，又是用户验收机床生产率的重要依据。

1）理想生产率。由下面公式计算：

$$Q = \frac{A}{t_k}$$

得

$$Q = \frac{3\,000}{2\,350} = 1 \quad (\text{件}/\text{h})$$

2）实际生产率 Q 是指所设计机床每小时实际可生产的零件数：

$$Q = \frac{60}{T_{\text{单}}}$$

式中，$T_{\text{单}}$——生产一个零件所需时间（min）。按下式计算：

$$T_{\text{单}} = t_{\text{切}} + t_{\text{轴}} = \left(\frac{L_1}{vf_1} + \frac{L_2}{vf_2} + t_{\text{停}} \right) + \left[(L_{\text{快进}} + L_{\text{快退}})/vfk) + t_{\text{停}} + t_{\text{装}} \right]$$

如果计算出的机床实际生产率不能满足理想生产率要求，即 $Q_1 < Q_2$，则必须重新选择切削用量或修改机床设计方案。

$$T_{\text{单}} = (54/27 + 44/27 + 1) + \left[(192 + 246)/27 + 0.1 + 1 \right] = 22 \quad (\text{min})$$

故实际生产率为：

$$Q_1 = 60/22 = 3 \quad (\text{件}/\text{h})$$

3）机床负荷率。当 $Q_1 > Q_2$ 时，机床负荷率为二者之比，即

$$\eta = \frac{Q}{Q_1}$$

由公式得机床负荷率

$$\eta = \frac{Q}{Q_1} = 0.75$$

4. 钻后面六孔组合机床的多轴箱设计

某型气缸盖钻孔组合机床的组合箱轮廓尺寸为 400 mm × 400 mm，属于大型通用多轴箱，结构典型，能利用通用的箱体和传动件；采用通用主轴，借助导向套引导刀具来保证被加工孔的位置精度。通用多轴箱的设计顺序是：绘制多轴箱设计原始依据图；确定主轴结构、轴径及齿轮模数；拟定传动系统；计算主轴、传动轴坐标，绘制坐标检查图；绘制多轴箱总图、零件图及编制组件明细表。

（1）主轴结构形式的选择和动力计算

1）主轴结构形式的选择。

主轴结构的选择包括轴承形式的选择和轴头结构的选择。轴承形式是主轴部件结构的主要特征，主轴进行钻削时，前后支承均为滚锥轴承。

2）主轴直径和齿轮模数的确定。

按同一多轴箱中的模数规格最好不多于两种的基本原则，用类比法确定齿轮模数。在此之前可先由下式估算：

$$m \geqslant (30 \sim 32) \left(\frac{p}{zn} \right)^{0.3}$$

式中，p——齿轮所传递的功率（kW）；

z——对啮合齿轮中的小齿轮齿数；

n——小齿轮的转速（r/min）。

多轴箱中的齿轮模数通常有 2、2.5、3、3.5、4。为了便于生产，同一多轴箱中的模数规格不要多于两种，确定本次设计的右箱体齿轮模数为 2。

（2）多轴箱传动系统的设计与计算

多轴箱传动设计是根据动力箱驱动轴位置和转速、各主轴位置及其转速要求设计传动链，把驱动轴和各主轴连接起来，使各主轴获得预定的转速和转向。

1）根据原始依据图计算坐标尺寸。

根据原始依据图，计算驱动轴、主轴的坐标尺寸。根据与三轴等距传动轴坐标的计算方法，计算结果如表 5.18 所示。

表 5.18　主轴坐标值

坐标	主轴 3	主轴 4	主轴 5	主轴 6	主轴 7	主轴 8
x	126.6	231.6	231.6	175	121	196
y	219	126.6	175	219	121	144

2）确定传动轴位置及齿轮齿数。

传动方案拟定之后，通过计算、作图和多次试凑相结合的方法，确定齿轮齿数和中间传动轴的位置及转速。由各主轴和驱动轴转速求驱动轴到各主轴之间的传动比。各主轴及其转速如表 5.19 所示。

表 5.19　主轴及其驱动轴转速

主轴	0	3，5，8	4，6，7
转速/（r·min^{-1}）	520	374.4	359.8

多轴箱中轴的分布有同心圆分布及任意分布。同时为满足主轴上齿轮不过大的要求，需确定中间传动轴的位置，并配置相互啮合的齿轮副。传动轴转速的计算公式如下：

$$u = \frac{z_主}{z_从} = \frac{n_从}{n_主}$$

$$A = \frac{m}{2}\left(\frac{z_主}{z_从}\right)\frac{m}{2s_z}$$

$$n_主 = \frac{n_从}{u} = \frac{n_从 z_从}{z_主}$$

$$n_从 = n_主 u = \frac{n_主 z_主}{z_从}$$

$$n_主 = \frac{n_从}{u} = \frac{n_从 z_从}{z_主}$$

$$n_从 = n_主 u = \frac{n_主 z_主}{z_从}$$

$$z_主 = \frac{2A}{m} - z_从 = \frac{2A}{m}\left(1 + \frac{n_上}{n_从}\right) = \frac{2Au}{m(1+u)}$$

$$z_{\text{从}} = \frac{2A}{m} - z_{\text{主}} = \frac{2A}{m}\left(1 + \frac{n_{\text{从}}}{n_{\text{主}}}\right) = \frac{2Am}{(1+u)}$$

式中，u——啮合齿轮副传动比；

　　　s_z——啮合齿轮副齿数和；

　　　$z_{\text{主}}$——主动齿轮齿数；

　　　$z_{\text{从}}$——从动齿轮齿数；

　　　$n_{\text{主}}$——主动齿轮转速（r/min）；

　　　$n_{\text{从}}$——从动齿轮轮速（r/min）。

由以上得

驱动轴 0：$m = 2$，$z = 18$，$n = 520$；

主轴 3、5、8：$m = 2$，$z = 25$，$n = 375.4$；

主轴 4、7、6：$m = 2$，$z = 26$，$n = 359.8$；

传动轴 1：$m = 2$，$z = 25$，$n = 347.4$；

传动轴 2：$m = 2$，$z = 26$，$n = 359.8$。

根据上述计算绘制出六孔钻多轴箱装配图，如图 5.42 所示。

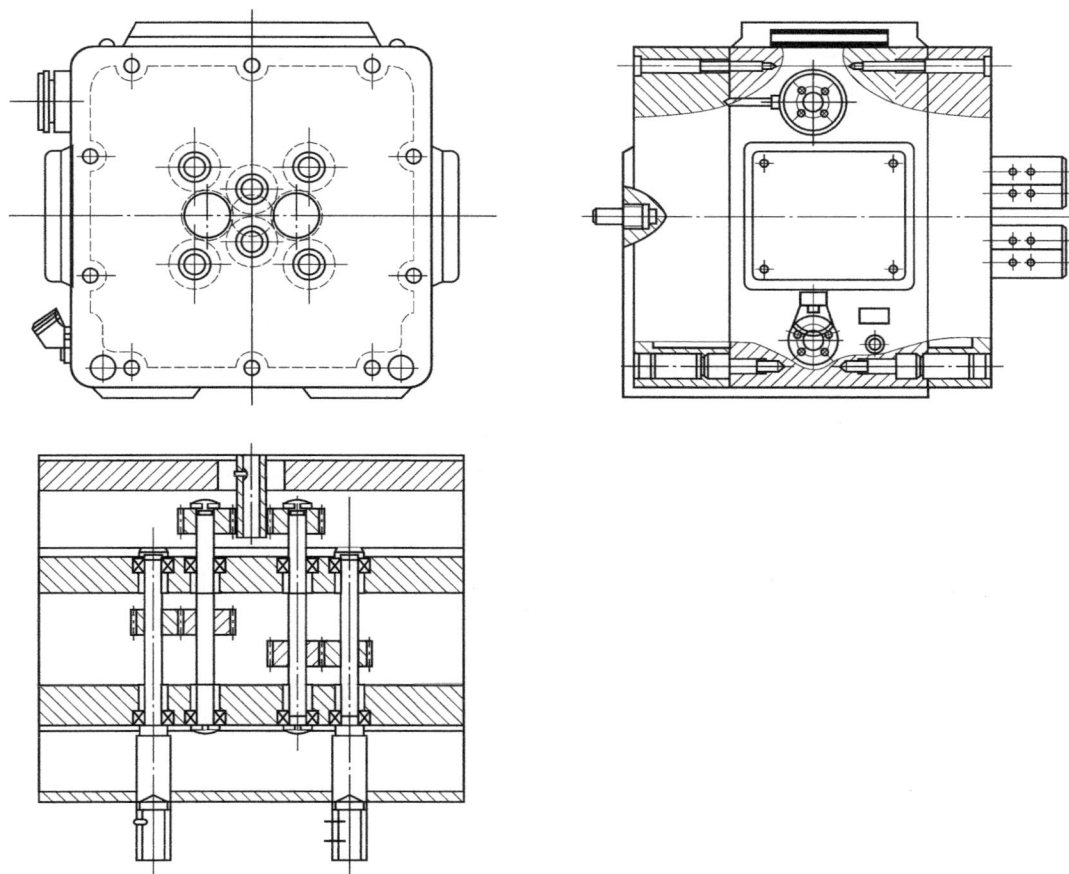

图 5.42　多轴箱装配图

思考与习题：

1. 什么是组合机床？组合机床的特点是什么？
2. 组合机床有哪些配置形式？
3. 什么是组合机床的"三图一卡"？
4. 工序图的作用是什么？
5. 什么是组合机床的联系尺寸图？如何进行组合机床的联系尺寸图设计？
6. 多轴箱由哪些部件组成？
7. 多轴箱设计的依据主要包括哪些？

第6章 工业机器人设计

【本章知识点】

1. 工业机器人的发展与定义。
2. 工业机器人的构成与分类。
3. 工业机器人的参数表示。
4. 工业机器人的运动功能。
5. 工业机器人的运动方程。
6. 工业机器人的机构设计。

6.1 概　　述

东汉时期，张衡发明的指南车是世界上最早的机器人雏形。第一次工业革命以来，随着各种自动机器、动力机械的问世，制造机器人的梦想开始变为现实，许多机械式控制的各种精巧的机器人玩具和工艺品应运而生。1768—1774 年，瑞士钟表匠德罗斯父子设计并制造了三个像真人一样大小的写字人偶、绘图人偶和弹风琴人偶，它们由凸轮控制并由弹簧驱动。至今，这三个人偶还作为国宝保存在瑞士纳切特尔市艺术和历史博物馆内。1893 年，加拿大人摩尔设计并制造了以蒸汽为动力的能行走的机器人偶"安德罗丁"。

Robot 是目前通用的意为机器人的词汇，该词来源于捷克斯洛伐克语。1920 年，捷克剧作家卡雷尔·查培克在他的幻想情节剧《罗萨姆的万能机器人》（Rossum's Univeral Robots）中，第一次提出了"机器人"这个名词。在剧中，他把机器人描述成与人相似但不知疲倦地工作的机器，最终机器人背叛它们的创造者而消灭了人类。随后在 1922 年，"Robot"一词出现在英语中。1950 年，美国著名科幻小说作家阿西莫夫在他的小说《我是机器人》中，提出了著名的"机器人三守则"：

1）机器人必须不危害人类，也不允许眼看人类即将受害而袖手旁观；

2）机器人必须绝对服从人类，除非这种服从有害于人类；

3）机器人必须保护自身不受伤害，除非为了保护人类或者是人类命令它做出牺牲。

这三条守则至今仍被机器人的研究人员、研制厂家和用户共同遵守。

现代工业机器人起源于遥控操作器与数控机床，始于第二次世界大战之后用来处理放射性物质的遥控机械手。遥控机械手用来代替人手，由主操作手和从操作手共同组成，从操作手通过一系列连杆与主操作手相连，使用者通过操纵主操作手而使从操作手完成相应的动作。为了使主操作手和从操作手能够处于任意位置与姿态，它们之间由两个具有 6 个自由度的机构将二者连接起来。

1954 年，美国的乔治·德沃尔使用 CNC 机床控制器的可编程技术取代遥控机械手的主操作手，发明了第一台"可编程关节式输送装置"，并取得了该项专利，即工业机器人专利。约瑟夫·艾根伯格购买了该专利，并于 1956 年成立了万能自动化（Unimation）公司。1961 年，该公司研制出第一台机器人 Unimate，并在美国通用汽车公司（GM）投入使用，这标志着第一代工业机器人的诞生。1978 年，Unimation 公司开发了用于装配的可编程万能机器人——PUMA（Programmable Universal Manipulator for Assembly）机器人，其外形如图 6.1 所示。它是一种多关节结构形式、全电动机驱动、多 CPU 分级控制的机器人，应用范围十分广泛。1968 年，日本川崎重工业公

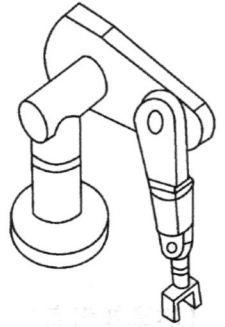

图 6.1　PUMA 机器人

司从美国引进了 Unimate 机器人，并对此机器人进行了改进，增加了视觉功能，使其成为一种具有初始智能的机器人。这一成就引起了日本产业界与政府的高度重视，并在 1971 年成立了日本工业机器人协会。从此，日本的工业机器人技术得到高速发展，并在年产量和装机台数上超越美国，跃居世界首位。

机器人的定义处在不断的发展变化之中。美国机器人协会（RIA）认为，工业机器人是一种用于移动各种材料、零件、工具或专用装置，通过可编程序动作来执行各种任务，并具有编程能力的多功能机械手。日本工业机器人协会（JIRA）认为，工业机器人是一种装备有记忆装置和末端执行器，能够转动并通过自动完成各种移动来代替人类劳动的通用机器。国际标准化组织给出的定义是：机器人是一种自动的、位置可控的、具有编程能力的多功能机械手，这种机械手具有几个轴，能够借助于可编程序操作来处理各种材料、零件、工具和专用装置，以执行多种任务。我国国家标准 GB/T 12643—2013 将工业机器人定义为一种能自动控制，可重复编程，多功能、多自由度的操作机，能搬运材料、工件或操持工具，用以完成各种作业。同时将操作机定义为具有和人手臂相似的动作功能，可在空间抓放物体或进行其他操作的机械装置。

6.1.1　工业机器人的工作原理

如图 6.2 所示，工业机器人是一种生产装备。机器人的基本功能是提供其作业所需的运动和动力。基本工作原理是通过操作机上各运动工件的运动，自动地实现手部作业的动作功能及技术要求。因此，在基本功能及基本工作原理方面工业机器人与机床有相同之处。

首先，二者的末端执行器都有位姿变化要求，如机床在加工过程中，刀具相对工件有位姿变化要求，机器人的手部在作业过程中相对基座也有位姿变化要求。其次，二者都是通过坐标运动来实现末端执行器的位姿变化要求的。二者的主要不同之处在于机床以直角坐标运动形式为主，而机器人以关节运动形式为主。机床对刚度、精度要求较高，其灵活性相对较低。而机器人则对灵活性要求很高，其刚度、精度相对较低。

6.1.2　工业机器人的构成与分类

1.　工业机器人的构成

工业机器人由操作机、驱动单元、控制装置与控制系统构成，同时为了获取作业对象及环境信息还需要有相应的传感器系统，图 6.3 所示为工业机器人系统的基本结构。

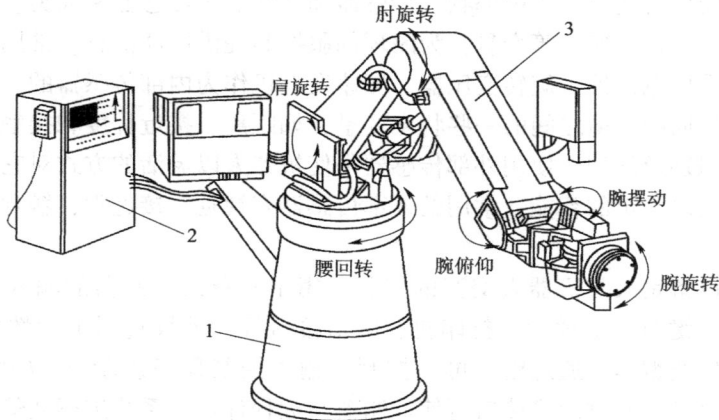

图 6.2 工业机器人
1—基座；2—控制柜；3—机械臂

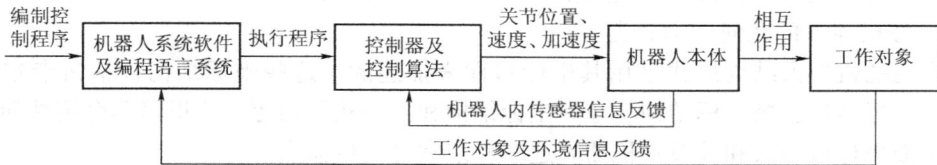

图 6.3 机器人系统的基本结构

操作机是机器人的结构本体，也称为主机，由末端执行机构、手腕、手臂（大臂与小臂）及机座（机身或立柱）组成。操作机具有和人手臂相似的动作功能，其运动功能与机床一样，一般也由各个运动单元串联、并联或串并混联组成。国家标准 GB/T 12643—2013 规定了机器人各种运动功能的图形符号，通过这些符号可以简明地绘制工业机器人的运动功能简图。

驱动单元用于驱动机构本体各关节的运动功率。目前，驱动方式主要有气动、液压和伺服电动机驱动三种。气动驱动具有成本低、控制简单的优点，但噪声大、输出功率小，难以准确地控制位置和速度是它的缺点。液压驱动具有输出功率大、低速平稳、防爆等优点，但由于它需要液压动力源，漏油及油性变化将会影响系统的特性，且各轴耦合较强，成本较高。大多数工业机器人采用伺服电动机驱动。采用伺服电动机驱动具有使用方便、易于控制的优点。伺服电动机还可分为直流伺服电动机和交流伺服电动机两种，使用伺服电动机驱动时，控制系统中还要有为伺服电动机供电的电源。

目前，所有的机器人均采用微型计算机进行控制，从机器人控制的角度来看，要求微型计算机具有数据处理能力强、灵活可靠、易于配置、价格低廉、体积小等特点。为实现对机器人的控制，除了需要强大的计算机硬件系统支持外，还必须有相应的系统软件支撑工业机器人，通过系统软件的支持完成机器人的复杂控制过程。应用系统软件，编程时就不必规定机器人运动时的各种细节，系统软件越完善，编制控制程序越方便，机器人所处的级别就越高。系统软件通过机器人语言把人与机器人联系起来，机器人语言可以是编制控制程序的语言，也可以以声音的形式进行人机交互。

机器人传感器按功能可分为内部状态传感器和外部状态传感器两大类。内部状态传感器用于检测各关节的位置、速度等变量，为闭环伺服控制提供反馈信息。常用的内部传感器为光电码盘，也有采用电位器、旋转变压器、测速发电机作为内部传感器的。外部状态传感器用于检测机器人与周围环境之间的一些状态变量，如距离、接近程度和接触情况等，用于机器人引导和物体识别及处理。使用外部传感器可使机器人以灵活的方式对它所处的环境做出反应，赋予机器人以一定的智能。常用的外部传感器有视觉、接近觉、触觉、力或力矩传感器等。

输入—输出设备是人与机器人交互的工具。用于机器人控制器的输入—输出设备主要有：CRT 显示器、键盘、示教盒、打印机、网络接口等。示教盒用于示教机器人时手动引导机器人及在线作业编程。通过键盘可向控制器输入控制程序或命令。CRT 及打印机可以输出系统的状态信息。通过网络接口可使控制器与远程计算机系统进行通信，接收计算机传来的控制程序或运行、停止控制程序命令。

2. 工业机器人的分类

机器人的分类方法有很多，这里主要介绍三种分类方法。

（1）按机器人的几何结构分类

最常见的机器人结构形式是用其坐标特性来描述的。这些坐标结构包括笛卡尔坐标结构、柱面坐标结构、极坐标结构、球面坐标结构和关节式结构等。这里简单介绍柱面坐标机器人、球面坐标机器人和关节式机器人这三种最常见的机器人。

1）柱面坐标机器人主要由垂直柱子、水平移动关节和底座构成。水平移动关节安装在垂直柱子上，能自由伸缩，并可沿垂直柱子上下运动。垂直柱子安装在底座上，并与水平移动关节一起绕底座转动。这种机器人的工作空间形成一个圆柱面，如图 6.4 所示。因此，把这种机器人叫作柱面坐标机器人。

2）球面坐标机器人如图 6.5 所示，它的外形像坦克的炮塔一样。机械手能够做里外伸缩移动，或在垂直平面内摆动以及绕底座在水平面内转动。这种机器人的工作空间形成球面的一部分，因此，把这种机器人称为球面坐标机器人。

3）关节式机器人主要由底座、大臂和小臂构成。大臂和小臂可在通过底座的垂直平面内运动，如图 6.6 所示，大臂和小臂间的关节称为肘关节，大臂和底座间的关节称为肩关节。在水平平面上的旋转运动，既可由肩关节完成，也可以由绕底座旋转来实现。这种机器人与人的手臂非常类似，故而被称为关节式机器人。

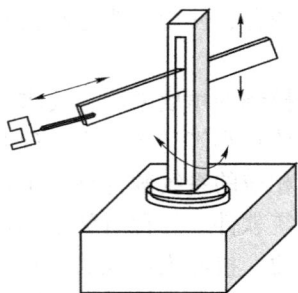

图 6.4　柱面坐标机器人　　　　图 6.5　球面坐标机器人　　　　图 6.6　关节式机器人

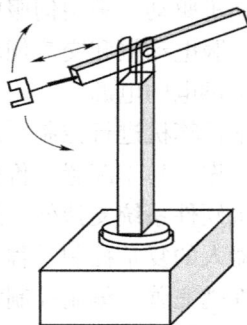

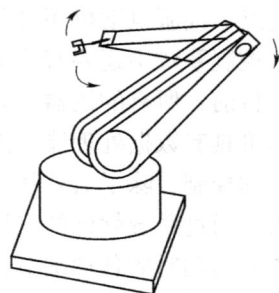

（2）按机器人的控制方式分类

按照控制方式可以把机器人分为非伺服机器人和伺服控制机器人两种。

1）非伺服机器人（Non - servo Robots）。非伺服机器人按照预先编好的程序进行工作，使用终端限位开关、制动器、插销板和定序器来控制机器人的运动，其工作原理如图 6.7 所示。在图 6.7 中，插销板用来预先规定机器人的工作顺序，而且往往是可调的；定序器是一种定序开关或步进装置，它能够按照预定的正确顺序接通驱动装置的能源；驱动装置接通能源后，就带动机器人的手臂、腕部和手爪等装置运动，当它们移动到由终端限位开关所规定的位置时，限位开关切换工作状态，给定序器送去一个"工作任务（或规定运动）已完成"的信号，并使终端制动器动作，切断驱动电源。机器人完成一个工作循环。

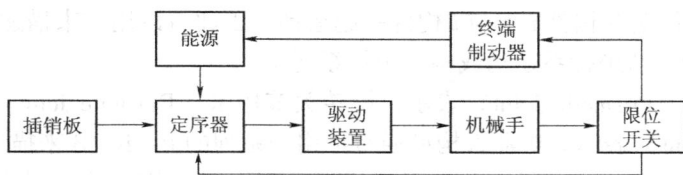

图 6.7　非伺服机器人功能示意图

2）伺服控制机器人（Servo - controlled Robots）。伺服控制机器人比非伺服机器人有更强的工作能力，但是在某些情况下不如非伺服机器人可靠。如图 6.8 所示，伺服系统的输出可以是机器人末端执行装置（或工具）的位置、速度、加速度或力等。通过反馈传感器取得的反馈信号与来自给定装置（如给定电位器）的综合信号，用比较器加以比较后，得到误差信号，经放大后用以控制机器人的驱动装置，进而带动末端执行装置以一定规律的运动到达规定的位置或速度等。

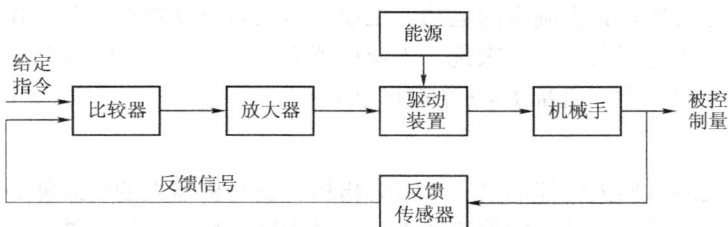

图 6.8　伺服机器人功能示意图

（3）按机器人的智能程度分类

按机器人的智能程度可以把机器人分为一般机器人和智能机器人两种。

1）一般机器人是指不具有智能，只具有一般编程能力和操作功能的机器人。

2）智能机器人，按照其具有智能的程度不同又可分为：

① 传感型机器人。它具有利用传感信息（包括视觉、听觉、触觉、接近觉、力觉和红外、超声及激光等）进行传感信息处理、实现控制与操作的能力。

② 交互型机器人。它是通过计算机系统与操作员或程序员进行人机对话，实现对机器人的控制与操作。

③ 自主型机器人。它无须人的干预就能够在各种环境下自动完成各项任务。

6.1.3 工业机器人特性参数表示

工业机器人的特性指标是用来表示工业机器人的作业性能、结构和规格特性等基本技术参数的。

1. 坐标系

工业机器人的坐标按照右手定则来确定。绝对坐标系 $X-Y-Z$、基座坐标系 $X_0-Y_0-Z_0$ 与机械接口（与末端执行器相连接的机械界面）坐标系 $X_m-Y_m-Z_m$ 的取法可参考国家标准 GB/T 12644—2001《工业机器人特性表示》。关节坐标系 $X_i-Y_i-Z_i$ 表示第 i 个关节的坐标系，i 关节是 i 个构件和 $(i-1)$ 个构件之间的运动副。例如，第 1 个关节是构件 1 与构件 0（机座）之间的运动副，第 2 个关节是第 2 个构件与第 1 个构件之间的运动副等。关节坐标系 $X_i-Y_i-Z_i$ 固定在构件 i 上与 i 构件一起运动，因此可以用它来描述关节 i 及构件 i 的运动，故又可称为关节坐标系运动或构件坐标系运动。

滑动关节用 P（Prismatic Joint）表示，旋转关节用 R（Revolute Joint）表示，球形关节用 S（Spherical Joint）表示。机器人构型通常可用一系列的 P、R、S 来描述。例如，一个机器人有两个滑动关节和三个旋转关节，则用 2P3R 表示。常用工业机器人构型表示为：笛卡尔坐标/直角坐标/台架型（3P）、圆柱坐标型（R2P）、球（极）坐标型（2RP）、关节/链式/拟人型（3R）、平面关节型机器人（SCARA）。

2. 自由度

自由度是确定机器人手部中心位置和手部方位的独立变化参数，是指所具有的独立坐标轴运动的数目（不包括末端执行器的开合自由度）。工业机器人的每一个自由度都要相应地配对一个原动件（如伺服电动机、油缸、气缸、步进电动机等驱动装置），当原动件按一定的规律运动时，机器人各运动部件就随之做确定的运动，自由度数与原动件数必须相等，只有这样才能使工业机器人具有确定的运动。工业机器人自由度越多，其动作越灵活，适应性越强，但结构相应也越复杂。一般来说，工业机器人具有 3～5 个自由度即可满足使用要求（其中臂部 2～3 个自由度，腕部 1～2 个自由度）。

3. 速度

运动速度是反映机器人性能的又一项重要指标，它与机器人的负载能力、定位精度等参数都有密切联系，同时也直接影响着机器人的运动周期。机器人运动部件的每个自由度的运行全过程一般包括启动加速、匀速运行和减速制动等阶段。一般所说的运动速度，是指机器人在运动过程中最大的运动速度。为了缩短机器人的整个运动周期，提高生产效率，通常总是希望启动加速和减速制动阶段的时间尽可能地缩短，而运行速度尽可能地提高，即提高全运动过程的平均速度。但因此却会使加、减速度的数值相应增大，在这种情况下，惯性力将增大，工件易松脱；同时由于受到较大的动载荷而影响机器人的工作平稳性和位置精度。这就是在不同的运行速度下，机器人能提取工件的重量不同的原因。目前，工业机器人的最大直线运行速度大部分在 1 500 mm/s 以下，最大回转运行速度一般不超过 120（°）/s。一般，国内应用的工业机器人直线速度在 300～800 mm/s，回转速度为 50（°）/s 左右。

4. 工作空间

工作空间是指工业机器人正常工作时，手腕参考点在空间活动的最大范围，用它来衡量机器人工作范围的大小。机床的工作空间（加工空间）一般为长方体或圆柱体空间，而机器人的工作空间形状却更加复杂。

5. 负载能力

负载能力是指机器人在满足其他性能要求的情况下，能够承载的负荷重量。一台机器人的最大负荷能力可能远大于它的额定负荷能力，但达到最大负荷时，机器人的工作精度可能会降低，无法准确沿预定轨迹运动，会产生额外的偏差。机器人的负荷量与其自身的重量相比往往非常小。工业机器人在应用过程中应确保其在额定负荷能力范围内工作。

6. 精度

精度是衡量机器人工作质量的一项重要指标，是指机器人到达指定点或轨迹的精确程度，它与驱动器的分辨率及反馈装置有关。工业机器人的定位精度高低取决于位置控制方式以及工业机器人的运动部件本身的精度和刚度，与握取重量、运行速度等也有密切关系。一般的专用机械手采用固定挡块控制，可达到较高的定位精度（±0.02 mm）；采用行程开关、电位计等电控元件进行控制，其位置精度相应较低（±1 mm）。工业机器人的伺服系统是一种位置跟踪系统，即使在高速重载的情况下，也可以防止机器人发生剧烈的冲击和振动，因此可以获得较高的定位精度，目前最高可达到 0.01 mm。

6.2　工业机器人运动功能设计

机器人运动学主要有以下两个基本问题：

1）对于一个给定的机器人，已知杆件几何参数和关节变量，求末端执行器相对于给定坐标系的位置和姿态。给定坐标系为固定在大地上的笛卡尔坐标系，作为机器人的总体坐标系，也称为世界坐标系；

2）已知机器人杆件的几何参数，给定末端执行器相对于总体坐标系的位置和姿态，确定关节变量的大小。

第 1 个问题常称作运动学正问题（DPK—Direct Kinematic Problems），第 2 个问题常称为运动学逆问题（IKP—Inverse Kinematic Problems）。机器人手臂的关节变量是独立变量，而末端执行器的作业通常在总体坐标系中说明。根据末端执行器在总体坐标系中的位姿来确定相应各关节变量要进行运动学逆问题的求解。机器人运动学逆问题是编制机器人运动控制系统软件所必备的知识。

本节介绍机器人的数学基础，包括空间任意点的位置和姿态的表示、坐标和齐次坐标变换、物体的变换与逆变换以及通用旋转变换等。

对于位置描述，需要建立一个坐标系，然后用某个 3×1 位置矢量来确定该坐标空间内任一点的位置，并用一个 3×1 列矢量表示，称为位置矢量。对于物体的方位，也用固接于该物体的坐标系来描述，并用一个 3×3 矩阵表示。我们还给出了对应于轴 x、y 或 z 做转角为 θ 旋转的旋转变换矩阵。在采用位置矢量描述点的位置，用旋转矩阵描述物体方位的基础上，物体在空间的位姿就由位置矢量和旋转矩阵共同表示。

在讨论了平移和旋转坐标变换之后，进一步研究齐次坐标变换，包括平移齐次坐标变换和旋转齐次坐标变换。这些有关空间一点的变换方法，为空间物体的变换和逆变换建立了基础。为了描述机器人的操作，必须建立机器人各连杆间以及机器人与周围环境间的运动关系。为此，建立了机器人操作变换方程的初步概念，并给出了通用旋转变换的一般矩阵表达式以及等效转角与转轴矩阵表达式。

6.2.1 工业机器人位姿

在描述物体（如零件、工具或机械手）间的关系时，要用到位置矢量、平面和坐标系等概念。

1. 位置的描述

一旦建立了一个坐标系，就能够用某个 3×1 位置矢量来确定该空间内任一点的位置。对于直角坐标系 $\{A\}$，空间任一点 p 的位置可以用 3×1 的列矢量 $^A\boldsymbol{p}$ 表示。其中，p_x、p_y、p_z 是点 p 在坐标系 $\{A\}$ 中的三个坐标分量。$^A\boldsymbol{p}$ 的上标 A 代表参考坐标系 $\{A\}$，称 $^A\boldsymbol{p}$ 为位置矢量，如图 6.9 所示。

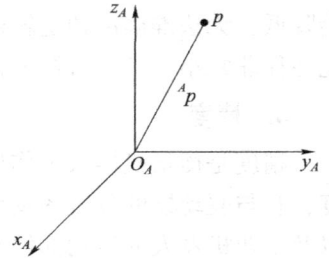

图 6.9　位置表示

$$^A\boldsymbol{p} = \begin{bmatrix} p_x, & p_y, & p_z \end{bmatrix}^\mathrm{T} \tag{6.1}$$

2. 方位的描述

为了研究机器人的运动与操作，往往不仅要表示空间某个点的位置，而且需要表示物体的方位（Orientation）。物体的方位可由某个固接于此物体的坐标系描述。为了规定空间某刚体 B 的方位，设置一直角坐标系 $\{B\}$ 与此刚体固接。用坐标系 $\{B\}$ 的三个单位主矢量 $\boldsymbol{x}_B$、$\boldsymbol{y}_B$、$\boldsymbol{z}_B$ 相对于参考坐标系 $\{A\}$ 的方向余弦组成的 3×3 矩阵来表示刚体 B 相对于坐标系 $\{A\}$ 的方位。

$$^A_B\boldsymbol{R} = \begin{bmatrix} ^A\boldsymbol{x}_B, & ^A\boldsymbol{y}_B, & ^A\boldsymbol{z}_B \end{bmatrix} = \begin{bmatrix} r_{11} & r_{12} & r_{13} \\ r_{21} & r_{22} & r_{23} \\ r_{31} & r_{32} & r_{33} \end{bmatrix} \tag{6.2}$$

如式（6.2）所示，$^A_B\boldsymbol{R}$ 称为旋转矩阵，上标 A 代表参考坐标系 $\{A\}$，下标 B 代表被描述的坐标系 $\{B\}$。$^A_B\boldsymbol{R}$ 共有 9 个元素，但只有 3 个是独立的。由于 $^A_B\boldsymbol{R}$ 的单个列矢量 $^A\boldsymbol{x}_B$、$^A\boldsymbol{y}_B$ 和 $^A\boldsymbol{z}_B$ 都是单位矢量，且双双互相垂直，因而它的 9 个元素满足 6 个约束条件（正交条件）：

$$^A\boldsymbol{x}_B \cdot {}^A\boldsymbol{x}_B = {}^A\boldsymbol{y}_B \cdot {}^A\boldsymbol{y}_B = {}^A\boldsymbol{z}_B \cdot {}^A\boldsymbol{z}_B = 1 \tag{6.3}$$

$$^A\boldsymbol{x}_B \cdot {}^A\boldsymbol{y}_B = {}^A\boldsymbol{y}_B \cdot {}^A\boldsymbol{z}_B = {}^A\boldsymbol{z}_B \cdot {}^A\boldsymbol{x}_B = 0 \tag{6.4}$$

可见旋转矩阵 $^A_B\boldsymbol{R}$ 是正交的，并且满足条件

$$^A_B\boldsymbol{R}^{-1} = {}^A_B\boldsymbol{R}^\mathrm{T}; \quad |{}^A_B\boldsymbol{R}| = 1 \tag{6.5}$$

式中，上标 T 表示转置；| | 为行列式符号。

对应于轴 x、y 或 z 作转角为 θ 的旋转变换，其旋转矩阵分别为：

$$\boldsymbol{R}(x, \theta) = \begin{bmatrix} 1 & 0 & 0 \\ 0 & \cos\theta & -\sin\theta \\ 0 & \sin\theta & -\cos\theta \end{bmatrix} \tag{6.6}$$

$$R(y, \theta) = \begin{bmatrix} \cos\theta & 0 & \sin\theta \\ 0 & 1 & 0 \\ -\sin\theta & 0 & \cos\theta \end{bmatrix} \qquad (6.7)$$

$$R(z, \theta) = \begin{bmatrix} \cos\theta & -\sin\theta & 0 \\ \sin\theta & \cos\theta & 0 \\ 0 & 0 & 1 \end{bmatrix} \qquad (6.8)$$

图 6.10 所示为机械手的方位,机械手与坐标系 {B} 固接,并相对于参考坐标系 {A} 运动。

3. 位姿的描述

在用位置矢量描述点的位置的基础上,可用旋转矩阵描述物体的方位。要完全描述刚体 B 在空间的位姿(位置和姿态),通常将物体 B 与某一坐标系 {B} 相固接。{B} 的坐标原点一般选在物体 B 的特征点上,如质心等。相对参考系 {A},坐标系 {B} 的原点位置和坐标轴的方位,分别由位置矢量 $^A P_{B0}$ 和旋转矩阵 $_B^A R$ 描述。这样,刚体 B 的位姿可由坐标系 {B} 来描述,即有

$$\{B\} = \{_B^A R \quad ^A P_{B0}\} \qquad (6.9)$$

图 6.10 方位表示

当表示位置时,式(6.9)中的旋转矩阵 $_B^A R = I$(单位矩阵);当表示方位时,式(6.9)中的位置矢量 $^A P_{B0} = 0$。

6.2.2 坐标变换

空间中任意点 p 在不同坐标系中的描述是不同的。为了阐明从一个坐标系的描述到另一个坐标系的描述关系,需要讨论这种变换的数学问题。

1. 平移坐标变换

设坐标系 {B} 与 {A} 具有相同的方位,但 {B} 坐标系的原点与 {A} 的原点不重合。用位置矢量 $^A P_{B0}$ 描述它相对于 {A} 的位置,如图 6.11 所示,称 $^A P_{B0}$ 为 {B} 相对于 {A} 的平移矢量。如果点 p 在坐标系 {B} 中的位置为 $^B P$,那么它相对于坐标系 {A} 的位置矢量 $^A P$ 可由矢量相加得出,即坐标平移方程为:

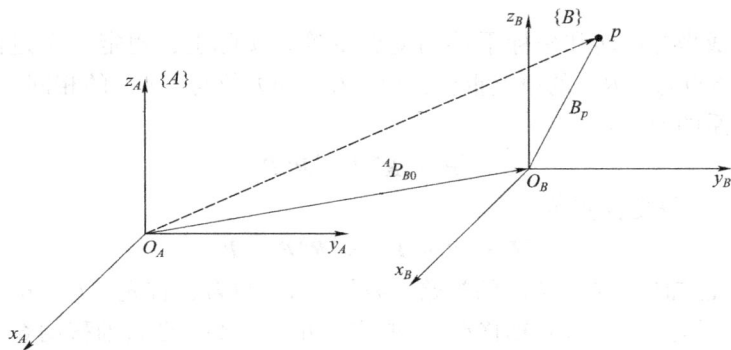

图 6.11 平移变换

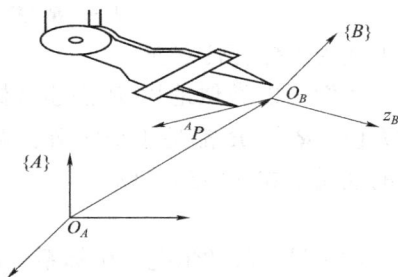

$$^A\boldsymbol{P} = {}^B\boldsymbol{P} + {}^A\boldsymbol{P}_{B0} \qquad (6.10)$$

2. 旋转坐标变换

设坐标系 $\{B\}$ 与 $\{A\}$ 有共同的坐标原点，但两者的方位不同，如图 6.12 所示。用旋转矩阵 $^A_B\boldsymbol{R}$ 描述 $\{B\}$ 相对于 $\{A\}$ 的方位。同一点 p 在两个坐标系 $\{A\}$ 和 $\{B\}$ 中的描述 $^A\boldsymbol{P}$ 和 $^B\boldsymbol{P}$ 具有如下变换关系：

$$^A\boldsymbol{P} = {}^A_B\boldsymbol{R}\,{}^B\boldsymbol{P} \qquad (6.11)$$

称上式为坐标旋转方程。

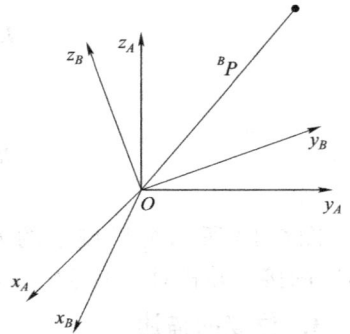

图 6.12 旋转变换

我们可以类似地用 $^B_A\boldsymbol{R}$ 描述坐标系 $\{A\}$ 相对于 $\{B\}$ 的方位。$^B_A\boldsymbol{R}$ 与 $^A_B\boldsymbol{R}$ 都是正交矩阵，两者互逆。根据正交矩阵的性质公式 (6.5)，则

$$^B_A\boldsymbol{R} = {}^A_B\boldsymbol{R}^{-1} = {}^A_B\boldsymbol{R}^{\mathrm{T}} \qquad (6.12)$$

对于最一般的情况：坐标系 $\{B\}$ 的原点与 $\{A\}$ 的原点既不重合，$\{B\}$ 的方位与 $\{A\}$ 的方位也不相同。用位置矢量 $^A\boldsymbol{P}_{B0}$ 描述 $\{B\}$ 的坐标原点相对于 $\{A\}$ 的位置；用旋转矩阵 $^A_B\boldsymbol{R}$ 描述 $\{B\}$ 相对于 $\{A\}$ 的方位，如图 6.13 所示。对于任一点 p 在两坐标系 $\{A\}$ 和 $\{B\}$ 中的描述 $^A\boldsymbol{P}$ 和 $^B\boldsymbol{P}$ 具有以下变换关系：

$$^A\boldsymbol{P} = {}^A_B\boldsymbol{R}\,{}^B\boldsymbol{P} + {}^A\boldsymbol{P}_{B0} \qquad (6.13)$$

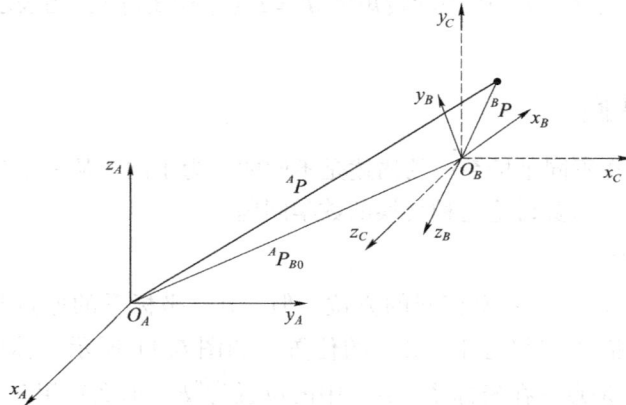

图 6.13 复合变换

可把上式看成坐标旋转和坐标平移的复合变换。实际上，规定一个过渡坐标系 $\{C\}$，使 $\{C\}$ 的坐标原点与 $\{B\}$ 的原点重合，而 $\{C\}$ 的方位与 $\{A\}$ 的相同。根据式 (6.11) 可得向过渡坐标系的变换：

$$^C\boldsymbol{P} = {}^C_B\boldsymbol{R}\,{}^B\boldsymbol{P} = {}^A_B\boldsymbol{R}\,{}^B\boldsymbol{P}$$

再由式 (6.10)，可得复合变换

$$^A\boldsymbol{P} = {}^C\boldsymbol{P} + {}^A\boldsymbol{P}_{C0} = {}^A_B\boldsymbol{R}\,{}^B\boldsymbol{P} + {}^A\boldsymbol{P}_{B0}$$

[**例 6.1**]　已知坐标系 $\{B\}$ 的初始位姿与 $\{A\}$ 重合，首先 $\{B\}$ 相对于坐标系 $\{A\}$ 的 Z_A 轴转 30°，再沿 $\{A\}$ 的 x_A 轴移动 12 单位，并沿 $\{A\}$ 的 y_A 轴移动 6 单位。求位置矢量 $^A\boldsymbol{P}_{B0}$ 和旋转矩阵 $^A_B\boldsymbol{R}$。假设点 p 在坐标系 $\{B\}$ 的描述为 $^B\boldsymbol{P} = [5, 9, 0]^{\mathrm{T}}$，求它在坐标系

$\{A\}$ 中的描述 $^A\boldsymbol{P}$。

解： 由式（6.8）和（6.1），可得 $_B^A\boldsymbol{R}$ 和 $^A\boldsymbol{P}_{B0}$ 分别为

$$_B^A\boldsymbol{R} = \boldsymbol{R}\ (z,\ 30°) = \begin{bmatrix} \cos 30° & -\sin 30° & 0 \\ \sin 30° & \cos 30° & 0 \\ 0 & 0 & 1 \end{bmatrix} = \begin{bmatrix} 0.866 & -0.5 & 0 \\ 0.5 & 0.866 & 0 \\ 0 & 0 & 1 \end{bmatrix}$$

$^A\boldsymbol{P}_{B0} = \begin{bmatrix} 12 \\ 6 \\ 0 \end{bmatrix}$，由式（6.13），则有 $^A\boldsymbol{P} = {}_B^A\boldsymbol{R}{}^B\boldsymbol{P} + {}^A\boldsymbol{P}_{B0} = \begin{bmatrix} -0.902 \\ 7.562 \\ 0 \end{bmatrix} + \begin{bmatrix} 12 \\ 6 \\ 0 \end{bmatrix} + \begin{bmatrix} 11.098 \\ 13.562 \\ 0 \end{bmatrix}$

3. 齐次坐标变换

已知一直角坐标系中的某点坐标，那么该点在另一直角坐标系中的坐标可通过齐次坐标变换求得。

（1）齐次变换

变换式（6.13）对于点 $^B\boldsymbol{P}$ 而言是非齐次的，但可以将其表示为等价的齐次变换形式：

$$\begin{bmatrix} ^A\boldsymbol{P} \\ 1 \end{bmatrix} = \begin{bmatrix} _B^A\boldsymbol{P} & ^A\boldsymbol{P}_{B0} \\ 0 & 1 \end{bmatrix} = \begin{bmatrix} ^B\boldsymbol{P} \\ 1 \end{bmatrix} \tag{6.14}$$

其中，4×1 的列矢量表示三维空间的点，称为点的齐次坐标，仍然记为 $^A\boldsymbol{P}$ 或 $^B\boldsymbol{P}$。可把上式写成矩阵形式：

$$^A\boldsymbol{P} = {}_B^A\boldsymbol{T}{}^B\boldsymbol{P} \tag{6.15}$$

式中，齐次坐标 $^A\boldsymbol{P}$ 与 $^B\boldsymbol{P}$ 是 4×1 的列矢量，与式（6.13）中的维数不同，加入了第 4 个元素 1。齐次变换矩阵 $_B^A\boldsymbol{T}$ 是 4×4 的方阵，具有如下形式：

$$_B^A\boldsymbol{T} = \begin{bmatrix} _B^A\boldsymbol{R} & ^A\boldsymbol{P}_{B0} \\ 0 & 1 \end{bmatrix} \tag{6.16}$$

$_B^A\boldsymbol{T}$ 综合地表示了平移变换和旋转变换。变换式（6.14）和（6.13）是等价的，实质上，式（6.14）可写成

$$^A\boldsymbol{P} = {}_B^A\boldsymbol{R}{}^B\boldsymbol{P} + {}^A\boldsymbol{P}_{B0}$$

位置矢量 $^A\boldsymbol{P}$ 和 $^B\boldsymbol{P}$ 到底是 3×1 的直角坐标还是 4×1 的齐次坐标，要根据上、下文关系而定。

[例 6.2]　试用齐次变换方法求解 [例 6.1] 中的 $^A\boldsymbol{P}$。

解： 由 [例 6.1] 求得的旋转矩阵 $_B^A\boldsymbol{R}$ 和位置矢量 $^A\boldsymbol{P}_{B0}$，可以得到齐次变换矩阵

$$_B^A\boldsymbol{T} = \begin{bmatrix} _B^A\boldsymbol{R} & ^A\boldsymbol{P}_{B0} \\ 0 & 1 \end{bmatrix} = \begin{bmatrix} 0.866 & -0.5 & 0 & 12 \\ 0.5 & 0.866 & 0 & 6 \\ 0 & 0 & 1 & 0 \\ 0 & 0 & 0 & 1 \end{bmatrix}$$

代入齐次变换方程（6.15），则

$$^A\boldsymbol{P} = {}_B^A\boldsymbol{T}{}^B\boldsymbol{P} = \begin{bmatrix} 0.866 & -0.5 & 0 & 12 \\ 0.5 & 0.866 & 0 & 6 \\ 0 & 0 & 1 & 0 \\ 0 & 0 & 0 & 1 \end{bmatrix}\begin{bmatrix} 5 \\ 9 \\ 0 \\ 1 \end{bmatrix} = \begin{bmatrix} 11.098 \\ 13.562 \\ 0 \\ 1 \end{bmatrix}$$

即为用齐次坐标描述的点 p 的位置。

至此，我们可以得到空间某一点 p 的直角坐标描述和齐次坐标描述分别为：

$$P = \begin{bmatrix} x \\ y \\ z \end{bmatrix}, \quad P = \begin{bmatrix} x \\ y \\ 2 \\ 1 \end{bmatrix} = \begin{bmatrix} \omega x \\ \omega y \\ \omega z \\ \omega \end{bmatrix}$$

式中，ω 为非零常数，是一个坐标比例系数。

坐标原点的矢量，即零矢量表示为 $[0, 0, 0, 1]^T$，其是没有定义的。具有形如 $[a, b, c, 0]^T$ 的矢量表示无限远矢量，用来表示方向，即用 $[1, 0, 0, 0]$，$[0, 1, 0, 0]$，$[0, 0, 1, 0]$ 分别表示 x，y 和 z 轴的方向。

规定两矢量 a 和 b 的点积

$$a \cdot b = a_x b_x + a_y b_y + a_z b_z \tag{6.17}$$

为一个标量，而两矢量的交积为另一个与此两相乘矢量所决定的平面垂直的矢量：

$$a \times b = (a_y b_z - a_z b_y) i + (a_z b_x - a_x b_z) j + (a_x b_y - a_y b_x) k \tag{6.18}$$

或者用下列行列式来表示：

$$a \times b = \begin{vmatrix} i & j & k \\ a_x & a_y & a_z \\ b_x & b_y & b_z \end{vmatrix} \tag{6.19}$$

（2）平移齐次坐标变换

空间某点由矢量 $ai + bj + ck$ 描述。其中 i、j、k 为轴 x、y、z 上的单位矢量。此点可用平移齐次变换表示为：

$$\text{Trans}(a, b, c) = \begin{bmatrix} 1 & 0 & 0 & a \\ 0 & 1 & 0 & b \\ 0 & 0 & 1 & c \\ 0 & 0 & 0 & 1 \end{bmatrix} \tag{6.20}$$

式中，Trans 表示平移变换。

对已知矢量 $u = [x, y, z, \omega]^T$ 进行平移变换所得的矢量 v 为：

$$v = \begin{bmatrix} 1 & 0 & 0 & a \\ 0 & 1 & 0 & b \\ 0 & 0 & 1 & c \\ 0 & 0 & 0 & 1 \end{bmatrix} \begin{bmatrix} x \\ y \\ z \\ \omega \end{bmatrix} = \begin{bmatrix} \dfrac{x}{\omega + a} \\ \dfrac{y}{\omega + b} \\ \dfrac{z}{\omega + c} \\ 1 \end{bmatrix} \tag{6.21}$$

即可把此变换看作矢量 $(x/\omega)i + (y/\omega)j + (z/\omega)k$ 与矢量 $ai + bj + ck$ 之和。用非零常数乘以变换矩阵的每个元素，不改变该变换矩阵的特性。

[例6.3] 求矢量 $2i + 3j + 2k$ 被矢量 $4i - 3j + 7k$ 平移变换得到的新的点矢量：

$$\begin{bmatrix} 1 & 0 & 0 & 4 \\ 0 & 1 & 0 & -3 \\ 0 & 0 & 1 & 7 \\ 0 & 0 & 0 & 1 \end{bmatrix} \begin{bmatrix} 2 \\ 3 \\ 2 \\ 1 \end{bmatrix} = \begin{bmatrix} 6 \\ 0 \\ 9 \\ 1 \end{bmatrix}$$，如果用 -5 乘以此变换矩阵，用 2 乘以被平移变换的矢量，则

得：

$$\begin{bmatrix} -5 & 0 & 0 & -20 \\ 0 & -5 & 0 & 15 \\ 0 & 0 & -5 & -35 \\ 0 & 0 & 0 & -5 \end{bmatrix} \begin{bmatrix} 4 \\ 6 \\ 4 \\ 2 \end{bmatrix} = \begin{bmatrix} -60 \\ 0 \\ -90 \\ -10 \end{bmatrix}$$，它与矢量 $[6, 0, 9, 1]^T$ 相对应，与乘以常数前的点矢

量一样。

（3）旋转齐次坐标变换

对应于轴 x、y 或 z 作转角为 θ 的旋转变换，分别可得：

$$\mathrm{Rot}(x, \theta) = \begin{bmatrix} 1 & 0 & 0 & 0 \\ 0 & \cos\theta & -\sin\theta & 0 \\ 0 & \sin\theta & \cos\theta & 0 \\ 0 & 0 & 0 & 1 \end{bmatrix} \tag{6.22}$$

$$\mathrm{Rot}(y, \theta) = \begin{bmatrix} \cos\theta & 0 & \sin\theta & 0 \\ 0 & 1 & 0 & 0 \\ -\sin\theta & 0 & \cos\theta & 0 \\ 0 & 0 & 0 & 1 \end{bmatrix} \tag{6.23}$$

$$\mathrm{Rot}(z, \theta) = \begin{bmatrix} \cos\theta & -\sin\theta & 0 & 0 \\ \sin\theta & \cos\theta & 0 & 0 \\ 0 & 0 & 1 & 0 \\ 0 & 0 & 0 & 1 \end{bmatrix} \tag{6.24}$$

式中，Rot 表示旋转变换。

[例 6.4] 已知点 $u = 7i + 3j + 2k$，对它进行绕轴 z 旋转 $90°$ 的变换后可得

$$v = \begin{bmatrix} 0 & -1 & 0 & 0 \\ 1 & 0 & 0 & 0 \\ 0 & 0 & 1 & 0 \\ 0 & 0 & 0 & 1 \end{bmatrix} \begin{bmatrix} 7 \\ 3 \\ 2 \\ 1 \end{bmatrix} = \begin{bmatrix} -3 \\ 7 \\ 2 \\ 1 \end{bmatrix}$$

图 6.14（a）所示为旋转变换前后点矢量在坐标系中的位置。从图可见，点 u 绕 z 轴旋转 $90°$ 至点 v。如果点 v 绕 y 轴旋转 $90°$，即得点 w，这一变换也可从图 6.14（a）看出，并可由式（6.23）求出。

$$w = \begin{bmatrix} 0 & 0 & 1 & 0 \\ 0 & 1 & 0 & 0 \\ -1 & 0 & 0 & 0 \\ 0 & 0 & 0 & 1 \end{bmatrix} \begin{bmatrix} -3 \\ 7 \\ 2 \\ 1 \end{bmatrix} = \begin{bmatrix} 2 \\ 7 \\ 3 \\ 1 \end{bmatrix}$$

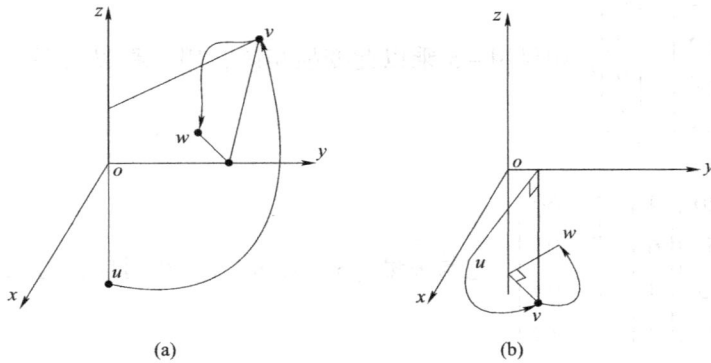

图 6.14 旋转次序变换结果的影响

(a) Rot (*y*, 90) Rot (*z*, 90)；(b) Rot (*z*, 90) Rot (*y*, 90)

若把上述两旋转变换 *v* = Rot (*z*, 90) *u* 与 *w* = Rot (*y*, 90) *v* 组合在一起，可得下式：

$$w = \text{Rot } (y, 90) \text{ Rot } (z, 90) u \tag{6.25}$$

因 Rot (*y*, 90) Rot (*z*, 90) =
$$\begin{bmatrix} 0 & 0 & 1 & 0 \\ 1 & 0 & 0 & 0 \\ 0 & 1 & 0 & 0 \\ 0 & 0 & 0 & 1 \end{bmatrix} \tag{6.26}$$

则

$$w = \begin{bmatrix} 0 & 0 & 1 & 0 \\ 1 & 0 & 0 & 0 \\ 0 & 1 & 0 & 0 \\ 0 & 0 & 0 & 1 \end{bmatrix} \begin{bmatrix} 7 \\ 3 \\ 2 \\ 1 \end{bmatrix} = \begin{bmatrix} 2 \\ 7 \\ 3 \\ 1 \end{bmatrix}$$

如果改变旋转次序，首先使 *u* 绕 *y* 轴旋转 90°，那么就会使 *u* 变换至与 *w* 不同的位置 w_1，如图 6.14 (b) 所示。从计算也可得 $w_1 \neq w$ 的结果。这是由于矩阵的乘法不具有交换性质，即 ***AB ≠ BA***。变换矩阵的左乘和右乘的运动解释是不同的：变换顺序"从右向左"，指明运动是相对固定坐标系而言的；变换顺序"从左向右"，指明运动是相对运动坐标系而言的。

[**例 6.5**] 将旋转变换与平移变换结合起来的情况。如果在图 6.14 (a) 旋转变换的基础上，再进行平移变换 $4i - 3j + 7k$，根据式 (6.20) 与 (6.26) 可求得：

Trans (4, −3, 7) Rot (*y*, 90) Rot (*z*, 90) =
$$\begin{bmatrix} 0 & 0 & 1 & 4 \\ 1 & 0 & 0 & -3 \\ 0 & 1 & 0 & 7 \\ 0 & 0 & 0 & 1 \end{bmatrix}$$

于是有

$$t = \text{Trans } (4, -3, 7) \text{ Rot } (y, 90) \text{ Rot } (z, 90) u = \begin{bmatrix} 6 \\ 4 \\ 10 \\ 1 \end{bmatrix}，变换结果如图 6.15$$

所示。

6.2.3　物体的变换及逆变换

1. 物体位置描述

我们可以用描述空间一点的变换方法来描述物体在空间的位置和方向。例如，图 6.16（a）所示的物体可由固定该物体的坐标系内的 6 个点来表示。

如果首先让物体统 z 轴旋转 90°，接着绕 y 轴旋转 90°，再沿 x 轴方向平移 4 个单位，则可用下式描述这一变换：

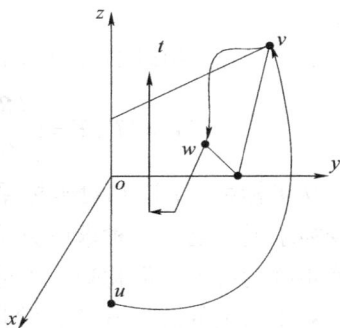

图 6.15　平移变换与旋转变换的组合

$$\boldsymbol{T} = \text{Trans}(4,0,0)\,\text{Rot}(y,90)\,\text{Rot}(z,90) = \begin{bmatrix} 0 & 0 & 1 & 4 \\ 1 & 0 & 0 & 0 \\ 0 & 1 & 0 & 0 \\ 0 & 0 & 0 & 1 \end{bmatrix}$$

这个变换矩阵表示对原参考系重合的坐标系进行旋转和平移操作。

对上述楔形物体的 6 个点变换为：

$$\begin{bmatrix} 0 & 0 & 1 & 4 \\ 1 & 0 & 0 & 0 \\ 0 & 1 & 0 & 0 \\ 0 & 0 & 0 & 1 \end{bmatrix} \begin{bmatrix} 1 & -1 & -1 & 1 & 1 & -1 \\ 0 & 0 & 0 & 0 & 4 & 4 \\ 0 & 0 & 2 & 2 & 0 & 0 \\ 1 & 1 & 1 & 1 & 1 & 1 \end{bmatrix} = \begin{bmatrix} 4 & 4 & 6 & 6 & 4 & 4 \\ 1 & -1 & -1 & 1 & 1 & -1 \\ 0 & 0 & 0 & 0 & 4 & 4 \\ 1 & 1 & 1 & 1 & 1 & 1 \end{bmatrix}$$

变换结果如图 6.16（b）所示。可见，这个用数字描述的物体与描述其位置和方向的坐标系具有确定的关系。

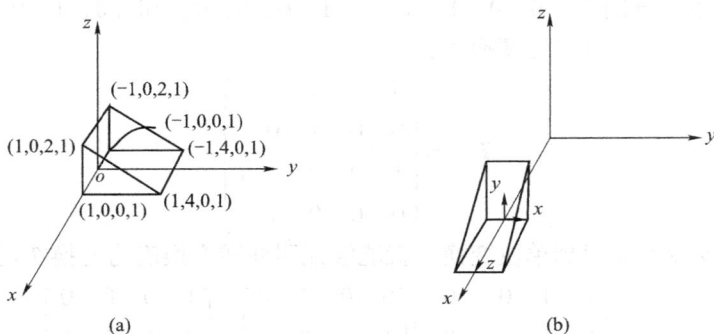

图 6.16　对楔形物体的变换

2. 齐次变换的逆变换

给定坐标系 $\{A\}$、$\{B\}$ 和 $\{C\}$，若已知 $\{B\}$ 相对 $\{A\}$ 的描述为 ${}_B^A\boldsymbol{T}$，$\{C\}$ 相对 $\{B\}$ 的描述为 ${}_C^B\boldsymbol{T}$，则

$$^B\boldsymbol{P} = {}_C^B\boldsymbol{T}\,{}^C\boldsymbol{P} \tag{6.27}$$

$$^A\boldsymbol{P} = {}_B^A\boldsymbol{T}\,{}^B\boldsymbol{P} = {}_B^A\boldsymbol{T}\,{}_C^B\boldsymbol{T}\,{}^C\boldsymbol{P} \tag{6.28}$$

定义复合变换

$$^A_C T = ^A_B T \, ^B_C T \tag{6.29}$$

表示 $\{C\}$ 相对于 $\{A\}$ 的描述。据式（6.6）可得：

$$^A_C T = ^A_B T \, ^B_C T = \begin{bmatrix} ^A_B R & ^A P_{BO} \\ 0 & 1 \end{bmatrix}\begin{bmatrix} ^B_C R & ^B P_{CO} \\ 0 & 1 \end{bmatrix} = \left[\begin{array}{c|c} ^A_B R \, ^B_C R & ^A_B R \, ^B P_{CO} + ^A P_{BO} \\ \hline 0 & 1 \end{array}\right] \tag{6.30}$$

从坐标系 $\{B\}$ 相对坐标系 $\{A\}$ 的描述 $^A_B T$，求得 $\{A\}$ 相对于 $\{B\}$ 的描述 $^B_A T$，是齐次变换求逆问题。一种求解方法是直接对 4×4 的齐次变换矩阵 $^A_B T$ 求逆；另一种是利用齐次变换矩阵的特点，简化矩阵求逆运算。下面首先讨论变换矩阵求逆方法。

对于给定的 $^A_B T$，求 $^B_A T$，等价于给定 $^A_B R$ 和 $^A P_{BO}$，计算 $^B_A R$ 与 $^B P_{AO}$。利用旋转矩阵的正交性可得：

$$^B_A R = ^A_B R^{-1} = ^A_B R^{\mathrm{T}} \tag{6.31}$$

再根据式（6.13），求原点 $^A P_{BO}$ 在坐标系 $\{B\}$ 中的描述

$$^B(^A P_{BO}) = ^B_A R \, ^A P_{BO} + ^B P_{AO} \tag{6.32}$$

$^B(^A P_{BO})$ 表示 $\{B\}$ 的原点相对于 $\{B\}$ 的描述，为 0 矢量，因而上式为 0，可得

$$^B P_{AO} = -^B_A R \, ^A P_{BO} = -^B_A R^{\mathrm{T}} \, ^A P_{BO} \tag{6.33}$$

综上，并据式（6.31）与（6.33），

$$^B_A T = \begin{bmatrix} ^A_B R^{\mathrm{T}} & -^A_B R^{\mathrm{T}} {}^A P_{BO} \\ 0 & 1 \end{bmatrix} \tag{6.34}$$

式中，$^B_A T = ^A_B T^{-1}$。式（6.34）提供了一种求解齐次变换逆矩阵的简便方法。

下面讨论直接对 4×4 齐次变换矩阵的求逆方法。

逆变换是由被变换了的坐标系变回为原坐标系的一种变换，也就是参考坐标系对于被变换了的坐标系的描述。如图 6.16（b）所示物体，其参考坐标系相对于被变换了的坐标系而言，坐标轴 x、y 和 z 分别为 $[0,0,1,0]^{\mathrm{T}}$、$[1,0,0,0]^{\mathrm{T}}$ 和 $[0,1,0,0]^{\mathrm{T}}$，而其原点为 $[0,0,-4,1]^{\mathrm{T}}$。则可得逆变换为：

$$T^{-1} = \begin{bmatrix} 0 & 1 & 0 & 0 \\ 0 & 0 & 1 & 0 \\ 1 & 0 & 0 & -4 \\ 0 & 0 & 0 & 1 \end{bmatrix}$$

用变换 T 乘以此逆变换而得到单位变换，就能够证明此逆变换确为变换 T 的逆。

$$T^{-1}T \begin{bmatrix} 0 & 1 & 0 & 0 \\ 0 & 0 & 1 & 0 \\ 1 & 0 & 0 & -4 \\ 0 & 0 & 0 & 1 \end{bmatrix}\begin{bmatrix} 0 & 0 & 1 & 4 \\ 1 & 0 & 0 & 0 \\ 0 & 1 & 0 & 0 \\ 0 & 0 & 0 & 1 \end{bmatrix} = \begin{bmatrix} 1 & 0 & 0 & 0 \\ 0 & 1 & 0 & 0 \\ 0 & 0 & 1 & 0 \\ 0 & 0 & 0 & 1 \end{bmatrix}$$

通常变换 T 各元已知，

$$T = \begin{bmatrix} n_x & o_x & a_x & p_x \\ n_y & o_y & a_y & p_y \\ n_z & o_z & a_z & p_z \\ 0 & 0 & 0 & 1 \end{bmatrix} \tag{6.35}$$

则其逆变换为

$$T^{-1} = \begin{bmatrix} n_x & n_y & n_z & -\boldsymbol{p}\cdot\boldsymbol{n} \\ o_x & o_y & o_z & -\boldsymbol{p}\cdot\boldsymbol{o} \\ a_x & a_y & a_z & -\boldsymbol{p}\cdot\boldsymbol{a} \\ 0 & 0 & 0 & 1 \end{bmatrix} \tag{6.36}$$

式中，$\boldsymbol{p}$、$\boldsymbol{n}$、$\boldsymbol{o}$ 和 $\boldsymbol{a}$ 是四个列矢量，而"·"表示矢量的点乘。可由式（6.36）右乘式（6.35）来证明这一结果的正确性。

3. 变换方程初步

为了描述机器人的操作，必须建立机器人各连杆之间、机器人与周围环境之间的运动关系。要规定各种坐标系来描述机器人与环境的相对位姿关系。如图 6.17（a）所示，$\{B\}$代表基坐标系，$\{T\}$ 是工具系，$\{S\}$ 是工作站系，$\{G\}$ 是目标系，它们之间的位姿关系可用相应的齐次变换来描述：

$_S^B\boldsymbol{T}$ 表示工作站系 $\{S\}$ 相对于基坐标系 $\{B\}$ 的位姿；$_G^S\boldsymbol{T}$ 表示目标系 $\{G\}$ 相对于 $\{S\}$ 的位姿；$_T^B\boldsymbol{T}$ 表示工具系 $\{T\}$ 相对于基坐标系 $\{B\}$ 的位姿。

对物体进行操作时，工具系 $\{S\}$ 相对目标系 $\{G\}$ 的位姿$_T^G\boldsymbol{T}$ 表示直接影响操作效果，它是机器人控制和规划的目标，它与其他变换之间的关系可用空间尺寸链（有向变换图）来表示，如图 6.17（b）所示。工具系 $\{T\}$ 相对于基坐标系 $\{B\}$ 的描述可用下列变换矩阵的乘积来表示：

$$_T^B\boldsymbol{T} = {_S^B\boldsymbol{T}}\,{_G^S\boldsymbol{T}}\,{_T^G\boldsymbol{T}} \tag{6.37}$$

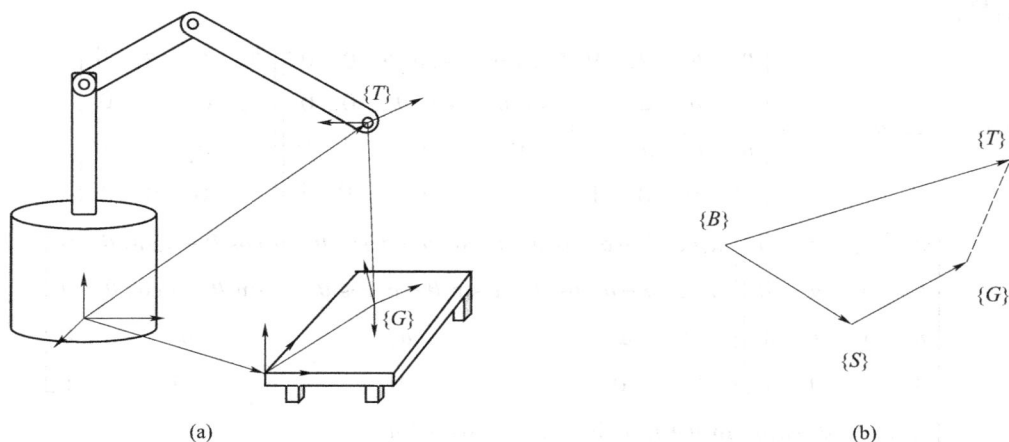

(a)　　　　　　　　　　　　　　(b)

图 6.17　变换方程及其有向变换图

6.2.4　通用旋转变换

我们已经在前面研究了绕轴 x、y 和 z 旋转的旋转变换矩阵。现在来研究最一般的情况，即研究某个绕着从原点出发的任一矢量（轴）$\boldsymbol{f}$ 旋转 θ 角时的旋转矩阵。

1. 通用旋转变换公式

令 $\boldsymbol{f}$ 为坐标系 $\{C\}$ 的 z 轴上的单位矢量，即

$$C = \begin{bmatrix} n_x & o_x & a_x & 0 \\ n_y & o_y & a_y & 0 \\ n_z & o_z & a_z & 0 \\ 0 & 0 & 0 & 1 \end{bmatrix} \tag{6.38}$$

$$f = a_x \boldsymbol{i} + a_y \boldsymbol{j} + a_z \boldsymbol{k} \tag{6.39}$$

于是，绕矢量 f 旋转等价于绕坐标系 $\{C\}$ 的 z 轴旋转，即有

$$\text{Rot}\,(f,\ \theta) = \text{Rot}\,(c_z,\ \theta) \tag{6.40}$$

如果已知以参考坐标描述的坐标系 $\{T\}$，那么能够求得以坐标系 $\{C\}$ 描述的另一坐标系 $\{S\}$，因为

$$T = CS \tag{6.41}$$

式中，S 表示 T 相对于坐标系 $\{C\}$ 的位置。对 S 求解得

$$S = C^{-1}T \tag{6.42}$$

T 绕 f 旋转等价于 S 绕坐标系 $\{C\}$ 的 z 轴旋转

$$\text{Rot}\,(f,\ \theta)\,T = C\text{Rot}\,(z,\ \theta)\,S$$

$$\text{Rot}\,(f,\ \theta)\,T = C\text{Rot}\,(z,\ \theta)\,C^{-1}T$$

则可得

$$\text{Rot}\,(f,\ \theta) = C\text{Rot}\,(z,\ \theta)\,C^{-1} \tag{6.43}$$

因 f 为坐标系 $\{C\}$ 的 z 轴，所以对式（6.43）加以扩展可以发现 $\text{Rot}\,(z,\ \theta)\,C^{-1}$ 仅是 f 的函数，因

$$C\text{Rot}\,(z,\ \theta)\,C^{-1} = \begin{bmatrix} n_x & o_x & a_x & 0 \\ n_y & o_y & a_y & 0 \\ n_z & o_z & a_z & 0 \\ 0 & 0 & 0 & 1 \end{bmatrix} \begin{bmatrix} \cos\theta & -\sin\theta & 0 & 0 \\ \sin\theta & \cos\theta & 0 & 0 \\ 0 & 0 & 1 & 0 \\ 0 & 0 & 0 & 1 \end{bmatrix} \begin{bmatrix} n_x & n_y & n_z & 0 \\ o_x & o_y & o_z & 0 \\ a_x & a_y & a_z & 0 \\ 0 & 0 & 0 & 1 \end{bmatrix}$$

$$= \begin{bmatrix} n_x & o_x & a_x & 0 \\ n_y & o_y & a_y & 0 \\ n_z & o_z & a_z & 0 \\ 0 & 0 & 0 & 1 \end{bmatrix} \begin{bmatrix} n_x\cos\theta - o_x\cos\theta & n_y\cos\theta - a_y\sin\theta & n_z\cos\theta - o_z\sin\theta & 0 \\ n_x\sin\theta - o_x\cos\theta & n_y\sin\theta - a_y\cos\theta & n_z\sin\theta - o_z\cos\theta & 0 \\ a_x & a_y & a_z & 0 \\ 0 & 0 & 0 & 1 \end{bmatrix}$$

$$= \begin{bmatrix} n_x n_x\cos\theta - n_x o_x\sin\theta + n_x o_z\sin\theta + o_x o_x\cos\theta + a_x a_x \\ n_y n_x\cos\theta - n_y o_x\sin\theta + n_x o_y\sin\theta + o_y o_x\cos\theta + a_y a_x \\ n_z n_x\cos\theta - n_z o_x\sin\theta + n_x o_z\sin\theta + o_z o_x\cos\theta + a_z a_y \\ 0 \end{bmatrix}$$

$$\begin{array}{l} n_x n_y\cos\theta - n_x o_y\sin\theta + n_y o_x\sin\theta + o_y o_x\cos\theta + a_x a_y \\ n_y n_y\cos\theta - n_y o_y\sin\theta + n_y o_y\sin\theta + o_y o_y\cos\theta + a_y a_y \\ n_z n_y\cos\theta - n_z o_y\sin\theta + n_y o_z\sin\theta + o_y o_z\cos\theta + a_z a_y \\ 0 \end{array}$$

$$\begin{bmatrix} n_x n_z \cos\theta - n_x o_z \sin\theta + o_z o_x \cos\theta + a_x a_z \cos\theta + a_x a_z & 0 \\ n_y n_z \cos\theta - n_y o_z \sin\theta + n_z o_y \sin\theta + o_z o_y \cos\theta + a_y a_z & 0 \\ n_z n_z \cos\theta - n_z o_z \sin\theta + n_z o_z \sin\theta + o_z o_z \cos\theta + a_z a_z & 0 \\ 0 & 1 \end{bmatrix} \tag{6.44}$$

根据正交矢量点积、矢量自乘、单位矢量和相似矩阵特征值等性质，并令 $z = a$，$\mathrm{vers}\theta = 1 - \cos\theta$，$f = z$，对式（6.44）进行简化可得：

$$\mathrm{Rot}\ (f,\ \theta) = \begin{bmatrix} f_x f_x \mathrm{vers}\,\theta + \cos\theta & f_y f_x \mathrm{vers}\,\theta - f_z \sin\theta & f_z f_x \mathrm{vers}\,\theta + f_y \sin\theta & 0 \\ f_x f_y \mathrm{vers}\,\theta + f_z \sin\theta & f_y f_y \mathrm{vers}\,\theta + \cos\theta & f_z f_y \mathrm{vers}\,\theta - f_x \sin\theta & 0 \\ f_x f_z \mathrm{vers}\,\theta + f_z \sin\theta & f_y f_z \mathrm{vers}\,\theta + f_x \sin\theta & f_z f_z \mathrm{vers}\,\theta + \cos\theta & 0 \\ 0 & 0 & 0 & 1 \end{bmatrix} \tag{6.45}$$

从上述通用旋转变换公式，能够求得各个基本旋转变换。例如，当 $f_x = 1$、$f_y = 0$ 和 $f_z = 0$ 时，$\mathrm{Rot}\ (f,\ \theta)$ 即为 $\mathrm{Rot}\ (x,\ \theta)$。若把这些数值代入式（6.45），则

$$\mathrm{Rot}\ (x,\ \theta) = \begin{bmatrix} 1 & 0 & 0 & 0 \\ 0 & \cos\theta & -\sin\theta & 0 \\ 0 & \sin\theta & \cos\theta & 0 \\ 0 & 0 & 0 & 1 \end{bmatrix},\ 与式（6.22）一致。$$

2. 等效转角与转轴

给出任一旋转变换，能够由式（6.45）求得进行等效旋转 θ 角的转轴。已知旋转变换

$$\boldsymbol{R} = \begin{bmatrix} n_x & o_x & a_x & 0 \\ n_y & o_y & a_y & 0 \\ n_z & o_z & a_z & 0 \\ 0 & 0 & 0 & 1 \end{bmatrix} \tag{6.46}$$

令 $R = \mathrm{Rot}\ (f,\ \theta)$，即

$$\boldsymbol{R} = \begin{bmatrix} n_x & o_x & a_x & 0 \\ n_y & o_y & a_y & 0 \\ n_z & o_z & a_z & 0 \\ 0 & 0 & 0 & 1 \end{bmatrix} = \begin{bmatrix} f_x f_x \mathrm{vers}\,\theta + \cos\theta & f_y f_x \mathrm{vers}\,\theta - f_z \sin\theta & f_z f_x \mathrm{vers}\,\theta + f_y \sin\theta & 0 \\ f_x f_y \mathrm{vers}\,\theta + f_z \sin\theta & f_y f_y \mathrm{vers}\,\theta + \cos\theta & f_z f_y \mathrm{vers}\,\theta - f_x \sin\theta & 0 \\ f_x f_z \mathrm{vers}\,\theta + f_z \sin\theta & f_y f_z \mathrm{vers}\,\theta + f_x \sin\theta & f_z f_z \mathrm{vers}\,\theta + \cos\theta & 0 \\ 0 & 0 & 0 & 1 \end{bmatrix} \tag{6.47}$$

把上式两边的对角线项分别相加，简化得

$$n_x + o_y + a_z = (f_x^2 + f_y^2 + f_z^2)\ \mathrm{vers}\,\theta + 3\cos\theta = 1 + 2\cos\theta$$

$$\cos\theta = \frac{1}{2}\ (n_x + o_y + a_z - 1) \tag{6.48}$$

把式（6.47）中的非对角线项成对相减可得

$$o_z - a_x = 2f_x \sin\theta$$

$$a_x - n_z = 2f_y \sin\theta \tag{6.49}$$

$$n_y - o_x = 2f_z \sin\theta$$

对上式各行平方后相加得

$$(o_z - a_y)^2 + (a_x - n_z)^2 + (n_y - o_x)^2 = 4 (\sin \theta)^2$$

$$\sin \theta = \pm \frac{1}{2} \sqrt{(o_z - a_y)^2 + (a_x - n_z)^2 + (n_y - o_x)^2} \tag{6.50}$$

把旋转规定为绕矢量 f 的正向旋转，使得 $0 \leq \theta \leq 180°$，此时式（6.50）中的符号取为正号，则转角 θ 被唯一确定为

$$\tan \theta = \frac{\sqrt{(o_z - a_y)^2 + (a_x - n_z)^2 + (n_y - o_x)^2}}{n_x + o_y + a_z - 1} \tag{6.51}$$

而矢量 f 的各分量可由式（6.49）求得

$$f_x = \frac{(o_z - a_y)}{2\sin \theta}$$

$$f_y = \frac{(a_x - n_z)}{2\sin \theta} \tag{6.52}$$

$$f_z = \frac{(n_y - o_x)}{2\sin \theta}$$

6.3　工业机器人运动方程

机器人运动学是专门研究物体运动规律的学科，而在研究中不考虑产生运动的力和力矩，它涉及运动物体的位置、速度、加速度和位置变量对时间（或其他变量）的高阶导数。

实际上，机器人运动学研究两类问题：一类是给定机器人各关节角度，要求计算机器人手爪的位置与姿态问题，称为正问题；另一类是已知手爪的位置与姿态求机器人对应于这个位置与姿态的全部关节角，称为逆问题。显然，正问题是简单的，解是唯一的，但逆问题的解是复杂的，而且具有多解性，这给问题求解带来了困难，往往需要一些技巧与经验。

可以把任何机器人的机械手看作是一系列由关节连接起来的连杆构成的。为机械手的每一连杆建立一个坐标系，并用齐次变换来描述这些坐标系间的相对位置和姿态。通常把描述一个连杆与下一个连杆间相对关系的齐次变换叫作 A 矩阵。一个 A 矩阵就是一个描述连杆坐标系间相对平移和旋转的齐次变换。如果 A_1 表示第一个连杆对于基系的位置和姿态，A_2 表示第二个连杆相对于第一个连杆的位置和姿态，那么第二个连杆在基系中的位置和姿态可由下列矩阵的乘积给出

$$T_2 = A_1 A_2$$

同理，若为六连杆机械手，则 T 矩阵为

$$T_6 = A_1 A_2 A_3 A_4 A_5 A_6 \tag{6.53}$$

6.3.1　机器人正向运动学

1. 机器人坐标系的建立

机器人的关节连接前后两个连杆（刚体），关节有移动副或转动副之分。但它们都被驱

动器控制，并能度量关节运动量的大小。通常，从
机器人基础起到手端，逐一分配坐标系，如图 6.18
所示。

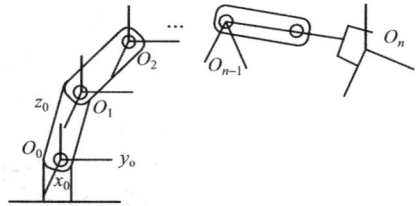

图 6.18　机器人坐标系分配

从基础到手部按照由低到高的顺序为关节编
号，共设有三个关节序号为 $n-1$、n、$n+1$，杆件
编号顺序为 $n-1$、n、$n+1$，编号为 n 的杆件处在
编号为 $n-1$ 和 $n+1$ 的关节之间。因为机器人的基
础构件经常是赋予编号 0 的坐标系，并且将此坐标系看成是与同号杆件固连在一起的，即 n
坐标系随同 n 杆一起动作。在第 n 关节上建立 $n-1$ 坐标系。因此，在机器人的第一个关节
上建立基础坐标系（0 坐标系）。

对于 n 个关节的机器人，建立了 n 个坐标系，最后一个坐标系固定在手端上（而不是在
关节上）。

有两种方法来建立坐标系：一般方法和 D—H 方法。所谓一般方法是指只要满足上述原
则，对各坐标系轴的分配并无任何特殊规定。

用 H 表示两坐标系之间齐次变换（它包括平移、旋转和两者组合的情况），为具有通用
表达，改变 H 为 A（意为相对变换），如 A_n^{n-1} 表示坐标系 n 向第（$n-1$）坐标系的齐次变
换，为简化，通常 A 的上标略去不写。对 n 个关节机器人，有（$n+1$）个坐标系（序号从
0 开始）就有 n 个转换矩阵：

$$A_n^{n-1}, \ A_{n-1}^{n-2}, \ \cdots, \ A_1^0$$

其中，A_1^0 完成从 1 号坐标系向基础系（序号 0）的转换。设想在最末坐标系里的一个点
（如 n 系原点）表达在前一坐标系（$n-1$）应为 A_n^{n-1}，表达在（$n-2$）坐标系为

$$A_{n-1}^{n-2}A_n^{n-1}$$

继续向前转换，直至到基础系，应有

$$A_1^0 A_2^1 A_3^2 \cdots A_{n-1}^{n-2} A_n^{n-1} = A_1 A_2 A_3 \cdots A_{n-1} A_n \tag{6.54}$$

Denavit 与 Hartenberg 二人于 1956 年提出了 D—H 法，通过列表形式完成转移矩阵 A 的
填写。该方法严格定义了每个坐标系的坐标轴，并对连杆和关节定义了 4 个参数。机器人是
由一系列连接在一起的杆件构成的。需要用两个参数来描述一个连杆，即公共法线距离 a_n
和所在平面内两轴的夹角 α_n；需要另外两个参数来表示相邻两个连杆的关系，即两连杆的
相对位置 d_n 和两连杆法线的夹角 θ_n，如图 6.19 所示。

除第一个和最后一个连杆外，每一个连杆两端的轴线各有一条法线，分别为前、后相邻
连杆的公共法线。这两条法线间的距离即为 d_n。令 a_n 为连杆长度，α_n 为连杆扭角，d_n 为两
连杆距离，θ_n 为两连杆夹角。

机器人上坐标系的配置取决于机器人连杆连接的类型。一般有两种连接，即转动关节
和棱柱联轴节。对于转动关节，θ_n 为关节变量。连杆 n 的坐标系原点位于关节 n 的坐标
系原点和关节 $n+1$ 的公共法线与关节 $n+1$ 轴线的交点上。如果两相邻连杆的轴线相交于
一点，那么原点就在这一交点上。如果两轴线相互平行，那么就选择原点使对下一连杆
（其坐标原点已确定）的距离 d_{n+1} 为零。连杆 n 的 z 轴与关节 $n+1$ 的轴线在一直线上，而
x 轴则在连杆 n 和 $n+1$ 的公共法线上，其方向从 n 指向 $n+1$，如图 6.19 所示。当两关节
轴线相交时，x 轴的方向与两矢量的交积 $z_{n-1}z_n$ 平行或反向平行。x 轴的方向总是沿着

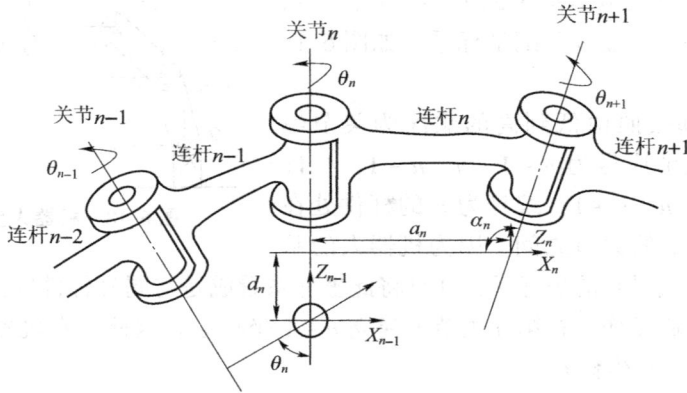

图 6.19　转动关节连杆 4 个参数示意图

公共法线从转轴 n 指向 $n+1$。当两轴 x_{n-1} 和 x_n 平行且同向时，第 n 个转动关节的 θ_n 为零。

现在来考虑棱柱联轴节（平行关节）的情况。图 6.20 所示为其参数 θ、d 和 α。这时，距离 d_n 为联轴节（关节）变量，而联轴节轴线的方向即为此联轴节移动的方向。该轴的方向是规定的，但不同于转动关节的情况，该轴的空间位置则是没有规定的。对于棱柱联轴节来说，其长度 a_n 没有意义，令其为零。联轴节的坐标系原点与下一个规定的连杆原点重合。棱柱联轴节的 z 轴在关节 $n+1$ 的轴线上。x_n 轴平行或反向平行于棱柱联轴节矢量与 z_n 矢量的交积。当 $d_n=0$ 时，定义该联轴节的位置为零。

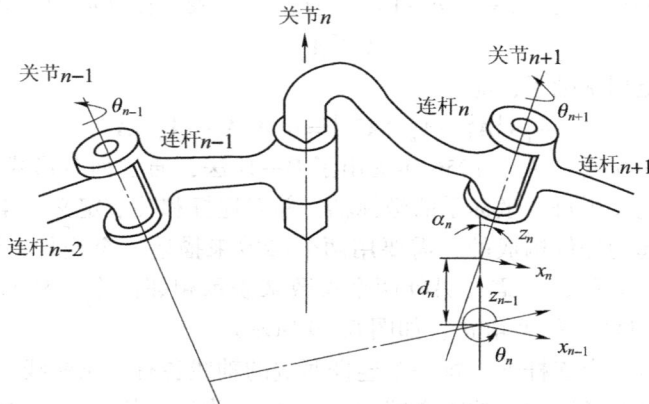

图 6.20　棱柱联轴节的连杆的参数示意图

当机器人处于零位置时，能够规定转动关节的正旋转方向或棱柱联轴节的正位移方向，并确定 z 轴正方向。底座连杆（连杆 0）的原点与连杆 1 的原点重合。如果需要规定一个不同的参考坐标系，那么该参考坐标系与基础坐标系间的关系可以用一定的齐次变换来描述。在机器人的端部，最后的位移 d_6 或旋转角度 θ_6 是相对于 z_5 而言的。选择连杆 6 的坐标系原点，使之与连杆 5 的坐标系原点重合。如果所用工具（或端部执行装置）的原点和轴线与连杆 6 的坐标系不一致，那么此工具与连杆 6 的相对关系可由一个确定的齐次变换来表示。

　　一旦对全部连杆规定坐标系之后，就能够按照下列顺序由两个旋转和两个平移来建立相邻两连杆 $n-1$ 与 n 之间的相对关系，如图 6.19 与图 6.20 所示。

　　1）绕 z_{n-1} 轴旋转 θ_n 角，使 x_{n-1} 轴转到与 x_n 同一平面内。

　　2）沿 z_{n-1} 轴平移一距离 d_n，把 x_{n-1} 移到与 x_n 同一直线上。

　　3）沿 x_n 轴平移一距离 a_n，把连杆 $n-1$ 的坐标系移到使其原点与连杆 n 的坐标系原点重合的地方。

　　4）绕 x_n 轴旋转 a_n 角，使 z_{n-1} 转到与 z_n 同一直线上。

　　这种关系可由表示连杆 n 对连杆 $n-1$ 相对位置的 4 个齐次变换来描述，并叫作矩阵 $\boldsymbol{A}_n$。此关系式为

$$\boldsymbol{A}_n = \boldsymbol{R}\ (z,\ \theta_n)\ \boldsymbol{T}\ (0,\ 0,\ d_n)\ \boldsymbol{T}\ (a_n,\ 0,\ 0)\ \boldsymbol{R}\ (x,\ a_n) \tag{6.55}$$

式中，$\boldsymbol{R}$——旋转变换矩阵；

　　　　$\boldsymbol{T}$——平稳变换矩阵。

对上式展开，

$$\boldsymbol{A}_n = \begin{bmatrix} \cos\theta_n & -\sin\theta_n\cos\alpha_n & \sin\theta_n\sin\alpha_n & a_n\cos\theta_n \\ \sin\theta_n & \cos\theta_n\cos\alpha_n & -\cos\theta_n\sin\alpha_n & a_n\sin\theta_n \\ 0 & \sin\alpha_n & \cos\alpha_n & d_n \\ 0 & 0 & 0 & 1 \end{bmatrix} \tag{6.56}$$

对于棱柱联轴节，矩阵 $\boldsymbol{A}$ 为

$$\boldsymbol{A}_n = \begin{bmatrix} \cos\theta_n & -\sin\theta_n\cos\alpha_n & \sin\theta_n\sin\alpha_n & 0 \\ \sin\theta_n & \cos\theta_n\cos\alpha_n & -\cos\theta_n\sin\alpha_n & 1 \\ 0 & \sin\alpha_n & \cos\alpha_n & d_n \\ 0 & 0 & 0 & 1 \end{bmatrix} \tag{6.57}$$

　　当机器人各连杆的坐标系被规定之后，就能够列出各连杆的常量参数。对于跟在旋转关节后的连杆，这些参数为 d_n、a_n 和 α_n。对于跟在棱柱联轴节后的连杆来说，这些参数则为 θ 和 α，然后 α 角的正弦值和余弦值也可计算出来。这样，矩阵 $\boldsymbol{A}$ 就成为关节变量 θ 的函数（对于旋转关节）或变量 d 的函数（对于棱柱联轴节）。一旦求得这些数据之后，就能够确定 6 个变换矩阵 $\boldsymbol{A}_i$ 的值。

　　运动方程表示举例：采用如下缩写符号 $s_i = \sin\theta_i$，$c_i = \cos\theta_i$，$s_{ij} = \sin(\theta_i + \theta_j)$，$c_{ij} = \cos(\theta_i + \theta_j)$ 等。以 V—80 型工业机器人为例，来说明 D—H 方法的应用。

　　图 6.21 所示为法国西博特奇公司生产的 V—80 型工业机器人及其停止位置，该机器人具有 6 个旋转运动。所谓停止位置，是指在这个位置下，机器人的所有关节变量均为零值，仅仅用停止位置来规定坐标系，而不需要在实际中实现这个位置。图 6.21 中还标示出各关节相对于基础坐标系的轴线和变量。图 6.21 所示的停止位置是这样选择的，使悬臂水平地置于基础坐标系的 x 轴上，而使机器人的夹手笔直向上。

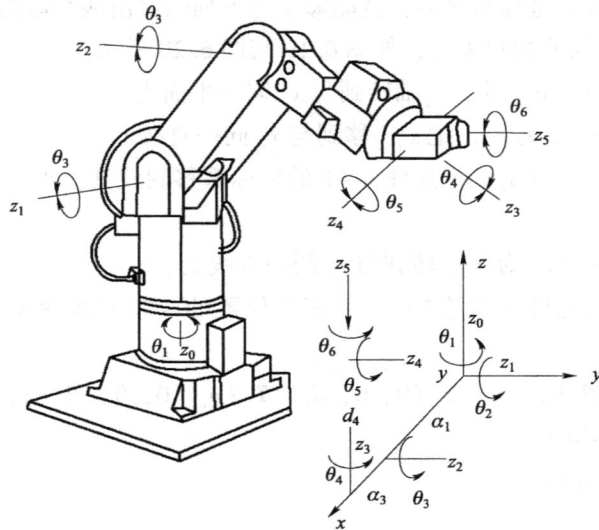

图 6.21　V—80 型机器人外形及停止位置

V—80 型机器人的连杆和关节的参数如表 6.1 所示。

表 6.1　西博特奇公司 V—80 机器人的连杆与关节参数

连杆	变量	α	d	a	$\cos \alpha$	$\sin \alpha$
1	θ_1	$-90°$	0	0	0	-1
2	θ_2	$0°$	0	a_2	1	0
3	θ_3	$90°$	0	a_3	0	1
4	θ_4	$-90°$	d_4	0	0	-1
5	θ_5	$90°$	0	0	0	1
6	θ_6	$0°$	0	0	1	0

其矩阵 $\boldsymbol{A}$ 为：

$$\boldsymbol{A}_1 = \begin{bmatrix} c_1 & 0 & -s_1 & 0 \\ s_1 & 0 & c_1 & 0 \\ 0 & -1 & 0 & 0 \\ 0 & 0 & 0 & 1 \end{bmatrix}$$

$$\boldsymbol{A}_2 = \begin{bmatrix} c_2 & -s_2 & 0 & \alpha_2 c_2 \\ s_2 & c_2 & 0 & \alpha_2 s_2 \\ 0 & 0 & 1 & 0 \\ 0 & 0 & 0 & 1 \end{bmatrix}$$

$$A_3 = \begin{bmatrix} c_3 & 0 & s_3 & \alpha_3 c_3 \\ s_3 & 0 & -c_3 & \alpha_3 s_3 \\ 0 & 1 & 0 & 0 \\ 0 & 0 & 0 & 1 \end{bmatrix}$$

$$A_4 = \begin{bmatrix} c_4 & 0 & -s_4 & 0 \\ s_4 & 0 & c_4 & 0 \\ 0 & -1 & 0 & d_4 \\ 0 & 0 & 0 & 1 \end{bmatrix}$$

$$A_5 = \begin{bmatrix} c_5 & 0 & s_5 & 0 \\ s_5 & 0 & -c_5 & 0 \\ 0 & 1 & 0 & 0 \\ 0 & 0 & 0 & 1 \end{bmatrix}$$

$$A_6 = \begin{bmatrix} c_6 & -s_6 & 0 & 0 \\ s_6 & c_6 & 0 & 0 \\ 0 & 0 & 1 & 0 \\ 0 & 0 & 0 & 1 \end{bmatrix}$$

从上述各 A 矩阵可求得 V—80 的 T 矩阵。由连杆 6 开始，可以依次导出以下方程式：

$$A_6^5 = \begin{bmatrix} c_6 & -s_6 & 0 & 0 \\ s_6 & c_6 & 0 & 0 \\ 0 & 0 & 1 & 0 \\ 0 & 0 & 0 & 1 \end{bmatrix}$$

$$A_6^4 = A_5 A_6 = \begin{bmatrix} c_5 c_6 & -c_5 s_6 & s_5 & 0 \\ s_5 c_6 & -s_5 s_6 & -c_5 & 0 \\ s_6 & c_6 & 0 & 0 \\ 0 & 0 & 0 & 1 \end{bmatrix}$$

$$A_6^3 = A_4 A_5 A_6 = \begin{bmatrix} c_4 c_5 c_6 - s_4 s_6 & -c_4 c_5 c_6 - s_4 s_6 & c_4 s_5 & 0 \\ s_4 c_5 c_6 + c_4 s_6 & -s_4 c_5 s_6 + c_4 c_6 & s_4 s_5 & 0 \\ -s_5 c_6 & s_5 s_6 & c_5 & d_4 \\ 0 & 0 & 0 & 1 \end{bmatrix}$$

$$A_6^2 = A_3 A_6^3 = \begin{bmatrix} c_3 \left(c_4 c_5 c_6 - s_4 s_6 \right) - s_3 s_5 s_6 & -c_3 \left(c_4 c_5 s_6 + s_4 s_6 \right) + s_2 s_5 s_6 \\ s_3 \left(c_4 c_5 c_6 - s_4 s_6 \right) + c_3 s_5 c_6 & -s_3 \left(c_4 c_5 s_6 + s_4 s_6 \right) - c_4 c_5 c_6 \\ s_4 c_5 c_6 + c_4 c_6 & -s_4 c_5 c_6 + c_4 c_6 \\ 0 & 0 \end{bmatrix}$$

$$\begin{bmatrix} c_3 c_4 c_5 + s_3 c_5 & a_3 c_3 + s_3 d_4 \\ s_3 c_4 c_5 - c_3 c_5 & a_3 s_3 - c_3 d_4 \\ s_4 s_5 & 0 \\ 0 & 1 \end{bmatrix}$$

$$A_6^1 = A_2 A_5^2 = \begin{bmatrix} c_{23}(c_4c_5c_6 - s_4s_6) - s_{23}s_5s_6 & -c_{23}(c_4c_5c_6 + s_4c_6) + s_{23}s_5s_6 \\ s_{23}(c_4c_5c_6 - s_4s_6) + s_{23}s_5s_6 & -s_{23}(c_4c_5c_6 + s_4c_6) - c_{23}s_5s_6 \\ s_4c_5c_6 + c_4s_6 & -s_4c_5s_6 + c_4c_6 \\ 0 & 0 \end{bmatrix}$$

$$\begin{matrix} c_{23}c_4c_5 + s_{23}c_5 & a_2c_2 + a_3c_{23} + s_{23}d_4 \\ s_{23}c_4c_5 - c_{23}c_5 & a_2s_2 + a_3s_{23} - c_3d_4 \\ s_4s_6 & 0 \\ 0 & 1 \end{matrix}$$

$$A_6^0 = A_1 A_6^1 = \begin{bmatrix} c_1\{c_{23}(c_4c_5c_6 - s_4s_6) - s_{23}c_5c_6\} - s_1(c_4c_5c_6 + c_4s_6) \\ s_1\{c_{23}(c_4c_5c_6 - s_4s_6) - s_{23}s_5s_6\} + c_1(s_4c_5c_6 + c_4c_6) \\ -s_{23}(c_4c_5c_6 - s_4s_6) - c_{23}s_5s_6 \\ 0 \end{bmatrix}$$

$$\begin{matrix} c_1\{-c_{23}(c_4c_5c_6 + s_4c_6) - s_{23}s_5s_6\} + s_1(s_4c_5s_6 - c_4c_6) \\ s_1\{-c_{23}(c_4c_5s_6 + s_4c_6) + s_{23}s_5s_6\} - c_1(s_4c_5s_6 - c_4c_6) \\ s_{23}(c_4c_5s_6 + s_4c_6) + c_{23}s_5s_6 \\ 0 \end{matrix}$$

$$\begin{matrix} c_1(c_{23}c_4c_5 + s_{23}c_5) - s_1s_4s_5 & c_1(a_2c_2 + a_3c_{23} + s_{23}d_4) \\ s_1(c_{23}c_4c_5 + s_{23}c_5) + c_1s_4s_5 & s_1(a_2c_2 + a_3c_{23} + s_{23}d_4) \\ -s_{23}c_4s_5 + c_{23}c_5 & c_{23}d_4 - a_2s_2 - a_3s_{23} \\ 0 & 1 \end{matrix}$$

2. 机器人正向运动学的解

建立起机器人坐标系后，可以得到几个转换矩阵的积：$A_1A_2\cdots A_n$（对具有 n 个自由度的机器人），由式（6.54），则这 n 个转换矩阵之积表示机器人最后坐标系（手端）向基础坐标系的转换，即

$$A_n^0 = A_1 A_2 \cdots A_n$$

式（6.1）矩阵 T 表示了机器人手端坐标系相对于机器人基础坐标系的位置与姿态，所以 T 矩阵就是 A_n^0，故

$$T = A_n^0 = A_1 A_2 \cdots A_n \qquad (6.58)$$

是机器人正向运动学的解。

[例 6.6] 斯坦福机器人正向运动学解。图 6.22 所示为斯坦福机器人及满足 D—H 原则的坐标系，其杆件参数如表 6.2 所示。

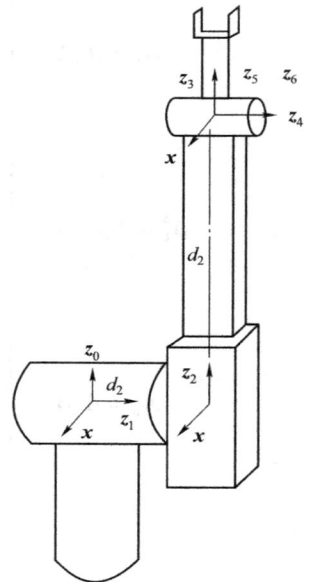

图 6.22 斯坦福机器人的坐标系

表 6.2 斯坦福机器人的杆件参数

连杆	变量	α	d	a	$\cos\alpha$	$\sin\alpha$
1	θ_1	$-90°$	0	0	0	-1
2	θ_2	$90°$	d_2	0	0	1
3	θ_3	$0°$	d_3	0	1	0
4	θ_4	$-90°$	0	0	0	-1
5	θ_5	$90°$	0	0	0	1
6	θ_6	$0°$	0	0	1	0

斯坦福机器人的 A 变化如下:

$$\boldsymbol{A}_1^0 = \begin{bmatrix} c_1 & 0 & -s_1 & 0 \\ s_1 & 0 & c_1 & 0 \\ 0 & -1 & 0 & 0 \\ 0 & 0 & 0 & 1 \end{bmatrix} \tag{6.59}$$

$$\boldsymbol{A}_2^1 = \begin{bmatrix} c_2 & 0 & -s_2 & 0 \\ s_2 & 0 & -c_2 & 0 \\ 0 & 1 & 0 & d_2 \\ 0 & 0 & 0 & 1 \end{bmatrix} \tag{6.60}$$

$$\boldsymbol{A}_3^2 = \begin{bmatrix} 1 & 0 & 0 & 0 \\ 0 & 1 & 0 & 0 \\ 0 & 0 & 1 & d_3 \\ 0 & 0 & 0 & 1 \end{bmatrix} \tag{6.61}$$

$$\boldsymbol{A}_4^3 = \begin{bmatrix} c_4 & 0 & -s_4 & 0 \\ s_4 & 0 & c_4 & 0 \\ 0 & -1 & 0 & 0 \\ 0 & 0 & 0 & 1 \end{bmatrix} \tag{6.62}$$

$$\boldsymbol{A}_5^4 = \begin{bmatrix} c_5 & 0 & s_5 & 0 \\ s_5 & 0 & -c_5 & 0 \\ 0 & 1 & 0 & 0 \\ 0 & 0 & 0 & 1 \end{bmatrix} \tag{6.63}$$

$$\boldsymbol{A}_6^5 = \begin{bmatrix} c_6 & -s_6 & 0 & 0 \\ s_6 & c_6 & 0 & 0 \\ 0 & 0 & 1 & 0 \\ 0 & 0 & 0 & 1 \end{bmatrix} \tag{6.64}$$

斯坦福机器人 A 变换的积从杆6开始返回到基础坐标系为:

$$T_6^5 = A_6^5 = \begin{bmatrix} c_6 & -s_6 & 0 & 0 \\ s_6 & c_6 & 0 & 0 \\ 0 & 0 & 1 & 0 \\ 0 & 0 & 0 & 1 \end{bmatrix}$$

$$T_6^4 = A_5 A_6 = \begin{bmatrix} c_5 c_6 & -c_5 s_6 & s_5 & 0 \\ s_5 c_6 & -s_5 s_6 & -c_5 & 0 \\ s_6 & c_5 & 0 & 0 \\ 0 & 0 & 0 & 1 \end{bmatrix}$$

$$T_6^3 = A_4 A_5 A_6 = \begin{bmatrix} c_4 c_5 c_6 - s_4 s_6 & -c_4 c_5 s_6 - s_4 c_6 & c_4 s_5 & 0 \\ s_4 c_5 c_6 + c_4 s_6 & -s_4 c_5 s_6 + c_4 c_6 & s_4 s_5 & 0 \\ -s_5 c_6 & s_5 s_6 & c_5 & 0 \\ 0 & 0 & 0 & 1 \end{bmatrix}$$

$$T_6^2 = A_3 A_4 A_5 A_6 = \begin{bmatrix} c_5 c_6 - s_4 s_6 & -c_4 c_5 s_6 - s_4 c_5 & c_4 s_5 & 0 \\ s_4 c_5 c_6 + c_4 s_6 & -s_4 c_5 s_6 + c_4 c_6 & s_4 s_5 & 0 \\ -s_5 c_6 & s_5 s_6 & c_5 & d_3 \\ 0 & 0 & 0 & 1 \end{bmatrix}$$

$$T_6^1 = A_2 A_3 A_4 A_5 A_6 = \begin{bmatrix} c_2 \left(c_4 c_5 c_6 - s_4 s_5 \right) - s_2 s_5 c_6 & -c_2 \left(c_4 c_5 s_6 + s_4 c_6 \right) + s_2 s_5 s_6 \\ s_2 \left(c_4 c_5 c_6 - s_4 s_6 \right) + c_2 s_5 c_6 & -s_2 \left(c_4 c_5 s_6 + s_4 c_6 \right) - c_2 s_5 s_6 \\ s_4 c_5 c_6 + c_4 s_6 & -s_2 c_5 s_6 + c_4 c_6 \\ 0 & 0 \end{bmatrix}$$

$$\begin{bmatrix} c_2 c_4 s_5 + s_2 c_5 & s_2 d_3 \\ s_2 c_4 s_5 - c_2 c_5 & -c_2 d_3 \\ s_4 s_5 & d_2 \\ 0 & 1 \end{bmatrix}$$

$$T_6^0 = A_1 T_6^1 = \begin{bmatrix} n_x & o_x & a_x & p_x \\ n_y & o_y & a_y & p_y \\ n_z & o_z & a_z & p_z \\ 0 & 0 & 0 & 1 \end{bmatrix} \tag{6.65}$$

式中，

$$n_x = c_1 \left[c_2 \left(c_4 c_5 c_6 - s_4 s_6 \right) - s_2 s_5 c_6 \right] - s_1 \left(s_4 c_5 c_6 + c_4 s_6 \right)$$

$$n_y = s_1 \left[c_2 \left(c_4 c_5 c_6 - s_4 s_6 \right) - s_2 s_5 c_6 \right] - c_1 \left(s_4 c_5 c_6 + c_4 s_4 \right)$$

$$n_z = -s_2 \left(c_4 c_5 c_6 - s_4 s_6 \right) - c_2 s_5 c_6$$

$$o_x = c_1 \left[-c_2 \left(c_4 c_5 c_6 + s_4 c_6 \right) + s_2 s_5 s_6 \right] - s_1 \left(-s_4 c_5 s_6 + c_4 c_6 \right)$$

$$o_y = s_1 \left[-c_2 \left(c_4 c_5 c_6 - s_4 c_6 \right) + s_2 s_5 s_6 \right] + c_1 \left(-s_4 c_5 s_6 + c_4 c_6 \right)$$

$$o_z = s_2 \left(c_4 c_5 s_6 + s_4 c_6 \right) + c_2 s_5 s_6$$

$$a_x = c_1 \left(c_2 c_4 s_5 + s_2 c_5 \right) - s_1 s_4 s_5$$

$$a_y = s_1 \left(c_2 c_4 s_5 + s_2 c_5 \right) + c_1 s_4 s_5$$

$$a_z = -s_2c_4s_5 + c_2c_5$$
$$p_x = c_1s_2d_3 - s_1d_2$$
$$p_y = s_1s_2d_3 + c_1d_2$$
$$p_z = c_2d_3$$

[**例 6.7**] 作为进一步的例子，研究图 6.23 所示的肘关节机器人。表 6.3 为其连杆参数，引入变量 $\theta_{23} = \theta_2 + \theta_3$ 和 $\theta_{234} = \theta_{23} + \theta_4$ 后，T 矩阵得到简化。当机器人的关节轴平行时，都应这样处理。

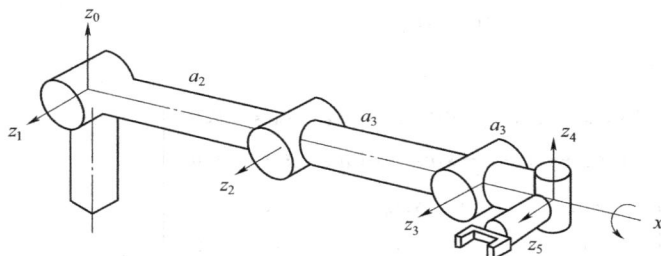

图 6.23　肘关节机器人的坐标系

表 6.3　肘关节机器人的杆件参数

连杆	变量	α	b	a	$\cos\alpha$	$\sin\alpha$
1	θ_1	$-90°$	0	0	0	-1
2	θ_2	$0°$	0	a_2	0	1
3	θ_3	$0°$	0	a_3	-1	0
4	θ_4	$-90°$	0	a_4	0	-1
5	θ_5	$90°$	0	0	0	1
6	θ_6	$0°$	0	0	1	0

将表 6.3 的参数代入式（6.56）中，得到 6 个转换矩阵：

$$\boldsymbol{A}_1 = \begin{bmatrix} c_1 & 0 & s_1 & 0 \\ s_1 & 0 & -c_1 & 0 \\ 0 & 1 & 0 & 0 \\ 0 & 0 & 0 & 0 \end{bmatrix} \quad \boldsymbol{A}_2 = \begin{bmatrix} c_2 & -s_1 & 0 & \alpha_2c_2 \\ s_2 & c_2 & 0 & \alpha_2s_2 \\ 0 & 0 & 1 & 0 \\ 0 & 0 & 0 & 1 \end{bmatrix}$$

$$\boldsymbol{A}_3 = \begin{bmatrix} c_3 & -s_3 & 0 & \alpha_3c_3 \\ s_3 & c_3 & 0 & s_3\alpha_3 \\ 0 & 0 & 1 & 0 \\ 0 & 0 & 0 & 1 \end{bmatrix} \quad \boldsymbol{A}_4 = \begin{bmatrix} c_4 & 0 & -s_4 & \alpha_4c_4 \\ s_4 & 0 & c_4 & \alpha_4s_4 \\ 0 & -1 & 0 & 0 \\ 0 & 0 & 0 & 1 \end{bmatrix}$$

$$\boldsymbol{A}_5 = \begin{bmatrix} c_5 & 0 & -s_5 & 0 \\ s_5 & 0 & -c_5 & 0 \\ 0 & 1 & 0 & 0 \\ 0 & 0 & 0 & 1 \end{bmatrix} \quad \boldsymbol{A}_6 = \begin{bmatrix} c_6 & -s_6 & 0 & 0 \\ s_6 & c_6 & 0 & 0 \\ 0 & 0 & 1 & 0 \\ 0 & 0 & 0 & 1 \end{bmatrix}$$

为了得到 T，从最后坐标系开始计算 A 矩阵的积，一直返回计算到基础坐标系。

$$T_6^5 = A_6^5 = \begin{bmatrix} c_6 & -s_6 & 0 & 0 \\ s_6 & c_6 & 0 & 0 \\ 0 & 0 & 1 & 0 \\ 0 & 0 & 0 & 1 \end{bmatrix}$$

$$T_6^4 = A_5 A_6 = \begin{bmatrix} c_5 c_6 & -c_5 s_6 & s_5 & 0 \\ s_5 c_6 & -s_5 s_6 & -c_5 & 0 \\ s_6 & c_6 & 0 & 0 \\ 0 & 0 & 0 & 1 \end{bmatrix}$$

$$T_6^3 = A_4 A_5 A_6 = \begin{bmatrix} c_4 c_5 c_6 - s_4 s_6 & -c_4 c_5 s_6 - c_4 c_6 & c_4 s_5 & c_4 a_4 \\ s_4 c_5 c_6 + c_4 c_6 & -s_4 c_5 s_6 + c_4 c_6 & s_4 s_5 & s_4 a_4 \\ -s_5 c_6 & s_5 s_6 & c_5 & 0 \\ 0 & 0 & 0 & 1 \end{bmatrix}$$

$$T_6^2 = A_3 A_4 A_5 A_6 = \begin{bmatrix} c_{34} c_5 c_6 - s_{34} s_6 & -c_{34} c_5 c_6 - s_{34} c_6 & c_{34} s_5 & c_{34} a_4 + c_3 a_3 \\ s_{34} c_5 c_6 + c_{34} s_6 & -s_{34} c_5 s_6 + c_{34} c_6 & s_{34} s_5 & s_{34} a_4 + c_3 a_3 \\ -s_5 c_6 & s_5 s_6 & c_5 & 0 \\ 0 & 0 & 0 & 1 \end{bmatrix}$$

式中，$c_{34} = \cos(\theta_3 + \theta_4)$
$s_{34} = \sin(\theta_3 + \theta_4)$

$$T_6^1 = A_2 A_3 A_4 A_5 A_6 = \begin{bmatrix} c_{234} c_5 c_6 - s_{234} s_6 & c_{234} c_5 c_6 - s_{234} c_6 & c_{234} s_5 & c_{234} a_4 + c_{23} a_3 + c_2 a_2 \\ s_{234} c_5 c_6 + c_{234} s_6 & -s_{234} c_5 s_6 + c_{234} c_6 & s_{234} s_5 & s_{234} a_4 + s_{23} a_3 + s_2 a_2 \\ -s_5 c_6 & s_5 s_6 & c_5 & 0 \\ 0 & 0 & 0 & 1 \end{bmatrix}$$

式中，$c_{234} = \cos(\theta_2 + \theta_3 + \theta_4)$
$s_{234} = \sin(\theta_2 + \theta_3 + \theta_4)$

$$T_6^0 = A_1 A_2 A_3 A_4 A_5 A_6 = A_1 T_6^1 = \begin{bmatrix} n_x & o_x & a_x & p_x \\ n_y & o_y & a_y & p_y \\ n_z & o_z & a_z & p_z \\ 0 & 0 & 0 & 1 \end{bmatrix}$$

式中，
$n_x = c_1 (c_{234} c_5 c_6 - s_{234} s_6) - s_1 s_5 c_6$
$n_y = s_1 (c_{234} c_5 c_6 - s_{234} s_6) + c_1 s_5 c_6$
$n_z = s_{234} c_5 c_6 + c_{234} s_6$
$o_x = -c_1 (c_{234} c_5 s_6 + s_{234} c_6) + s_1 s_5 s_6$
$o_y = -s_1 (c_{234} c_5 s_6 + s_{234} c_6) - c_1 s_5 s_6$
$o_z = -s_{234} c_5 s_6 + c_{234} c_6$

$$a_x = c_1 c_{234} s_5 + s_1 c_5$$

$$a_y = s_1 c_{234} s_5 - c_1 c_5$$

$$a_z = s_{234} s_5$$

$$p_x = c_1 \left(c_{234} a_4 + c_{23} a_3 + c_1 a_2 \right)$$

$$p_y = s_1 \left(c_{234} a_4 + c_{23} a_3 + c_1 a_2 \right)$$

$$p_z = s_{234} a_4 + s_{23} a_3 + s_2 a_2$$

6.3.2　工业机器人逆向运动学

从已知的机器人位置与姿态，求解相应的关节角是逆向运动学问题。

1. 逆向运动学问题的多解性与可解性

图 6.24 所示为一个 2 连杆机器人，对于一个给定的位置和姿态，它具有两组解。

虚线和实线各代表一组解，它们都能满足给定的位置与姿态，这就是逆向运动学问题的多解性。多解性是由于解反三角函数方程产生的。显然，对于一个真实的机器人而言，只有一组解与实际情况相对应。为此必须作出判断，以选择合适的解。通常，采用如下方法去剔除多余的解。

1）根据关节运动空间的限制来选择合适的解。例如，求得某关节角的两个解为：

$$\theta_{i1} = 40°; \quad \theta_{i2} = 40° + 180° = 220°$$

若该机器人第三关节运动空间为 ±100°，显然应选择 $\theta_{iz} = 40°$。

2）选择一个最接近的解。为使机器人运动连续而又平稳，当它具有多解时，应选择最接近上一时刻的解。

例如，求得某关节角的两个解仍为

$$\theta_{i1} = 40°; \quad \theta_{i2} = 220°$$

若该关节运动空间为 ±250°，其前一采样时刻 $\theta_i (n-1) = 160°$，则

$$\Delta\theta_{i1} = \theta_{i1} - \theta_i (n-1) = 40° - 160° = -120°$$

$$\Delta\theta_{i2} = \theta_{i2} - \theta_i (n-1) = 220° - 160° = 60°$$

$\Delta\theta_{i2}$ 更接近前一时刻的解，故应选择 $\theta_i = \theta_{i2} = 220°$。

3）根据避障要求来选择合适的解。如图 6.25 所示，原机器人在 A 点，我们希望它到达 B 点。一个好的选择应取关节运动量最小的接近解。当无障碍物时，应选择上面虚线所示的解，但当有障碍物时，如果选择接近解，必然会发生碰撞，这就迫使我们选取更远解，如图 6.25 中下面虚线所示的解。

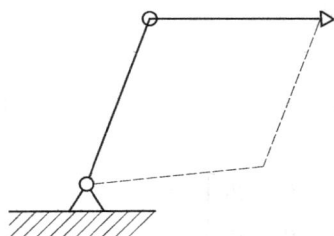

图 6.24　2 连杆机器人　　　　　图 6.25　满足避障要求的解

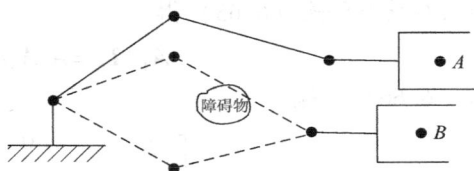

4）逐级剔除多余解。对于具有 n 个关节的机器人，它的全部解将构成树形结构，为简化处理，采取逐级剔除多余解的方式。这样可以避免在树形解中选择合适的解。

对于给定的机器人，能否求得它的运动学逆解的解析式是机器人的可解性问题。可解性的重要结论是：所有具有转动和移动关节的系统，在一个单一串联链中总共有 6 个（或小于 6 个）自由度时，是可解的，其通解是数值解，它不是解析表达式，而是利用数值迭代原理求解，它的计算量要比解析解大。只有在特殊情况下，如若干个相交的关节轴和或许多个 α_i 等于 0 或 ±90° 的情况下，具有 6 个自由度的机器人才可得到解析解。为使机器人有解析解，一般设计时，应使工业机器人足够简单，尽量满足这些特殊条件。

2. 解析法求解逆向运动学问题

对于有解析解的机器人，求得它的解析解是运动学中最重要而又最困难的问题，有时需要直觉观察和经验。

已知机器人的位置与姿态表达式为

$$T = \begin{bmatrix} n_x & o_x & a_x & p_x \\ n_y & o_y & a_y & p_y \\ n_z & o_z & a_z & p_z \\ 0 & 0 & 0 & 1 \end{bmatrix} A_1 A_2 L A_n$$

显然，可得到 n 个简单方程式，正是这些方程式产生了所要求的解。对于解析法，不是对 12 个方程式联立求解，而是用一个有规律的方法得到，在每一个方程式中用一系列变换矩阵的逆 (A_i^{-1}) 左乘，然后考察方程式右端的元素，找出那些为零或常数的元素，并令这些元素与左端元素相等，从而产生一个有效方程式，然后求解这个三角函数方程式。此时，我们不能用反余弦 arccos 来求关节角，这是由于想用反余弦函数得到一个角度时，不仅符号是不确定的，而且角的精度就取决于该角，即 $\cos\theta = \cos(-\theta)$ 和 $d\cos\theta/d\theta \mid_{0.0180} = 0$，我们应该总是用反正切 arctan2 来确定角度，即 $\theta =$ arctan2 (x/y)，因为该函数的精度在它整个定义域内都是均匀的，而且通过考察分子和分母的符号能确定该角 θ_i 的象限，如图 6.26 所示。

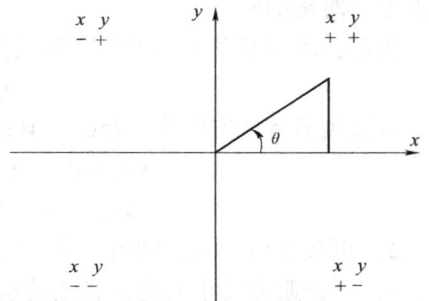

图 6.26　arctan2 函数及其象限的确定

该函数能使角在 $-\pi \leqslant \theta_i \leqslant \pi$ 内取值，当 x 或 y 为零时，也有确定意义。

[例 6.8] 斯坦福机器人的解，如图 6.22 所示。

式（6.60）~式（6.65）给出该机器人的正向运动学解。

用 A_1^{-1} 左乘方程式（6.65）得

$$A_1^{-1} T_6 = A_2 A_3 A_4 A_5 A_6 = T_6^1 \tag{6.66}$$

方程（6.66）左端

$$A_1^{-1} T_6 = \begin{bmatrix} c_1 & s_1 & 0 & 0 \\ 0 & 0 & -1 & 0 \\ -s_1 & c_1 & 0 & 0 \\ 0 & 0 & 0 & 1 \end{bmatrix} \begin{bmatrix} n_x & o_x & a_x & p_x \\ n_y & o_y & a_y & p_y \\ n_z & o_z & a_z & p_z \\ 0 & 0 & 0 & 1 \end{bmatrix}$$

$$\boldsymbol{A}_1^{-1}\boldsymbol{T}_6 = \begin{bmatrix} f_{11}\ (n) & f_{11}\ (o) & f_{11}\ (a) & f_{11}\ (p) \\ f_{12}\ (n) & f_{12}\ (o) & f_{12}\ (a) & f_{12}\ (p) \\ f_{13}\ (n) & f_{13}\ (o) & f_{13}\ (a) & f_{13}\ (p) \\ 0 & 0 & 0 & 1 \end{bmatrix} \tag{6.67}$$

式中，f_{ij} 是缩写，其中

$$f_{11}\ (i) = c_1 i_x + s_1 i_y$$
$$f_{12}\ (i) = -i_2$$
$$f_{13}\ (i) = -s_1 i_x + c_1 i_y$$
$$i = n,\ o,\ a$$

而 $\boldsymbol{T}_6^1 = \boldsymbol{A}_2\boldsymbol{A}_3\boldsymbol{A}_4\boldsymbol{A}_5\boldsymbol{A}_6$

$$= \begin{bmatrix} c\ (c_4c_5c_6 - s_4s_6) - s_2s_5s_6 & -c_2\ (c_4c_5c_6 + s_4s_6) + s_2s_5s_6 & c_2c_4s_5 + s_2c_5 & s_2d_3 \\ s\ (c_4c_5c_6 - s_4s_6) + c_2s_5c_6 & -s_2\ (c_4c_5s_6 + s_4c_6) - c_2c_5c_6 & s_2c_4s_5 - s_2c_5 & -c_2d_4 \\ s_4c_5c_6 + c_4c_6 & -s_4c_5s_6 + c_4c_6 & s_4s_5 & d_2 \\ 0 & 0 & 0 & 1 \end{bmatrix} \tag{6.68}$$

式（6.68）中 3 行 4 列元素为常数，把式（6.67）对应元素等同起来，可得

$$f_{13}\ (p) = d_2$$

或

$$-s_1p_x + c_1p_y = d_2$$

为了解这种形式的方程式，采用三角代换式

$$p_x = r\cos\varphi$$
$$p_y = r\sin\varphi$$

式中，$r = +\sqrt{p_x^2 + p_y^2}$

$$\varphi = \arctan\left(\frac{p_y}{p_x}\right)$$

左乘方程式（6.66）产生方程：

$$\boldsymbol{A}_2^{-1}\boldsymbol{A}_1^{-1}\boldsymbol{T}_6 = \boldsymbol{T}_6^2 = \boldsymbol{A}_3\boldsymbol{A}_4\boldsymbol{A}_5\boldsymbol{A}_6 \tag{6.69}$$

将 p_x 和 p_y 代入式（6.69），有

$$\sin\varphi\cos\theta_1 - \cos\varphi\sin\theta_1 = \frac{d_2}{r}$$

或

$$\sin\ (\varphi - \theta_1) = \frac{d_2}{r}$$

同时

$$0 < d_2/r \leqslant 1$$

说明角度 $(\varphi - \theta_1)$ 为

$$0 < (\varphi - \theta_1) < \pi$$

可以求得余弦为

$$\cos\ (\varphi - \theta_1) = \sqrt{1 - \sin^2\ (\varphi - \theta_1)} = \pm\sqrt{1 - \left(\frac{d_2}{r}\right)^2}$$

因为 $(\varphi - \theta_1)$ 在 1 - 2 象限，故 $\cos\ (\varphi - \theta_1)$ 有两解，最后

$$\theta_1 = \arctan\left(\frac{p_y}{p_x}\right) - \arctan\frac{d_2}{\pm\sqrt{r^2 - d_2^2}}$$

根据前述原则，剔除 θ_1 多解，使其唯一，方程式（6.67）左边就已知了，然后用 A_3^{-1}、A_4^{-1} 和 A_5^{-1} 左乘方程式（6.66）产生方程如式（6.70）～式（6.72）。

$$A_3^{-1}A_2^{-1}A_1^{-1}T_6 = T_6^3 = A_4A_5A_6 \qquad (6.70)$$

$$A_4^{-1}A_3^{-1}A_2^{-1}A_1^{-1}T_6 = T_6^4 = A_5A_6 \qquad (6.71)$$

$$A_5^{-1}A_4^{-1}A_3^{-1}A_2^{-1}A_1^{-1}T_6 = T_6^5 = A_6 \qquad (6.72)$$

每当方程式（6.69）～式（6.72）之一左边有了定义，我们就查找右边各元素，这些元素是各关节坐标的函数。在这种情况下，方程式（6.68）的 1 行 4 列和 2 行 4 列元素是 s_2d_3 的函数，这样就得到了。

$$s_2d_3 = c_1p_x + s_1p_y$$
$$-c_2d_3 = p_2$$

由于我们要求 d_3（棱形导轨的延伸）大于 0，所以有 θ_2 的正弦和余弦比值，使 θ_2 唯一，即

$$\theta_2 = \arctan\frac{c_1p_x + s_1p_y}{p_2}$$

此时我们已求得 θ_1、θ_2，故 s_1、c_1、s_2、c_2 为已知。计算方程（6.69）的各元素得到

$$
\begin{bmatrix}
f_{21}(n) & f_{21}(o) & f_{21}(a) & 0 \\
f_{22}(n) & f_{22}(o) & f_{22}(a) & 0 \\
f_{23}(n) & f_{23}(o) & f_{23}(a) & f_{23}(p) \\
0 & 0 & 0 & 1
\end{bmatrix}
\qquad (6.73)
$$

$$
=
\begin{bmatrix}
c_4c_5c_6 - s_4s_6 & -c_4c_5c_6 - s_4s_6 & c_4s_5 & 0 \\
s_4c_5c_6 + c_4s_6 & -s_4c_5c_6 + c_4s_6 & s_4s_5 & 0 \\
s_5s_6 & s_5s_6 & c_4 & d_3 \\
0 & 0 & 0 & 1
\end{bmatrix}
$$

式中，

$$f_{21}(i) = c_2(c_1i_x + s_1i_y) - s_2i_x$$
$$f_{22}(i) = -s_1i_x + c_1i_y$$
$$f_{23}(i) = s_2(c_1i_x + s_1i_y) + c_2i_x$$
$$(i = n, o, a, p)$$

令式（6.73）中 3 行 4 列元素相等，可以得到 d_3 方程式为

$$d_3 = s_2(c_1p_x + s_1p_y) + c_2p_x$$

$$
\begin{bmatrix}
f_{41}(n) & f_{41}(o) & f_{41}(a) & 0 \\
f_{42}(n) & f_{42}(o) & f_{42}(a) & 0 \\
f_{43}(n) & f_{43}(o) & f_{43}(a) & 0 \\
0 & 0 & 0 & 1
\end{bmatrix}
=
\begin{bmatrix}
c_5c_6 & -c_5c_6 & s_5 & 0 \\
s_5c_6 & -s_4s_6 & -c_5 & 0 \\
s_6 & c_6 & 0 & 0 \\
0 & 0 & 0 & 1
\end{bmatrix}
\qquad (6.74)
$$

式中，

$$f_{41}(i) = c_4[c_2(c_1i_x + s_1i_y) - s_2i_2] + s_4(-s_1i_x + c_1i_y)$$
$$f_{42}(i) = -s_2(c_1i_x + s_1i_y) - c_2i_z$$
$$f_{43}(i) = -s_4[c_2(c_1i_x + s_1i_z) - s_2i_x] + c_4(-s_1i_x + c_1i_y)$$
$$(i = n, o, a, p)$$

注意到矩阵式（6.74）右端 3 行 3 列元素为 0，令左右对应元素相等，有

$$f_{43}(a) = 0$$

或

$$-s_4 \left[c_2 (c_1 a_y + s_1 i_z) - s_2 a_y \right] + c_4 (-s_1 a_y + c_1 a_y) = 0$$

由此可以得到两个解 θ_{41}、θ_{42}

$$\theta_{41} = \arctan \frac{-s_1 a_x + c_1 a_y}{c_2 (c_1 a_x + s_1 a_y) - s_2 a_y} \tag{6.75}$$

$$\theta_{42} = \arctan \frac{-(-s_1 a_x + c_1 a_y)}{-\left[c_2 (c_1 a_x + s_1 a_y) - s_2 a_y \right]} \tag{6.76}$$

显然，θ_{42} 与 θ_{41} 相差 180°，即

$$\theta_{42} = \theta_{41} + 180°$$

如果式（6.75）或式（6.76）的分子分母同时为零，则这个机器人变成退化型，即此时 $\theta_5 = 0$，关节 4 和关节 6 轴线重合，在此情况下，仅 θ_4 和 θ_6 的和是有效的。如果 $\theta_5 = 0$，可以自由选择。

然后，根据上面介绍的方法从 θ_{41}、θ_{42} 中选取一个合适的解作为 θ_4。

根据式（6.74）的右边元素，可以得到 s_5、c_5 的方程，即

$$s_5 = c_4 \left[c_2 (c_1 a_x + s_1 a_y) - s_2 a_2 \right] + s_4 (-s_1 a_x + c_1 a_y) \tag{6.77}$$

$$c_5 = s_2 (c_1 a_x + s_1 a_y) + c_2 a_2 \tag{6.78}$$

由此可得

$$\theta_5 = \arctan \frac{c_4 \left[c_2 (c_1 a_x + s_1 a_y) - s_2 a_2 \right] + s_4 (-s_1 a_x + c_1 a_y)}{s_2 (c_1 a_x + s_1 a_y) + c_2 a_2} \tag{6.79}$$

通过计算式（6.74），可以得到 s_6、c_6 的方程式

$$\begin{bmatrix} f_{51}(n) & f_{51}(o) & 0 & 0 \\ f_{52}(n) & f_{52}(o) & 0 & 0 \\ f_{53}(n) & f_{53}(o) & 1 & 0 \\ 0 & 0 & 0 & 1 \end{bmatrix} = \begin{bmatrix} c_6 & -s_6 & 0 & 0 \\ s_6 & c_6 & 0 & 0 \\ 0 & 0 & 1 & 0 \\ 0 & 0 & 0 & 1 \end{bmatrix} \tag{6.80}$$

则 s_6 和 c_6 的表达式为

$$s_6 = -c_5 \{ \left[c_4 (c_2 o_x + s_1 o_y) - s_2 o_2 + s_4 (-s_1 o_x + c_1 o_y) \right] \}$$
$$+ s_5 \left[s_2 (c_1 o_x + s_1 o_y) + c_2 o_2 \right] \tag{6.81}$$

$$c_6 = -s_4 \left[c_2 (c_1 o_x + s_1 o_y) - s_2 o_2 \right] + c_4 (-s_1 o_x + c_1 o_y) \tag{6.82}$$

可以得到

$$\theta_6 = \arctan \frac{s_6}{c_6} \tag{6.83}$$

[例 6.9] 肘关节机械手的解，如图 6.23 所示。

肘关节机械手的运动学正向问题解已在前述章节中给出。为了得到 θ_1 解，仍如前用 A_1 的逆矩阵左乘 T_6 方程的两端，得

$$A_{-1} T_6 = T_6^1$$

即

$$\begin{bmatrix} f_{11}\ (n) & f_{11}\ (o) & f_{11}\ (a) & f_{11}\ (p) \\ f_{12}\ (n) & f_{12}\ (o) & f_{12}\ (a) & f_{12}\ (p) \\ f_{13}\ (n) & f_{13}\ (o) & f_{13}\ (a) & f_{13}\ (p) \end{bmatrix}$$

$$= \begin{bmatrix} c_{234}c_5c_6 - s_{234}s_6 & -c_{234}c_5c_6 - s_{234}c_6 & c_{234}s_5 & c_{234}a_4 + c_{23}a_3 + c_2a_2 \\ s_{234}c_5c_6 + c_{234}s_6 & -s_{234}c_5c_6 & s_{234}s_5 & s_{234}a_4 + s_{23}a_3 + s_2a_2 \\ -s_5s_6 & s_5s_6 & c_5 & 0 \\ 0 & 0 & 0 & 1 \end{bmatrix} \tag{6.84}$$

式中，$c_{234} = \cos\ (\theta_2 + \theta_3 + \theta_4)$，$s_{234} = \sin\ (\theta_2 + \theta_3 + \theta_4)$，使对应的式（6.57）元素相等，可得 θ_1，即

$$s_1p_x - c_1p_y = 0 \tag{6.85}$$

$$\theta_1 = \arctan \frac{p_y}{p_x} \tag{6.86}$$

及 θ 的另一个解

$$\theta'_1 = \theta_1 + 180°$$

然后从这两个解中，选取合适的一个作为 θ_1。对于该型机器人，由于 $\theta_2\theta_3\theta_4$ 的轴是平行的，首先求出这三个角之和 θ_{234}，由 $\boldsymbol{A}_4^{-1}\boldsymbol{A}_3^{-1}\boldsymbol{A}_2^{-1}\boldsymbol{A}_1^{-1} = \boldsymbol{T}_6^4$ 有

$$\begin{bmatrix} f_{41}\ (n) & f_{41}\ (o) & f_{41}\ (a) & f_{41}\ (p) - c_{23}a_2 - c_4a_3 - a_4 \\ f_{42}\ (n) & f_{42}\ (o) & f_{42}\ (a) & 0 \\ f_{43}\ (n) & f_{43}\ (o) & f_{43}\ (a) & f_{43}\ (p) + s_{34}a_2 + s_4a_3 \\ 0 & 0 & 0 & 1 \end{bmatrix}$$

$$= \begin{bmatrix} c_5c_6 & -c_5s_6 & s_5 & 0 \\ s_5c_6 & -s_5s_6 & c_5 & 0 \\ s_6 & c_6 & 0 & 0 \\ 0 & 0 & 0 & 1 \end{bmatrix} \tag{6.87}$$

式中，

$$f_{41} = c_{234}\ (c_1x + s_1y)\ + s_{234}z$$
$$f_{42} = -\ (s_1x - c_1y)$$
$$f_{43} = -s_{234}\ (c_1x + s_1y)\ + c_{234}z$$

使式（6.87）中 3 行 3 列两边元素相等，得 θ_{234} 方程

$$-s_{234}(c_1a_x + s_1a_y)\ + c_{234}a_2 = 0 \tag{6.88}$$

$$\theta_{234} = \arctan \frac{a_2}{c_1a_x + s_1a_y} \tag{6.89}$$

以及另一个解 $\theta'_{234} = \theta_{234} + 180°$。当然，我们仍需从两个解中选取一个。

从方程（6.84）中（1，4）和（2，4）对应元素相等（括号中数字代表元素的行、列数，以下同），则有

$$c_1p_x + s_1p_y = c_{234}a_4 + c_{23}a_3 + c_2a_2 \tag{6.90}$$

$$p_z = s_{234}a_4 + s_{23}a_3 + s_2a_2 \tag{6.91}$$

令 $p'_x = c_1p_x + s_1p_y - c_{234}a_4$（目前 p'_x 为已知的）

$$p'_x = p_z - s_{234}a_4 \quad \text{（为已知的）}$$

将 p'_x、p'_z 代入式（6.90）和式（6.91）有

$$p'_x = c_{23}a_3 + c_2 a_2 \tag{6.92}$$

$$p'_y = c_{23}a_3 + c_2 a_2 \tag{6.93}$$

我们经常采用下面的方法求解形如式（6.92）、式（6.93）的联立方程，两式平方相加得

$$c_3 = \frac{p_x^{12} + p_y^{12} - a_3^2 - a_2^2}{2a_2 a_3} \tag{6.94}$$

和往常一样，首先求 θ_3 的正弦值，然后用正切值确定 θ_3。

$$s_3 = \pm \left(1 - c_{23} \right)^{1/2}$$

$$\theta_3 = \arctan \frac{s_3}{c_3} \tag{6.95}$$

式（6.95）中两解对应关节向上或向下两种姿态。求得 θ_3 后，从联立方程式（6.92）、式（6.93）中得 s_2、c_2 表达式

$$s_2 = \frac{\left(c_3 a_3 + a_2 \right) p'_y - s_3 a_3 p'_x}{\left(c_3 a_3 + a_2 \right)^2 + s_3^2 a_3^2} \tag{6.96}$$

$$c_2 = \frac{\left(c_3 a_3 + a_2 \right) p'_x - s_3 a_3 p'_y}{\left(c_3 a_3 + a_2 \right)^2 + s_3^2 a_3^2} \tag{6.97}$$

两式的分母相等，且都为正值，故得

$$\theta_2 = \arctan \frac{\left(c_3 a_3 + a_2 \right) p'_y - s_3 a_3 p'_x}{\left(c_3 a_3 + a_2 \right) p'_x + s_3 a_3 p'_y} \tag{6.98}$$

则 θ_4 可求，为

$$\theta_4 = \theta_{234} - \theta_3 - \theta_2$$

由方程（6.87）的（1，3）和（2，3）对应元素相等有

$$s_5 = c_{234} \left(c_1 a_x + s_1 a_y \right) + s_{234}a_2 \tag{6.99}$$

$$c_5 = s_1 a_x - c_1 a_y \tag{6.100}$$

于是

$$\theta_5 = \arctan \frac{s_5}{c_5} \tag{6.101}$$

用 A_5^{-1} 左乘，得 $A_5^{-1}A_4^{-1}A_3^{-1}A_2^{-1}A_1^{-1}T_6 = T_6^5$，即

$$\begin{bmatrix} f_{51}(n) & f_{51}(o) & 0 & 0 \\ f_{52}(n) & f_{52}(o) & 0 & 0 \\ 0 & 0 & 1 & 0 \\ 0 & 0 & 0 & 1 \end{bmatrix} = \begin{bmatrix} c_6 & -s_6 & 0 & 0 \\ s_6 & c_6 & 0 & 0 \\ 0 & 0 & 1 & 0 \\ 0 & 0 & 0 & 1 \end{bmatrix} \tag{6.102}$$

由上式中（1，1）和（2，1）对应元素相等得

$$s_6 = -c_5 \left[c_{234} \left(c_1 o_x + s_1 o_y \right) + s_{234}o_z \right] + s_5 \left(s_1 o_x - c_1 o_y \right) \tag{6.103}$$

$$c_6 = -s_{234} \left(c_1 o_x + s_1 o_y \right) + c_{234}o_z \tag{6.104}$$

因而

$$\theta_6 = \arctan \frac{s_6}{c_6} \tag{6.105}$$

3. 求解逆向运动学问题小结

上面介绍的求解方法本质上是三角法。该方法应用齐次变换，它提供了所有直角坐标分量的方程式，即所有角的正弦和余弦，然后用具有两个变量的反正切函数，把分量方程结合在一起，避免了三角学中固有的象限含糊不清的问题。由于大多数工业机器人具有可解性，该方法都能有效地应用。尽管机器人逆问题求解是复杂的，有时需要几何观察或经验，但应用该方法也有一些共性问题，特小结如下。

（1）三角方程的形式

求解的过程中，遇到 4 种形式的三角方程式，每一种形式都有其运动学意义。

1）第一种形式是

$$-\sin\theta a_x + \cos\theta a_y = 0$$

它有两个解，相差 180°，代表机器人的两种姿态。必须研究分子、分母同时为零的可能性，因为它表示机器人退化、机器人失去一个自由度。

2）第二种形式是

$$-\sin\theta p_x + \cos\theta p_y = d \qquad (d\neq0，常数)$$

它也有两个解，都小于 180°，若分子、分母同时为零，也表示退化现象。对于上述两种情况，都需要剔除多余解。

3）第三种形式是

$$\sin\theta d = p'_x$$
$$-\cos\theta d = p'_y$$

式中，p'_x、p'_y、d 已知，这是最理想的情况，利用上述两式，可以立刻得到该角，而且是唯一值（分子、分母符号决定该角所处的象限）。

4）具有两个或更多平行关节轴的情况下，必须首先解出关节角的和（如例 6.7 的 θ_{234}），然后利用反余弦得到其中一个角，当然首先获得该角的两个解，我们用上面介绍的方法剔除一个角，使该解唯一。

（2）转—摆—转（R—B—R）型机器人手腕的逆解

转—摆—转型手腕如图 6.27 所示。许多工业机器人都采用这种手腕，如美国的 PUMA、德国的 KUKA 和哈尔滨工业大学机器人研究所设计的华宇点焊机器人，都使用了这种手腕。它们的求解是遵照下列原则进行的。

对于这种 R—B—R 型手腕，θ_5 是关键，它等于零，代表退化；而大于零、小于零，都对应有不同的求解公式。

当 $\theta_5 = 0$（我们可以从 $\cos\theta_5 = 1$ 或 $\sin\theta_5 = 0$ 条件来判断），这是自由度退化的情况。

$$\theta_4 = \theta'_4 \quad (\theta'_4 \text{ 为前一时刻的 } \theta_4)$$
$$\theta_5 = 0$$
$$\theta_6 = \theta_{46} - \theta_4$$

当 $\theta_5 \neq 0$，$\theta_5 > 0$（$\sin\theta_5 > 0$）时

$$\theta_4 = \arctan\frac{A}{B}$$

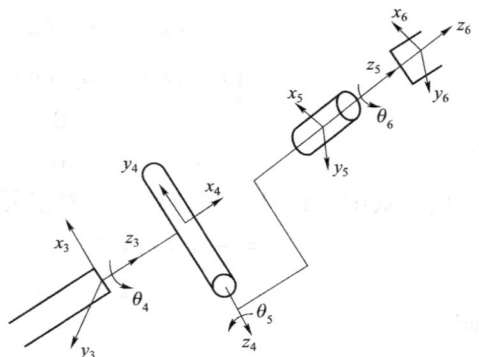

图 6.27 转—摆—转型手腕

$$\theta_6 = \arctan \frac{C}{D}$$

当 $\theta_5 \leqslant 0$ 时

$$\theta_4 = \arctan \frac{-A}{-B}$$

$$\theta_6 = \arctan \frac{-C}{-D}$$

式中，A、B、C、D 为已知的表达式。

（3）计算机的零值

由于计算误差和计算机的字长限制，一个理论上的零在用计算机表示时，并不严格等于零。因此用计算机求解逆问题时，要注意零的表示。例如，当我们需要判断反正切表达式的分子、分母是否为零时，应该用一个足够小的数来代替零，这样才能使程序有正确的流向。通常，用 10^{-6} 来代替零。当然，我们可以根据计算精度（单精度或双精度）来确定零值。

6.4　工业机器人的机械结构设计

6.4.1　工业机器人的机座

工业机器人的机座主要分为回转机座与升降机座两种，用来实现手臂的整体回转和升降。在设计过程中，机座应满足下述要求：

1）有足够大的安装基面，以保证机器人工作时的稳定性。

2）机座承受机器人的全部重力和工作载荷，应保证有足够的刚度、强度和承载能力。

3）机座轴承系及传动链的精度和刚度对末端执行器的运动精度影响最大。因此机座与手臂的连接要有可靠的定位基准面，要有调整轴承间隙和传动间隙的调整机构。

图 6.28 所示为一种采用环形轴承的机器人机座支承结构。它由电动机 7 直接驱动一杯形谐波减速器。这种谐波减速器只有刚性轮 1、柔性轮 2 和谐波发生器 8 三大件，而无单独的外壳。由柔轮 2 输出低速的回转运动，带动与之相固连的机座回转壳体 5，实现手臂的回转运动。同步带传动 4 和位置传感器 3 是用来检测手臂机座角位移的。采用环形轴承 6 作为

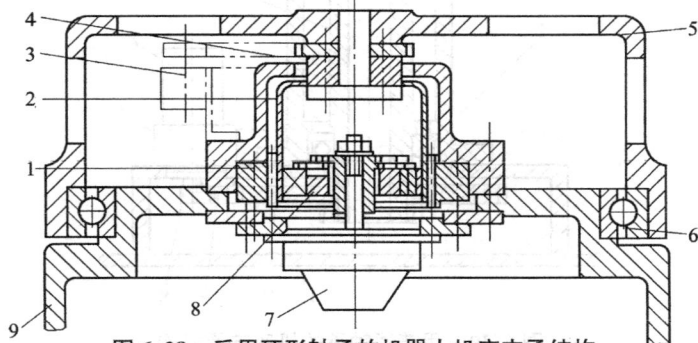

图 6.28　采用环形轴承的机器人机座支承结构

1—刚性轮；2—柔性轮；3—位置传感器；4—带传动；5—机座回转壳体；

6—环形轴承；7—电动机；8—波发生器；9—支座

机座的支承元件，这是为机器人研制的专用轴承，具有宽度小、直径大、精度高、刚度大、承载能力高（可承载径向力、轴向力和倾覆力矩）、装置方便等特点。这种环形轴承的滚动元件可以是滚球，也可以是滚子。

图 6.28 中用到的轴承为薄壁密封 4 点接触球轴承。图 6.29 所示为薄壁密封交叉滚子轴承的安装方式。许多机器人都采用这种轴承作为机座的支承元件。图 6.30 所示为采用普通轴承作为支承元件的机座支承结构。这种结构制造简单、成本低、安装调整方便，但机座轴

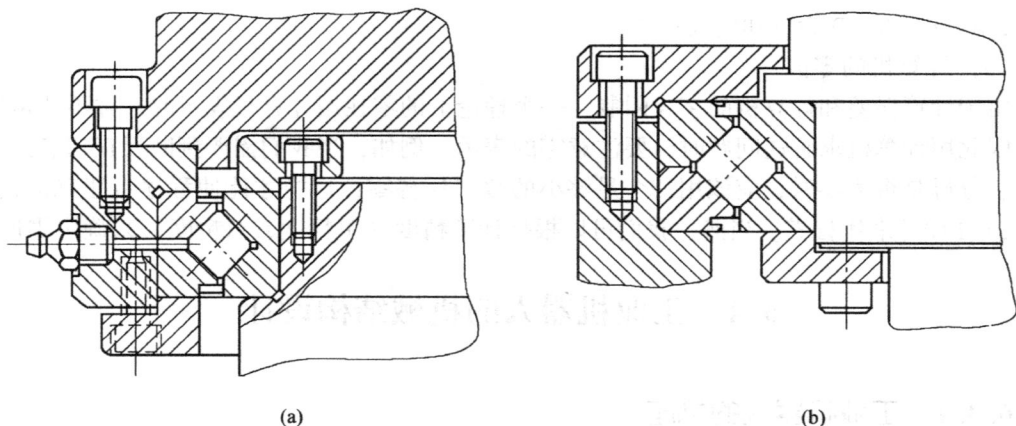

(a)   (b)

图 6.29　薄壁密封交叉滚子轴承的安装方式

（a）轴承外圈回转；（b）轴承内圈回转

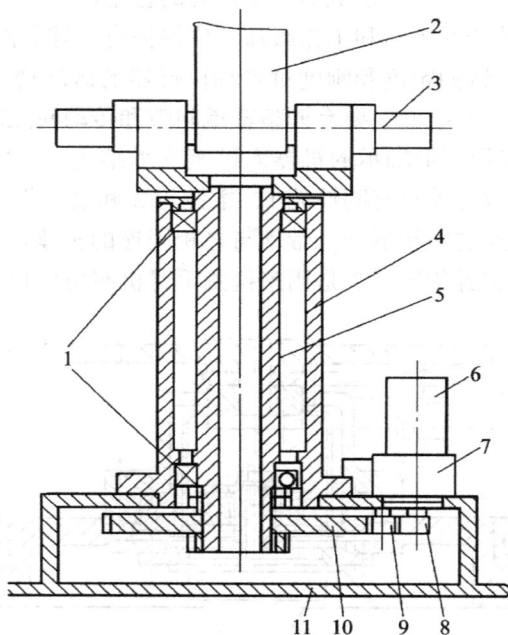

图 6.30　用普通轴承的机座支承机构

1—轴承；2—手臂；3，6—电动机；4，11—机座；5—关节轴；
7—谐波减速器；8，9，10—齿轮

向尺寸往往过大。图中电动机 6 经谐波减速器 7、主动小齿轮 8、中间齿轮 9 和大齿轮 10 驱动关节轴 5（连同手臂 2 一起）旋转，机座 4 则安装在机器人的机座 11 上，电动机 3 驱动手臂 2 运动。

6.4.2　工业机器人手臂

臂部是工业机器人的主要执行部件，其作用是支撑手部和腕部，并改变手部在空间的位置。工业机器人的臂部一般具有 2~3 个自由度，即伸缩、回转、俯仰或升降；专用机械手的臂部一般具有 1~2 个自由度，即伸缩、回转或直移。臂部的总重量较大，受力一般较复杂。在运动时，臂部直接承受腕部、手部和工件（或工具）的静、动载荷，尤其在进行高速运动时，将产生较大的惯性力（或惯性矩），引起冲击，从而影响定位的准确性。臂部运动部分零部件的质量直接影响臂部结构的刚度和强度。专用机械手的臂部一般直接安装在主机上；工业机器人的臂部一般与控制系统和驱动系统一起安装在机身（即机座）上，机身可以是固定式的，也可以是行走式的，即可沿着地面或导轨运动。

1. 工业机器人臂部的设计要求

臂部的结构形式必须根据机器人的运动形式、抓取重量、动作自由度、运动精度等因素来确定。同时，设计时必须考虑到手臂的受力情况、油（气）缸及导向装置的布置、内部管路与手腕的连接形式等因素。因此，设计臂部时一般要注意下述几方面的要求。

1）刚度要大。为防止臂部在运动过程中产生过大的变形，手臂截面形状的选择要合理。工字形截面的弯曲刚度一般比圆截面大；空心轴的弯曲刚度和扭转刚度都比实心轴大得多。所以常用空心轴作臂杆及导向杆，用工字钢和槽钢作支承板。

2）导向性要好。为防止手臂在直线运动中沿运动轴线发生相对转动，或设置导向装置，或设计方形、花键等形式的臂杆。

3）偏重力矩要小。所谓偏重力矩就是指臂部的质量对其支承回转轴所产生的静力矩。为提高机器人的运动速度，要尽量减小臂部运动部分的质量，以减小偏重力矩和整个手臂对回转轴的转动惯量。

4）运动要平稳、定位精度要高。由于臂部运动速度越高，质量越大，惯性力引起的定位前的冲击也就越大，使运动不平稳，定位精度下降，故应尽量减小臂部运动部分的质量，使其结构紧凑，质量小，同时要采取一定形式的缓冲措施。

2. 工业机器人臂部的结构形式

手臂是机器人执行机构中最重要的部件。它的作用是将被抓取的工件运送到指定的位置，因而机器人的手臂一般有 3 个自由度，即手臂的伸缩、回转和升降（或俯仰）运动。手臂回转和升降运动是通过机座的立柱实现的，立柱的横向移动即为手臂的横移。手臂的各种运动通常由驱动装置、各种传动装置、导向定位装置、支承连接件和位置检测元件等来实现，因此它不仅仅承受被抓取工件的质量，而且还承受末端执行器手腕和手臂自身的质量。手臂的结构、工作范围、灵活性、抓重大小（即臂力）和定位精度都直接影响机器人的工作性能，所以必须根据机器人的抓取质量大小、运动形式、自由度数、运动速度以及定位精度的要求来设计手臂的结构形式。

按手臂的结构形式划分，可将手臂分为单臂式、双臂式及悬挂式三种，如图 6.31 所示。

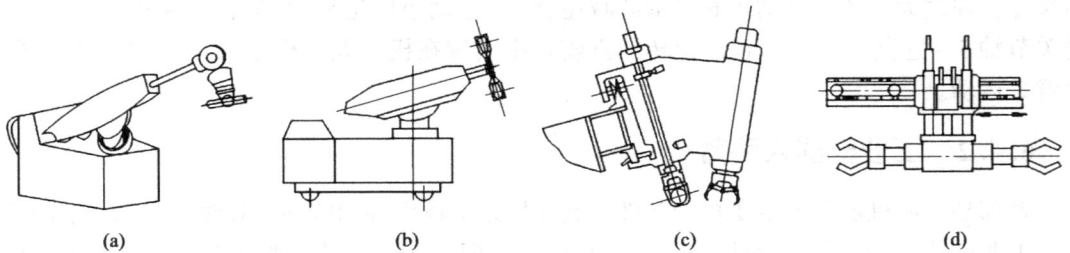

图 6.31　手臂的结构形式

(a)，(b) 单臂式；(c) 双臂式；(d) 悬挂式

按坐标系划分，可将手臂分为圆柱坐标型、极坐标型、直角坐标型和多关节型等。

按手臂的运动形式划分，手臂有直线运动的，如手臂的伸缩、升降及横向（或纵向）移动；有回转运动的，如手臂的左右回转、上下摆动（即俯仰）；有复合运动的，如直线运动和回转运动的组合、两直线运动的组合、两回转运动的组合。

图 6.32 所示为圆柱坐标型机器人，其臂部具有回转、升降、伸缩自由度。回转运动可以通过齿条缸驱动齿轮回转来实现，也可以由液压马达驱动蜗轮蜗杆机构来实现，后者的结构刚性比前者要好；升降与伸缩可以由升降油缸和伸缩油缸驱动，也可以由伺服电动机通过丝杠螺母或齿轮齿条传动。

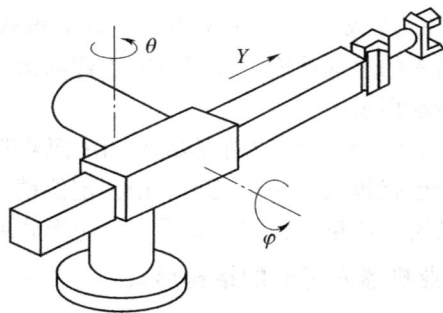

图 6.33 所示为极坐标型机器人的典型臂部结构，其臂部具有回转运动、俯仰运动和伸缩运动的功能。手臂可以配置在机座顶部，机座上可以安装独立的驱动和控制装置，机座底部可安装行走机构，从而扩大其活动范围和灵活性。一个机座上可配置一个或几个手臂。

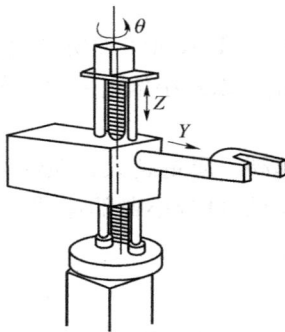

图 6.32　圆柱坐标型机器人　　　　**图 6.33　极坐标型机器人**

图 6.34 所示为多关节型机器人的臂部结构，这种工业机器人多用于喷漆，故也被称为喷漆机器人。其臂部有回转、俯仰和前后移动三个运动功能。回转机构为齿轮齿条缸结构，俯仰和前后运动均采用铰接油缸驱动。这种工业机器人的结构比较简单，是以控制为重点的具有代表性的机种之一。

图 6.35 所示的工业机器人臂部结构属于直角坐标型，该类机器人与机床相似，按照直角坐标形式动作。该类机器人整体刚度与精度较高，但灵活性较差，工作空间范围小。

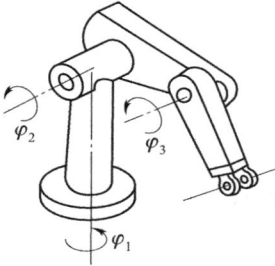

图 6.34　关节式机器人

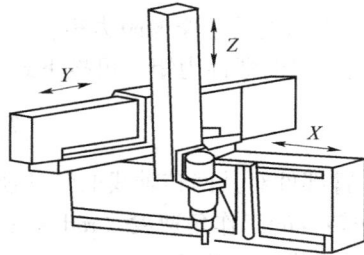

图 6.35　直角坐标型机器人

3. 工业机器人臂部的驱动计算

计算臂部运动驱动力（包括力矩）时，要把臂部所受的全部负荷都考虑进去。机器人工作时，臂部所受的负荷主要有惯性力、摩擦力和重力等。

（1）臂部水平伸缩运动驱动力的计算

手臂做水平伸缩运动时，首先要克服摩擦阻力，包括油（气）缸与活塞之间的摩擦阻力及导向杆与支承滑套之间的摩擦阻力等，还要克服起动过程中的惯性力。其驱动力 F_q 可按下式计算：

$$F_q = F_m + F_g$$

式中，F_m——各支承处的摩擦阻力（N）；

F_g——启动过程中的惯性力，其大小可按下式估算

$$F_g = \frac{W \cdot a}{g}$$

其中，W——手臂伸缩部件的总重量（N）；

g——重力加速度（9.8 m/s^2）；

a——启动过程中的平均加速度（m/s^2），$a = \frac{\Delta v}{\Delta t}$。

式中，Δv——速度变化量（m/s^2），如果手臂从静止状态加速到工作速度 v 时，则这个过程的速度变化量就等于手臂的工作速度；

Δt——起动过程所用时间（s），一般为 0.01 ~ 0.50 s。

（2）臂部垂直伸缩运动驱动力的计算

手臂作垂直运动时，除了要克服摩擦阻力 F_m 和惯性力 F_g 外，还要克服臂部运动部件的重力，固其驱动力 F_q 可按下式计算：

$$F_q = F_m + F_g \pm W$$

式中，F_m——各支承处的摩擦阻力（N）；

F_g——启动过程中的惯性力（N）；

W——臂部运动部件的总重量（N），上升时为正，下降时为负。

（3）臂部回转运动驱动力矩的计算

臂部回转运动驱动力矩应根据启动时产生的惯性力矩与回转部件支承处的摩擦力矩来计算。由于启动过程一般不是等加速运动，故最大驱动力矩要比理论平均值大一些，一般取平均值的 1.3 倍，故驱动力矩 T_q 可按下式计算：

$$T_q = 1.3 \ (T_m + T_g)$$

式中，T_m——各支承处的总摩擦阻力矩；

　　　T_g——启动时的惯性力矩，可按下式计算

$$T_g = \frac{J\omega}{\Delta t}$$

式中，J——手臂部件对其回转轴线的转动惯量（$kg \cdot m^2$）；

　　　ω——回转臂的工作角速度（rad/s）；

　　　Δt——回转臂启动时间（s）。

对于活塞、导向套筒和油（气）缸等的转动惯量都要作详细的计算，因为这些零件的重量较大或回转半径较大，对总的计算结果影响也较大，对于小零件则可作为质点计算其转动惯量，对其质心转动惯量则忽略不计。对于形状复杂的零件，可划分为几个简单的零件分别进行计算，其中有的部分可当作质点计算，有的可用相应的公式计算。如果零件作为质点，它对回转轴线的转动惯量为

$$J_a = \frac{G\rho^2}{g}$$

如果零件的重心位置与回转轴线不重合，则它对回转轴线的转动惯量为

$$J_a = J_0 + \frac{G\rho^2}{g}$$

式中，J_0——零件对其重心的转动惯量（$kg \cdot m^2$）；

　　　ρ——零件的重心位置到回转轴线的距离（m）；

　　　G——零件的重量（N）；

　　　g——重力加速度（9.8 m/s^2）。

实践表明：如果零件的外轮廓尺寸不大，其重心位置到回转轴线的距离又远时，一般可按质点计算它对回转轴线的转动惯量。

（4）偏重力矩的计算和升降立柱不卡死的条件

1）偏重力矩的计算。

偏重力矩是指臂部全部零部件与抓取的总重量对手臂回转轴的静力矩。手臂悬伸最长行程时，其偏重力矩为最大，故偏重力矩应按悬伸最大行程、最大抓重时进行计算。

各零部件的重量可根据其结构形状、材料比重进行粗略计算，重心位置很易求得，由于大多数零件均采用对称形状的结构，故其重心位置就在几何截面的几何中心上。根据静力学原理，可求出手臂总重量的重心位置距回转轴的距离 L，如图 6.36 所示，其大小为

$$L = \frac{\sum G_i L_i}{\sum G_i}$$

则偏重力矩为

$$T_p = WL$$

式中，G_i——各零部件的重量；

　　　L_i——各零部件的重心分别到回转轴的距离；

　　　W——各零部件的总重量。

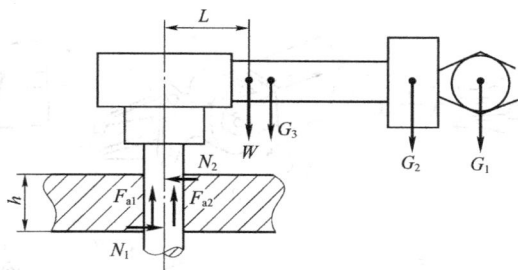

图 6.36 偏重力矩的计算简图

N_1，N_2—支承反力；F_{a1}，F_{a2}—支承处摩擦力

2）升降立柱不卡死的条件。

手臂在总重量 W 的作用下，有一种顺时针方向倾斜的力矩，而立柱支承导套有阻止手臂倾斜的力矩，显然偏重力矩对升降运动的灵活性有很大影响。如果偏重力矩过大，可能会使手臂立柱被卡死在导套内而不能做升降运动，故必须根据偏重力矩的大小决定立柱导套的长短。根据升降立柱力的平衡条件得知

$$N_1 = N_2$$
$$N_1 h = WL$$

所以

$$N_1 = N_2 = \frac{LW}{h}$$

要使升降立柱在导套内升降自由，臂部总重量 W 必须大于导套与立柱之间的摩擦力，即升降立柱不至卡死的条件为

$$W > F_{m1} + F_{m2} = F_{m总} = 2N_1 f = \frac{2LWf}{h}$$

化简后得

$$h > 2f L$$

式中，h——导套的长度；

f——导套与立柱之间的摩擦系数 $f = 0.10 \sim 0.015$，一般取较大值；

L——偏重力臂。

6.4.3 工业机器人手腕

手腕是连接手臂和手部的结构部件，起支承手部的作用，它的主要作用是确定手部的作业方向。因此它具有独立的自由度，以满足机器人手部完成复杂姿态的要求。

腕部实际所具有的自由度数目应根据机器人的工作性能要求来确定。在多数情况下，要确定手部的作业方位，使手部处于空间任意方向，要求腕部能实现对空间三个坐标轴 X、Y、Z 的转动，即具有回转、俯仰和摆动三个自由度，如图 6.37（d）所示。有的腕部为满足特殊要求还需要有横向移动自由度。

1）转：使手部绕自身的轴线 X 旋转，如图 6.37（a）所示。

2）仰：使手部绕与臂垂直的水平轴 Y 旋转，如图 6.37（b）所示。

3）动：使手部绕与臂垂直的垂直轴 Z 旋转，如图 6.37（c）所示。

手腕结构多为上述三个回转方式的组合，组合的方式可以有多种形式，常用的如图 6.37（e）所示。

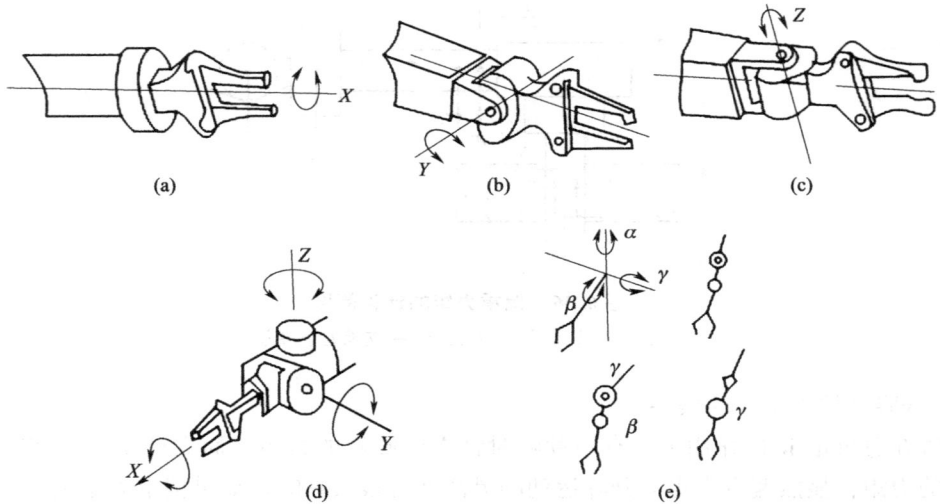

图 6.37　手腕的自由度

（a）手腕的回转；（b）手腕的俯仰；（c）手腕的摆动；（d）腕部坐标；（e）符号表示举例

1.　手腕设计要求

1）为减轻手臂的载荷，力求手腕部件的结构紧凑、质量轻和体积小。

2）自由度越多，各关节运动范围越大，动作灵活性越高，机器人对作业的适应能力越强，但增加手腕自由度，会使手腕结构复杂，运动控制难度加大。因此，设计时不应盲目地增加手腕的自由度数目。

3）为提高手腕动作的精确性，应提高传动的刚度，尽量减少机械传动系统中由于间隙产生的反转回差，如齿轮传动中的齿侧间隙、丝杠螺母中的传动间隙、联轴器的扭转间隙等。对分离传动采用链、同步带传动或传动轴。

4）在手腕回转各关节轴上要设置限位开关和机械挡块，以防止关节超限造成事故。

2.　工业机器人的手腕典型结构

工业机器人的腕部结构形式大多数都类似，有的采用回转缸或活塞缸直接驱动，但有一些是通过机械传动装置、链轮链条以及同步皮带传动的。

（1）摆动液压回转缸驱动的腕部结构

直接用回转油缸、气缸驱动实现腕部回转运动，具有结构紧凑、灵活等优点，因而被广泛采用。图 6.38 所示的结构采用了回转缸，其结构紧凑、体积小，但密封性差，而且回转角度小于 360°。

（2）具有两个自由度的机械传动手腕结构

如图 6.39 所示，手腕的驱动电动机安装在大臂关节上，经谐波减速器用两级链传动，将运动通过小臂关节传递到手腕轴 10 上的链轮 4、5。链条 6 将运动经链轮 4、轴 10 和锥齿轮 9、11 带动轴 14（其上装有机械接口法兰盘 15）做回转运动（$\theta = \theta_1$），链条 7 将运动经链轮 5 直接带动手腕壳体 8 实现上下俯仰摆动（β）。当链条 6 和链轮 4 不动，而使链条 7 和链轮 5 单独转动时，由于轴 10 不动，转动的壳体 8 将迫使锥齿轮 11 做行星运动，即齿轮 11 随壳体 8 做公转（上下俯仰 β），同时还绕轴 14 做一附加的自转运动（称为"诱导运动"，

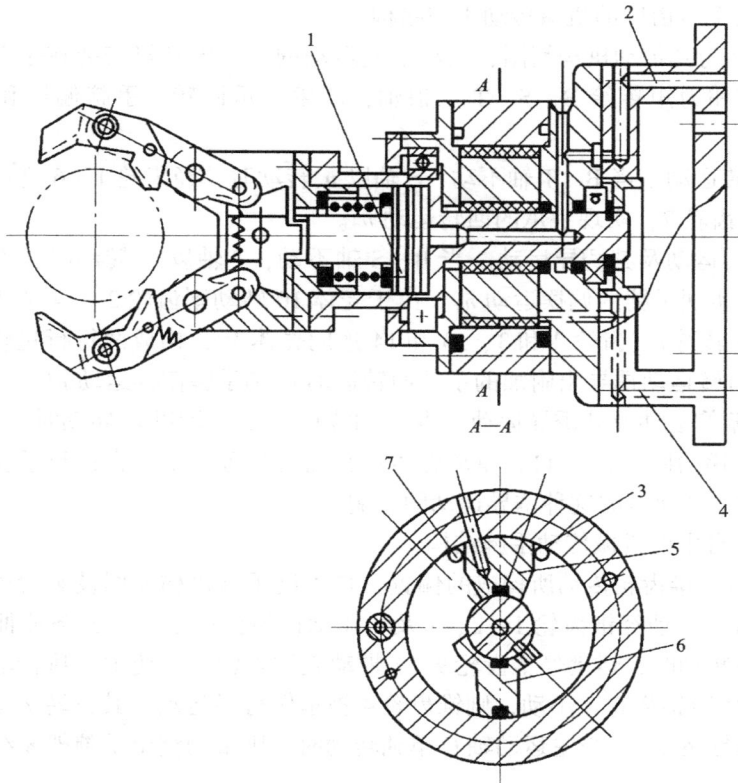

图 6.38 由摆动液压缸驱动的腕部结构

1—活塞；2，4—油路；3—进油孔；5—定片；6—动片；7—排油孔

用 θ_2 表示）。若齿轮 9、11 为正交齿轮传动，则 $\theta_2 = i\beta$，i 为锥齿轮 9、11 的传动比。因此，链条 6、7 同时驱动时，手腕的回转运动应该是 $\theta = \theta_1 \pm \theta_2$，当链轮 4 的转向与 β 转向相同时用 "－"，相反时用 "＋"。

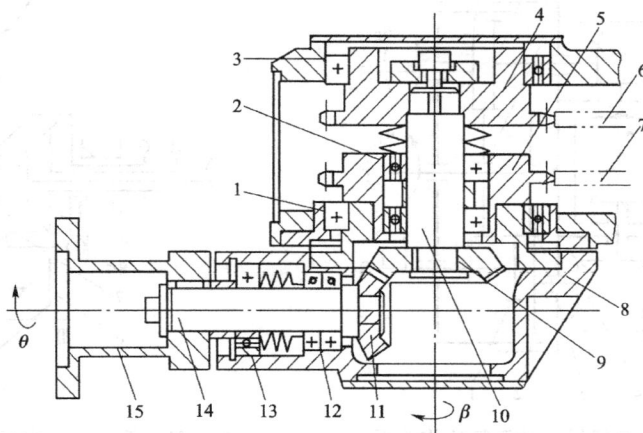

图 6.39 双自由度机械传动手腕结构

1，2，3，12，13—轴承；4，5—链轮；6，7—链条；8—手腕壳体；
9，11—锥齿轮；10，14—轴；15—机械接口法兰盘

（3）具有三个自由度的机械传动手腕结构

图 6.40 所示为其传动机构简图，驱动手腕运动的三个电动机安装在手臂后端，经减速后传动轴将运动和力矩传给 B、S、T 三根轴，产生手爪回转、手腕偏摆和手腕俯仰 3 个动作。

1）手爪回转运动。当 B、T 轴不动，S 轴以 n_S 转动时，经齿轮 1~6 将回转运动传递给手爪 8 轴上的锥齿轮 7，实现手爪的回转运动 n_7。

2）手腕偏转运动及其诱导运动。当 B、S 轴不动，T 轴以 n_T 转动时，直接驱动回转壳体绕 T 轴转动，实现手腕的偏摆运动 n_T。由于壳体 10 转动则齿轮 2、14 成为行星轮，壳体 10 成为行星架（转臂），齿轮 2 和 3、13 和 14 连同壳体 10，构成两行行星轮系。因而由行星轮 2 和 14 的自转运动诱导出附加的手爪回转运动 n_7' 和手腕俯仰运动 n_9'。

3）手腕的俯仰运动及其诱导运动。当 S、T 轴不动，B 轴以 n_B 转动时，经齿轮 15、13、14、12 将运动传递给圆锥齿轮 11，驱动壳体 9 实现俯仰运动 n_9。在进行手腕的运动计算和控制系统设计时，必须考虑这种诱导运动的影响。

（4）偏置三自由度机械传动手腕结构

图 6.41 所示为锥齿轮传动所构成的偏置三自由度手腕机构简图及装置外观图。当主动轴 A 单独转动时，运动经锥齿轮 1、2、3 及 4 驱动机械接口法兰盘 5 绕轴Ⅲ做回转运动 θ。当主动轴 B 单独转动时，运动经锥齿轮 9、7 带动壳体 6 转动，使末端执行器绕轴绕Ⅱ做俯仰运动 β。由于此时锥齿轮 3 不动，则锥齿轮 4 被迫做行星运动，其自转运动即为末端执行器绕轴Ⅲ的"诱导运动"。当主运动轴 C 单独转动时，则带动整个手腕架 8 绕轴Ⅰ做偏摆运

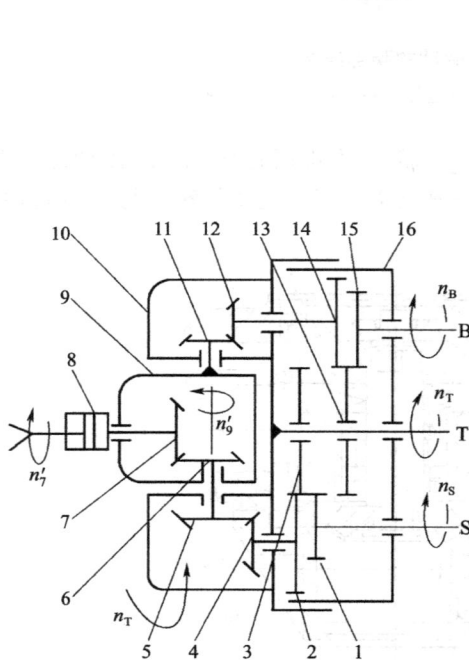

图 6.40 三自由度机械传动手腕机构简图
1,2,3,4,5,6,7,11,12,13,14,15—齿轮；
8—爪手；9,10,16—壳体

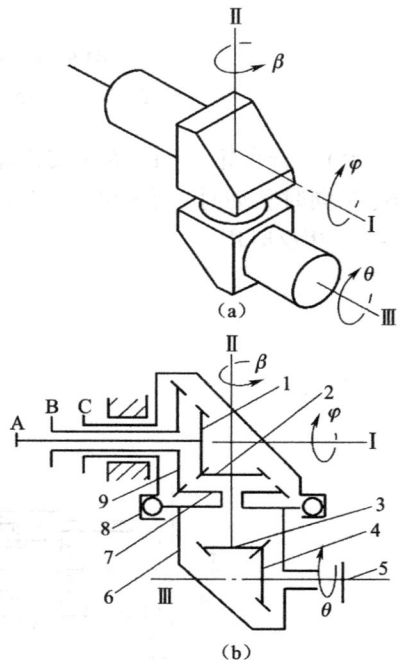

图 6.41 偏置三自由度机械传动手腕结构
（a）装置外观图；（b）传动机构简图
1,2,3,4,7,9—锥齿轮；
5—机械接口法兰盘；6—壳体；8—手腕架

动 φ，由于此时锥齿轮 1 和 9 不动，故锥齿轮 2 和 7 将做行星运动，从而产生分别绕轴Ⅱ和轴Ⅲ的两个"诱导运动"，当 A、B、C 三个主动轴同时驱动时，这三个"诱导运动"将分别对手腕的俯仰运动 β 和回转运动 θ 产生影响，其分析计算与上例相似，在运动计算和控制系统设计时必须考虑。三个同心套管轴 A、B、C 是分别由安装在小臂后端的三个电动机驱动的。

（5）CINCINNATTI MILACRON 三转轴手腕结构

图 6.42 所示为该手腕传动机构简图。采用互相叠套在一起的三个空心传动轴 4、5 和 6，分别传递由电动机 1、2 和 3 驱动经齿轮传动减速的三个运动和力矩。空心传动轴 6 直接带动手腕外壳实现绕手腕轴Ⅰ的旋转运动 R_1；空心传动轴 5 经锥齿轮 7 和 9，驱动壳体 10 实现绕轴Ⅱ的旋转运动 R_2；空心传动轴 4 经两对锥齿轮 14、8 和 11、13 驱动手腕的机械接口法兰盘，实现绕轴Ⅲ的旋转运动 R_3，从而实现手腕的三个自由度。三个旋转运动的轴线相交于一点，因而其运动可以看成是一个三自由度的空间球面运动副，具有结构紧凑、手腕动作灵活、运动学计算简化和便于控制等特点。与前面几种手腕结构类似，其在传动中将产生"诱导运动"。由于回转轴线间不是正交，所以"诱导运动"的计算要复杂一些，有兴趣的读者可以参考有关行星轮传动方面的著作。

（6）PUMA 机器人手腕结构

图 6.43 所示为一个具有三个自由度的 PUMA 机器人手腕结构，驱动手腕运动的三个电动机安转在小臂后端。这种配置方式可以利用电动机作为配重，以起到平衡作用。三个电动机经柔性联轴器和传动轴将运动传递到手腕各轴齿轮。电动机 7 经传动轴 5 和两对圆柱齿轮 4、3 带动手腕 1 在壳体（支座）2 上做偏摆运动 φ。电动机 9 经传动轴驱动圆柱齿轮 12 和

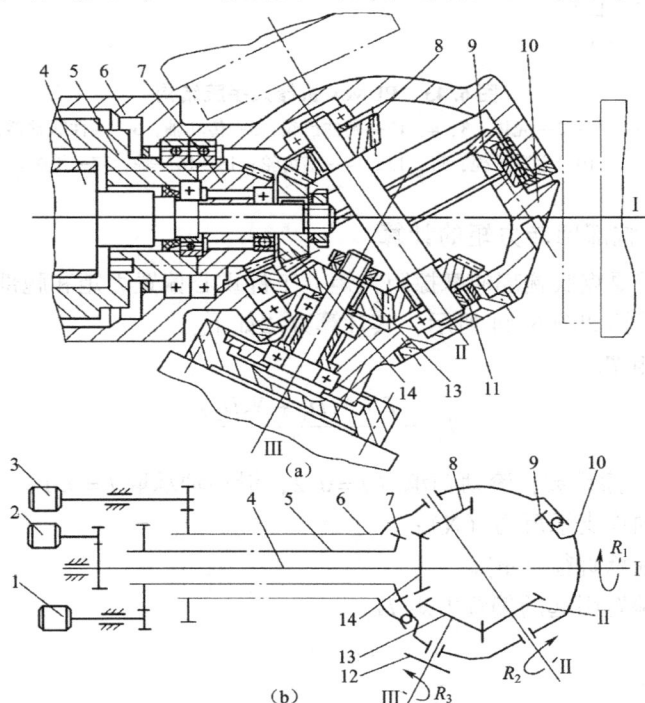

图 6.42　三转轴手腕结构

1，2，3—电动机；4，5，6—空心传动轴；7，8，9，11，13，14—锥齿轮；10—壳体；12—机械接口法兰盘

锥齿轮 13 从而使轴 15 回转，实现手腕的上下摆动运动 β。电动机 8 经传动轴 5 和两对圆锥齿轮传动 11、14 带动轴 16 回转，实现手腕机械接口法兰盘 17 的回转运动 θ。图 6.43（c）所示为柔性联轴器 6 的形状。

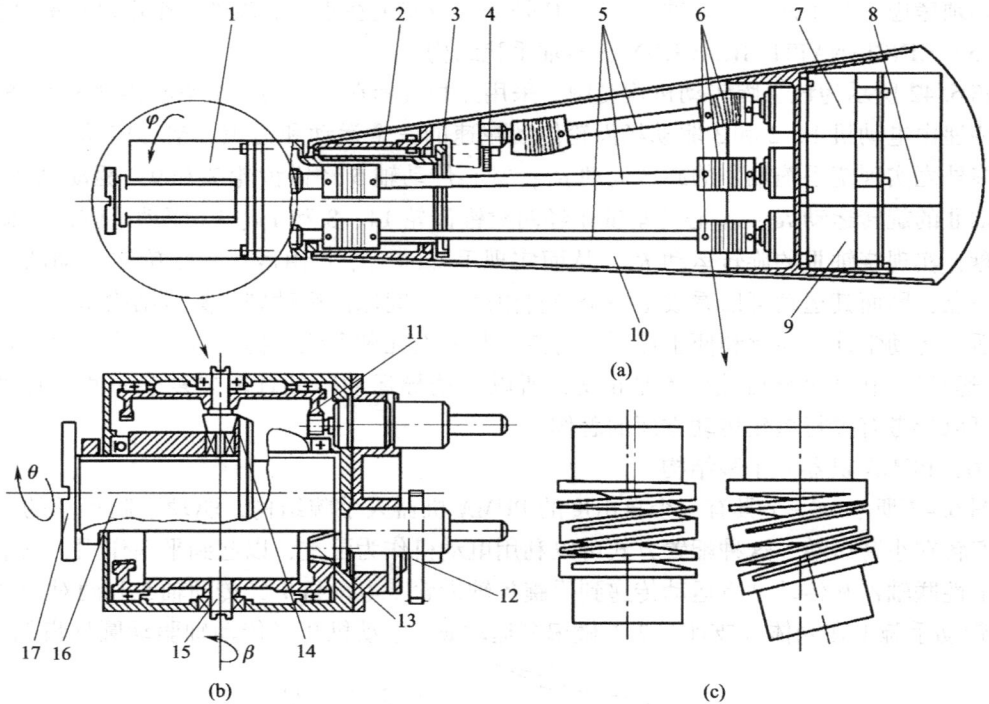

图 6.43　PUMA 机器人手腕结构

1—手腕；2—壳体；3，4，12—圆柱齿轮；5—传动轴；6—柔性联轴器；
7，8，9—电动机；10—手臂外壳；11，13，14—锥齿轮；15，16—轴；17—手腕机械接口法兰盘

3. 工业机器人腕部回转力矩的计算

手腕回转时，需要克服腕部的摩擦阻力矩、工件重心偏置力矩和腕部启动时的惯性阻力矩。腕部回转力矩计算如图 6.44 所示，其计算方法如下：

（1）摩擦阻力矩 $T_{摩}$

$$T_{摩} = \frac{f\ (N_1 D_1 + N_2 D_2)}{2}$$

式中，f——轴承的摩擦系数，滚动轴承取 $f = 0.2$，滑动轴承取 $f = 0.1$；

N_1，N_2——轴承支承反力（N）；

D_1，D_2——轴承直径（m）。

（2）工件重心偏置引起的偏置力矩 $T_{偏}$

$$T_{偏} = G_1 e$$

式中，G_1——工件重量；

e——偏心距（即工件重心到腕部回转中心线的垂直距离），当工件重心与手腕回转中心线重合时，$T_{偏}$ 为零。

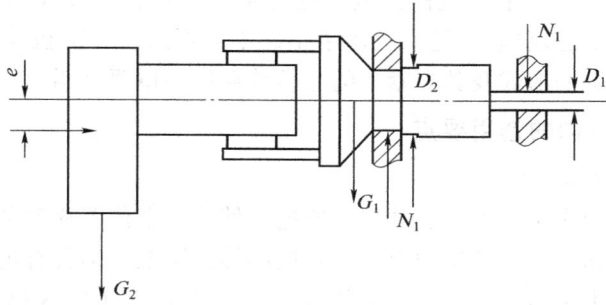

图 6.44　腕部回转力矩计算图

（3）腕部启动时的惯性阻力矩 $T_{惯}$

1）当知道手腕回转角速度 ω 时，可用下式计算 $T_{惯}$：

$$T_{惯} = \frac{(J + J_{工件})\ \omega}{t_{启}}$$

式中，ω——手腕回转角速度（1/s）；

　　　$t_{启}$——手腕启动过程所用时间（s），启动过程假定为等加速运动；

　　　J——手腕回转部件对回转轴线的转动惯量（kg·m^2）；

　　　$J_{工件}$——工件对手腕回转轴线的转动惯量（kg·m^2）。

2）当知道启动过程所转过的角度 $\phi_{启}$ 时，也可用下式计算 $T_{惯}$：

$$T_{惯} = \frac{(J + J_{工件})\ \omega^2}{2\phi_{启}}$$

式中，$\varphi_{启}$——启动过程所转过的角度（rad）；

　　　ω——手腕回转角速度（1/s）。

手腕要回转必须克服上述三种力矩——$T_{摩}$、$T_{偏}$、$T_{惯}$，所以手腕的回转力矩 T 至少应为

$$T = T_{摩} + T_{偏} + T_{惯}$$

考虑到驱动缸密封摩擦损伤等因素，一般取 T 为

$$T = (1.1 \sim 1.2)(T_{摩} + T_{偏} + T_{惯})$$

6.4.4　工业机器人末端执行器

工业机器人的末端执行器即手部机构是工业机器人直接与工件、工具等接触的部件，它能执行人手的部分功能。人手抓取物体主要以物体为中心，用手指包络物体。根据手指和手掌在抓取物体时的状态，抓取方式可分为捏、夹、据三大类。这三类抓取方式都是靠手指尖或手指与手掌间对工件的作用力以及手指、手掌与工件之间的摩擦力保持工作的。

从机械手根部来看，手部机构的动作形式有回转式和移动式（或直进式）两种。其中回转式为基本形式，它结构简单、制造容易、应用广泛。由于移动式手部机构的结构比较复杂、体积庞大，所以较少应用。但移动式手部机构抓取工件时，工件直径的变化对其定位精度一般无影响，故常用于工件直径有较大变化时。

目前，根据被抓取工件、工具等的形状、尺寸、重量、易碎性、表面粗糙度的不同，在

工业生产中使用多种形式的手部机构，最常见的是钳爪式、磁吸式和气吸式（后两种机构的原理超出了人手的功能范围），还有气动手指。不同形式的手部机构其夹紧力的计算各有不同，下面就抓取机构的形式及其夹紧力的分析计算作一概要介绍。

1. 钳爪式手部机构的选用要点

（1）具有足够的夹紧力

机器人的手部机构靠钳爪夹紧工件后，便把工件从一个位置移动到另一个位置，由于工件本身的重量以及移动过程中产生的惯性力和振动等，钳爪必须具有足够大的夹紧力，才能防止工件在移动过程中脱落。一般要求夹紧力 N 为工件重量的 $2\sim3$ 倍。

（2）具有足够的张开角

钳爪为了抓取和松开工件，必须具有足够大的张开角来适应较大的直径范围，而且夹持工件的中心位置变化要小（即定位误差要小）。对于移动式钳爪要有足够大的移动范围。

（3）保证工件的可靠定位

为了使钳爪和被夹持的工件保持准确的相对位置，必须选用相应的钳爪形状来定位。圆柱形工件多数采用"V"形钳爪，以便自动定心。

（4）具有足够的强度和刚度

钳爪除受到被夹持工件的反作用力外，还受到机器人手部在运动过程中产生的惯性力和振动影响，如果没有足够的强度和刚度，钳爪会发生折断或弯曲变形，因此对于受力较大的钳爪，应进行必要的强度、刚度计算。

（5）适应被抓取对象的要求

1）适应工件的形状：工件的形状为圆柱形，则采用带"V"形钳口的手爪；工件为圆球状，则选圆弧形二指或三指手爪；对于特殊形状的工件应设计与工件相适应的手爪。

2）适应工件被抓取部位的尺寸：工件被抓取部位的尺寸尽可能不变，若加工尺寸略有变化，那么钳爪应能适应尺寸变化的要求。工件表面质量要求高的，对钳爪应采取相应的措施，如加软垫等。

3）适用工件的位置状况：如钳爪夹持薄片物体和易碎物体等，当工作位置较窄小时，可用薄片形钳爪。

（6）尽可能具有一定的通用性

钳爪一般专用性较强，在可能的情况下，应考虑到产品零件的更换。为适应不同形状和尺寸的工件要求，可将钳爪制成组合式结构，以便迅速更换不同的钳爪部件及附件来扩大手部机构的使用范围，也可在设计时适当选取其结构尺寸和参数，以扩大其使用范围。

2. 钳爪式手部机构的夹紧力分析与计算

要分析钳爪式手部机构的夹紧力，必须首先针对手部机构进行受力分析，分别列出力和力矩平衡方程。下面就一些典型的手部结构进行分析计算。

（1）拨杆杠杆式钳爪

如图6.45所示，活塞杆上的拨叉推动拨杆回转，带动一对啮合齿轮，使与齿轮刚性连接的钳爪闭合或张开。设活塞杆上的拨叉作用于拨杆上的力为 P，齿轮 2 作用于齿轮 1 上的力 P_{21}，齿轮 1 反作用于齿轮 2 上的力为 P_{12}（$P_{21} = P_{12}$），齿轮 1 与齿轮 2 的半径为 R，夹紧力为 N，图 6.45（b）和图 6.45（c）所示分别为拨杆与钳爪的受力图，根据平衡条件 $\Sigma T = 0$ 可知：

$$Pa = N'b + P_{21}R$$
$$P_{12}R = N'b$$

N' 与 N 互为反力，其值相等，即 $N' = N$，则：

$$N = \frac{Pa}{2b}$$

式中，a——回转支点 O_1 到拨杆上部力 P 的作用方向线的距离；

b——回转支点 O_1 到"V"形钳口中心线的距离；

N'——工件对钳爪的反作用力。

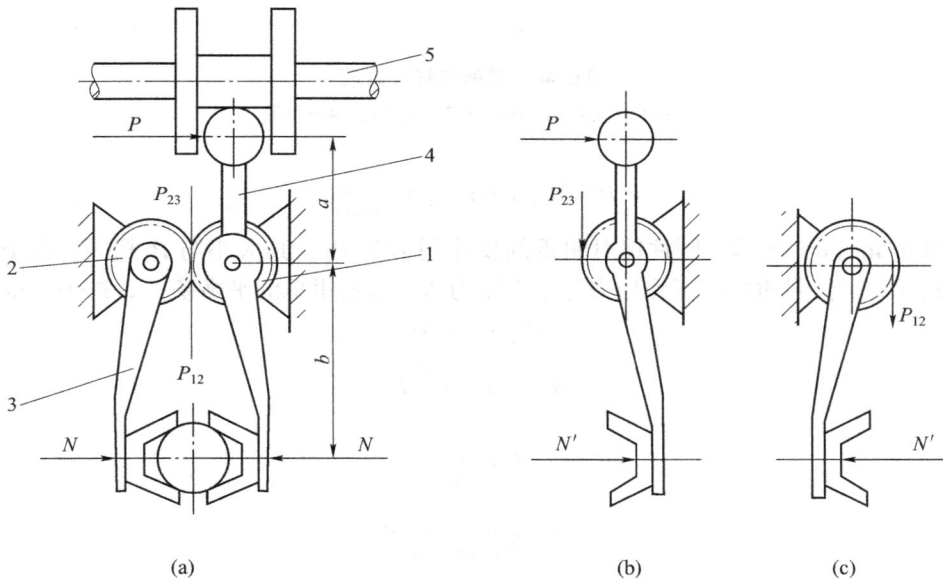

图 6.45　拨杆杠杆式钳爪

1—齿轮 1；2—齿轮 2；3—钳爪；4—拨杆；5—活塞杆

（2）滑槽杠杆式钳爪

如图 6.46 所示，拉杆 2 端部固定安装着圆柱销 3，当拉杆 2 向上拉时，圆柱销就在两个钳爪 4 的滑槽中移动，带动钳爪 4 绕 o_1 与 o_2 两支点回转，夹紧工件。拉杆 2 向下推时，使钳爪 4 松开工件。设 P 为作用在拉杆 2 上的驱动力，N 为钳爪的夹紧力，钳爪的尺寸关系如图 6.46（a）所示。下面分析圆柱销 3 和钳爪 4 的受力情况。在拉杆 2 作用下，圆柱销 3 向上的拉力为 P，并作用于圆柱销的中心 o 点，而两钳爪的滑槽对圆柱销的作用力为 P_1、P_2（且 $P_1 = P_2$），其力的方向垂直于滑槽轴线 oo_1 或 oo_2，指向 o 点。根据圆柱销的平衡条件 $\Sigma F = 0$ 可知：

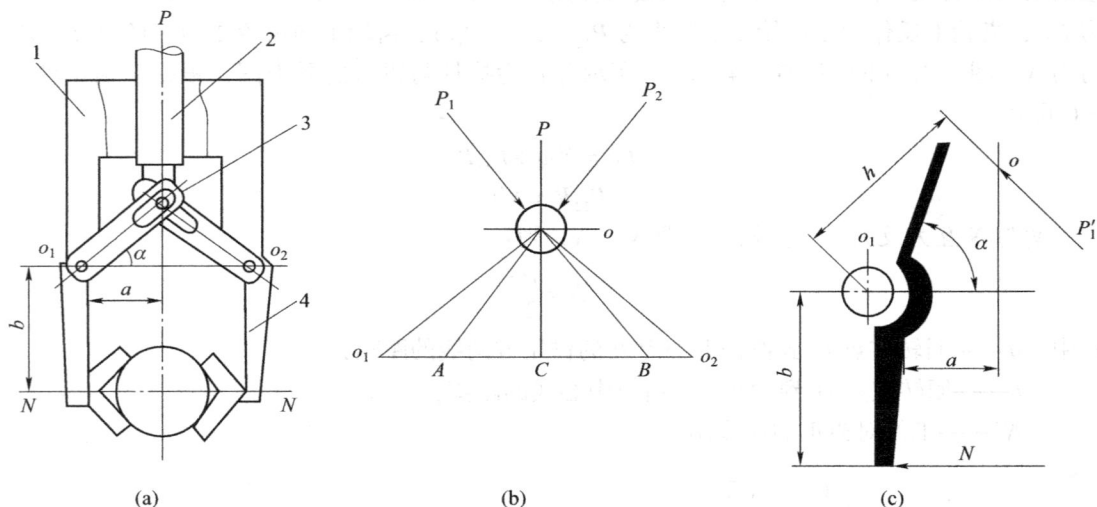

图 6.46 滑槽杠杆式钳爪

1—手部支架；2—拉杆；3—圆柱销；4—钳爪

$$P = 2P_1 \sin\alpha; \quad P_1 = \frac{P}{2\sin\alpha}$$

如图 6.46（c）所示，圆柱销对钳爪的反作用力为 P_1'，其大小与 P_1 相等，即 $P_1 = P_1'$，且方向相反。工件对钳爪的反作用力等于夹紧力 N。根据钳爪的平衡条件 $\Sigma T = 0$，得

$$P_1' \cdot h = Nb$$

$$N = \frac{h}{b}P_1' = \frac{h}{b}P_1$$

$$h = \frac{a}{\cos\alpha}$$

$$N = \frac{a}{2b}\left(\frac{1}{\cos\alpha}\right)^2 P$$

式中，a——钳爪回转支点 O_1（或 O_2）到对称中心线的距离；

b——钳爪回转支点到"V"形钳口中心线的距离；

α——滑槽方向与两回转支点（O_1 与 O_2）间连线的夹角。

从上式可知，在驱动力 P 一定的情况下，α 增大，则夹紧力 N 也随之增大，但 α 过大会导致拉杆（有时即为活塞杆）的行程过大，以及钳爪滑槽部分尺寸长度增大，进而使手部结构增大，所以一般取 $\alpha = 30° \sim 40°$ 为宜。

（3）斜楔杠杆式钳爪

图 6.47 所示为单斜楔杠杆式钳爪。它是靠斜楔 3 推动滚子 2，并带动钳爪 1 绕回转支点 o_1 与 o_2 回转夹紧工件的。当斜楔后移时，靠弹簧的拉力使钳爪松开。装在钳爪上端的滚子 2 与斜楔 3 的接触为滚动接触。当斜楔向下推时，如其驱动力为 P，而两个滚子 2 对于斜楔的作用力为 P_1 和 P_2，且 $P_1 = P_2$。其力的方向垂直于斜楔面，并通过滚子的中心 A 和 B 点，如图 6.47（b）所示，根据斜楔的平衡条件 $\Sigma F = 0$，得

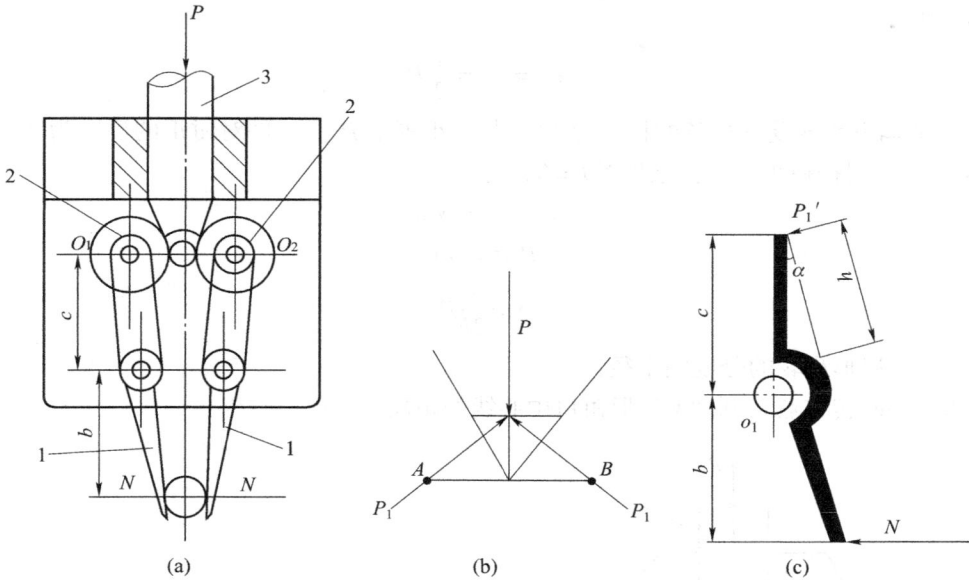

图 6.47　单斜楔杠杆式钳爪

1—钳爪；2—滚子；3—斜楔

$$P = 2P_1\sin\alpha; \quad P_1 = \frac{P}{2\sin\alpha}$$

斜楔 3 对于钳爪的反作用力为 P_1'，其方向与 P_1 的方向相反，大小相等，即 $P_1 = P_1'$，工件反作用于钳爪的力等于夹紧力 N（方向相反），如图 6.47（c）所示。按钳爪的平衡条件 $\Sigma T = 0$，得

$$P_1' \cdot h = Nb$$

$$N = \frac{h}{b}P_1' = \frac{h}{b}P_1$$

$$h = c\cos\alpha$$

$$N = \frac{c}{2b}\frac{\cos\alpha}{\sin\alpha}P = \frac{c}{2b}P\cot\alpha$$

式中，c——支点 o_1（或 o_2）到滚子回转中心 A（或 B）的距离；

b——支点 o_1（或 o_2）到夹紧力 N 作用线的距离；

P——驱动源产生的驱动力（N）；

α——斜楔角的半角。

此种机构，因斜楔与滚子之间为滚动接触，故摩擦力小、活动灵敏。但夹紧力不大，常用于轻载场合。

（4）齿轮齿条杠杆式钳爪

如图 6.48 所示，拉杆通过齿条拉动一对扇形齿轮，使得与扇齿轮刚性连接的钳爪夹紧，反之松开。弹簧的拉力保证了齿条与扇形齿轮单面接触，使动作平稳。设作用在拉杆上的驱动力为 P，钳爪的夹紧力为 N，尺寸关系如图 6.48 所示。拉杆向上时，扇形齿轮对齿条有两个反作用力 P_1 和 P_2，且 $P_1 = P_2$，方向与拉力 P 相反，。根据平衡条件 $\Sigma F = 0$，可知

$$P_1 = P_2 = \frac{1}{2}P$$

钳爪的扇形齿轮受到齿条的拉力为 P_1'，其大小等于 P_1。工件对钳爪的反力为 N'，其大小与 N 相同。根据钳爪的平衡条件 $\Sigma T = 0$，得

$$P_1' \cdot R = N'b$$
$$P_1 R = Nb$$
$$N = \frac{R}{2b}P$$

式中，R——扇形齿轮的分度圆半径；

B——回转支点 o_1 到"V"形钳口中心线的距离。

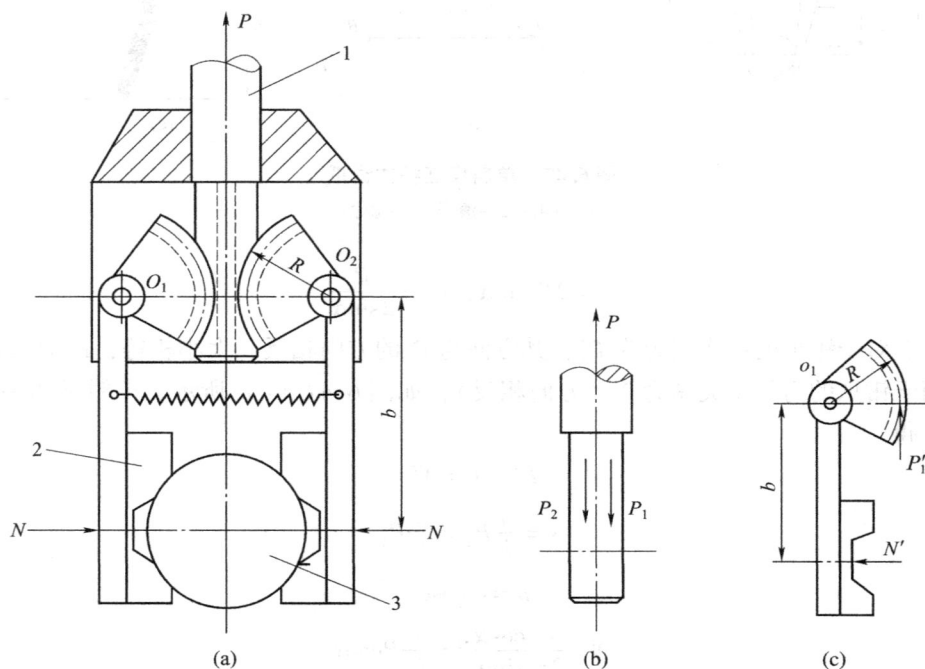

图 6.48　齿轮齿条杠杆式钳爪
1—拉杆；2—钳爪；3—工件

（5）齿轮齿条平行连杆式钳爪

如图 6.49 所示，由驱动源以力 P 拉动拉杆 1，带动拉杆下部齿条与两个扇形齿轮，绕支点 o_1 和 o_2 转动，因连杆 3 与扇形齿轮刚性连接，故驱动钳爪夹紧工件，反之松开工件。拉杆受力图如图 6.49（c）所示。根据平衡条件 $\Sigma P = 0$，得

$$P_1 + P_2 = P$$
$$P_1 = P_2$$

则

$$P_1 = P_2 = \frac{P}{2}$$

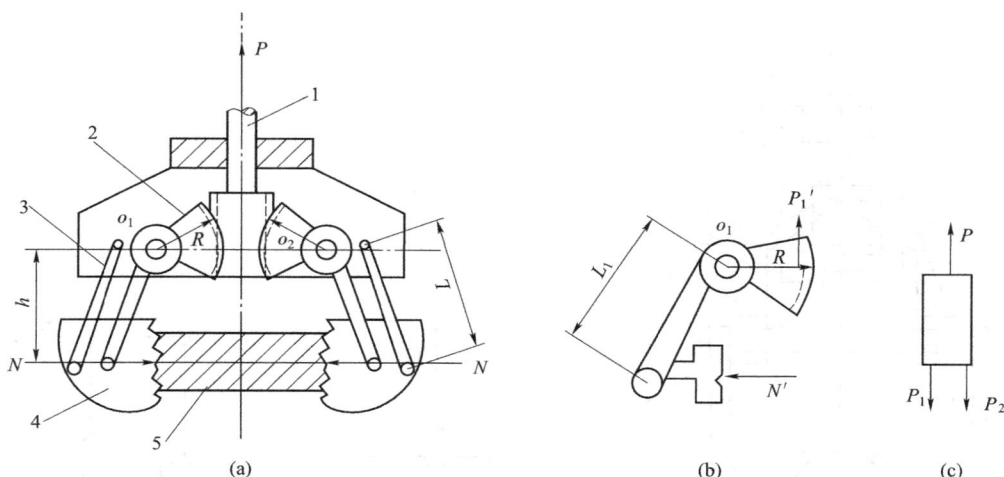

图 6.49　齿轮齿条平行连杆式钳爪

1—拉杆；2—扇形齿轮；3—连杆；4—钳爪；5—工件

扇形齿轮—连杆—钳爪的受力图如图 6.49 （b） 所示。P_1' 为齿条对扇形齿轮的反作用力，且 $P_1'=P_1$；N' 为工件对钳爪的反作用力，且 $N'=N$。根据平衡条件 $\Sigma T=0$，得

$$P_1' \cdot R = N'h$$

$$P_1 R = Nh$$

$$N = \frac{R}{2h}P$$

又因

$$h = L\cos\alpha$$

所以

$$N = \frac{R}{2L\cos\alpha}P$$

式中，R——扇形齿轮的分度圆半径；

　　　L——连杆长度；

　　　α——连杆中心线与夹紧力作用线之间垂线的夹角。

则当 R/L 一定时，N 随 α 的增大而增大。当 $\alpha=0$ 时，夹紧力 $N_{\min}=RP/（2L）$。

（6）连杆杠杆式钳爪

如图 6.50 所示，连杆的两头用销钉分别与杠杆和拉杆的端部连接。当拉杆上下移动时，带动钳爪夹紧与松开。当拉杆 2 的驱动力为 P 时，两连杆对于拉杆的作用力为 P_1 和 P_2，且 $P_1=P_2$，其方向沿连杆两铰链的连线指向 o 点，与水平方向成 α 角。按拉杆的平衡条件

$$\Sigma F=0$$

则

$$P=2P_1\sin\alpha; \quad P_1=P_2=\frac{P}{2\sin\alpha}$$

连杆对杠杆的作用力为 P_1'，因连杆为二力杆，所以 P_1' 与 P_1 大小相等，即 $P_1'=P_1$，且方向相反。设工件对钳爪的反作用力为 N'（与夹紧力大小相同，方向如图所示）。根据图 6.50 （c）所示，杠杆的平衡条件 $\Sigma T=0$，得

$$P_1' \cdot h = N'b$$

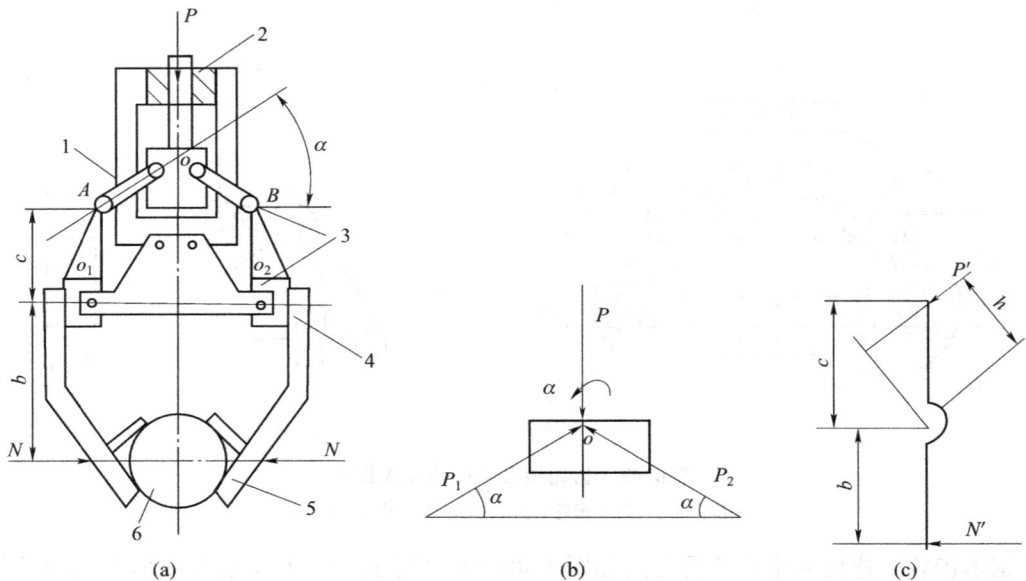

图6.50　连杆杠杆式钳爪

1—连杆；2—拉杆；3—杠杆；4—垫片；5—钳爪；6—工件

$$N' = \frac{h}{b}P_1'$$

$$h = c\cos\alpha$$

$$N = N'$$

$$N = \frac{c}{2b}P\cot\alpha$$

此公式与斜楔杠杆式钳爪的夹紧力计算公式相同。由式可知，若结构尺寸 c、b 和驱动力一定时，夹紧力 N 与 α 角的余切值成正比。显然，当 α 角小时，可获得较大的夹紧力。当 $\alpha = 0°$ 时，使钳爪闭合到最小位置，若钳爪的夹紧力还不足以夹紧工件，此时拉杆再向下移动，钳爪反而会松开。为了避免上述情况的出现，对于不同规格尺寸的工件可以更换钳爪。如果工件允许有少量的尺寸变化，则可更换调整垫片，调到使钳爪在夹紧最小尺寸的工件时，保持 α 大于零。另外也可改变钳爪的杠杆形式。

这种手部机构的夹紧方式有以下两个问题：

1）钳爪的张开角较小；

2）毛坯尺寸公差对夹紧力影响较大。

为了解决这两个问题，一方面应对毛坯尺寸提出一定的公差要求，另一方面可采用图6.51所示的结构形式，这样可使钳爪张开角加大，同时使毛坯尺寸的变化对机构中张开角的影响减小。

根据图6.51，可推出夹紧力 N 的计算公式：

$$\sum x_0 = 0$$

$$\sum y_0 = 0$$

$$P_1\cos\alpha = P_2\cos\alpha$$

$$P_1 = P_2$$

$$P = P_1\sin\alpha + P_2\sin\alpha = 2P_1\sin\alpha$$

$$\Sigma T = 0$$

$$P_1h = Nb$$

$$N = \frac{h}{b}P_1 = \frac{hp}{2b\sin\alpha}$$

$$h = \frac{c}{\sin\varphi}\sin(\alpha+\varphi)$$

所以 $N = \dfrac{P}{2b\sin\alpha}\cdot\dfrac{c}{\sin\varphi}\sin(\alpha+\varphi) = \dfrac{cP\cdot\sin(\varphi+\alpha)}{2b\cdot\sin\varphi\cdot\sin\alpha}$

或为 $\Sigma T = 0$

$$Nb = P_1\cdot\cos\left[\frac{\pi}{2}-(\alpha+\varphi)\right]\cdot\frac{c}{\sin\varphi} = P_1\cdot\sin(\alpha+\varphi)\cdot\frac{c}{\sin\varphi}$$

$$N = \frac{cP}{2b}\cdot\frac{\sin(\varphi+\alpha)}{\sin\varphi\cdot\sin\alpha}$$

图 6.51 手部结构

这类手部机构，因各构件的相互连接都是面接触，所以适用于夹紧力较大的场合。

3. 钳爪式手部的传动结构及夹紧力的计算

钳爪式手部结构形式很多，其夹紧力计算公式如表 6.4 所示。

表 6.4 机构形式与夹紧力计算

机构形式			
夹紧力	$N = \dfrac{c}{2b}\cdot\dfrac{\sin(\alpha+\varphi)}{\sin\alpha\sin\varphi}\cdot P$	$N = \dfrac{c}{2b}\cdot\dfrac{\sin(\alpha+\varphi)}{\sin\alpha\sin\varphi}\cdot P$	$N = \dfrac{\alpha}{2b\cos^2\alpha}\cdot P$

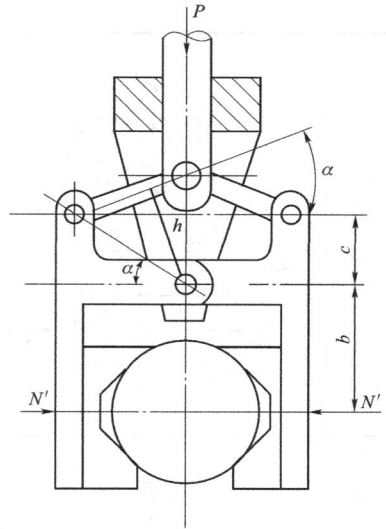

机构形式			
夹紧力	$N = \dfrac{R}{2b} \cdot P$	$N = \dfrac{P}{2}$	$N = \dfrac{c}{2b} P \cot\alpha$
机构形式			
夹紧力	$N = \dfrac{1}{3} P$	$N = \dfrac{1}{3} P \cot\alpha$	$N = \dfrac{l}{L} \cdot \dfrac{2\sin\alpha \cdot \cos\beta}{\cos(\alpha+\beta+\gamma)} P$ L——BC 杆长；$AB=DF$； l——AB 杆长；$AD=BF$
机构形式			
夹紧力	$N = \dfrac{\pi M}{S}$ S——单头螺纹螺距	$N = \dfrac{R}{2b} P$	$N = \dfrac{R}{2l} \cdot \dfrac{1}{\cos\alpha} P$ l——AB 杆长； $AB=CD$；$AC=BD$

4. 钳爪式手部机构驱动力计算

（1）拉紧装置原理

1）开闭式。

钳爪的夹紧与松开完全受控于液压（或）气压，如图 6.52（a）所示。

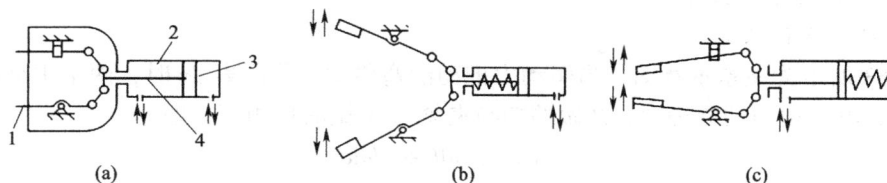

图 6.52　夹紧装置原理

1—钳爪；2—油（气）缸；3—活塞；4—活塞杆

油（气）缸右腔进油（气）时，通过杠杆机构夹紧工件；油（气）缸左腔进油（气）时，通过杠杆机构松开工件。无杆腔的推力（N）和有杆腔的拉力（N）分别为

$$P_{推} = \frac{\pi}{4} D^2 p$$

$$P_{拉} = \frac{\pi}{4}\left(D^2 - d^2\right) p$$

式中，D——活塞直径（cm）；

$\quad\quad d$——活塞杆直径（cm）；

$\quad\quad p$——油（气）压（Pa）。

2）常开式。

钳爪在无油（气）压作用时，处于常开状态。当无杆腔进油（气）压时，压缩弹簧，钳爪闭合，如图 6.52（b）所示。

$$P = \frac{\pi}{4} D^2 p - Kx$$

式中，K——弹簧刚度；

$\quad\quad x$——弹簧压缩长度。

3）常闭式。

钳爪在无油（气）压作用时，处于闭合状态。当进入油（气）压时，钳爪张开，如图 6.52（c）所示。

$$P = \frac{\pi}{4}(D^2 - d^2)\, p - Kx$$

（2）驱动力的计算

1）驱动力。

驱动力是施加于拉紧油缸（或压缩缸）上的作用力。驱动力的计算实质上是计算在手部机构夹紧工件时，拉紧油缸的作用力 P，用以确定油缸活塞的直径。

2）影响驱动力的因素：

① 结构形式；

② 夹紧方式；

③ 工件材料。

3）当量夹紧力。

把重量为 G 的工件，按某一方位夹紧可以求得其拉紧油缸具有的最小驱动力。这个最小驱动力所产生的夹紧力，称为工件在这个方位的当量夹紧力。

4）当量夹紧力的求解。

① 求 P 与 N 的关系。

图 6.53 所示为夹紧示意图。当驱动力推动活塞移动一段距离 $\mathrm{d}y$ 时，两个钳爪相应产生一微小转角 $\mathrm{d}\theta$。由虚功原理得，P 做的功与夹紧力 N 做的功相等，即

$$P\mathrm{d}y = Nb\mathrm{d}\theta + Nb\mathrm{d}\theta$$

$$N = \frac{P}{2b}\frac{\mathrm{d}y}{\mathrm{d}\theta}$$

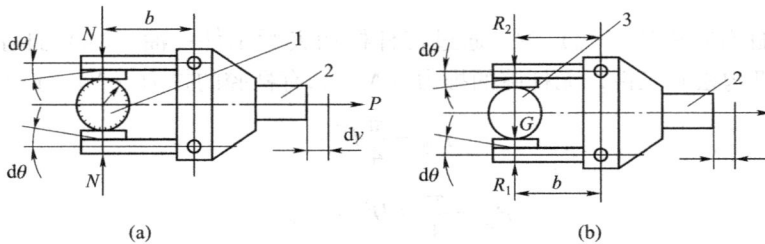

图 6.53　夹紧示意图

1—握力表；2—活塞杆；3—工件

② 确定当量夹紧力与 G 的关系。

如图 6.53（b）所示，当钳爪水平夹紧重量为 G 的工件时，由工件平衡条件 $\Sigma F = 0$，得

$$R_1 = R_2 + G$$

可见，上下钳爪对工件的夹紧力并不相等，而是随着驱动力的增加而加大。但 R_1 与 R_2 的差值恒为工件重量 G。当 $R_2 = 0$ 时，$R_1 = G$，驱动力为最小。

$$P\mathrm{d}y = R_1 b\mathrm{d}\theta + R_2 b\mathrm{d}\theta = Gb\mathrm{d}\theta + 0$$

$$P = Gb\frac{\mathrm{d}y}{\mathrm{d}\theta}$$

根据当量夹紧力定义，则

$$N' = \frac{P'}{2b}\frac{\mathrm{d}y}{\mathrm{d}\theta} = N = \frac{G}{2}$$

由此可见，当量夹紧力 N' 与具体手部结构方案无关，而只与工件的重量和其相对于钳爪的放置位置有关。

常见的当量夹紧力的计算，如表 6.5 所示。

（3）驱动力计算步骤

驱动力的计算步骤包括：

1）求出当量夹紧力 N'；

2）根据钳爪的传动机构方案，通过夹紧力计算公式可导出驱动力 P 的计算公式；

3）把已求得的当量夹紧力 N' 代入求 P 的计算公式中，求得最小驱动力 $P_{计算}$；

4）根据实际情况，求得实际驱动力 $P_{实际}$。

$$P_{实际} = \frac{K_1 \cdot K_2}{\eta} P_{计算}$$

式中，η——手部机构的机械效率（0.85～0.90）；

　　　K_1——安全系数（1.5～2.0）；

　　　K_2——工作情况系数（$K_2 = 1 + \dfrac{a}{g}$，a——最大加速度，g——重力加速度）。

表 6.5　当量夹紧力计算公式表

钳口与工件方位 ＼ 钳口与工件形状	平钳口夹方料	"V"形钳口夹圆方料
水平放置钳爪夹持水平放置的工件	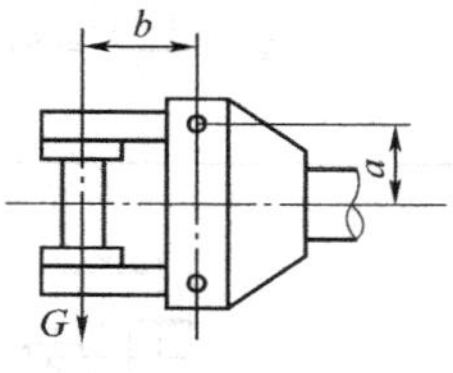 $N' = 0.5G$	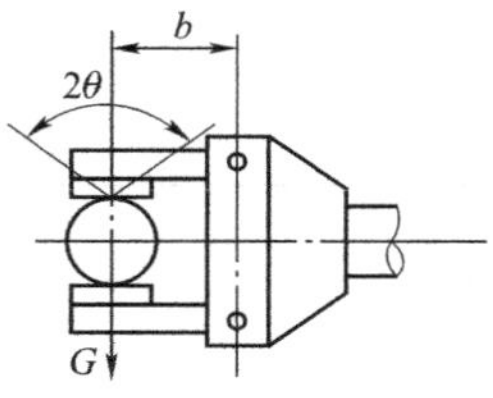 $N' = 0.5G$
水平放置钳爪夹持垂直放置的工件	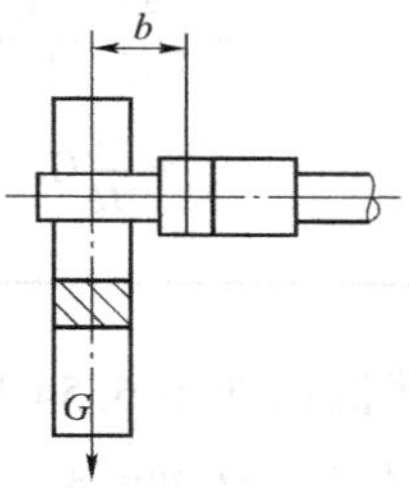 $N' = \dfrac{0.5G}{f} \approx 5G$	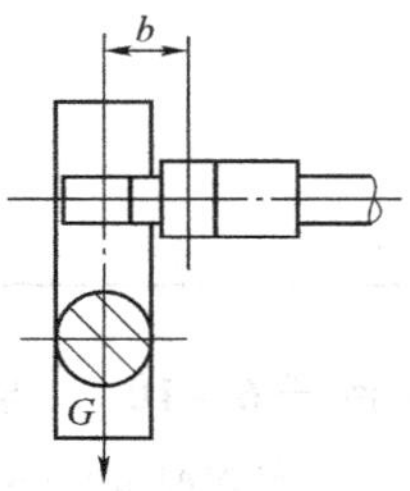 $N' = \dfrac{0.5\sin\theta \cdot G}{f} \approx 4G$
垂直放置钳爪夹持水平放置的工件	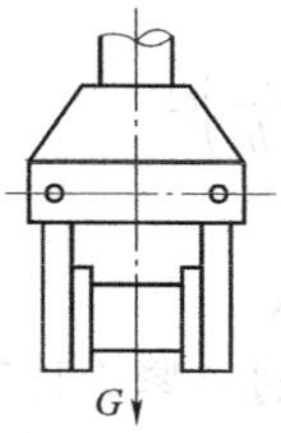 $N' = \dfrac{0.5G}{f} \approx 3G$	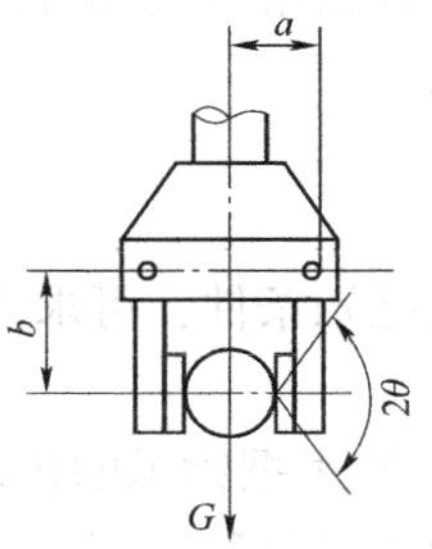 $N' = 0.5\left(\tan\theta + \dfrac{a}{b}\right)G \approx (0.9 \sim 1.1)\,G$

续表

钳口与工件方位 \ 钳口与工件形状	平钳口夹方料	"V"形钳口夹圆方料
垂直放置钳爪夹持垂直放置的工件	$N' = \dfrac{0.5G}{f} \approx 5G$	$N' = \dfrac{0.5\sin\theta \cdot G}{f} \approx 4G$
水平放置钳爪夹持悬臂工件	$N' = \left(\dfrac{3L}{H} + \dfrac{H}{12b}\right)G \approx \dfrac{3L}{H}G$	$N' = \left(\dfrac{3L}{H} + \dfrac{H}{12b}\right)G \approx \dfrac{3L}{H}G$

[**例子 6 – 10**]　某液压驱动手部机构如图 6.54 所示，工件只做水平和垂直平移，它的移动速度为 500 mm/s，移动加速度为 1 000 mm/s²，工件重量 G 为 98 N，"V"形钳爪的夹角为 120°，$\alpha = 30°$，$a = 50$ mm，$b = 150$ mm，试求：拉紧油缸的驱动力 P 和 $P_{实际}$。

解：① 求出当量夹紧力 N'。

根据钳爪夹持工件的方位，由当量夹紧力计算公式表 6.5 查出

$$N' = 0.5\left(\tan\alpha + \frac{a}{b}\right)G$$

代入已知条件，可求出当量夹紧力为

$$N' = 101.2 \text{ N}$$

② 根据钳爪的传动机构方案，通过夹紧力计算公式可导出驱动力 P 的计算公式。本钳爪为滑槽杠杆式，由其夹紧计算公式有

$$N = \frac{a}{2b}\left(\frac{1}{\cos\alpha}\right)^2 P$$

可得

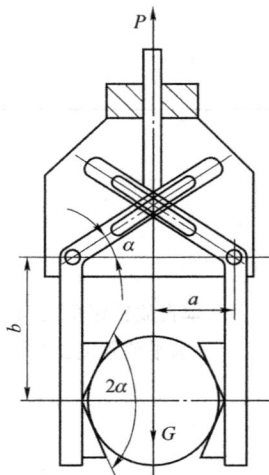

图 6.54　手部机构原理图

$$P = \frac{2b}{a}(\cos\alpha)^2 N$$

③ 求最小驱动力 $P_{计算}$。

将求得的 N' 代入上式中的 N，得

$$P = \frac{2b}{a}(\cos\alpha)^2 N = \frac{2 \times 150}{50}(\cos30°)^2 \times 101.2 = 455.4 \text{（N）}$$

④ 求实际驱动力 $P_{实际}$。

$$P_{实际} = P_{计算}\frac{K_1 \cdot K_2}{\eta}$$

取 $\eta = 0.85$，$K_1 = 1.5$，$K_2 = \frac{1 + 1\,000}{9\,810} \approx 1.1$，即

$$P_{实际} = 455.4 \times \frac{1.5 \times 1.1}{0.85} = 884 \text{（N）}$$

思考与习题：

1. 工业机器人的定义是什么？简述其工作原理。
2. 工业机器人由哪几部分组成？
3. 工业机器人如何分类？
4. 工业机器人的特性指标有哪些？具有什么含义？
5. 工业机器人运动学的两个基本问题是指什么？
6. 如何对工业机器人的位姿进行描述？
7. 如何进行平移坐标、旋转坐标和齐次坐标的变换？
8. 如何描述物体在空间中的位置与坐标变换？
9. 什么是机器人的正向运动学解析？
10. 什么是机器人的逆向运动学解析？
11. 工业机器人的基座应满足什么要求？
12. 工业机器人的手臂设计有哪些要求？其结构形式有哪几种？
13. 工业机器人手腕的设计要求有哪些？论述典型的手腕结构的工作过程及结构原理。
14. 工业机器人的钳爪式手部机构设计要求有哪些？常用的钳爪式手部机构的夹紧力分析与计算方法是什么？

第7章　机床夹具设计

【本章知识点】

1. 夹具概述，包括夹具的组成、作用和分类以及夹具的设计步骤。
2. 机床夹具的定位机构设计，六点定位原理。
3. 常用定位机构，定位误差的分析和计算。
4. 工件的夹紧机构，夹紧力的计算分析。
5. 可调夹具的设计。
6. 成组夹具和组合夹具设计。

7.1　概　　述

　　机械加工过程中，为了装夹工件，保证加工表面相对其他表面的尺寸和位置精度，需要使工件在机床上占有准确的位置，称为工件的定位，并使工件在加工过程中能承受各种力的作用而始终保持这一准确位置不变，称为工件的夹紧。这一整个过程统称为工件的安装。在机床上安装工件所使用的工艺装备称为机床夹具（以下简称夹具）。

　　工件的装夹方法有找正装夹和夹具装夹两种方法。

　　找正装夹是通过对工件上有关表面或画线的找正，最后确定工件加工时能使其具有准确位置的安装方法。如图7.1（a）所示工件的加工，可将工件直接放置在牛头刨床的工作台上，在牛头刀夹上安置一块百分表，通过牛头滑枕的前后运动找正被加工工件，找正后再夹紧工件进行刨槽加工。

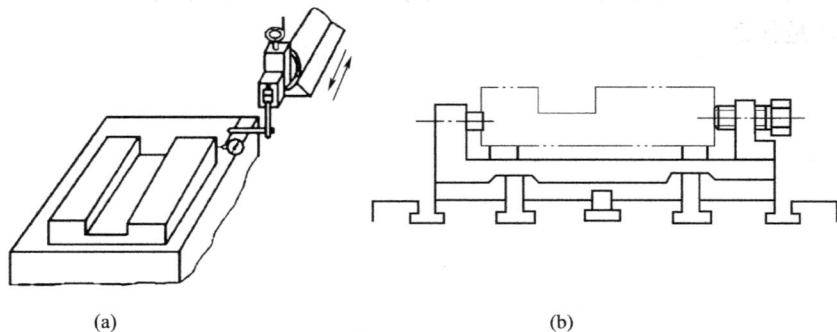

(a)　　　　　　　　　　　　(b)

图7.1　工件装夹的两种方法

（a）找正装夹；（b）夹具装夹

夹具装夹是通过安装在机床上的夹具对工件定位和夹紧，最后确定工件加工时能使其具有准确位置的安装方法。如图 7.1（b）所示，可将工件安装到专用刨槽夹具中进行夹紧再加工，可以实现加工时工件相对于刀具的准确位置。由于夹具安装效率高，操作简单，不需要进行找正，可以节省大量辅助时间，故一般用于大批量生产。

7.1.1　机床夹具的基本组成

一般夹具由五部分组成，即定位元件及定位装置、夹紧装置、对刀及引导装置、夹具体及其他元件和装置等。

1. 定位元件及定位装置

在夹具中一些用来确定工件准确位置的元件称为定位元件，它使一批零件在夹具中占有同一位置。如图 7.2 所示的支撑板和支撑钉。有些夹具还采用由一些零件组成的定位装置对工件进行定位。

2. 夹紧装置

在夹具中用于夹紧工件，并在切削力的作用下保证工件与刀具之间的正确位置不发生变化的元件称为夹紧装置，如图 7.2 所示的夹紧螺钉。

3. 对刀及引导装置

用来确定加工前所使用刀具的正确位置的元件称为对刀元件，如对刀块等。用于确定刀具位置并引导刀具进行加工的元件称为引导元件，如图 7.2 所示中的钻套。

4. 夹具体

在夹具中，用于连接或固定夹具上各个元件及装置，使其成为一个整体的基础件称为夹具体。它还与机床有关部件进行连接、定位，使夹具相对于机床具有正确的位置，如图 7.2 所示的夹具体。

5. 其他元件及装置

有些夹具除上述元件外，还具有分度转位装置、定向键等其他元件及装置，如图 7.2 所示的定向键。

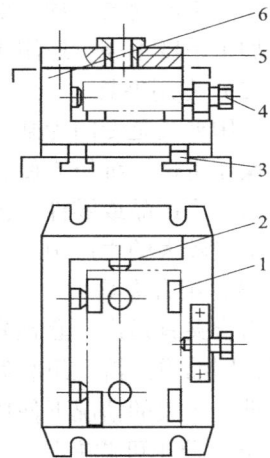

图 7.2　工件上钻孔夹具的基本结构
1—支撑板；2—支撑钉；
3—定向键；4—夹紧螺钉；
5—钻套；6—夹具体

7.1.2　机床夹具的作用和分类

1. 夹具的作用

1）保证工件的加工精度。采用夹具后，工件上各有关表面的相互位置精度直接由夹具保证，不受画线质量和找正水平的影响，故定位精度高且稳定可靠。

2）提高机床生产率。采用夹具后，定位夹紧可靠，且增加了工艺系统刚度，可增大切削用量，缩短基本加工时间。另一方面，用夹具安装工件，不仅装夹方便，而且还免去了找正和对刀所花费的辅助时间，如果采用多工位夹具，还可以使基本时间与辅助时间重合，从而提高生产效率。

3）提高机床工艺范围。有些机床夹具实质上是对机床进行了部分改进，扩大了原机床的功能和使用范围。如在机床床鞍上安放镗模夹具，就可以进行箱体零件的孔系加工。

4）减轻工人的劳动强度。采用夹具后，工件的装卸显然要比不用夹具时更方便、省力、安全。若在夹具中采用气动夹紧、液压夹紧或其他增力机构，还可以进一步减轻工人的劳动强度。

2. 夹具的分类

夹具有多种分类方法，按适用工件范围和特点可分为通用夹具、专用夹具、组合夹具、通用可调夹具、成组夹具和随行夹具等；按使用的机床分类可分为车床夹具、钻床夹具、铣床夹具、镗床夹具、磨床夹具、刨床夹具和齿轮机床夹具等；按夹具上的动力源分类可分为手动夹具、气动夹具、液动夹具、电动夹具、磁力夹具、真空夹具、切削力及离心力夹具等。

（1）通用夹具

通用夹具是指结构、尺寸已经标准化，且具有一定通用性的夹具，它在一定的范围内可以用于加工不同的工件，如三爪卡盘、四爪卡盘、平口钳和万能分度头等。其特点是通用性强，加工精度不高，适用于单件和中小批量生产。

（2）专用夹具

专用夹具是专门为某一工件的某一工序的要求自行设计和制造的夹具。其结构简单、紧凑，操作迅速，维修方便、省力，可以保证较高的精度和生产率。但其设计周期长，制造费用较高。当产品或零件工艺过程改变时，夹具将无法使用而报废，适用于定型产品且工艺稳定、批量较大的生产中。

（3）组合夹具

组合夹具是由一套预先制造好的标准元件和零件组装而成的专用夹具。其元件可以重复利用，因而更经济且组装后可以达到较高精度。适用于单件、中小批量、多品种生产，也可以在批量较大的情况下使用，特别适用于新产品的试制过程。

（4）通用可调夹具

通用可调夹具是指不对应特定的加工对象，适用范围宽，通过适当的调整或更换夹具上的个别元件，即可用于加工形状、尺寸和加工工艺相似的多种工件的夹具。

（5）成组夹具

成组夹具是专为某一组零件的成组加工而设计的，其加工对象明确，针对性强，通过调整可适应不同形状和尺寸的工件加工。

（6）随行夹具

它除了具有一般夹具所担负的安装工件任务外，还担负着沿自动线输送工件的任务，即载着工件从一个工位移动到下一个工位，故称为随行夹具。这种夹具的特点是安装方便，使用精度高，生产效率高，适用于大批量流水线生产。

7.1.3 夹具的设计步骤

机床夹具设计是工艺装备设计的重要环节，其设计应该能够保证工件的加工质量，生产率高，成本低，排屑方便，操作安全，并能给操作者提供良好的劳动条件，且制造维护简便等。

1. 对设计任务进行技术分析

1）明确生产纲领。它是夹具总体设计方案确定的重要依据之一，生产纲领决定了夹具的复杂程度和基本结构。大批量生产多采用机动或气动夹具，自动化程度比较高，同时能装夹多个零件，结构也比较复杂。单件小批量生产时宜采用结构简单、成本低的手动夹具，也可以采用万能通用夹具或组合夹具。

2）明确产品零件图及工序图。零件图是夹具设计的重要资料之一，它给出了工件在轮廓尺寸、相关位置等方面的精度要求；工序图则给出了所用夹具加工工件的工序尺寸、工序基准、已加工表面、待加工面及工序精度要求等，它是设计夹具的主要依据。

3）了解零件工艺规程。了解零件的工艺规程主要是指了解该工序所使用的机床、刀具、加工余量、切削用量、工步安排、工时定额和同时安装的工件数目等。关于机床、刀具方面应了解机床的主要技术参数与规格、机床与夹具连接部分的结构与尺寸、刀具的主要结构尺寸及制造精度等。

4）查阅有关资料并对生产现场进行调查，了解同类产品或类似工装在使用中的优缺点和存在的主要问题，了解生产现场的实际情况与操作者的具体意见和要求，尽可能避免脱离实际的情况，并有所创新。

2. 确定夹具设计的总体方案

定位方案的正确性与合理性对设计的成败起决定性的作用。它应当首先保证定位正确（即遵循六点定位规则）和定位精确（保证加工精度）。其次要考虑结构上的可行性与操作的方便性。必要时，应对所选方案进行定位精度的分析与计算，其中包括四个方面的内容：

1）定位方案确定。根据工序图分析本工序的加工内容和精度要求，确定具体的定位方式，选择定位元件。

2）夹紧方案确定。确定工件的夹紧方式、夹紧力的方向、作用点，以及夹紧元件和夹紧机构，选择和设计动力源。

3）确定其他元件和装置的结构形式，如定向元件、分度装置，刀具的对准及引导元件。

4）确定夹具的总体形式。协调各装置、元件的布局，确定夹具体结构尺寸和总体结构。

在确定夹具结构方案的过程中，定位、夹紧、对刀等各个部分的结构及总体布局都会有几种不同的方案可供选择，应先画出草图，经过分析比较，从中选取较为合理的方案。

3. 绘制夹具结构草图

结构草图是设计方案的初步具体化，它主要考虑对定位夹紧方案采用的具体结构及其空间布局，处理好夹具与机床、刀具、辅具的关系，避免结构中的矛盾和干涉。

对于加工精度要求较高的工序，应进行必要的误差分析，对于机动夹紧或受力较大的工序，应计算切削力和力矩，并估算所需夹紧力，做到心中有数，避免返工。

结构草图应按一定比例绘制，应清楚地表达出夹具的概貌，以便发现问题。

4. 绘制夹具总图

在结构草图审查合格的基础上，进行夹具总图的绘制工作。夹具总图应按国标要求以适当比例绘制，绘制比例应尽量取1∶1，以便使视图能清楚地表达出夹具的工作原理、结构、各种装置和元件的位置关系。如果工件尺寸较大，比例可以采用1∶2或1∶5；如果工件尺寸较小，可以采用2∶1的比例，主视图应取操作者实际工作所面对的正面位置。

总图的绘制顺序为：首先用双点画线绘出工件在各视图上的轮廓，并用网格纹线表示出加工部位的余量；其次把工件轮廓视为透明体，所画的工件轮廓线应与夹具的任何线条彼此独立，不相互干涉，并依次在其周围布置定位、导向、夹紧及其他元件的结构；最后绘制夹具体。

总图上除应标出夹具名称、加工零件编号，填写明细表和标题栏等和其他机械装配图相同的内容外，还应标注夹具的轮廓尺寸、必要的装配和检验尺寸及公差、主要元件与装置之间的相互位置要求等。精度要求较高的夹具，应进行精度分析与计算。

在夹具总图上应该标注的尺寸有：

1）工件与定位元件的联系尺寸；

2）夹具与刀具的联系尺寸；

3）夹具与机床的联系尺寸；

4）夹具内部的配合尺寸；

5）夹具的外廓尺寸。

上述尺寸公差的确定可分成两种情况来确定：夹具上定位元件之间，对刀、引导元件之间的尺寸公差会直接对工件上相应的加工尺寸发生影响，因而可根据工件的加工尺寸公差来确定，一般取工件加工尺寸公差的 $\frac{1}{3}$ 或 $\frac{1}{5}$。定位元件与夹具体的配合尺寸公差、夹紧装置各组成零件间的配合尺寸公差等应根据其功能和装配要求，按一般公差与配合公差原则决定。

5. 测绘夹具零件图

除标准件外，总图上的各组成零件均应有零件图。绘制夹具零件图时，应注意加工与装配的工艺性，其间有可能反过来对总图进行相应的协调与修改以避免，因设计差错造成制造中的责任事故。

对于影响装配精度的有关零件应用装配尺寸链算出其尺寸和公差。对于属于调整和修配的零件应注明其有关尺寸的装配调整要求。

6. 校验夹具总图、整理设计说明书

设计人员应全面回顾与检查校核各种尺寸关系和结构关系，衡量技术要求和精度是否恰当和正确，检查图面投影、选用标准是否正确，以杜绝错误。

整理设计说明书包括：设计方案的选定；几何关系的尺寸换算及其误差计算；对工件的工序尺寸进行的误差分析；特殊结构中力的分析和计算等（对简单夹具可以不进行该步骤）。

完成设计图纸只是完成了设计工作的一半，图纸投入制造后还有大量现场问题需要处理。在夹具装配好后，应由设计、制造和使用三方在生产现场对夹具进行联合验证，并对夹具能否满足生产要求得出结论性意见。根据实际使用情况，设计人员应重新整理图纸，修改发现的问题，做到图纸与实物一致，并编制出易损件图册，然后才能成为正式定型图纸。

7.2　机床夹具的定位机构设计

7.2.1　工件的定位

1.　六点定位原理

　　一个物体在三维空间中可能具有的运动称为自由度，在 $O-XYZ$ 坐标系中，物体可以有沿 X、Y、Z 轴的移动和绕 X、Y、Z 轴的转动，共有 6 个独立的运动，即有 6 个自由度，分别用 $\vec{X}$、$\vec{Y}$、$\vec{Z}$ 和 $\overset{\curvearrowright}{X}$、$\overset{\curvearrowright}{Y}$、$\overset{\curvearrowright}{Z}$ 表示，如图 7.3 所示。当工件不受约束时，具有 6 个自由度。为了保证一个工件在夹具中有确定的位置，及一批工件有一致的正确位置，就必须限制工件的 6 个自由度。根据运动学原理，夹具要限制工件的 6 个自由度，最典型的方法就是按一定规则设置 6 个支撑点。

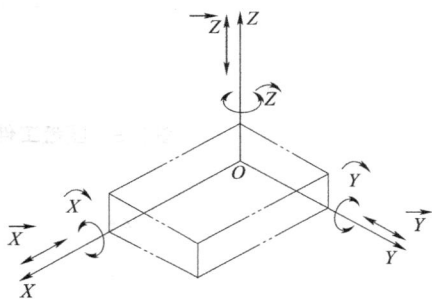

图 7.3　工件的六个自由度

　　图 7.4 所示为矩形工件定位，以三个平面为定位基准面，夹具上用 6 个支撑点限制工件的 6 个自由度。从图中可见，1 个支撑点可以限制 1 个自由度，如支撑点 6 限制了 $\vec{X}$ 自由度；2 个支撑点可以限制 2 个自由度，如支撑点 4、5 限制了 $\vec{Y}$、$\vec{Z}$ 两个自由度；3 个支撑点可以限制 3 个自由度，如支撑点 1、2、3 限制了 $\vec{Z}$、$\overset{\curvearrowright}{X}$、$\overset{\curvearrowright}{Y}$ 三个自由度。这样通过夹具上的 6 个支撑点可以限制 6 个自由度，工件在夹具中的位置也就确定了。这就是著名的 3—2—1 六点定位原理。

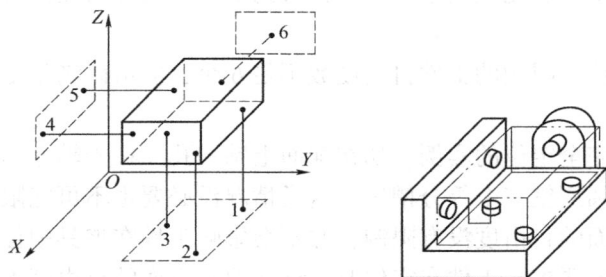

图 7.4　矩形工件定位（6 个支撑点限制 6 个自由度）

　　实际上六点定位原理适用于各种形状的零件，图 7.5 所示为圆盘工件定位，图 7.6 所示为轴类工件定位。六点定位原理是采用六个按一定规则布置的约束点，限制工件的六个自由度，从而使工件实现完全定位的方法。

2.　工件在夹具中定位的几种情况

（1）完全定位

图 7.4、图 7.5 和图 7.6 所示均为完全定位的实例。零件在夹具中的定位，其 6 个自由

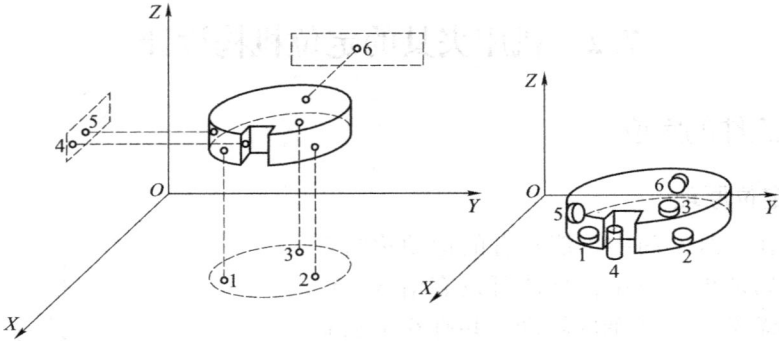

图 7.5　圆盘工件定位（6 个支撑点限制 6 个自由度）

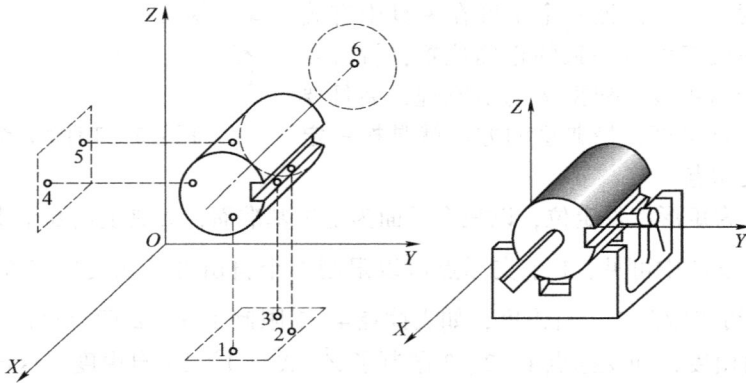

图 7.6　轴类工件定位（6 个支撑点限制 6 个自由度）

度都被限制而在空间中占有完全确定的唯一位置的定位方式称为完全定位。

（2）不完全定位

工件在夹具中定位，限制的工件自由度数不足 6 个，但可以满足工件加工要求的定位方式称为不完全定位。

图 7.7 所示为不完全定位的实例，如在球面上钻一孔、在光轴上车一个阶梯、在套筒上铣一个平面、在圆盘圆周铣三个等分槽等。这类情况没必要也不可能限制零件绕自身回转轴线的自由度，且这方面的自由度没有限制，并不会影响工件在夹具中位置的一致性。有时由于加工工序的加工精度要求，工件在定位时允许保留某方面的自由度不被限制。以上这两种情况都属于不完全定位。

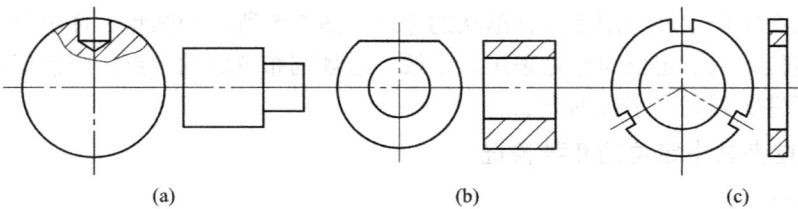

（a）　　　　　（b）　　　　　（c）

图 7.7　不完全定位实例（不必限制绕自身回转的自由度）

（3）欠定位

工件在夹具中定位，若实际定位支撑点或实际限制的自由度个数少于工序加工要求应予限制的自由度个数，则工件定位不足，称为欠定位。由于欠定位时，加工工艺要求限制的自由度没有被限制，则在这个自由度方向上的加工精度要求就无法得到保证。所以欠定位在加工中是决不允许出现的。

（4）过定位

若几个定位支撑点同时重复限制工件的某一个自由度的现象，称为过定位。

有时过定位是允许的，比如以加工过的工件表面或精度较高的毛坯表面作为定位基准时，为提高定位表面的稳定性和刚度，在一定条件下允许采用过定位。但是对于以工件形状精度和位置精度很低的毛坯表面作为定位基准时，是不允许采用过定位的。如图 7.8 所示铣工件上平面时，采用 4 个支撑点定位，限制 3 个自由度，属于过定位。如果定位基准面是精度很低的毛坯面，则这种情况是不允许出现的，因为一组零件定位面会和其中任意 3 个支撑点接触，造成定位基准不统一；如果定位基准面是加工过的形状精度很高的表面，虽将它放在 4 个支撑钉上，只要此 4 个支撑钉在一个平面上，则一个工件在夹具中的位置基本

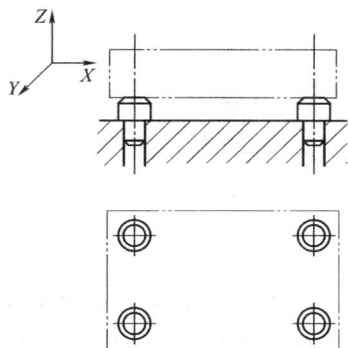

图 7.8　平面的过定位

上是确定的，一批工件在夹具中的位置也是基本一致的。由于增加了支撑钉，不但工件在夹具中的定位稳定，而且还能提高工件的加工精度。所以对于已加工表面，最好采用多个支撑点。它们基本上起着相当于 3 个支撑点限制 3 个自由度的作用，是符合定位原则的。

7.2.2　定位元件的选取和设计

工件在夹具中位置的确定，主要是通过各种类型的定位元件实现的。定位元件从它们的基本结构来看是由平面、圆柱面、圆锥面及各种成形面所组成的。工件在定位时可根据各自的结构特点和精度要求，选取以上的各种形状或是它们之间的组合作为定位基准。一般来说，定位元件的设计应满足以下要求：

1）要有与工件相适应的精度；

2）要有足够的刚度，不允许受力后发生变形；

3）要有良好的耐磨性，以便在使用中保持其工作精度，一般多采用低碳钢渗碳淬火或碳素工具钢淬火，硬度为 HRC58—62。

下面介绍几种典型表面的定位方法和定位元件。

1. 平面的定位元件

对于箱体、床身、机座、支架类零件的加工，最常用的定位方式是以平面为基准，如图 7.4 所示。平面定位方式中所需的定位元件及定位装置，均已标准化。在夹具设计中常用的平面定位元件有固定支撑、可调支撑、自位支撑及辅助支撑等。

（1）固定支撑

在夹具体上，支撑点的高度位置固定不变的定位元件称为固定支撑，包括固定支撑钉和固定支撑板。固定支撑钉用于较小的平面，而固定支撑板用于较大平面的支撑，图 7.9 所示

为各种类型的固定支撑钉。

1）支撑钉支撑。

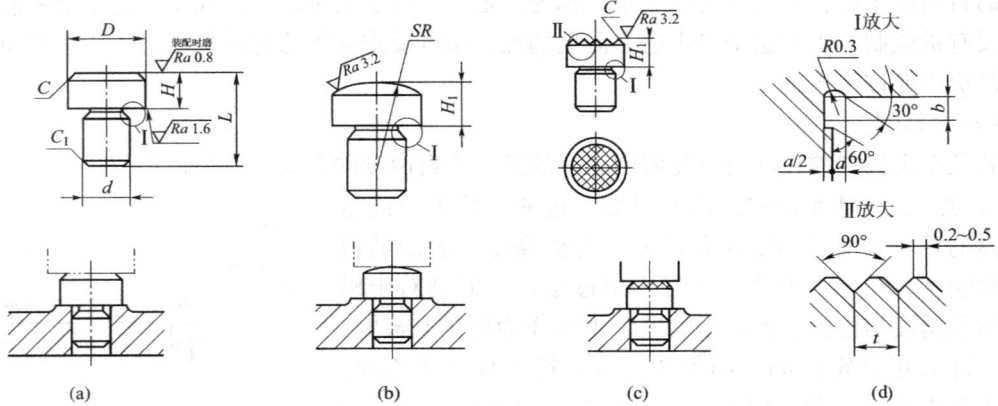

图7.9　各种固定支撑钉

图7.9（a）所示为平头支撑钉，用于已加工平面；图7.9（b）所示为球头支撑钉，用于未加工平面，以便保证良好接触；图7.9（c）所示为网纹头支撑钉，用于未加工平面，可减小实际接触面积，增大摩擦，使定位稳定可靠，但由于槽中易积屑，故多用于侧面粗定位。支撑钉的尾柄与夹具体上的基体孔配合为过盈配合，多选为 H7/n6 或 H7/m6。

2）支撑板支撑。

固定支撑板多用于工件上已加工表面的定位，有时可用一块支撑板代替两个支撑钉，限制两个自由度。图7.10所示为两种常用的支撑板，其中图7.10（a）所示为平板式支撑板，其结构简单，但沉头螺钉处易堆积切屑，故用于工件侧面或顶面定位。图7.10（b）所示为斜槽式支撑板，它在结构上作了改变，即在支撑面上开两个斜槽为固定支撑钉用，使切屑容易清除，主要用于工件底面的定位。

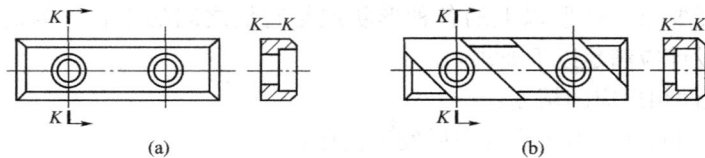

图7.10　支撑板的结构

（a）平板式支撑板；（b）斜槽式支撑板

支撑钉、支撑板的结构和尺寸均已标准化，设计时可查看有关标准手册。

（2）可调支撑

在夹具上，支撑点的顶端位置可在一定范围内调整的定位元件称为可调支撑。多用于为已加工的平面定位，以调节和补偿各批毛坯尺寸的误差，一般每批毛坯调整一次。图7.11所示为可调支撑的几种形式，均由螺钉及螺母组成，支撑高度调整后，用螺母锁紧工件。

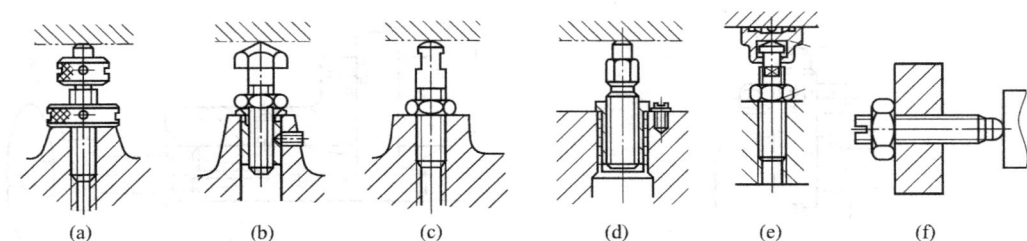

图 7.11　各种类型的可调支撑

（3）自位支撑

自位支撑又称浮动支撑，在定位过程中，支撑本身所处的位置随工件定位基准面的变化而自动调整并与之相适应。这类支撑在结构上均需设计成活动或浮动的。图 7.12 所示为几种常见的自位支撑，其中图 7.12（a）和图 7.12（b）所示为两点式自位支撑，图 7.12（c）所示为三点式自位支撑。虽然每一个自位支撑与工件间可能是两点或三点接触，但实质上仍然只能起到一个支撑点的作用，只限制一个自由度。多用于刚度不足的毛坯表面或不连续的平面、阶梯表面定位。

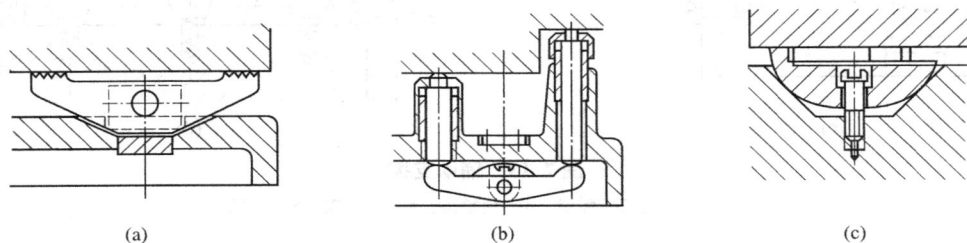

图 7.12　几种自位支撑

（a），（b）两点式自位支撑；（c）三点式自位支撑

（4）辅助支撑

在夹具中，只能起到提高工件支撑刚性或起到辅助作用的定位元件称为辅助支撑。

辅助支撑可以实现工件的预定位或提高工件定位的稳定性。

图 7.13 所示为辅助支撑的几种形式，辅助支撑的形式很多，无论采用哪一种，都应注意辅助支撑不起定位作用，不应限制工件的自由度，同时更不能破坏基本支撑对工件的定位。因此，辅助支撑的结构都是可调并能锁紧的。相对主要支撑，才有辅助支撑，其在工件定位时只起提高工件支撑刚度和定位稳定性的作用。辅助支撑的有些结构与可调支撑相似，但其作用和调节操作不同。可调支撑起定位作用，而辅助支撑不起定位作用。可调支撑是先调整再定位，最后夹紧工件，辅助支撑则是先定位，再夹紧工件，最后调整辅助支撑。

2.　圆孔表面的定位元件

在夹具设计中常用的圆孔表面的定位元件有定位销、圆锥销、刚性心轴及锥度心轴等。

（1）定位销

工件以圆孔为定位基面，定位元件多是圆柱面与圆柱面配合，具体定位限制的工件自由

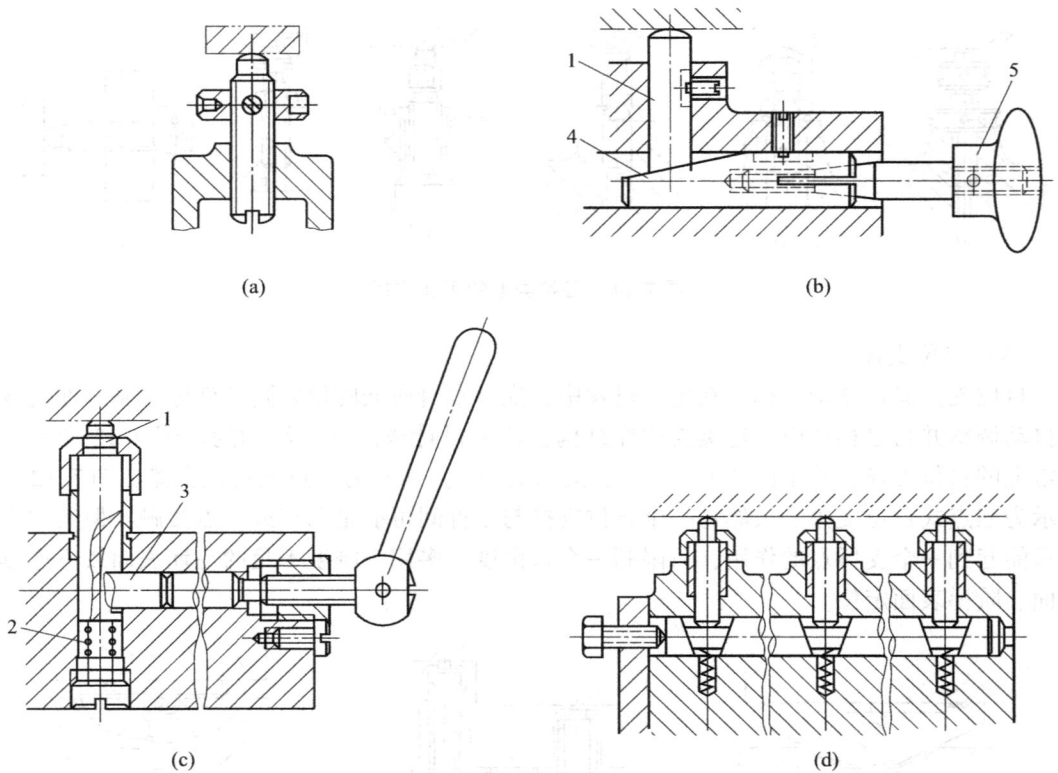

(a)

(b)

(c)

(d)

图 7.13 辅助支撑

1—支撑头；2—弹簧；3—锁紧销；4—推引楔；5—手柄

度数，不仅与两者之间的配合性质有关，而且根据定位基准孔定位元件的配合长度 L 与直径 D 的比值 L/D 不同分为两种情形：当 L/D 为 $1.0 \sim 1.5$ 时，为长销定位，相当于 4 个定位支撑点，限制工件的 4 个自由度，能够确定孔的中心线位置；若 $L/D < 1$，为短销定位，相当于 2 个定位支撑点，限制工件的 2 个自由度，只能确定孔的中心点的位置。定位销有固定式和可更换式两种。图 7.14 所示为几种典型的定位销。

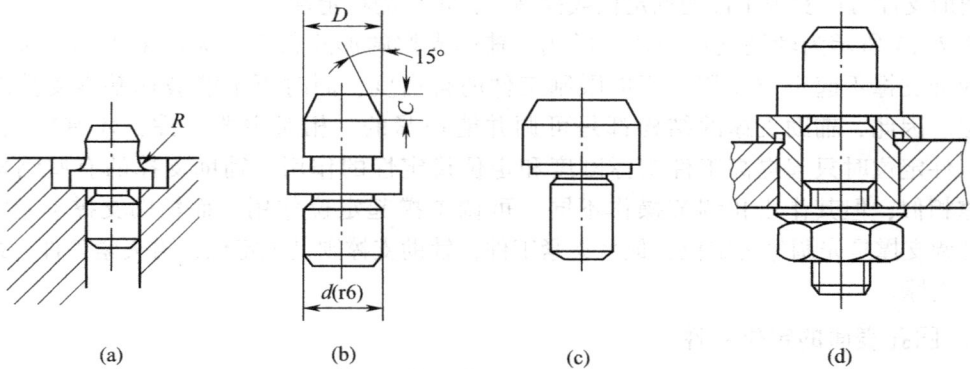

(a)

(b)

(c)

(d)

图 7.14 几种典型的定位销

（a）$d \leqslant 10$ mm；（b）10 mm $< d \leqslant 18$ mm；（c）$d > 18$ mm；（d）$d > 10$ mm

图 7.14 (a) ～图 7.14 (c) 所示为固定定位销,销与夹具体是 H7/r6 或 H7/n6 配合,将销直接压入夹具体孔中;图 7.14 (d) 所示为可更换式定位销,是用螺栓经中间套以 H7/n6 与夹具体配合,以便于更换。定位销头部应做出 15°倒角或圆角,以便于装入工件的定位孔。定位销的工作部分直径可按 h5、h6、g5、g6、f6 或 f7 制造,定位销主要用于直径小于 50mm 的中、小孔定位。

(2) 圆锥销

在加工套筒、空心轴等类工件时,常用到圆锥销。其结构如图 7.15 所示,图 7.15 (a) 所示用于粗基准,图 7.15 (b) 所示用于精基准,两种均可限制工件的 3 个移动自由度。根据需要可以设计菱形锥销,用以消除工件 2 个移动自由度。如图 7.15 (c) 所示,工件以底面安放在定位圆环的端面上,圆锥销依靠弹簧力插入定位孔中,这样就消除了孔和圆锥销间的间隙,使圆锥销起到较好的定心作用。

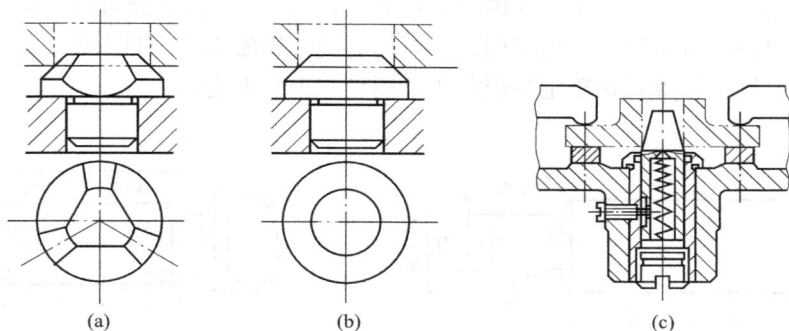

(a)　　　　　　　　(b)　　　　　　　　(c)

图 7.15　圆锥定位销

工件以单个圆锥销定位时容易倾斜,一般应和其他定位元件进行组合定位。图 7.16 (a)所示为圆锥—圆柱组合心轴,其锥度部分使工件准确定心,圆柱部分可以减少工件的倾斜。由于锥度较大,故轴向位置变化不大。图 7.16 (b) 所示为工件在双圆锥销上定位。图 7.15 (c) 所示为以工件的底面为主要定位基准,定位锥体做成活动式,工件的孔径虽有变化,也能准确定位,不会倾斜。图 7.16 (a) 和图 7.16 (b) 限制了工件的 5 个自由度。除绕轴线转动的自由度没有限制外,其他均已限制。图 7.15 (c) 中采用活动圆锥销,只限制 $\vec{X}$、$\vec{Y}$ 两个移动自由度,即使工件的孔径变化较大时,也能准确定位。

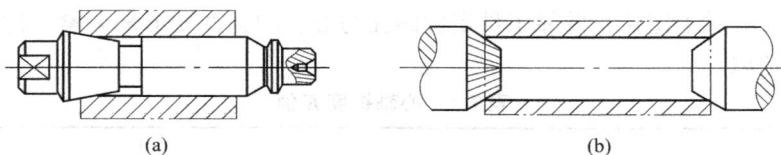

(a)　　　　　　　　　　　　　　　(b)

图 7.16　圆锥销

加工轴类工件外圆时,常采用顶尖与中心孔配合定位,如图 7.17 所示,左中心孔以锥面在轴向固定的前顶尖上定位,由于顶尖与中心孔接触长度较小,只能限制 3 个自由度,右中心孔以锥面在轴向可移动的后顶尖上定位,限制 2 个自由度。

(3) 刚性心轴

图 7.18 所示为常用的几种刚性心轴，图 7.18（a）所示为间隙配合，其定位部分直径按 h6、g6 或 f7 制造，装卸工件方便，但定心精度不高。图 7.18（b）为过盈配合心轴，由导向部分 1、工作部分 2 及传动部分 3 组成，导向部分的作用是使工件迅速而准确地套入心轴，工作部分直径按 r6 制造，其基本尺寸等于孔的最大极限尺寸。此种心轴制造简单，定心准确，不用另设夹紧装置，但装卸工件不方便，易损伤工件定位孔，因此多用于定心精度要求高的精加工。图 7.18（c）所示为花键心轴，用于加工

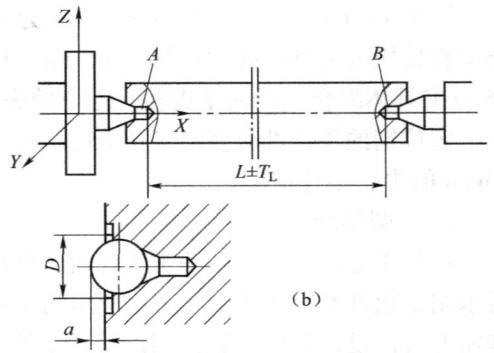

图 7.17 顶尖与中心孔配合定位

以花键孔定位的工件，当工件定位孔的长径比 $L/d > 1$ 时，工作部分可略带锥度。刚性心轴定位时限制的自由度分析与定位销相同，过盈配合的心轴限制 4 个自由度，对于间隙配合的心轴则根据其与圆孔接触长短确定是限制 4 个还是 2 个自由度。

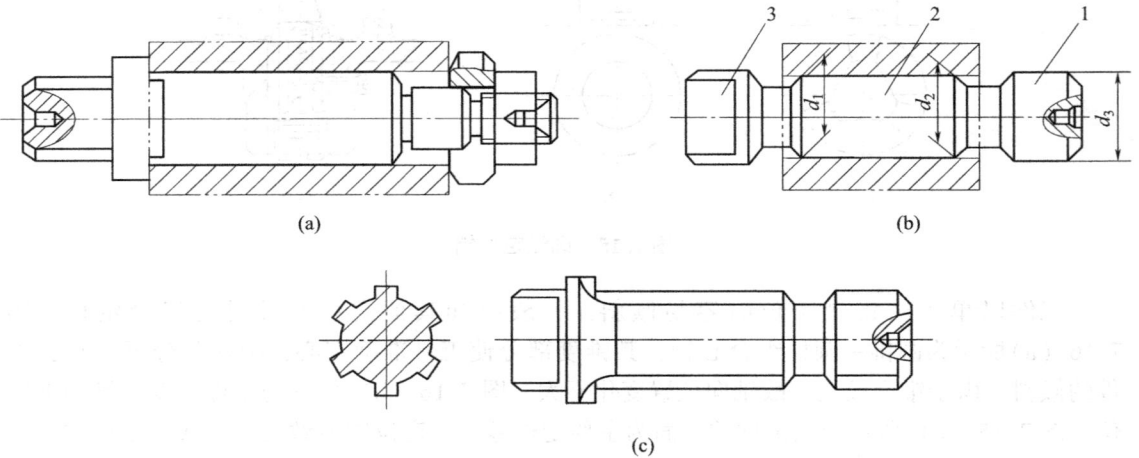

图 7.18 几种典型的刚性心轴

1—导向部分；2—工作部分；3—转动部分

（4）锥度心轴

工件在锥度心轴上定位，并靠工件定位圆孔与心轴的弹性变形来夹紧工件，心轴锥度 K 按表 7.1 所示选取。

表 7.1 心轴锥度 K 值

工件定位孔直径 D/mm	8 ~ 25	25 ~ 50	50 ~ 70	70 ~ 80	80 ~ 100	> 100
锥度 K	$\dfrac{0.01}{2.5D}$	$\dfrac{0.01}{2D}$	$\dfrac{0.01}{1.5D}$	$\dfrac{0.01}{1.25D}$	$\dfrac{0.01}{D}$	$\dfrac{0.01}{100}$

图 7.19 所示为小锥度心轴图，为防止工件在心轴上定位时倾斜，锥度心轴带有很小的锥度，一般为 $K = 1:1\,000 \sim 1:5\,000$。工作时，工件楔紧在心轴上，靠过盈配合形成的一段

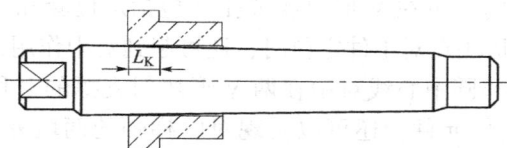

图 7.19　小锥度心轴

接触长度 L_k 产生的摩擦力带动工件回转，而无须另加夹紧装置。小锥度心轴的定心精度可达 0.005 ~ 0.010mm。工件在心轴上定位通常限制了除绕工件自身轴线转动和沿工件自身轴线移动以外的 4 个自由度，是四点定位。选取心轴的锥度越小，则楔紧接触长度 L_k 越大，定心定位精度越高。但当工件定位孔径尺寸变化时，锥度越小，引起工件轴向位置的变化也越大。此种锥度心轴一般只适用于工件定位孔精度高于 IT7 级、切削力较小的精加工。

3. 外圆表面的定位元件

在夹具设计中常用于外圆表面的定位元件有定位套、支撑板和 V 形块等。各种定位套对工件外圆表面主要实现定心定位，支撑板实现对外圆表面的支撑定位，V 形块则实现对外圆表面的定心对中定位。

（1）定位套

在夹具中，工件以外圆表面定位时，常采用如图 7.20 所示的各种定位套。图 7.20（a）所示为短定位套，图 7.20（b）所示为长定位套，它们分别限制被定位工件的 2 个和 4 个自由度。图 7.20（c）所示为锥面定位套，它和锥面销对工件圆孔定位一样限制 3 个自由度。在夹具设计中，为了装卸工件的方便，也可采用如图 7.20（d）所示的半圆套对工件外圆表面进行定位。根据半圆套与工件定位表面接触的长短，将分别限制 4 个或 2 个自由度。

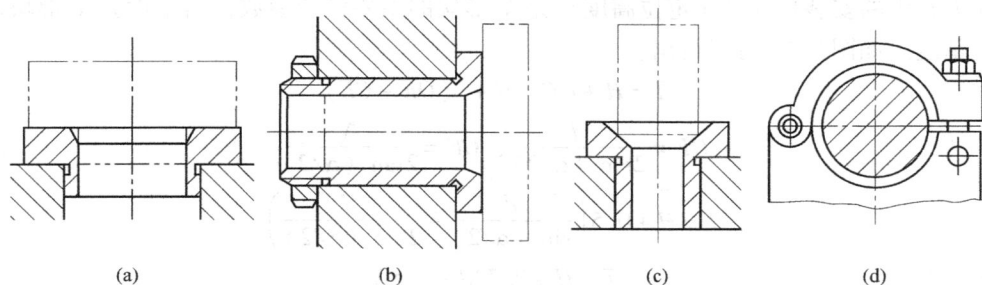

(a)　　　　　　(b)　　　　　　(c)　　　　　　(d)

图 7.20　定位套

（a）短定位套；（b）长定位套；（c）锥面定位套；（d）半圆套

（2）支撑板

在夹具中，工件以外圆表面的侧母线定位时，常采用平面定位元件支撑板。支撑板对工件外圆表面的定位属于支撑定位，定位时限制自由度数的多少将由它与工件外圆侧母线接触的长短决定。当两者接触较短时，支撑板对工件限制一个自由度，当两者接触较长时，则限制 2 个自由度。

（3）V 形块

工件以外圆柱面定位时，可在 V 形块或圆孔（包括定位套和半圆孔）上定位，其中以 V 形块定位较为常见。V 形块在对工件定位时，还可起到对中作用，即通过与工件外圆两侧母线的接触，使工件上的外圆中心线对中在两 V 形块斜支撑的对称面上。对由两个高低不等的短 V 形块组合成的定位元件，还可以实现对阶梯轴的两段外圆表面中心连线的定位。图 7.21 所示为常用 V 形块结构。图 7.21（a）所示用于较短的精定位基面；图 7.21（b）所示用于较长的粗基准（或台阶轴）定位；图 7.21（c）所示用于较长的精基准定位；图 7.21（d）所示用于工件较长且定位基面直径较大的场合，此时 V 形块通常做成镶嵌件，在铸铁底座上镶装淬硬钢垫或硬质合金板。通常将短 V 形块看作 2 个点定位副，认为限制 Y、Z 方向的两个移动自由度；长 V 形块则是 4 个点定位副，限制 4 个自由度，即 Y、Z 方向的移动和转动自由度。

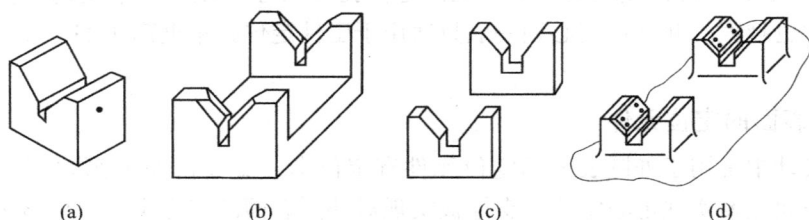

(a)　　　　　　(b)　　　　　　(c)　　　　　　(d)

图 7.21　几种常用的 V 形块

V 形块上两斜面的夹角有 60°、90° 和 120°，其中以 90° 的 V 形块应用最多。V 形块的定位特点为安装工件方便、适用范围广、对中性好。在实际生产中，V 形块不但用于定位元件，还可兼作夹紧元件，这时应该采用活动的 V 形块。固定 V 形块和活动 V 形块都已经标准化。

如图 7.22 所示的 V 形块结构尺寸，V 形块设计、安装的基准是检验心轴的中心，故 V 形块在夹具中的安装尺寸 T（定位高度）是 V 形块的主要设计参数，用来检验 V 形块制造、装配的精度。如图 7.22 可以得出：

$$T = H + OC = H + (OE - CE)$$

而
$$OE = \frac{d}{2\sin(\alpha/2)}, \quad CE = \frac{N}{2\tan(\alpha/2)} \tag{7.1}$$

所以
$$T = H + 0.5\left(\frac{d}{\sin(\alpha/2)} - \frac{N}{2\tan(\alpha/2)}\right)$$

当 $\alpha = 90°$ 时，
$$T = H + 0.70d - 0.5N$$

式中：d——V 形块标准心轴的直径尺寸，即工件定位用外圆的理想直径尺寸（mm）；

　　　H——V 形块高度尺寸（mm）；

　　　N——V 形块开口尺寸（mm）；

　　　T——对标准心轴而言，V 形块的标准定位高度尺寸（也是 V 形块加工时的检验尺寸）。

自行设计 V 形块时，d 是已知的，而 H 和 N 是自行确定的，然后才可以确定出 T。

图 7.23 所示为加工连杆孔的定位方式，连杆工件以平面定位限制了 3 个自由度，固定 V 形块限制了 2 个自由度，活动 V 形块限制了一个转动自由度，同时还兼有夹紧作用。

第 7 章 机床夹具设计 ●

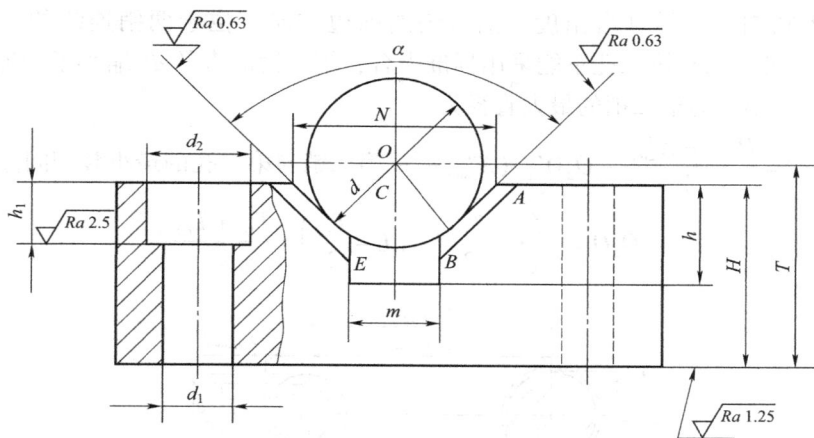

图 7.22 V 形块结构

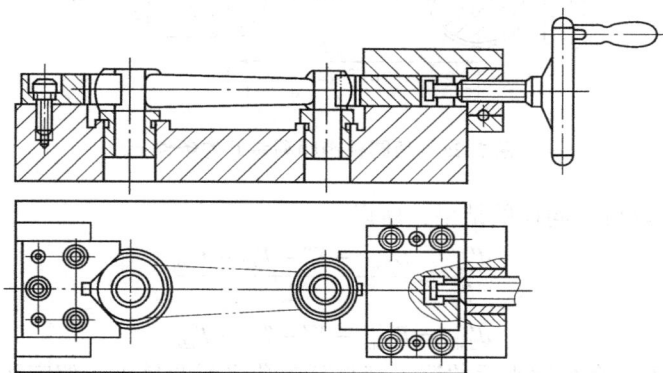

图 7.23 工件在 V 形块中定位的应用

4. 一面与两孔的组合定位

在加工箱体、连杆、盖板等类工件时，常采用这种组合定位，称为"一面两孔"定位。一面两孔定位元件为：平面采用支撑板，两孔采用定位销，又称"一面两销"定位。如图 7.24 所示，此时平面为第一定位基准，限制工件 $\vec{X}$、$\vec{Y}$、$\vec{Z}$ 这 3 个自由度，第一个定位销限制 $\vec{X}$、$\vec{Y}$ 2 个移动自由度，第二个定位销限制 $\vec{X}$、$\vec{Z}$，很显然 $\vec{X}$ 自由度被重复限制，属于过定位。假设两孔直径分别为 $D_1^{+T_{D1}}$、$D_2^{+T_{D2}}$，两孔中心距为 $L \pm \frac{1}{2} T_{LD}$，两销直径分别为 $d_1^{0}{}_{-T_{d1}}$、$d_1^{0}{}_{-T_{d2}}$，两销中心距为 $L \pm \frac{1}{2} T_{Ld}$。由于两孔、两销的直径，两孔中心距和两销中心距都存在制造误差，故有可能使工件两孔无法套在两定位销上。为了能顺利使两销装入两孔而不产生干涉，必须将其中一销削边，以补偿两孔对两销中心距误差，其中短圆柱销限制 2 个移动自由

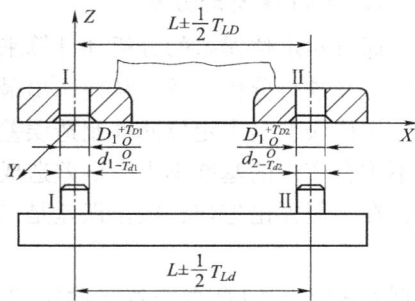

图 7.24 "一面两孔"的组合定位

· 373 ·

度，短削边销限制一个转动自由度，削边销的削边方向应位于两销连线的垂直方向。如图 7.25 所示，第二销与第二孔不能采用标准配合，第二销的直径 d_2' 缩小了，连心线方向的间隙增大了，缩小后的第二销的最大直径为

$$\frac{d_{2max}'}{2} = \frac{D_{2min} - X_{2min}''}{2} - O_2O_2' \quad (X_{2min}''——第二销与第二孔的最小装配间隙) \quad (7.2)$$

$$O_2O_2' = \left(L + \frac{T_{Ld}}{2}\right) - \left(L - \frac{T_{Ld}}{2}\right) = \frac{T_{Ld} + T_{Ld}}{2} \quad (7.3)$$

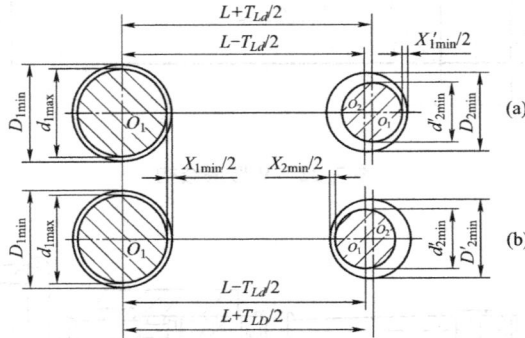

图 7.25　两圆柱销顺利装卸的条件

由图 7.25 也可以得到同样的结果，所以

$$\frac{d_{2max}'}{2} = \frac{D_{2min} - X'' - T_{Ld} - T_{LD}}{2}$$

$$d_{2max}' = D_{2min} - X'' - T_{Ld} - T_{LD} \quad (7.4)$$

即要使工件顺利装入，直径缩小后的第二销与第二孔之间的最小间隙应达到

$$X_{2min}' = D_{2min} - d_{2max}' = T_{Ld} + T_{LD} + X_{2min}'' \quad (7.5)$$

这种缩小一个定位销直径的办法，虽然能实现工件的顺利装入，但增大了工件的转动误差，因此，只能在加工要求不高时使用。此时平面为第一定位基准，限制工件的 $\overset{\curvearrowright}{X}$、$\overset{\curvearrowright}{Y}$、$\overset{\leftrightarrow}{Z}$ 这 3 个自由度，短圆柱销限制工件 $\overset{\leftrightarrow}{X}$、$\overset{\leftrightarrow}{Y}$ 这 2 个移动自由度，菱形销限制工件的 $\overset{\curvearrowright}{Z}$ 自由度，实现了六点定位。

7.2.3　定位误差分析与计算

1.　定位误差的分析

通过对定位误差的分析和计算来判断所采用的定位方案能否保证加工要求，以便对不同定位方案进行分析比较，从而选出最佳定位方案，它是决定最佳定位方案的依据。

定位误差是由定位元件制造误差及配合间隙引起的基准位置误差，及定位基准和工序基准不重合产生的基准不重合误差造成的。在工件定位时，上述误差可能同时存在，也可能单独存在。但无论怎样，定位误差是二者同时作用的结果。所以

$$\delta_d = \delta_w \pm \delta_b \quad (7.6)$$

根据 δ_w 和 δ_b 方向是否一致来确定"＋"、"－"号。如果方向一致取"＋"，方向相反取"－"，如果方向不在一条直线上，可采用叠加的方式进行计算。

2. 典型零件工序尺寸定位误差计算实例

（1）平面组合定位时的误差

在生产中以两个互相垂直的平面定位，其主要形式是支撑定位。两个定位基准面之间存在位置误差，通常把限制自由度最多的平面选为第一定位基准面，依次分别为第二、第三定位基准面。图 7.26 所示为平面组合定位的基本形式。图 7.26（a）所示为工件加工工序简图，图 7.26（b）所示为工件在夹具中的定位简图。工件以底面 A 面为第一定位基准面，限制 3 个自由度。左侧面 B 为第二定位基准面，限制 2 个自由度，要求同时加工 D、C 面，保证加工表面位置尺寸 L_1 和 L_2。

对于工序尺寸 L_1 来说，工序基准和定位基准都是 A 面，所以基准重合且无位置上的变化，即

$$\delta_d(L_1) = \delta_w(A) + \delta_b(L_1) = 0 + 0 = 0 \tag{7.7}$$

平面 B 是加工面 C 的工序基准和定位基准，仍属基准重合，即 $\delta_b(L_2) = 0$，由于 B 与底面 A 存在角度误差（$\pm\Delta\alpha$），使工序基准（定位面）B 的位置发生了偏移，在误差范围内变化，其最大变化量为对尺寸 L_2 在水平方向产生的基准位置误差：

$$\delta_d(L_2) = \delta_w(B) + \delta_b(L_2) = L_2' - L_2'' + 0 = 2(H - H_0)\tan\Delta\alpha \tag{7.8}$$

式中，H_0——导向支撑在夹具中的安装位置高度（mm）；

　　　H——工件的高度尺寸（mm）；

　　　$\Delta\alpha$——工件侧面 B 与底面 A 间的夹角误差。

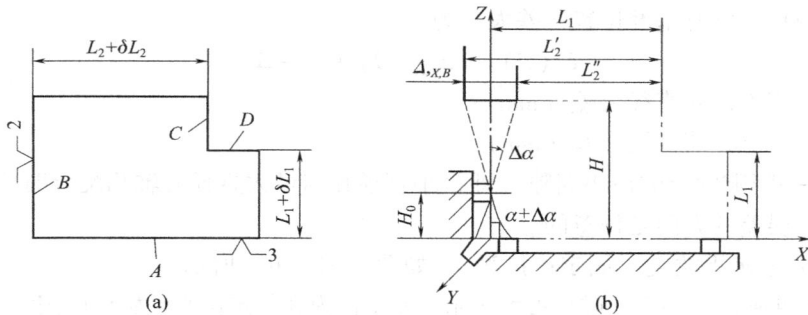

图 7.26　平面组合定位误差分析

（2）圆柱孔定位时的定位误差

工件以圆孔在定位心轴（或定位销）上定位所产生的定位误差有两种情况：工件孔与定位心轴采用过盈配合和间隙配合。其中间隙配合又分为定位心轴垂直放置和水平放置两种情况。

1）工件孔与定位心轴（或定位销）过盈配合。

当工件以内孔与心轴过盈配合定位或采用其他自动定心装置定位时，即使定位孔的直径尺寸有误差，定位时孔的表面位置也将有变动，但孔中心线的位置是固定不变的。所以如果工件以圆孔中心线为工序基准在过盈配合心轴上定位，因无间隙存在，无论定位心轴怎样放置，圆孔中心线位置固定不变，属于基准重合情况，故不产生定位误差。

2）工件孔与定位心轴（或定位销）间隙配合。

套类零件常以内孔中心线为定位基准，这是因为这类零件常以内孔中心线为工序基准。孔与定位心轴采用间隙配合。由于定位心轴和孔有制造误差，且工件内孔与定位心轴之间有

间隙，所以一批工件的内孔中心线会在一定范围内变动，存在位置误差 $\delta_w(O)$，如图 7.27 所示。图 7.27（a）所示为定位心轴垂直放置，非固定边接触时，定位基准 O 的变动情况。图 7.27（b）所示为定位心轴水平放置固定边接触时，定位基准 O 的变动情况。

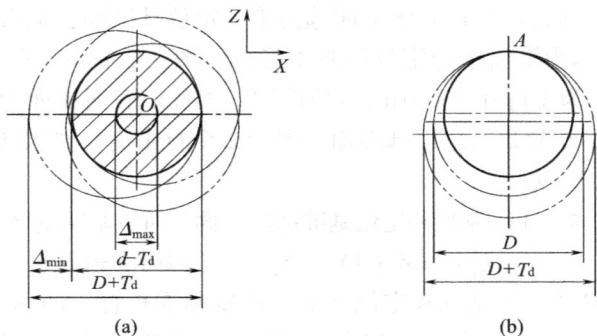

图 7.27　工件孔在定位心轴上定位

① 定位心轴垂直放置（非固定边接触），如图 7.27（a）所示。

由于孔、心轴及配合间隙的存在，孔相对于定位心轴可以在间隙范围内做任意方向、任意大小的位置变动，孔中心线的变动范围为以最大间隙 Δ_{max} 为直径的圆柱体。而最大间隙发生在最大直径的孔与最小直径的心轴相配合时。孔中心线的位置变动的最大量即为基准位置误差，即 $\delta_w(O)$。此时基准位置误差大小为

$$\delta_w(O) = \Delta_{max} = T_D + T_d + \Delta_{min} \tag{7.9}$$

式中，T_D——工件内孔直径公差（mm）；

　　T_d——定位心轴直径公差（mm）；

　　Δ_{min}——间隙配合的最小间隙（即最小直径孔与最大直径心轴相配合时的间隙）。

基准位置误差的方向是任意的。

② 定位心轴水平放置（固定边接触），如图 7.27（b）所示。

假设对工件施加一外力，或在重力作用下使工件内孔与定位心轴始终以固定边接触，此时可认为定位基准是孔中心线，也可以认为定位基准是内孔上母线 A。如果以上母线 A 为定位基准，则可以看成支撑定位，此时基准位置误差为零（忽略定位心轴直径误差）。如果以工件孔中心线为定位基准，因为定位基准只在垂直方向变动，所以在水平方向上基准位置误差为零。在垂直方向上，由于定位销水平放置，定位心轴与工件内孔都有制造误差且配合有间隙，圆孔中心位置发生偏移，因此，一批工件定位时可能出现两种极端情况，一是定位心轴尺寸最大、工件孔最小；二是定位心轴尺寸最小、内孔最大两种极端情况。其定位基准 O 位置误差为：

$$\delta_w(O) = \frac{D_{max} - d_{min}}{2} - \frac{D_{min} - d_{max}}{2} = \frac{1}{2}(T_D + T_d) \tag{7.10}$$

式中，D_{max}——工件孔最大直径尺寸（mm）；

　　d_{min}——定位心轴最小直径尺寸（mm）；

　　D_{min}——工件孔最小直径尺寸（mm）；

　　d_{max}——定位心轴最大直径尺寸（mm）；

　　T_D——工件内孔直径公差（mm）；

T_d——定位心轴直径公差（mm）。

式中没有包含 $\dfrac{\Delta_{\min}}{2}$，是因为 $\dfrac{\Delta_{\min}}{2}$ 是常值系统误差，可以通过调刀消除，因此，在调整刀具尺寸时应加以注意。

（3）工件以外圆面定位时的定位误差

外圆柱表面的定位有定心定位和支撑定位两种，定心定位以外圆柱面的轴线为定位基准，常见的定心定位装置有各种形式的自动定心三爪夹盘、弹簧夹头以及其他一些自动定心机构。用这类定位装置定位时，工件轴心线在径向方向是固定不变的，因此基准位置误差等于零。

以外圆柱面定位的支撑定位常采用 V 形块定位，如图 7.28 所示，此时工件的定位基准可以认为是工件的轴心线。当直径尺寸有变化时，与 V 形块相接触的母线 A、B 的位置都会发生变化，但工件轴心线只在垂直方向上有位置变化，而在水平方向轴心线的变动为零，此即 V 形块的对中性。在垂直方向上，定位基准位置误差为：

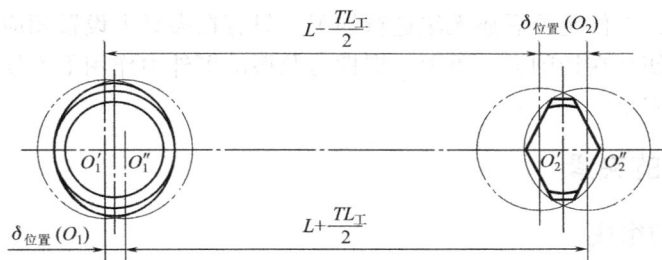

$$\delta_w(O) = \frac{T_d}{2\sin\dfrac{\alpha}{2}} \tag{7.11}$$

式中，T_d——工件外圆直径公差（mm）；

α——V 形块夹角。

图 7.28　V 形块定位的基准位置误差

在分析了各种定位方式的基准位置误差后，如果工序基准与定位基准重合，定位误差就是基准的位置误差，如果工序基准与定位基准不重合，定位误差为定位基准位置误差与基准不重合误差的和，即 $\delta_d = \delta_w \pm \delta_b$。

（4）工件以"一面两孔"定位

工件以"一面两孔"定位时，其定位平面是第一定位基准，且一般均为基准重合。用以定位的两孔，分别为第二和第三基准，此时所产生的定位误差应分两项分别计算。

1）纵向误差。

"一面两孔"定位时的纵向误差是指工件在两孔连心线方向上工序基准的极端位置误差。如图 7.29 所示，当工件内孔 O_1 的直径最大、定位销直径最小，且考虑工件上两孔中心距误差的影响，根据图 7.29 所示的两种极端位置情况可知：

$$\delta_w(O_1) = O_1'O_1'' = T_{D1} + T_{d1} + \Delta_{1\min}$$
$$\delta_w(O_2) = O_2'O_2'' = O_1'O_1'' + TL_{\text{工}} = T_{D1} + T_{d1} + \Delta_{1\min} + TL_{\text{工}} \tag{7.12}$$

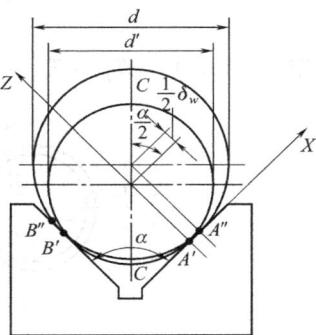

图 7.29　"一面两孔"定位时纵向误差分析

式中，T_{D1}——内孔直径公差（mm）；

T_{d1}——第一个定位销直径公差（mm）；

Δ_{1min}——第一个孔、销配合最小间隙（mm）；

$TL_{工}$——两孔之间中心距公差（mm）。

2）最大转角误差。

采用"一面两孔"定位时，除有纵向误差外，工件上两孔与定位销间由于存在间隙配合，中心连线还可能绕 Z 轴发生偏转，产生转角误差。如图 7.30 所示，其最大转角误差为：

$$\delta_{zj}(O_1O_2) = \pm \tan^{-1}\frac{\delta_w(O_1) + \delta_w(O_2)}{2L} \tag{7.13}$$

式中，$\delta_w(O_2) = T_{D2} + T_{d2} + \Delta_{2min}$

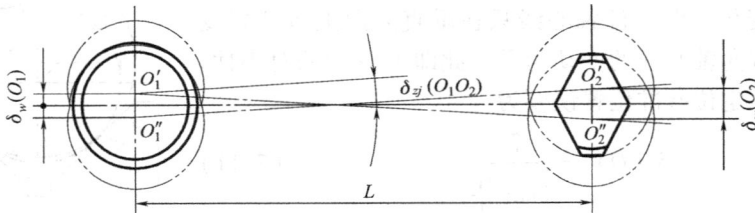

图 7.30　一面两孔定位时转角误差分析

3. 提高工件在夹具中定位精度的主要措施

由于定位误差由两部分组成，一是定位基准的位置误差（δ_w），二是定位基准和工序基准的不重合误差（δ_b），即 $\delta_d = \delta_w + \delta_b$，所以为减小工件在夹具中的定位误差，应该从两方面入手。

1）尽量消除或减少基准位置误差的影响。比如选用基准位置误差小的定位元件；合理布置定位元件在夹具中的位置；提高工件定位表面与定位元件的配合精度；正确选取工件上的第一、第二、第三定位基准。

2）尽量消除或减少定位基准的不重合误差的影响。在选用定位基准时尽量使定位基准和工序基准重合。

7.3　机床夹具的夹紧机构的设计

在大多数场合，工件定位后还无法进行加工，只有在夹具上设置相应的夹紧装置对工件实施夹紧后，才能使其在切削力、重力、惯性力及振动等外力作用下不发生移动和松动，确保加工质量和生产安全。

7.3.1　工件的夹紧

1. 夹紧装置的组成

图 7.31 所示为一个典型的夹紧装置，可以看出，一般根据夹紧装置的结构特点和功能

将其分为三部分。

（1）动力源装置

动力源装置是用于产生夹紧力的装置，如果用人力对工件进行夹紧，称为手动夹紧；如果用气压、液压、电动、磁力等动力装置进行夹紧，称为机动夹紧。如图 7.31 中所示的液压缸。

（2）传力机构

它是在动力源装置和夹紧机构之间的机构，通过传力机构把动力源产生的动力传给夹紧机构，然后由夹紧机构对工件进行夹紧。一般中间传力机构可以在传力的过程中改变力的大小和方向，并具有自锁功能，以保证夹紧可靠，这在手动夹紧中尤为重要。如图 7.31 中所示的铰链臂。

（3）夹紧机构

它是实现对工件夹紧的最终执行元件。通过夹紧元件对工件进行夹紧。如图 7.31 中所示的压板。

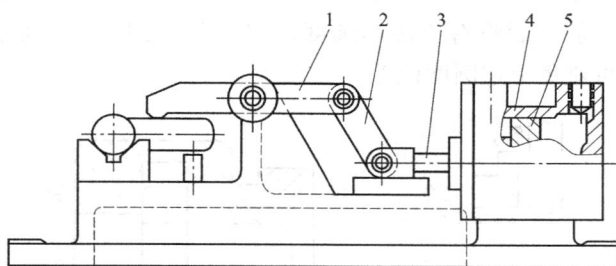

图 7.31 液压夹紧装置
1—压板；2—铰链臂；3—活塞杆；4—液压缸；5—活塞

2. 夹紧装置的要求

正确合理地设计夹紧装置，有利于保证加工质量、降低工人的劳动强度、提高生产率。因此，对夹紧装置的设计提出如下要求：

1）夹紧力不能在夹紧过程中破坏定位。

2）夹紧力的大小应适当，应保证工件在加工过程中不移动和不振动，同时不能使工件在夹紧力的作用下变形或发生表面损坏。

3）应有足够的夹紧行程，手动夹紧要有自锁功能。

4）具有足够的刚度和强度，结构紧凑。

5）机构简单、可靠，操作维修方便、省力、安全等。

7.3.2 夹紧力的确定

夹紧力包括方向、作用点和大小三个要素，这是夹紧机构设计中首先要解决的问题。

1. 夹紧力的方向

1）夹紧力的方向应有助于定位，且不应破坏定位。只有一个夹紧力时，夹紧力应垂直于主要定位支撑或使各定位支撑同时受夹紧力作用。图 7.32 所示为夹紧力朝向主要定位面的示例。在图 7.32（a）中，工件以左端面与定位元件的 A 面接触，限制工件的 3 个自由度；底

面与 B 面接触，限制工件的 2 个自由度；夹紧力朝向主要定位面 A，有利于保证孔与左端面的垂直度要求。在图 7.32（b）中，夹紧力朝向 V 形块的 V 形面，使工件装夹稳定可靠。

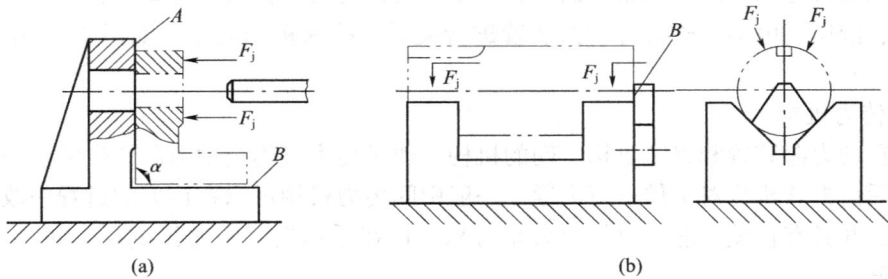

图 7.32　夹紧力方向的选择

2）夹紧力的方向应与工件刚度高的部位方向一致，以利于减少工件的变形。图 7.33 所示为薄壁套筒的夹紧，图 7.33（a）所示为采用三爪自定心卡盘夹紧，这种方式易引起工件的夹紧变形。若镗孔，加工后将有三棱形圆度误差。图 7.33（b）所示为改进后的夹紧方式，采用端面夹紧，可避免上述圆度误差。

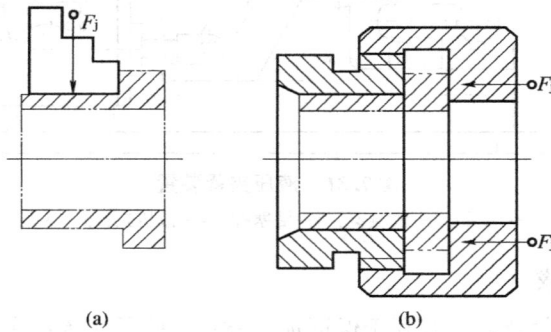

图 7.33　薄壁套筒的夹紧

3）夹紧力的方向应尽可能与切削力、重力方向一致，有利于减小夹紧力。

图 7.34（a）所示，由于重力 G、切削力 F 和夹紧力 W 在一条直线上，并且方向重合，此时所需夹紧力最小，效果最好。图 7.34（b）中所需夹紧力 $W \geqslant G + F$，要比图 7.34（a）中所需夹紧力大得多，图 7.34（c）所示的重力 G、切削力 F 和夹紧力 W 不在一条直线上，且方向不重合，所需夹紧力最大，$W \geqslant \dfrac{F + G}{\mu}$，此时效果最不好。

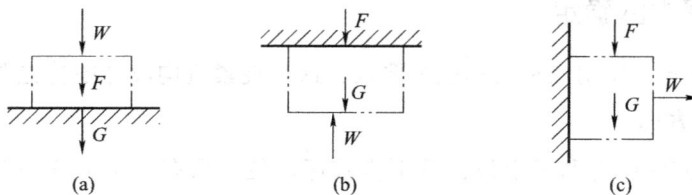

图 7.34　工件安装时重力 G、切削力 F 和夹紧力 W 之间的关系

2. 夹紧力的作用点

1）夹紧力的作用点应与支撑点"点对点"对应，或在支撑点确定的区域内，以避免破坏定位或造成较大的夹紧变形。

如图 7.35 所示，夹紧力的作用点落在了定位元件支撑范围之外，夹紧力与支座反力构成力矩，夹紧时工件将发生偏转，从而破坏工件的定位。图 7.35（a）和图 7.35（c）所示情况合理，图 7.35（b）和图 7.35（d）所示的两种情况均破坏了定位。

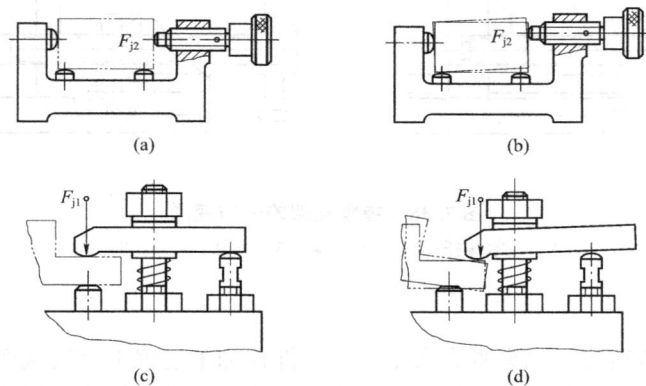

图 7.35　夹紧力作用点的位置

2）图 7.36 所示的夹紧力作用点应选择在工件刚度高的部位。

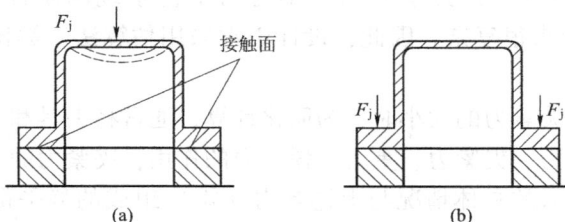

图 7.36　夹紧力作用点应选在工件刚性好的部位

3）图 7.37 所示的夹紧力的作用点应尽可能靠近切削表面，以防止工件在加工过程中振动和变形，提高其定位稳定性。

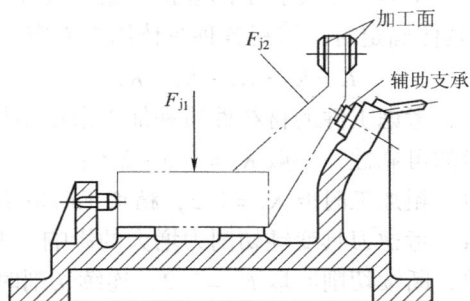

图 7.37　夹紧力的作用点尽力靠近加工表面

4）夹紧力应使夹具本身变形较小。

如图7.38（a）所示，工件对夹紧螺杆1的反作用力使镗模支架2变形，从而产生镗套的导向误差。改进后如图7.38（b）所示，夹紧力的反作用力不再作用于镗模支架2上。

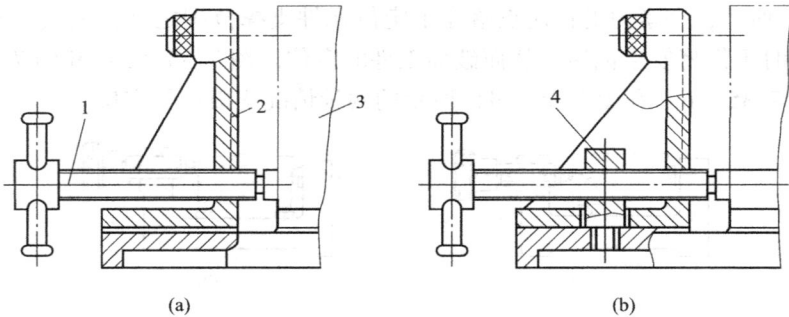

(a)　　　　　　　　　　　　　　(b)

图7.38　镗模支架的受力变形

1—夹紧螺杆；2—镗模支架；3—工件；4—螺母座

3. 夹紧力大小

夹紧力的大小应适当，如夹紧力太小，则工件在加工过程中移动从而破坏定位，不仅会影响加工质量还会造成人员受伤。如夹紧力太大，又会造成工件的夹紧变形，从而影响加工质量，并会造成资源浪费。

理论上夹紧力的大小应与作用在工件上的其他力（力矩）相平衡，切削力是计算夹紧力的主要依据。实际上，夹紧力的大小还与工艺系统的刚性、夹紧机构的传递效率等因素有关，计算起来很复杂。因此，设计中常采用估算法、类比法、实验法来确定所需的夹紧力。

当采用估算法确定夹紧力的大小时，为简化计算，通常将夹具和工件统称为一个刚性系统，根据工件所受切削力、夹紧力、重力、惯性力的作用，夹紧力的大小应根据其施力方向和作用点的位置及加工时的具体情况与上述各力（矩）组成的静平衡力系计算出理论夹紧力，最后乘以安全系数作为实际所需的夹紧力。当切削力（矩）在切削过程中是变量时，应按其最大值计算。为安全起见，根据经验，计算所得的理论值乘以一个安全系数 K，即

$$F_s = KF_L \tag{7.14}$$

式中，F_s——实际所需的夹紧力（N）；

$\quad\quad F_L$——在一定条件下，由静力平衡算出的理论夹紧力（N）；

$\quad\quad K$——总安全系数，具体确定时，需视各种具体因素而定。

$$K = K_1 \cdot K_2 \cdot K_3 \cdot K_4 \tag{7.15}$$

式中，K_1——基本安全系数，考虑工件的材料性质和加工余量不均匀等所引起的切削力的变化以增加夹紧的可靠性，一般 $K_1 = 1.5 \sim 2.0$；

$\quad\quad K_2$——加工状态系数，粗加工时取 $K_2 = 1.2$，精加工时取 $K_2 = 1$；

$\quad\quad K_3$——刀具变钝系数，考虑刀具变钝切削力增大的影响，取 $K_3 = 1.1 \sim 1.3$；

$\quad\quad K_4$——断续切削系数，断续切削时取 $K_4 = 1.2$，连续切削时取 $K_4 = 1$。

夹紧力的三要素实际上是个综合性的问题，必须全面考虑工件的结构特点、工艺方法、定位元件的结构和布置等多种因素，才能最后确定并设计出较为理想的夹紧装置。

7.3.3 典型夹紧机构夹紧力大小的确定

1. 螺旋夹紧机构

将楔块的斜面绕在圆柱体上就成为螺旋面。因此，螺旋夹紧的原理与楔块夹紧相似。螺旋夹紧机构具有增力大、自锁性能好两大特点，在手动夹紧中的使用极为普通。

（1）螺旋夹紧机构的工作性能

图 7.39（a）所示为简单的螺旋夹紧机构，图 7.39（b）所示为典型的螺旋夹紧机构（单螺杆夹紧）。螺杆转动向下移动，通过浮动压块夹紧工件，浮动压块既可增大夹紧接触面积，又能防止压紧螺杆旋转时带动工件偏转而破坏定位和损伤工件表面。图 7.40 所示为两种典型的浮动压块，浮动压块 A 型适用于压紧已加工的光洁表面，B 型适用于压紧未加工的毛坯表面。螺旋夹紧机构的主要元件（如螺杆、压块、手柄等）都已经标准化，设计时参考设计手册就可以。

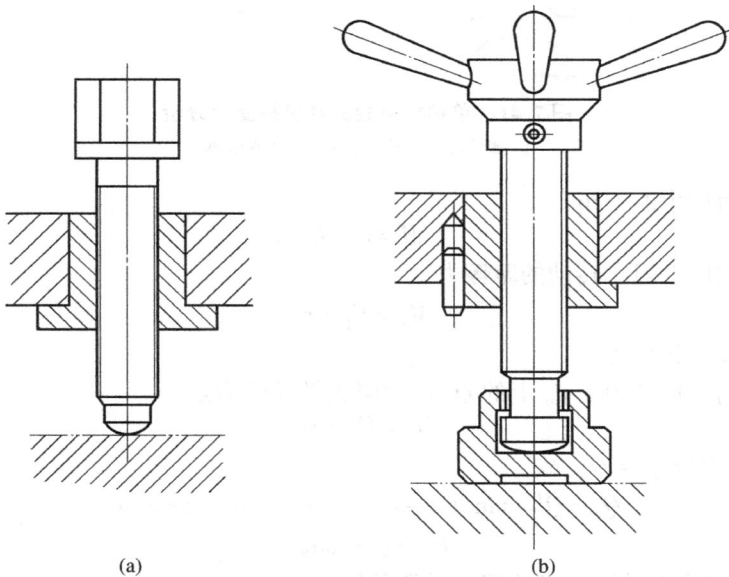

（a）   （b）

图 7.39 单螺杆简单螺旋夹紧机构

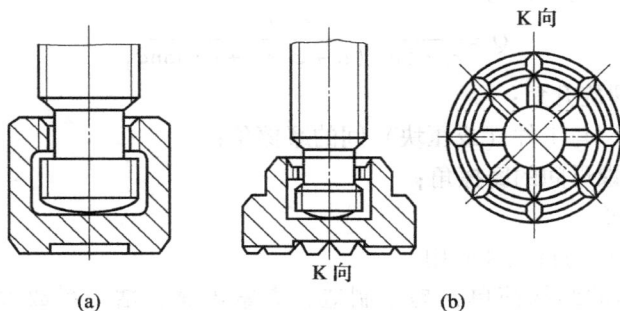

（a）   （b）

图 7.40 压块的主要两种类型

（a）A 型；（b）B 型

（2）单螺杆螺旋夹紧机构夹紧力的计算

单螺杆螺旋夹紧机构受力状况如图7.41所示。当转动螺杆时，螺杆除受到转动的推力 P 外，还受到螺母1的反作用力 R 和摩擦力 F_2（其合力为 N）以及工件3的反作用力 Q 和摩擦力 F_1，力 N 又可分解为垂直的分力 Q' 及水平分力 Q_2。因此，在螺杆转动时它将受到以下三个力矩：

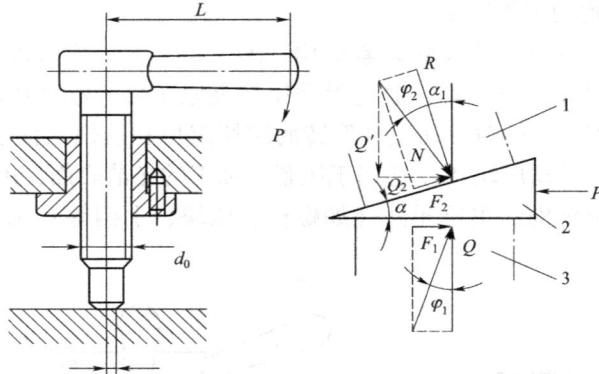

图7.41　单螺杆螺旋夹紧机构受力分析
1—螺母；2—螺杆；3—工件或压脚

1）由原始力产生的力矩

$$M = P \cdot L$$

2）在工件表面上阻止转动的摩擦力矩

$$M_1 = F_1 \cdot r$$

式中，r——摩擦力矩半径。

3）螺母作用在螺杆中径 d_0 上的 Q_2 产生阻止转动的力矩

$$M_2 = Q_2 \cdot r_0$$

$d_0 = 2r_0$，由图得 $Q' = Q$，故

$$Q_2 = Q' \cdot \tan\ (\alpha + \varphi_2)\ = Q \cdot \tan\ (\alpha + \varphi_2) \tag{7.16}$$

$$F1 = Q \cdot \tan\varphi_1$$

在转动螺杆夹紧工件时，必须满足平衡条件：

$$M = M_1 + M_2$$

将上述各式带入，则夹紧力

$$Q = \frac{P \cdot L}{r_0 \cdot \tan\ (\alpha + \varphi_2)\ + r \cdot \tan\varphi_1} \tag{7.17}$$

式中，α——螺杆的螺旋升角；

$\quad\quad\varphi_1$——螺杆末端与工件（或压块）间的摩擦角；

$\quad\quad\varphi_2$——螺杆与螺母间的摩擦角；

$\quad\quad d_0$——螺旋中径。

（3）螺旋夹紧机构的特点和应用

单螺杆夹紧机构的结构简单，易于制造，夹紧可靠，增力系数大，自锁性能好，且夹紧行程几乎不受限制。但为保证自韧性能，夹紧螺杆的螺纹升角一般较小。因此，螺纹的螺距一般也较小，导致此种机构的夹紧动作慢，夹紧辅助时间长。故单螺杆夹紧机构广泛应用于手动夹紧机构中，而在快速夹紧机构中却很少采用。为了在工件最合适的位置和方向上进行夹紧，生产中经常采用螺旋与压板组成组合夹紧机构，如图 7.42 和图 7.43 所示的几种典型的螺旋压板夹紧机构。在同样的原始力 F 作用下，对工件产生的夹紧力 F_j 不同。

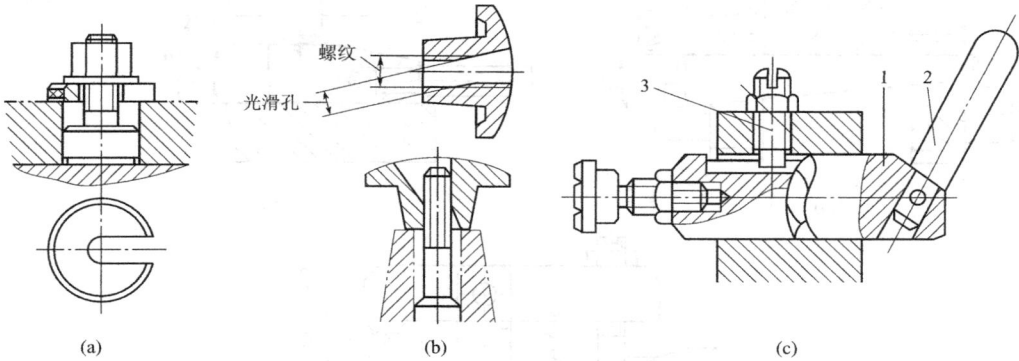

图 7.42　快速螺旋夹紧机构

（a）开口垫圈；（b）快卸螺母；（c）快速移动螺母

1—螺杆；2—转动手柄；3—螺钉

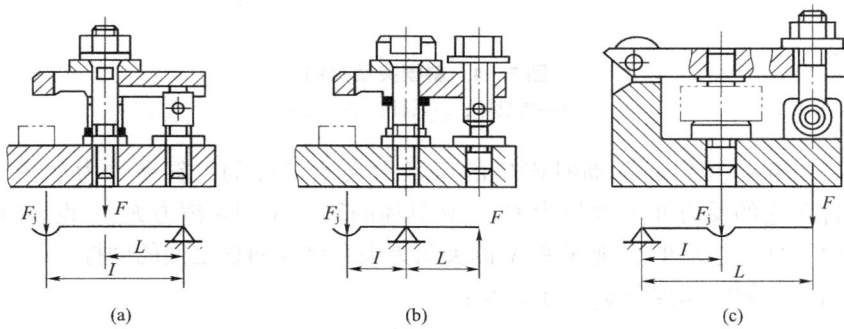

图 7.43　螺旋压板夹紧机构

2. 斜楔夹紧机构

（1）斜楔夹紧机构的工作性能

斜楔夹紧机构是最基本的夹紧机构，螺旋夹紧机构、偏心夹紧机构等均是斜楔夹紧机构的变型。图 7.44 所示为几种典型的斜楔夹紧机构，图 7.44（a）所示为在工件上钻相互垂直的两孔，工件 3 装入后，锤击斜楔 2 的大头，夹紧工件；加工完毕后，锤击斜楔小头，松开工件。可见，斜楔是利用其移动时斜面的楔紧作用所产生的压力夹紧工件的。图 7.44（b）所示为将斜楔与滑柱合成一种夹紧机构，一般用气压或液压驱动。图 7.44（c）所示为端面斜楔与压板组合而成的夹紧机构。斜楔夹紧机构的优点是有一定的扩力作用，可以方便地改变力的方向，缺点是角 α 较小，行程较长。

（2）斜楔夹紧机构夹紧力的计算和结构特点

1）夹紧力的分析计算。

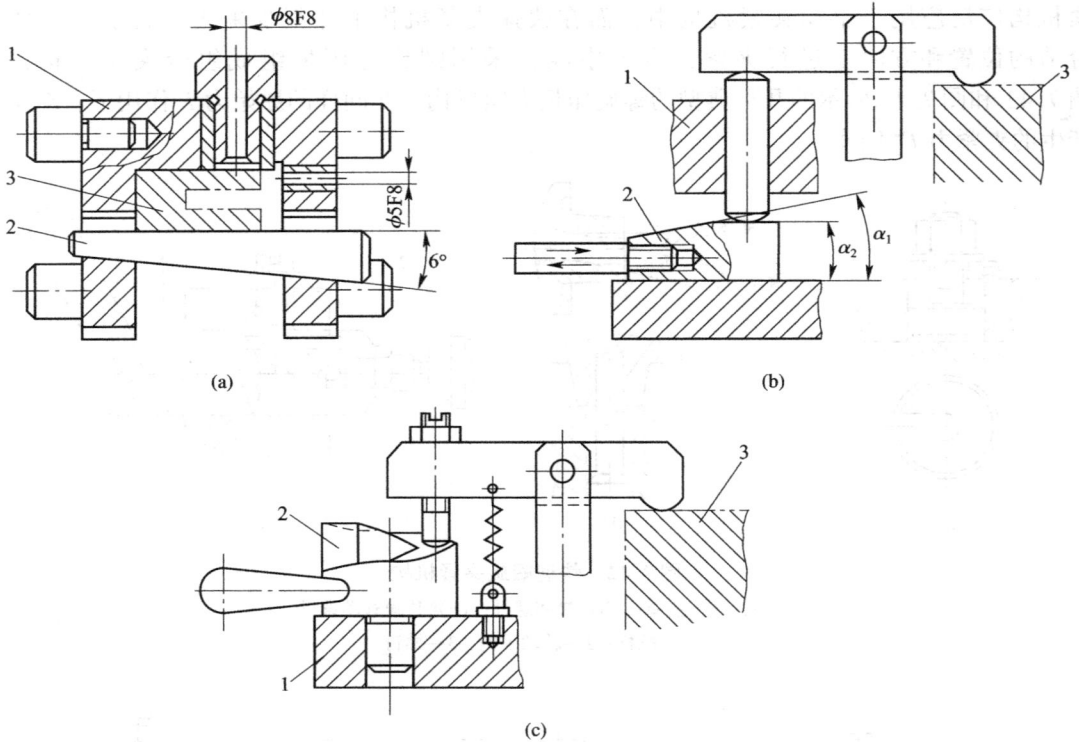

图 7.44 斜楔夹紧机构
1—夹具体；2—斜楔；3—工件

斜楔主要是利用其斜面移动时产生的压紧力夹紧工件的。斜楔受力如图 7.45 所示，斜楔受到工件对它的反力 W 和摩擦力 $F_{\mu2}$，夹具体的反力 N 和摩擦力 $F_{\mu1}$。设 N 和 $F_{\mu1}$ 的合力为 N'，W 和 $F_{\mu2}$ 的合力为 W'，则 N 和 N' 的夹角为夹具体与斜楔之间的摩擦角 φ_1，W 与 W' 的夹角为工件与斜楔间的摩擦角 φ_2。于是有：

$$W = \frac{Q}{\tan(\alpha + \varphi_1) + \tan\varphi_2} \tag{7.18}$$

式中，α 为斜楔的楔角，当 α、φ_1、φ_2 均很小，且 $\varphi_1 = \varphi_2 = \varphi_3$ 时，上式可简化为

$$W \approx \frac{Q}{\tan\alpha + 2\tan\varphi} \tag{7.19}$$

$\alpha \leqslant 11°$ 时，按上式计算，其误差不超过 7%，斜角较大时，不可采用简化公式。

2）斜楔的结构特性。

① 斜楔的自锁性。为满足斜楔自锁条件，其楔角应小于两摩擦角 φ_1、φ_2 之和。通常 $\alpha \leqslant \varphi_1 + \varphi_2$，一般 $\alpha = 5° \sim 7°$。

② 楔块结构简单，有增力作用，一般扩力比为 $i_p = Q/p \approx 3$，只适用于受力不大的工序中或与其他增力机构组合使用。

③ 楔块夹紧行程小，且受楔块升角 α 的影响，增大 α 可加大行程，但此时其自锁性能变差。

④ 夹紧和松开要敲击大、小端，操作不方便。

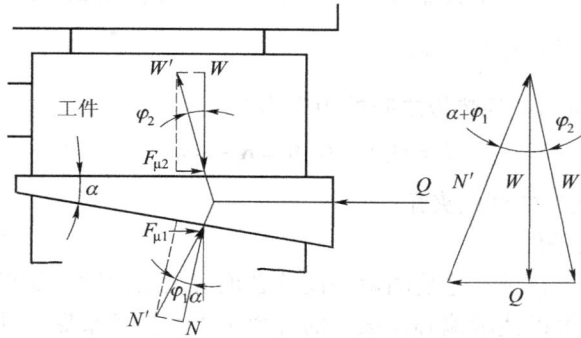

图 7.45　斜楔夹紧机构受力分析

3. 偏心夹紧机构

（1）圆偏心夹紧机构

常用的偏心夹紧件是偏心轮（轴），其结构如图 7.46 所示，力 Q 作用在手柄 1 上，偏心轮 2 绕轴 3 转动，偏心轮的圆柱面压在垫板 4 上，轴 3 向上移动，推动压板 5 夹紧工件。它的优点是操作迅速，构造简单；缺点是工作行程小（取决于偏心距），自锁性差，只适用在切削力较小和振动不大的工序中。

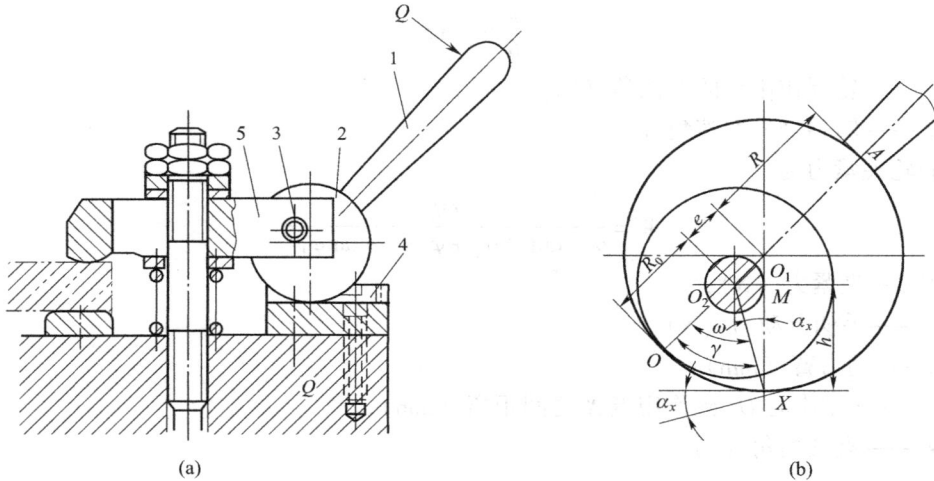

(a)　　　　　　　　　　　　　　　　(b)

图 7.46　偏心夹紧机构

1—手柄；2—偏心轮；3—轴；4—垫板；5—压板

偏心轮夹紧机构的原理如图 7.46（b）所示。O_1 是圆偏心的几何中心，R 为半径；O_2 是圆偏心的回转中心，R_0 为圆偏心的回转基圆。e 为偏心距（$e = R - R_0$）。当圆偏心绕 O_2 回转时，其回转半径是变化的，即圆上各点距 O_2 点的距离是变量，因此可将以 R 为半径、O_1 为圆心的圆与以 R_0 为半径、O_2 为圆心的基圆之间所夹的部分看作是绕在基圆上的曲线楔。

当圆偏心顺时针方向回转时，相当于曲线楔向前楔紧在基圆与垫板之间，使 O_2 到垫板之间的距离不断变化对工件产生夹紧作用。夹紧的最大行程是 $2e$，但通常是在 $60° \sim 90°$ 范围内使用，所以实际行程只有 $\dfrac{2}{3}e \sim e$。

设圆偏心的回转中心 O_2 到垫板之间的距离为 h。

$$h = \overline{O_1X} - \overline{O_1M} = R - e\cos\gamma \tag{7.20}$$

式中，γ——$\overline{O_1O_2}$ 与 $\overline{O_1X}$ 之间的夹角。

（2）圆偏心的自锁条件

圆偏心夹紧必须保证自锁，这是圆偏心设计必须解决的问题。如果能确切知道圆偏心工作时夹紧点的位置，就可以使圆偏心在该点的升角小于摩擦角来保证其自锁。但一般圆偏心的工作点并不确定，尤其是标准圆偏心，其工作点可以在取定的区域内变化。由图 7.46（b）可知，任意夹紧点 x 处的升角 α_x 为

$$\alpha_x = \arctan\frac{\overline{O_2M}}{\overline{MX}} = \arctan\frac{e\sin\gamma}{R - e\cos\gamma} \tag{7.21}$$

当 O_1O_2 与 O_2X 垂直，即 $\gamma = 90°$ 时，α 有最大值 $\alpha_{\max}$。

$$\alpha_{\max} \approx \arctan\frac{e}{R} \tag{7.22}$$

要保证圆偏心夹紧时的自锁性能，偏心轮工作点 X 处的楔角应满足 $\alpha_{\max} \leqslant \varphi_1 + \varphi_2$。考虑到最不利的情况，或者说保险的情况，即偏心轮夹紧自锁条件为 $\alpha_{\max} \leqslant \varphi_1$，可得

$$\frac{e}{R} \leqslant \sin\varphi_1$$

式中，φ_1——轮周作用点的摩擦角（°）；

φ_2——转轴处的摩擦角（°）。

偏心轮夹紧力为

$$W = \frac{QL}{\rho\left[\tan\left(\alpha_x + \varphi_2\right) + \tan\varphi_1\right]} \tag{7.23}$$

式中，W——夹紧力（N）；

Q——手柄上动力（N）；

L——动力臂（mm）；

ρ——转动中心 O_2 到作用点 X 之间距离（mm）；

α_x——夹紧楔角（°）。

7.3.4 其他夹紧机构

1. 定心夹紧机构

定心夹紧机构又称自动对中机构，它把定位和夹紧合为一体，定位元件同时也是夹紧元件。定心夹紧机构的工作原理是：各定位、夹紧元件做等速位移，同时实现对工件的定位和夹紧，在对工件定位的过程中同时完成夹紧任务。这种夹紧机构在那些几何形状对称，并以对称轴线、对称中心或对称面为工序基准的工件上应用十分方便，且容易消除其定位误差。如图 7.47 所示的虎钳式夹紧机构、图 7.48 所示的锥面定心夹紧心轴、图 7.49 所示的弹簧夹头及弹簧心轴就是典型的例证。

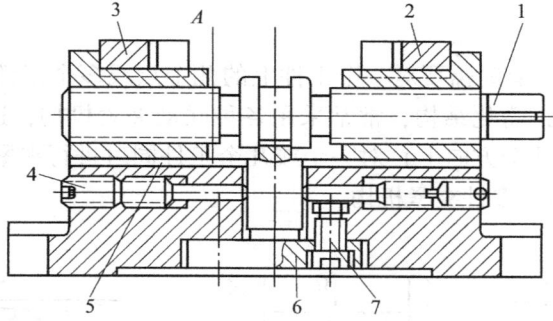

图 7.47　虎钳式夹紧机构

1—夹紧螺杆；2，3—活动钳口；4—锁紧螺钉；

5—对中调节螺丝；6—定心叉座；7—固定螺钉

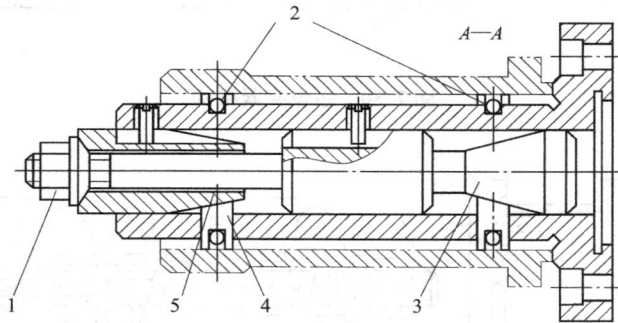

图 7.48　锥面定心夹紧心轴

1—螺母；2—弹簧挡圈；3—锥体；4—销钉；5—锥套筒

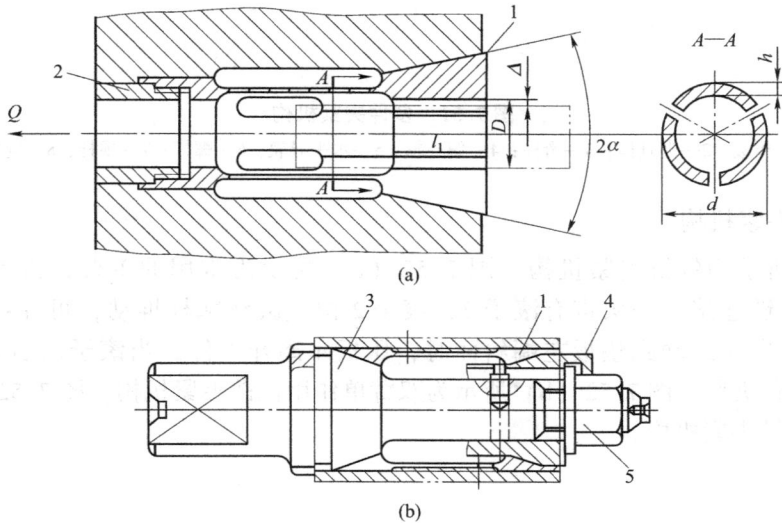

(a)

(b)

图 7.49　弹簧夹头及弹簧心轴

1—弹簧套筒；2—拉杆；3—心轴体；4—锥套；5—螺母

2. 联动夹紧机构

在夹紧机构设计中，有时需要对一个工件上的几个点或多个工件同时进行夹紧，此时，为了减少工件装夹时间，简化结构，常常采用各种联动夹紧机构，这种机构要求从一处施力，可同时在几处（或几个方向上）对一个或几个工件同时进行夹紧，图7.50所示为多位夹紧机构，图7.51所示为多件夹紧机构。

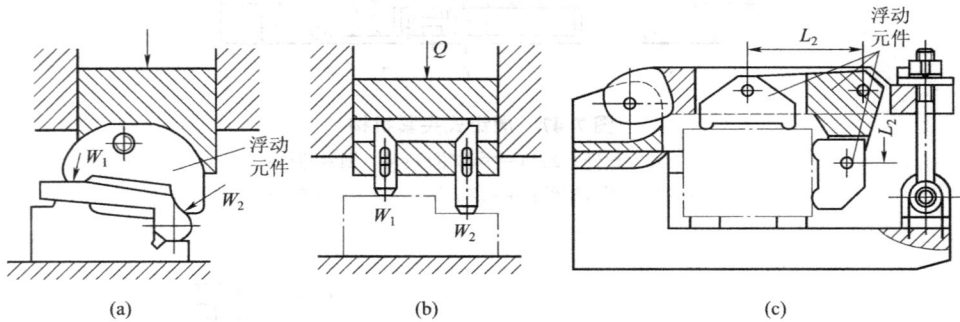

图7.50　多位夹紧机构

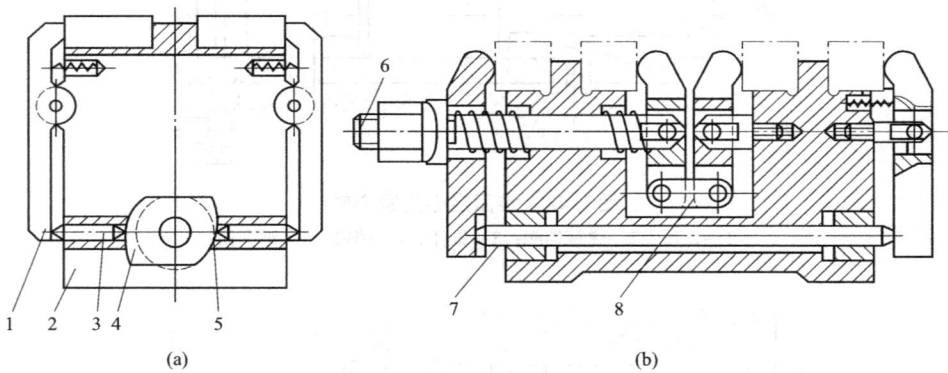

图7.51　多件夹紧机构

1—压板；2—夹具体；3—滑柱；4—偏心轮；5—水平导轨；6—螺杆；7—顶杆；8—连杆

3. 铰链夹紧机构

图7.52所示为铰链夹紧机构。图7.52（a）所示为常用的单臂铰链夹紧机构，铰链臂3两边铰链连接，一头带有滚子2，滚子2由气缸活塞杆推动，可在垫板1上来回运动。当滚子向左运动到垫板左端斜面时，压板4离开工件，当滚子向右运动时，通过铰链臂3使工件夹紧。图7.52（b）所示为双臂单作用铰链夹紧机构。图7.52（c）所示为双臂双作用铰链夹紧机构。

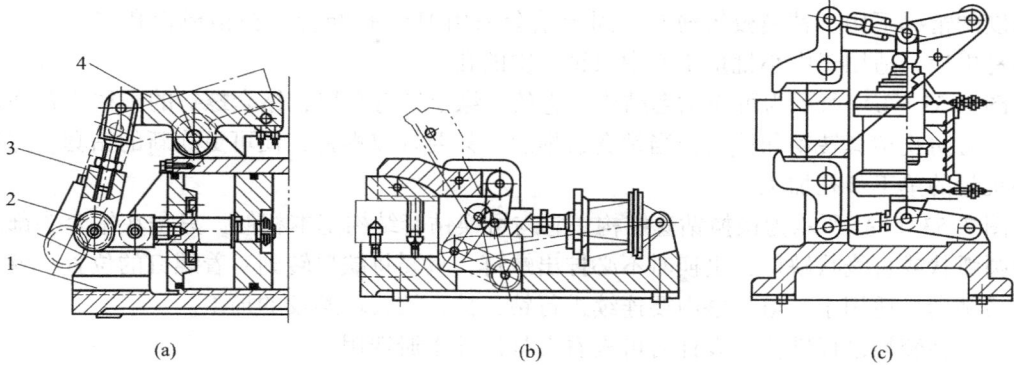

图 7.52　铰链夹紧机构

（a）单臂铰链夹紧机构；（b）双臂单作用铰链夹紧机构；（c）双臂双作用铰链夹紧机构；

1—垫板；2—滚子；3—铰链臂；4—压板

7.4　机床夹具的其他装置

夹具除了定位元件和夹紧元件外，根据加工需要，为了形成完整的夹具，有时还应配备其他装置，才能完成与机床、刀具和工件的正确联系，保证零件的加工精度。

7.4.1　导向装置

刀具的导向装置是为了保证孔的位置精度，增加钻头或镗杆的支撑以提高其刚度，减少刀具的变形，确保孔加工的位置精度的装置。

1. 钻孔的导向装置

钻床夹具中，钻头的导向采用钻套。钻套有固定钻套、可换钻套、快换钻套和特殊钻套四种。图 7.53 所示为几种常用钻套，图 7.54 所示为几种特殊钻套。

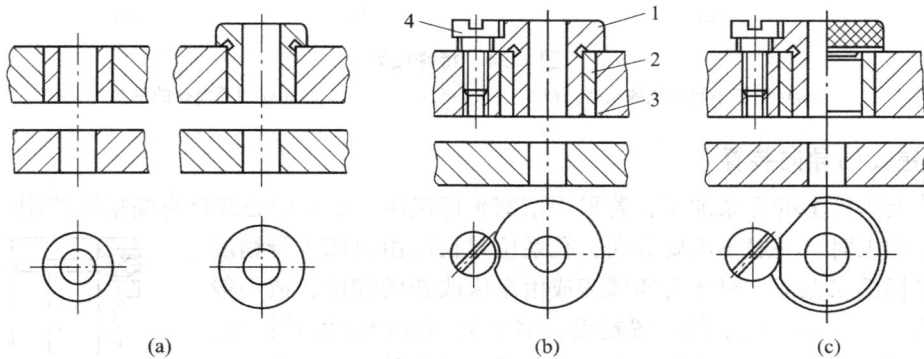

图 7.53　常用钻套

（a）固定钻套；（b）可换钻套；（c）快换钻套

1—钻套；2—衬套；3—钻模板；4—螺钉

图 7.53 (a) 所示为固定钻套的两种结构形式 (无肩和有肩), 有肩的能在保持原有导引长度的情况下用于钻模板较薄时。固定钻套采用 H7/n6 配合压在钻模板孔内, 一般磨损后不易更换, 适用于中小批量生产中只钻一次的孔。

图 7.53 (b) 所示为可换钻套结构。它的凸缘上铣有台肩, 钻套螺钉的圆柱头盖在此台肩上, 可防止钻套转动和掉出, 当钻套磨损后, 只要拧取螺钉, 便可更换新的钻套。适用于中小批量的单工步孔加工。

图 7.53 (c) 所示为快换钻套结构, 它与可换钻套结构基本相似, 只是在钻套头部多开一个圆弧状或直线状缺口, 更换时不必拧出螺钉, 只要将缺口转到对着螺钉的位置, 就可迅速更换钻套。适用于一道工序内要连续进行钻、扩、铰或攻螺纹的加工。

上述钻套均已标准化, 设计时可查看夹具设计手册选用。

在一些特殊场合, 需要自行设计特殊钻套。图 7.54 所示为几种特殊钻套的示例。图 7.54 (a) 所示的钻套用于两孔间距较小的场合。图 7.54 (b) 所示为当工件钻孔表面距钻模板较远时用的加长钻套, 钻套孔上部直径加大是为了减小导引孔长度, 以减轻与刀具的摩擦。图 7.54 (c) 所示为用于斜面或圆弧面上钻孔的钻套, 可防止因切削力作用不对称使钻头引偏甚至折断钻头。

钻套设计时, 除考虑钻套结构外, 还应注意钻套导向长度 H 和钻套底端与工件间的距离 h, 通常按 $H = (1 \sim 2) d$ 选取, d 为钻套的孔径, 对于加工精度要求高的孔或工件孔特别小, 且其钻头刚性差时, 取大值, 反之取小值。h 的大小影响其排屑性能, h 过小易造成排屑不畅, 过大则影响钻套的导向作用, 一般取 $h = (0.6 \sim 1.5) d$。工件为脆性材料 (如铸铁) 时取小值, 工件为钢类韧性材料时取大值。

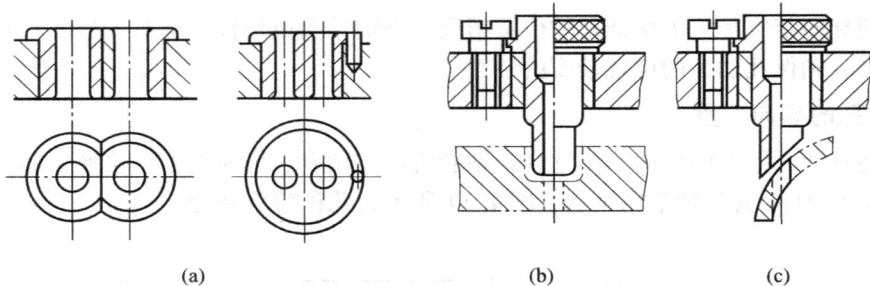

图 7.54 特殊钻套

(a) 用于小间距孔的钻套; (b) 加长钻套; (c) 用于斜面或圆弧面孔的钻套

2. 镗孔的导向装置

箱体类零件上的孔系加工, 若采用精密坐标镗床、加工中心或具有高精度的刚性主轴的组合机床加工时, 一般不需要导向, 孔系位置精度由机床本身精度和精密坐标系来保证。对于普通镗床或由车床改造的镗床, 或一般组合机床, 为了保证孔系的位置精度, 需要采用镗模来引导镗刀, 孔系的位置由镗模上镗套的位置来决定。镗套有两种, 一种是固定式镗套, 一种是回转式镗套。图 7.55 所示为固定式镗套, 带有压配式油杯, 内孔开有油槽, 加工时可适当提高切削速度。由于镗杆

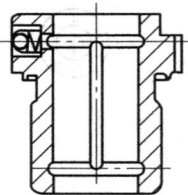

图 7.55 固定式镗套

在镗套内回转和轴向移动，镗套容易磨损，故只适用于低速镗削。

图 7.56 所示为回转式镗套的三种结构形式。图 7.56（a）所示为滑动回转式镗套，内孔带键槽，镗杆上的键带动镗套回转，有较高的回转精度和减振性能，且结构尺寸小。但需要充分润滑，摩擦表面的线速度为 18～24 m/min。图 7.56（b）和图 7.56（c）所示为滚动回转式镗套，分别用于立式和卧式镗孔。其转动灵活，允许的切削速度高；但结构尺寸大，回转精度较低。为了改进其性能，可采用高精度的滚针轴承。

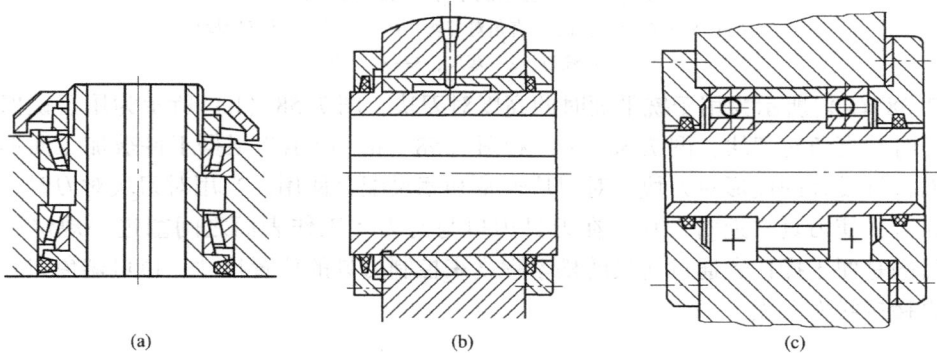

(a)　　　　(b)　　　　(c)

图 7.56　回转式镗套

回转式镗套分内滚式和外滚式镗套两种。如图 7.57 中左端 a 为内滚式镗套，镗套 2 固定不动，镗杆、轴承和导向滑动套 3 在钉镗套 2 内可轴向移动，镗杆可转动。这种镗套两轴承支撑距离远，尺寸长，导向精度高，多用于镗杆的后导向，即靠近机床主轴端。右端 b 为外滚式镗套，镗套 5 装在轴承内孔上，镗杆 4 右端与镗套为间隙配合，通过键连接，可以一起回转，而且镗杆可在镗套内做相对移动。外滚式镗套的尺寸较小，导向精度稍低一些，一般多用于镗杆的前导向。

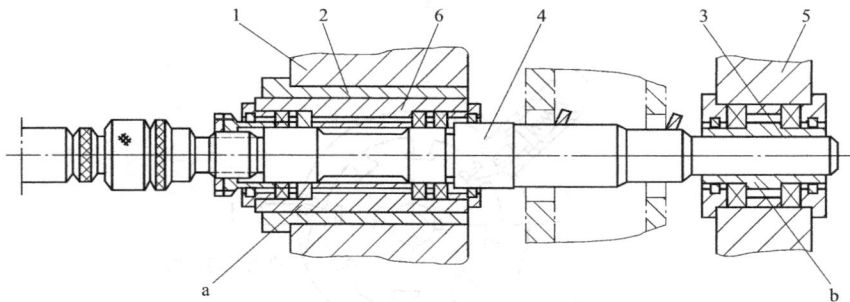

图 7.57　回转式镗套的两种形式

a—内滚式镗套；b—外滚式镗套

1，6—导向支架；2，5—镗套；3—导向滑座；4—镗杆

7.4.2　对刀装置

在铣床或刨床中，为保证加工面的准确位置，刀具相对于工件的位置需要调整。因此，常需要设置对刀装置。图 7.58 所示为铣床常用的几种对刀装置。

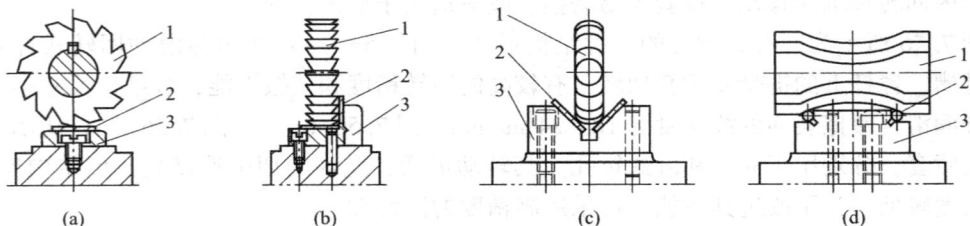

图7.58 铣床常用的几种对刀装置

（a）高度对刀块；（b）直角对刀块；（c），（d）成形对刀块

1—铣刀；2—塞尺；3—对刀块

图 7.58（a）所示为用于铣平面时的高度对刀块，图 7.58（b）所示为用于铣槽或加工阶梯表面时的直角对刀块，图 7.58（c）和图 7.58（d）所示为根据工件被加工面形状和刀具结构而自行设计的成形对刀块。对刀块通常和塞尺配合使用。当用对刀块对刀时，应移动机床工作台，使刀具靠近对刀块，在刀具刃口与对刀块工作表面之间塞进一规定尺寸的塞尺，其目的是便于操作者通过塞尺的松紧程度来控制刀具的位置尺寸，也可避免刀具刃口与对刀块直接接触而磨损。

7.4.3 分度装置

工件上如有一些按一定角度分布的相同表面，它们需要在一次定位夹紧后加工出来，则夹具需要分度装置。图 7.59 所示为一斜面分度装置。

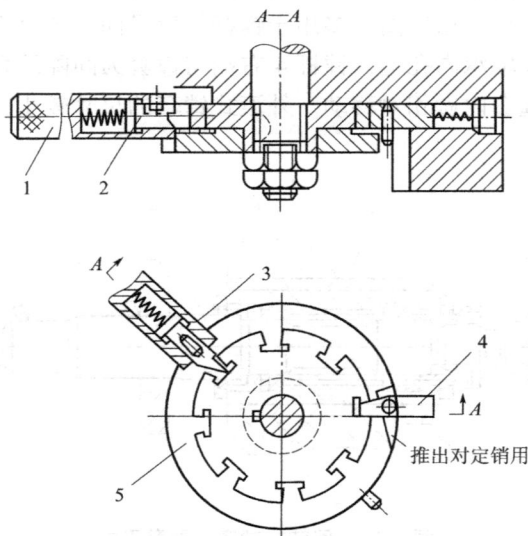

图7.59 斜面分度装置

1—手柄；2—插销；3—插销装置；4—对定销；5—凸轮

当手柄 1 逆时针转动时，插销 2 由于斜面作用从槽中退出，并带动凸轮 5 转动，凸轮斜面退出对定销 4，当插销 2 到达下一个分度盘槽时，在弹簧作用下插销 2 插入，此时手柄顺时针转动，由插销 2 带动分度盘、凸轮盘及心轴转动，凸轮上的斜面进入对定销 4 位置，在弹簧作用下，对定销 4 插入分度盘的另一个槽中，分度完毕。

除了用夹具分度之外，有时也采用把夹具安装在通用的回转工作台上来实现分度，但这种方式的分度精度较低。

7.4.4　动力装置

目前夹具的夹紧方式主要有气动、液动、电动等，其中气动和液动装置的应用最为普遍。

1. 气动夹紧装置

气动夹紧装置的动力源为压缩空气。一般压缩空气由压缩空气站供应，经过管路损失之后，通到夹紧装置中的压缩空气为 4 ~ 6 个大气压。计算时常用 4 个大气压，较为安全。图 7.60 所示为典型的气动夹紧机构。气动系统各组成元件都已经标准化、系列化了，设计时可参阅有关资料。

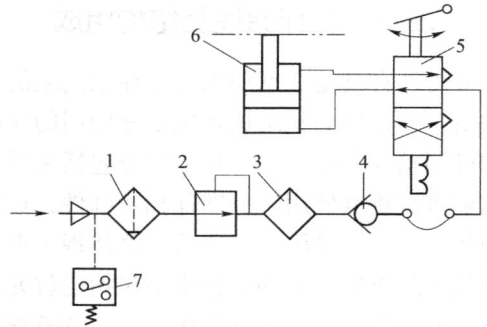

图 7.60　典型的气动夹紧机构
1—分水滤气器；2—调压阀；
3—油雾器；4—单向阀；
5—配气阀；6—气缸；7—气压继电器

2. 液动夹紧装置

液动夹紧装置的工作原理与气动夹紧相似，具有以下特点：

1）油压力可达 6 MPa，比气压高 10 余倍，油缸尺寸小，无须增力机构，结构简单紧凑。

2）液体不可压缩，夹紧装置刚度大、工作平稳、夹紧可靠。

3）液压夹具噪声小，劳动条件好。

但在没有液压传动装置的机床上采用液压夹具时，就必须为夹具单独配置一套辅助装置，从而使成本上升，适用于组合机床或切削力较大的场合。

3. 气—液增压夹紧机构

气—液压联合夹紧装置的动力源为压缩空气，但要使用特殊的增压器，比气动夹紧装置复杂，但兼有气、液夹紧的优点。图 7.61 所示为气—液压联合夹紧装置的工作原理图。压缩空气进入增压器 A 室，推动活塞 1 左移。增压器 B 室内充满油，并与工作油缸接通实现对工件的夹紧，比单独的气动夹紧力增大约 $(D_1/D_2)^2$ 倍。因此，为获得高压，应使 D_2 尽可能小，且 $D > D_2$，这就造成活塞 1 的行程大于工作油缸中活塞 2 的夹紧行程，使整个装置长度大为增加，压缩空气消耗量大，动作时间也较长。

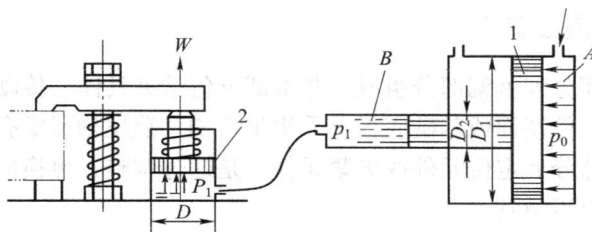

图 7.61　气—液增压夹紧机构
1，2—活塞

7.5 可调夹具的设计

可调夹具是指其上的个别元件或少数零部件的安装位置和形状是可以调节的或是可以进行更换的夹具。因而可以适应加工对象的变化，是多品种中小批量生产条件下的一种先进的新型夹具。

7.5.1 工作原理及结构组成

可调夹具是根据加工对象在工艺上的相似性和尺寸形状上相近的特点，将零件进行分类归组，并根据夹具结构多次重复使用的原则设计的。一般来说，通用可调夹具是由基本部分和可调整部分组成的。基本部分包括夹具体、夹紧传动装置、操作机构等，夹具体包括一系列可多次重复使用的标准件和基础件，这部分因不直接与加工对象接触，可不随加工对象的变化而改变，是固定不变的，这体现了夹具的通用性。传动装置可以长期固定在机床上，不必随产品更换。可调部分主要包括定位元件、夹紧机构和导向元件等，这部分因直接与加工对象相联系，故要随其变化而进行调整或更换，使其与加工对象相适应，这又体现了夹具的专用性。

通用可调夹具是介于通用夹具和专用夹具之间的新型结构夹具。它能通过定位、夹紧等部分元件的调整或更换，满足不同种类和尺寸的零件的加工要求。通用可调夹具的通用性较强，其典型结构包括带有可换卡爪的卡盘、带有可换钳口的虎钳和滑柱式钻模等。

通用可调夹具用于加工在形状上、工艺上都具有相似性的零件。因此，对被加工零件进行分类，便是设计此类夹具的前提。首先，是按产品型号分类，即将同一型号的不同规格和品种的产品零件按同名零件先分一组。然后，再考虑不同型号的相似零件是否可归并到这个加工组中去，力求扩大加工零件组。

夹具体是通用可调夹具的基础。设计夹具体时应使之在加工轮廓尺寸小的工件时，夹具体不致过笨，而在加工轮廓尺寸大的工件时，夹具体又有足够的刚性，并力求能加工该零件组的全部零件。如果不能兼顾其轻便性与刚性的要求，则可将零件加工组划分为若干尺寸段，然后针对每个尺寸段内的被加工零件分别设计。

设计可调整部分时，应使可调整部分能快速、准确、简便地进行调整和更换。为此，要力求减少调整件的数量。调整件少了，调整就会更方便。还要注意调整件的复用，即调整件可以用于一个零件的不同安装位置或用于不同零件的安装。

7.5.2 可调夹具设计

可调夹具由基本部分和可调部分组成。基本部分包括夹具体、传动装置和操作机构，与专用夹具相同。除在工件基面或基础底板上采用T形槽、燕尾槽或螺孔等可调结构外，二者没有本质区别。可调部分如定位元件或夹紧元件，是通过调整、更换的方法来满足不同工件的要求。设计夹具时应当做到：

1）结构简单紧凑、调整方便；
2）调整件装卸迅速；
3）保证加工精度；

4）具有一定的通用性和继承性。

可调部分的形式与调整方法，可归纳为以下 4 种：

1）用移动或调节定位元件的方法。

2）重新布置或重新固定各定位元件。

3）全部或局部更换定位或其他需要更换的元件（如钻模板、钻模套）。

4）同时用调节位置和更换元件的方法。

设计更换元件时，更换元件与夹具体的定位有固定的限位和导向，或设置校正基面，使之能快速、方便、精确地更换。为了达到这个要求，应力求减少调整件数量。如图 7.62 所示的主轴端面孔加工的可调夹具，加工不同规格的主轴时，仅更换可换盘 2 和钻模板组件 3，压板 4 的位置只需要松开螺钉，工件调好后再拧紧即可。设计可调部分时，钻模板组件的顶面高度尺寸不变，可使调整件数量减少，压板调节也方便。

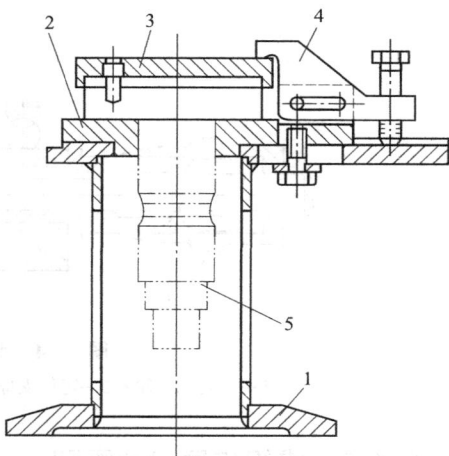

图 7.62　主轴底孔可调夹具

1—夹具体；2—可换盘；
3—钻模板组件；4—压板；5—工件

7.6　成组夹具设计和设计原则

7.6.1　成组夹具设计

对于成组夹具来说，它是针对成组加工工艺中的一组或一族零件的某一工序而专门设计的夹具。在设计时，其加工对象十分明确，其调整范围也只限于在本组内的零件，夹具体的基本部分常须按加工对象的要求来专门设计。这种夹具既比专用夹具的工艺范围广泛，又比通用可调夹具的针对性强，所以它具有结构紧凑和生产率较高的特点。它适用于工件定位较复杂的具有一定批量的成组加工系统。

图 7.63 所示为成组钻加工的一组零件，按它们的结构特点，便可设计出如图 7.64 所示的成组夹具。

该夹具在工件左端面用定位支撑元件 2 定位，由夹紧手轮 4 推动锥形头 3 实现定位和夹紧。定位支撑元件 2 距工件钻孔位置 L（$L = 20 \sim 50$ mm），由旋转调节轮 1 带动微分螺杆来调节，其数值大小可由刻度盘上读出。调好后，用锁紧螺母锁住。可换钻套直径按工件加工孔尺寸大小更换。

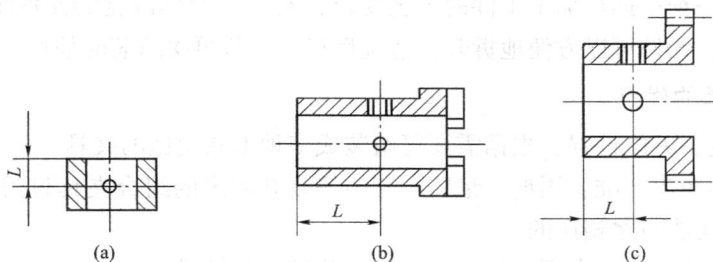

图 7.63　成组加工零件简图

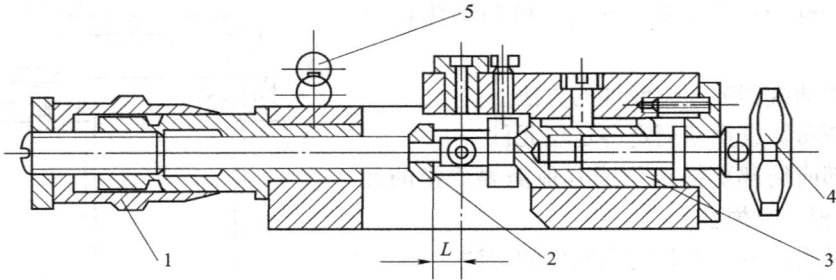

图 7.64　套筒类零件钻孔的成组夹具
1—旋转调节轮；2—定位支撑元件；3—锥形头；4—夹紧手轮；5—锁紧手柄

7.6.2　成组夹具设计原则

1）在被加工零件按编码系统分类并编制出成组加工工艺的基础上，综合出该组内的典型代表零件，并据此来进行夹具的设计。若同组零件中的工件尺寸范围相差过大，则可将其尺寸分段，分别进行设计。一般情况下，在一个成组夹具内的加工零件种类不宜过多。

2）夹具体是成组夹具的基础，其设计的好坏直接影响夹具结构的合理性和使用效果。通常在保证一定刚度和外形尺寸允许的条件下，应使夹具体尽量满足同组零件的全部或大部分的需要。

3）对于更换调整部分的设计，要求在调整更换有关元件时应做到快速、准确、简便、可靠。为此要求尽量减少调整件数量。

4）尽可能采用高效夹紧装置。如使用气压、液压组件、增压装置和高压小流量液压泵站等。

5）合理地选择调整件的工作方式。其工作方式通常可分为三种：更换式、调整式以及更换调整复合式。

7.7　组合夹具的设计

7.7.1　组合夹具的特点

组合夹具是一种根据被加工工件的工艺要求，利用一套标准化的元件组合而成的夹具。夹具使用完毕后，元件可以方便地拆开，清洗后存放，待再次组装时使用。

1. 组合夹具的优点

1）灵活多变，万能性强，根据需要可组装成多种不同用途的夹具。

2）可大大缩短生产准备周期。组装一套中等复杂程度的组合夹具只需几个小时，这是制造专用夹具所无法与之相比的。

3）可减少设计、制造专用夹具的工作量，并可减少材料消耗。

4）可减少专用夹具的库存面积，改善夹具管理工作。

2. 组合夹具的不足之处

1）初期投资费用高。由于组合夹具的元件和组合件需要有较大数量的储备，而这些元件的制造精度又要求较高，一般为 IT6～IT7 级，且工艺复杂，材料多为合金钢。这是一般中小企业难以承受的。

2）在组装用于加工较复杂零件的夹具时，元件和组合件的数量和层次可能较多，因而影响了夹具的刚性并增大了夹具的重量。

3）由于元件的储备量较大，需要有专人负责元件的管理、维护以及夹具的组装等工作。

随着组合夹具技术的不断发展、新型元件的出现和组装技术的提高，上述问题是可以克服和改善的。事实上，近几年来，新型组合夹具系列的发展也逐步证实了这一点。

7.7.2 组合夹具的应用范围

组合夹具主要适用于多品种、小批量的生产，即使在进行大批量生产的企业车间里，尤其是工具、机修和试制车间，组合夹具也能充分发挥其积极作用。组合夹具不仅在各种通用切削机床上已得到广泛的应用，而且在检验、焊接和冲压等工序中的应用也很有成效。近十多年来，随着数控加工和柔性制造技术的发展，组合夹具元件也有了许多改进。如多位平基础板、T 形基础板和立方基础板都是在组合夹具的基础上发展起来的、可用于数控机床和柔性制造系统（或单元）的新型组合夹具元件。从被加工零件的类型和尺寸而言，组合夹具适用于各种形状的零件。组合夹具可根据零件尺寸的大小而采用不同系列和不同规格的元件，形成大、中、小系列复合应用的组合夹具。

7.7.3 组合夹具的类型

目前使用的组合夹具有两种基本类型，即槽系组合夹具和孔系组合夹具。槽系组合夹具元件间靠键和槽（键槽和 T 形槽）定位，孔系组合夹具则通过孔与销来实现元件间的定位。

1. 槽系组合夹具

图 7.65 所示为一套组装的槽系组合钻模及其元件分解图。图中标号表示出组合夹具的 8 大类元件，即基础件、支撑件、定位件、导向件、压紧件、紧固件、合件及其他件。各类元件的名称基本上体现了各类元件的功能，但在组装时又可灵活地交替使用。合件是由若干元件所组成的独立部件，在组装时不能拆散。合件按其功能又可分为定位合件、导向合件、分度合件等，图 7.65 所示中的件 3 为端齿分度盘，属分度合件。

2. 孔系组合夹具

孔系组合夹具的元件类别与槽系组合夹具相仿，也分为 8 大类元件，但没有导向件，而增加了辅助件。图 7.66 所示为部分孔系组合夹具元件的分解图。由图中可以看出孔系组合夹具的元件间孔、销定位和螺纹连接的方法。孔系组合夹具元件上定位孔的精度为 H6，定位销的精度为 K5，而定位孔中心距误差为 ±0.01 mm。

与槽系组合夹具相比，孔系组合夹具具有精度高、刚性好、易于组装等特点，特别是它可以方便地提供数控编程的基准—编程原点，因此在数控机床上得到广泛应用。

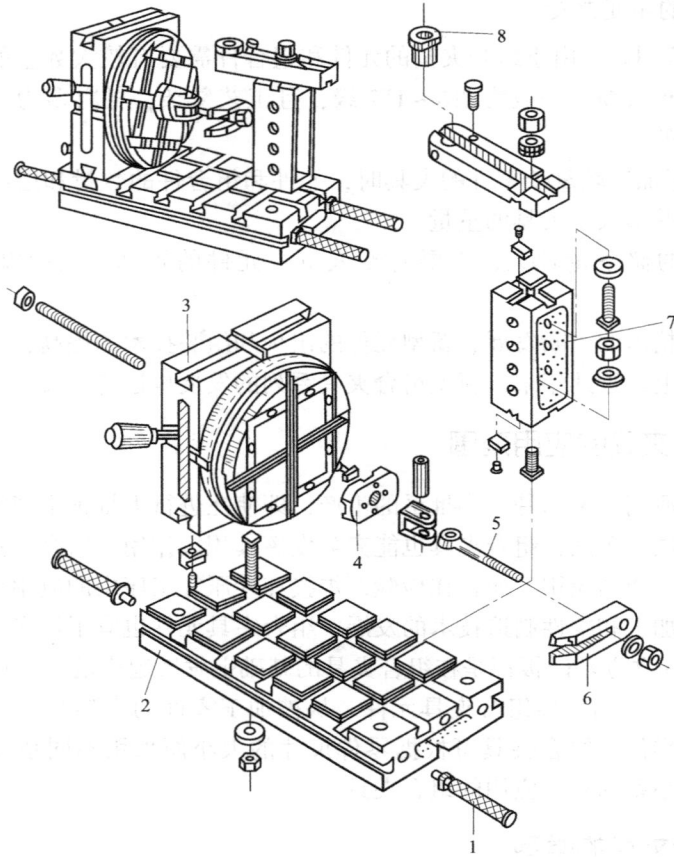

图 7.65   槽系组合钻模及其元件分解图

1—其他件；2—基础件；3—合件；4—定位件；5—紧固件；6—压紧件；

7—支撑件；8—导向件

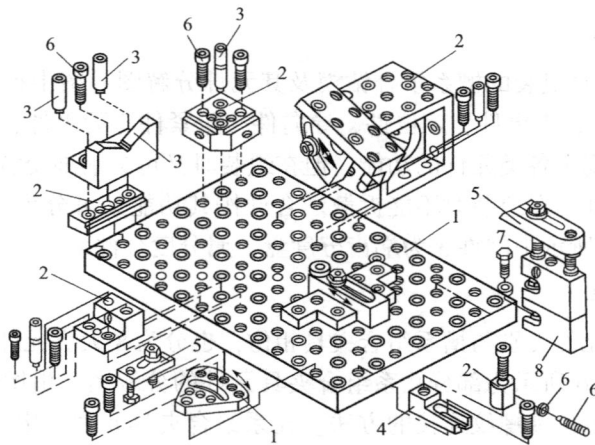

图 7.66   孔系组合钻模元件分解图

1—基础件；2—支撑件；3—定位件；4—辅助件；5—压紧件；

6—紧固件；7—其他件；8—合件

7.7.4 组合夹具元件及其功能

按使用功能的不同，组合夹具元件一般可分为 8 大类，每一类中又有多个品种，多种规格，图 7.67 ~ 图 7.74 列举了槽系各类元件中一些主要品种的外观形状。

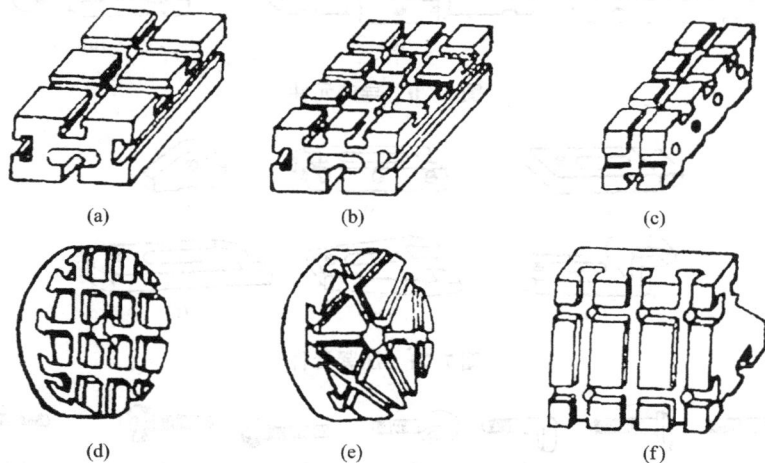

图 7.67 基础元件

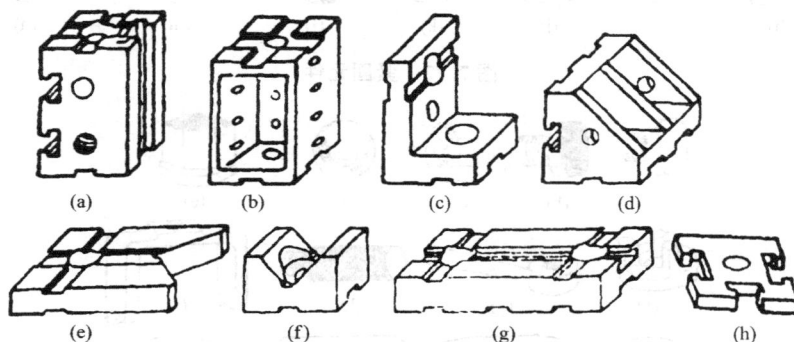

图 7.68 支撑元件

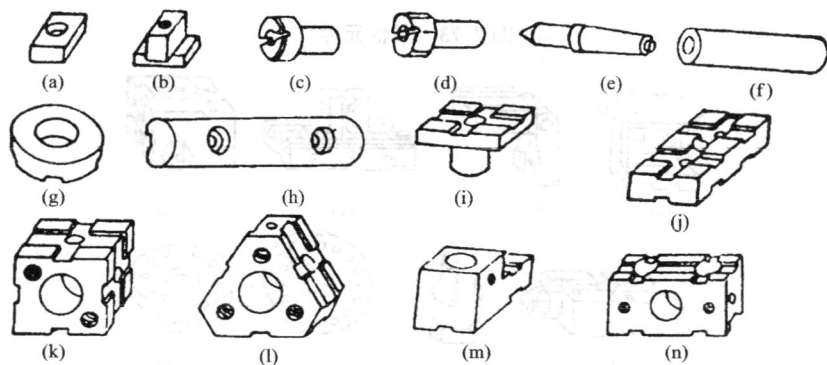

图 7.69 定位元件

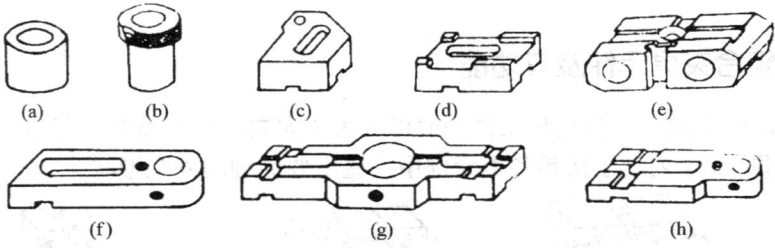

图 7.70　导向元件

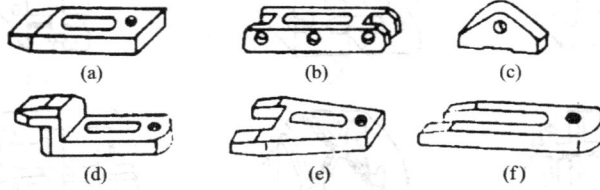

图 7.71　压紧元件

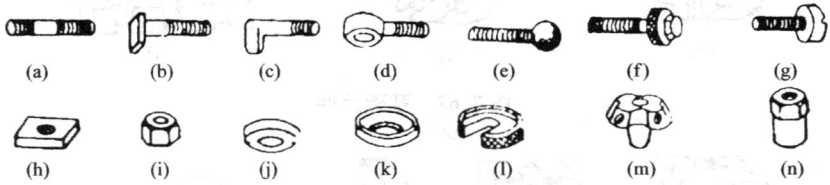

图 7.72　紧固元件

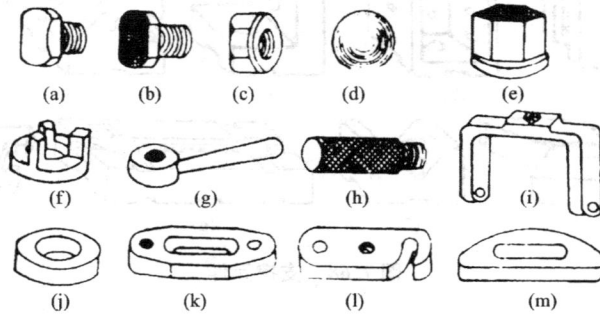

图 7.73　其他元件

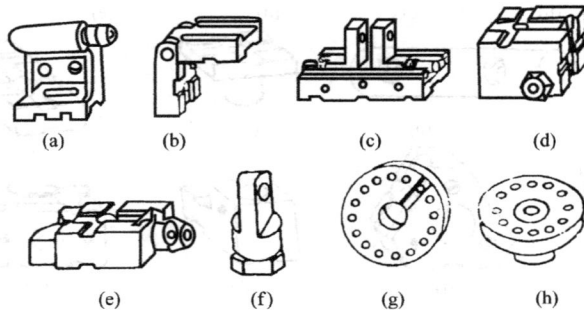

图 7.74　组合元件

7.7.5　组合夹具的组装

组装就是根据工件的加工要求，通过构思按一定的组装设计原则和步骤，装配具有一定功能的组合夹具的工作过程。

1. 准备阶段

首先应熟悉被加工的零件图及其加工工艺，了解其加工精度要求，所使用的加工方法及设备、刀具等情况。在熟悉情况的过程中，力求获得本工序所要加工的实物，以便弄清工件毛坯的状况，进一步确定工件的定位、夹紧和工件加工时的装卸等问题。

2. 拟定组装方案

在保证零件加工精度的前提下，确定出工件的定位基准面和夹紧部位，从而选择出适合的定位元件、夹紧元件以及相应的支撑元件和基础板等。同时要注意夹具的刚度和操作的方便性。有时在拟订方案的同时，还须进行定位尺寸和调整尺寸的计算，以及进行必要的专用件设计。

3. 试装

把初步设想的组装方案先进行一下试装，对一些主要元件的尺寸精度、平行度、垂直度等需进行必要的挑选和测量。但各元件在试装时不必紧固。因为试装的目的是验证一下所拟定的结构方案是否合理，以便进行修改和补充。试装后应达到下列要求：

1) 定位合理准确、夹紧可靠方便，在加工过程中夹具有足够的刚性，确保工件的加工精度。

2) 夹具结构紧凑，各元件的结构尺寸选择合理。

3) 装卸工件方便、操作简单，清除切屑容易。

4) 夹具在机床上安装可靠、找正方便。

4. 连接、调整和固定各元件

经过试装，肯定夹具的结构方案后，即可对元件进行擦洗，并按照所确定的结构方案进行组装。一般按自下而上和由内向外的顺序，将有关元件分别用定位键、螺栓、螺母等连接起来。在连接过程中，要对有关尺寸进行测量和调整，即要边组装、边测量、边调整、边紧固。其中调整所占的工作量最大，应细心准确，充分注意利用各元件之间的配合间隙进行微调，使其调整精度达到零件图上相应尺寸公差的 1/3 ~ 1/5。

5. 检验夹具组装之后，再进行一次全面细致地检查

检查内容包括：

1) 检验有关尺寸精度和位置精度，通过试切来检验被加工零件的实际精度。

2) 检验在试装中所提出的要达到的几点要求。

3) 检验夹具应带的各种元件和工具是否齐全等。

7.8　随 行 夹 具

在机械加工、装配自动线上，对于形状复杂且无良好输送基面的工件，或虽有良好输送基面，但材质较软的有色金属工件，为防止输送中划伤基面，需要采用随行夹具。随行夹具带着工件由输送带依次输送到各工位，以实现对工件各工序的加工。此外，在流水线生产中，加工一些形体复杂、无良好定位基面而刚性又较差的薄壁工件，如蜗轮增压器的动叶片，也可采用随行夹具。随行夹具在各工位上必须精确定位和夹紧。

7.8.1　随行夹具设计应注意的问题

1．工件的装卸、定位和夹紧

工件在随行夹具上的装卸多采用人工装卸。其定位机构与一般夹具机构相似。考虑随行夹具在输送、提升、转向、翻转倒屑和清洗等过程中，由于振动会产生松动现象，工件在随行夹具上应采用自动锁紧机构。

2．随行夹具在自动线机床夹具上的夹紧

随行夹具在自动线机床夹具上的夹紧形式有三种：其一是夹紧在随行夹具的底板上，其二是从上方夹紧在工件或随行夹具的某机构上，其三是由上往下夹紧。第一种夹紧形式结构紧凑，且自动线敞开性能好，便于观察刀具的工作及调整，但常因夹紧机构及一些联动元件设置在机床的底座内而不便于维护、修理。第二种形式可弥补这个缺点，还可提高夹紧系统的刚度。第三种形式可防止切屑进入夹具的定位面。

3．随行夹具的定位基面和输送基面

随行夹具在自动线机床上的定位，绝大多数采用"一面两孔"定位。作为定位基面和输送基面的随行夹具底面的设计还应注意下列问题：

1）工件加工精度要求不太高时，可将定位基面和输送基面合一，粗、精加工的不同工位可采用相同的两个定位基准孔定位。

2）工件加工精度要求很高时，特别是被加工面在高度方向上有较高精度要求时，必须考虑随行夹具基面的磨损，以及随行夹具多次重复定位造成的定位销和套的磨损对加工精度的影响。可将定位基面和输送基面分开，粗、精加工各用一套定位孔。

3）定位基面应使随行夹具达到稳定而准确的定位，切削力要作用在定位平面内。为了改善结构工艺性，定位基面应做成间断平面，并对其提出平面度的要求。

4）为使随行夹具定向输送夹具以及能较准确地接通机床夹具的定位机构，还必须设有随行夹具输送的导向机构。目前经常采用的有侧限位板、导向块和支撑导向板等。

5）切屑与冷却液的收集和排除。

6）随行夹具的精度。

随行夹具是保证工件精度的关键，除前面提及的保持其持久精度的措施外，还应注意提高随行夹具的定位精度；减少随行夹具的定位次数，使相互位置精度要求较高表面的加工，在随行夹具的一次定位中完成；在设计及制造上应保持自动线全部随行夹具精度的一致性，以保证所有随行夹具在机床上定位后与机床主轴或模板间的精度要求。

7）随行夹具的通用化。

除了工件定位和夹紧机构须根据具体工作条件进行专门设计外，其他如随行夹具底板、定位基面和输送基面以及输送的导向机构等都可以设计成通用化的独立部件，并定出几种规格以供具体选用，以使随行夹具实现组合化或可调化。

思考与习题：

1. 什么叫机床夹具？机床夹具的组成部分都包括哪几部分？机床夹具的作用是什么？

2. 机床夹具的分类是什么？

3. 试述机床夹具的六点定位原理。

4. 平面、圆孔表面、外圆表面定位元件都包括什么结构？

5. "一面两孔" 定位结构是什么？定位误差怎样计算？

6. 工件尺寸如图 7.75 所示，欲加工孔，保证尺寸 $30_{-0.1}^{0}$。分析各定位方案的定位误差 (图 7.75 (a) 为零件图，加工时工件轴线保持水平，V 形块均为 90°)。

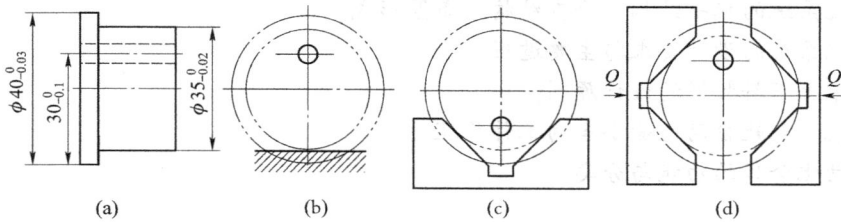

图 7.75　习题 6

7. 工件定位如图 7.76 所示，若定位误差控制在工件尺寸公差的 1/3 以内，试分析该定位方案是否满足要求？若达不到要求，应如何改进？

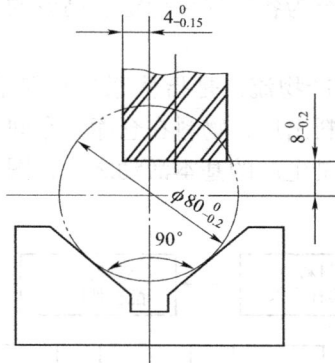

图 7.76　习题 7

8. 组合夹具和成组夹具的区别和各自特点是什么？

第8章 物流系统设计

【本章知识点】

1. 物流系统的水平结构、垂直结构及布置形式。
2. 物流系统的设计要求与主要过程。
3. 机床上下料装置的设计原则。
4. 有轨、无轨自动运输小车的工作原理。
5. 自动化仓库的功能与分类。

8.1 物流系统基础知识

物流系统是以满足客户需求为目标，以运输技术为基础，实现物料（毛坯件、半成品、成品及刀具）的输送、存储、分配及管理的系统。在供应商、生产商、销售商和最终客户所构成的供应链全程中，物流系统为各方提供稳定、高效的原材料供应、中间产品以及成品流通服务。

机械制造系统中的物流即生产物流，是指从原材料和毛坯进厂，经过储存、加工、装配、检验、包装，直至成品和废料出厂，物料在仓库、车间、工序之间流转、移动和存储的全过程，它贯穿生产的全过程，是生产的基本活动之一，图 8.1 所示为生产企业内部物料系统流转运行的过程。

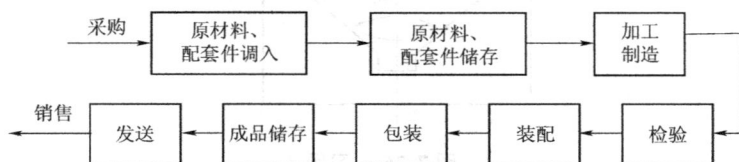

图 8.1 物流系统流转运行

物流系统对促进经济增长、提高运输效率、压缩企业运营成本起着至关重要的作用。随着社会经济的不断发展，传统物流产业正逐步向现代物流产业转变。现代物流科技的发展为国民经济和生产企业带来了巨大的经济效益，然而物流过程必然占用一定的资金，在某种意义上可将物流理解为资金的流动，而库存将转变为资金的积压。可见合理配置物流系统将有助于减少生产成本，加快资金周转，提高生产企业的综合经济效益。

8.1.1 物流系统的意义

目前，制造业中的单件小批量生产企业约占 75%，在这些中小型企业的生产过程中，机械加工和装配作业时间仅占 5% 左右，而 95% 左右的时间用于存储、装卸、等待或搬运。

德国波鸿鲁尔大学的马斯贝尔格教授在对斯图曼和库茨的企业生产周期进行调研分析后得出结论："在生产周期中，工件有 85% 的时间处于等待状态，另外 5% 的时间用于运输和检测，只有 10% 时间用于加工和调整。在一般情况下，通过改进加工过程最多可再缩短生产周期的 3%～5%。"可见，通过提高机床的自动化程度和加工效率来缩短生产周期，其效果是非常有限的，而降低企业生产成本更为显著的方法是向非机床作业时间（占 90%）或者工件处于等待的时间（占 85%）去要效益。

据统计，在总经营费用中物料搬运费用占到 20%～50%。通过对物流系统的合理规划，可使该部分费用减少 10%～30%。有人把物流比作企业利润的第三源泉，在降低企业生产成本和销售成本的同时，更应着眼于降低企业的物流成本，合理的物流系统设计可以在不增加或少增加投资的前提下，使企业获得明显的经济效益。

8.1.2　物流系统的构成

物流系统担负着运输、储存和装卸物料等任务。现代化的物流系统一般由管理层、控制层和执行层三大部分组成。

管理层是物流系统的中枢，由计算机物流管理软件系统组成，主要进行作业调度、库存管理、统计分析等信息处理和决策性操作。控制层通过接收管理层发来的指令，控制物流装置完成指令所规定的任务，并将物流系统的运行信息反馈给管理层，为物流系统的决策提供依据。执行层由物流装置组成，主要包括输送装置、机床上下料装置、缓冲站、仓储装置等。

根据管理层、控制层和执行层的不同分工，物流对其要求也不同。例如，对管理层要求其具有较高的智能，对控制层要求其具有较好的实时性，对执行层要求其具有较高的可靠性。通常，对物流系统进行合理设计时需要考虑以下几个方面的因素：

1）各生产设备配置合理，减少物流的迂回、交叉等无效搬运过程；

2）降低库存量，缩短物料的停滞等待时间；

3）选用较佳的搬运与装卸工具和方式；

4）厂内外运输的调度与管理。

1. 物流系统的结构

（1）物流系统的水平结构

图 8.2 所示为生产企业物流的水平结构，由供应物流、生产物流、销售物流三部分组成。其中生产物流涉及企业内部各工序、各车间、仓库、厂区内部及它们之间的物料流动过程。制造企业的物流系统由三个子系统组成：

1）从物料供应商处采购原材料和部分成品、半成品的物料供应系统；

2）发生在制造企业内部的生产过程物料搬运系统；

3）将成品送往消费者手中的成品运送系统，另外还有产品报废回收处理系统。

（2）物流系统的垂直结构

从物流系统的层次结构来看，生产物流系统的垂直体系结构可以分为决策层、管理层和控制层，如图 8.3 所示。决策层指生产系统的物流规划，如供应链构建、工厂选址、车间规划等；管理层指生产物流调度、库存管理等；控制层指具体的动作管理研究，如物流装备调度、物料搬运等。

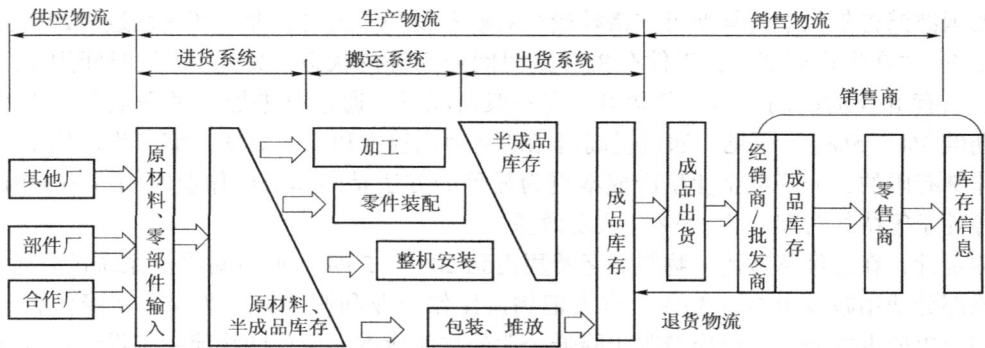

图 8.2 生产企业物流的水平结构

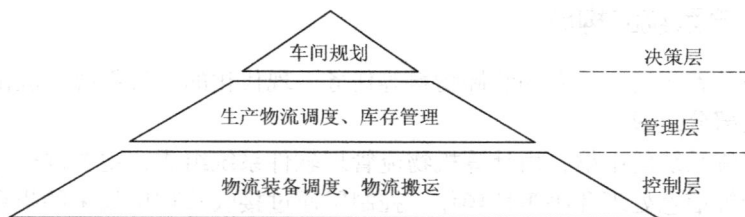

图 8.3 生产物流系统的垂直结构

2. 物流系统的布置形式

（1）制造业生产物流的布置方式

制造业企业总体布置和各种生产设施、辅助设施的合理配置是企业物流合理化的前提，根据不同的生产要求，生产物流系统的物流布置采用不同的布置方式。常用的布置方式有按工艺原则布置、按成组原则布置、按产品原则布置和按项目布置等。

1）按工艺原则布置。

按工艺原则布置是将具有相同或类似工艺能力的机床集中在一起，例如，将所有的车床放在一起组成车工车间或车工班组，将所有的铣床放在一起组成铣工车间或铣工班组等，这类布局方式中的机床大多采用通用型机床，以适应不同零件的要求。一个零件的加工按照工艺要求进入不同的功能车间或功能班组。由于物流线路根据零部件不同而变化较大，物流装备只能选用一些通用的工具，如叉车、手推车等，物流运行的效率较低，导致零件在整个生产系统中停留较长的时间和需要较大的仓库。

2）按成组原则布置。

依据成组技术原理，机床按照成组工艺分组，每一组设备可以用来生产同一零件族的零件，对于一个采用成组布局的生产系统，工艺路径通常限制在一个组内，使工艺规划和生产调度可以针对成组不同而独立考虑，从而简化管理工作，使一个零件的加工过程的物流在组内进行。成组布置物流路线较短，生产效率较高。

3）按产品原则布置。

这类方式中，机床按照工艺要求的顺序排列，一个零件的生产过程被分解成若干个工序安排到每台机床上，工件在机床之间的移动通常依靠辅助运输系统，也可通过手工搬运，主要是看生产批量的大小和投资规模，一般适用于大批量方式，这种方式的物流路线比成组布置还要短，效率更高。

① 单一产品线，在线上只能生产一种产品或零件，适用于单一产品的企业。

② 成批产品线，每次只能生产一种产品，当一种产品的生产任务完成后，可通过调整生产线，生产其他种类的产品。对于中等批量的产品，从经济性考虑，不希望建立多条生产线，而是用一条生产线生产多种产品。

③ 混合产品线，同时在一条生产线上生产多种产品，不同产品混合，间隙地流出生产线，而不是一批一批地按不同产品流出。不需要调整生产线就可以生产不同种类的产品，只是所用的工具有差别，此种生产线柔性好，但生产组织与规划较复杂。

4）按项目布置。

这类布局中，产品位置是固定不动的，所有的装备、材料、人员等都围绕产品进行布局，如飞机的生产就是采用这种布局，原因是飞机产品太大不易移动。这类布置中物料移动少、人员和设备的移动增加。

上述四种布置方式的特点比较如表 8.1 所示。

表 8.1　不同布置类型特点比较

布置类型	按工艺原则布置	按成组原则布置	按产品原则布置	按项目布置
物流时间	长	短	短	中
在制品库存量	高	低	低	中
产品柔性	高	中—高	低	高
机器利用率	中—低	中—高	高	中
加工对象路径	不固定	固定	固定	无路径
单位产品成本	高	较低	低	高
设备投资规模	小	中	大	—

（2）精益生产方式物流系统布置

精益生产模式多采用大厂房，厂房之间平行布置、紧密排列且距离很近，节省了生产占地，缩短了物流距离且使物流更顺畅。丰田公司的工厂布置采用不设置制品中间库的策略，因而无法存放超量生产的在制品，有效地控制了库存。少量的在制品置于生产现场的固定位置并用货架摆放，严格限定其占地范围，既便于目视管理，又有效地防止了超量生产和生产不足等问题的产生。

1）U 型布置的生产线。

U 形布置生产线如图 8.4 所示。这种布置严格按照零部件工艺要求，将所需要的机器设备串联在一起，布置成 U 形生产单元，并在此基础上将几个 U 形生产单元结合在一起，连接成一个整体的生产线。

2）总装配线布置。

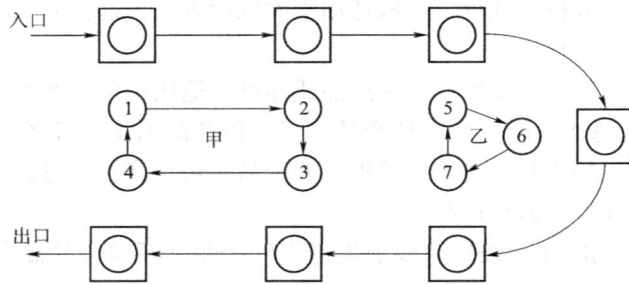

图 8.4　U 形生产线

机电产品本身的装配关系呈树状结构，称为产品结构树。与此相适应，对于整个工厂的物流布局而言，总装配生产线与其他部件装配生产线在布局上呈"河流"状分布，如图 8.5 所示。即由于全企业实行同步化均衡生产，各工艺流程按照统一的节拍或节拍的倍数组织生产，所以各生产线间及内部不存在大量过剩的在制品。这种布局的物流路线短、物流顺畅，没有停滞，物流和生产流一致，减少了物流成本和周转时间，易于达到准时生产和提高利润的目的。

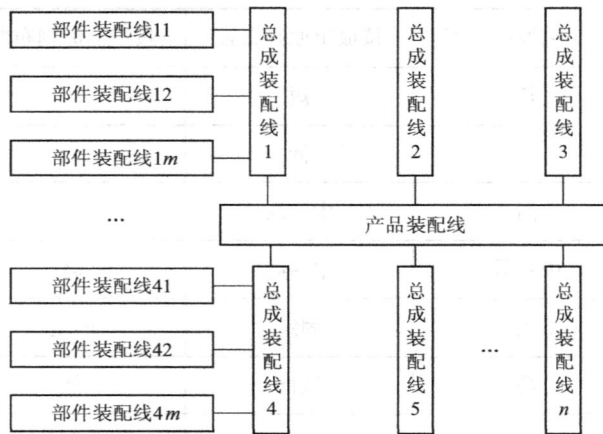

图 8.5　总装配线布置

3．生产物流的特点

1）生产物流是生产工艺的一个组成部分。物流过程和生产工艺过程几乎是密不可分的，它们之间的关系有许多种，有的是在物流过程中实现生产工艺所要求的加工和制造；有的是在加工制造过程中同时完成物流；有的是通过物流对不同的加工制造环节进行链接。它们之间有非常强的一体化的特点，几乎不可能出现像"商物分离"那样物流活动完全独立分离和运行的状况。

2）生产物流有非常强的"成本中心"的作用。在生产中，物流对资源的占用和消耗是生产成本的一个重要组成部分，由于在生产中，物流活动频繁，所以对成本的影响很大。

3）生产物流是一种"定制"物流。它必须完全适应生产专业化的要求，面对的是特定的物流需求，而不是面对社会上的、普遍的物流需求。因此，生产物流具有专门的适应性而不是普遍的实用性，可以通过"定制"，取得较高的效率。

4）生产物流是小规模的精益物流。生产物流的规模，由于只面对特定的对象，因此，物流规模取决于生产企业的规模，这和社会上千百家企业所形成的物流规模的集约比较起来，相差甚远。由于规模有限，并且在一定时间内规模固定不变，因而可实行准确、精密的策划，可以运用资源管理系统等有效手段，使生产过程中的物流"无缝衔接"，实现物流的精益化。

8.1.3　物流系统的功能

物流系统的功能主要包括如下几个方面：

1）原材料、毛坯、外购件、在制品、产品、工艺装备的储存及搬运，做到存放有序，存入、取出容易；

2）加工设备及辅助设备的上下料尽可能实现自动化，以提高劳动生产率；

3）工序间中间工位和缓冲工作站的在制品储存；

4）加工工位间工件的搬运应尽可能及时而迅速，减少工件在工序间的无效等待时间；

5）各类物料流装置的调度及控制，物料的运输方式和路径能够变化并进行优化；

6）物料流的监测、判别等监控。

8.1.4　物流系统应满足的要求

物流系统应满足的要求有如下几方面：

1）运行中应可靠地、无损伤地、快速地实现物料流动，为此应具备宽敞、方便、快捷、可靠的运输通道和运输设备，还应具有良好的管理系统；

2）物流系统要具有一定的柔性，即灵活性、可变性和可重组性，以适应多品种、小批量生产。不会因产品的更新而报废原来的物流系统，可稍作调整或小部分补充即可迅速重组成新的物料系统，也不会由于某些设备因故停机而使生产中断，物料流动路线应该可以灵活地进行变动，使生产继续下去；

3）在每台设备上，停机装卸工件的辅助时间应尽可能短，工序间的流动路线应尽可能短，以保证物流的高效，也可节省物流系统建设的投资；

4）尽可能减少在制品的积压，为此需加快物流系统的流动速度，加强库存管理和生产计划管理，朝"零库存生产"的目标努力；

5）毛坯、在制品、产品的自动储存量能保证三班制时无人或少人运行时的需要，或能保证易损坏设备快速排除故障时间内生产还能继续进行。

8.2　物流系统的整体设计

机械制造企业的物流系统贯穿了整个生产过程的始终，形成一个有机的整体，图 8.6 所示为一个典型的制造企业物流系统。现代化的生产追求的优质、高产、低耗与生产企业信息流、物料流、加工系统的状况直接相关。信息流不正确、信息流传递的失真将直接影响零件的制造质量，物料流不通畅、阻塞等情况将直接影响产品的生产周期和成本。

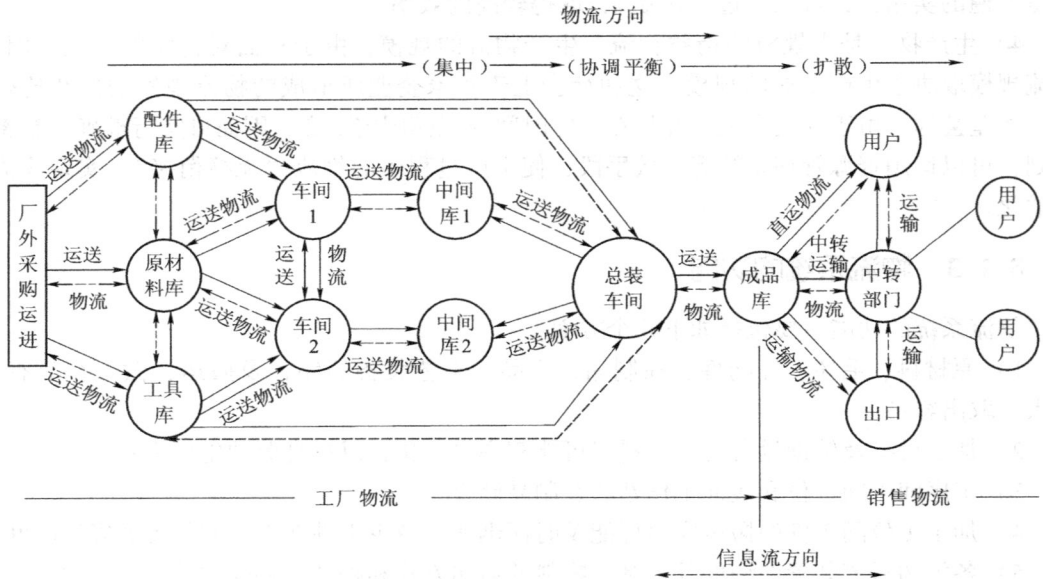

图 8.6　制造企业物流

8.2.1　物流系统的设计要求

物流系统设计是把企业物流系统运行全过程所涉及的装备、器具、设施、路线及其布置作为一个系统，运用现代科学技术和方法，进行设计和管理，达到物流系统综合优化的全过程。其设计要求为：

1）工厂平面布置合理化。工厂平面和车间的机器设备布置一旦确定，就固定了整个工厂企业的主体结构。因此，设计人员必须在物流系统平面布置上实现工艺和物流系统的合理布置。

2）工厂物流活动与生产工艺流程同步化，工厂物流必须严格遵守工艺流程要求，从物流的连续性、时间性、稳步性和有序性等方面进行控制。按生产计划要求，物流按所需日期、时间、品种、数量进行移动，既不能超量多流，也不能减量少流，按生产节拍运送在制品，保证企业生产均衡。

3）物料搬运路线简捷、直线化。要求各作业时间以及存储点间安排尽量紧凑，路线要直，避免迂回、倒流往复，减少装卸搬运环节。

4）物料搬运机械化、省力化、自动化。包括室外作业的机械化与起重运输作业的机械化和省力化，以减轻工人劳动强度，减少安全事故，提高劳动效率和经济效益。

5）单元化容器标准化、通用化。避免碰撞，定量存放，尽量做到过目知数，进行科学管理。

6）库存合理化。在生产的各环节中，制定合理的库存量，包括最大、最小安全库存量，以保证生产的正常进行。

7）采用看板运输管理，保证物流活动准时化。通过看板运输控制车辆运行路线、物料发运时间、数量和地点，实行生产准时化。

8）提倡储、运、包一体化，集装单元化。在搬运工艺设计中，尽量做到装卸搬运集体化，以减少物料搬运次数。

9）在物料流程中，上下位之间、前后生产车间要有固定的位置流程图，为收发、运送、搬运的有关人员指明产品、零件流向，起到现场调度作用。在收、发、运、送流程环节上尽量做到可视化，以便于管理。

8.2.2 物流系统设计的主要任务

工厂中物流系统的设计要求完成以下任务：

1）合理规划厂区；

2）合理布局车间工位；

3）合理确定库存量；

4）合理选择搬运装备。

8.2.3 物流系统设计的主要过程

物流系统设计的流程如图 8.7 所示，其总体规划与设计包括资料的收集和分析、工厂总体布局设计、车间布局设计和物流搬运装备的选择四个阶段。

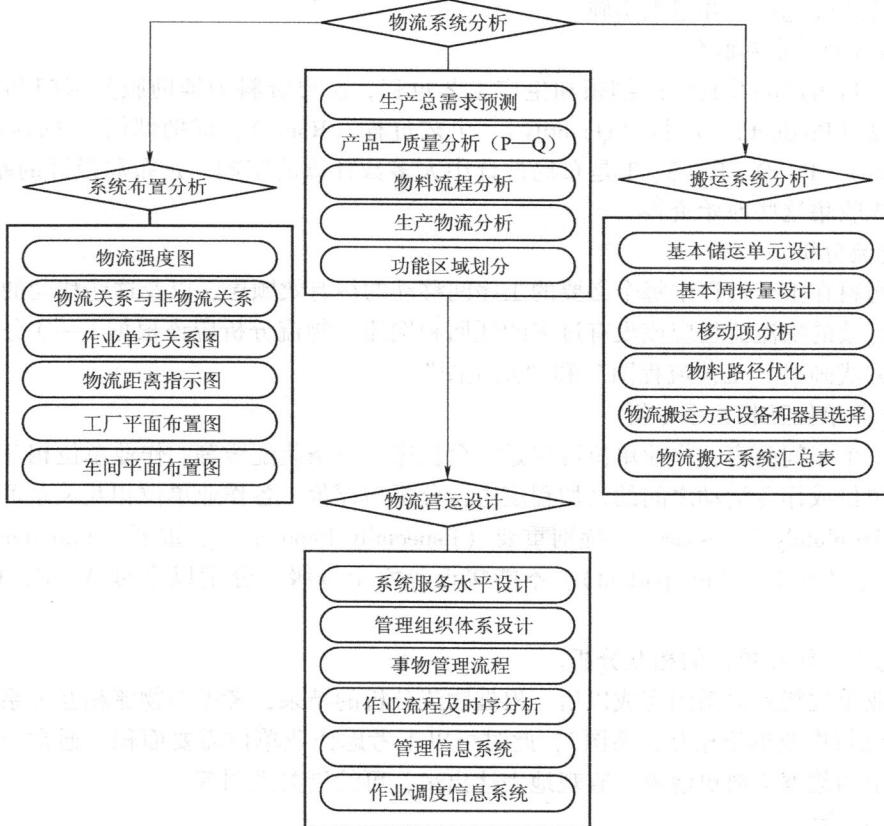

图 8.7 工厂物流系统设计的流程

1. 资料的收集和分析

收集相关资料，并通过调研分析，为工厂的选址和总体布局设计、车间布局设计、物流装备的选择提供依据，主要包括工厂的产品分析和工厂的物料分类。

2. 工厂总体布局设计

（1）工厂总体布局的两种基本模式

1）按功能划分厂区。将工厂各部门按生产性质及卫生、防火、运输等要求，划分成若干区段进行布局。例如大中型机械厂的厂区可以分为加工装配区、备料区、动力区、仓库设施区等，然后按相互关系的密切程度进行各作业单位的配置。其优点是各区域功能明确，环境条件好；缺点是不能完全满足工艺流程和物流合理化的要求。

2）采用系统布局设计模式。按各部门之间物流与非物流之间的关系密切程度进行系统布局，从而有效避免物流搬运的往返交叉，节省搬运时间和费用。

也可以用上述两种模式相结合的混合模式进行厂区规划，即部分采用功能分区、部分采用系统布局设计。

（2）工厂总体布局设计的基本步骤

设计系统布置的起点是对企业生产的产品和产量进行分析与综合，所以总体布局设计的过程首先是调研、收集数据，其次是分析所收集资料的相互关系，提出设计方案，最后对若干方案进行比较选择，并组织实施。

1）基本原始资料收集。

主要资料为产品及其生产纲领和生产工艺过程，次要资料为辅助服务部门和时间的安排，即产品（Product）、产量（Quantity）、工艺过程（Route）、辅助部门（Service）、时间安排（Time）。P、Q、R、S、T 是布局设计中大多数计算的基础，是布局设计的基本要素，所以必须先收集这些原始资料。

2）物流分析。

确定物料在生产过程中每个必要的工序间移动的最有效顺序，以及这些移动的强度和数值。一个有效的物流流程应该没有过多的迂回和倒流，物流分析应该根据 P—Q 分析，对不同的生产方式画出"工艺流程图"和"从至图"。

3）作业单位互相关系分析。

对于一个车间而言，作业单位可以是一台机床、一条装配线等。作业单位相互关系分析是对作业单位或作业活动之间的密切程度进行分析与评价。各作业单位相互关系可分为：绝对必要（Absolutely Necessary）、特别重要（Especially Important）、重要（Important）、一般（Ordinary）、不重要（Unimportant）、不能接近等六个等级，分别以字母 A、E、I、O、U、X 表示。

4）物流与作业单位的相互分析。

在作业单位相互关系图完成以后，根据物流分析的结果，考虑非物流相互关系，就可以绘制"物流与作业单位相互关系图"，此时可以不考虑作业单位需要面积。通常，为了将相互关系图中的数据资料更清晰、直观地表达出来，可绘制关系图解。

5）面积设定。

不论工厂总体规划或是车间布局设计，都必须权衡需要的面积与可利用的面积，最终确定各作业单位或各区域的设计面积。通常的面积设定方法见表 8.2。

表 8.2　面积设定方法与特点

方法	特　点
计算法	按照设备和作业空间要求设计所需面积，主要用于详细设计中正确制造区域面积
转化法	把现在需要的面积转化为将来布置方案中提出的必要面积，一般确定辅助区和存储区面积
物料布置法	应用模拟点设备模型进行布置并确定面积，主要用于总体设置
标准面积法	采用某种工业标准来确定面积
比例趋向预测法	以单位人员和产品为基础、复核设施总面积，主要用于设施规划

6）面积相关图解。

根据已确定的物流与各作业单位的相互关系以及确定的面积，可以利用面积相关图进行图解，即把每个单位用面积与适当的形状和比例在图上进行配置，同时根据实际条件和运输方式、场地环境、管理控制等进行修正，形成若干可供选择的方案。

7）方案评价。

对以上阶段初步提供的各方案进行技术经济分析和综合评价，定性与定量相结合，综合主观和客观两个方面，确定每个方案的价值，进行整体布局的评价和选择。

8）详细布置。

对选中的方案，在其空间相互布置图的基础上予以改进，得到具有可操作性的详细的平面布置方案。

3．车间布局设计

车间设计主要包括工艺设计与工位配置两方面的内容。工艺设计是指确定加工零件所需的机床、夹具、量具、刀具等。工位的配置即为物流系统的设计。

（1）车间布局设计的原则

1）确定车间的生产组织形式和设备布局的形式。

2）工艺流程通畅，物料搬运简捷方便，防止往返交叉。

3）根据工艺流程，选择适当的建筑形式，充分利用建筑物的空间。

4）对车间所有的组成部分：设备、通道、作业区域、物料存放区域等进行合理的区划与协调配置。

5）将工位器具设置在合适的部位，便于操作。

6）具备适当的柔性。

（2）车间布局设计的依据

产品、生产路线、时间和辅助服务是车间布局分析的原始基础资料。通常，车间布局设计的依据主要有以下几个方面：

1）生产系统目标。

生产系统目标是使存储费用、劳动力、闲置设备和管理费用维持在一定的水平以下，并达到预期产量。

2）生产能力决策。

生产能力的预测，对车间布局设计的目标确定有着重要的意义。对制造业而言，生产能力主要取决于生产性规定资产和技术组织条件。生产能力一旦确定，生产经营活动的最大规模也被确定。在西方国家，将生产能力的充分利用问题视为生产成本控制的首要问题。

3）加工过程要求。

加工过程的要求是选择布置类型的主要依据。

4）场地的有效空间。

车间内部布置设计要求满足场地的要求。

装备布局形式取决于生产类型和生产组织形式。一般的机械制造厂的装备布局形式可分为四种：

① 产品原则布局。对于固定生产某种部件或产品的车间，往往适用于大批量生产模式，其装备按产品的工艺过程顺序布置，如曲轴车间等。

② 工艺原则布局。这种布局形式适用于多品种小批量的生产模式，也称为机群式布局。同类装备布置在一起，如按车床组、磨床组等分区，各类机床之间保持一定顺序，按照大多数零件的加工路线来排列。

③ 成组原则布局。在工作场地内配置可以完成工艺相似零件组所有零件全部工序所需的不同类型的机床，组成一个成组单元，再在其周围配置其他必要的装备，适用于采用成组工艺生产的生产模式。

④ 固定工位式布局。以原材料或主要部件固定在一定位置的布局形式，生产时所需要的装备、人员、材料等都服从于工件的固定定位。这种布局适用于大型的、不易移动的产品，如飞机装配、船舶制造等。

（3）车间物流形式

不论采用产品原则布局、工艺原则布局，还是成组原则布局，都要考虑物料、信息、人员流动的模式。选择物流形式的重要因素是入口（接受地点）和出口（发送地点）的位置，同时还要考虑外部运输条件。建筑物的轮廓尺寸、生产流程的特点和生产线的长度、通道的设置等因素。基本的车间物流形式主要有直线形、L形、U形、环形、S形等。实际生产过程中的物流规划形式多为以上5种基本形式的组合。

物流规划是一个分级规划过程。一个有效而合理的物流规划取决于部门内部的有效而合理的物流，而部门内部有效合理的物流取决于各作业单位的有效而合理的物流。

（4）车间物流设计的基本步骤

1）明确车间产品的生产纲领、品种、协作关系、生产辅助系统及产品加工周期，同时应明确运进、运出车间物料的品种和数量。

2）确定原材料、毛坯、零件、总成的装载单元及装载方式，并做到标准化。

3）确定工序间、生产线间、车间之间运输的各种物料的品种、数量，以及运输方式。

4）确定物流系统所涉及的仓库、零件、和毛坯存放等所需的面积。

5）结合工艺设计和平面布局设计，设计出详细的车间物流系统，并绘制车间物流图。

8.3 机床上下料装置的设计

机床上下料装置是将待加工工件送到机床上的加工位置或将已加工工件从加工位置取下

的自动或半自动机械装置，又称工件自动装卸装置。大部分机床上下料装置的下料机构比较简单，或上料机构兼有下料功能，所以机床的上下料装置也常简称为上料装置。通过人工操作进行机床的上料作业，主要适用于单件小批量生产或大型外形复杂的工件。相反，在大批量生产中，为了提高生产效率、降低劳动强度，通常采用自动化的上下料装置，如料仓式、料斗式、上下料机械手或机器人等。

8.3.1　机床上下料装置的分类和设计原则

1. 机床上下料装置类型

根据毛坯形式的不同，上下料装置一般可分为三种类型。

（1）带状料上料装置

将线状和带状的材料预先绕成卷状，加工时将卷料装在上料机构上，毛坯料由卷中拉出，经过自动校直后送到加工位置。在一卷料用完之前，送料和加工是连续进行的。

（2）棒状料上料装置

采用棒料毛坯时，将一定长度的棒料装到机床上，然后按每一工件所需长度进行自动送料。当一棒料用完后，需再次手工装料。

（3）件料上料装置

件料上料装置用于单件坯料，分为料斗式和料仓式两种。采用锻件或预制棒料的毛坯时，机床上需设置单件毛坯上料装置。按照毛坯形状、大小及其工作特点的不同，上料装置又可分为料仓式、料斗式及机械手上料等不同类型。

2. 机床上料装置的设计原则

1）上下料时间要符合生产节拍的要求，缩短辅助时间，提高生产率。

2）上下料工作力求平稳，尽量减少冲击，避免工件产生变形和损坏。

3）上下料装置要尽可能结构简单，工作可靠，维护方便。

4）上下料装置应有一定的使用范围，尽可能满足多种不同工件的上下料要求。

8.3.2　料仓式上料装置

当工件毛坯的形状复杂难以自动定向，且毛坯尺寸较大时，可采用料仓式上料装置。这种装置往往需要工人或专门的定向装置不断地将单件毛坯以一定方位装入料仓，然后再由料仓送料机构自动地将单件毛坯从料仓取出送到机床上。料仓式上料装置多应用于大批量生产，所运送的毛坯可以是锻件、铸件或由棒料加工成的毛坯件及半成品。由于料仓式上料装置需要手工加料，对于加工时间较短的工件，需要人工频繁加料，将影响劳动生产率，因此料仓式上料装置适用于加工需时较长的工件，便于实现单人多机床操作，可较大地提高生产效率。料仓式上料装置由料仓、上料器、隔料器、上料杆和卸料杆、分路器和合路器等零部件组成。

1. 料仓

料仓用于储存毛坯，根据工件形状、尺寸和存储量的大小及上料机构的配置方式不同，料仓具有不同的结构形式。根据工件传送方式的不同，料仓可分为靠工件自重送料的料仓和用外力强制送料的料仓。

（1）靠工件自重送料的料仓

这类料仓不需要动力装置，结构简单紧凑，但送料速度不能调节，不能向上送料，送料距离较短。它分为槽式、斗式和管式料仓三种。

1）槽式料仓。

槽式料仓的基本类型按工件运动特性可分为滑动式和滚动式；按料仓形状可分为直线型和曲线型；按料仓结构又可分为开式和闭式。

2）斗式料仓。

槽式料仓的一个缺点是储料数量有限，而斗式料仓占地较小，储料较多。工件在斗式料仓中整齐排列堆积时，常常会在内部互相堆积而形成"拱桥"，使得工件被卡住不能下落。为了保证上料装置能够连续地正常工作，常在这种料仓中设置搅动器，用以破坏"拱桥"。图8.8所示为斗式料仓的常见形式。

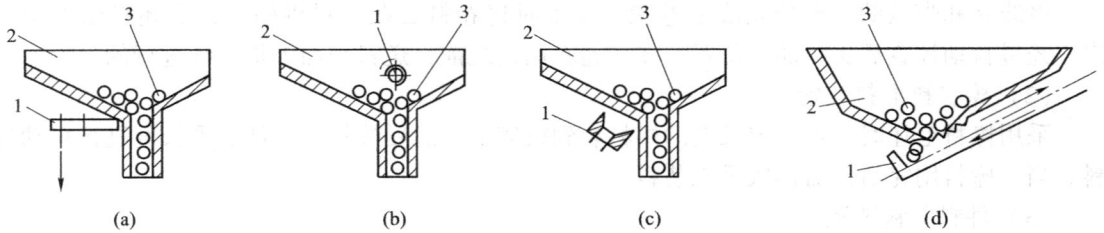

图8.8　斗式料仓
（a）杠杆式；（b）凸轮式；（c）电磁振动式；（d）棘齿式
1—消除器；2—料仓；3—工件

3）管式料仓。

管式料仓有柔性和刚性两类，柔性管式料仓用弹簧钢丝绕成，可以弯曲变形，用于连接有相对运动的部件。根据需要，管式料仓可以设置成直立管式，也可以设置成弯管形式。

在设计或选用管子时，应使料管内径大于工件的外径，弯曲管道的最小曲率半径要保证不卡住工件。此外，直径较大的管式料仓，可在管壁开观察槽，以观察工件下落情况，及时排除卡住、挤塞等故障。

（2）外力强制送料的料仓

这类料仓的送料速度可以根据需要确定，能向任何方向送料，送料距离可较长。但它们需要专门的动力装置，结构复杂，体积大。图8.9所示为这类常用料仓的示意图。

图8.9（a）所示为重锤式送料。重锤3拉动滑块1，使工件或料盒2移动进行送料。

图8.9（b）所示为链式送料。它可以做连续传送或间歇传送。装料机构5应根据工件4的形状设计。它适用于复杂的轴类工件。

图8.9（c）所示为弹簧式送料。工件7靠弹簧8向上顶起，靠旋转的橡皮滚子6的摩擦使工件沿水平方向送出。它适用于厚度小于1 mm的片状工件。

图8.9（d）所示为摩擦式送料。它是靠工件9与转盘之间的摩擦力，将工件送出料道11的。

图8.9（e）所示为用电磁式送料。插在料仓15内的工件14，在驱动机构的作用下，按箭头方向做步进运动，被送至输料管12下方。这时，电气线路在凸轮控制下向线圈13通脉冲电流而产生磁场，将工件吸入输料管内。断电后，工件在惯性力作用下，继续运动而送出输料管，进行上料。它适用于小而轻的磁性材料工件。

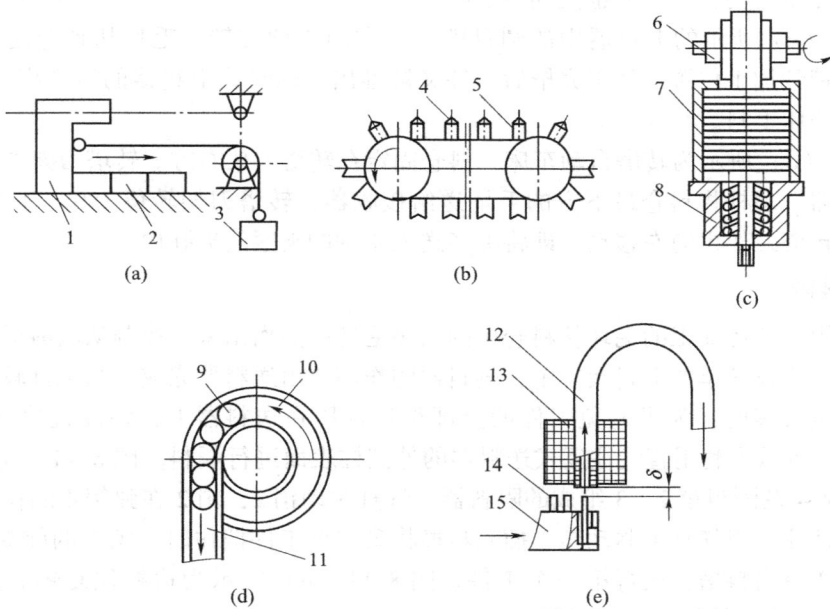

图 8.9 外力送料的料仓类型

（a）重锤式；（b）链式；（c）弹簧式；（d）摩擦式；（e）电磁式

1—滑块；2—料盒；3—重锤；4、7、9、14—工件；5—装料机构；6—橡皮滚子
8—弹簧；10—转盘；11—料道；12—输料管；13—线圈；15—料仓

2. 上料器

上料器是把毛坯从料仓送到机床加工位置的装置。图 8.10 所示为几种典型的上料器。

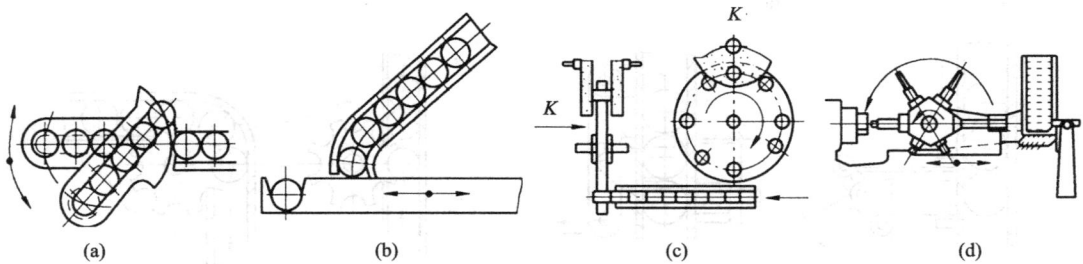

图 8.10 上料器

（a）料仓兼作上料器；（b）槽式上料器；（c）圆盘式上料器；（d）转塔刀架兼作上料器

图 8.10（a）所示的料仓本身就起到了上料器的作用。当料仓自水平位置摆动到倾斜位置时，其外弧面起隔料的作用，挡住料槽中的毛坯，而料仓最下部毛坯的轴线正好和主轴中心线重合，由顶料杆将其顶出料仓，放到机床主轴的夹具中。待顶料杆退回后，料仓即摆回原来的水平位置，料槽中的毛坯即往料仓补充。这类料仓上料器做往复运动，因其惯性较大，生产率受到一定限制。

图 8.10（b）所示的上料器有容纳毛坯的槽，接受从料仓落下的毛坯。当上料器往左运动时，该毛坯即被推到机床加工位置。此时料仓中其他毛坯被上料器的上表面隔住。由于槽

式上料器做往复运动，生产率也受到一定限制。

图8.10（c）所示的上料器中的圆盘朝一个方向连续旋转，毛坯从料仓送入圆盘的孔中，由圆盘带到加工位置，加工完毕后工件又被推出。圆盘式上料器的生产率较前两种高，广泛应用于磨床上料。

图8.10（d）所示为转塔自动车床，料仓固定在转塔刀架右方。转塔刀架的一个刀具孔中装有接收器。顶杆将料仓最下方的毛坯送给接收器，转塔刀架转位180°，便将毛坯对准主轴轴线，转塔刀架再向左移动，即将毛坯送入主轴的夹紧筒夹孔内。

3. 隔料器

隔料器用来把待加工的毛坯从料仓中的诸多毛坯中隔离出来，控制从输料槽进入送料器的工件数量。比较简单的上料装置中，隔料器的作用兼由送料器完成。当工件较重或垂直料槽中工件数量较多时，为了避免工件的全部重量都压在送料器上，要设置独立的隔料器。图8.11（a）所示为利用直线往复式送料器的外圆柱表面进行隔料。图8.11（b）所示为由气缸1、弹簧4及隔料销2、3组成的隔料器。气缸驱动销2，销2在弹簧4的作用下，插入料槽将工件挡住。当气缸1驱动销2插入料槽将第二个工件挡住时，销2的前端顶在方铁5上，推动销3退出料槽，放行第一个工件。图8.11（c）所示为边杆往复销式隔料器。图8.11（d）所示为牙轮旋转式隔料器。

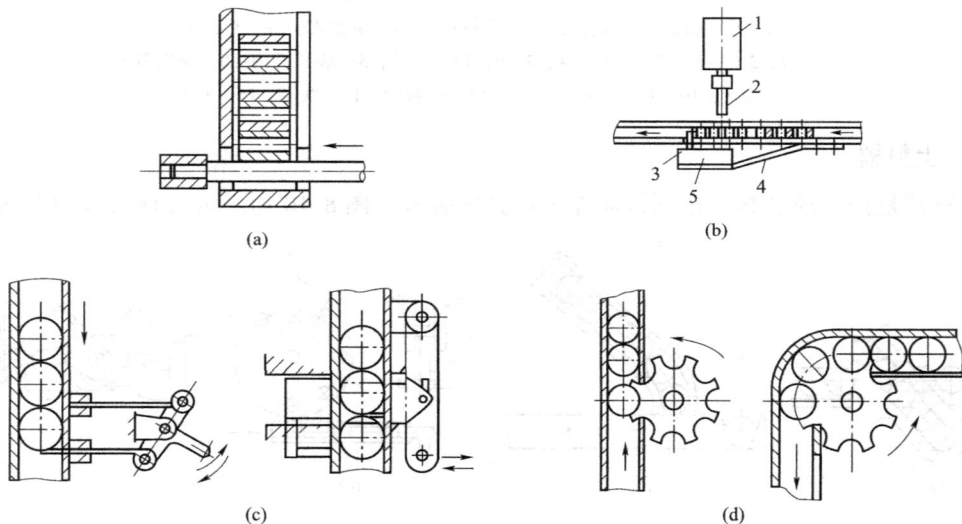

图8.11　隔料器
1—气缸；2，3—隔料销；4—弹簧；5—方铁

4. 上料杆和卸料杆

上料杆主要用来将毛坯件推入加工位置。卸料杆也称推料杆，主要用来将加工好的工件推出加工位置。上料杆在送进毛坯的过程中，需要控制毛坯送进位置的精度。一般有两类方式：第一类方式采用挡块来限制毛坯送进的位置，第二类方式是靠上料杆的行程使毛坯顶到所要求的位置上。上料杆行程的准确性决定了毛坯送进的准确度。

卸料杆也有两种类型，即带弹簧和固定长度的卸料杆。带弹簧的卸料杆装在筒夹内部，当上料杆磨皮顶入筒夹孔中时，毛坯靠在卸料杆上并将卸料杆往里推，压缩弹簧。加工完毕后，筒夹松开，在弹簧复位力作用下卸料杆将毛坯推出。固定长度式卸料杆是一根装在主轴内的杆子，可做往复直线运动。当毛坯被送入时，杆子后退，毛坯加工完毕后，筒夹松开，杆子把工件推出，然后回到原位。

5．分路器和合路器

分路器是当一台上料机构需向两个以上工位或两台以上机床供料时，将一路工件分为几路的装置，合路器则反之。

8.3.3 料斗式上料装置

料斗式上料装置主要用于形状简单、尺寸较小的毛坯件上料，广泛应用于各种标准件厂、工具厂、钟表厂等大批量生产厂家。料斗式上料装置与料仓式上料装置的主要不同点在于后者只是将已定向整理好的工件由储料器向机床供料，而前者则可对储料器中杂乱的工件进行自动定向整理再送给机床。

料斗式上料装置可分为机械传动式和振动式两类。

1．机械传动式料斗装置

机械传动式料斗装置按定向机构的运动特征可分为回转式、摆动式和直线往复式等。其定向机构主要有钩式、圆盘式、销式、链带式和管式等。

工件定向方法主要有抓取法、槽隙法、重心偏移法和型孔选取法。抓取法是用定向钩子抓取工件的某些表面结构，如孔、凹槽等，使之从杂乱的工件堆中分离出来并定向排列。槽隙定位法使用专门的定向机构搅动工件，工件在不停的运动中落进沟槽或缝隙，从而实现定向。重心偏移法是对一些在轴线方向重心偏移的工件，使其重端倒向一个方向实现定向的方法。型孔选取法是利用定向机构上具有一定形状和尺寸的孔穴对工件进行筛选，只有位置和截面与型孔相符的工件，才能落入孔中而获得定向。

（1）回转式料斗装置

回转式料斗有叶轮式、盘式和旋转管式等多种形式。图 8.12 所示为一种利用叶轮排放工件的料斗，该装置不适用于易变形的工件，而适用于只有一个布置特性、尺寸较大但形状简单的工件。叶轮 2 主动面的外侧曲须根据工件的几何形状设计。叶轮转动时，其主动面随机性接触料斗 1 中位置正确的工件 3，通过叶轮 2 的转动将工件带到滑轨释放。料斗的容量取决于填料高度、叶轮转速和主动面的大小。

（2）摆动式料斗装置

摆动式料斗有中心摆动式和扇形块摆动式料斗等形式。中心摆动式料斗如图 8.13 所示，摆板 2 围绕支点 3 摆动，姿势正确的工件被摆板上的料铲引入到输料槽 4 中，不正确排列的工件回收到锥形料仓中，摆板的摆动由凸轮或曲柄驱动。该料斗适用于球形、圆柱、螺栓和销钉等工件的定向上料过程。

（3）直线往复式料斗装置

直线往复式料斗多为带式传送，如图 8.14 所示。传送带主动轮 7 安装于料斗中，传送带 4 上的运送及分类条 3 带有一定的斜度并用铆钉连接在传送带上。从料斗 2 中提取一批工件，在移出料斗时，位置不当的工件将重新落入料斗中。这种装置适用于简单圆形平面件的大量输送。

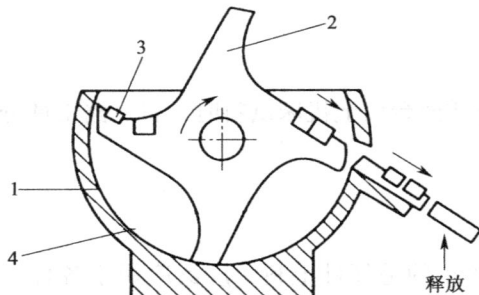

图 8.12　叶轮式料斗

1—料斗；2—叶轮；3—工件；4—滑轨

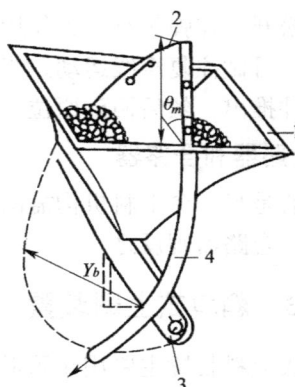

图 8.13　中心摆动式料斗

1—料仓；2—摆板；3—支点；4—输料槽

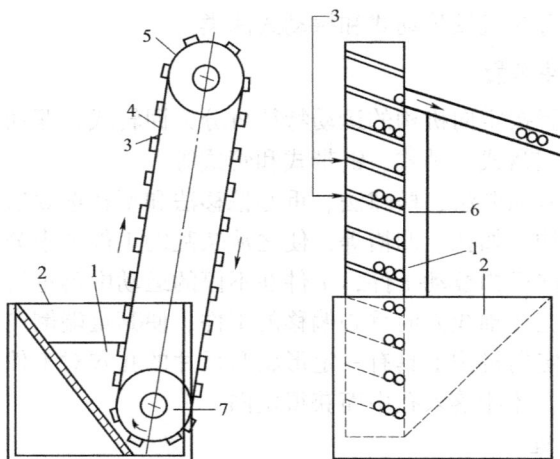

图 8.14　直线往复式料斗

1—工件；2—料斗；3—运送及分类条；4—传送带；5—输送轮；6—限制面；7—主动轮

2. 振动式料斗装置

振动式料斗装置适用于小型工件的上料，尤其适用于仪器仪表和电子元件等行业，其工作过程较为平稳。这类料斗具有一定的通用性，当用于尺寸、质量相近的不同工件时，更换定向机构即可。料斗借助于电磁力产生的微小振动，依靠惯性力和摩擦力的综合作用驱动工件运动，在运动过程中实现定向。

振动料斗具有的优点主要包括：

1）结构简单，经久耐用，易于维护；

2）送料和定向过程中没有机械式搅拌过程，撞击与摩擦过程产生冲击较小，对各式物料不会产生损伤，运行稳定；

3）送料速度易调节，适用性强。

其缺点是：

1）工作噪声大；

2）适用于中小尺寸物料，大结构尺寸物料不适用；

3）对具有一定黏着力或细小散体颗粒状造成的料斗污浊清理困难，往往导致送料速度和工作效率下降。

图 8.15 所示为一种典型的振动式料斗自动上料装置。圆筒形料斗由内壁带螺旋送料槽的圆筒和底部呈倒锥形的筒底 2 组成，料斗底部用三个连接块 3 分别与三个板弹簧 4 连接，板弹簧呈倾斜安装。当整个圆筒做扭转振动时，工件沿着螺旋形送料槽逐渐上升，并在上升过程中进行定向，自动剔除位置不正确的工件。上升的工件最后从料斗上部的进口进入送料槽。

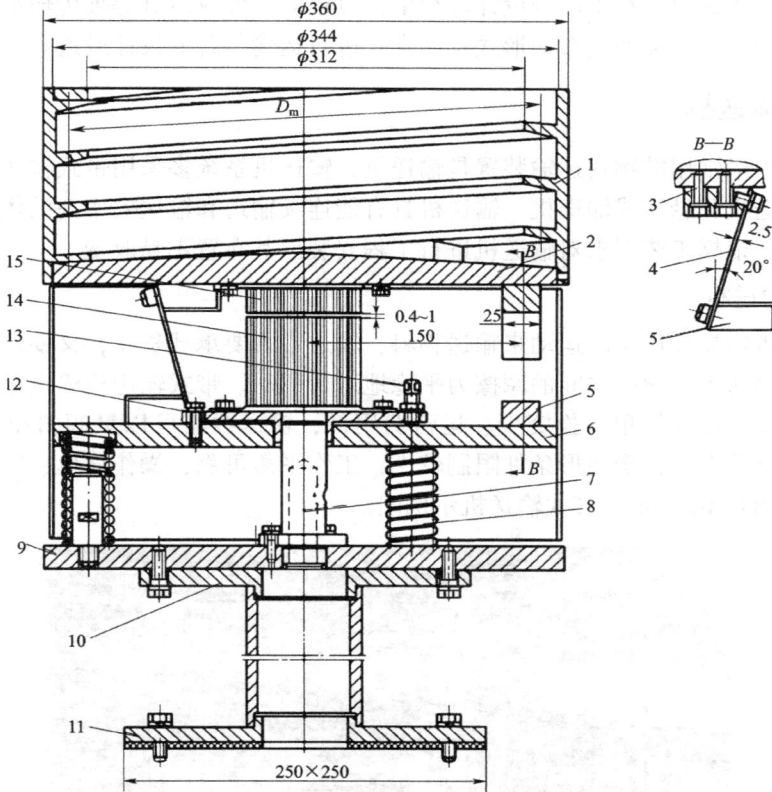

图 8.15　振动式料斗

1—圆筒；2—筒底；3，5—连接块；4—板弹簧；6—底盘；7—导向轴；
8—弹簧；9—支座；10，11—支架；12—支承盘；13—调节螺钉；14—铁芯线圈；15—衔铁

3. 上下料机械手

机械手是按照程序要求进行轨迹运行的机械自动化装置，具有模仿人手工作机能的特点，可实现物件的抓取、搬运或操持工件完成某些特定动作，也常被称作操作机。机械手主要由手部机构和运动机构组成。手部机构随使用场合和操作对象的不同而不同，常见的有夹持、托持和吸附等类型。运动机构一般由液压、气动、电气装置驱动。机械手可独立地实现伸缩、旋转和升降等运动，多拥有 2~3 个自由度。

工业机械手由主体、驱动系统和控制系统三个基本部分组成，常用其臂部的运动形式进行分类，包括如下几类：

1）直角坐标型，其臂部沿三个直角坐标系移动；
2）圆柱坐标型，其臂部可做升降、回转和伸缩动作；

3）球坐标型，其臂部能回转、俯仰和伸缩。

4）关节型，其臂部装配有多个转动关节，较为灵活。

8.4 物料运输装置设计

物料运输装置用于物料在加工设备之间或加工设备与仓储装备之间的传输，是机械加工生产线的重要组成部分。在生产线设计过程中，可根据工件或刀具等被传输物料的特征参数和生产线的生产方式、类型及布局形式等因素，进行运输装置的设计或选取。

8.4.1 输送机

物流系统中最常用的物料运输装置是输送机，输送机系统多采用带式输送机、滚道式输送机、链式输送机和悬挂式输送机。输送机具有能连续输送和输送效率高的优点，但输送机占地面积较大，根据工艺需求对输送机进行工程安装后其布置不易改变。

1. 带式输送机

带式输送机依靠输送带的运动来输送物料，输送带既要承载货物，又要传递电动机转动牵引力，通过输送带与滚筒之间的摩擦力平稳地进行驱动。带式输送机输送距离大、输送能力强、生产率高、结构简单、投资少、运营费用低，输送线路可以呈倾斜布置或在水平方向、垂直方向弯曲布置，受地形条件限制较小，工作平衡可靠，操作简单、安全可靠，易实现自动控制。图8.16所示为带式输送机示例图。

图8.16 带式输送机

带式输送机主要结构部件及作用如下：

1）输送带用于传递牵引力和承载被运货物。

2）支撑托辊用来支撑输送带及带上的物料，减少输送带的垂度。

3）驱动装置用于驱动输送带运动，实现货物运送。

4）制动装置用来防止满载停机时输送带在货重的作用下发生反向运动，引起货物逆流。

5）张紧装置用于输送带保持必要的初张力，以免在驱动滚筒上打滑。

6）改向装置用来改变输送带的运动方向。

7）装载装置用来对输送带均匀装载，防止物料在装载时洒落在输送机外面，并尽量减少物料对输送带的冲击和磨损。

2．滚道式输送机

滚道式输送机利用转动的圆柱形滚子或圆盘实现物料的输送。按照输送方向及生产工艺要求，输送机可以布置成各种线路，如直线的、转弯的和具有各种过渡装置的交叉线路等，如图 8.17 所示。为了将工件从一个输送机转移到另一个输送机上，需要在输送机的交叉处设置滚子转盘结构，即转向机构。

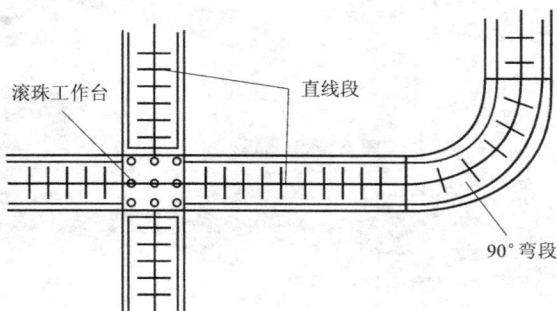

图 8.17　输送机布置线路

滚道式输送机的驱动装置可以是牵引式或机械传动式。牵引式驱动装置一般适用于轻型工件传输，可以采用链条、胶带或绳索。对于质量较重的工件类型，可采用刚性的机械传动式驱动装置，可分为单个驱动和分组驱动两种。单个驱动装置可降低机械部分的造价，易于启动、工作可靠且便于拆卸和维修。

3．链式输送机

链式输送机用环绕若干链轮的链条作牵引件，由驱动链轮通过轮齿和链节的啮合将圆周牵引力传递给链条，在链条上固定着一定的工作物件以输送货物，如图 8.18 所示。

图 8.18　链式输送机

4．悬挂式输送机

悬挂式输送机是实现企业物料搬运系统综合机械化和自动化的重要设备，图 8.19 所示为悬挂式输送机实例，该类输送机是利用连接于牵引链上的滑架在架空轨道上运行以带动承载件输送成件物品的输送机。架空轨道可在车间内根据生产需要灵活布置，构成复杂的输送线路。输送的物品悬挂在空中，可节省生产面积，在输送的同时还可进行多种工艺操作。由于连续运转，物件接踵送到，经必要的工艺操作后再相继离去，可实现有节奏的流水生产。

图 8.19　悬挂式输送机

8.4.2　步伐式输送装置

箱体类工件的输送常采用步伐式输送装置，常用的有移动步伐式、拾起步伐式两种主要类型，移动步伐式输送装置又包括棘爪式和摆杆式两种。

1．棘爪式移动步伐输送带

如图 8.20 所示，输送杆 2 在支承滚轮 12 上做往复运动，输送杆前进时通过棘爪 5 推动工件 10（或随行夹具）在支撑板 14 上向前移动，移动一个步距后，输送杆返回，棘爪可绕棘爪销 6 转动而被后续工件压下，到达工件的推动面后在弹簧 4 的作用下又复位抬起。输送杆由两侧板构成，分成若干节，通过连接板 8 连成输送带，由传动装置 9 通过拉架 3 被驱动。输送带根据情况可布置在工件上方、下方或侧面。对于短宽的工件可采用两条传送带并行驱动。

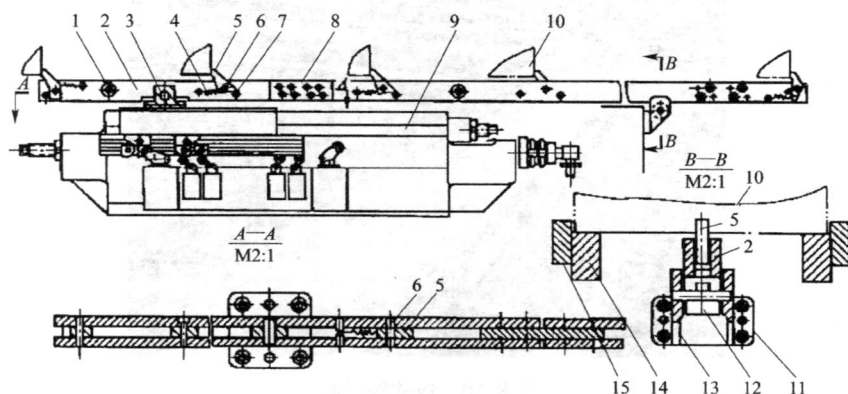

图 8.20　棘爪式移动步伐输送带

1—垫圈；2—输送杆；3—拉架；4—弹簧；5—棘爪；6—棘爪销；7—支销；8—连接板；
9—传动装置；10—工件；11—滚子轴；12—支承滚轮；13—支承滚架；14—支撑板；15—侧限位板

棘爪输送带结构简单、动作单一、通用性很强,同一输送带可安排不同的输送步距。需要注意的是该类输送带是刚性连接,运动速度过高时,由于惯性作用会影响工件的定位精度,因此速度一般不超过 16 m/min,在工件离定位点 30~40 mm 时,应进行减速控制。棘爪式输送带的驱动装置一般多采用组合机床的机械动力滑台或液压动力滑台。

2. 摆杆式移动步伐输送带

摆杆式输送带采用圆柱形输送杆和前后两个方向限位的刚性拨爪,工件输送到位后输送杆必须做回转摆动,使刚性拨爪转离工件后再做返回运动,如图 8.21 所示。摆杆式输送带可提高输送速度及定位精度,但由于增加了输送杆的回转运动,其结构及控制都比棘爪式输送带更复杂。

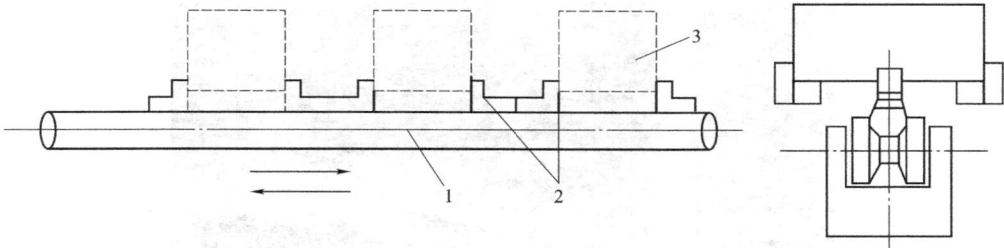

图 8.21 摆杆式移动步伐输送带
1—输送带;2—拨爪;3—工件

8.4.3 自动运输小车

自动运输小车分为有轨和无轨两大类,是先进制造系统中机床间传送物料与工具的重要装备。

1. 有轨自动运输小车

有轨自动运输小车(Railing Guided Vehicle,RGV)沿直线轨道运动,机床和辅助设备在导轨一侧,安放托盘或随行夹具的台架在导轨的另一侧,如图 8.22 所示。RGV 采用直流或交流伺服电动机驱动,由生产系统的中央计算机控制。当 RGV 接近指定位置时,由光电传感器、接近开关或限位开关等识别减速点和准停点,向控制系统发出减速和停车信号,使小车准确地停靠在指定位置上。小车上的传动装置将托盘台架或机床的托盘和随行夹具拉上

图 8.22 有轨自动运输小车

车，从而将小车上的托盘或随行夹具送给托盘台架或机床。RGV 适用于运送尺寸和质量均较大的托盘、随行夹具或工件，而且传送速度快、控制系统简单、成本低廉、可靠性高。其缺点是一旦将导轨铺设好，就不便改动；另外其转换的角度不能太大，多采用直线布置。

2. 无轨自动运输小车

图 8.23 所示为无轨自动运输小车，也称为自动导向小车（Automated Guided Vehicle，AGV），它装备有电磁或光学自动导引装置，能够沿规定的导引路径行驶，是具有小车编程与停车选择装置、安全保护及各种移载功能的运输小车。AGV 是现代物流系统的关键装备，它能够沿规定的导向路径行驶在某一位置并自动进行货物的装载、自动行走到另一位置、自动完成货物的卸载，是具有安全保护及各种移载功能的全自动运输装置。

图 8.23   无轨自动运输小车

图 8.24 所示为一种 AGV 的结构示意图。AGV 主要由车体、电源与充电装置、驱动装置、转向装置、控制装置、通信装置和安全装置等组成。

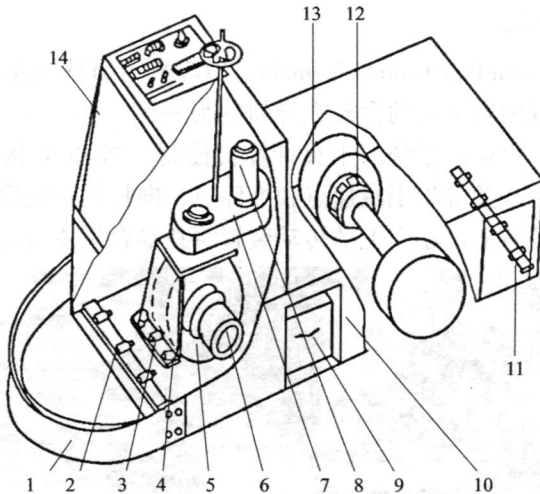

图 8.24   AGV 结构示意图

1—安全护圈；2，11—认址线圈；3—失灵控制线圈；4—导向探测线圈；

5—驱动轴；6—驱动电动机；7—转向机构；8—转向伺服电动机；

9—蓄电池箱；10—车架；12—制动用电磁离合器；13—后轮；14—操纵台

1）车体。它由车架、减速器、车轮等组成。车架由钢板焊接而成，车体内主要安装有电源、驱动和转向等装置，以降低物体重心。车轮由支撑轮和方向轮组成。

2）电源和充电装置。它通常采用 24 V 或 48 V 的工业蓄电池作为电源，并配有充电装置。

3）驱动装置。它由电动机、减速器、制动器、车轮、速度控制器等部分组成。制动器的制动力由弹簧产生，制动力的松开由电磁力实现。

4）转向装置。AGV 转向装置的方式通常有铰轴转向式和差动转向式两种。

5）控制装置。通过控制装置可以实现小车的监控，通过通信系统可以接受指令和报告运行情况，并能实现小车编程。

6）通信装置。一般有两类通信方式，即连续方式和分散方式。连续方式是通过射频或通信电缆收发信号。分散方式是在预定地点通过感应或光学的方法进行通信。

7）安全装置。安全装置分为接触式和非接触式两类保护装置。

AGV 按照导引方式可以分为电磁导引、光学导引、磁带导引、超声导引、激光导引和视觉导引等方式，各导引方式的比较见表 8.3。

表 8.3　AGV 导引式一般比较

技术名称	成熟度	技术难度	成本	应用	先进性	前景
电磁导引	成熟	低	低	广	一般	较好
光学导引	成熟	中低	低	较广	一般	较好
磁带导引	成熟	低	低	较广	一般	好
超声导引	较成熟	高	中	少	一般	一般
激光导引	较成熟	高	高	广	较先进	好
视觉导引	不成熟	高	高	少	较先进	很好

8.4.4　辅助装置

物料输送系统中的主要辅助装置有托盘与托盘交换器等。

1. 托盘

托盘是实现工件、夹具、输送设备及加工设备之间连接的工艺装备，是柔性制造系统中物料输送的主要辅助装置。托盘按其结构形式可分为箱式托盘和板式托盘两种。

箱式托盘不进入机床工作空间，主要服务于小型工件及回转体工件，主要起输送和储存载体的作用。为了保证工件在箱中的位置和姿态，箱中设有保持架。为了节约储存空间，箱式托盘可叠层堆放。

板式托盘主要用于较大型非回转体工件，工件在托盘上通常是单件安装。它不仅是工件的输送和储存载体，而且还需进入机床的工作空间，在加工过程中起定位和夹持工件的作用，并承受切削力、切削液、切屑、热变形、振动等因素的作用。托盘的形状通常为正方形，也可以是长方形，根据具体需要也可做成圆形或多角形。为了安装储装构件，托盘顶面应有 T 形槽或矩阵螺孔，托盘还应具有输送基面及与机床工作台相连接的定位夹压基面，其输送基面在结构上应与系统的输送方式、操作方式相适应。此外，托盘要满足交换精度、刚度、抗振性、切削力承受和传递、防止切屑划伤和冷却侵蚀等要求。

2. 托盘交接器

托盘交换器，也称为自动托盘交换装置，是机床和传送装置之间的桥梁和接口，不仅起连接作用，而且还能起到暂时存储工件、防止物流系统阻塞等作用。图 8.25 是八工位回转式托盘交换器。工人在装卸工位从托盘上卸去已加工的工件，装上待加工的工件，由液压或电动推拉机构将托盘推到回转式托盘交换器上，经单独电动机拖动按顺时针方向做间歇回转运动，不断将装有待加工工件的托盘送到加工中心工作台左端，由液压或电动推拉机构将其与加工中心工作台上的托盘进行交换。装有已加工工件的托盘由回转工作台带回装卸工位。如此反复不断地进行工件的传送。

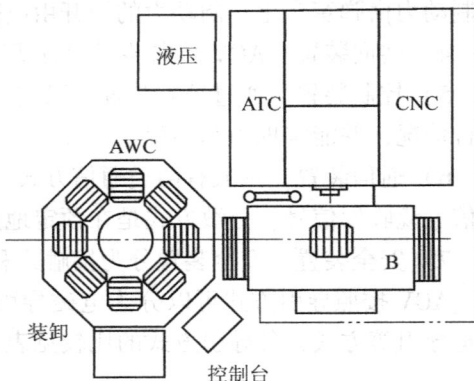

图 8.25 八工位回转式托盘交换系统

8.5 自动化仓库设计

图 8.26 所示为自动化仓库又称立体仓库，是一种设置有高层货架，并配有仓储机械、自动控制和计算机管理系统，在不进行直接人工搬运与操作的情况下，能够实现搬运、存取机械化，管理现代化的新型仓库。它具有占地面积小、储存量大、运转周期快等优点，在现代生产系统中得到了广泛应用。

图 8.26 自动化仓库

8.5.1 自动化仓库的功能

1. 提高空间利用率

由于使用高层货架存储货物，存储区可以大幅度地向空中发展，充分利用仓库的地面空间，从而节省了库存占地面积，提高了空间利用率。采用高层货架存储，并结合计算机管理，可以较容易地实现先入先出原则，防止货物的自然老化、变质、生锈和发霉，也可防止货物的丢失及损坏。

2. 便于形成先进的物流系统，提高企业生产管理水平

传统仓库只是货物存储的场所，保存货物是其唯一的功能，是一种"静态储存"。自动化立体仓库采用先进的自动化物料搬运设备，不仅能使货物在仓库内按需要自动存取，而且可以与仓库以外的生产环节进行有机的连接，并通过计算机管理系统和自动化物料搬运设备，使仓库成为企业生产物流中的一个重要环节。企业外购件和生产件进入自动化仓库储存是整个生产的一个环节，短时储存是为了在指定时间自动输出到下一道工序进行生产，从而形成一个自动化的物流系统，这是一种"动态储存"，也是当今自动化仓库发展的一个明显的技术趋势。生产管理是企业管理的一个重要组成部分，而自动化立体仓库系统作为生产过程的一个中心环节，几乎参与了生产管理的全过程。

3. 加快货物的存取节奏，减轻劳动强度，提高生产效率

建立以自动化立体仓库为中心的物流系统，其优越性还表现在自动化高架库具有的快速入库能力，能快速妥善地将货物存入高架库中（入库），也能快速及时并自动地将生产所需要的零部件和原材料送达生产线（出库）。这一特点是普通仓库所不具备的。同时，自动化立体仓库是实现减轻工人劳动强度的最典型的例子。这种劳动强度的减轻是综合性的，具体包含如下几方面：

1）采用自动巷道堆垛机取代人工存放货物和人工取货，即快捷又省力。由于工人不必进入仓库内工作，因而工作环境大为改善。

2）采用计算机管理系统对货物进行管理，大大提高了对货物的管理能力，使仓库管理科学化，其准确性和可靠性有质的提高，入库管理、盘库、报表等工作变得简单快捷，工人的劳动强度大大降低。

3）借助库前辅助输送设备，使出入库变得简单方便。

4）自动化仓库系统所需要的操作人员和系统维护人员很少，既节省了人力、物力，节约了资金，又改善了工作环境。

4. 减少库存资金积压

如何降低库存资金积压和充分满足生产需要，是许多生产企业必须面对的问题。自动化仓库系统是解决这一问题的最有效的手段之一。

1）以自动化立体仓库为中心的工厂物流系统，解决了生产各环节的流通问题和供求矛盾，使原材料的供给与零部件的生产数量和生产所需的数量可以达到一个最佳值。

2）计算机网络系统的建立使原材料和零部件、外购件的采购更及时地满足实际需求。

3）计算机管理系统的建立加强了宏观调控功能，使生产中各环节的生产量更能满足实际需求。

4）建立成品库和半成品库，以解决市场供需的暂时不一致，充分发挥企业的生产潜力。

5. 现代化企业的需要

现代化企业采用的是集约化大规模生产模式，这就要求生产过程中各个环节紧密相连，成为一个有机整体，要求生产管理科学实用，做到决策科学化。为此，建立自动化高架仓库系统是最有力的措施之一。由于采用计算机管理和网络技术，使企业领导可以从宏观上快速地掌握各种物资信息，使工程技术人员、生产管理人员、生产技术人员能及时了解库存信息，以便合理安排生产工艺、提高生产效率。

8.5.2 自动化仓库的机械设备

自动化仓库的机械设备一般包括存储机械、搬运机械、输送机械、货架、托盘和货箱及堆垛机等设备。

1. 货架

在自动化仓库中，货架指专门用于存放成件物品的保管设备。按货架形式不同可分为通道式、密集型、旋转式货架三种。按货架高度不同可分为高层（>15 m）、中层（5～15 m）、低层（<5 m）货架。按货架的载重量不同可分为轻型货架（每层货架的载重量小于150 kg）、中型货架（每层货架的载重量为150～500 kg）和重型货架（每层货架的载重量大于500 kg）。

1）重力式货架。它是利用存储货架的自动重力达到在储存深度方向上使货物运动的存储系统，多用于拣选系统中。

2）贯通式货架。它采用货格货架，且必须为作业机械安排工作巷道，因而降低了仓库单位面积的库容量。

3）悬臂式货架。它又称为树枝形货架，由中间立柱向单侧或双侧伸出的悬臂组成。一般用于储存长、大件货物和不规则形状货物。

4）阁楼式货架。该货架可充分利用仓储空间，适用于库房较高、货物较轻、人工存取且储货量大的情况，特别适用于现有旧仓库的技术改造，提高仓库的空间利用率。

5）移动式货架。它是将货架本体置在轨道上，在底部设有行走轮或驱动装置，靠动力或人力驱动使货架沿轨道横向移动。

6）旋转式货架。它可以将货架上的货物送到拣送点，再由人或机械将所需货物取出，所以其拣货路线短，操作效率高。

作为主要的承重结构，货架必须具有足够的强度和稳定性，即在正常工作条件下和在特殊的非工作条件下都不至于被破坏。同时，作为一种设备，货架还必须具有一定的精度和在最大工作载荷下有限的弹性变形。

2. 托盘和货箱

托盘和货箱也称为工位器具。托盘或货箱的基本功能是装物料，同时还要便于叉车及各堆垛机的叉取和存放。托盘多由钢制、木制或塑料制成。常用托盘（如图8.27所示）包括单面型托盘、箱式托盘及轮式托盘等。

3. 堆垛机

堆垛机是随着自动化仓库的出现而发展起来的专用起重机，通常由电力驱动，可自动或手动操作，实现货物搬运、举升，是自动化仓库中最重要的存取作业机械。巷道式堆垛机

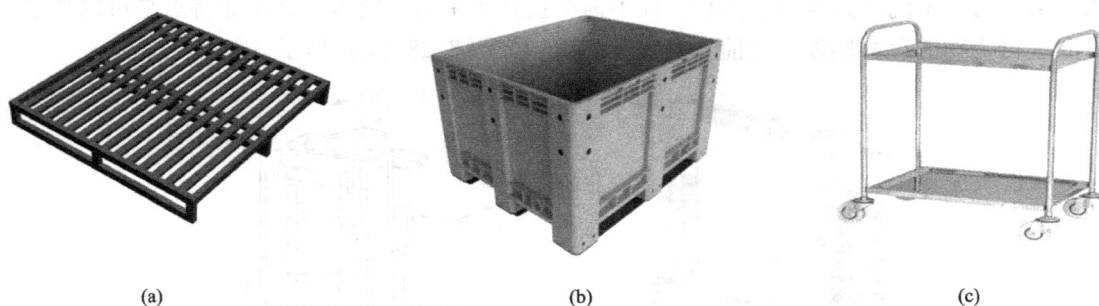

图 8.27　托盘结构

（a）单面型托盘；（b）箱式托盘；（c）轮式托盘

的主要用途是在高层货架的巷道内来回穿梭运行，将位于巷道口的货物存入货格，或取出货格内的货物运送到巷道口。堆垛机按其结构形式分为单立柱堆垛机和双立柱堆垛机。按有无导轨一般分为有轨巷道式堆垛机和无轨巷道式堆垛机。在自动化仓库中运用的主要作业设备包括有轨堆垛机、无轨堆垛机和普通叉车，三种设备的主要性能比较见表 8.4。

表 8.4　各种设备性能比较

设备名称	巷道宽度	作业高度/m	作业灵活性	自动化程度
普通叉车	最大	<5	任意移动，非常灵活	一般为手动，自动化程度较低
无轨巷道式堆垛机	中	5~12	可服务于两个以上的巷道，并完成高架区以外的作业	可以进行手动、半自动、自动及远距离集中控制
有轨巷道式堆垛机	最小	>12	只能在高层货架巷道内作业，必须配备出入库设备	可以进行手动、半自动、自动及远距离集中控制

（1）有轨巷道式堆垛机

有轨巷道式堆垛机沿着仓库内设置好的轨道做往复运行，其高度视立体仓库的高度而定。使用有轨堆垛机可大大提高仓库的使用面积和空间利用率。其起重量一般在 2t 以下，有的可达 4~5t，高度一般为 10~25 m，最高可达 40 多米。有轨巷道式堆垛机如图 8.28（a）所示，其具有以下几方面的特点：

1）整机结构高而窄；

2）结构的刚度和精度要求高；

3）取物装置复杂；

4）堆垛机的电力拖动系统要同时满足快速、平稳和准确三个方面的要求；

5）安全要求高。

（2）无轨巷道式堆垛机

无轨巷道式堆垛机又称三向垛叉车或高架叉车，它与有轨巷道式堆垛机的主要区别是可以自由地沿着不同的路径水平运行，而不需要设置水平运行轨道。其作业特点是可以从三个方向进行货物的存取操作，向前、向左及向右，如图 8.28（b）所示。

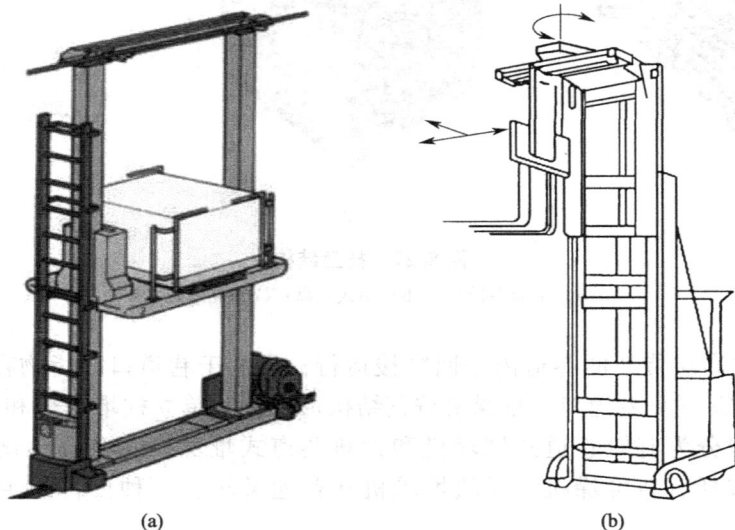

(a)　　　　　　　　　　(b)

图 8.28　堆垛机

（a）有轨巷道堆垛机；（b）无轨巷道式堆垛机

（3）巷道式堆垛机的基本结构

图 8.29 所示为一种适用于中、小型工件的巷道式堆垛机。它由上横梁 2、双立柱 8、货叉 9、载货台 10、行走机构 6、液压站和位置反馈测试元件等组成。堆垛机通过行驶机构在轨道 7 上运行。双立柱顶端的横梁装有水平导轮，沿天轨 1 的矩形导轨移动。为了堆垛机运行的稳定性，在横梁顶部装有减震器 3。

巷道式堆垛机具有沿巷道方向的水平运动，沿货架层方向的垂直运动，货叉送、取货的伸缩运动，载货台的旋转运动和载货台为货叉送、取货的准确位置而进行的微量垂直运动。

8.5.3　自动化仓库的分类

自动化仓库是一个复杂的综合自动化系统，作为一种特定的仓库形式，一般有以下几种分类方式：

1. 按建筑形式划分

自动化仓库按建筑形式划分为整体式和分离式仓库。

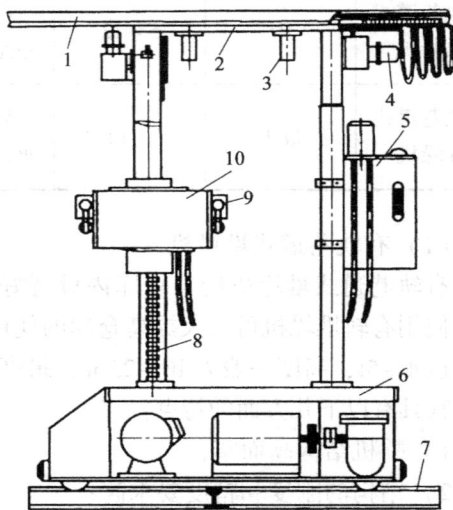

图 8.29　巷道堆垛机结构

1—天轨；2—上横梁；3—减震器；4—编码器；
5—集油器；6—行走机构；7—轨道；8—双立柱；
9—货叉；10—载货台

图 8.30 （a） 所示为整体式仓库，仓库的货架结构不但用于存放货物，同时又是仓库建筑物的柱子和仓库侧壁的支撑，即仓库建筑与货架结构成为一个不可分开的整体。整体式仓库具有技术水平高、投资大和建设周期长等特点，适用于大型企业和流通中心。图 8.30 （b） 所示为分离式仓库，仓库的货架独立存在，建在建筑物内部。

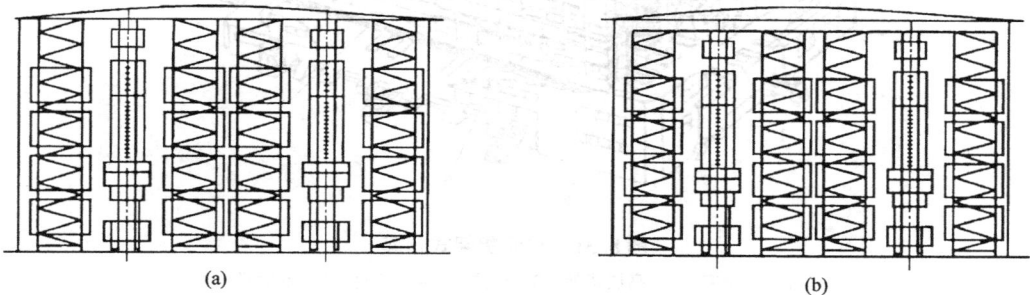

图 8.30　按建筑形式划分的仓库示意图
（a） 整体式仓库；（b） 分离式仓库

2. 按货物存取形式划分

按货物存取形式可以分为单元货架式、移动货架式和拣选货架式仓库。

单元货架式是一种最常见的结构。货物先放在托盘或集装箱内，再装入单元货架式仓库货架的货格中。

移动货架由电动机货架组成。货架可以在轨道上行走，由控制装置控制货架的合拢和分离。作业时货架分开，在巷道中可进行作业。不作业时可将货架合拢，只留一条作业巷道，从而节省仓库面积，提高空间的利用率。

拣选货架式仓库的分拣机构是这种仓库的核心组成部分。它分为巷道内分拣和巷道外分拣两种方式。两种分拣方式又分人工分拣和自动分拣。

3. 按货架构造形式划分

按货架构造形式可分为单元货架式、贯通式、水平循环式和垂直循环式仓库。

1） 单元货架式仓库。单元货架式仓库也称巷道式立体仓库，如图 8.31 所示，它适用于存放多品种少批量的货物，其市场应用范围最为广泛。巷道两边是多层货架，在巷道之间的堆垛机沿巷道中的轨道移动。堆垛机上的装卸托盘可到多层货架的每个货格存取货物。出入库装卸站设置于巷道的一端。巷道占去了这类仓库 1/3 以上的面积，为了提高仓库面积的利用率，可以将货架合并形成贯通式仓库。

2） 贯通式仓库。根据货物在仓库中移动方式的不同，贯通式仓库又分为重力式货架仓库和梭式小车货架仓库。

① 重力式货架仓库。重力式货架仓库的结构图如图 8.32 所示，适用于存储品种不太多而数量又相对较大的货物。重力式货架仓库依靠存货通道倾斜坡度，货物在重力的作用下从入库端自动向出库端移动，直到碰上已有的货物而停止。当出库端的货物单元取走后，后面的货物单元在重力作用下依次向出库端移动。

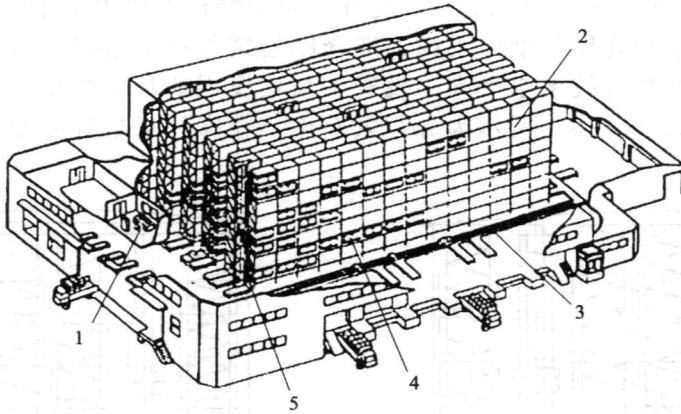

图 8.31　单元货架式仓库

1—控制室；2—高层货架；3—输送机；4—货物；5—堆垛机

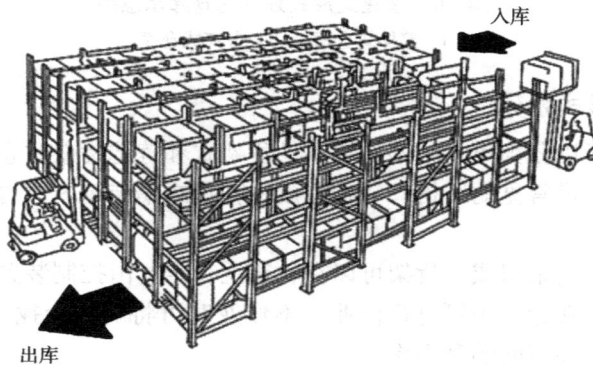

图 8.32　重力式货架仓库

② 梭式小车货架仓库。该类货架通过梭式小车在存货通道内往返穿梭搬运货物。货物由起重机送到入库端，由梭式小车将货物送到出库端或者依次排在已有货物单元的后面。出库时，出库起重机从存货通道的出库端叉取货物。通道内的梭式小车则不断地将货物单元依顺序搬到通道口的出库端，给起重机送料。梭式小车工作灵活，其装备数量根据仓库作业的频繁程度确定。

3）水平循环式仓库。水平循环式仓库的货架用一台链式输送机将这些货柜串联起来，可以在水平面内沿环形路线来回运行，每组货架由数十个独立的货柜构成，且每个货柜下方有支撑滚轮，上部有导向滚轮。输送机运转时，货柜随之移动。提取货物时，操作人员只需从操作台上给出指令，相应货架便开始运动。当装有该货物的货柜来到拣选口时，货架便停止运转。操作人员可从中拣选货物，货柜的结构形式根据所存货物的不同而变更。

4）垂直循环式仓库。垂直循环式仓库是指货架沿垂直面内的旋转。这种仓库的货架本身是一台垂直提升机，提升机的两个分支上都悬挂有货格。提升机根据操作命令可以正转或反转，使需要提取的货物降落到最下面的取货位置上。

4. 按所起的作用划分

按所起的作用可分为生产性仓库和流通性仓库。生产性仓库是指工厂内部为了协调工序和工序、车间和车间、外购件和自制件间物流的不平衡而建立的仓库，它能保证各生产工序间进行有节奏的生产。流通性仓库是一种服务性仓库，它是企业为了调节生产厂和用户间的供需平衡而建立的仓库。这种仓库进出货物比较频繁，吞吐量较大，一般都和销售部门有直接联系。

5. 按自动化仓库与生产连接的紧密程度划分

按自动化仓库与生产连接的紧密程度可分为独立型、半紧密型和紧密型仓库。

独立型仓库是指从操作流程及经济性等方面来说都相对独立的自动化仓库，也被称为"离线"仓库。这种仓库一般规模都比较大，存储量较大，仓库系统具有自己的计算机管理、监控、调度和控制系统，又可分为存储型和中转型仓库。

半紧密型仓库是指它的操作流程、仓库的管理、货物的出入和经济性与其他厂（或部门或上级单位）有一定关系，而又未与其他生产系统直接相连。

紧密型仓库也称为"在线"仓库，是那些与工厂内其他部门或生产系统直接相连的自动化仓库，两者间的关系比较紧密。

8.5.4　自动化仓库的工作过程

下面以图 8.33 所示的四层货架的自动化仓库为例，介绍其工作过程。

1）堆垛机停在巷道起始位置，待入库的货物放置在出入库装卸站上，由堆垛机的货叉将其取到装卸托盘上，如图 8.33（a）所示。将该货物存入的仓位号及调出货物的仓位号一并从控制台输入计算机。

2）计算机控制堆垛机在巷道起始位置，装卸托盘沿堆垛机沿直导轨升降，自动寻址向存入仓位行进，如图 8.33（b）所示。

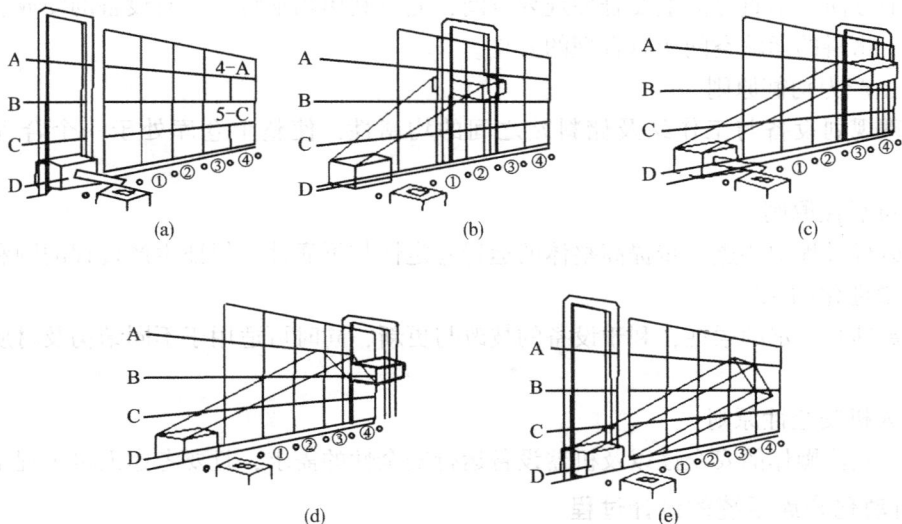

图 8.33　自动化仓库工作原理

（a）进库；（b）传送；（c）入库；（d）出库；（e）返回原始位置

3）装卸托盘到达存入仓位前，即图中的第四列第四层，装卸托盘上的货叉将托盘上的货物送进存入仓位，如图 8.33（c）所示。

4）堆垛机行进到第五列第二层，到达调出仓位，货叉将该仓位中的货物取出，放在装卸托盘上，如图 8.33（d）所示。

5）堆垛机带着取出的货物返回起始位置，货叉将货物从装卸托盘送到出入库装卸站，如图 8.33（e）所示。

6）重复上述动作，直至暂无货物调入、调出的指令后，堆垛机就近停在某一位置待命。

8.5.5　仓库自动化系统的设计

仓库的自动化系统一般分为管理级、监控级、控制级和设备级且呈分层分布式设计，系统的主体包括高层货架、巷道式堆垛机和计算机系统。

1. 自动化仓库的设计原则

自动化仓库在设计时需遵循以下原则：

（1）总体规划原则

总体规划就是进行整个系统的各方面统筹。对该系统进行物流、信息流、能量流的分析，以便更加高效、准确地实现物流的流通与资金的周转。

（2）最小移动距离的原则

该原则可保持各项基本操作的最佳经济距离。物料与人员的流动需尽量节省距离，提高效率，降低物流成本。

（3）直线前进的原则

直线前进即物料的搬运与存储需要按照自然直线顺序逐步进行，避免迂回、倒流。

（4）充分利用空间、场地的原则

在水平方向、垂直方向上要合理规划空间，充分利用场地特点，对设备的安放、人员的操作空间、物料的运输空间予以合理的安排。

（5）生产力均衡原则

要合理规划设备与工作站及储料站之间的均衡性，使整个仓库处于一个合理的速度运行。

（6）可靠性原则

设备运行过程中要进一步提高整体的运行稳定性与可靠性。保证生产过程的顺利进行。

（7）柔性化的原则

仓库要具有一定的柔性，利于设备的技改与更新，同时可适用于不同结构及材质的物料仓储需求。

（8）人机安全性原则

要保证人员操作的安全性以及机器设备运行安全性的需求，且要考虑人机工程学问题。

2. 自动化仓库系统的设计过程

自动化仓库系统设计过程主要包括如下几个步骤：

（1）需求分析

在这一阶段里要提出问题，确定设计目标，并确定设计标准。通过调研搜集设计依据和数据，找出各限制条件并进行分析。还应考虑工作的可行性、时间进度、组织措施及影响设计过程的其他因素。

（2）确定货物单元形式及规格

列出所有可能的货物单元形式和规格，并进行合理选择。

（3）确定自动化仓库的形式、作业方式和机械设备参数

确定仓库形式，一般多采用单元货架式仓库。对于品种不多而批量较大的仓库，也可以采用重力式货架仓库或者贯通式仓库。根据工艺要求决定是否需要拣选作业，如果需要拣选作业，则需确定拣选作业方式。

立体仓库的起重设备有很多种，它们各有特点。在设计时，要根据仓库的规格、货物形式、单元载荷和吞吐量等选择合适的设备，并确定它们的参数。对于起重设备应根据货物单元的质量选定起重量，并根据出入库频率确定各机构的工作速度。对于输送设备，则根据货物单元的尺寸选择输送机的宽度，并恰当地确定输送速度。

（4）建立模型

所谓建立模型，主要是指根据单元货物规格来确定货架整体尺寸和仓库的内部布置。

1）确定货位尺寸和仓库总体尺寸。自动化仓库的货架由标准的部件构成，在正确地安装完成之后，它能满足所有负载、允许的偏差和其他工程要求。在立体仓库设计中，恰当地确定货位尺寸是一项极其重要的内容，它直接关系到仓库面积和空间利用率，也关系到仓库能否顺利地存取货物。货位尺寸取决于在货物单元四周需留出的尺寸和货架构件的有关尺寸。对自动化仓库来说，这些净空尺寸的确定应考虑货架、起重设备的运行轨道，以及仓库地坪的制造、安装和施工精度，还和起重搬运设备的停车精度有关。

2）确定仓库的整体布置。货位数取决于有效空间和系统需求量。一般情况下，每两排货架为一个巷道，根据场地条件可以确定巷道数。

（5）确定工艺流程并核算仓库工作能力

1）立体仓库的存取模式。在立体仓库中存取货物的基本模式包括单作业模式和复合作业模式。单作业模式就是堆垛机从巷道口取一个货物单元送到选定的货位，然后返回巷道口，或者从巷道口出发到某一个给定的货位取出一个货物单元送到巷道口。组合作业模式就是堆垛机从巷道口取一个货物单元送到选定的货位，而后转移到另一个给定货位 B，取出其中的货物单元，送到巷道出口。应尽量采用复合作业模式，以提高其效率。

2）核算出、入库作业周期。仓库总体尺寸确定之后要核算货物出、入库平均作业周期，以检验是否满足系统要求。

（6）提出对土建及公用工程的设计要求

根据自动化仓库的工艺流程要求确定货架的工艺载荷，提出对货架的精度要求；提出对地基基础的均匀沉降要求；确定对采暖、通风、照明防火等方面的要求。

（7）选定控制方式和仓库管理方式

1）选定控制方式。根据作业形式和作业量的要求确定堆垛机的控制方式，可分为手动控制、半自动控制和全自动控制。出、入库频率比较高，规格比较大的仓库，使用全自动控制方式可以提高堆垛机的作业速度，提高仓库的生产率和运行准确性。

2）选择管理方式。随着信息技术的发展，采用计算机对仓库进行管理，并在线调度堆

垛机和各种运输设备的作业。计算机管理是效率比较高、效果比较好的管理方式。

（8）提出自动化设备的技术参数和配置

根据设计确定自动化设备的配置和参数。例如，确定选择什么样的计算机主频速度、内存容量、硬盘容量、系统软件和接口能力等，以及确定选择堆垛机的速度、高度、电动机功率和调速方式等。

3. 系统功能

自动化仓库的功能一般包括收货、存货、取货和发货等。

（1）收货

收货指仓库从原材料供应方或生产车间接收各种材料或半成品，供工厂生产或加工装配之用。收货时需要站台或场地供运输车辆停靠，需要升降平台作为站台和载货车辆之间的过桥，需要装卸机械完成装卸作业。卸货后需要检查货物的品名和数量，以及货物的完成状态。确定完好后方能入库存放。

（2）存货

存货是将卸下的货物存放到自动化系统规定的位置，一般是存放到高层货架上。存货之前首先要确认存货的位置。某些情况下可以采取分区固定存放的原则，即按货物的种类、大小和包装形式等实行分区分位存放。随着移动货架和自动识别技术的发展，已经可以做到随意存放。这样既能提高仓库的利用率，又可以节约存取时间。存货作业一般通过各种装卸机械完成。系统对保存的货物还可以定期盘查，控制保留环境，减少货物受到的损伤。

（3）取货

取货指根据需求情况从库房取出所需的货物，可以按照不同的取货原则，通常采用的是先入先出的方式，即在出库时，先存入的货物先被取出。对某些自动化仓库来说，必须能够随时存取任意货位的货物，这种存取要求搬运设备和地点能频繁更换。这就需要有一套科学和规范的作业方式。

（4）发货

发货是将取出的货物按照严格的要求发往用户。根据服务对象不同，有的仓库只向单一用户发货，有的则需要向多个用户发货。发货时需要配货，即根据使用要求对货物进行配套供应。

4. 几种典型的自动化系统结构

（1）集中控制方式

对于较小的仓库系统，实时控制易于实现，图8.34所示为一种典型的集中控制系统。通过中心控制室的监控系统，执行仓库的基本管理，如发出存货控制、货物入库及载运，同时执行仓库设备和储存货物的管理等指令。该方式使用的设备较少，物理上容易实现，但对设备的可靠性要求高，因为一旦设备发生故障，将影响整个系统的运行。

为了提高系统的可靠性，可以采取几种措施，一种是硬件冗余措施，另一种是采用功能强、可靠性高的PLC，同时在软件设计上也采取提高可靠性的多种措施。

（2）分层分布控制方式

分层分布控制系统中主计算机通过控制器分别控制着输送机控制器、堆垛机控制器、AGV控制器。其优点在于系统功能分散在多台控制主机上，当某台设备发生故障时，其他设备的运行效果不受影响。此种仓库控制方式往往适用于大规模控制场合。

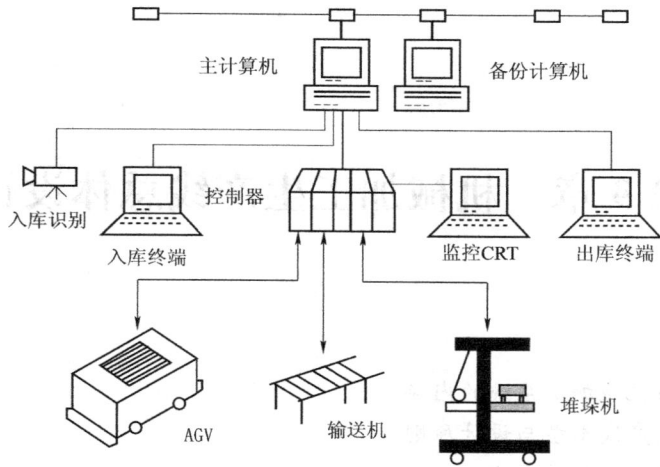

图 8.34 集中控制系统实例

思考与习题：

1. 试述物流系统设计的重要意义。
2. 物流系统的构成有哪些？设计过程中应满足哪些要求？
3. 料仓式与料斗式上料装置分别适用于何种场合？
4. 振动式料斗装置的工作原理是什么？
5. 带式输送机的主要结构部件及作用是什么？
6. 结合图纸说明棘爪式移动步伐输送带的工作原理。
7. 试述有轨自动运输小车的工作原理。
8. 试述无轨自动运输小车的工作原理。
9. 自动化仓库的功能体现在哪几个方面？
10. 自动化仓库的类型有哪些？都具有什么特点？
11. 简述自动化仓库的功能。
12. 简述自动化仓库的工作过程。
13. 试述自动化仓库系统的设计过程。

第9章 机械加工生产线总体设计

【本章知识点】

1. 制造系统与机械加工系统的内涵。
2. 机械加工生产线类型与设计原则。
3. 生产线节拍与节拍的平衡。
4. 生产线布局与总联系尺寸图。
5. 柔性制造系统内涵。
6. 柔性制造系统设计。

9.1 制造系统与机械加工系统

20世纪20年代，随着滚动轴承、电动机、汽车、内燃机车等工业产品的广泛应用，在传统的机械加工生产中出现了以组合机床为核心的自动生产线。随后，在产品装配、铸造、锻压、焊接、冶金等制造产业中均出现了机械自动化生产线。伴随着市场竞争的加剧及产品需求多样化的发展，具有高精度、高生产率、柔性化且短周期为加工工艺特点的数控加工中心及其自动化生产线系统正成为机械加工生产线的新趋势。

所谓的制造系统是指包括人、生产设备、生产工具、物料传输设备及其他辅助装置组成的硬件环境，以及由生产方法、工艺手段、生产信息、决策信息和管理信息所形成的软件系统共同构成的整体工业制造体系，其根本目标是将制造资源转变为满足社会进步发展需求的产品。

机械加工系统是指为实现零部件的机械加工，以机床为主要加工装备，配合检验装置、物料输送装置和其他辅助装置，按工艺顺序组成的产品生产作业系统，其组成如图9.1所示。

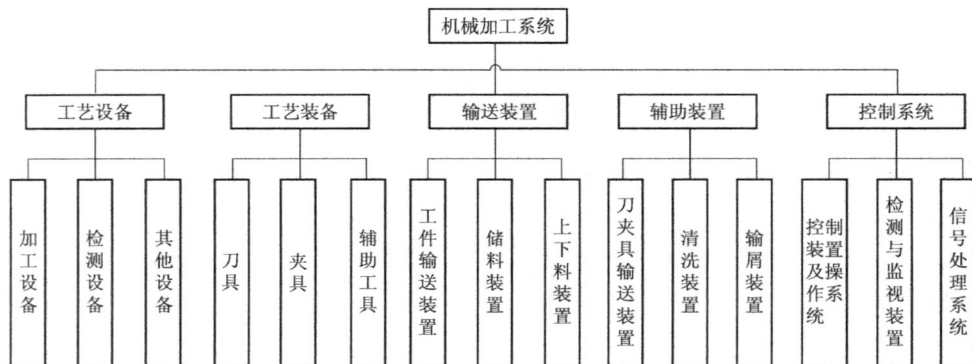

图9.1 机械加工系统的组成

9.1.1　机械加工生产线

对于加工工序较多的零部件，在机械生产过程中为保证产品加工质量、提高产品生产率并降低成本，往往将加工装备按照一定的顺序排列，并用一些输送装置与辅助装置将它们连接成一个系统化整体，使之能够高效、快捷地完成零部件加工工序，将能够实现这类生产作业功能的生产线称为机械加工生产线。

机械加工生产线由加工装置、工艺装置、输送装置、辅助装置和控制系统组成。由于各零部件的加工工艺的复杂程度不同，机械加工生产线的结构及复杂程度也有很大区别。在大批量生产中，对一些加工工序较多且结构复杂的零部件，为了提高其生产效率、保证加工精度、改善工人劳动强度，往往将它们的各个加工工序合理的离散化并安排在若干台机床上，组成流水线进行加工，即组合机床流水加工生产线。通过液压、气动、电器控制系统，将生产线上各台组合机床之间的工件进行输送与转位，在夹具中的定位和夹紧以及辅助装置的动作等工序均可实现自动化，并按规定的程序自动地进行工作，这种自动工作的组合机床流水线，便称为组合机床自动线。

图9.2所示为加工箱体类工件的一条简单的组合机床自动化加工生产线。它由组合机床、工件输送装置、排屑装置、液压与电气控制系统等组成。工件经第一台机床加工后，传动装置5驱动输送带4，将工件送到转位台6，工件在水平面内回转90°，而后送到第二台机床上，加工完成后送达转位鼓轮7上，工件在垂直平面内回转180°，然后再送到第三台机床上进行加工。在同一时间内，机械加工生产线可容纳许多工件，当各台机床均加工完毕，输送装置通过输送带使工件一齐向前运行一步，且工件移动到卸料工位时就由工人取下。可见输送带每移动一次，就送出一个加工好的工件。故自动化机械加工生产线的操作工人只需对生产线进行监护并装卸工件，生产线就可以持续化作业。

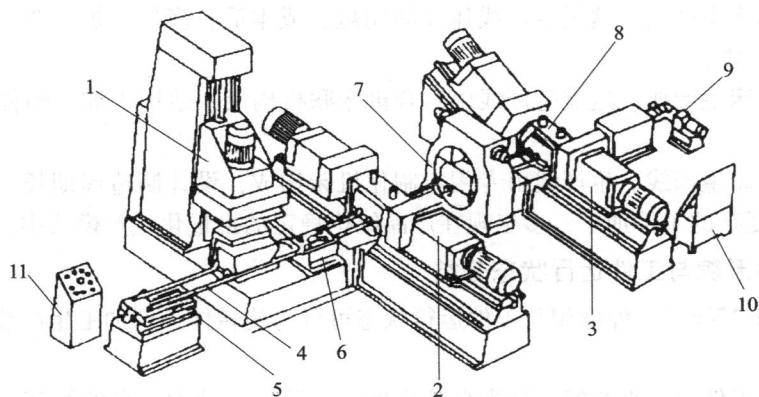

图9.2　箱体加工机械生产线

1，2，3—组合机床；4—输送带；5—传动装置；6—转位台；7—转位鼓轮；8—夹具；
9—排屑系统；10—液压泵站；11—操作台

组合机床自动化生产线常用于铣削平面、钻孔、扩孔、铰孔、镗孔、车削端面、加工内外螺纹以及车外圆等。初期的机械加工自动化生产线规模较小，仅能完成单个工件个别工序的加工生产。随着技术的进步，自动化生产线能完成的工艺范围也在扩大。目前多采用规模较大的机械加工自动化生产线完成零部件上述工序的加工，在完成以上工艺内容的同时，还可进行拉削、磨削等生产工序。此外，在自动化生产线上还可涵盖一些非切削加工工序，例如热处理、清洗、拆分、装配、分类、打印以及自动测量等。机械加工自动化生产线能减轻工人的劳动强度，减少操作人员数量，减少辅助运输工具和装备系统的占地面积，并可以显著地提高劳动生产率并降低产品成本。但是必须注意的是机械加工自动化生产线内任一台机床或装置发生故障时，将会使相应工位停车或生产线全线停车。

通常，组合机床自动化生产线往往被称为刚性自动化生产线，该类生产线要求产品结构和加工工艺不能轻易改变。这是由于产品结构变更与工艺方案的改变将引起组合机床淘汰或重新改装，即组合机床自动化生产线适应产品、工艺变换的能力（柔性）差。为了克服上述缺点，组合机床自动化生产线正向以下两个方向发展：一是提高机床和设备的可靠性，减少由于故障、装夹和换刀引起的停车时间；二是出现了适应多品种和中小批量生产的数控机床与物流系统相结合的柔性自动化生产系统，也出现了采用数控技术的自动化组合机床，甚至出现了自动更换主轴箱、动力箱和刀具的数控组合机床，再结合具有工件识别与检测功能的智能传感技术，使传统的刚性化组合机床自动化生产线焕发新的生机。

9.1.2 加工生产线类型

根据不同的特征可以对机械加工生产线进行不同的分类。一般可按照生产线所用的加工装置、工件形貌与工件运行状态、工作节拍及生产方式的不同对机械加工生产线进行分类。

1. 按加工装置分类

机械加工生产线按加工装置不同可分为通用机床生产线组合机床生产线和专用机床生产线。

1）通用机床生产线。这类生产线建线周期短、成本低，多用于加工盘、轴、套、齿轮类中小旋转体工件。

2）组合机床生产线。这类生产线由组合机床联机构成，适用于加工箱体类工件的大批量生产。

3）专用机床生产线。生产线由专用定制化机床构成，设计制造周期长、投资大，适用于结构特殊且复杂的工件加工，多出现在产品结构稳定的批量化生产模式中。

2. 按工件形貌与工件运行状态分类

机械加工生产线按工件形貌与工件运行状态可分为旋转体工件加工生产线和非旋转体工件加工生产线。

1）旋转体工件加工生产线。这类自动化生产线可加工轴类、盘类等环状工件，工件在加工过程中做旋转运动，主要的工艺包括阶梯轴段的内外圆面，内外槽，内外螺纹和端面的车削、磨削、镗削等。

2）非旋转体工件加工生产线。主要用于箱体和杂类工件的加工，制备过程中工件固定不动，较为典型的工艺有钻孔、扩孔、镗孔、铰孔、铣槽和铣平面。

3. 按生产线工件节拍分类

机械加工生产线按生产线工件节拍可分为固定节拍生产线和非固定节拍生产线。

（1）固定节拍生产线

这类生产线往往用于制造单一品种产品，生产线用途单一，不宜改造加工其他产品。这类生产线生产效率高，产品质量稳定，在批量化生产中往往采用此种生产线。固定节拍是指生产线中所有设备的工件节拍等于或成倍于生产线的生产节拍。工件节拍成倍于生产线生产节拍时需配置多台并行工作的加工设备，以满足每个生产节拍完成一个工件的生产任务。这类生产线没有储料装置，加工设备按照工件工艺顺序依次排列，生产线节拍严格按照设计执行，由自动化输送装置按照生产线的生产节拍，强制性地沿固定路线从一个工位移动到下一个工位，直到加工完毕。

固定节拍生产线的加工装备、输送设备和控制系统连成整体，工件的加工和输送过程具有严格的节奏性。当生产线上某一台机床发生故障而停歇时，整条生产线将发生瘫痪。生产线中加工装置和辅助设备的数量越多，生产线越长，因故障而停歇的时间和造成的经济损失越大。为了保证生产线的生产率，生产线上采用的所有设备应具有较好的稳定性和可靠性，并尽量不采用复杂且易出故障的机械系统。

（2）非固定节拍生产线

非固定节拍生产线是指生产线中各设备的工作节拍不同，各设备的工作周期是其完成各工序所需要的实际时间。生产线上工作周期最长的设备将始终处于工作状态，工作周期较短的设备则经常处于停工待料的状态。由于各设备的工作节拍不同，在相邻设备之间或相隔设备之间需设置储料装置，在储料装置前、后的设备或工段可彼此独立工作。由于储料装置中储备着一定数量的工件，当某一台机床发生故障停歇时，其余的机床或工段仍可在一定时间内继续工作。当前后相邻的两台机床的生产节拍相差较大时，储料装置可在一定时间内起到调剂平衡的作用，而不致使工作节拍短的机床总要停下来等候。非固定节拍生产线一般较难采用自动化程度非常高的输送装置，尤其当生产节拍较慢、批量较小、工件质量和尺寸较大时，工件在工序间可由人工辅助输送。

4. 按生产方式分类

机械加工生产线按生产方式可分为单件、小批量生产线，中批量生产线，大批量生产线，单元生产线以及柔性制造生产线。

（1）单件、小批量生产线

单件、小批量生产线的主要特征是其生产的产品为多品种、小批量零部件。该类型生产线主要面向产品类型变化而设计，因此对于品种和批量频繁变化的市场环境是非常适合的。这种类型的生产线多采用将具有相同功能的设备放置在一起的方式，被加工工件需根据其工艺路线需求在不同的设备区完成相应的加工，如图 9.3 所示。

（2）中批量生产线

中批量生产线主要是为产品品种变化多且每种产品都有一定批量的生产而设计的。在实际生产时每道工序完成一批工件的加工，完成后转移至下一道工序。虽然这种生产线方案可减少生产准备时间，但却增加了工件的等待时间，使得产品生产周期较长，生产成本较高。中批量生产线实际上是为了兼顾柔性与成本的折中方案，它适用于对工艺成熟的产品进行批量生产，其缺点是在生产过程中产品批量一旦确定就不易改变，使得该种生产线不太适合动态变化的市场环境。

（3）大批量生产线

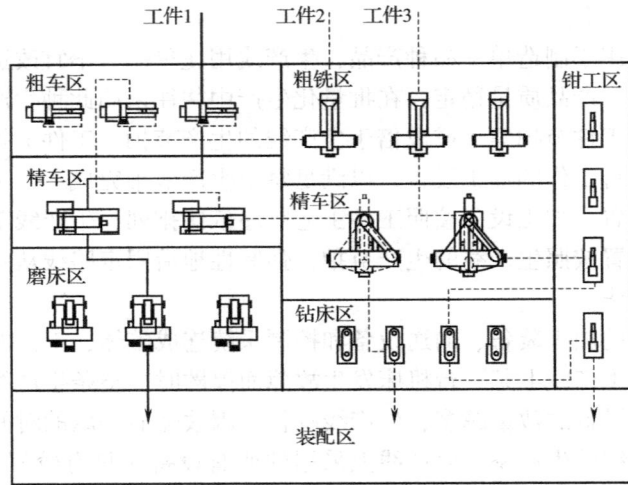

图 9.3　单件、小批量生产线

大批量生产线的目标是通过单一零部件的大批量生产从而最大限度地降低产品生产成本。为了降低加工准备时间和工件等待时间，该类型生产线多采用专用机床串、并联为流水线的形式布局。该类生产线的目的是尽量减少工件的无谓等待时间和制造成本，工件不停顿地完成从毛坯到成品的制造过程。大批量生产线的生产效率是所有生产线里最高的，但由于生产线仅针对单一零部件设计，其柔性较差。

（4）单元生产线

单元生产线是在成组技术的基础上发展起来的，其基本思想是依据工件工艺的相似性对产品分族并将加工同族产品的设备布置在一起，组成一个加工单元。对于简单的工件可在一个单元内完成加工，而复杂的工件则需几个单元组合协作完成加工。由于单元生产线上各个设备的工作节拍不同，因而设备与工段间往往设置储料装置，其输送装置的自动化程度较低。图9.4所示为单元生产线示意图，单元内采用通用设备和成组夹具，只需一次工艺准备就可进行同族的多种工件混合加工，因此单元生产线既具有较高的生产效率又具有较好的柔性。

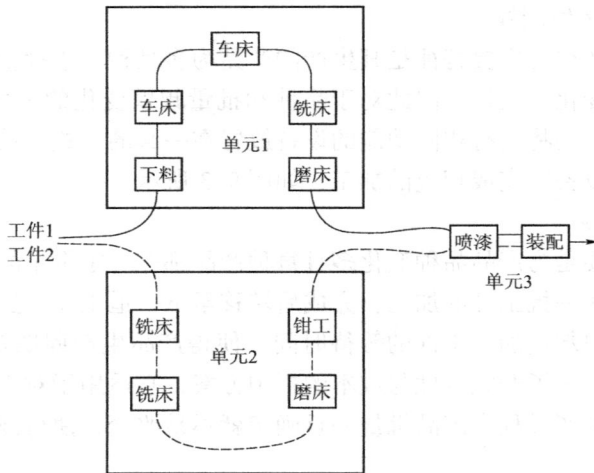

图 9.4　单元生产线

（5）柔性制造生产线

柔性制造生产线由高度自动化的多功能柔性加工装置、物流输送装备与计算机控制系统组成，主要用于各种结构复杂、精度高、加工工艺烦琐的同类小批量工件的生产。柔性制造生产线的加工装备往往较少，每台设备具有自动换刀、数控编程、自动检测等功能，且工序集中，可完成工件多端面、多方位、多工艺的高效加工，加工过程中减少了重复定位、重复装夹等工序操作，工件加工精度与可靠性较高。工件在柔性制造生产线上流动时，其流动路线不确定，这主要是由于柔性制造系统的加工装备的工作节奏不等效，各设备间没有统一的节拍，且加工机床若处于工作占用状态，工件可根据工序变更安排在其他机床上完成加工。

9.1.3　加工生产线设计原则

1. 机械加工生产线的设计原则

机械加工生产线设计应遵循的原则主要包括如下几方面：

1）保证生产线能够稳定地满足工件加工精度和表面质量要求；

2）保证加工生产线具有足够高的可靠性；

3）满足生产纲领的要求，并留有一定的生产潜力；

4）根据产品的批量和可持续生产的时间，应考虑生产线具有一定的可调整性；

5）生产线布局应尽量减小占地面积，且要便于维护工人进行操作、观察和维修；

6）降低生产线的投入成本；

7）有利于资源和环境保护并以洁净化生产为设计目标。

2. 机械加工生产线设计的步骤

机械加工生产线的设计可分为资料统计、总体方案设计和结构设计三个阶段，且各阶段交叉、平行进行，主要包括如下步骤：

1）制订生产线的工艺方案，绘制工序图和加工示意图；

2）确定生产线的总体布局，绘制生产线的总体联系尺寸图；

3）绘制生产线的工作循环周期表；

4）生产线加工装备选型与专用机床的设计；

5）生产线输送装置、辅助装置的选型及设计；

6）拟定全线自动化控制方案；

7）液压、电气等控制系统的设计；

8）编制生产线的使用说明书与维修注意事项等。

9.1.4　加工生产线结构方案的影响因素

加工生产线的结构和布局由多种因素决定，为了满足上述设计原则，在设计生产线时必须考虑自动化生产线总体方案的主要影响因素。

1. 工件的几何形状、结构特征、材质、毛坯状态及工艺要求

工件的几何形状、结构特征决定了自动上下料装置的形式以及工件的输送方式。形状规则、结构简单、易于定向的小型旋转体零部件多采用料斗式自动上下料装置。箱体类工件和较大型的旋转体工件多采用料仓式自动上下料装置。具有较好输送基面且外形规则的零部件，如气缸缸体、缸盖等可采用直接输送方式自动上下料。同时，为了减少加工机床的数量，在同一个工位上可同时装夹多个工件进行加工，如箱体端面加工多采用多工位顺序加工。对于没有良好输送基面的工件，多采用随行夹具式生产线结构设计。

2. 工件材质

进行排屑装置和冷却液的设计与选择时，要考虑工件材质。对于韧性材质工件如钢基材零部件要考虑断屑措施，对于脆性材料要考虑切屑飞溅防护等措施，这些也是影响生产线结构方案设计的关键因素。另外，毛坯的加工余量、工艺要求和加工部位的位置精度直接影响自动化生产线的工位数、节拍时间、换刀周期和动力与传动系统的选择与设计，在生产线整体设计时也需认真选择。

3. 工艺与精度

为了实现多个平面的加工，工件需经多次的翻转，这就需要增加生产线上的辅助设备。同时，为了保证铣削工序与其他机床的节拍一致，还需要增加工件数量，或采用支线形式完成加工，从而导致生产线整体结构较为复杂。当生产线的精度要求较高时，为减少生产线停车等待时间，常在生产线内平行配置备用加工装备以备使用。

4. 生产率

所需加工工件批量较大时，要求生产线必须可实现自动上下料以减轻工人的劳动强度并提升其工作效率，同时由于加工节拍时间缩短，为平衡节拍时间，可增加顺序加工的机床（工位）数或平行加工的机床（工位）数，以完成限制性工序的加工。在高生产率自动化生产线上，为避免自动化生产线因停车影响生产，需将工序较长的自动化生产线进行工位分区，工位之间设物流传送系统和储料系统以提高生产线的柔性，同时这类生产线还应设监控系统以便能迅速诊断机械加工自动化生产线的故障部位，使之能够迅速定位故障、维修并恢复生产。若工件批量较小，则要求生产线有较大的灵活性与柔性，以实现多品种、多工艺的产品加工。

5. 使用条件

使用条件对生产线的配置形式也有较大的影响。大多数生产线仅完成工件的部分工序，在制定生产线整体布局时要考虑车间内部工件的流动方向和前后工序的衔接，以求得较佳的技术经济性能。对于多工段组成的较长生产线，可设计为折线形式。同时，对由于企业技术改造而增设的生产线，也要综合考虑现有车间内空余空间和机加装备位置等因素对生产线布局的影响。切屑输送方向及排屑装置要与车间内现有的集中排屑设施相适应，电缆、气体与水路管网的位置、方向要在保证安全的同时，尽量与现有管网对接。箱体类工件的加工生产线装料高度要求与车间内运输滚道高度一致。大批量生产的产品车间一般不设吊车，要考虑设备安装和维修的方便性。在噪声严重的车间，要考虑设置"灯光扫描"或"闪光式"警报系统。对于未配备压缩空气源的车间，自动化生产线是否采用气动装置需慎重考虑。对于较复杂的专用刀具，要考虑使用成本和维修成本等问题。

9.2 生产线工艺方案设计

工艺方案是确定生产线工艺内容、加工方法、加工质量及生产率的基本文件，也是进行生产线结构设计的重要依据，是生产线设计的关键。因此，工艺方案的拟定应做到可靠、合理、先进。

9.2.1　生产线工艺方案拟定

1. 工件工艺基准选择

确定生产线的工艺基准时，要从保证工件的加工精度和简化生产线的结构这两个基本原则出发，应注意以下问题：

1）尽可能采用"基准重合"原则，将设计基准作为定位基准，以保证加工精度。为了简化生产线结构，便于实现自动化等原因，有时不能遵守这一原则，须进行工艺尺寸的换算，以保证加工精度要求。

2）尽可能采用"基准统一"原则，即全线统一的定位基准。这样可减少安装误差，有利于保证加工精度和实现生产线夹具结构的通用化。但有时需改变基准，如零部件某些结构孔距离定位销孔太近无法加工时，只能采用变换定位基面的办法。

3）尽可能采用已加工面作为定位基准，如果工件为毛坯件，上线加工时，定位基面不应选在铸件或锻件的分型面上，也不要选在有铸孔的地方，因为此处毛刺较多，形状误差较大。若不得已用其作为定位基准时，必须清理平整后才可选用。作为毛坯件上线的第一道工序的定位基准，一般应选用工件上最重要的表面，以便保证该表面加工余量均匀。若某一无须加工的表面相对其他表面有较高的位置精度要求时，也可以选择该表面作为粗基准。

4）定位基准应有利于实现多面加工，减少工件在生产线上的翻转次数，减少辅助设备的数量，简化生产线结构。

5）定位基准要使夹压位置与夹紧过程简单可靠。如果工件没有良好的定位基准、夹压位置或输送基准时，可采用随行夹具。

6）箱体类工件和随行夹具应采用"一面两销"的定位方式，做到定位可靠，便于实现自动化。当工件移动一个步距时，为保证定位销可靠地插入销孔中，通常将输送前方的孔作为圆销孔。这样，当输送装置将工件输送至距定位位置 0.3 ~ 0.4 mm（输送滞后量）处时，可由圆柱销的锥部将工件往前拉至最终位置。

2. 工件输送基准的选择

生产线设计中还要选择工件的输送基准，并考虑输送基准和工艺基准之间的关系。工件的输送基准包括输送滑移面、输送导向圆和输送棘爪推拉面。对于轴类工件，输送基准是指被机械手夹持的轴颈面。对于齿轮、轴承环等盘环状工件，输送基准是指工件输送过程中的滚动基准。

输送基准和输送方式密切相关，输送基准的选择应和输送方式的选择同时进行。只要有可能，应优先选用直接输送方式。外形规则的箱体类工件具有较好的输送基准，可采用直接输送方式。采用直接输送时，要防止工件的歪斜和窜动，要求输送基准的滑移面和导向面有足够的长度，最好选取已加工面。在结构允许的前提下，必要时可在工件上增加工艺凸台。当固定夹具对输送有较严格的要求时，输送基准与工艺基准之间要有相应位置精度要求。例如，用"一面两销"作工艺基准时，为保证工件在被输送后的停留位置准确，要求棘爪推拉面与圆销孔中心的距离尺寸必须稳定，其尺寸偏差一般不应大于 ±0.1 mm，所以这个推拉面要经过加工。如果以毛坯件上线，作为输送基准的各面应较平整，并在输送导轨两侧限位板上设置弹性导向装置，以保证工件在输送时不致偏转过多，此外还应增大输送滞后量，并将定位销适当削尖（顶锥角为60°）并增长其锥部，以便定位销能方便地插入定位孔中而得到可靠的定位。外形复杂且不具有良好输送基准的中小尺寸工件，如拨叉、连杆、电动机座等，可采用随行夹具进行输送。有些工件具有较好的输送基准，但因其刚性不足，也应采用随行夹具输送方式。毛坯件直接上线时，也大都采用随行夹具输送。形状复杂、导向困难、尺寸较大的工件，如曲轴、连杆、桥壳等，可采用悬挂输送或抬起（落下）输送方式。对于连杆等工件，也常采用托盘输送，这时应优先考虑输送基准与工艺基准重合的情况。轴类工件要考虑被机械手抓取部位与工艺基准的位置要求。但是不论采用哪种输送方式，全线应尽量统一输送基准，以简化输送装置的结构并降低成本。

3. 生产线工艺流程拟定

拟定工艺流程是制定生产线工艺方案中最重要的内容，它直接关系到生产线的经济效益与工作可靠性。

（1）生产线上的工件加工工序的确定

为了确定生产线应具备的工序，要做好以下两项工作：

1）正确选择各加工表面的工艺方法和工步数。首先应认真分析工件的特点，明确加工部位、加工精度要求和粗糙度等级。参考已有的工艺及有关技术资料，根据工件材料的种类、工件被加工表面的要求等因素，确定工件各加工表面所需的工艺方法和工步数。

2）合理确定工序间余量。为了保证加工精度及能使生产线正常工作，除要正确选择工艺方法及工步数外，还须合理分配工序间余量。可根据工厂实际情况参照有关手册的推荐数据进行选择。安排各加工次序时，如果工序间余量过大，为保护精加工的刀具耐用度，可以考虑增加一道精加工工序。

确定各加工表面的工艺方法、工序间余量以及工步数后，工件在生产线上加工所需要的工序内容也就确定了。

（2）加工顺序安排

工件上具有各种待加工表面，其中以高精度孔所需的工步数最多。所以在拟定加工顺序时，可以从工件各个面的主要孔入手，首先根据其精度和表面粗糙度要求，确定出各主要孔的工步数，以此作为工件各个工位的基础，然后再将多余的工序内容分别安插到既定的工位上。将工件各面上的工位数确定后，再按拟定加工顺序的原则，将不同面上的工位进行排列组合，以便进行工艺流程方案的编制。安排加工顺序的一般原则是：

1）基准先行，先主后次，先面后孔。先加工定位基面，后加工一般工序，先加工平面，后加工孔。

2）粗、精分开，先粗后精。对于重要的加工表面，粗、精加工应分为若干道工序。对于不重要的加工表面，粗、精加工安排可以近一些，以便及时发现前道工序产生的废品。一般不宜在同一台机床上同时进行粗、精加工。重要加工表面的粗加工工序应安排在生产线的前端，以利于及时发现和剔除废品。高精度的精加工一般应放在生产线的最后一道工序，以免精加工表面多次被碰伤，并可减少粗加工的热变形和夹紧变形的影响。但对于废品率较高的孔的精加工工序不宜放在最后。

3）特殊处理，线外加工。废品率较高的粗加工工序应放在线外进行，以免影响生产线的正常节拍。

4）精度高而不易确定是否能达到加工要求的工序，不应放在线内加工，如有必要在线内加工，则应采取相应措施，如采用备用机床、自动测量及刀具自动补偿装置等，甚至可将其设计为备有支线的单独精加工生产线。

5）工序集中。将工序合理地集中，可以把若干加工表面在一次安装完成后加工出来，减少工件安装定位的误差，提高被加工表面的相互位置精度。此外，还可以减少机床的使用数量从而简化生产线结构。所以，合理地集中工序是安排生产线工艺最重要的原则之一。

根据上述原则，在拟定加工顺序时，应首先保证将具有相互位置精度要求的加工表面安排在同一工位上加工。对于若干个固定用的螺栓孔，为了保证位置精度，也应安排在同一工位上加工，并应从结合面开始进行切削。对于同一方向的次要加工表面，也应尽量在一次安装下完成加工，以减少转位装置，简化生产线的结构。但是，工序集中的原则不是绝对的，对于某些工序，有时集中不如分散合理，甚至只能采用分散的原则完成工序。例如，单一化工序加镗大孔、钻小孔、攻丝等工序尽可能不要安排在同一主轴箱上，以免传动系统过于复杂，调整刀具不便。攻丝工序最好安排在单独的机床上进行，必要时也可以安排为单独的攻丝工序。这样可简化机床结构，有利于冷却润滑液和处理切屑。另外，为了提高工件加工过程中的可靠性，防止出现批量废品，应在生产线中安排必要的检查、排屑、清洗等辅助性工序。

4. 选择合理的切削用量

生产线的工艺方法和刀具类型确定之后，即可着手选择切削用量。合理的切削用量是保证生产线加工质量和生产效率的重要因素。也是计算切削力、切削功率和切削时间的必要依据，是设计机床、夹具的基本依据。生产线切削用量的选择应注意以下几点：

1）对于工作时间长，影响生产线节拍的关键工序，应尽量采用较大的切削用量以提高生产率，但应保证耐用度最短的刀具能连续工作一个班或半个班，以便利用非工作时间进行换刀。对于非关键性工序，生产率不是主要矛盾，可采用降低切削用量来提高刀具耐用度。

2）同一主轴箱上的刀具，一般共用一个进给系统，故各刀具每分钟进给量应相同。如果少数刀具确有必要选取不同的进给量时，可以采用附加的增速或减速机构。

3）同一主轴箱上有定向停车要求的各主轴，选择转速时，要使它们的每分钟转数相等，或互成整数倍。

4）选择复合刀具的切削用量时，应考虑到刀具各部分的强度、耐用度及其工作需求。

9.2.2　生产节拍的平衡和生产线的分段

1. 生产节拍的平衡

生产线的工序及其加工工序确定之后，可能出现各工序生产节拍不等的情况。如果有的工序节拍比生产线要求的节拍 t_j 长，则这个工序将无法完成加工任务。若有的工序节拍又比 t_j 短得多，则该工序的设备负荷不足。因此，必须平衡各工序的节拍，使其与 t_j 相匹配，生产线才能取得良好的经济效果。按工艺流程初步选定所需设备台数以后，也需要经过平衡工序节拍，加以核实或适当增减，才能最后确定。

平衡工序节拍，首先按拟定的工艺流程，计算出每一工序的工作循环时间 t_g，即

$$t_g = t_q + t_f$$

$$t_q = \frac{L + l_r + l_c}{f}$$

式中，t_q——基本工艺时间（min）；

$\quad\quad t_f$——与 t_q 不重合的辅助时间（min），可取为 0.3 ~ 0.5 min，主轴需定位时取 0.6 min；

$\quad\quad L$——工作行程长度（mm）；

$\quad\quad l_r$——切入行程长度（mm）；

$\quad\quad L_c$——切出行程长度（mm）；

$\quad\quad f$——动力部件的进给速度（mm/min）。

将得出的 t_g 与生产线节拍 t_j 相比较，即可找出 $t_g > t_j$ 的工序，称为限制性工序，必须缩短其工作循环时间 t_g。当 t_g 与 t_j 差不多时，可以适当提高切削用量来缩短 t_g，若 $t_g > t_j$，可采用下列措施平衡生产线节拍：

1）增加顺序加工工位，采用工序分散的方法，将限制性工序的工作行程分为几个工步，并分配到几个工位上完成。但采用这种方法时，会在工件已加工表面留下接刀痕。该方法只适用于粗加工或精度要求不高的工序。

2）把 t_g 调整为 t_j 的整数倍，在限制性工序实行多件加工。这时需要将限制性工序单独组成一个工段，进行成组输送，其他各工序仍是单件输送。这种方法较适用于加工中小型工件的生产线。

3）当工件体积较大时，可以增加加工工位数，即在生产线上设置若干个同样的机床，同时加工同一道限制性工序，机床排列可采用串联和并联两种方式。图 9.5 所示为串联方式，设有几个加工工位和两个空工位，其中 C_5、C_6 为两个相同的工位，用以加工同一道限制性工序。生产线的输送过程为：第一个节拍加工时，各工位上的工件处于图 9.5（a）所示位置。第一个节拍终了后，输送带 1 将 C_1 ~ C_4 各工位的工件移动一个步距，而输送带 2 和 C_5、C_6 两工位上的工件维持不动以便继续加工。在第二个节拍终了时，输送带 1、2 同时动作。输送带 2 的步距为输送带 1 的两倍，并且输送带 2 一次输送两个工件，然后再进行下一次循环。工件移动的结果如图 9.5（c）所示。

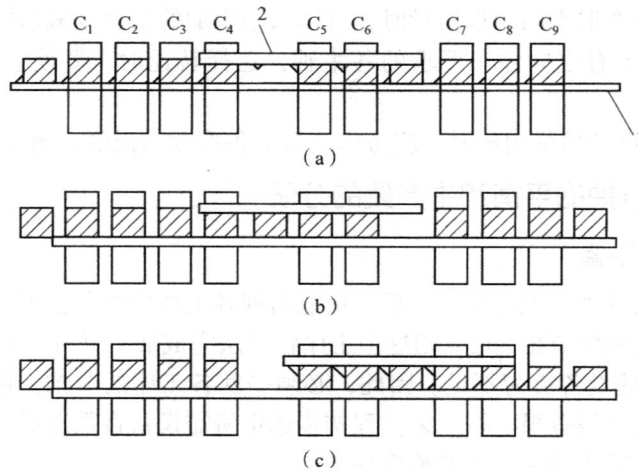

图 9.5　串联方式平衡生产线节拍

1，2—输送带

图 9.6 所示为并联方式, 其各工序的工作循环时间 t 如图 9.6 中所示。为了满足生产线节拍 t_j 的要求, 用两个滚齿机并联接入生产线, 这种并联方式适用于非固定节拍的生产线。

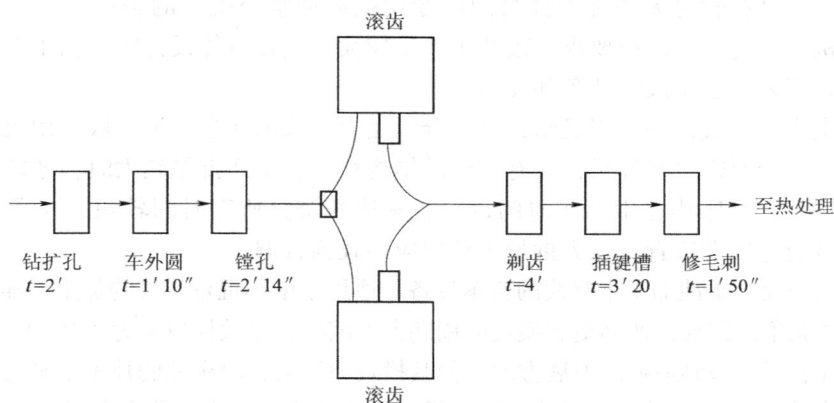

图 9.6 并联方式平衡生产线节拍

2. 生产线的分段

生产线的工艺顺序确定以后, 由于生产线的工艺要求或因工位过多需要对生产线进行分段, 以增加生产线的柔性和利用率。通常, 对符合下列情况的生产线要进行分段:

1) 工件结构或工艺比较复杂时, 为了完成全部工序的加工, 工件需在生产线上进行多次转位。这些转位装置往往使得全线不能采用统一的输送带, 须分段独立输送, 此时转位装置就自然地将生产线分成若干个工段。

2) 为了平衡生产线的节拍, 当需要对限制性工序采用 "增加同时加工的工位数" 或 "增加同时加工的工件数" 等方法以缩短限制性工序的工时, 往往也需要将限制性工序单独组成工段, 以便满足成组输送的需要。

3) 当生产线的工位数较多、生产线较长时, 需要将其分段, 并在段与段之间设置贮料库。生产线各段独立工作, 当某一段因故障停歇时, 其他各段仍可继续生产, 从而降低生产线的停车损失。较长的生产线一般每隔 10 ~ 15 台机床进行分段。

4) 如果生产线包括有不同种类的工序, 而它们的生产率不易平衡时, 也可按工序的种类划分工段并设置贮料库。

5) 当工件的加工精度较高时, 需对粗加工工件存放一段时间以减少工件热变形和内应力对后续工序的影响。这种情况下也需要对生产线进行分段, 工件经粗加工后下线, 在储料库中存放一定的时间, 再运送到精加工工段进行加工。

9.2.3 生产线的技术经济性能评价

1. 加工设备选择

加工设备选择是生产线设计的关键环节。加工设备选择是否正确、合理, 不但影响工件的加工质量、生产效率和制造成本, 而且还涉及生产线的投资力度和投资的回收期限。

由于被加工工件的结构特征、生产批量、工厂条件等的不同, 构成生产线的主要加工设备的选择也各不相同。在大批量生产的条件下, 旋转体类工件通常选择全自动通用机床、经自动化改装的通用机床及专用机床。箱体、杂类工件通常选用组合机床。

采用通用机床进行自动化改装后建立生产线，可充分发挥现行设备的潜力，进一步提高劳动生产率。对某些暂时无条件设计与制造专用机床和组合机床的企业具有一定的现实意义。但通用机床要符合生产线要求，改装工作量较大，应在总体设计时，从工艺和结构上进行全面分析和规划，提出改装任务和要求。

为建立生产线而设计的专用机床，可充分满足生产线的要求。但一般专用机床的设计制造成本较高，建线所需时间较长，只有当产品结构稳定、生产批量较大时，才能取得较好的经济效益。用组合机床建立生产线时的设计、制造和调整所需时间较短，并且便于选择输送、转位、排屑等辅助装置，在大批量生产中应用较为普遍。

数控机床是建立柔性加工生产线的基本设备，适用于中小批量工件的加工。随着科学技术的进步和市场竞争的需要，产品更新换代的周期大大缩短，以数控机床为主要加工设备的柔性加工生产线代表了机械制造业的发展方向。但其投资力度大，对企业的技术水平要求也高。

总之，在建立生产线时，到底采用哪一类设备更为合理，要根据具体情况，综合考虑各方面的因素，通过技术经济论证后才能最后确定。

2. 生产线的可靠性

生产线的可靠性是指在给定的生产纲领所决定的规模下，在生产线规定的全部使用期限内（例如一个工作班），连续生产合格产品的工作能力。生产线的可靠性越低，生产率损失就越大，实际生产率和理论生产率之间的差距也越大，而且会使管理人员和工人的数目增加，不仅增加了工资费用，而且还增加了维护和保养费用。

生产线发生了使其工作能力遭到破坏的事件，称为生产线的故障。由于生产线所使用的元器件、零部件、各种机构、装置、仪器、工具和控制系统等损坏或不能正常工作而引起的故障，称为元件故障。由于生产线加工的工件不符合技术要求以及组织管理原因引起的生产线停顿，称为参数故障。元件故障表征动作可靠性，参数故障表征工艺加工精度以及使用管理方面的可靠性。对生产线而言，参数故障往往是人为因素造成的，常不在考虑范围之内。当只考虑不发生元器件故障的平均工作时间时，设每一个元器件的故障与其他元器件的故障无关，则生产线不发生故障的概率决定于生产线所用元器件工作不发生故障的概率的乘积。随着生产线复杂程度的提高，其组成的元器件随之增多，即使每个元器件的可靠性都很高，生产线不发生故障的概率也随之急剧降低。

生产线的使用效果很大程度上还取决于寻找故障原因、排除故障、恢复其工作能力所需的时间。通常，生产线的工作能力恢复时间概率的分布，也像无故障工作时间概率的分布一样，可以描述成指数形式。设在生产线工作的 T_H 期间，发生了 n 次故障，排除这些故障共花费了 T_x（即总故障时间），其回复工作能力的平均时间为 Q_{cp}，则有

$$Q_{cp} = \frac{T_x}{n}$$

设生产线恢复工作能力的平均时间与生产线工作时间之比为生产线恢复工作的时间比重，并记为 τ，则有

$$\tau = \frac{Q_{cp}}{T_H}$$

Q_{cp} 和 τ 说明了生产线恢复工作能力的时间要素的重要性。Q_{cp} 和 τ 说明了生产线恢复工

作能力的事件要素的重要性。Q_{cp} 和 τ 的数值是衡量生产线工作可靠性和维修度的重要指标。可见，提高生产线可靠性和使用效率的主要措施包括：

1）采用可靠性高的元器件。

2）提高故障搜寻和排除的速度。

3）重要的和加工精度要求高的工位应采用并联排列，易出故障的电路和元器件应采用并联连接。将容错技术与自诊断技术相结合，自动查找故障并自动转换至并联元器件和电路上运行，也可由人工转换至并联的工位继续运行，这些都将大大节省故障停机时间。

4）将生产线分成若干段，采用柔性连接，则每段组成的元器件数量将大量减少，也可提高生产线的可靠性。

5）加强管理，克服由技术工作和组织管理不完善所造成的生产线停机时间。

3. 生产线的生产率

（1）生产线的生产率分析

生产线的生产率是生产线设计的一个重要指标，由生产率可计算出生产线的生产节拍，并由生产节拍的大小来确定生产线所需机床的数量。

$$Q = \frac{N}{T}$$

式中，Q——用户所要求的生产线生产率；

　　　N——生产线的计算生产纲领，是在生产纲领的基础上考虑废品率和备品率计算出来的（件/年）；

　　　T——年基本工时（h/年）。

生产线在实际工作中，常由于故障、维修等原因而停歇，从而使生产线不能满负荷工作。若生产线的负荷率为 η（η 通常取 $0.65 \sim 0.85$，复杂的生产线取低值，简单的生产线取高值），则为了满足用户所要求的生产率，生产线的设计生产率 Q_1 应为：

$$Q_1 = \frac{Q}{\eta}$$

据此，生产线的节拍 t_j 应为：

$$t_j = \frac{60}{Q_1} = \frac{60}{Q}\eta = \frac{60T}{N}\eta$$

生产线中某一工序的单件时间为 t_{gi}，则该工序所需的机床的数量 S_i 为：

$$S_i = \frac{t_{gi}}{t_j}$$

将所得机床数圆整为整数 S_i'。若 S_i 值小数点后的尾数较小，可删去该尾数，因 $S_i' < S_i$，为弥补该工序生产能力的不足，应采取提高切削用量、降低辅助时间等措施来提高其生产能力。

若 $S_i' > S_i$，则该工序机床负荷率 k_i 为：

$$k_i = \frac{S_i}{S_i'}$$

一条生产线要完成若干道工序的加工，有些工序的机床可能利用得较充分，k_i 较大；有的工序机床可能利用的不充分，k_i 较小。为了衡量整条生产线机床的利用情况，在此引入生产线机床平均负荷率的概念。设生产线上有 n 道工序，则生产线的机床平均负荷率 k_0 为：

$$k_0 = \frac{1}{n} \sum_{i=1}^{n} \frac{S_i}{S_i'}$$

为保证生产线上机床能得到充分利用，生产线的机床平均负荷率 k_0 不应低于 0.8。

（2）生产线生产率与可靠性的关系

生产线的可靠性直接影响生产线的生产率，生产线的各种停顿与生产线技术和组织管理息息相关，可靠性高，生产率也随之升高。生产线无故障工作的周期就其长短和起始点来说是随机分布的，生产线的实际生产率同样具有随机性。

如果将组织管理等人为因素所造成的生产线停顿包含在故障范畴之内，生产线的实际生产率就取决于三个因素，即生产线的工作循环周期、故障频率，以及发现和排除故障的持续时间。由此可见，生产线的可靠性对保障实际生产率的重要性。

4. 生产线的经济性分析

生产线的经济性分析是建造自动化生产线的一个重要的考虑因素，也是比较不同生产线设计方案优劣的主要评价指标。评价生产线经济效益的主要指标有：机床平均负荷率、占地面积、制造零件的生产成本、所需各类工作人员数量、投资费用、投资回收期等。

生产线的投资回收期长短直接关系到生产线的经济效益，是生产线设计的重要经济指标。生产线建线投资回收期限 T（年）为：

$$T = \frac{I}{N'(S-C)}$$

式中，I——生产线建线投资总额（元）；

S——零件销售价格（元/件）；

C——零件的制造成本（元/件）；

N'——生产纲领。

生产线建线投资回收期 T 越短，生产线的经济效益越好，需同时满足以下条件才允许建线：

1）投资回收期应小于生产线制造装备的使用年限；

2）投资回收期应小于该零部件的预定生产年限；

3）投资回收期应小于 4~6 年。

在生产线建线投资总额 I 中，加工装备尤其是关键加工装备的投资所占份额较大，在决定选购复杂昂贵的加工装备前，必须核算其投资的回收期限，如在 4~6 年内收不回设备投资，则不宜选购，应另行选择其他类型的加工装备。

9.3 机械加工生产线的总体布局

机械加工生产线的总体布局是指组成生产线的机床、辅助装备以及连接这些装备的工件输送装置的布置形式和连接方式。

9.3.1 机械加工生产线的总体布局形式

生产线的总体布局根据工件的结构形状、生产率、工艺过程和车间的布置情况不同而有各种不同的形式。本节主要介绍用于箱体、杂类工件加工的组合机床生产线和用于回转体类工件加工的通用机床、专用（非组合）机床生产线的常见布局方式。

1. 组合机床生产线的布局方式

（1）直接输送的生产线

这种输送方式是工件由输送装置直接输送，依次输送到各工位，输送基面就是工件的某一表面。直接输送方式可分为通过式和非通过式两种。通过式输送方式又可分为直线通过式、折线通过式、框型布局生产线和并联支线形式。

1）直线通过式。

直线通过式生产线如图 9.7 所示。工件的输送带穿过全线，由两个转位装置将其划分成三个工段，工件从生产线始端送入，加工完后从末端取下。其特点是输送工件方便，生产面积可充分利用。

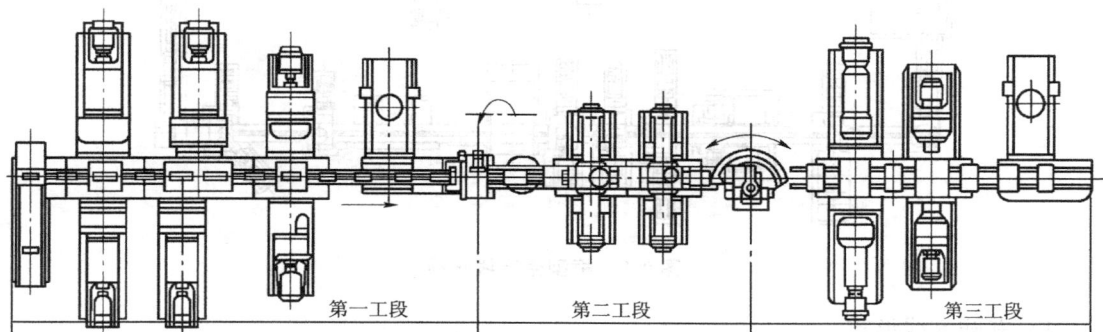

图 9.7   直线通过式生产线布局

2）折线通过式。

当生产线的工位数多、长度较大时，直线布置常常受到车间布局的限制，或者需要工件自然转位，这时可布置成折线式，如图 9.8 所示。在两个拐弯处，生产线上的工件自然地水平转位 90°，并且节省了水平转位装置。

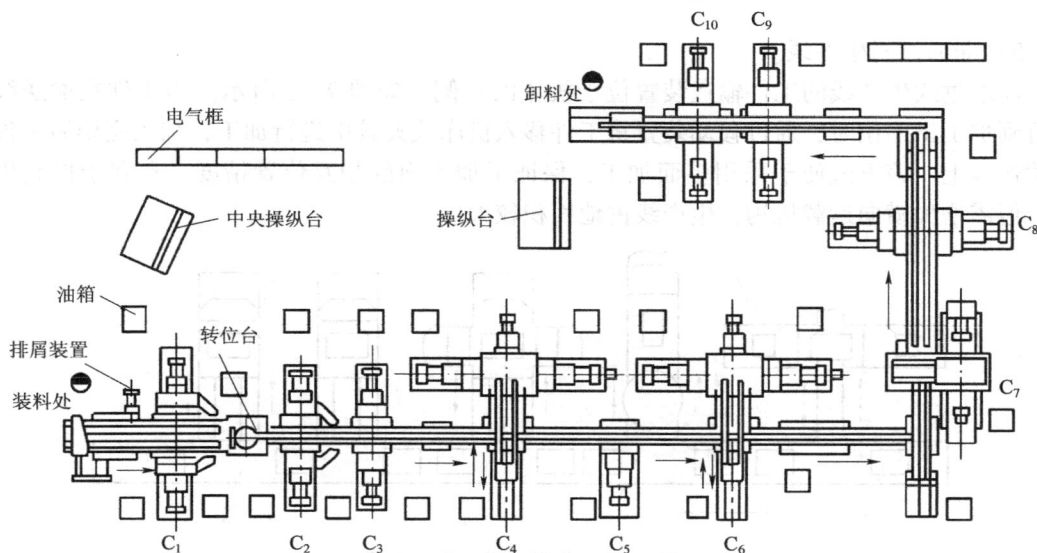

图 9.8   折线通过式生产线布局

3）框型布局生产线。

这种布局形式适用于采用随行夹具传送工件的生产线，如图9.9所示，随行夹具自然地循环使用，可以省去一套随行夹具的返回装置，把折线通过式的装料处和卸料处相连，形成框型结构。

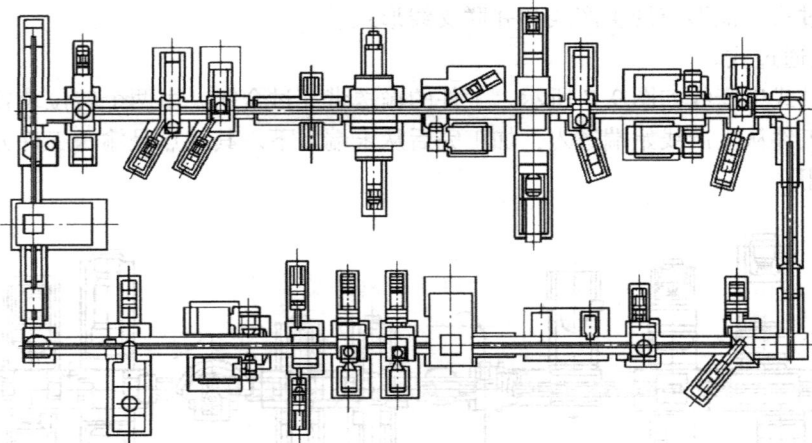

图9.9 框型生产线布局

4）并联支线形式。

在生产线上，有些工序加工时间特别长，这时采用在一个工序上重复配置几台同样的加工设备，以平衡生产线的生产节拍，其布局形式示意图如图9.10所示。

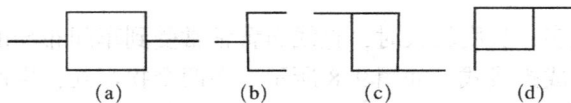

(a)　　　　(b)　　　　(c)　　　　(d)

图9.10 并联支线形式生产线布局

5）非通过式生产线。

非通过式生产线的工件输送装置位于机床的一侧，如图9.11所示。当工件在输送线上运行到加工工序位时，通过移动装置将工件移入机床或夹具中进行加工，加工完毕后工件移至输送线上。该方式便于采用多面加工，保证了加工面的相互位置精度，有利于提高生产率，但需增加横向运载机构，生产线占地面积较大。

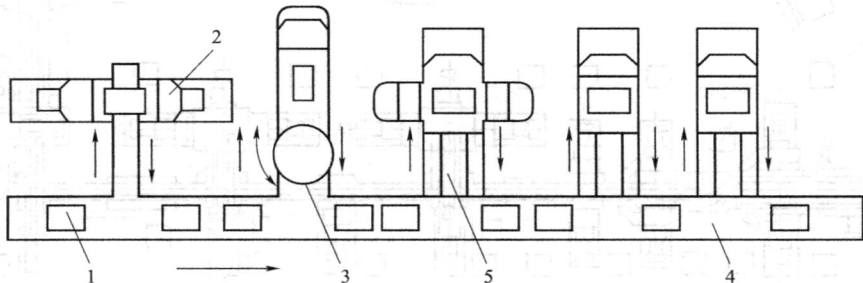

图9.11 非通过式生产线布局

1，4—输送装置；2—转台；3—机床；5—移动装置

（2）带随行夹具的生产线

带随行夹具的生产线在布局上必须考虑随行夹具的返回。随行夹具的返回方式有水平返回、上方返回和下方返回三种形式。对于水平返回方式，生产线在水平面内组成封闭布局。

1）随行夹具水平返回方式。图 9.12 所示为随行夹具水平返回方式的生产线，随行夹具可循环使用，随行夹具输送装置在生产线水平面内组成封闭的框形结构。

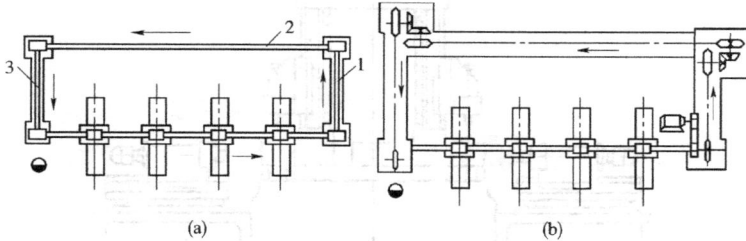

图 9.12　随行夹具水平返回式生产线布局

1—随行夹具；2—机床；3—输送带

2）随行夹具上方返回式生产线布局如图 9.13 所示。随行夹具从生产线末端升起，然后从主输送带上方的空中取道回到始端。

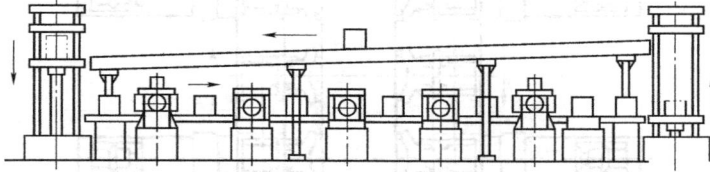

图 9.13　随行夹具上方返回式生产线布局

3）随行夹具下方返回式生产线布局如图 9.14 所示。随行夹具从主输送带下方机床中间底座中返回。

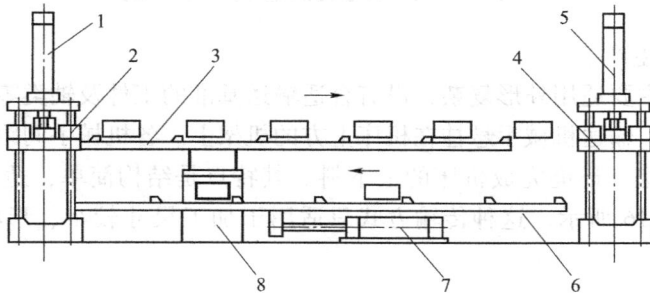

图 9.14　随行夹具下方返回式生产线布局

1，5—前后升降液压缸；2，4—前后升降台；3—主输送带；
6—返回输送带；7—返回输送液压缸；8—机床中间底座

由于随行夹具的数量多，精度要求高，在拟定带随行夹具的生产线结构方案时，应注意设法减少随行夹具的数量，主要途径有：减少生产线机床之间的空工位；提高工序集中的程度，以减少加工工位；提高返回输送带的传送速度，使返回输送装置上的随行夹具数量最少。

4）带中央立柱的随行夹具方式。

图9.15所示为带中央立柱的随行夹具生产线。这种方式适用于同时实现工件两个侧面及顶面加工的场合，在装卸工位上装载工件后，随行夹具带工件绕生产线一周便可完成工件三个面的加工。

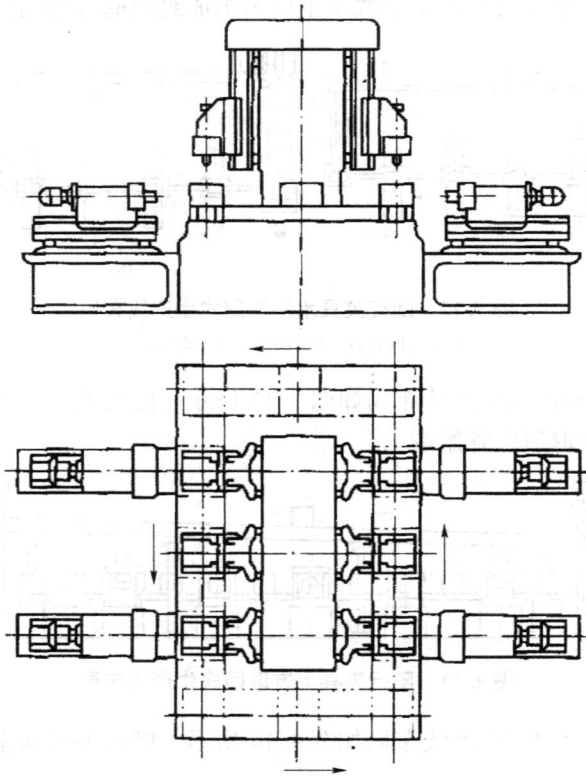

图9.15 带中央立柱的随行夹具生产线

（3）悬挂输送生产线

悬挂输送方式主要适用外形复杂，没有合适输送基准的工件及轴类零件，工件传送系统设置在机床的上空，输送机械手悬挂在机床上方的机架上。各机械手间距一致，不仅能完成机床之间的工件传送，还能完成机床的上下料。其特点是结构简单，适用于生产节拍较长的生产线，如图9.16所示。这种传输方式只适用于加工尺寸较小、形状较复杂工件的生产线。

2. 生产线的连接方式

（1）刚性连接

如图9.17（a）和图9.17（b）所示，刚性连接是指输送装置将生产线连成一个整体，用同一节奏把工件从一个工位传到另一工位。其特点是生产线中没有储料装置，工件输送有严格的节奏性，如某一工位出现故障，将影响其他工位。此种连接方式适用于各工序节拍基本相同、工序较少的生产线或长生产线中的部分工段。

（2）柔性连接

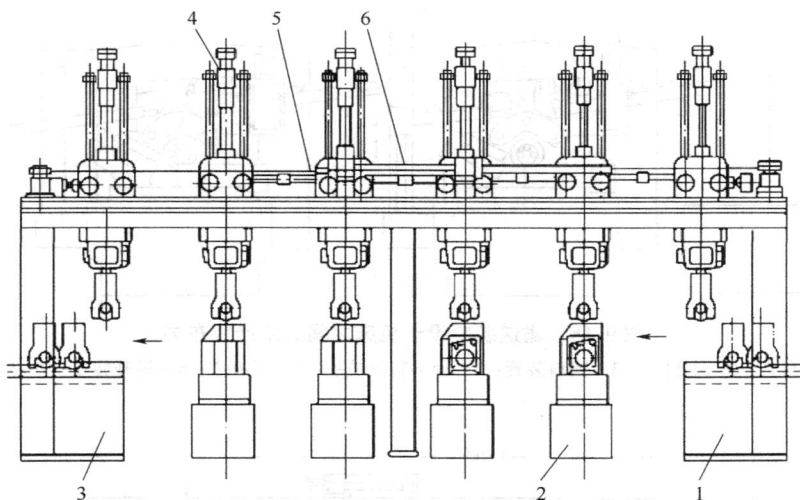

图 9.16　悬挂式输送机械手生产线

1—装料台；2—机床；3—卸料台；4—机械手；5—传送钢丝绳；6—传动油缸

柔性连接是指没有储料装置的生产线，如图 9.17（c）和图 9.17（d）所示。储料装置可设在相邻设备之间或相隔若干台设备之间，由于储料装置储备一定数量的工件，因而当某台设备因故停歇时，其余各台机床仍可在一定时间内继续工作。当相邻机床的工作循环时间相差较大时，储料装置又起调剂平衡作用。

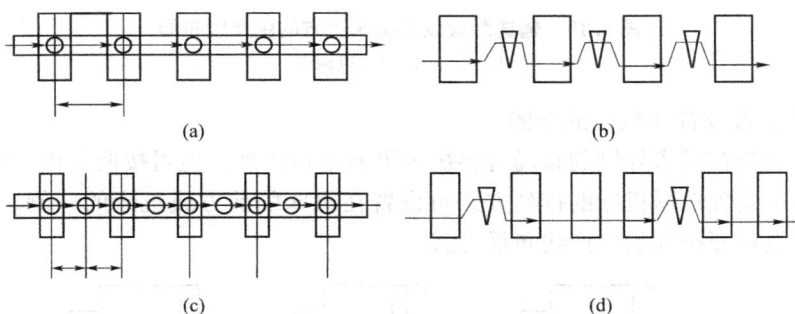

(a)

(b)

(c)

(d)

图 9.17　刚性连接与柔性连接生产线

（a），（b）刚性连接自动线；（c），（d）柔性连接自动线

3.　通用和专用（非组合）机床生产线布局方式

这种生产线的布局灵活性很大，一般有下列几种布局形式：

（1）输送装置设置于机床之间

如图 9.18 所示，其输送装置结构简单，装卸工件辅助时间短，生产线占地面积小，适用于加工外形简单的轴套类零件。

（2）输送装置设置在机床的上方

图 9.19 所示为输送装置设置在机床上方的喷油漆生产线布局图。图中工件输送由设置在机床上方格架上的五只机械手 2 来完成。由于机械手 2 采用刚性连接方式，靠液压缸 1 实现同步移动，因此机床间的距离应与机械手的移动步距一致。

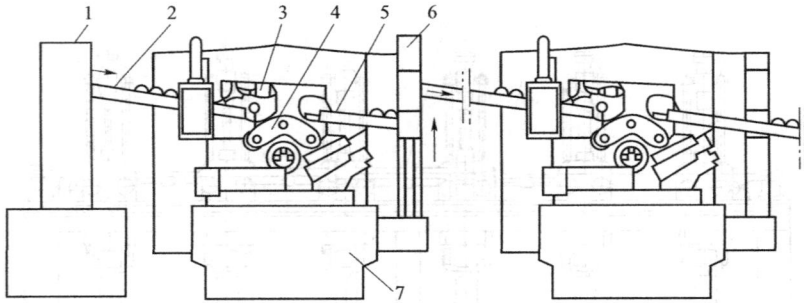

图9.18 输送装置设于机床之间的生产线布局

1—料仓；2—上料道；3—隔料装置；4—上下料机械手；5—下料道；6—提升装置；7—机床

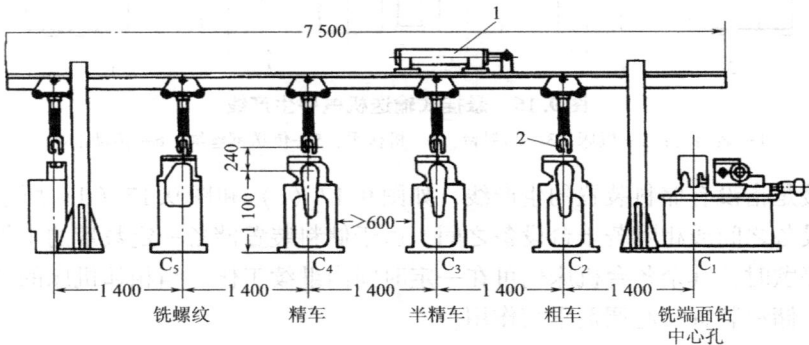

图9.19 输送装置设于机床上方的生产线布局

1—液压缸；2—机械手

（3）输送装置设置在机床的外侧

输送装置设置在机床外侧的布局可将机床纵向单行排列，也可按两行面对面排列或交错排列。工件输送装置根据机床的排列方式可设置在机床的前方或机床的一侧。图9.20所示为机床按两行面对面排列的生产线布局形式。

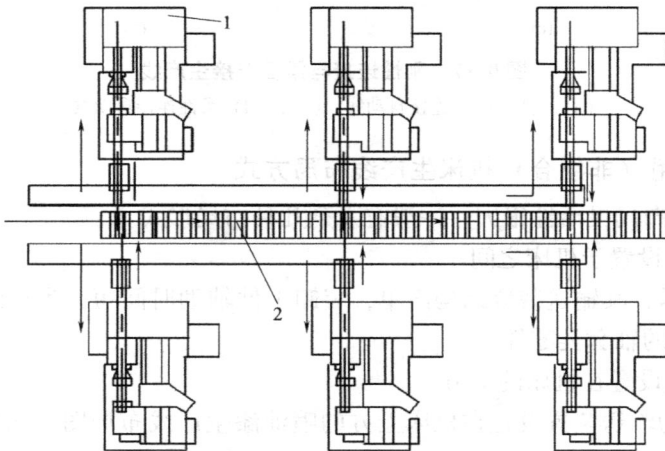

图9.20 输送装置设于机床外侧的生产线布局

1—机床；2—输送装置

9.3.2　机械加工生产线总联系尺寸图

生产线的总联系尺寸图主要解决生产线中机床之间、机床与辅助装置之间以及辅助装置之间的尺寸关系。它是设计生产线各个部件的依据，也是检查各个部件相互关系的重要依据。

1. 机床与其他设备之间的联系

（1）机床间距离的确定

两台机床之间的距离尺寸 L，可按下式求出

$$L = (n+1)t$$

式中，t——输送带的步距（mm）；

n——两台机床之间的空工位数。

设置空工位的目的主要是便于生产线的调整与看管，是否设置空工位和设置空工位的数目要根据工件大小及具体情况而定。

为方便操作者出入和操作，由上式求得的 L 应能保证相邻两台机床上运动部件的间距不小于 600 mm。

（2）输送带步距的确定

输送带步距 t 是指输送带上两个棘爪之间的距离。在确定输送带步距时，既要考虑机床间有足够的距离，又要尽量缩短自动线的长度。一般通用的输送带的步距取为 350 ~ 1 700 mm。可按图 9.21 所示的关系来确定：

$$t = A + l_4 + l_3$$

式中：A——工件沿输送方向的长度（mm）；

l_3，l_4——后备量及前备量，其大小与输送带型号有关，可参考有关资料确定。

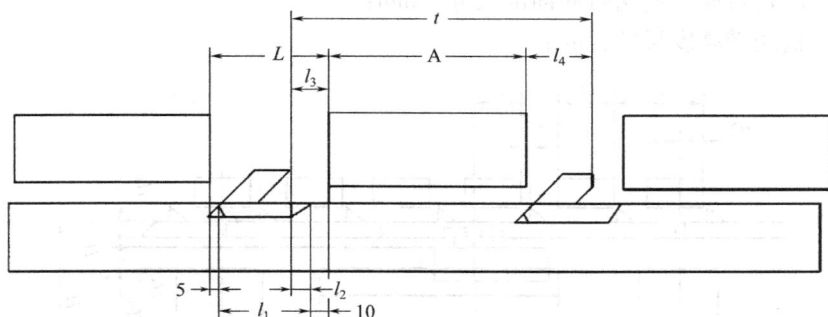

图 9.21　步距的确定

（3）装料高度的确定

对于组合机床生产线，装料高度是指机床底平面至固定夹具上定位面之间的高度尺寸。对于加工旋转体工件的自动线，装料高度是指机床底平面至卡盘中心线（或顶尖中心线）之间的高度尺寸。

选择装料高度，应考虑操作人员看管、调整和维修设备的方便性，一般取 800 ~ 1 200 mm 为宜。对于较大的工件，装料高度应取低一些，一般取 850 mm，考虑到中间床身排屑

的可能性和结构刚性，最低不应小于 800 mm。对于较小的工件，装料高度可适当增加，一般可选为 1 000 ~1 100 mm。采用下方返回随行夹具的生产线，装料高度可适当增至 1 200 mm。

全线各台设备的装料高度应尽可能取一致（通用机床生产线）或完全相等（专用机床及组合机床生产线）。有时为了利用机床间的高度差来实现工件在工序间的输送，装料高度可取不一致。但是，若全线从始端到末端都采用这一方式是不恰当的。为保证机床有合理的装料高度，常采用各种提升机构来造成必需的输送高度差。

（4）转位台联系尺寸的确定

转位台是用于改变工件加工部位的，工件在转位过程中，必须注意不要碰到前后工件及输送带上的棘爪，而且转位前和转位后的工件位置，应能满足两段输送带中心在一条直线上的要求。当工件在原地转位时，可取工件中心作为回转台中心。设 R 为工件或限位板的最大回转半径，如图 9.22 所示，应满足下列条件：$R < L$，$a_1 = a_2$，$c_1 = c_2$。转位台在回转时，输送带应处于退回原位的状态，并保证在转位台上的工件端面至输送带棘爪的距离大于 $R - a_1$。

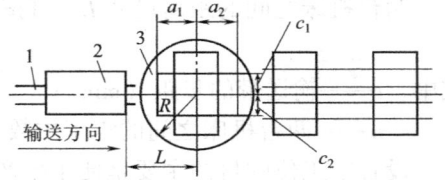

图 9.22　转位台的联系尺寸图
1—输送带；2—工件；3—转位台

（5）输送带驱动装置联系尺寸

确定输送带驱动装置联系尺寸时，首先要选择输送滑台规格，输送滑台的工作行程 L_D 应等于输送步距 t 与后备量 l_3 之和，即 $L_D = t + l_3$。依据滑台行程即可选择滑台规格。

如图 9.23 所示，驱动装置高度方向联系尺寸由下式确定：

$$H = H_1 + H_2 + H_3 + H_4$$

式中，H——装料高度，mm；

H_1——底座高度，mm；

H_2——滑台高度，mm；

H_3——滑台台面至输送带底面的尺寸，mm；

H_4——输送带高度尺寸，mm。

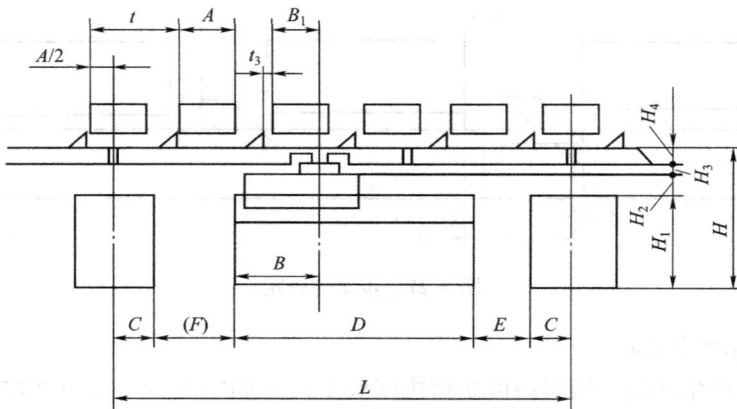

图 9.23　输送带驱动装置联系尺寸

驱动台长度方向尺寸 L（驱动装置在机床间）：

$$L = D + 2C + E + F$$

式中，D——输送装置（如滑台）底座尺寸（mm）；

C——机床底座尺寸（mm）；

E——输送驱动装置有固定挡铁一端至机床底座间的尺寸（mm），$E \geqslant 300$mm；

F——输送驱动装置不带固定挡铁一端至机床底座间的尺寸（mm），$F < E$。

（6）生产线内各装备之间尺寸距离的确定

生产线内各装备之间的距离尺寸如图 9.24 所示。相邻不需要接近的运动部件的间距，可以小于 250 mm 或大于 600 mm 时，且应设置防护罩；对于需要调整但不运动的相邻部件之间的距离，一般取 700 mm，如有其中一部件需运动，则该距离应加大，如电气柜门需开与关，推荐取 800~1 200 mm；生产线装备与车间柱子间的距离，对于运动的部件取 500 mm，不运动的部件取 300 mm；两条生产线运动部件之间的最小距离一般取 1 000~1 200 mm；生产线内机床与随行夹具返回装置的距离应不小于 800 mm，随行夹具上方返回的生产线，其最低点的高度应比装料基面高 750~800 mm。

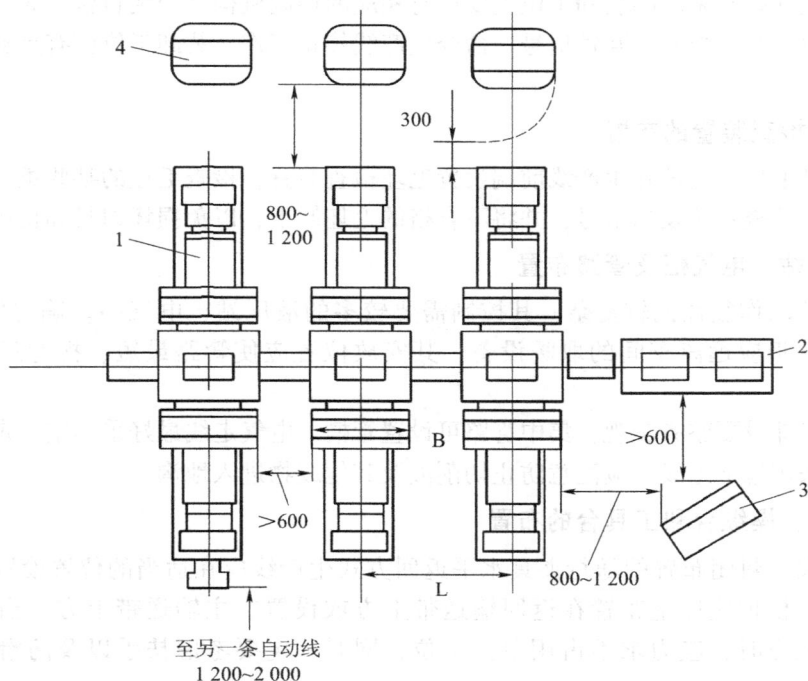

图 9.24　生产线中各装备之间的距离尺寸
1—机床；2—输送装置；3—中央操作台；4—电气柜及油箱

9.3.3　机械加工生产线其他设备的选择与配置

在确定机械加工生产线的结构方案时，还必须根据拟定的工艺流程，解决工序检查、切屑处理、工件堆放、电气柜和油箱的位置问题。

1. 输送带驱动装置的布置

输送带驱动装置一般布置在每个工段零件输送方向的终端，从而使输送带始终处于受拉状态。在有攻螺纹机床的生产线中，输送带驱动装置最好布置在攻螺纹前的孔深检查工位下方，可防止攻螺纹后工件的润滑油落到驱动装置上面。

2. 小螺纹孔加工检查装置的布置

对于攻螺纹工序，特别是小螺纹孔（小于 M8）的加工，攻螺纹前后均应设置检查装置。攻螺纹前检查孔深是否合适、孔底是否有切屑和折断的钻头等；攻螺纹后则检查丝锥是否有折断的情况。检查装置安排在紧接钻头和攻螺纹工位之后，以便及时发现问题。

3. 精加工工序的自动检测装置

精加工工序应考虑采用自动测量装置，以便在达到极限尺寸时发出信号，及时采取措施。处理方法有：将测量结果输入到自动补偿装置进行自动调刀；自动停止工作循环，通知操作者调整机床和刀具；采用备用机床，当一台机床在调整时，由另一台机床工作，从而减少生产线的停止时间。

4. 装卸控制机构的布置

在生产线前端和末端的装卸工位上要设有相应的控制机构，当装料台上无工件或卸料工位上工件未取走时，能发出互锁信号，命令生产线停止工作。装卸工位应有足够空间，以便存放工件。

5. 毛坯检查装置的布置

若工件是毛坯，应该在生产线前端设置毛坯检查装置，检查毛坯的某些重要尺寸，当尺寸不合格时，检查系统发出信号，并将不合格的毛坯卸下，以免损坏刀具和机床。

6. 液压站、电气柜及管路布置

生产线的动作往往比较复杂，其控制需要较多的液压站、电气柜。确定配置方案时，液压站、电气柜应远离车间的取暖设备，其安放位置应使管路最短、拐弯最少、接近性最好。

液压管路铺设要整齐美观，集中管路可设置管槽。电气走线最好采用空中走线，这样便于维护；若采用地下走线，应注意防止切削液及其他废物进入地沟。

7. 桥梯、操纵台和工具台的布置

规格较大、封闭布置的随行夹具水平返回方式生产线应在适当的位置设置桥梯，以便操作者进入。桥梯应尽量布置在返回输送带上方或设置在主输送带上方。当桥梯设置在主输送带的上方时，应力求不占用单独工位，同时一定要考虑扶手以及防滑措施，以保证安全。

生产线进行集中控制，需设置中央操作台，分工区的生产线要设置工区辅助操纵台，生产线的单机或经常要调整的设备应安装手动调整按钮台。

生产线的刀具数量大、品种多。为了方便管理，设置刀具管理台及线外对刀装置是保证生产率的重要措施。

8. 清洗设备布置

在综合生产线上，防锈处理和装配工位之前，自动测量和精加工之后需要设置清洗设备。

清洗设备一般采用隧道式，按节拍进行单件清洗。通常与零件的输送采用统一的输送装置，也可采用单独工位进行机械清理，如毛刷清理、刮板清理等，以清除定位面、测量表面

及精加工面上的积屑和油污。

9.4　柔性制造系统

9.4.1　柔性制造系统概述

1. 柔性制造系统定义

随着高效、多品种、小批量自动化生产的需要，柔性制造系统（Flexible Manufacturing System，简称 FMS）已越来越受到人们的重视。FMS 涉及的领域包括机床、电子技术、液压传动、机器人技术、控制技术、计算机技术及系统工程等，它是一种集多种高新技术于一体的现代化制造系统。

20 世纪 60 年代，国外大多数大批量生产的工厂已实现机械加工自动化，人们逐渐意识到大批量生产只占机械制造产品的 15% ~ 25%，而中小批量生产产品却占到 75% ~ 85%。在国民经济生产部门中的比重占绝对优势的多品种、中小批量生产企业的劳动生产率极大地落后于大批量生产企业。越来越多的生产企业意识到只有不断改变产品结构，提高产品性能，并在保证质量的前提下不断提高生产率，降低成本，才能有效提高产品的竞争能力。20 世纪 70 年代开始，计算机技术与机床加工技术结合所产生的数控机床开始应用于机械加工自动化生产线，并逐步取代了机械式和液压式机床。相对于传统的机床，数控机床通过加工代码的改变来完成零部件表面的成形，处理加工对象的灵活性明显，且加工调整所需时间较少，加工效率高，这为柔性制造系统的发展打下了良好的基础。随后，为了适应小批量生产的需求，人们将自动化生产线与数控机床相结合，实现了物料输送和储运系统的计算机控制与监测，建立了以计算机网络通信为基础的，面向车间的开放式集成制造系统，形成了早期柔性制造系统的雏形。随着柔性制造系统的不断完善与发展，其定义在不同阶段具有不同的背景特性。

美国技术评价办公室认为：“柔性制造系统是一个在最少人的干预下，能够生产一定范围的离散产品的生产设备，它包括生产设备工作站，机床和其他加工、装配或热处理设备，这些设备通过一个物料传送系统把工件从一个工作站送到另一个工作站，同时以一个集成的系统进行可编程控制”。

美国国家标准局指出：“柔性制造系统是由一个传输系统联系起来的一些设备，传输装置把工件放在其他连接装置上送到各加工设备，使工件加工准确、迅速和自动化。中央计算机控制机床和传输系统，柔性制造系统有时可同时加工几种不同的零件。”

美国国家电子加工协会控制分会认为：“柔性制造系统是由四个或更多的机械设备组成的，具有完全的集成物料传输功能，并通过计算机可编程控制器进行控制。”

国际生产工程研究协会指出：“柔性制造系统是一个自动化的生产制造系统，在最少人的干预下，能够生产任何范围的产品族，系统的柔性通常受到系统设计时所考虑的产品族的限制。”

欧共体机床工业委员会认为：“柔性制造系统是一个自动化制造系统，它能够在最少的人的干预下，加工任一范围的零件族工件，该系统通常用于有效加工中小批量零件族，以不同批量或混合加工；系统的柔性一般受到系统设计时考虑的产品族限制，该系统含有调度生产和产品通过系统路径的功能。系统也具有产生报告和系统操作数据的手段。"

本书将柔性制造系统定义为："柔性制造系统是一种能迅速响应市场需求且能适应生产产品品种变化，从而进行快速调整的自动化制造技术，适用于多品种、中小批量生产。它是以计算机网络技术为基础，面向车间的开放式集成制造系统，是实现计算机集成制造系统的基础。它具有计算机辅助设计、数控编程、分布式数控、工夹具管理、数据采集和质量管理等功能。它由若干数控设备、物料运贮装置和计算机控制系统组成。"

在 FMS 系统中，系统运行的功能和决策均由计算机集成制造系统自行运算完成，除正常的机床运行外，这些实时作出的决策还包括物料的传递与运输、零部件的检测、零部件的清洗以及刀具与夹具的替换与入库。功能完善的 FMS 具有如下几方面的柔性：

（1）设备柔性

设备柔性是指系统易于实现加工不同类型零件所需的转换能力。衡量这种转变难易程度的指标有：更换磨损刀具的时间，为加工同一类而不同组的零件所需的换刀时间，组装新夹具所需的时间，机床实现加工不同类型零件所需的调整时间，包括刀具的准备时间、零件安装定位和拆卸的时间以及更换数控代码程序的时间等。

（2）工艺柔性

工艺柔性是指系统能够以多种方法加工某一零件组的能力，也称为加工柔性。加工柔性是指系统能加工的零件品种数，也有人称之为混流加工柔性。工艺柔性是随机床调整费用下降而提高的，高工艺柔性的系统能单独地加工各种零件，无须按成批方式进行生产。衡量工艺柔性的指标是系统不采用成批方式而能同时加工零件的品种数。

（3）产品柔性

产品柔性是指系统能经济而迅速地转向生产新品的能力，即转产能力，也称为反应柔性，即为适应新环境而采取新行动的能力。有人提出的"设计更新柔性"也包括在产品柔性这一概念之内。产品柔性增强了企业的竞争力和对市场变化的潜在反应能力。衡量产品柔性的指标是系统从生产一种零件转向生产另一种零件所需的时间。

（4）流程柔性

流程柔性是指系统处理其故障并维持其生产持续进行的能力。这种能力来自以下两种能力：一是零件能采用不同的工艺路线进行加工，二是能够用来完成加工某工序的机床不只配备一台。应当指出，流程柔性有潜在和现实两种之分。潜在的流程柔性是指零件加工路线虽已确定，但一旦发生停工故障，零件自动改换另一条路线进行加工。现实流程柔性是指同一零件可以通过不同的工艺路线来进行加工，而不管设备是否发生故障。

（5）批量柔性

批量柔性是指系统在不同批量下运转且有利润的能力。提高自动化水平，由于机床调整费用下降，与直接劳动费用有关的可变成本下降，系统的批量柔性也就随之提高。衡量批量柔性的指标是保证系统运转且有利润的最小批量。该批量越小，系统的批量柔性就越高。

（6）扩展柔性

扩展柔性是系统能根据需要通过模块进行组建和扩展的能力。多数普通的装配流水线和自动加工流水线均不具备这种柔性。衡量这种柔性的指标是系统能扩展的规模大小。

（7）工序柔性

工序柔性是指系统变换零件加工工序顺序的能力。在一定的系统下，通常每种零件都有其确定的最佳工序顺次。但是，对某些工序来说，其最佳顺序却是随机的。有些工艺人员通常是将一个零件在各台机床上的加工工序都规定为固定的顺序。然而，不将流程顺序限死或不预先确定"下一工序"或"下一机床"，会大大提高以实时方式进行工艺路线决策的柔性。这种决策将根据当前系统的状态（哪台机床空闲、哪台有任务、哪台机床负荷过重）来进行。

（8）生产柔性

生产柔性是指系统能够生产各种类零件的总和。衡量这种柔性的指标是现有的技术水平。提高这种柔性的措施是提高系统的技术水平和机床的多功能性。系统的生产柔性即上述全部柔性的总和。

2. 柔性制造系统的组成与特点

一个 FMS 主要包括以下三部分：独立工作的可自动更换刀具与工件的数控机床；在各机床、装卸站、缓冲站之间运送零件和刀具的物料传送系统，包括机器人、托盘、传输线、自动搬运小车和自动立体仓库等；使系统中各部分协调工作的具有过程控制与数据采集和处理的计算机控制信息系统。

大多数 FMS 中，进入系统的毛坯在工件装卸站装夹到托盘夹具上，然后由工件传送系统中的自动引导小车（AGV）将它们取走并送到机床或机床旁的托盘缓冲站排列等待。加工所需的各种刀具经刀具预调仪预调将有关参数送到计算机后，由人工把刀具放置到刀具进出站的刀位上（或刀盒中），由换刀机器人（或 AGV）将它们送到机床刀库或中央刀库。在 FMS 中，各种活动均由计算机控制和协调，根据其规模不同，系统中的机床数有 2～20 台或更多。从目前的趋势看，系统中的机床数均较少，多为 2～4 台。FMS 的加工能力由它所拥有的加工设备决定。而 FMS 里加工中心所需的功率、加工尺寸范围和精度则由待加工的工件族决定。由于箱体、框架类工件在采用 FMS 加工时经济效益特别显著，故在现有的 FMS 中，加工箱体类工件的 FMS 所占的比重较大。物料传送系统由输送系统、贮存系统和操作系统共同组成，个别地选择 FMS 的物料贮运系统，可以大大减少物料的运送时间，提高整个制造系统的柔性和效率。计算机控制信息系统的核心是一个分布式数据库管理系统和控制系统，整个系统采用分级控制结构，即 FMS 中的信息由多级计算机进行处理和控制，其主要任务是：组织和指挥制造流程，并对制造流程进行控制和监视；向 FMS 的加工系统、物流系统（贮存系统、输送系统及操作系统）提供全部控制信息并进行过程监视，反馈各种在线检测数据，以便修正控制信息，保证设备安全运行。

FMS 具有良好的柔性。但是，这并不意味着一条 FMS 就能生产各种类型的产品。事实上，现有的柔性制造系统都只能制造一定种类的产品。据统计，从工件形状来看，95% 的 FMS 属于加工箱体件或回转体工件类型。从工件种类来看，很少有加工 200 种产品以上的 FMS，多数系统只能加工 10 多个品种。现行的 FMS 大致可分为三种类型。

（1）专用型

以一定产品配件为加工对象组成的专用 FMS，例如底盘柔性加工系统。

（2）监视型

具有自我检测和校正功能的 FMS。其监视系统的主要功能有：

1）工作进度监视：包括运动程序、循环时间和自动电源切断的监视。

2）运动状态的监视：包括刀具破损检测、工具异常检测、刀具寿命管理和工夹具的识别等。

3）精度监视：包括镗孔自动测量、自动曲面测量、自动定位中心补偿、刀尖自动调整和传感系统。

4）故障监视：包括自动诊断监控和自动修复。

5）安全监视：包括障碍物、火灾的预测。

（3）随机任务型

随机任务型柔性制造系统是一种可同时加工多种相似工件的 FMS。在加工中小批量相似工件（如回转体工件、壳体件以及一般对称体等）的 FMS 中，具有不同的自动化传送方式和贮存装置，配备有高速数控机床、加工中心和加工单元；有的 FMS 可以加工近百种工艺相近的工件。与传统加工方法相比，这种 FMS 的优点是：

1）生产效率可提高 140% ~200%。

2）工件传送时间可缩短 40% ~60%。

3）生产面积利用率可提高 20% ~40%。

4）设备（数控机床）利用率每班可达 95%。

一条规划设计正确的 FMS 应具备如下特点：

（1）设备利用率高

一组机床编入柔性制造系统后的产量一般可达到该组机床单机作业的 2 ~3 倍。柔性制造系统能获得高效率的原因，一是计算机系统把每个零件都提前安排了机床，一旦机床空闲，立即由 AGV 将零件送去加工，同时将相应数控加工程序输入这台机床；二是送上机床加工的零件早已装夹在托盘夹具上，并在托盘缓冲站等待，因而机床不用等待零件的装夹。

（2）减少了工序中的在制品量并缩短了生产准备时间

和一般加工相比，柔性制造系统在减少工序中零件积压数量方面的效果显著。这是因为其缩短了等待加工的时间。

（3）有快速响应改变生产要求的能力

柔性制造系统有其内在的灵活性，能适应由于市场需求变化和工程设计变更所出现的变动，能进行多品种生产，而且可以在不明显打乱正常生产计划的情况下，插入临时作业。

（4）维持生产的能力

许多柔性制造系统设计时采用了加工能力的冗余度，当一台或几台机床发生故障时，仍有降级运转的能力，物料传送系统可按指令自行绕过故障的机床，全系统仍能维持生产。

（5）产品质量高

由于高度自动化，工序集中从而减少了零件的装夹次数。采用更好的夹具，有良好的检测监控系统，减少工人干预等因素都有利于提高产品质量。

（6）减少直接工时费用

由于系统是在计算机控制下进行工作，不需要工人去操作，唯一用人的工位是装卸站，且对工人的技术等级要求不高，因此直接工时费用将会降低。

(7) 具有高的柔性

这一点在上一节已有说明，本节不再阐述。

3. 柔性制造系统的工作原理

FMS 的模型和原理框图如图 9.25 所示。FMS 工作过程可以这样来描述：柔性制造系统接到上一级控制系统的有关生产计划信息和技术信息后，由其信息系统进行数据信息的处理、分配，并按照所给的程序对物流系统进行控制。

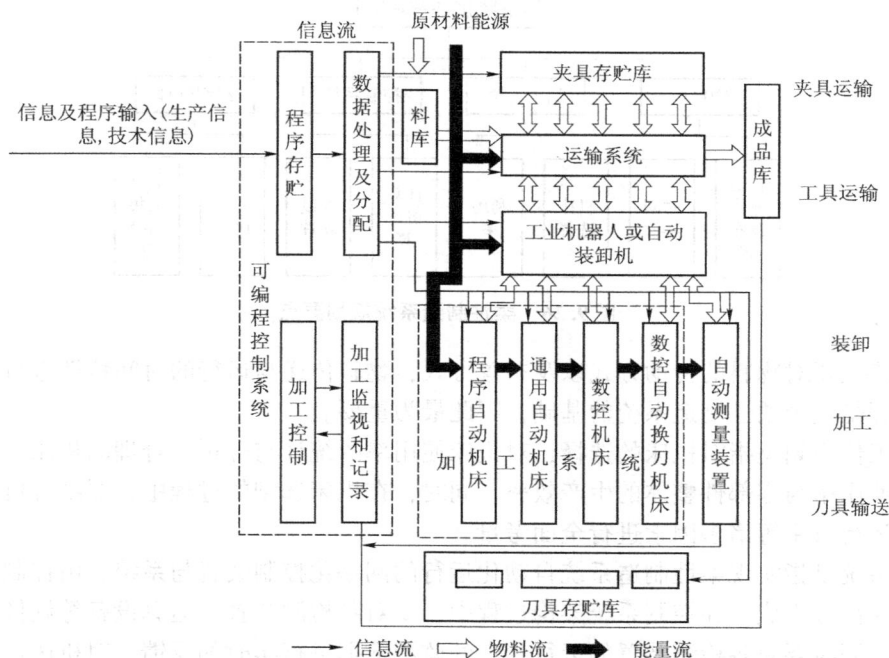

图 9.25　FMS 的模型和原理框图

物料库和夹具库根据生产的品种及调度计划信息提供相应品种的毛坯，选出加工所需要的夹具。毛坯的随行夹具由输送系统送出。工业机器人或自动装卸机按照信息系统的指令和工件及夹具的编码信息，自动识别和选择所装卸的工件及夹具，并将其安装到相应的机床上。

机床的加工程序识别装置根据送来的工件及加工程序编码，选择加工所需的加工程序并进行检验。全部加工完毕后，工件由装卸和运输系统送入成品库，同时把加工质量、数量信息送到监视和记录装置，随行夹具被送入成品库。

当需要改变加工产品时，只要改变传输给信息系统的生产计划信息、技术规划和加工程序，整个系统即能迅速、自动地按照新要求来完成新产品的加工。

中央计算机控制着系统中物料的循环，执行进度安排、调度和传送协调等功能。它不断收集每个工位上的统计数据和其他制造信息，以便作出系统的控制决策。FMS 是在加工自动化基础上实现物流和信息流的自动化，其"柔件"是指生产组织形式和自动化制造设备对加工任务（工件）的适应性。

9.4.2 柔性制造系统规划

随着技术的不断进步，自动化机械制造系统的结构日趋复杂，为了使建立的柔性制造系统获得较大的经济效益，需明确柔性制造系统所包含的内容和要达到的目标，并对柔性制造系统进行科学合理的规划与设计。

柔性制造系统规划的要点主要包括如图 9.26 所示的物料流、加工工位、控制系统和组织管理。

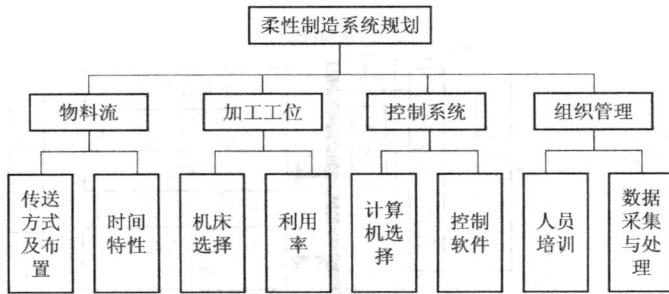

图 9.26　柔性制造系统规划要点

物料流主要对物料的传动方式以及布置方式，物料传递与运行的时间特性进行规划。这一规划过程是整个柔性制造系统的基础，因此最为重要。

加工工位规划是指对机床的选择，对机床使用率的统计与分析。合理的机床配置将直接影响机床使用率与零部件整体的生产效率。同时，在机床选型的过程中，要结合机床配置成本、整体运行效率等诸多因素进行全面考量。

控制系统是指实现柔性制造系统自动化运行的网络化控制装置与系统，由控制主机及控制软件两大部分组成。在控制系统架构过程中，要对各检测装置、运算设备等硬件进行配置选型规划。同时要对各检测装置的运行状态的监测数据进行实时的反馈，对机床运行情况进行运行参数的数据采集与检测，对物料传输与储运系统的运行工况进行监测和控制，并采用运行控制算法来实现物料传递路径的规划。

组织管理规划主要是指物料流传递与运行过程中对命令变更频率的管理与掌控、对冲突的自动化协调与组织规划。同时，在柔性制造系统设计过程中计划方式、人员变动及战略规划等内容也属于组织管理规划环节。

对柔性制造系统进行设计时，要以最少的投资，最短的工期实现高生产率的多品种加工与制造成本的降低。为了满足上述目标，大多数柔性制造系统在设计之初以缩短切削等工艺加工试件和缩短安装试件的方式来实现目标，同时努力降低机械系统的配置成本，但这些方法一定要建立在保证机械系统高利用率与高柔性的基础上。

图 9.27 所示为一个典型的柔性制造系统的示意图。在装卸站将毛坯安装在早已固定在托盘上的夹具中，然后物料传输系统把毛坯连同夹具和托盘输送到进行第一道加工工序的加工中心旁边排队等候，一旦加工中心空闲，工件就立即被送到加工中心进行加工。每道工序加工完毕以后，物料传输系统还要将该加工中心完成的半成品取出并送至执行下一工序的加工中心旁边排队等候，如此不停地进行至最后一道加工工序。在完成工件的整个加工过程中，除进行加工工序外，若有必要还应进行清洗、检验以及压套组装等工序。

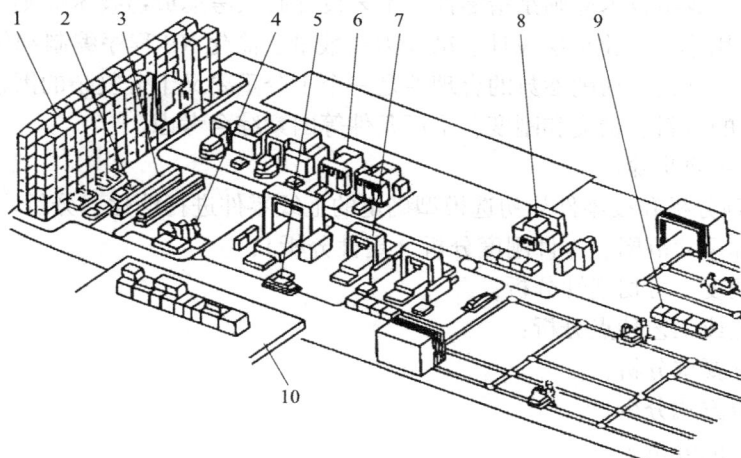

图 9.27　典型的柔性制造系统

1—自动仓库；2—装卸站；3—托盘站；4—检验机器人；5—自动小车；6—卧式加工中心；
7—立式加工中心；8—磨床；9—组装交付站

9.4.3　柔性制造系统的总体设计

柔性制造系统的总体设计主要是指零件族的确定、工艺分析、功能模型设计、信息模型设计、机加装备的选型、独立工位的配置、物料储运系统设计、总体布局设计、检测系统设计、控制系统的构建等。

1. FMS 零件族的确定与工艺分析

FMS 设计时，必须针对工厂生产产品的具体需求来设计、建造或改造。确定零件族和进行工艺分析是从用户的观点出发，完成 FMS 系统的初步规划。因此，设计或改造机械加工柔性制造系统首先需要解决的问题是上线零件的选择与工艺分析。

根据确定的零件族和工艺分析，可完成 FMS 类型和规模的确定，机床及其他设备的类型和所需主要附件的确定，夹具种类和数量的确定，刀具种类和数量的确定，托盘及其缓冲站数量的确定，所需投资的初步估算。

工厂中，在大量的零件中选择适于 FMS 加工的零件是很困难的。确定零件族要兼顾用户的要求和 FMS 加工的合适性。由于影响零件族选择的因素很多，诸如零件的形状、尺寸、材料、加工精度、批量、加工时间等都是决定零件是否适宜用 FMS 加工的重要因素，就目前而言，还没有一种自动化的方式能实现零件族的确定，对上线零件的选择多由实践经验丰富的工艺人员人工完成，因此需耗费大量时间。

对于初选的零件族，仍要进行详细的工艺分析，对于加工工艺性较好的零部件予以保留，其余的应予以剔除。通常，主要从工序的集中性、工序的选择性、成组技术原则和切削参数合理性等方面进行零件的柔性制造系统的工艺性分析。

工序的集中性是指在一台机床上尽可能完成较多的工序（工步）加工，工序集中可以减少零件的装夹次数，有利于提高 FMS 运行效率和确保零件的加工精度。工序的选择性是针对不适于 FMS 加工的工序或者为了得到合适（合理）的装夹定位基准，可以将某些工序安排在线外加工。成组技术原则是指零件的工艺设计必须考虑成组技术原则。这样对于提高 FMS 的效率和利用率、简化夹层设计、减少刀具数量、简化 NC 程序编制和保证加工质量等众多方面都会带来好处。切削参数的合理性是一个十分重要又十分复杂的因素，必须结合机床、刀具、工件的材料、精度和刚度、工厂条件等因素综合考虑。

工艺分析的主要步骤：

1）根据瓶颈分析和按零件族初选模型确定的上线零件进行消化、分析。

① 零件轮廓尺寸范围、零件刚度分析（定性分析）；

② 材料、硬度、可切削性分析；

③ 现行工艺或工艺特点分析；

④ 加工精度要求分析；

⑤ 装夹定位方式分析；

⑥ 其他方面的分析。

2）工序划分原则。

① 先粗加工后精加工，以保证加工精度；

② 在一次装夹中，尽可能加工更多的加工面；

③ 尽可能使用较少的刀具，加工较多的加工面；

④ 使 FMS 中各台机床的负荷均衡。

3）选择工艺的基准原则。

① 尽可能与设计基准一致；

② 应方便于装夹，使变形最小；

③ 不影响其他的加工面；

④ 必要时可以在线外进行预加工。

4）安排工艺路线。

5）选择切削刀具并确定切削参数。

6）拟定夹具方案。

7）加工零件的检测安排。

2. FMS 功能模型设计

柔性制造系统是一个由计算机控制的，具有多个独立的工作工位和一个（或多个）物料储运体系，一般用来在中小批量生产的情况下高效率地加工多于一个品种或规格的零件的制造系统。因此，它是一个包括独立工作的机床、工件与刀具运输装置和工件的总体控制网络在内的复杂系统。为了对这一复杂的制造系统进行详细的描述，使系统的设计人员和用户对 FMS 的各种功能和细节达成一致的理解，必须建立系统的功能模型。FMS 的设计人员可以采用该功能模型描述和定义系统的功能，使 FMS 内的各种功能相互协调，FMS 的用户则可以通过功能模型表达对系统的各种需求，并将最终同意的功能模型作为对 FMS 进行检查、验收的技术文件和依据。

任何一个 FMS 的功能都可以分成两类，即信息变换的功能和制造变换的功能。信息变换的功能包括各种数据的采集、加工和处理，以及信息的储存和传送，制造变换的功能包括所有物理的、化学的和空间位置的变换。一般来说，FMS 中信息变换的功能由 FMS 的单元控制器和工作站控制器完成，制造变换的功能由各种加工设备、运输设备和清洗设备等完成。尽管功能模型设计规范并不涉及单元控制器和工作站控制器的设计，但是在建立 FMS 的功能模型时，必须从 FMS 的总体角度来分析整个系统，使系统内的信息变换功能和制造变换功能相互协调、紧密联系，并对它们提出要求，使得后续开发的单元控制器和工作站控制器能够与制造变换的物理系统相互协调地工作。

（1）信息变换的基本功能需求

1）单元控制器的功能需求。

① 制订单元计划。

a. 任务特性分析；

b. 单元生产能力分析。

② 实施单元调度。

a. 确定作业排序；

b. 确定作业路径；

c. 单元内刀具、夹具调度；

d. 单元内物料调度；

e. 单元运行决策。

③ 过程监控。

a. 单元运行状态监控；

b. 单元运行统计；

c. 单元运行分析与决策。

④ 信息处理与管理。

a. 系统信息的存贮与维护；

b. 库存与历史数据的存贮与维护；

c. 单元运行动态信息存贮与维护。

2）工作站控制器的功能需求：

① 操作排序。

a. 操作分解；

b. 顺序优化；

c. 实时调度。

② 物料管理。

a. 物料识别；

b. 物料存贮；

c. 物料输送与管理。

③ 运行监控。

a. 设备状态监控；

b. 资源状态监控；

c. 运行方式设置与管理；

d. 故障诊断与监控。

④ 信息管理。

a. 生产信息管理；

b. 工艺信息管理；

c. NC 程序管理；

d. 统计信息管理。

3）网络和数据库的功能需求：

① 文件传送与存取；

② 报文传送与存取；

③ 电子邮件；

④ 进程间通信；

⑤ 数据、文件与图形处理；

⑥ 分布式数据查询与修改；

⑦ 数据库文件形式存取与修改；

⑧ 数据库方式查询与修改。

（2）制造变换的功能需求

1）工件的加工与处理。

① 工件的加工；

② 工件的清洗；

③ 工件的检验。

2）物流的处理。

① 工件的装卸；

② 工件的运输；

③ 工件的存贮。

3）刀具流的处理。

① 刀具的输入与输出；

② 刀具的输送；

③ 刀具的存贮。

3. FMS 信息模型设计

要保证 FMS 的各种设备装置与物流系统能自动协调工作，并具有充分的柔性，能迅速响应系统内外部的变化，及时调整系统的运行状态，关键就是要正确地规划信息流，使各个子系统之间的信息有效、合理地流动，从而保证系统的计划、管理、控制和监视功能有条不紊地运行。图 9.28 是 CIMS 的五层信息网络模型，其中底三层为 FMS 的信息网络模型。

（1）计划层

属于工厂一级，包括产品设计、工艺设计、生产计划、库存管理等。它规划的时间范围（指任何控制级完成任务的时间长度）可从几个月到几年。

（2）管理层

属于车间或系统管理级，包括作业计划、工具管理、在制品及毛坯管理、工艺系统分析等。其规划时间从几周到几个月。

（3）单元层

属于系统控制级，担负分布式数控、输送系统与加工系统的协调、工况和机床数据采集等。其规划时间可从几小时到几周。

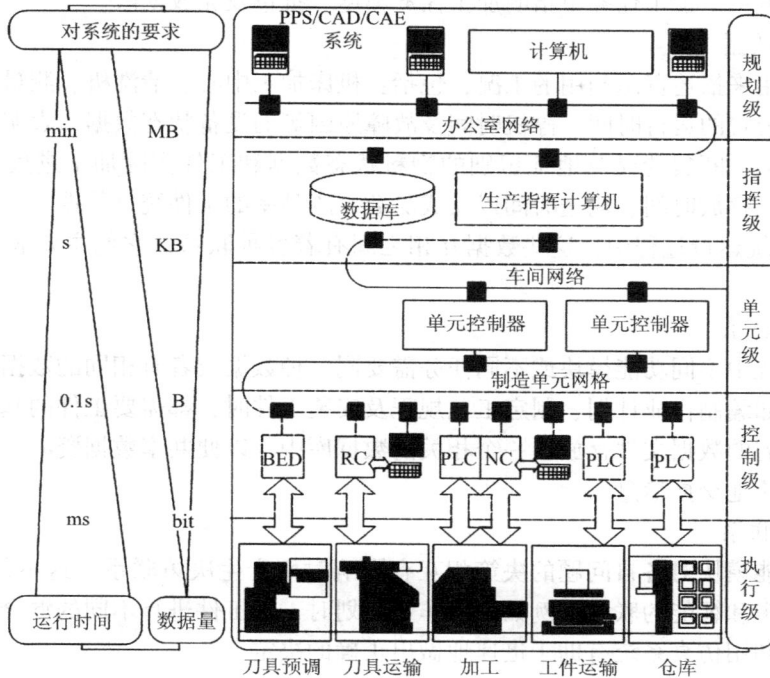

图 9.28　柔性制造系统的信息网络模型

（4）设备控制层

属于设备控制级，包括机床数控、机器人控制、运输和仓库控制等。其规划时间范围可从几分钟到几小时。

（5）动作执行层

通过伺服系统执行控制指令而产生机械运动，或通过传感器采集数据和监控工况等。规划时间范围可以从几毫秒到几分钟。

对柔性制造系统而言，仅涉及管理层以下的几层。管理层和单元层可分别由高性能微机或超级微机作为硬件平台，而设备控制层大多由具有通信功能的数控系统和可编程逻辑控制器组成。

FMS 中的信息由多级计算机进行处理和控制。要实现 FMS 的控制管理，首先必须了解在制造过程中有哪些信息和数据需要采集，这些信息和数据从哪里产生，它们流向何处，又是怎样进行处理、交换和利用的。

归纳起来，FMS 系统中共有三种不同类型的数据，它们是基本数据、控制数据和状态数据。

（1）基本数据

基本数据在柔性制造系统开始运行时建立，在运行中逐渐补充，它包括系统配置数据和物料基本数据。系统配置数据有机床编号、类型、存贮工位号、数量等；物料基本数据包括刀具几何尺寸、类型、耐用度、托盘的基本规格，相匹配的夹具类型、尺寸等。

（2）控制数据

控制数据是指有关加工工件的数据，包括：工艺规程、数控程序、刀具清单、技术控制数据、加工任务单。加工任务单指明加工任务类型、批量及完成期限。

（3）状态数据

状态数据用来描述资源利用的工况，包括：机床加工中心、清洗机、测量机、装卸系统和输送系统等装置的运行时间、停机时间及故障原因等的设备状态数据，表明随行夹具、刀具的寿命、破损、断裂情况及地址识别的物料状态数据和工件实际加工进度、实际加工工位、加工时间、存放时间、输送时间以及成品数、废品率的工件统计数据。

在 FMS 系统运行过程中，这些数据互相之间有着各种联系，它们主要表现为以下三种形式：

（1）数据联系

这是指系统中不同功能模块或不同任务需要同一种数据或者有相同的数据关系时而产生数据联系。例如编制作业计划、制定工艺规程及安装工件时，都需要工件的基本数据，这就要求把各种必需的数据文件存放在一个相关的数据库中，以便共享数据资源，并保证各功能模块能及时迅速地交换信息。

（2）决策联系

当各个功能模块对各自问题的决策相互有影响时而产生决策联系，这不仅是数据联系，更重要的是逻辑和智能的联系。例如编制作业计划时，对工件进行不同的混合分批，就会有不同的效果。利用仿真系统有助于迅速地做出正确的决定。

（3）组织联系

系统运行的协调性对 FMS 来说是极其重要的。工件、刀具等物料流是在不同地点、不同时刻完成控制要求，这种组织上的联系不仅是一种决策联系，而且具有实时动态性和灵活性，因此协调系统是否完善已成为 FMS 有效运行的前提。

从信息集成的观点来说，FMS 是在计算机管理下，通过数据联系、决策联系和组织联系，把制造过程的信息流连成一个有反馈信息的调节回路，从而实现自动控制过程的优化。

图 9.29 所示为 FMS 管理和控制的信息流程，由作业计划、加工准备、过程控制与监控等功能模块组成。

（1）结构特征

按照计算机分级分布控制系统的要求，FMS 控制系统可以划分为制定与评价管理、过程协调控制及设备制造三个层次，这是一种模块化的结构，各模块在功能和时间上既相互独立又相互联系。这样，尽管系统复杂，但对于每个子模块来说，可分解成各个简单的、直观的控制程序来完成相应的控制任务，这无疑在可靠性、经济性等方面有了明显改善。

要经济地实现这种结构化特征，其前提是各个层次间必须有统一的通信语言，规定明确的接口，除了建立中央数据库统一管理外，还应设置局部数据缓冲区，保持人工介入的可能性，并具有友好的用户界面。

（2）时间特征

根据信息流的不同层次，它们对通信数据量与时间的要求也并不相同，计划管理模块内的通信主要是文件传送和数据库查询、更新，需要存取、传送大量数据。因此，往往需要较长时间。而过程控制模块只是平行地交换少量信息（如指令、命令响应等），但必须及时传递，实时性强，它的计算机运行环境应是在实时操作系统支持下并发运行的。

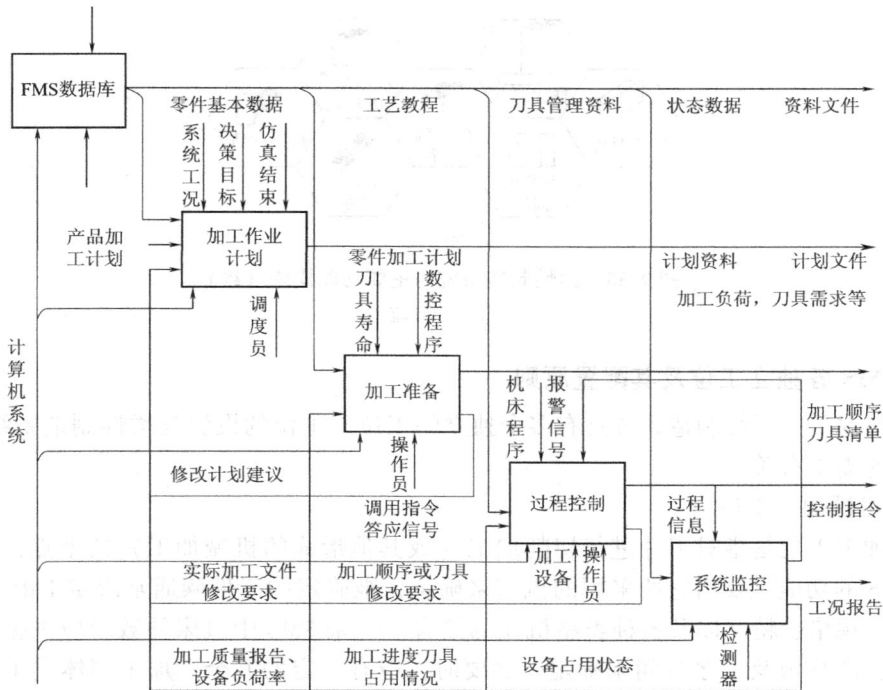

图 9.29 柔性制造系统管理和控制的信息流程

各部分的有机结合构成了一个制造系统的物流（工件流和刀具流）、信息流（制造过程的信息和数据处理）和能量流（通过制造工艺改变工件的形状和尺寸）。图 9.30 所示给出了 FMS 的主要功能模块。

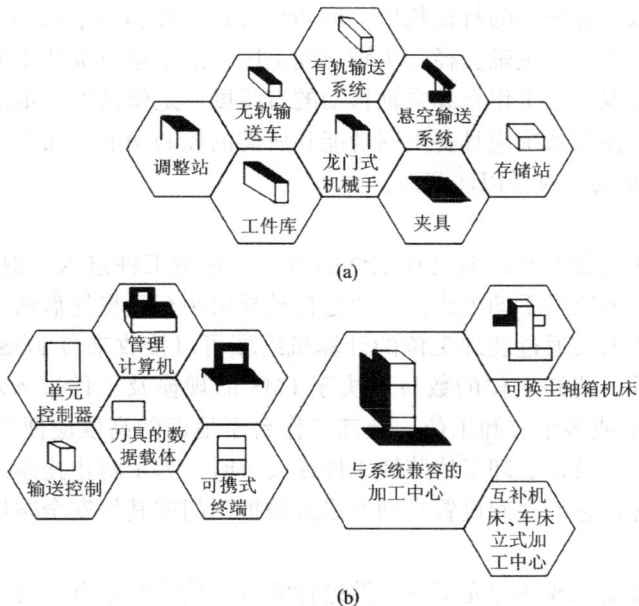

(a)

(b)

图 9.30 柔性制造系统的主要功能模块

（a）工件流；（b）信息流

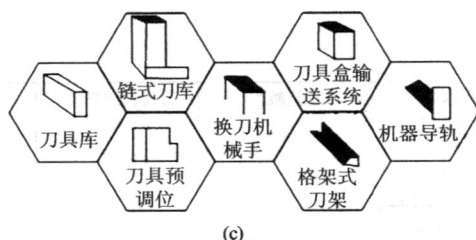

图9.30 柔性制造系统的主要功能模块（续）

（c）刀具流

4. FMS 各独立工位及其配置原则

通常情况下，柔性制造系统具有多个独立的工位。工位的设置与柔性制造系统的规模、类型与功能需求有关。

（1）机械加工工位

机械加工工位是指对工件进行切削加工（或其他形式的机械加工）的地点，一般泛指机床。FMS 的功能主要由它所采用的机床来确定，被确定的工件族通常决定 FMS 应包含的机床类型、规格、精度以及各种类型机床的组合。一条 FMS 中机床的数量应根据各类被加工零件的生产纲领及工序时间来确定。必要时，应有一定的冗余。加工箱体类工件的 FMS 通常选用卧式加工中心或立式加工中心，根据工件特别的工艺要求，也可选用其他类型的 CNC 机床。加工回转体类工件的 FMS 通常选用车削加工中心机床。卧式加工中心和立式加工中心应具备托盘上线的交换工作台（APC），加工中心都应具有刀具存储能力，其刀位数的多少应顾及被加工零件混合批量生产时采用刀具的数量。选择加工中心时，还应考虑它的尺寸、加工能力、精度、控制系统以及排屑装置的位置等。加工中心的尺寸和加工能力主要取决于控制坐标轴数、各坐标的行程长度、回转坐标的分度范围、托盘（或工作台）尺寸、工作台负荷、主轴孔锥度、主轴直径、主轴速度范围、进给量范围及主电动机功率等。

加工中心的精度取决于工作台和主轴移动的直线度、定位精度、重复精度以及主轴回转精度等。加工中心的控制系统应具备上网功能和所需的控制功能。加工中心排屑装置的位置将影响 FMS 的平面布局，应予以注意。

（2）装卸工位

装卸工位是指在托盘上装卸夹具和工件的地点，它是工件进入、退出 FMS 的界面。装卸工位设置有机动、液压或手动工作台。通过自动导引小车可将托盘从工作台上取走或将托盘推上工作台。操作人员通过装卸工位的计算机终端可以接收来自 FMS 中央计算机的作业指令或提出作业请求。装卸工位的数目取决于 FMS 的规模及工件进入和退出系统的频度。一条 FMS 可设置一个或多个装卸工位，装卸工作台至地面的高度应便于操作者在托盘上装卸夹具及工件。操作人员在装卸工位装卸工件或夹具时，为了防止托盘被自动导引小车取走而造成危险，一般应在它们之间设置自动开启式防护闸门或其他安全防护装置。

（3）检测工位

检测工位是指对完工或部分完工的工件进行测量或检验的地点。对工件的检测过程既可以在线进行也可以离线进行。在线测量过程通常采用三坐标测量机，有时也采用其他自动检测装置。通过 NC 程序控制测量机的检测过程，并将测量结果反馈到 FMS 控制器，用于控制刀具的补偿量或其他控制行为。三坐标测量机测量工件的 NC 检测程序可通过 CAD/CAM 集成系统生成。离线检测工位的位置往往离 FMS 系统较远。一般情况下通过计算机终端由人工将检验信息输入系统，由于整个检测时间及检测过程的滞后性，离线检测信息不能对系统进行实时反馈控制，在 FMS 中，检测系统与监控系统一起往往作为单元层之下的独立工作站层而存在，以便于 FMS 采用模块化的方式设计与制造。

（4）清洗工位

清洗工位是指对托盘（含夹具及工件）进行自动冲洗和清除滞留在其上的切屑的地点。对于设置在线检测工位的 FMS，往往也设置清洗工位，负责将工件上的切屑和灰尘彻底清除干净后再进行检测，以提高测量的准确性。有时，清洗工位还具有干燥（如吹风干燥）功能。当 FMS 中的机床本身具备冲洗滞留在托盘、夹具和工件上的切屑的功能时，可不单独设置清洗工位。清洗工位接收单元控制器的指令进行工作。

5. FMS 物料储运系统设计

FMS 的物流系统主要包括以下三个方面：

1）原材料、半成品、成品所构成的工件流。

2）刀具、夹具所构成的工具流。

3）托盘、辅助材料、备件等所构成的配套流。

在生产中的物流贮运技术是指使有关工件、工具、配套件等的位置及堆置方式发生变化（移动和贮存）的技术。自动物料贮运包含在制造自动化系统之间及其内部的物料自动搬运和控制、自动装卸及存贮两个方面。

FMS 中的物流系统与传统的自动线或流水线有很大的差别，它的工件输送系统是不按固定节拍强迫运送工件的，而且也没有固定的顺序，甚至是几种工件混杂在一起输送的。也就是说，整个工件输送系统的工作状态是可以进行随机调度，而且均设置有储料库以调节各工位上加工时间的差异。

物流系统主要完成两种不同的工作：一是工件毛坯、原材料、工具和配套件等由外界搬运进系统，以及将加工好的成品及换下的工具从系统中搬走；二是工件、工具和配套件等在系统内部的搬运和存贮。在一般情况下，前者是需要人工干预的，后者可以在计算机的统一管理和控制下自动完成。

（1）物料输送与控制系统

在 FMS 中，自动化物流系统执行搬运的机构目前比较实用的主要包括有轨输送系统（传输带、RGV）、无轨输送系统（AGV）和机器人传送系统。物料存储设备主要有自动化仓库（包括堆垛机）、托盘站和刀具库。自动化物料贮运设备的选择与生产系统的布局和运行直接相关，且要与生产流程和生产设备类型相适应，对生产系统的生产效率、复杂程度、占用资金多少和经济效益都有较大的影响。其中堆垛起重机多用于设有立体仓库的系统。在刚性自动生产线或组合自动线中自动输送和传送输送比较多，而在柔性自动生产线中以运输小车和机器人作为自动物料搬运设备的比较普遍。

有轨输送系统主要是指有轨运输车（Rail Guided Vehicle，简称 RGV），用于直线往返输送物料。一种是在铁轨上行走，由车辆上的电动机牵引；另外一种是链索牵引小车，它是在小车的底盘前后各装一个导向销，地面上布设一组固定路线的沟槽，导向销嵌入沟槽内，保证小车行进时沿着沟槽移动。这种有轨输送小车只能向一个方向运动，所以适合简单的环形运输方式。采用空架导轨和悬挂式机器人，也属于有轨运输小车范畴。RGV 往返于加工设备、装卸站与立体仓库之间，按指令自动运行到指定的工位（加工工位、装卸工位、清洗站或立体仓库库位等）自动存取工件。

无轨输送系统即无轨运输自动导向小车（Automatic Guided Vehicle，AGV）。AGV 系统是目前自动化物流系统中具有较大优势和潜力的搬运设备，是高技术密集型产品。当 AGV 刚刚发明时，人们称之为无人驾驶小车。AGV 系统主要由运输小车、地板设备及系统控制器等三部分组成，表9.1 所示为几种不同类型的无轨 AGV 制导系统，主要根据应用、环境和要求分类。

表 9.1　AGV 制导分类

制导类型	说　　明
牵引	早期装置型机械"街道小车"，由埋入地下的链条或缆绳牵引
有线制导	有小车的无线测向并跟随埋入地板下的带电导线行走
惯性制导	根据预定程序用车载微处理器驾驶小车，用声呐传感器检测障碍，用回转器改变方向
红外	发射红外光，并且用设备顶部的反射物反射红外光，类似于雷达的探测器传送信号到计算机进行计算和测量以确定行走位置和方向
激光	激光扫描安装在壁面上的条形码反射器，通过已知的小车前轮行走对距离的测量，以精确地操作和定位 AGV
光学	光传感器识别（感应）信息，并沿涂在或粘在铺有混凝土瓷砖地毯地板上的无色的荧光物行走，通常 AGV 系统要求保持清洁的环境

目前在柔性制造系统中应用较多的是感应线导引式物料输送装置。图 9.31 所示为感应线导引式输送车自动行驶的控制原理。控制行驶路线的控制导线埋于车间地面下的沟槽内，由信号源发出的高频控制信号在控制导线内流过。车体下部的检测线圈接收制导信号，当车偏离正常路线时，两个线圈接收信号产生差值并作为输出信号，此信号经转向控制装置处理后，传至转向伺服电动机，实现转向和拨正行车方向。在停车地址监视传感器所发出的监视信号，经程序控制装置处理（与设定的行驶程序相比较）后，发令给传动控制装置，控制行驶电动机，实现输送车的起动、加减速和停止等动作。

在柔性制造系统中，AGV 具有以下功能：

1）把工件、刀具和夹具传送到加工、排序和装配站，从加工、排序和装配站传送工件、刀具和夹具到指定地点。

2）把毛坯输送到加工单元。

3）从系统把加工完成的工件输送到装配地点。

4）把工件、刀具和夹具输送到自动存储和检索系统，从自动存储和检索系统把工件、刀具和夹具输送到其他地点。

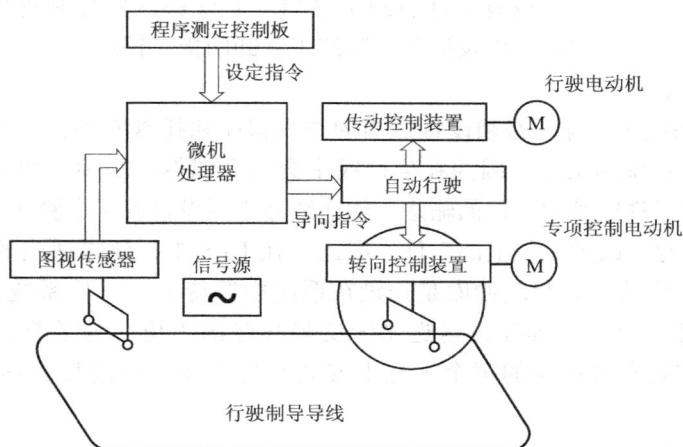

图 9.31　感应线导引式输送车的控制原理

5）传送废屑箱。

6）把托盘自动升、降到加工和排序站里的短程运输机械上的记录位置，进行装卸工作。

AGV 与 RGV 的根本区别在于：AGV 是将导向轨道（一般为通有交变电流的电缆）埋设在地面之下，由 AGV 自动识别轨道的位置并按照中央计算机的指令在相应的轨道上运行的"无轨小车"，而 RGV 是将轨道直接铺在地面上或架设在空中的"有轨小车"。AGV 还可以自动识别轨道分岔，因此 AGV 比 RGV 柔性更好。

输送带的传动装置带动工件（或随行夹具）向前，在将要到达要求位置时，减速慢行使工件准确达到要求位置。工件（或随行夹具）定位、夹紧完毕后，传动装置使输送带快速复位。传动装置有机械的、液压的和气动的。输送行程较短时一般多采用机械的传动装置，行程较长时常采用液压的传动装置。由于气动的传动装置的运动速度不易控制，传动输送不够平稳，因而应用较少。

按物料输送的路线将工件输送系统概括为两种类型：直线式输送和环形输送。直线式输送主要用于顺序传送，输送工具是各种传输带或自动输送小车，这种系统的贮存容量很小，常需要另设贮料库。环形输送是指机床一般布置在环形输送线的外侧或内侧，输送工具除各种类型的轨道传输带外，还有自动输送车或架空轨道悬吊式输送装置。为了将带有工件的托盘从输送线或输送小车送上机床，在机床前还必须设置往复式或回转式的托盘交换装置。

（2）自动存储与检索系统

自动化存贮与检索系统与机器人、AGV 和传输线等其他设备连接，以提高加工单元和 FMS 的生产能力。对人多数工件来说，可将自动化存贮与检索系统视为库房工具，用以跟踪记录材料和工件的输入、存贮的工件、刀具和夹具，必要时可随时对它们进行检索。

1）工件装卸站。

在 FMS 中，工件装卸站是工件进出系统的地方。在这里，装卸工作通常采用人工操作完成。FMS 如果采用托盘装夹运送工件，则工件装卸站必须有可与小车等托盘运送系统交换托盘的工位。工件装卸站的工位上安装有传感器，与 FMS 的控制管理系统连接，指示工位上是否有托盘。工件装卸站设有工件装卸站终端，也与 FMS 的控制管理系统连接，用来把装卸工装卸结束的信息输入，以及把要求装卸工装卸的指令输出。

2）托盘缓冲站。

在 FMS 物流系统中，除了必须设置适当的中央料库和托盘库外，还必须设置各种形式的缓冲贮区来保证系统的柔性。因为在生产线中会出现偶然的故障，如刀具折断或机床故障。为了不致阻塞工件向其他工位的输送，输送线路中可设置若干个侧回路或多个交叉点的并行物料库以暂时存放故障工位上的工件。因此，在 FMS 中，建立适当的托盘缓冲站或托盘缓冲库是非常必要的。托盘缓冲库是托盘在系统中等待下一工序系统加工服务的地方，托盘缓冲库必须有可与小车等托盘运送系统交换托盘的工位，为了节省地方，可采用高架托盘缓冲库。在托盘缓冲库的每个工位上安装有传感器，直接与 FMS 的控制管理系统连接。

3）自动化仓库。

自动化仓库是指使用巷道式起重堆垛机的立体仓库。它在制造自动化系统中占有非常重要的地位，以它为中心组成了一个毛坯、半成品、配套件或成品的自动存储、自动检索系统，包括库房、堆垛起重机、控制计算机、状态检测器以及信息输入设备（如条形码扫描器）等。由于自动化仓库具有节约劳动力、作业迅速准确、提高保管效率、降低物流费用等优越性，不仅在制造业，而且在商业、交通、码头等领域也受到了广泛重视。它也是柔性制造系统的重要组成部分，能大大提高物料贮存流通的自动化程度，并提高管理水平。

（3）刀具流支持系统

刀具流支持系统在 FMS 中占有重要的地位，其主要职能是负责刀具的运输、存储和管理，适时地向加工单元提供所需的刀具，监控管理刀具的使用，及时取走已报废或耐用度已耗尽的刀具。在保证正常生产的同时，最大程度地降低刀具成本。刀具管理系统的功能和柔性程度直接影响到整个 FMS 的柔性和生产效率。

典型的 FMS 刀具管理系统通常包括刀库系统、刀具预调站、刀具装卸站、刀具交换装置以及管理控制刀具流的计算机系统，如图 9.32 所示。FMS 的刀库系统包括机床刀库和中央刀库两个独立部分。机床刀库内存放加工单元当前所需要的刀具，其刀具容量有限，一般存放 40~120 把刀具，而中央刀具库的容量很大，有些 FMS 的中央刀具库可容纳数千把各种刀具，可供各个加工单元共享。在大多数情况下，刀具是由人工供给的，即按照工艺规程或刀具调整单的要求，将某一加工任务的刀具在刀具预调仪上调整好，放在手推车或刀具运送小车上，送到相应的机床。如果使用模块化刀具，则在刀具预调前还要进行刀具组装。预调好的刀具，如果暂时不用，可以放在临时刀库中。使用后的刀具要经过拆卸和清洗，一部分刀片报废，一部分重新刃磨后使用。

刀具交换通常由换刀机器人或刀具运送小车来实现。它们负责完成在刀具装卸站、中央刀库以及各加工单元（机床）之间的刀具传递和搬运。FMS 中的所有加工中心都备有自动换刀装置，用于将机床刀库中的刀具更换到机床主轴上，并取出使用过的刀具放回到机床刀具库。常用的加工中心机床自动换刀的方式包括：

1）顺序选择方式：这种方式是将所需使用的刀具按加工顺序，依次放入刀库的每个刀座内。每次换刀时，刀具按顺序转动一个刀座的位置取出所需的刀具，并将已使用过的刀具

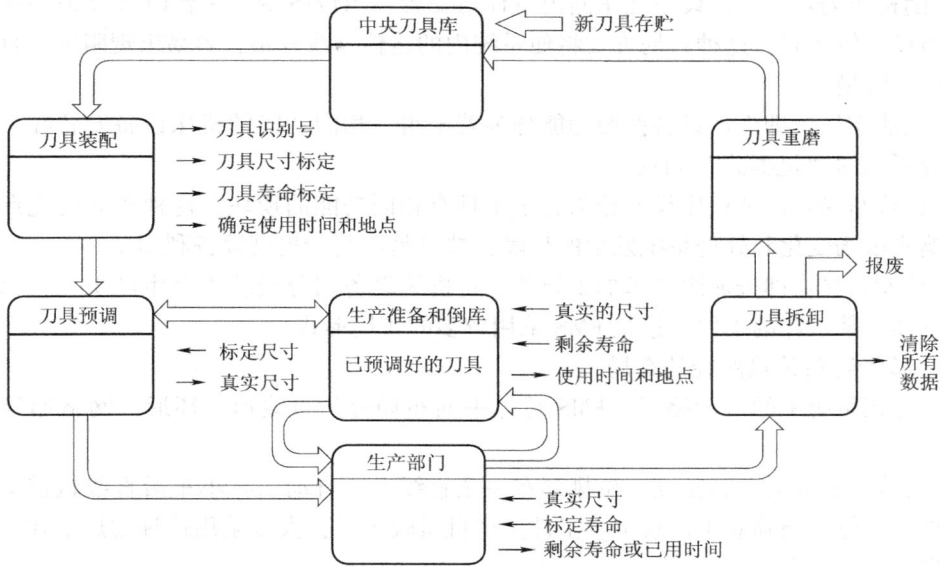

图 9.32　柔性制造系统的刀具流

放回原来的刀位。这种换刀方式不需要刀具识别装置，驱动控制比较简单，可以直接由刀库的分度机构来实现，缺点是同一刀具在不同工序中不能重复使用，装刀顺序不能搞错，否则将发生严重事故。

2）刀具编码方式：这种方式采用特殊结构的刀柄对每把刀具进行编码。换刀时，根据控制系统发出的换刀指令代码，通过编码识别装置从刀库中寻找出所需要的刀具。由于每把刀具都有代码，因而刀具可放入刀库中任何一个刀座内，每把刀具可供不同工序多次重复使用，使刀库容量减小，也可避免因刀具顺序的差错所造成的加工事故。

3）刀座编码方式：刀座编码方式是对刀库的刀座进行编码，并将刀座编码相对应的刀具一一放入指定的刀座内，然后根据刀座编码选取刀具。这种方式可以使刀柄结构简化，能够采用标准的刀柄。与顺序选择方式比较，其突出的优点是刀具可以在加工过程中多次重复使用。

在 FMS 的刀具装卸站、中央刀库以及各加工机床之间进行远距离的刀具交换，必须有刀具运载工具的支持，常见的运载工具有换刀机器人和刀具输送小车（AGV）。若按运行轨道的不同，刀具运载工具可分为有轨和无轨两种。无轨刀具运载工具的价格昂贵，而有轨的价格相对较低，且工作可靠性高，因此在实际系统中多采用有轨换刀装置。有些柔性制造系统是通过 AGV 将待交换的刀具输送到各台加工机床上，在 AGV 上放置一个装置刀架，该刀架可容纳 5～20 把刀具，AGV 将这刀架运送到机床旁边，通过主轴过渡装置、专用刀具取放装置或自动化换刀机械手将刀具从 AGV 装载刀架上装入机床刀库。

6. FMS 总体布局

FMS 总体布局形式通常可从设备之间关系、物料传输路径两个方面加以考虑。

（1）基于设备之间关系的布局

按照 FMS 中加工设备之间的关系，平面布局形式可分为随机布局、功能布局、模块布局和单元布局。

1）随机布局：即生产设备在车间内可任意安置。当设备少于 3 台时可以采用随机布局形式；当设备较多时，这种布局方式将使系统内的运输路线复杂，容易出现阻塞，且会增加系统内的物流量。

2）功能布局：即生产设备按照功能分为若干组，相同功能的机床设备安置在一起，也就是传统所谓的"机群式"布局。

3）模块布局：即把机床设备分为若干个具有相同功能的模块。这种布局的优点是可以较快地响应市场变化和处理系统发生的故障；缺点是不利于提高设备利用率。

4）单元布局：即按成组技术加工原理，将机床设备划分成若干个生产单元，每一个生产单元只加工某一族的工件。这是 FMS 采用较多的布局形式。

（2）基于物料传输路径的布局

按工件在系统中的流动路径，FMS 总体平面布局分为直线形、环形、网络形等多种形式。

1）直线形布局时，各独立工位排列在一条直线上。自动引导小车沿直线轨道运行，往返于各独立工位。当独立工位较少，工件生产批量较大时，大多采用这种布局形式，且采用有轨式自动引导小车。

2）环形布局时，各独立工位不按一条直线排列。自动引导小车沿封闭式环形或任意封闭式曲线路径运动于各独立工位之间。环形布局形式使得各独立工位在车间中的安装位置比较灵活；其容错能力强，当某一机床发生故障时，不影响整个系统的生产，且多采用无轨自动引导小车。

3）当系统中有较多的独立工位时，若将它安置在具有交叉网络的路径上，那么，自动引导小车就可在各独立工位之间选择较短的运行路线，这种布局的设备利用率和容错能力最高，一般采用无轨自动引导小车，但小车的控制调度比较复杂。

FMS 平面布局的影响因素众多，如系统规模、机床结构、车间面积和环境等。在设计FMS 平面布局时，应遵循以下原则：

1）有利于提高加工精度。例如，振动较大的清洗工位应离机床和检测工位较远；三坐标测量机的地基应具有防振沟和防尘隔离。

2）有利于人身安全，设置安全防护网。

3）占地面积较小，且便于维修。

4）排屑方便，便于盛切屑的小车推出系统或具有排屑自动输送沟。

5）便于整个车间的物流通畅和自动化。

6）避免系统通信线路受到外界强磁场干扰。

7）模块化，使系统控制简洁。

8）便于系统扩展。

7. FMS 仿真

FMS 是十分复杂的系统，它由许多互相连接的机械设备、装置，随工件形状和工艺内容变更而更换的夹具、刀具等物料以及计算机硬件和软件等组成。整个系统必须协调有效运行。为了减少投资费用和投资风险，使 FMS 配置和布局更为合理，使建成的系统在运行中效率更高，近年来国内外广泛开展了 FMS 仿真研究。研究内容大致可分为两个方面：一是试图解决与 FMS 规划设计有关的仿真问题；二是试图解决与 FMS 运行有关的仿真问题。

用来建立 FMS 仿真模型的理论有排队论、扰动分析法、Petri 网理论、活动循环图法以及极大代数法等。尽管 FMS 仿真软件的研究、开发者所设计的仿真模型各不相同，其侧重点也不同，但综合起来看，它包含了以下四个层次的仿真内容：

1）FMS 的基本组成：合理地确定 FMS 的独立工位和其他基本组成部分，诸如加工中心、装卸站、托盘缓冲站、自动引导小车、中央刀库和换刀机器人等。以选定的零件族及相应的工艺参数等有关参数作为输入以期给出合理的配置。

2）工作站层的控制：主要模拟工作站这一独立工艺单元的动作。例如机器人与机床之间的动作是否协调。

3）生产任务调度：根据 FMS 的状态信息实时做出管理决策，为系统重新进行调度产生新的控制指令。

4）生产计划仿真：接收生产任务单以后，生成 FMS 单元的生产计划以及与该活动有关的统计数据，借以作出优化的决策。

仿真是一种实验手段，通过输入一些与系统和零件有关的仿真原始数，根据它输出的各种数据信息，可以帮助人们解决诸如系统储备量、故障敏感度、损耗和工艺过程方案选择等问题，还可以帮助人们选择更优的机械设备布局及合理数量的托盘缓冲站等。

规划设计时，输入仿真软件的参数通常有两类：一类是与 FMS 系统有关的参数，称为系统参数；另一类是与被加工零件工艺有关的参数，称为零件参数。前者如加工中心、工件装卸工位、托盘缓冲站、AGV、换刀机器人等机器或装置的数量，中央刀库的容量，AGV 及换刀机器人的运行速度，托盘交换和换刀时间等。后者如零件种类、批量，上下料时间，所需刀具种类数、大或小刀具、刀具耐用度、姊妹刀（备份刀）数，工步、相应加工时间和采用的刀具等。仿真时，系统参数可根据机床的技术参数，系统的组成以及组成部分的需要和实现这种需要的可能性所规定的参数等来确定。零件参数则是根据零件族工艺分析给出的。

在总体规划设计过程中，设计者可通过输入系统参数和零件参数作如下分析：

1）单个零件批量加工的仿真；

2）混合分批加工的仿真；

3）改变系统参数（例如托盘缓冲站数量）的仿真；

4）其他特殊要求的仿真。

利用仿真技术只是来辅助 FMS 的规划设计。仿真只是在具体条件下系统所得到的一组组特殊解，而最佳解只能由设计者根据输出的众多结果作最后决策。

目前，一些研究人员将人工智能技术引入到 FMS 的仿真中。与传统方法相比，它可以利用专家的专门知识和推理能力来解决常规方法难以求解的问题，给出具有专家水平的建议。在专家系统中，数据库、知识库与控制结构是分离的，因此修改其中任何数据或模型时不会影响到其他部分。实践表明，在 FMS 仿真中采用人工智能技术是十分必要的，也是当前研究的方向。

8. FMS 检测

FMS 是一个十分复杂的、具有高柔性、高效率的高度自动化制造系统。它把计算机技术、微电子技术、NC 技术、机械加工技术、自动化技术、传感技术综合地融为一体。检测监视是 FMS 的耳目，对于保证 FMS 各个环节有条不紊地运行起着重要作用。FMS 中检测监视系统的总体功能包括：

（1）工件流监视

对工件流系统的监视内容包括工件进出站的空、忙状态检测；工件、夹具在工件进出站上的自动识别；自动引导小车运行与运行路径检测；工件（含夹具、托盘）在工件进出站、托盘缓冲站、机床托盘自动交换装置与自动引导小车之间的引入、引出质量检测；物料在自动立体仓库上的存取质量检测。

（2）刀具流监视

对刀具系统的检测监视内容包括贴于刀柄上的条码的阅读与识别；刀具进出站刀位状态（空、忙、进、出）检测；换刀机器人运行状态与运行路径检测；换刀机器人对刀具的抓取、存放质量检测；刀具寿命检测、预报；刀具破损检测。

（3）系统运行过程监视

对机械加工设备的工作状态进行监视，内容包括：通过闭路电视系统，观察运行状态正常与否；主轴切削扭矩检测；主电动机功率检测；切削液状态检测；排屑状态检测；机床振动与噪声检测。

（4）环境参数及安全监视

环境参数及安全监控主要包括以下内容：电网的电压、电流值监测；空气的温度、湿度监控；供水、供气压力的监测；火灾进出系统的统计检测。

（5）工件加工质量监视

工件加工质量的检测方式有以下几种：利用机床所带的测量系统对工件进行在线主动检测；采用测量设备（如三坐标测量机或其他检验装置）在系统内对工件进行测量；在 FMS 线外测量。

9. FMS 多级控制系统

控制系统是 FMS 实现其功能的核心，它管理与协调 FMS 内各个活动以完成生产计划和达到较高的生产率。由于 FMS 是一个复杂的自动化集成体，所以对它的控制是由一个复杂的硬件和软件系统完成的，其设计上的优劣将直接影响到整个 FMS 的运行效率和可靠性。

系统的硬件组成和控制范围往往是决定控制系统结构的主要因素。由于 FMS 内被控制的设备和过程较多，控制范围较大，为避免用一台计算机进行过于集中的控制，对计算机的可靠性要求很高等问题，目前 FMS 大都采用多级计算机控制，以此来分散主计算机的负荷，提高控制系统的可靠性，同时也便于硬件与软件的功能设计和维护。

一般的 FMS 多级计算机控制系统常采用三级结构：第一级为单元级即主控计算机，主要对 FMS 单元的运行进行管理，包括从上层——车间层接收制造指令、数控程序、刀具数据及控制指令；编制日程进度计划，为各加工工作站分配作业计划，把生产所需的信息，如加工工件的种类和数量、每批生产的期限、刀具种类和数量等送到第二级计算机。生产过程中，各种机床设备、检验设备、运输设备等的控制计算机为第三级，它们的状态信息可以在第一级进行分析、检验、分类和存储，并打印出报表。第二级为工作站级，这一级主要完成专用的、明确规定的任务，主要是对机床、刀具以及各种装卸机器人的协调与控制，包括对各种加工作业的控制和监测，大多数要求该级计算机或微处理器能对外部事物作出快速响应，负责收集信息、处理检测数据、执行上级计算机下达的命令、直接控制生产过程等任务。

自动化加工设备在 FMS 中的控制主要有：

（1）数字控制

数控机床是大规模集成电路、高精度电动机位置伺服控制系统和转速控制系统与多坐标机床结合的产物。它采用硬件逻辑控制，用可编程控制器进行加工动作和辅助动作的程序控制，由存储器来存储 NC 程序和 PLC 程序，并由数字硬件电路来完成 NC 程序中的移动指令和插补运算。系统具有 NC 程序编程支持功能，操作人员可手工在系统上编程。同时，系统也有通信功能，接受自动编程机或 CAD/CAM 系统生成的 NC 程序。

（2）自适应控制

数控机床的自适应控制主要具有两个方面的功能：检测及识别加工环境中影响机床性能的随机性变化；决定如何修正控制策略或修正控制器的某些部分，以获得最优的加工性能，修正控制策略以实现期望的决策。由此可见，自适应控制的三个基本任务是：识别、决策和修改。

（3）控制传感器

为了满足数控系统的需要，必须对刀具和工件工作台的位移及转角、驱动装置的速度、切削力和扭矩、刀具与切削面的距离、刀具温度、切削深度参数进行测量。因此设置有各类传感器，如：位置与速度传感器、温度传感器、力和力矩传感器、触觉传感器、光学传感器、接近传感器、工件材质传感器和声学传感器等。

（4）计算机数字控制

CNC 系统与 NC 系统的功能基本相同，只不过 CNC 系统中包含有一套计算机系统。逻辑控制、几何数据处理及 NC 程序执行等许多控制均由计算机来实现，具有更强的柔性。

（5）集成化 DNC 系统

通常 NC 或 CNC 系统具有串行数据通信接口，可用于实现 NC 程序的双向传送功能。如果 CNC 系统支持 DNC 功能，则可通过串口及计算机网络来连接 FMS 系统控制器。如果 CNC 系统不支持 DNC 功能，一般较难集成到 FMS 系统中去。但也可以对原有机床的 PLC 进行一些改造，使 CNC 系统能够接收简单的加工动作控制指令，并可反馈一些必需的加工和动作状态，这样也可以通过串口来连接 FMS 控制器。

（6）通过网络的通信集成

现代的 CNC，提供了通过 PLC 网络和通过 CNC 系统直接支持因特网的通信集成方式。它具有通信可靠、通信速度快、系统开放性好及控制功能全的优点，是 DNC 系统发展和应用的方向。

9.4.4　柔性制造系统实例

1. 教学实验用柔性制造系统

该教学实验柔性生产线加工的产品有水晶内雕工艺品（原料为长 50 mm，宽 80 mm，高 50 mm、65 mm、80 mm 三种规格的水晶玻璃块）、有机玻璃标牌（原料为长 155 mm，宽 85 mm、高 12 mm 的有机玻璃板）和金属标牌（原料为长 155 mm、宽 85 mm、高 12 mm 的 45 号钢板）三种工件。该系统主要作为教学和科研使用，如图 9.33 所示。

图9.33 教学柔性生产线系统现场

　　该教学柔性生产线配置有生产加工子系统、物流储运子系统、控制子系统。它的组成如图9.34所示。生产加工子系统中的数控激光内雕机、数控外雕机、数控雕铣机分别用于生产水晶内雕工艺品、有机玻璃标牌、金属标牌。每个加工设备负责加工其中一种工件，但每种加工设备都可以根据中央控制计算机下达的不同生产任务调用不同的加工程序，生产出多种多样的成品。物流、储运系统实现托盘（亦可称之为随行夹具）、工件的有序运输和仓储，上下料机器人、自动导向（Automatic Guide Vehicle，AGV）运料小车的存在大大

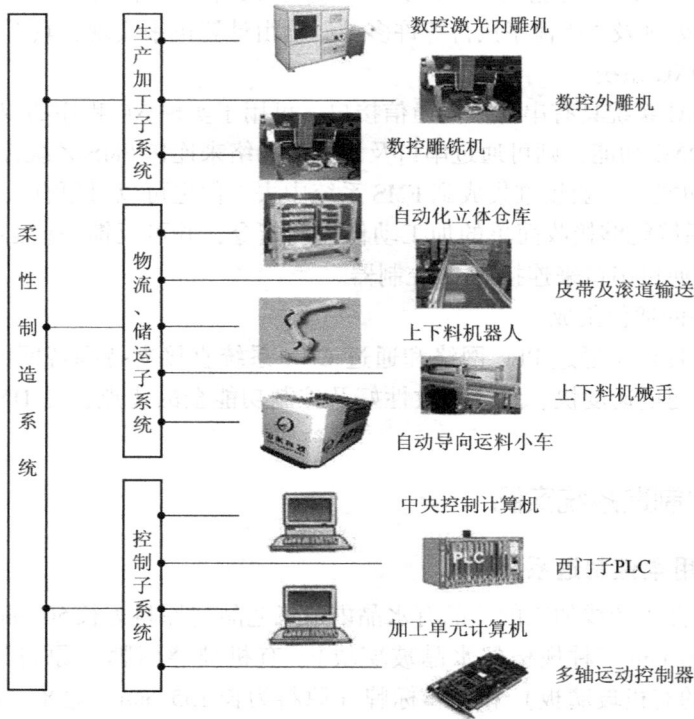

图9.34 教学柔性生产线的组成

增加了物流、储运系统的灵活性，物流系统的工作状态是可以通过控制系统随机调度的，工件可以不必按固定的节拍上下生产线，甚至可以多种工件混流输送，这给工件流的最优调度提供了可能。上述两个子系统都是在控制子系统的集中控制和调度下协调工作的。控制系统包括过程控制及过程监测两部分，过程控制负责进行加工设备和物流储运设备的自动控制或调度。过程监测负责在线数据自动采集和处理，必要时把采集的数据传送给过程控制系统。

该柔性制造系统的控制子系统采取分布式控制、集中协调的控制方案。系统配有的中央控制计算机用于实现柔性生产线各子系统的协调控制。用户可以通过操作中央控制计算机中的控制软件把生产指令和调度任务下达给整条生产线，生产线据此自动组织生产。它可以实现传统生产方式难以实现的多品种、中小批量、高效率、混流生产。该教学柔性生产线的控制网络如图 9.35 所示。

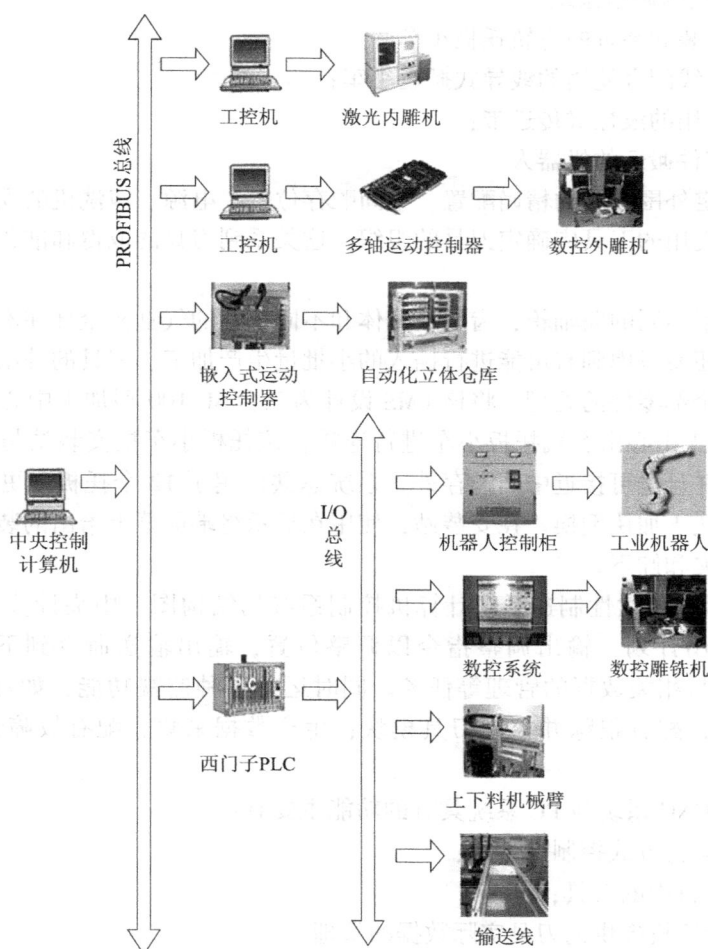

图 9.35　教学柔性生产线的控制网络框图

2. 曲轴、齿轮箱体 FMS 加工系统

设计 FMS 系统的起点是考虑加工零件的范围、数量及与其相应的批量。

（1）设计的目标

1）避免大量的中间贮存；

2）从装配需要着想把同属于一个装配部件的有用零件归类或把同属于一个系族的零件归类；

3）使用最少数量的夹具与托板。

所需托板数量受到加工站数量的支配，在努力取得各加工站高效率加工的同时，使托板数量保持最少。在建立了表示设计的 FMS 模型之后，通过个别单元的改变，重复地运行程序，就有可能取得设计的优化。

在系统的结构（即最合适的安排）已经建立起来以后，各个单元即被更加精确地确定下来。这些确定主要包括了机床、机器设备、输送系统、计算机硬件和软件以及夹具与刀具等。

（2）经常使用的搬运系统

1）具有工件装卸装置的有轨托板小车；

2）与感应导线配合使用的线导式搬运小车；

3）托板拖送用的滚柱式传送带；

4）用于小零件搬运的机器人。

下一步将确定外围设备的精确配置。中间贮存位置、电源、清洗机的安排等有待取得一致意见。对需要使用的刀具应确定刀具的组织，这关系到刀具的取得和准备以及必要的数据处理。

加工对象包括不同的曲轴箱，齿轮箱壳体和不同尺寸的气缸头全部在本系统配置中进行加工。在系统中还要考虑到有可能进行插入的小批量生产加工、刀具的补给和管理及具有清洗和中间贮存的全部零件的处理。将该 FMS 设计为三台 MC100 型加工中心和一台主轴箱配备的 MC100 型加工中心由有轨托板小车进行连接，该托板小车把安装站与消洗机和各加工中心连接起来，并且也可接近中间贮存处。系统总共使用了 12 个托板。更多的托板可以贮存在系统之外以便于加快倒换。在安装站，使用在显示终端屏幕上给出的装夹指令进行零件的装夹及重新装夹和卸下。

图 9.36 所示为该柔性制造系统计算机控制系统的结构图。中央计算机系统主要完成在线制定机床利用计划，输出调整指令以调整位置，输出输送命令到下级输送控制器，以执行刀具基准与相关数据的管理等任务。同时运行各种监视功能，如加工命令的监视；刀具寿命的监视，配有跟踪并控制刀具模块；生产数据采集，配有故障诊断与监视报警模块。

加工设备的 CNC 系统与 PC 系统具有的功能主要有：

1）以 DNC 运行方式控制加工站；

2）监测在运行中的刀具；

3）由中央计算机提供的刀具实际数据的管理；

4）刀具寿命管理；

5）加工状态参数的采集和监视。

托板通过全系统也由中央计算机控制，中央计算机按照工作计划把指令传送到输送控制用 PC 上，如果输送命令被执行，则中央计算机接受来自输送用 PC 的确认信号。

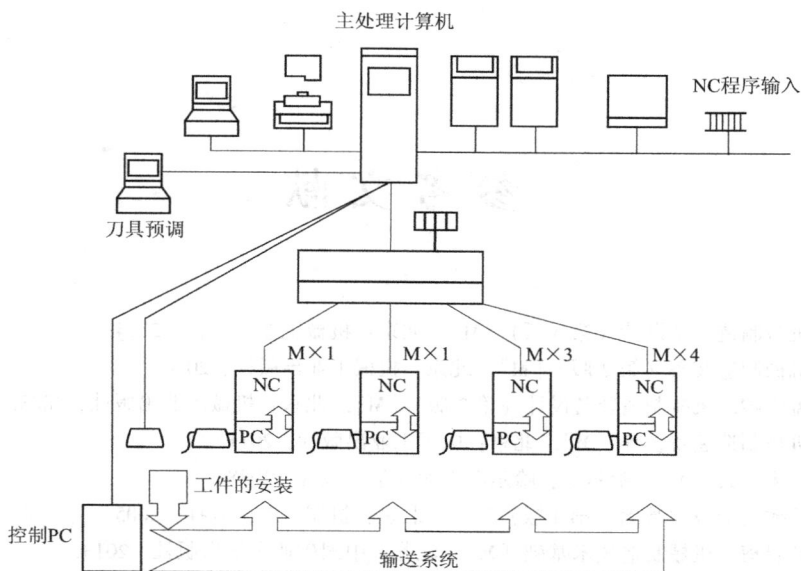

图 9.36　曲轴、齿轮箱体柔性制造系统的计算机控制系统结构

对刀具而言，中央计算机对每把刀具发出调定指令，传送到与刀具预调装置相连的显示终端。一台直接连接刀具预调装置的条码打印机打印出条码识别带，它的内容包括刀具识别号、机床号和各种其他信息项目。刀具调定员把该带附在刀具上，所测得的刀具实际数据被送回到中央计算机，然后存储在刀具校正文件之中，该校正数据连同所需的 DNC 程序被一起输送到个别的 CNC，以便使用该程序。当刀具由操作人员装入指定的刀库刀位时，刀具数据被自动读入。

除了加工功能之外，机床还承担测量功能。加工设备必须具有无人化运转的一切必要的功能，如切屑的排除，工具与托板的自动交换，刀具的破损、检测与交换，刀具的寿命管理，工件的自动测量、检查与识别以及为设备的高利用率所采取的一切防护安全措施等。这些测量功能是识别、检查和几何测量所需的，且单独的测量程序是作为宏指令或子程序存储在 CNC 控制器中。

思考与习题：

1. 什么是机械加工生产线？其主要组成类型与特点有哪些？
2. 加工生产线的类型有哪些？
3. 影响加工生产线工艺与结构方案的主要因素有哪些？
4. 加工生产线的工艺方案如何拟定？
5. 如何平衡生产线节拍？
6. 简述机械加工生产线的总体布局形式及特点。
7. 机械加工生产线总联系尺寸图如何确定？
8. 什么叫柔性制造系统？其组成和类型包括哪些？
9. 柔性制造系统工艺分析的步骤包括哪些？
10. FMS 各独立工位及其配置原则是什么？

参 考 文 献

[1] 冯辛安. 机械制造装备设计（第4版）[M]. 北京：机械工业出版社，2014.

[2] 黄鹤汀. 机械制造装备（第2版）[M]. 北京：机械工业出版社，2014.

[3] 李庆余，孟广耀. 机械制造装备设计（第2版）[M]. 北京：机械工业出版社，2008.

[4] 马宏伟. 机械制造装备设计 [M]. 北京：电子工业出版社，2011.

[5] 王启平. 机床夹具 [M]. 哈尔滨：哈尔滨工业大学出版社，1988.

[6] 黄健求. 机械制造技术基础（第4版）[M]. 北京：机械工业出版社，2005.

[7] 孙远敬，刘宏梅. 机械制造技术基础 [M]. 江苏：中国矿业大学出版社，2013.

[8] 周泽华. 金属切削原理 [M]. 上海：上海科技出版社，1993.

[9] 龚定安，赵孝昶，高化. 机床夹具设计 [M]. 西安：西安交通大学出版社，1992.

[10] 陈立德. 机械制造装备设计 [M]. 北京：高等教育出版社，2006.

[11] 郑金兴. 机械制造装备设计 [M]. 哈尔滨：哈尔滨工程大学出版社，2005.

[12] 隋秀凛，高安邦. 实用机床设计手册 [M]. 北京：机械工业出版社，2010.

[13] 许晓旸. 专用机床设备设计 [M]. 重庆：重庆大学出版社，2003.

[14] 王晚霞，桂兴春，张霞. 机床夹具设计 [M]. 哈尔滨：黑龙江科学技术出版社，2006.

[15] 吴拓. 简明机床夹具设计手册 [M]. 北京：化学工业出版社，2010.

[16] 陈云，杜齐明，董万福. 现代会战切削刀具实用技术 [M]. 北京：化学工业出版社，2008.

[17] 陈锡渠，彭晓南. 金属切削原理与刀具 [M]. 北京：中国林业出版社，2006.

[18] 吴拓. 金属切削加工及装备 [M]. 北京：机械工业出版社，2007.

[19] 牛荣华. 机械加工方法与设备 [M]. 北京：人民邮电出版社，2009.

[20] 王先逵，张平宽. 机械制造工程学基础 [M]. 北京：国防工业出版社，2008.

[21] 刘登平. 机械制造工艺及机床夹具设计 [M]. 北京：北京理工大学出版社，2008.

[22] 于骏一. 机械制造技术基础 [M]. 北京：机械工业出版社，2004.

[23] 郭艳玲，李彦蓉. 机械制造工艺学 [M]. 北京：北京大学出版社，2008.

[24] 范孝良. 机械制造技术基础 [M]. 北京：电子工业出版社，2008.

[25] 肖继德，陈宁平. 机床夹具设计 [M]. 北京：机械工业出版社，1999.

[26] 吴拓. 现代机床夹具设计 [M]. 北京：化学工业出版社，2009.

[27] 韩建海. 工业机器人 [M]. 武汉：华中科技大学出版社，2009.

[28] 朱世强，王宣银. 机器人及其应用 [M]. 杭州：浙江大学出版社，2000.

[29] 王天然. 机器人 [M]. 北京：化学工业出版社，2002.

[30] 秦同瞬，杨承新. 物流机械技术 [M]. 北京：人民交通出版社，2001.

[31] 孙红. 物流设备与技术 [M]. 南京：东南大学出版社，2006.

[32] 罗振璧，朱耀祥，张书桥. 现代制造系统 [M]. 北京：机械工业出版社，2004.

[33] 刘延林. 柔性制造自动化概论 [M]. 武汉：华中科技大学出版社，2010.